# 木质资源结构解译与功能化

万才超 吴义强 李 坚 著

科学出版社

北 京

# 内 容 简 介

本书聚焦木质资源的结构解译、微纳修饰、重组复合与功能应用，从木质资源的分级结构和物化性能出发，系统阐述了木质资源独特的宏微观结构和化学组分，以及它们与物化性能之间的关联机制，重点归纳了木质资源的修饰、重组等关键技术方法，旨在为指导木质资源高值高效利用提供基础。本书以木质资源在超级电容器电极及器件、钠离子电池电极及器件、染料敏化太阳能电池光阳极及器件、肌肉/压力/分子传感电极、声阻隔/电磁阻隔/紫外阻隔材料等领域的功能应用为案例，深入阐述木质资源作为基础基质或增强相时，在实现核心性能提升时的作用机理，为实现天然木质资源的提质增效利用和绿色功能材料的定向可控创制提供有益的理论依据及实践参考。

本书内容丰富，深入浅出，兼具科学性、实用性和系统性，可供从事林业工程、农业工程、农业资源与环境、材料科学与工程等领域的科研人员、高等学校与科研院所的师生和相关企业的技术人员参考使用。

**图书在版编目（CIP）数据**

木质资源结构解译与功能化 / 万才超，吴义强，李坚著. -- 北京：科学出版社，2024.12. -- ISBN 978-7-03-080587-4

Ⅰ. S781

中国国家版本馆 CIP 数据核字第 20242QZ589 号

责任编辑：杨新改 / 责任校对：杜子昂
责任印制：徐晓晨 / 封面设计：东方人华

科学出版社 出版
北京东黄城根北街 16 号
邮政编码：100717
http://www.sciencep.com
北京中石油彩色印刷有限责任公司印刷
科学出版社发行 各地新华书店经销

\*

2024 年 12 月第 一 版 开本：787×1092 1/16
2024 年 12 月第一次印刷 印张：34 1/2
字数：800 000
**定价：198.00 元**
（如有印装质量问题，我社负责调换）

# 前　　言

　　木质资源是自然界中取之不尽、用之不竭的优质原料。木材、竹材、秸秆等木质资源与生俱来的各向异性分级多孔结构，为离子、分子等提供了快速的传输通道和丰富的存储空间，使其作为吸附、传感等材料时具有显著优势。木质资源还可以通过微纳解离，拆解成高活性的微纤丝、纳米纤丝等基本单元，经由修饰、重组等可以得到不同维度、尺寸、结构的新型重组材料，例如超隔热的气凝胶毡、超韧的透明薄膜、自愈合的水凝胶块、具有虹彩效应的手性光子晶体膜等。此外，木质资源还是优质的天然碳源，通过水热碳化、高温热解等得到的碳化木、竹炭、木质素碳微球、纤维素碳泡沫等，在发展电化学储能电极、光电转换电极等方面已展现出突出的潜力。然而，当前木质资源的加工利用仍存在精细化程度不够、功能可控程度不足、产业推广程度不高等问题。因此，亟需系统了解木质资源的宏微观结构、理化性质、化学组分、生物活性等本征特性，熟练掌握木质资源的拆解方法、修饰技术、重组手段和功能化策略，深入归纳结构和成分转化对关键应用性能的影响机制，旨在实现天然木质资源的提质增效利用和绿色功能材料的定向可控创制，促进木质资源更好地为国民生产和生活提供服务。

　　在此背景下，作者团队深入凝练了近年来在木质资源结构解译、微纳修饰、重组复合和功能应用研究上的工作亮点，撰写了此书。全书共 8 章。第 1 章概述了木质资源特点与应用现状以及材料化利用需求，提出了本书的选题思路和主要内容。第 2 章综述了木质资源的宏观组织构造、细胞壁结构和超分子结构以及不同木质资源分级结构的差异性。第 3 章归纳了天然木质资源的热学特性、化学反应特性和力学特性以及化学修饰后的木质资源的理化特性。第 4 章和第 5 章分别聚焦木质资源的前沿修饰技术和重组技术。第 6~8 章内容主要基于作者团队的研究成果。第 6 章阐述了木质资源在超级电容器电极及器件、钠离子电池电极及器件、染料敏化太阳能电池光阳极及器件等储能领域的应用。第 7 章介绍了木质资源在血糖分子传感、肌肉运动传感、柔性应变传感、醛类分子传感等传感领域的应用。第 8 章列举了木质资源在紫外辐射阻隔、热阻隔、烟阻隔、声阻隔等阻隔领域的应用。

　　本书成稿过程中得到了中国工程院吴义强院士和李坚院士的亲切指导，同时也得到了各级领导和同行专家的亲切关心、大力支持和无私帮助，在此表示由衷感谢！同时，感谢杨亚东、远方、黎亮丽、张喆、谢羽中、周再阳、魏婷、王雨晴、高子晋、何宇航、刘婷婷等研究生协助参与资料收集、排版、文字校对等工作。本书出版得到了国家自然科学基金重大项目（32494790）、国家自然科学基金重点项目（32330073）、国家重点研发计划课题（2023YFD2201403）、湖南省科技创新领军人才项目（2024RC1058）、长沙市杰出创新青年培养计划（kq2009015）等项目资助，特此感谢！

木质资源种类广阔，其加工理论技术及应用发展迅猛，受作者水平所限，书中难免存在疏漏和不足，恳请广大读者批评指正。

作　者

2024 年 11 月

# 目　　录

前言
第1章　绪论 ·········································································· 1
　1.1　引言 ········································································· 1
　1.2　木质资源特点与应用现状 ············································· 3
　1.3　木质资源材料化利用需求 ············································· 6
　1.4　本书选题思路和主要内容 ············································· 10
　参考文献 ········································································· 10
第2章　木质资源分级结构 ····················································· 12
　2.1　木质资源的宏观组织构造 ············································· 12
　2.2　木质资源的细胞壁结构 ················································ 19
　2.3　木质资源的超分子结构 ················································ 28
　2.4　木质资源分级结构的异质性 ·········································· 36
　参考文献 ········································································· 39
第3章　木质资源物化特性 ····················································· 42
　3.1　木质资源的热学特性 ··················································· 42
　3.2　木质资源的化学反应特性 ············································· 52
　3.3　木质资源的化学修饰与性能优化 ···································· 58
　3.4　木质资源的力学特性 ··················································· 70
　参考文献 ········································································· 78
第4章　木质资源修饰技术 ····················································· 80
　4.1　木质资源的物理修饰技术 ············································· 80
　4.2　木质资源的化学修饰技术 ············································· 88
　4.3　木质资源的生物修饰技术 ············································· 100
　参考文献 ········································································· 103
第5章　木质资源重组技术 ····················································· 107
　5.1　溶胶-凝胶重组技术 ···················································· 107
　5.2　静电纺丝重组技术 ····················································· 110
　5.3　湿法纺丝重组技术 ····················································· 114
　5.4　冰模板法重组技术 ····················································· 116
　5.5　静电吸附重组技术 ····················································· 118

5.6 溶剂蒸发重组技术 ·············································································· 119
5.7 真空抽滤重组技术 ·············································································· 122
5.8 3D 打印重组技术 ··············································································· 123
参考文献 ······························································································· 126
第 6 章 木质资源储能应用 ············································································ 131
6.1 碳纤维/掺氮富氧空位 $NiCo_2O_4$ 纳米草基超级电容器 ·························· 131
6.2 碳纤维/掺氮 3D 分层多孔石墨烯泡沫基超级电容器 ··························· 157
6.3 再生纤维/MXene/$MnO_2$ 基柔性纤维状锌离子电容器 ························· 176
6.4 氧−氮−硫共掺杂木质素碳微球基染料敏化太阳能电池 ························· 199
6.5 木材衍生 3D 多孔炭基染料敏化太阳能电池 ····································· 230
6.6 废葡萄皮在染料敏化太阳能电池中的双效应用：光敏剂与对电极 ········ 242
6.7 木质素磺酸钠衍生氮−硫共掺杂硬碳基钠离子电池 ···························· 253
参考文献 ······························································································· 267
第 7 章 木质资源传感应用 ············································································ 280
7.1 泡沫镍@石墨烯纳米片-$Co_3O_4$ 纳米草基血糖分子传感器 ··················· 280
7.2 聚吡咯/镍钴层状双氢氧化物/纳米纤维素气凝胶基血糖分子传感器 ······· 308
7.3 氧化石墨烯@纳米纤维素/聚(AAm-$co$-AAc)水凝胶基肌肉运动传感器 ······· 323
7.4 纳米纤维素−硼砂−聚乙烯醇自愈合水凝胶基肌肉运动传感器 ·············· 339
7.5 仿木热塑性聚氨酯/碳黑气凝胶基柔性应变传感器 ···························· 358
7.6 葡萄糖衍生微碳球基胆红素分子传感器 ········································· 373
7.7 纤维素纳米晶基手性光子晶体膜基水分子/甲醛分子传感器 ················ 391
参考文献 ······························································································· 413
第 8 章 木质资源阻隔应用 ············································································ 425
8.1 铈掺杂氧化锌纳米棒/透明木材基紫外阻隔材料 ······························· 425
8.2 氟氯硅烷/硅酸钠/透明竹材基热−烟阻隔材料 ·································· 456
8.3 纳米二氧化锆/木材基紫外阻隔材料 ·············································· 476
8.4 石墨烯纳米片/木材基紫外阻隔材料 ·············································· 483
8.5 木材微纤维−戊二醛−聚乙烯醇气凝胶基超宽频声阻隔材料 ················ 490
参考文献 ······························································································· 530

# 第1章 绪 论

## 1.1 引 言

　　木质资源是指一切能够提供木质部成分或植物纤维以供利用的天然物质，如木材、竹材、藤材、灌木根茎、各种作物秸秆等。以木材为例，早在人类诞生的 100 万年前，广袤的森林便与人类相伴，共同孕育着生命。人类的生存与发展始终与木材息息相关，最初的木材利用主要是作为燃料和火种。此后，随着人类文明的发展，木材逐渐在建筑、工具、车辆、船舶、造纸、乐器、工艺品、包装等方面得到广泛应用。现如今，木材已经和钢铁、水泥、塑料成为世界公认的四大原料，在全球范围内被广泛认为是支撑现代工业和基础设施建设不可或缺的基础材料。然而，随着材料加工技术和微纳米科学的快速发展，人类对以木材为代表的木质资源的应用有了新的需求。当前，木质资源利用研究包括木质资源的生长与成材、宏微观结构、物化性质、环境学性质、力学性质、缺陷、加工基础和性能改良理论等。在研究过程中，常常需要应用现代生物学、物理学、化学和力学理论与技术，解析木质资源的解剖学特性、物化特性和生物特性，并探究这些特性与其解离解聚、高温转化、本体组装、异质复合等过程的关联机制。

　　木质资源通常具有与生俱来的多尺度分级结构。以木材为例，木材的多尺度结构主要包括毫米级的生长轮结构、微米级的细胞多孔结构和细胞壁多层结构以及纳米级的高分子结构（图 1-1）。木材的宏观结构表现在横截面是由形成层通过逐年分生形成同心圆状的生长轮结构组成的。木材的宏观结构受生长环境变化、树种差异等影响，产生了包括早晚材、心边材、导管、管胞、木射线等独特结构，这些结构对木材的密度、强度、硬度等特征具有显著影响，继而影响其作为结构材料、生产工具等的实际应用。木材作为一种各向异性材料，其轴向强度比径向和弦向大得多，这是因为绝大多数细胞尤其是木纤维和管胞与树干平行呈轴向排列为该方向提供结构强度。在细胞尺度，木材具有腔大壁薄的特性，其细胞壁主要由胞间层（ML）、初生壁（P）和次生壁（S）构成，而次生壁又可以分为 $S_1$、$S_2$ 和 $S_3$ 层，其中 $S_2$ 层最厚，且存在大量高活性的纤维素组分。相比之下，竹材具有腔小壁厚的特点，其次生壁亚层最高可达 18 层，且从外向内纤维素成分的比例逐渐升高。这也表明了不同的木质资源很可能具有显著不同的宏微观结构，也解释了木材、竹材、藤材等木质资源具有显著不同的性能（如力学强度、解离能耗、化学修饰可及度等）。胞间层是细胞壁结构中高度木质化的部分，厚度为 0.1～0.3 μm，富含果胶物质，夹在相邻细胞的初生壁中，起细胞黏结作用，防止细胞彼此分离或滑移，在维持植物组织结构完整性方面起着至关重要的作用。初生壁以木质素为主，厚度为 0.05～2 μm，微纤丝呈无序排列，具有很好的弹性和可塑性。因相邻细胞间的胞间层与其两侧初生壁间的过渡区域不明显故而合在一起称为复合胞间层（CML），被认为是木材细胞壁中强度最薄弱的壁层[1]。次生壁是一个复杂的结构，内含约 55%的纤维素，决定着木材的许多结构特性，$S_1$ 层是次生壁的最外层，厚度约为 0.1~0.4 μm，紧挨着初生壁，微纤丝与细胞轴的夹角约为 60°；$S_2$ 层是次生壁的中间层，约占细胞壁总厚度的 85%，微纤丝角为 10°~30°，决定了细胞壁的轴向抗拉强度；$S_3$ 层作为次生壁的最内层，对细胞腔的大小影响显著，微纤丝角为 60°~90°。$S_1$ 和 $S_3$ 层的微纤丝基本垂直于细胞轴，在细胞壁中形成"箍"的作用，决定着木材细胞壁的横向抗拉强度。木材纤维细胞是生产人造板和制浆造纸的重要原料。

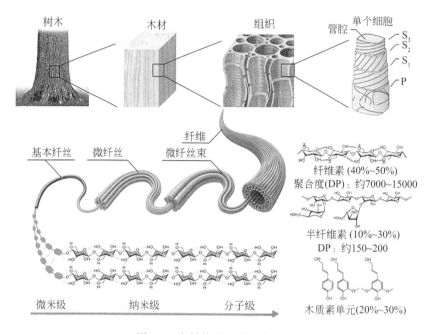

图 1-1　木材的分级多尺度结构

在纳米级尺度上，木材的细胞壁超微结构被认为是由有序排列的半结晶纤维素作为增强材料，在细胞壁形成过程中，通过氢键或共价键嵌入由半纤维素和木质素构成的无定形基体中，形成了复合材料[2]。纤维素大分子的基环是 D-葡萄糖以 β-1,4 糖苷键组成的大分子多糖。半纤维素是由几种不同类型的单糖构成的异质多聚体，这些糖是五碳糖和六碳糖，包括木糖、阿拉伯糖和半乳糖等。木质素是由三种苯丙烷单元通过醚键和碳碳键相互连接形成的具有三维网状结构的高分子，含有丰富的芳环结构、脂肪族和芳香族羟基以及醌基等活性基团。纤维素、半纤维素和木质素的互作效应决定了木质资源的物理、化学和生物特性。此外，通过解离得到的纤维素、半纤维素和木质素成分在很多领域也具有重要的经济价值。例如，纳米纤维素可以通过氢键、共价键、配位键等组装成一维高强度纤维、二维透明薄膜、三维多孔泡沫等，在发展吸附、阻隔、储能、传感等高性能绿色材料上已展现出巨大潜力[3-6]。半纤维素是生物炼制的优质原料，在制备乙醇、5-羟甲基糠醛、γ-戊内酯等化学品上已实现工业化[7-10]。木质素在研制胶黏剂、增强剂、吸附剂等新型材料上已有报道，同时木质素也是优质的环保型碳源，通过高温转化成碳材料后，在电化学储能、光电催化等领域具有显著前景[11-13]。

木质资源天然的分级多尺度结构和复杂的多元高复合组成,使其在作为整体材料和次级组分应用时均呈现出巨大的经济价值。随着材料科学的发展和人们对绿色功能材料需求的增加,在结合新兴微纳米技术厘清木质资源多尺度结构的同时,创新微纳改性、重组和复合方法,是拓宽木质资源应用领域以及实现其高值高效利用的关键。

## 1.2 木质资源特点与应用现状

木质资源是自然界中储量丰富的天然环保材料,在家居、建筑、包装、铁路、汽车和桥梁等领域,发挥着重要作用。在不可再生资源日渐匮乏的背景下,世界各国将其视为战略性研究领域,给予了高度重视。在定义上,木质资源是指一切能够提供木质部成分或植物纤维以供利用的天然物质。木质资源具有可再生性、可生物降解性、低污染性、储量丰富性、碳中性、广泛分布性等特点。

木质资源属可再生资源。高储量的木质资源通过植物的光合作用可以再生,可保证木质资源的永续利用。植物通过光合作用同化无机碳化物的同时,把太阳能转变为化学能,储存在所形成的有机化合物中。每年光合作用所同化的太阳能约为人类所需能量的10~20倍。有机物中所存储的化学能,除了供植物本身和全部异养生物之用外,更重要的是可作为人类营养和活动的能量来源。因此可以说,光合作用提供了现今的主要能源。绿色植物是一个巨型的能量转换站和材料再生中心。除了可再生性之外,可生物降解性是木质资源的另一个显著特点。降解是指物质由大分子转化为小分子的过程。污染物在自然环境中的降解主要有三种类型:①生物降解——靠生物机体作用实现的降解,比如进入微生物体内在酶的作用下被脱羧;②光化学降解——光能导致的降解,比如受光分解为自由基;③化学降解——发生化学反应而发生的降解,比如被空气中的氧气氧化。对于木质资源,在微生物(细菌、霉菌、藻类等)作用下,可以发生生物化学反应,引起外观霉变到内在质量变化等各方面变化,最终形成 $CO_2$ 和 $H_2O$ 等自然界常见的化合物。木质资源可生物降解,大大减少了对环境的影响。随着人们对生态保护与资源可持续利用的日益重视,可降解木质复合材料研究将不断深入。

木质资源主要由 C、O、H 三大元素构成,因此在燃烧过程中主要产生 $CO_2$ 和 $H_2O$。由于其在生长时需要的 $CO_2$ 相当于它燃烧时排放的 $CO_2$ 的量,因而燃烧对大气的 $CO_2$ 净排放量近似于零,可有效地减轻温室效应。木质资源直接燃烧产生的污染物主要分为未燃尽污染物和燃尽污染物两类。由于燃烧技术的进步,未燃尽污染物的问题并不明显,所以,污染物的排放问题主要来自完全燃烧产生的污染物,如 $NO_x$、$SO_x$、颗粒物、酸性气体(如HCl)、多环芳烃、二噁英等,污染物性质及排放量与生物质种类密切相关。对于氮氧化物,虽然木质资源燃烧排放的 $NO_x$ 远低于燃煤,但仍可通过燃料分级、低氧燃烧、空气分级、催化降解和烟气再循环等方法来进一步削减 $NO_x$ 的产生,将其对环境的影响降到最低。硫是植物生长的主要营养元素之一,在新陈代谢中发挥着重要的作用。木质资源中的硫主要是机体结构中的有机硫和以硫酸盐形式存在的无机硫,燃烧时主要以 $SO_2$ 和碱金属、碱土金属硫酸盐的形式存在,其中硫酸盐存在于灰渣中,$SO_2$ 则在燃料挥发分的析出及燃烧阶段释放出来，且燃料中 80%～100% 的 S 转化成了 $SO_2$。绝大多数的生物质中硫含量都很低，所以燃烧后排放的 $SO_2$ 浓度也比较低，在富氧等合适的燃烧条件下，某些木质资源燃烧的烟气中甚至检测不到 $SO_2$。木质资源燃烧排放的颗粒物（尤其是微颗粒物）对人体健康具有潜在危害，应该引起关注。

木质资源不仅是一种重要的可再生资源，也是一种碳中性的载体。植物通过光合作用从大气中吸收二氧化碳，然后以纤维素、半纤维素、木质素等有机物的形式储存碳，因此其所含的碳源于大气中的碳。在通过微生物衰变、森林火灾或能量用途等过程后，这些有机碳又通过 CO 或 $CO_2$ 的形式被释放到大气中。木质资源中的碳是天然碳循环的一部分。据《科学》杂志官网报道，美国环境保护署（EPA）将木材定义为碳中性燃料。因此，在当今"碳中和"的大背景下，提出高效利用木质资源的策略，耦合具有化学热力学优势的工艺路径，可实现较高的原子经济性和系统技术经济性，是木质资源创新且高效利用的新视角、新思路。木质资源转化为能源产品可以实现零碳排放，而木质资源转化为化学品和材料则为负碳排放。因此，充分有效利用木质资源实现燃料、化学品及材料联产，一定可以在实现"碳中和"战略目标中发挥出重要且不可替代的作用。

我国的木质资源不仅储量丰富，还具有广泛分布性。我国是农业生产大国，主要包括农作物秸秆和农产品加工废弃物。根据调查数据发现，我国每年的农业废弃物产量逐渐增大，并且出现了很明显的地区差异。我国黑龙江、吉林、辽宁、河南、河北、湖南、湖北等 13 个农作物生产省区的农业废弃物生产总值大约占全国 10 亿吨的 1/3，综合利用率在 72% 左右。除了农业木质资源，中国土地资源丰富，有利于林业木质资源的开发。第九次全国森林资源清查结果显示，我国森林面积高达 2.2 亿公顷，森林覆盖率为 22.96%，蓄积量为 175.60 亿立方米。其中人工林面积 7954 万公顷，继续保持世界首位。森林植被总生物量 188.02 亿吨，总碳储量为 91.86 亿吨。年涵养水源量 6289.50 亿立方米，年固土量 87.48 亿吨，年滞尘量 61.58 亿吨，年吸收大气污染物量 0.40 亿吨，年固碳量和年释氧量分别为 4.34 亿吨和 10.29 亿吨。丰富的森林资源储备在推动木质资源可持续发展方面有着举足轻重的作用。

当前，木质资源的应用前景非常广阔，通过多种先进技术可以有效转化为高附加值的化学产品（图 1-2）。气化技术是将木质资源转化为氢气、氨气、甲醇和甲烷等气体的重要手段[14]。常见的气化方法包括固定床气化、流化床气化和等离子体气化等。其中，固定床气化适用于大颗粒原料的处理，通过适当的氧气和蒸汽供应，可以在高温下实现部分燃烧，生成合成气（主要成分为氢气和一氧化碳）。而流化床气化则通过将固体颗粒与气体混合，使其悬浮在气流中，提高了反应的均匀性和效率，更适合处理小颗粒木质材料。这些气体不仅可以作为清洁能源，还可以进一步转化为氨气和合成燃料。液化技术能够将木质资源转化为乙醇和 5-羟甲基糠醛等化学药剂。热解液化是一种常用的液化方法，通过在缺氧环境下加热木质材料，分解为油相和气相，其中油相则含有丰富的化学前体，如乙醇和其他有机化合物[15]。此外，催化液化技术利用催化剂在较低温度下促进木质材料的转化，提高了产物的选择性和产率。这些液体化学品在生物燃料、溶剂和化妆品等多个领域具有重要应用。多糖化处理是另一种重要的技术，能够将木质资源转化为葡萄糖、木糖和树脂等产品[16]。通过酶解或酸解的方法，可以有效地将木质纤维中的多糖转化为可发酵的单糖，这

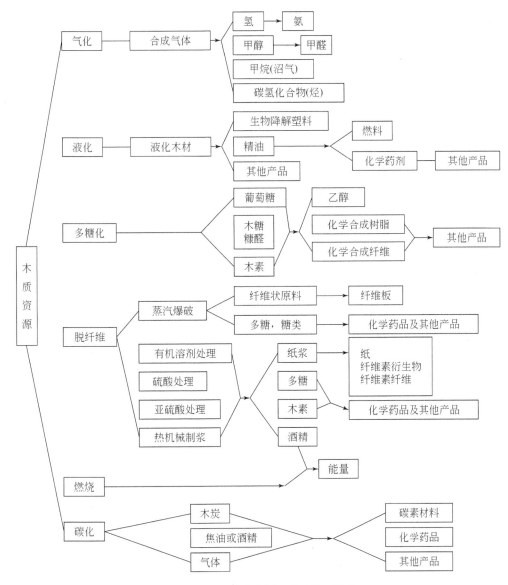

图 1-2 热及化学作用下木质资源转化

些单糖可用于生物燃料的生产或作为糖源。此外，树脂的提取则通常涉及溶剂提取和精制过程，这些树脂在涂料、黏合剂和塑料等行业具有广泛应用。通过蒸汽爆破、有机溶剂处理、硫酸处理和热机械制浆等方法，木质资源可以被解离为纤维原料[17]。例如，蒸汽爆破利用高温蒸汽在瞬间爆炸的方式，使木质结构破裂，从而释放出纤维素和木质素。这种方法具有高效、环保的特点，非常适合大规模生产纤维板和纸张。而热机械制浆则结合了机械力和热能，使木质材料经过破碎和高温处理后，获得高质量的纤维原料，广泛应用于纸和人造板的制造中。经过高温碳化处理，木质资源可以产生木炭、焦油和碳素材料[18]。这一过程通常在缺氧条件下进行，木质材料在高温下分解，形成多孔的木炭，具有良好的吸附性能，广泛用于净化水和空气。此外，焦油作为一种复杂的有机混合物，富含多种化学成分，可用于制备沥青、染料和医药中间体。而碳素材料则是现代新材料领域的关键组成部分，广泛应用于电池、超导材料和复合材料中。综上所述，木质资源通过多元化的处理技术，不仅提升了其经济价值，也为可持续发展提供重要支撑。这些技术的不断进步，将进一步推动木质资源的高效利用，助力绿色经济的发展。

# 1.3  木质资源材料化利用需求

木质资源的材料化利用在现代科技中展现出广泛的应用潜力，特别是在储能、吸附、传感和阻隔材料等新兴领域。随着可持续发展理念的深入人心，木质资源材料因其生态友好和性能优良受到越来越多的关注。典型的，在电化学储能方面，研究者们正在探索木质纤维素基材料用于电池和超级电容器的可能性，通过化学改性提高导电性，从而构建高效的能量存储系统。这些木质材料不仅轻量化，而且具有良好的可再生性，适合便携式电子设备和电动汽车等应用[19, 20]。在环境修复领域，木质材料凭借其独特的多孔结构和高比表面积，广泛应用于水处理和空气净化。通过物理或化学改性，木材的吸附能力得以显著增强，能够高效去除水中的重金属、染料及有机污染物[21]。此外，木质活性炭的制备过程通过高温碳化和活化技术得到优化，进一步提升了其去污效率，同时确保了材料的可再生性和生物降解性，符合环保需求。在分子传感领域，木质材料的应用逐渐受到重视。经过改性和功能化处理的木质材料可以用于开发各种传感器，如温湿度传感器和气体传感器，这些传感器具有良好的灵敏度与选择性，能够实时监测环境变化。结合纳米材料（如纳米银或纳米氧化锌）后的木质传感器在灵敏度和响应时间上表现优异，满足现代智能监测系统的需求[22, 23]。最后，作为阻隔材料，木质基复合材料在食品包装和建筑材料中同样发挥着重要作用。通过优化木质纤维的排列和添加功能性材料，这些复合材料可有效阻隔气体和水分、延长食品保鲜期和改善建筑能效。尤其是在绿色建筑和生态包装的推动下，木质阻隔材料凭借其可再生和可降解特性，成为替代传统塑料及其他非环保材料的理想选择[24-26]。

当前木质资源的材料化利用主要包括三种典型的途径：①在基本保留原始的宏观结构（如木材的三维多孔骨架）的基础上，通过表面修饰、孔隙填充、孔隙渗透等方式，实现新材料的创制；②通过物理、化学或生物等方法将木质资源原料进行解离或解聚，随后以获得的微纤维、纳米纤维素、平台化合物等为基本单元，通过本体组装或异质重组，得到不同维度的新型材料；③通过高温处理，将木质资源转化为不同形式的碳材料（如活性炭、碳纤维、碳量子点等），随后通过改性、复合等方法获得具有特定功能的新型材料。

对于途径一"保留木质资源原始宏观结构进行新材料创制"，其主要特点是创制的新材料完美继承了木质资源原始结构的优点。典型的，在超级电容器领域，木材沿其生长方向具有丰富的平行排列的管道结构（图 1-3），这些管道结构不仅可以为电解质离子的快速扩散提供通道，还可以作为微反应器实现电化学活性材料的限域生长，以创制高性能、自支撑的木材基复合储能材料。此外，具有高离子渗透性和电绝缘性的木材还可以根据实际需求切削成特定的厚度，以作为超级电容器正负极间的隔膜使用。Chen 等[27] 制备了一种全木基的非对称超级电容器。如图 1-4 所示，该超级电容器采用活性木炭作为负极，木质薄膜作为隔膜，$MnO_2$@木炭作为正极。这三个组分中均有天然木材，具有独特的各向异性

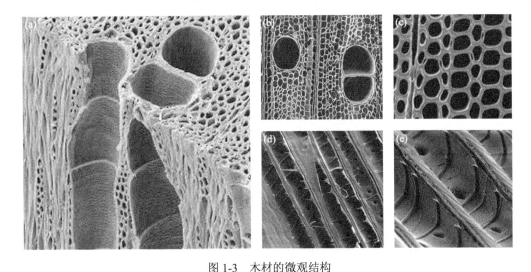

图 1-3　木材的微观结构

（a）木材横切面和径切面的扫描电镜图；（b，c）不同放大倍数的木材横切面的扫描电镜图；（d，e）不同放大倍数的木材弦切面的扫描电镜图

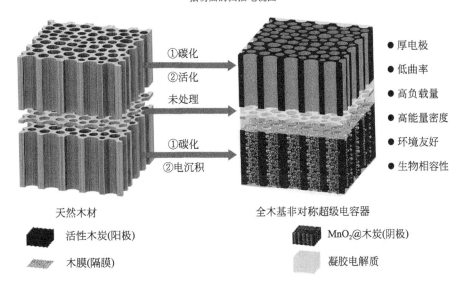

图 1-4　全木基非对称超级电容器结构示意图

结构，沿着生长方向有很多开放的孔道，可供离子直接传输。该电极材料不仅具有较大的负载量，而且变形性也小，因此该全木基超级电容器表现出相当高的能量/功率密度和循环稳定性。全木基材料价格低廉且可以生物降解，是一种有绿色可再生的储能器件。类似地，Guan 等[28] 以天然可再生木材为原料开发了一种新型的木材海绵吸附材料，用于油水分离。他们选用低密度轻木（0.09 g/cm$^3$）为原料，通过化学处理有序剥离出木材细胞壁中木质素和半纤维素，保留纤维素骨架，然后经冷冻干燥制备得到密度低、孔隙度高且具有层状结构的木材海绵。为了使材料获得疏水/亲油性能，采用气相沉积法在木材海绵纤维骨架表面沉积聚硅氧烷涂层，赋予材料良好的疏水性能，并保留其原始的孔隙结构。最终得到的木材海绵材料具有高弹性能，经 100 次循环压缩试验，回弹率保持在 99%。该材料吸油性

能良好，最大吸油量可达自身重量的 41 倍，并且可以通过挤压排油的方法回收吸附的油，经过多次挤压吸油量基本保持恒定。

对于途径二"利用木质资源的解离/解聚产物进行重组复合创制新材料"，其主要优势是可以灵活创制不同维度、不同尺寸以及不同结构的新型材料。在传统领域，将木材、竹材、秸秆等原料解离成纤维尺度，随后借助脲醛树脂、酚醛树脂等胶黏剂，通过组坯、胶合、热压等工艺，可以将木质纤维组装成高内结合强度的纤维板，用于家具制造、建筑装饰等领域。在新兴领域，将木质资源中的纳米成分（如细胞壁中的纤维素、半纤维素、木质素等大分子）精准拆解出来，以它们结构上丰富的羟基为媒介，通过氢键组装等方法，可以获得纳米薄膜、气凝胶、水凝胶、纳米泡沫等各向同性或各向异性的新型材料。典型的，俞书宏院士团队提出了一种全新的生物质表面纳米化策略，该策略巧妙地利用了木屑中天然的纤维素纳米纤维，使其互相交联从而构筑无需任何黏合剂的高性能人造木材（图 1-5）[29]。微米级木屑颗粒的表面暴露着大量的纳米尺度的纤维素纤维，纳米纤维通过离子键、氢键、范德瓦耳斯力以及物理纠缠等相互作用结合在一起，微米级的木屑颗粒也被这些互相缠绕的纳米纤维网络紧密地结合在一起形成高强度的致密结构，而无需任何黏结剂，其抗弯强度和弯曲模量，远超天然实木的力学强度，显示出优异的断裂韧性、极限抗压强度、硬度、抗冲击性、尺寸稳定性以及优于天然木材的阻燃性。此外，通过将碳纳米管掺入木屑颗粒间的纳米网络当中，可以获得导电智能人造木材，基于其高导电性，可以实现传感、自发热以及电磁屏蔽等多种应用。另一个典型案例是中国科学院苏州纳米技术与纳米仿生研究所张学同团队，利用离子液体诱导纺制超韧纤维素气凝胶纤维[30]。他们通过湿法纺丝将纤维素溶液挤入无水乙醇凝固浴中，形成具有一定取向度的凝胶纤维。随后，经牵伸取向进一步提高凝胶纤维的取向度。最后，通过溶剂置换和超临界干燥，得到具有多级结构的超韧纤维素气凝胶纤维。

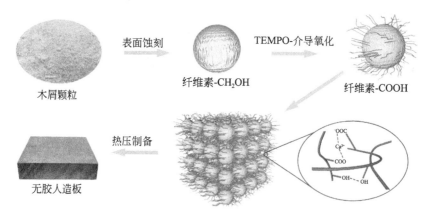

图 1-5　无胶人造板的重组策略示意图

对于途径三"将木质资源转化为碳材料后再通过修饰或重组创制新材料"，其最大的优点是不仅克服了木质资源电绝缘的劣势，而且可以同时继承木质资源天然结构优势。典型地，来自东北林业大学甘文涛教授团队，利用廉价、环保的木材基材，采用一步煅烧的方法将 Co-Ni 二元纳米粒子沉积到木材通道中，制备了一种高效的炭化木电极[31]。由于天然木材独特的多孔结构和均匀分布在木材通道中的 Co/Ni 纳米颗粒，低成本的碳化木电极为电子、离子和气体的有效传输提供了一条特殊的三通道。中南大学王海燕教授团队以木材衍生的硬碳为基础，揭示了硬碳中作为储钠结构的闭孔形成的机理[32]。研究发现，天然木材中高含量的结晶纤维素可以转化成长的类石墨层，包围和收缩活性位点，形成封闭的孔隙结构。非晶态组分（半纤维素和木质素）的存在不仅有利于纳米孔的形成，而且可以防止高温碳化过程中碳层的过度石墨化（图 1-6）。随着碳化温度的升高，类石墨碳层的长度增加，有利于封闭孔隙结构的形成。基于该碳化模型，最佳的 H-1500 电极在 20 mA/g 下具有 430 mAh/g 的高可逆放电容量，在 500 mA/g 下循环 400 次后具有 280 mAh/g 的稳定循环性能。

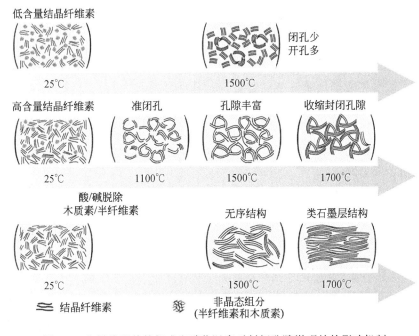

图 1-6　木材前驱体的组成和碳化温度对封闭孔隙微观结的影响机制

　　当前，木质资源已经通过上述三种典型途径，在钠离子电池电极、环境修复泡沫、光电催化电极、绿色结构材等新型材料领域得到了广泛应用。这也进一步证实了木质资源独特的分级多尺度结构以及其特殊的多元活性组分的优越性。然而，木质资源在未来的材料化应用中仍需重点关注以下问题：①木质资源材料化的资源利用种类亟待丰富。当前的木质资源材料化研究主要聚焦在木材上，竹材、藤材等木质资源具有特殊的天然结构（例如竹材具有连续的"竹间-竹节"结构），与木材区别显著，但依托竹材、藤材等木质资源的材料化研究仍相对较少。②木质资源的全量化利用亟待实现。当前木质资源材料化利用的过程中，常常需要将木质资源进行脱木素处理，获得结构更加松散和孔尺寸更大的基质材料。然而，脱除的木质素成分通常直接废弃掉。类似地，将木质资源解离成纳米纤维素的过程中，半纤维素和木质素等成分也通常被直接废弃掉。这些做法造成了木质资源的大量浪费和环境污染，因此亟需探索和突破木质资源的全量化利用方法。③木质资源的低碳热转化技术亟待突破。当前木质资源的热转化技术主要是通过在惰性气体的保护下，高温热解实现的。其热解温度通常需要突破 1000℃。对于特殊材料，热解温度甚至需要达到2000℃。这造成了大量的能量消耗。虽然当前存在水热碳化等低温热转化技术，但仍存在碳材料电导率不足、液相废水难处理等问题。因此，突破木质资源的低碳热转化技术至关重要。

## 1.4　本书选题思路和主要内容

当前，木质资源的应用已经引起了国内外学者的广泛兴趣。据 Web of Science 统计，2000～2024 年间仅关于木材的研究论文已发表 237334 篇，发文量呈逐年递增趋势（2000年 1846 篇，2010 年 10368 篇，2023 年 15840 篇）。与此同时，我国近年来陆续出台《国务院办公厅关于加快推进农作物秸秆综合利用的意见》《加快"以竹代塑"发展三年行动计划》《加快非粮生物基材料创新发展三年行动方案》《全国林下经济发展指南（2021—2030 年）》等政策法规，强调了实现木质资源高值高效利用的重要性。为此，亟需系统了解木质资源的宏微观结构、理化性质、化学组分、生物活性等本征特性，熟练掌握木质资源的拆解方法、修饰技术、重组复合方法和功能化策略，明确结构和成分转化对储能、催化、传感、吸附、阻隔等关键应用性能的影响机制，为木质资源的精准解离、定向修饰、功能重组等核心过程提供创新思路。

本书内容基于作者团队近年来的研究成果，重点介绍了典型的木质资源（包括木材、竹材、秸秆等），以厘米级木质框架、微米级纤维素微纤丝和纳米级纤维素纳米纤丝等多尺度形式，通过结构调控、精准解离、功能重组、异质复合等核心过程，创制超级电容器正极/负极材料及器件、钠离子电池电极材料及器件、染料敏化太阳能电池光阳极及器件、肌肉/压力/分子传感电极、声阻隔/电磁阻隔/紫外阻隔材料等。重点揭示了木质资源的本征结构和化学组分作为基础基质或增强相时，在实现具体性能提升时的核心作用。创新提出了超临界流体辅助浸渍、磁控溅射、等离子体增强化学气相沉积、低温诱导分子预交联等手段，改进了木质资源与其他客体物质（如纳米颗粒、聚合物、碳材料等）之间的多相界面耦合效果，阐明了木质资源与其他功能物质的协同增效机制。此外，本书还重点概述了木质资源分级结构（包括宏观组织、细胞壁和超分子结构等）、木质资源物化特性（包括热学特性、力学特性、化学反应特性等）、木质资源修饰技术（包括物理、化学和生物修饰技术）、木质资源重组技术等关键基础理论技术，旨在为相关领域研究人员在开展木质资源高值高效利用研究的过程中提供重要基础。

## 参 考 文 献

[1] 龙克莹, 王东, 林兰英, 等.中国造纸学报, 2021, 36(1): 88-94.

[2] 李坚. 木材科学. 3 版. 科学出版社, 2014.

[3] Aoudi B, Boluk Y, El-Din M G. Science of the Total Environment, 2022, 843: 156903.

[4] Kim J H, Lee D, Lee Y H, et al. Advanced Materials, 2019, 31(20): 1804826.

[5] Golmohammadi H, Morales-Narváez E, Naghdi T, et al. Chemistry of Materials, 2017, 29(13): 5426-5446.

［6］ Noremylia M B, Hassan M Z, Ismail Z. International Journal of Biological Macromolecules, 2022, 206: 954-976.

［7］ Alonso D M, Wettstein S G, Mellmer M A, et al. Energy & Environmental Science, 2013, 6(1): 76-80.

［8］ Ye L, Han Y, Wang X, et al. Molecular Catalysis, 2021, 515: 111899.

［9］ Dhepe P L, Sahu R. Green Chemistry, 2010, 12(12): 2153-2156.

［10］ Rao J, Lv Z, Chen G, et al. Progress in Polymer Science, 2023, 140: 101675.

［11］ Chen W J, Zhao C X, Li B Q, et al. Green Chemistry, 2022, 24(2): 565-584.

［12］ She Y, Li X, Zheng Y, et al. Energy & Environmental Materials, 2024, 7(2): e12538.

［13］ Zhu Y, Li Z, Chen J. Green Energy & Environment, 2019, 4(3): 210-244.

［14］ Bhattacharya S C, Siddique A H M M R, Pham H L. Energy, 1999, 24(4): 285-296.

［15］ Zhong C, Wei X. Energy, 2004, 29(11): 1731-1741.

［16］ Lee S H, Teramoto Y, Endo T. Bioresource Technology, 2009, 100(1): 275-279.

［17］ Polaskova M, Cermak R, Verney V, et al. Carbohydrate Polymers, 2013, 92(1): 214-217.

［18］ Grieco E M, Baldi G. Waste Management, 2012, 32(5): 833-839.

［19］ Fu Q, Chen Y, Sorieul M. ACS Nano, 2020, 14(3): 3528-3538.

［20］ Kohl D, Link P, Böhm S. Procedia CIRP, 2016, 40: 557-561.

［21］ Abe I, Fukuhara T, Iwasaki S, et al. Carbon, 2001, 39(10): 1485-1490.

［22］ Wang Y, Hou S, Li T, et al. ACS Applied Materials & Interfaces, 2020, 12(37): 41896-41904.

［23］ Cai C, Mo J, Lu Y, et al. Nano Energy, 2021, 83: 105833.

［24］ Mi R, Chen C, Keplinger T, et al. Nature Communications, 2020, 11(1): 3836.

［25］ Tang J, Fan X, Huang H, et al. Nano Research, 2024, 17: 8531-8541.

［26］ Muthoka R M, Panicker P S, Agumba D O, et al. Carbohydrate Polymers, 2021, 264: 118012.

［27］ Chen C, Zhang Y, Li Y, et al. Energy & Environmental Science, 2017, 10(2): 538-545.

［28］ Guan H, Cheng Z, Wang X. ACS Nano, 2018, 12(10): 10365-10373.

［29］ Guan Q F, Han Z M, Yang H B, et al. National Science Review, 2021, 8(7): nwaa230.

［30］ Liu Z, Sheng Z, Bao Y, et al. ACS Nano, 2023, 17(18): 18411-18420.

［31］ Gan W, Wu L, Wang Y, et al. Advanced Functional Materials, 2021, 31(29): 2010951.

［32］ Tang Z, Zhang R, Wang H, et al. Nature Communications, 2023, 14: 6024.

# 第 2 章　木质资源分级结构

## 2.1　木质资源的宏观组织构造

　　木材的一些特征可以通过简单的观察来检测，这些特征被称为宏观特征。木材的宏观特征之所以重要，是因为它们通常能提供木材生长条件的线索，指示物理属性，并有助于木材的鉴定。

### 2.1.1　木材的三切面

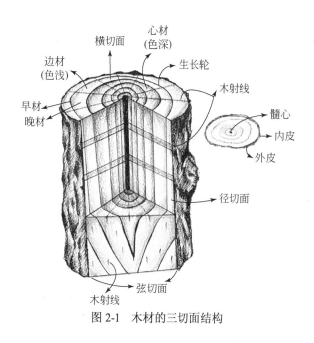

图 2-1　木材的三切面结构

　　图 2-1 展示了一块木材的三切面。横切面、径切面和弦切面的宏观特征看起来非常不同。横切面是指与树干主轴相垂直的切面，即树干的端面，可用来观察各种轴向结构的横断面和木射线的宽度，它是识别木材最重要的一个切面。径切面是指顺着树干轴向，通过髓心与年轮垂直的纵切面。在横切面上看，凡是平行木射线的纵切面都称径切面，在这个切面上的木射线都呈断续条状与年轮相垂直。弦切面是顺着木材纹理，不通过髓心，而与年轮相切的切面。木材不仅在不同视角下外观不同，而且物理属性也有所不同。

### 2.1.2　木材的生长轮

　　生长轮的形成过程涉及树木的木质部组织。树木的木质部由木纤维和木射线组成。每年的生长轮包括两部分：早期木材和晚期木材。早期木材是在春季和初夏形成的，因春雨和充足的阳光使树木快速生长。此时形成的木纤维细胞较大、壁薄，密度低，含水量高。晚期木材则在夏末和秋季形成，随着生长速度减慢，木纤维细胞变小、壁厚，密度增加，含水量降低。这种变化导致年轮的早期部分通常比较宽，而晚期部分较窄。

　　年轮的宽度和层次受多种因素影响，如气候条件（温度和降水量）、土壤质量和树木的健康状况。通过对这些年轮进行分析，可以揭示过去的气候变化、生态环境及自然灾害的历史。例如，宽年轮可能表明生长季节气候条件良好，而窄年轮则可能指示干旱或寒冷的年份。此外，年轮的密度变化也可以提供有关树木生长速率和环境变化等的重要信息。

## 2.1.3　木材的早材和晚材

图 2-2 是红木（*Sequoia sempervirens*）薄切片的放大照片。在放大倍数 85 倍下，可以清楚地看到生长季节后期形成的木材与年初形成的木材显著不同。晚材的组织密度较大，由相对小的径向直径细胞组成，具有厚壁和小孔隙。晚材构成了年轮的深色部分。图 2-3 展示了早材和晚材细胞的部分插图。

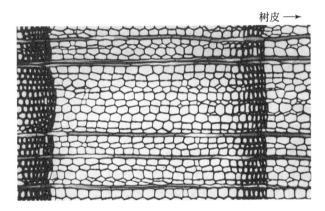

图 2-2　晚材细胞呈现明显的带状结构　　　图 2-3　针叶材的早材和晚材的纵向管胞的尖端

年轮并不总是表现为明显交替的早材和晚材带。例如，一些阔叶材在生长季节初期形成较大的孔隙，而在年末形成较小的孔隙（图 2-4）；这种木材被称为环孔材。其他阔叶材在生长增量中细胞结构变化较小，因此形成的年轮难以察觉。由于整个年轮中的孔隙大小相似，这些木材被称为散孔材。图 2-5 展示了一种年轮不明显的散孔材。

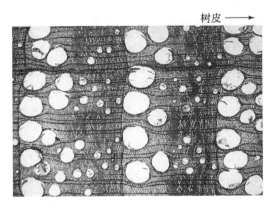
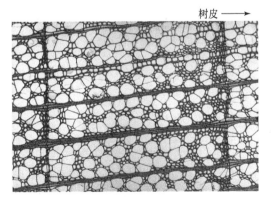

图 2-4　环孔阔叶材——南美红橡（*Quercus falcata*）的横截面（放大倍数 30 倍）　　　图 2-5　散孔阔叶材——黄杨（*Liriodendron tulipifera*）的横截面（放大倍数 80 倍）

晚季光合作用产物的丰富度对阔叶材的影响不如对针叶材明显。在环孔阔叶材中，早期形成的大直径管道常常伴随着较紧凑的晚材、小直径管道和更高比例的纤维。散孔阔叶材在生长季节晚期也通常产生更高比例的纤维，这些纤维有时还会在径向上被压扁。Grotta等在西部俄勒冈州对道格拉斯冷杉进行研究时发现，大多数树木的形成层生长始于 5 月中旬，并在 8 月底到 9 月初停止，7 月 6 日是过渡到晚材的平均日期[1]。因此，早材的形成大约持续 3～3.5 个月，而晚材的形成则大约持续 2 个月。

早材和晚材在原木中的不同比例的重要性尚未被充分记录。然而，已知在明显年轮的针叶材中，晚材的强度显著高于早材，这对木材和木制品的性质有重要影响[2]。Kretschmann等发现，即使在同一生长年轮和同一树木中，早材和晚材也具有不同的力学性质，并且这些力学性质与其他木材特征之间的关系也有所不同[3]。一般来说，晚材的强度和刚度是早材的两到三倍。

年轮有时未能完全围绕横截面形成，这是因为在树干的某些地方，形成层保持休眠。断续年轮有时出现在一侧冠部的树木以及严重脱叶、抑制生长或过成熟的树木中[4]。这一现象表明，在使用增量取样确定树龄时需要谨慎；当怀疑存在断续年轮时，应从树干的多个位置取样。

正常的季节性生长有时会因干旱、晚霜、昆虫或冰雹引起的脱叶等事件而中断。如果这些事件导致终端生长减缓或停止，生长素生产将减少，从而可能产生类似晚材的细胞。如果在同一生长季节这些减缓生长的事件发生后又紧接着出现利于生长的条件，则生长模式可能会恢复正常，伴随产生尺寸较大、壁较薄的早材细胞[5]。这种情况下形成的年轮被称为假年轮（图 2-6）。通过检查晚材到早材的过渡，可以区分假年轮和正常年轮。正常年轮表现为晚材和早材之间的急剧变化，而假年轮则表现为双重渐变。

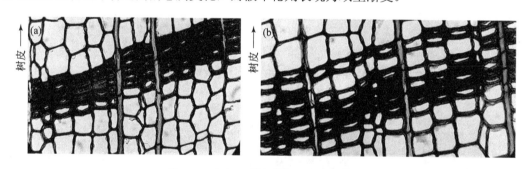

图 2-6    （a）正常年轮与（b）假年轮

圆柏（*Taxodium distichum*）的横截面

## 2.1.4    木材的边材和心材

有些树木被描述为自然界中最古老的生物。例如，生长在加利福尼亚州白山的古针叶松被估计为地球上最古老的生物，年龄约为 4600 年。虽然一个活着的生物能有接近 5000 年的预估年龄非常令人印象深刻，但这也可能具有误导性。即使是古老的古针叶松，其植物组织也只能存活几年。这一明显矛盾可以通过以下事实来解释：新细胞不断生成，而旧

细胞则逐渐失去功能。甚至形成层细胞也会定期
被替代。据估计，树木的活细胞可能仅占其总质
量的 1%[6]。像古针叶松这样的树木的长寿证明
了如果条件适宜，木材可以无限期地存在。

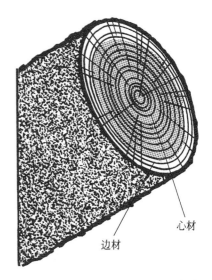

图 2-7 木材横截面上的心材和边材

检查树干的横截面通常会发现一个深色的
中心部分，周围有一个浅色的外层（图 2-7）。深
色的中心区域称为心材，浅色的组织称为边材。
需要注意的是，心材的颜色有时与边材相同。活
细胞存在于边材中。边材的内层，大部分细胞已
死，仍能在活树中向上输送水分。心材不再具有
生理功能，因为这一区域的所有细胞均已死亡。

一个典型的观点是，由于心材比边材更古
老，经过更慢的老化和风干，因此心材更好。心
材被认为比边材更重、更强且更耐腐烂。虽然这
些观点中部分是正确的，但也有一些并不准确。
在理解心材的特性及其原因之前，首先需要了解心材的形成机制。当一棵树或树木的某部
分年轻且生长旺盛时，通常没有心材。然而，经过若干年后，心材通常会在树干的中心附
近开始形成。边材转变为心材的最常见树龄大约为 14～18 年。然而，Dadswell 等报道，一
些物种，如桉树，可能在 5 年时就开始形成心材[7]。Gominho 和 Pereina 报道，在 9 年生的
人工林桉树中，所有树木均发现有心材；心材被观察到延伸到树高的 60%～75%，并占据
树木体积的三分之一[8]。Hoadley 指出，黑刺槐和紫荆树的边材保持时间不超过 3 年[9]。
相比之下，Hillis 报道，一些物种，如欧洲山毛榉或欧洲白蜡树，可能要到 60～100 年时才
开始形成心材[10]。一旦开始，边材向心材的转变是持续进行的。一般而言，边材的年轮数
量与树冠的大小直接相关[11]。心材和边材之间的界限不一定沿着年轮分布。

在形成层生成新细胞的过程中，这些细胞在一段时间内保留进一步分裂的能力，然后
在形成加厚的木质化细胞壁后失去这种能力。大多数细胞在细胞壁加厚后死亡，标志着细
胞核和原生质的消失。然而，一些细胞（占木材中的 5%～40%）保留其原生质，这些细胞
被称为储存细胞（即薄壁组织细胞），存在于纵向和射线细胞中[12]。活细胞在木材中进行
代谢过程。心材的形成标志着这些细胞的死亡。早期解释认为，随着活的薄壁组织细胞逐
渐变老并远离形成层，代谢率和酶活性下降，剩余的活细胞开始衰退。细胞质开始发生化
学变化，淀粉、糖分和氮含量减少。细胞核变圆，开始退化，最终完全消失，标志着这些
细胞的死亡。然而，最近发现，虽然某些物种的薄壁组织细胞逐渐衰退，但在其他物种中，
所有薄壁组织细胞在心材/边材界限处仍保持活性[13]。这表明，除了年龄和距离形成层外，
可能还涉及其他因素。

正如 Taylor 等所指出的，"对心材形成的过程仍然了解甚少，需要进一步研究。能够操
控树木心材的数量和质量将具有巨大的实际价值；然而，在实现对心材形成的控制之前，
还有许多问题需要解决"[14]。在心材形成中被怀疑可能发挥作用的因素包括二氧化碳或乙
烯气体的积累，内部区域湿度水平的降低和/或水分运输的停止，酶活性，从形成层向内逐

渐减少淀粉、糖分或脂质储备，以及抽提物的形成。尽管心材形成的原因仍在争论中，但已知细胞死亡伴随着特定物种的次生代谢物的生物合成。次生代谢物被定义为不直接参与树木生长和发育的物质。这些代谢物积累在细胞壁和腔隙中，通常是多酚类的。常与心材相关的多酚包括油脂、树脂、胶质、单宁以及芳香和着色材料。其他化合物还包括脂肪和蜡。许多心材次生代谢物可以通过浸泡或煮沸在水或酒精中，或通过其他抽提过程从心材中去除或提取。由于这种抽提能力，以及组成成分种类繁多，这些化合物通常被统称为抽提物。

是由于剩余储存细胞中次生代谢物和其他物质的产生导致细胞死亡，还是由于水分不足而导致细胞死亡，目前尚不明确。无论导致木材中心的薄壁细胞死亡的原因是什么，似乎都可以认为，未在形成层区消耗的光合产物在多酚的生成中扮演了直接角色。例如，Hillis发现，快速生长和碳水化合物的有效利用与较低的心材多酚含量相关[15]。尽管在某些物种的心材/边材过渡区发现了淀粉，但需要从边材转移大量初级代谢物到心材过渡区，以形成某些心材中发现的高水平的抽提物。Kozlowski和Pallardy证明，抽提物是由心材边界处的活薄壁细胞中的运输代谢物（与生命维持相关的物理和化学过程的产物）形成的[16]。需要注意的是，上述Hillis的发现并不一定意味着快速生长会减少心材形成。

如前所述，心材形成通常标志着细胞水分含量的减少。表2-1中列出了多种树种的心材与边材的水分含量数据。细胞水分含量的减少被认为是心材形成的第一步。这也解释了为什么树木中较高的部分会有较多的心材，而根部的木材则含有很少的心材。从前面的讨论中可以看出，心材转化过程中基本的细胞结构没有变化，主要变化是抽提物的存在。认识到这一点对于理解心材和边材的性质差异非常重要。

心材和边材之间的差异几乎完全是化学上的，正是这些化学物质赋予了心材独特的性质，具体包括以下几点：

（1）心材的颜色可能比边材更深。大多数温带树木中的多酚在常规光照下是无色的。然而，它们也是不稳定的，会随着时间的推移而降解。储存在心材中的细胞死亡后，次级代谢产物可以扩散到木材中，并因随机氧化反应而变暗。在一些木材中，心材和边材之间可能没有颜色差异；这种现象并不一定意味着心材的缺失，而可能只是表明没有形成深色的提取物。阔叶材的心材颜色变化范围比针叶材更广泛。

（2）心材具有很高的抗腐朽或抗虫害能力，或两者兼具。当木材天然具有抗腐朽和抗虫害的能力时，例如柏木、红杉和大多数雪松的心材，这通常是因为其中的一些提取物能抵抗腐朽真菌和昆虫的侵蚀。为了赋予抗腐朽性，抽提物必须具备抗氧化和抗真菌的双重特性。许多木材的心材不含有这些双重特性的抽提物，或者含量低于天然抗腐朽的木材；这种心材的抗腐朽性可能为零或仅有轻微的抗腐朽性。由于抗腐朽性仅由在心材中存在的化学物质赋予，因此所有树种的边材都容易受到腐朽的影响。

（3）心材可能难以被液体（如防腐化学品）渗透。渗透阻力的原因有：①存在可抽提的油脂、蜡质和胶质，这些物质可能会堵塞细胞壁中的微小通道；②通过膜内部结构的基本单元重新排列，关闭了针叶材中的细胞间通道（称为孔道堵塞）；③通过逐渐沉积的结垢材料（如酚类化合物），阻塞了阔叶材和针叶材的边界孔道膜。当木材既容易腐朽又难以渗

表 2-1　心材和边材在湿润状态下的含水量

| 针叶材 | | | 阔叶材 | | |
|---|---|---|---|---|---|
| 树种 | 含水量（%） | | 树种 | 含水量（%） | |
| | 心材 | 边材 | | 心材 | 边材 |
| 红桤木 | — | 97 | 落羽杉 | 121 | 171 |
| 苹果 | 81 | 74 | 雪松木 | | |
| 桉木 | | | 　阿拉斯加 | 32 | 166 |
| 　黑桉 | 95 | — | 　东方红木 | 33 | — |
| 　绿桉 | — | 58 | 　香木 | 40 | 213 |
| 　白桉 | 46 | 44 | 　奥福德港 | 50 | 98 |
| 山杨 | 95 | 113 | 　西方红木 | 58 | 249 |
| 美国椴木 | 81 | 133 | 　花旗松（海岸型） | 37 | 11 |
| 美国山毛榉 | 55 | 72 | 冷杉 | | |
| 桦木 | | | 　大冷杉 | 91 | 136 |
| 　纸皮桦 | 89 | 72 | 　贵冷杉 | 34 | 115 |
| 　甜桦木 | 75 | 70 | 　太平洋银杉 | 55 | 164 |
| 　黄桦 | 74 | 72 | 　白冷杉 | 98 | 160 |
| 黑樱桃 | 58 | — | 铁杉 | | |
| 美洲栗 | 120 | — | 　东部铁杉 | 97 | 119 |
| 黑棉白杨 | 162 | 146 | 　西部铁杉 | 85 | 170 |
| 榆木 | | | 西部落叶松 | 54 | 119 |
| 　美国榆木 | 95 | 92 | 松木 | | |
| 　木栓榆 | 44 | 57 | 　火炬松 | 33 | 110 |
| 雪松 | 66 | 61 | 　黑松 | 41 | 120 |
| 朴树 | 61 | 65 | 　长叶松 | 31 | 106 |
| 山核桃 | | | 　美国黄松 | 40 | 148 |
| 　心果山核桃 | 80 | 54 | 　红松木 | 32 | 134 |
| 　水山核桃 | 97 | 62 | 　萌芽松 | 32 | 122 |
| 胡桃木（笔直） | | | 　甜松 | 98 | 219 |
| 　核桃木 | 70 | 52 | 　白皮松 | 62 | 148 |
| 　山胡桃 | 71 | 49 | 红杉（热带雨林） | 86 | 210 |
| 　红胡桃木 | 69 | 52 | 云杉木 | | |
| 　沙胡桃木 | 68 | 50 | 　东松 | 34 | 128 |
| 木兰 | 80 | 104 | 　恩格尔曼氏松 | 51 | 173 |
| 枫木 | | | 　锡特卡松 | 41 | 142 |
| 　银枫 | 58 | 97 | 美洲落叶松 | 49 | — |
| 　糖枫 | 65 | 72 | | | |
| 橡木 | | | | | |
| 　加州黑橡 | 76 | 75 | | | |
| 　北方红橡 | 80 | 69 | | | |
| 　南方红橡 | 83 | 75 | | | |
| 　水橡木 | 81 | 81 | | | |
| 　白橡木 | 64 | 78 | | | |
| 柳栎 | 82 | 74 | | | |
| 香枫 | 79 | 137 | | | |
| 美国梧桐 | 114 | 130 | | | |
| 山茱萸 | | | | | |
| 　黑紫树 | 87 | 115 | | | |
| 　野生蓝果木 | 101 | 108 | | | |
| 　水紫木 | 150 | 116 | | | |
| 黑胡桃 | 90 | 73 | | | |
| 黄杨木 | 83 | 106 | | | |

资料来源：美国林产品实验室（USFPL）（1999）。

透时，则其某些应用容易受到限制。道格拉斯冷杉就是一个例子，这种木材不具有很强的抗腐朽性；此外，它的心材也难以进行处理以提高其耐久性。

（4）心材可能难以干燥。干燥困难通常可归因于与渗透性相同的因素。

（5）心材可能具有明显的气味。当出现这种情况时，通常是由于存在芳香抽提物。大多数雪松含有气味刺鼻的化合物。

（6）心材的单位体积重量可能略高于边材。当出现这种情况时，是由于存在大量提取物。

## 2.1.5　木射线

木射线为树液在韧皮部层水平来回移动提供了途径。几乎所有的木材都含有射线。在某些阔叶木（如橡木）中，木射线相当大，在横截面上非常明显（见图 2-8）。在针叶材和一些阔叶材中，木射线非常狭窄，有时甚至用放大镜也难以看到（见图 2-9）。许多用于家具及其他装饰用途的高价值针叶材，其射线图案在径向和切向表面上非常明显（见图 2-10）。这些特征在识别木材种类时常常是有帮助的。木射线还会影响木材的性质。例如，木射线会限制径向尺寸变化，部分原因是木材在干燥时径向收缩程度小于弦向收缩。木射线也影响木材的强度特性，因为它们构成了径向的弱点平面。因此，在单板切割操作中，如果单板刀具方向不当，可能会沿射线发生劈裂。木材干燥时也可能沿射线发生劈裂。

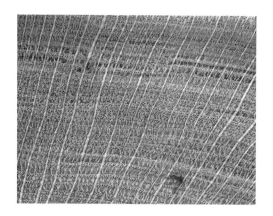

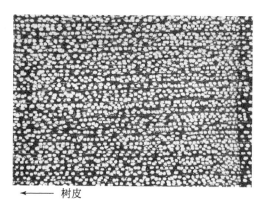

← 树皮

图 2-8　橡木木射线尺寸较大，无需放大即清晰可见　　图 2-9　一些针叶材的木射线尺寸很小，在放大状态下也很难辨别（红胶木横切面）

仔细观察横截面的木射线布局（图 2-8），可以发现木射线从形成层和树皮向内延伸。很少有木射线可以追溯到树干中心。进一步观察发现，木射线之间的距离在靠近髓心的年轮和向外的年轮中保持相对恒定。

回顾木射线的形成方式有助于解释木射线的排列方式。木质部和韧皮部的射线细胞由形成层中的射线初生细胞的分裂产生。射线初生细胞则来自其他射线初生细胞的分裂或纺锤初生细胞的不均等分裂。不充足的营养或异常小的分裂产物将不可避免地无法再分裂，这样的细胞可能转变为射线初生细胞。由于缺乏足够的营养而无法接近射线，射线的均匀间距得以保证。一旦射线之间的距离开始增加，距离它们中间的细胞获得足够营养并正常

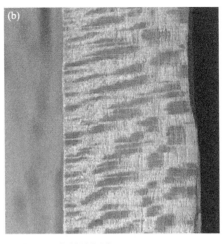

图 2-10　阔叶材的不同木射线图案

（a）糖枫（*Acer saccharum*）的弦向视图（放大倍数 3 倍）；　（b）美桐（*Platanus occidentalis*）的径向视图（放大倍数 3 倍）

发育的机会减少，形成新的射线初生细胞的机会增加。另外，木射线的增加还有其他方式。在树干横截面的任意位置，通过细胞分裂使现有木射线的高度增加，从而产生"新"的射线，这些新细胞位于父细胞的上方或下方。在一些阔叶木中，木射线可以通过弦向细胞的分裂来增加宽度；这种分裂可以导致在弦向视图中射线宽度达到多个细胞的宽度。

　　有证据表明，纺锤初生细胞转变为射线初生细胞及现有射线的扩展是由激素调节的，特别是受到源自木质部的乙烯的影响[17]。大多数木射线可以追溯到木质部并延伸到形成层及韧皮部，这与形成层的永久性有关。形成层一旦形成，初生细胞会继续分裂，而形成层则向外移动。只有当形成它的射线初生细胞失效并且没有被新的初生细胞取代时，木射线将会终止（从而无法与形成层连接）。

## 2.2　木质资源的细胞壁结构

### 2.2.1　细胞壁的壁层组成

　　木质细胞壁是一个多组分系统，主要由纤维素、半纤维素和木质素组成，它们在化学结构和物理性质上有所不同。图 2-11（a）显示了纤维素的主要结构，它是一种由 D-葡萄糖吡喃糖残基通过 $\beta$-(1,4)-糖苷键连接的非支链线型聚合物[18]。糖苷键通过两个氢键得到了稳定和加强。其中一个氢键位于 C6 和 C2 的羟基之间，另一个氢键位于 C5 的氧和 C3 的羟基之间。半纤维素是木质细胞壁中的多糖，具有赤道方向的 $\beta$-(1,4)-连接的骨架，例如木聚糖、甘露聚糖和葡甘露聚糖，以及 $\beta$-(1,3 或 1,4)-葡聚糖 [图 2-11（b）][19]。木质素是一种不规则的有机聚合物，由苯丙烷单元组成，其芳香环上的甲氧基取代基具有变化 [图 2-11（c）][20]。此外，木材中还包含果胶、淀粉和蛋白质以及低分子量组分，如抽提物、水溶性有机化合物以及无机化合物[21]。这些组分的含量在同一木材的不同部位也会有所不同，例如早材和晚材、树皮和木质部。

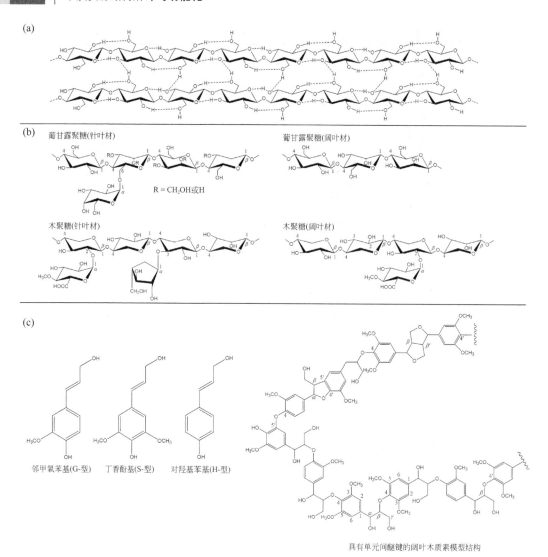

图 2-11　木质细胞壁中的纤维素（a）、半纤维（b）和木质素（c）分子结构示意图

从超微结构的角度来看，纤维素微纤维形成了嵌入在木质素和半纤维素基质中的细胞壁框架，这些成分具有保护和结构功能，使得细胞壁对化学物质、微生物或酶的降解具有抵抗力。半纤维素和木质素还具有结合纤维素微纤维的功能，它们的作用类似于黏合剂[22]。细胞壁的稳定性不仅影响木材的利用，还成为从木质纤维素中高效生产生物燃料的主要障碍[23]。阐明细胞壁的稳定性需要对细胞壁的超微结构及其化学特性有详细的了解。

木材细胞壁是一种具有层状结构的异质材料，通常包括胞间层、初生壁和次生壁（图 2-12）。次生壁通常分为三层：外层（$S_1$）、中层（$S_2$）和内层（$S_3$），其中 $S_2$ 层最厚，起着保持木材强度的关键作用[24]。这些层中的成分浓度各不相同，导致每层的化学性质有所不同。为了全面研究木材细胞壁的化学特性，已经采用了先进技术来厘清细胞壁结构与化学成分之间的联系。

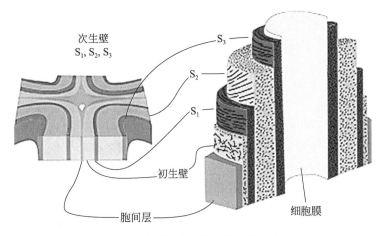

次生壁
$S_1, S_2, S_3$

$S_3$

$S_2$

$S_1$

初生壁

细胞膜

胞间层

图 2-12　木材细胞壁的多层结构示意图

对木材细胞壁化学特性的研究历史悠久，涵盖了从宏观到微观的尺度。为了从宏观尺度了解木材化学特性，研究人员首先研究了木材粉末或纤维。在这种情况下，常用的技术包括色谱法、红外光谱法、X 射线衍射和液体核磁共振光谱法，以表征木材成分的分子结构；然而，目前大多数方法都是破坏性的。这些方法依赖于顺序提取然后进行成分分析，或者需要使用对环境有害的溶剂部分分解木材组织。这些过程会从根本上扰乱生物分子的物理状态和分子相互作用，可能导致对细胞壁结构的结论不准确。因此，需要非破坏性的木材表征方法来解决这一问题。此外，近年来的研究重点已转向更小的尺度。

透射电子显微镜（TEM）和扫描电子显微镜（SEM）是阐明木材细胞壁超微结构的经典工具。它们使用电子束而不是可见光。电子束在外部磁场或电场的作用下会弯曲形成"透镜"。电子的波长（100 kV 电子的波长为 0.0037 nm）比可见光的波长（紫光的波长为 400 nm）要短得多[25]。根据光学理论，电子显微镜的分辨率极限远优于光学显微镜。通过将 TEM 与化学染色或免疫标记方法结合，可以同时描述木材细胞壁的超微结构和化学特性；然而，这些技术需要大量的样本准备，特别是在超薄切片和抗体制备方面，并且无法直接提供有关成分的化学信息。与显微镜结合的光谱技术，即光谱成像技术，克服了这一缺陷[26]。在这种情况下，化学特性由光谱提供，而木材细胞壁的结构则由显微镜可视化。这些技术包括紫外显微镜、荧光显微镜、共聚焦激光扫描显微镜、红外显微镜和共聚焦拉曼显微镜。紫外显微镜用于研究木质素的分布，因为木质素和酚类物质在 280 nm 波长的紫外光下有特征吸收[27]。由于木质素的共轭基团具有自发荧光，因此也可以通过荧光显微镜和共聚焦激光扫描显微镜来实现木质素的分布。不幸的是，这三种技术无法获得多糖的分布，因为多糖没有紫外吸收效应和自发荧光特性。相比之下，红外显微镜和共聚焦拉曼显微镜是更有前景的技术，可以直接提供包含所有成分化学特性和结构信息的分子振动光谱[28]。这两种技术使用不同的光源：前者使用红外区域的连续带光谱，而后者使用单色激光。由于衍射的限制，共聚焦拉曼显微镜的空间分辨率远优于红外显微镜。总之，电子显微镜使我们进入了超微结构的世界，而显微镜和光谱学的结合则为这个世界"上色"。获得高质量的图像只是研究木材细胞壁超微结构和化学特性的开始。

## 2.2.2　细胞壁的化学成分

木质资源材料主要由碳、氢和氧组成。表 2-2 详细列出了典型北美木材的化学成分，显示出碳在重量基础上是主要元素。此外，木材还含有在高温燃烧过程中与充足氧气反应后残留的无机化合物，这些残留物称为灰分。灰分可以追溯到含有钙、钾、镁、锰和硅等元素的不可燃化合物。一些木材的灰分含量非常低，特别是低硅含量，这在利用方面非常重要；硅含量超过约 0.3%（干重基础）会过度磨损切割工具。硅含量超过 0.5%在热带针叶木中相对常见，有些物种的硅含量可能超过 2%（按重量计算）。

表 2-2　木材中的元素组分

| 组分 | 质量分数（%，干重） | 组分 | 质量分数（%，干重） |
| --- | --- | --- | --- |
| 碳 | 49.0 | 氮 | 0.1 |
| 氢 | 6 | 灰分 | 0.2~0.5[*] |
| 氧 | 44 | | |

* 在一些热带物种中高达 3.0%～3.5%。

木质资源材料的元素成分可结合成多种有机聚合物：纤维素、半纤维素和木质素。表 2-3 显示了阔叶材和针叶材中每种成分的干重百分比。纤维素，可能是木材中最重要的成分，占阔叶材和针叶材重量的略少于一半。木质素和半纤维素的比例在不同树种以及阔叶材和针叶材之间差异很大。

表 2-3　木材中的主要有机成分

| 类型 | 纤维素（%，干重） | 半纤维素（%，干重） | 木质素（%，干重） |
| --- | --- | --- | --- |
| 针叶材 | 40~44 | 15~35 | 18~25 |
| 阔叶材 | 40~44 | 20~32 | 25~35 |

注：果胶和淀粉通常约占干重的 6%。

光合作用是绿色植物叶片中水和二氧化碳结合的过程，通过利用阳光的能量形成葡萄糖和其他简单的糖类，产生氧气作为副产品。葡萄糖形成后，可以转化为淀粉，或转化为其他糖类，如葡萄糖-6-磷酸或果糖-6-磷酸，然后转化为蔗糖（$C_{12}H_{22}O_{11}$）。蔗糖和其他糖类以汁液的形式运输到位于树枝尖端（顶端分生组织）的加工中心，通过内皮运输到根尖的分生组织和包裹主干、树枝和根部的形成层。到达这些不同区域细胞的细胞质后，蔗糖与水结合水解为葡萄糖和果糖。树木利用这些糖类制造叶子、木材和树皮。

纤维素是在活细胞中由基于葡萄糖的糖核苷酸合成的。糖核苷酸是由糖与磷酸基团和 RNA 或 DNA 组成的碱基结合而成的化合物。纤维素链形成、链延长和合成过程的终止可能由复杂且独立的机制控制。这些过程的净效果是将葡萄糖分子首尾相接，每形成一个化学键就消除一个水分子。最终形成的线型长链聚合物纤维素$(C_6H_{10}O_5)_n$，聚合度 $n$ 可能高达 10000。纤维素与葡萄糖的结构关系在图 2-13 中有所展示。半纤维素的合成过程与此类似，但起始的核苷酸不同。值得注意的是，果糖可以转化为葡萄糖，用于纤维素合成，或者转化为甘露糖或其他用于制造半纤维素或其他化合物的糖类。

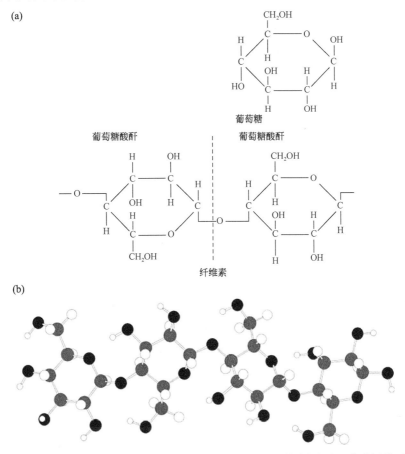

图 2-13　（a）葡萄糖和纤维素的分子结构图；（b）部分纤维素分子的球棍模型

　　纤维素是人们相对熟悉的材料。例如，棉花几乎完全是纤维素。优质书写纸也是主要由木材中的纤维素成分制成的。虽然纤维素是一种碳水化合物，但其对人类或大多数动物来说不是食物来源。在纤维素中，葡萄糖单元通过 $\beta$-糖苷键相连，其中 $\beta$ 表示连接相邻糖单元的糖苷键的特定空间构型。一个有趣的点是，淀粉中的葡萄糖残基在各方面都是与纤维素相同的，唯一不同的是前者采用的是 $\alpha$-糖苷键（实际上是 $\beta$ 的镜像）连接。尽管木材或棉花中的纤维素在食用价值上与蔗糖相当，但人类不能消化纤维素，因为体液中的酶只能水解 $\alpha$ 键而不能水解 $\beta$ 键。然而，某些动物（反刍动物）能够利用纤维素作为食物，因为它们维持了产生纤维素酶的肠道微生物群，这些酶将纤维素转化为代谢上有用的葡萄糖。白蚁也有类似的肠道微生物群。纤维素分子可能由多达 10000 个葡萄糖单元组成。尽管从分子角度来看很大，但最长的纤维素分子长约为 10 μm，直径约为 8 Å，即使使用电子显微镜也因为尺寸太小而无法观察到。

　　尽管葡萄糖是光合作用过程中主要产生的糖，但它并不是唯一的糖。其他六碳糖，如半乳糖和甘露糖，以及五碳糖，如木糖和阿拉伯糖，也在叶子中合成。这些以及其他糖衍

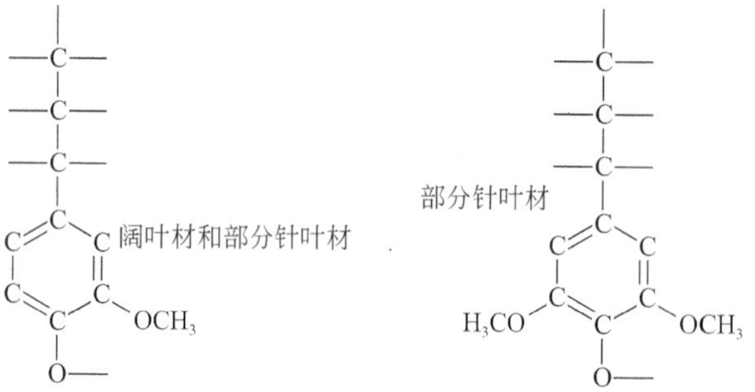

生物，如葡萄糖醛酸，连同葡萄糖一起用于发育中的细胞，合成较低分子量的多糖，称为半纤维素。大多数半纤维素是支链聚合物，与直链聚合物纤维素不同，通常由数百个糖单元组成（即聚合度在几百，而不是几千或几万）。木质素是一种由苯丙烷单元构建的复杂高分子聚合物（见图 2-14）。虽然木质素由碳、氢和氧组成，但它不是一种碳水化合物，也与这一类化合物无关。木

图 2-14 木质素的结构单元

质素本质上是酚类的。木质素非常稳定且难以分离，并且存在多种形式；因此，木质素在木材中的确切结构仍不确定。一种观点是，木质素由一组芳香族聚合物组成，主要是糖苷木质素，一种由 18 个苯丙烷单元组成的有序聚合物[29]。木质素存在于细胞之间和细胞壁内。在细胞之间，它作为黏合剂将细胞结合在一起。在细胞壁内，木质素与纤维素和半纤维素紧密结合，为细胞提供刚性。木质素还被认为能够减少因湿度变化引起的尺寸变化，并被认为增加了木材的耐腐朽性、耐虫性，从而使其抗腐烂和昆虫侵害。木质素提供的刚性是决定木材性质的重要因素。回想一下棉花（几乎纯纤维素）的柔软特性，以及海藻（木质素含量非常少）的柔韧特性，说明没有刚性成分的木材将会变得非常不坚硬。

在其原始形式中，木质素颜色非常浅。然而，即使是最温和的去除木质素的处理也会导致其结构的显著降解，使其颜色加深。因此，含有残余木质素的化学纸浆需要经过漂白才能变白。由于制作新闻纸的制浆过程涉及机械分离纤维而不是木质素去除，因此只会出现浅棕色，这可以通过化学漂白轻易去除。然而，当新闻纸中的木质素暴露在空气中，特别是在阳光下时，其中的木质素衍生物会随着时间的推移而变成黄色或棕色；部分黄变也可以追溯到半纤维素。由于机械制浆中不能去除木质素，新闻纸的寿命非常短；另外，由于纤维之间固有的刚性很难结合在一起，新闻纸还很粗糙、强度低。

## 2.2.3 细胞壁的微观结构

树木由一层薄薄的形成层包围，这层形成层由能够反复分裂的细胞组成。新产生的细胞向内侧形成新木材，而向外侧则成为树皮的一部分。在这一小节中，将探讨木质细胞壁的化学结构以及新细胞的发育步骤。新形成的木质细胞被包裹在一层薄薄的、富含果胶的膜状壁中，称为初生壁，细胞内部充满液体。果胶是高分子量的复杂胶体物质，水解后通常产生半乳糖醛酸及少量阿拉伯糖和半乳糖。果胶的确切结构目前尚未完全了解。在一个可能需要几天到几周才能完成的过程中，细胞逐渐膨胀，细胞壁随着细胞内生产的生物聚合物逐步添加到内侧（腔体侧）而逐渐变厚（图 2-15）。最终，填充细胞的原生质体丧失，细胞壁变厚，由初生壁和次生壁层组成，中心为空心。生物聚合物的逐层排列负责细胞壁的逐渐加厚。这些生物聚合物是之前描述的三种不同类型大分子：纤

维素、半纤维素和木质素。

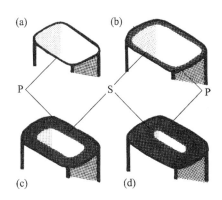

图 2-15 木材细胞发育阶段纵向细胞的横截面

(a) 新细胞只有超薄的初生壁（P）；（b，c）细胞扩大，初生壁内侧形成次生壁（S），壁厚增加；（d）细胞壁继续增厚，沉积物不断积累

　　生物聚合物在细胞壁内侧表面的积累不是随机的，而是以非常精确的方式进行的。例如，纤维素不是作为单个分子被引入细胞壁，而是作为分子集群精细排列的。长链纤维素分子在细胞壁内侧的许多特定位置合成。这些链条在增长时，以一种明确的方式横向聚集，与其相邻的、也在生长的链条形成结晶域，呈单元格配置。纤维素晶格通过分子间和偶极相互作用主要以氢键的形式保持在一起；这种排列如此稳定，以至于个别链条无法溶解在水或丙酮等常见的溶剂中。纤维素可以溶解在非常特殊的高度极性溶剂中，这些溶剂能够破坏氢键。

　　纤维素的高度结晶网络在木质细胞壁内可结合成更大的结构，这些结构被称为微纤丝。随着电子显微镜的引入，纤维素的研究显示细胞壁由长而细的丝状结构组成。这些丝状结构或微纤丝后来被证明是由平行于微纤丝长轴的纤维素链束组成。随后在 50 年代中期到 70 年代初的研究中，对分离出的微纤丝进行化学提取，显示微纤丝的内核几乎完全由葡萄糖组成（暗示了纤维素核心），而外核则由 15%或更多的非葡萄糖组成[30]。这些发现导致了这样的结论：纤维素束被强烈吸附的非葡萄糖链（如半纤维素）包覆或包裹。研究还指出微纤丝内存在结晶（高度有序）和非结晶（较少有序）区域，单个纤维素分子穿过多个结晶和非结晶区域[31]。

　　由于难以从高度木质化的木质细胞壁中分离纤维素，研究人员转而关注更易于研究的细胞。一种是绿色藻类法囊藻的细胞，它具有未木质化的细胞壁，其中纤维素以微纤丝的形式存在。其他工作则涉及木醋杆菌和烟草叶表皮细胞的初生细胞壁。Fujita 和 Harada 以非常直接的方式描述了纤维素微纤丝，称它们由"围绕着一个核心结晶区域的纤维素和较少有序的结晶体纤维素以及短链半纤维素组成"[32]。Ruben 等根据他们对烟草叶细胞和木醋杆菌的研究提出了更具体的结构[33]。他们的工作表明，每个结晶区的范围仅限于九条纤维素链，这些链可以视为 18 Å 宽的子单元纤维。三种这样的子单元微纤丝以左旋三螺旋的方式缠绕在一起，形成宽 37 Å 的基本纤丝。然后这些基本纤丝在半纤维素的帮助下，通过氢键聚集成微纤维束。Lampugnani 等提出的基本纤丝排列模型（图 2-16）展示了阔叶材和针叶材中基本纤

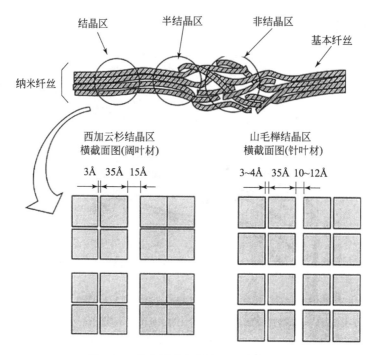

图 2-16　纳米纤丝中的结晶和非结晶区

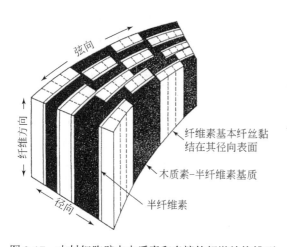

图 2-17　木材细胞壁中木质素和多糖的超微结构排列

丝的结晶和非结晶区以及基本纤丝之间的间距变化。现在还有强有力的证据表明，每个木质细胞壁中基本纤丝由 36 条葡萄糖链组成[34]。无论如何，显然长链纤维素分子在细胞壁内以相当精确的方式排列，并组成了更大的结构——微纤维。那么，半纤维素和木质素呢？半纤维素可能通过氢键选择性地与纤维素相互作用，并且在将基本纤丝聚集成微纤维的过程中起到了作用。如前所述，半纤维素被认为包覆了微纤维束。此外，半纤维素还与木质素大分子化学连接，因此在维持木材细胞壁凝聚力方面发挥了特别重要的作用。关于木质素如何被纳入细胞壁，科学家们有不同的看法。长期以来的观点是，木质素在细胞壁加厚过程中及之后被沉积在微纤维之间。另一种观点认为木质素以层状形式放置在微纤维之间（图 2-17）：它似乎以起伏的二维薄片形式存在，厚度为 16~20 Å。尽管木质素的精确性质仍然难以捉摸，但已知其芳香环倾向于在木细胞壁内平行排列。然而，木质素及其化学衍生物从溶液中始终未能结晶，而纤维素和许多半纤维素则能够很容易结晶。总之，细胞壁的次生壁可以视为一种层状纤维复合材料。纤维素分子提供了结构上的强化网络。这些纤维素分子嵌入一个由半纤维素和层状木质素"薄片"组成的基质中，薄片通过化学键相互结合。

## 2.2.4　细胞壁的微纤丝取向

Nishiyama 等研究了纤维素 Iα 和 Iβ 的晶体和分子结构以及氢键系统[35, 36]。研究发现，纤维素 Iα 具有三斜晶格，而纤维素 Iβ 则具有单斜晶格。然而，这并没有完全解决纤维素的生物合成和超微结构问题。重复的葡萄糖单元的简单性并不表明在纤维水平上存在复杂的晶体和无定形区域的排列。此外，多糖基质聚合物和半纤维素包括多种不同的化学结构，其中木质素是一种多酚类聚合物。具体来说，木材的不同性质和功能依赖于细胞壁的化学组成以及不同层次中纤维素微纤丝的排列[37]。在次生壁中，纤维素微纤丝的取向通常被称为微纤丝角（MFA）。在初生壁中，微纤丝几乎无序排列。$S_1$ 层的纤维素微纤丝以左旋或右旋的方式排列，与纤维轴的夹角为 $50°\sim70°$。阔叶材的早材 $S_2$ 层的 MFA 范围为 $50°\sim70°$，而晚材则为 $5°\sim10°$。$S_3$ 层的 MFA 为 $60°\sim90°$，其纤维素微纤丝的排列与 $S_1$ 层类似（图 2-18）。

Huang 等[38]介绍了几种研究 MFA 的技术，包括偏振显微镜、透射椭圆偏振法、X 射线衍射、共聚焦显微镜和拉曼光谱。拉曼成像技术在原位识别纤维素微纤丝取向上具有显著作用。基于方向测量的理论背景，拉曼

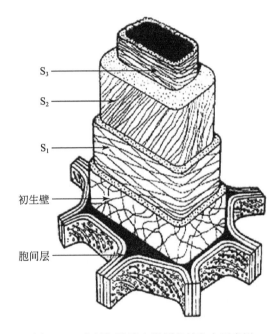

图 2-18　木材细胞壁中微纤丝的取向示意图

散射的偏振特性与极化率张量相关，包含有关化学基团对称性和方向的信息[39]。拉曼带的各向异性测量允许在已知拉曼张量的情况下获取这些信息[40]。Gierlinger 等利用偏振拉曼光谱研究了纤维素微纤丝的方向，证明了相对于纤维轴的糖苷 COC 的方向[41]。图 2-19 展示了当入射光的偏振方向旋转时，挪威云杉的指纹区如何变化。当电矢量从垂直（90°，黑色）转到与纤维轴平行（0°）时，大多数谱带的强度增加。1095 cm$^{-1}$ 处的带强度增加最为显著，该带归因于 COC 的伸缩。研究者们使用了二次线性回归和偏最小二乘回归来描述带高度比和光谱的方向依赖性变化。在 1096$\sim$1122 cm$^{-1}$ 之间，得到了最佳模型统计。Sun 等开发了 MATLAB 代码来确定特征峰的强度，并进行了椭圆拟合以确定微纤丝方向[42]。他们检测了野生型稻植物和稻米脆秆突变体之间的差异，后者显示了更为无序的纤维素微纤丝排列，以及野生型稻植物不同组织之间的差异。拉曼成像的非破坏性是其最大优势。对单个细胞内分子方向变化的映射将允许我们检测分子组织中的节点及其与细胞形态的关系[43]；然而，该技术仍需改进，特别是在模型构建方面。当前，关于椭圆拟合预测分子方向与拉曼强度之间关系的文献仍相对较少。

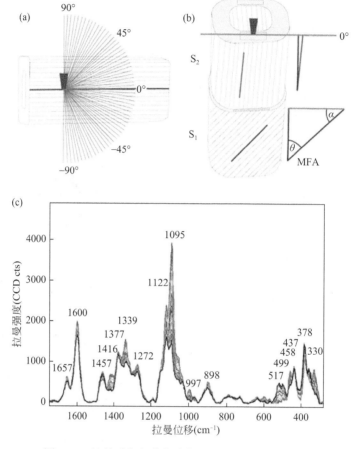

图 2-19　拉曼采集光谱实验装置示意图及其拉曼成像

（a）微型显微镜物镜将激光束聚焦在单根晚材纤维的切向 S₂ 层内，此处纤维素微纤丝的取向已知与纤维主轴平行；（b）激光束聚焦在木材样本的横截面积上；（c）在旋转入射激光的偏振方向从平行状态以 3°步进的过程中，基线校正的光谱中指纹区域的变化

# 2.3　木质资源的超分子结构

## 2.3.1　纤维素在细胞壁中的分布

纤维素是地球上最常见的天然高分子，它在木材细胞壁的次生壁中作为结构材料更为丰富。由于木材细胞壁的组分之间紧密的连接和部分化学相互作用妨碍了纤维素的提取，因此需要进行相当彻底的化学处理才能获得相对纯净的纤维素[44]。在表 2-4 中，Fengel 总结了细胞壁主要成分的分布[45]。结果表明，早材和晚材中 S₁ 和 S₂ 的不同厚度导致了多糖分布的差异。晚材中 S₂ 的多糖浓度高于早材；然而，化学处理本质上会破坏生物分子的物理状态和分子相互作用，因此可能会误导我们对细胞壁化学的理解。

表 2-4　针叶材细胞壁中的化学成分分布

| | | CML*（P+ML）<br>（wt%） | $S_1$<br>（wt%） | $S_2+S_3$<br>（wt%） |
|---|---|---|---|---|
| 早材 | 纤维素（总细胞壁比例） | 2.0 | 4.4 | 42.9 |
| | 纤维素（总纤维素比例） | 4.1 | 8.9 | 87.0 |
| | 半纤维素（总细胞壁比例） | 3.9 | 4.4 | 10.6 |
| | 半纤维素（总半纤维素比例） | 20.6 | 23.2 | 56.1 |
| | 木质素（总细胞壁比例） | 8.5 | 3.3 | 19.9 |
| | 木质素（总木质素比例） | 26.8 | 10.4 | 62.8 |
| 晚材 | 纤维素（总细胞壁比例） | 1.3 | 2.7 | 48.2 |
| | 纤维素（总纤维素比例） | 2.5 | 5.2 | 92.3 |
| | 半纤维素（总细胞壁比例） | 2.6 | 2.7 | 12.0 |
| | 半纤维素（总半纤维素比例） | 15.0 | 15.6 | 69.4 |
| | 木质素（总细胞壁比例） | 5.6 | 2.4 | 22.4 |
| | 木质素（总木质素比例） | 18.4 | 7.9 | 73.7 |

\* CML 表示复合胞间层（初生壁加包间层）。

红外成像和拉曼成像是研究纤维素分布以及木质素和半纤维素分布的非破坏性方法。它们完全互补，提供了特征性的基础振动，这些振动广泛用于确定和识别分子结构。红外和拉曼特征不仅可以确定纤维素的特征功能团，还可以鉴定半纤维素和木质素[46]。表 2-5 展示了红外光谱的特征峰来源。通过整合特征峰强度，可以可视化成分分布。

表 2-5　云杉的红外光谱特征峰

| 波数（cm$^{-1}$） | 特征峰对应的基团 | 特征峰对应的物质 |
|---|---|---|
| 1730～1725 | 乙酰基 C=O 价键振动 | 木聚糖 |
| 1738～1709 | 共轭酮、羧基、酯基 C=O 伸缩振动 | 木质素 |
| 1660 | $p$-取代芳基酮 | 木质素 |
| 1588 | 芳香环骨架振动和 C=O 拉伸振动 | 木质素 |
| 1508 | 芳香环骨架振动 | 木质素 |
| 1424 | 芳香环中的 C—H 键在同一平面内的振动 | 木质素 |
| 1372 | C—H 变形振动 | 纤维素 |
| 1317～1315 | C—H 摇摆振动 | 纤维素 |
| 1268 | 愈创木基环和 C=O 伸缩振动 | 木质素 |
| 1162～1139 | C—O—C 不对称振动 | 多糖 |
| 1110～1107 | 环不对称振动 | 多糖 |
| 897 | 葡萄糖环结构的骨架振动 | 多糖 |
| 864 | 葡甘露聚糖 | 葡甘露聚糖 |
| 858～853 | 2，5，6 位置上的 C—H 面外弯曲振动 | 木质素 |
| 810 | 葡甘露聚糖 | 葡甘露聚糖 |

Müller 和 Polle 使用傅里叶变换红外显微镜和红外焦平面阵列探测器展示了欧洲山毛榉中纤维素的分布[47]。每个光谱都包括了纤维素的正常波数范围（1390～1350 cm$^{-1}$）（图 2-20）。纤维素的分布相当均匀，可以通过绿色的宽阔区域看到。然而，红外成像的空间分辨率较低。单个壁的层状结构往往难以区分，这是由于使用了较长波长的红外光作为红外成像的光源。较大的光斑尺寸增加了探测区域，降低了空间分辨率。拉曼成像使用波长较短的可见激光作为光源，弥补了红外成像的光谱分辨率限制。Gierlinger 等描述了木材样品的拉曼成像[48]。Agarwal 等通过整合波数范围 1178～978 cm$^{-1}$ 研究了黑云杉纤维中纤维素的分布（图 2-21）[49]。纤维素的分布相对均匀。与 CML 和细胞角隅相比，S$_2$ 层的纤维素浓度较高。

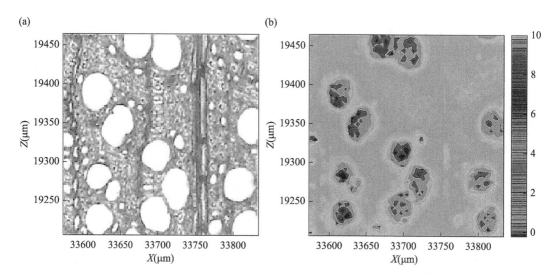

图 2-20　山毛榉的横切面显微图像

（a）1390～1350 cm$^{-1}$ 范围内纤维素的分布；（b）色阶表示纤维素浓度增加

扫描封底二维码可查看本书彩图信息

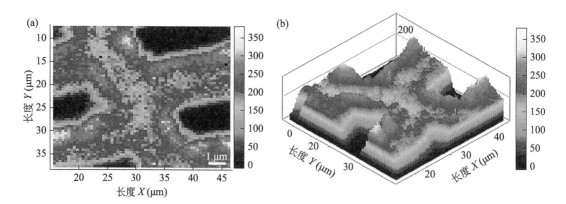

图 2-21　纤维素在细胞壁空间分布的拉曼图像

（a）二维形式；（b）三维形式。亮位置表示纤维素浓度高，暗位置表示纤维素浓度低，例如管腔区域

## 2.3.2 半纤维素在细胞壁中的分布

半纤维素以物理和化学方式与纤维素和木质素结合[50]。不同木材种类和细胞类型之间，半纤维素的结构和含量差异很大。葡甘露聚糖是针叶材中的主要半纤维素，其线性主链由随机（1,4）连接的 D-葡萄糖残基和 D-甘露糖残基组成。D-半乳糖残基偶尔通过（1,6)- 糖苷键连接到主链上，葡萄糖和甘露糖单元的比例大约为 1∶3。除了葡甘露聚糖的半乳糖侧链外，阔叶材中的葡甘露聚糖还含有部分取代的羟基，$O$-乙酰基位于甘露糖残基的 C2 和 C3 位置[51]。Ruel 和 Joseleau 采用酶-金复合物方法显示，葡甘露聚糖主要存在于云杉的次生壁中，而不在复合胞间层（初生壁加胞间层）中[52]。免疫金标记用于分析葡甘露聚糖在圆柏分化导管中的分布[53]。发现葡甘露聚糖仅限于导管的次生壁。在细胞壁构建过程中，标记密度在次生壁的外层和内层瞬间升高，然后下降。Kim 等结合 TEM 和免疫金标记描述了葡甘露聚糖在日本扁柏分化早材导管中的精确位置和时间分布（图 2-22）[54]。葡甘露聚糖在 $S_1$ 层生成过程中早期在细胞角隅积累，但在细胞壁中的分布不均匀。在成熟的导管中，$S_1$ 和 $S_2$ 层之间的界限以及细胞壁最内层的标记强度较其他部分更强。

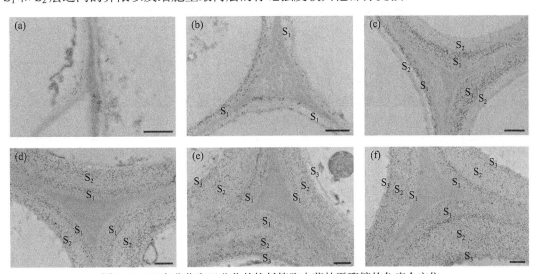

图 2-22 正在分化和已分化的柳杉管胞中葡甘露聚糖的免疫金定位

（a）$S_1$ 层发育早期的管胞；（b）$S_1$ 层形成阶段的管胞；（c）$S_2$ 层发育早期的管胞；（d）$S_2$ 层形成阶段的管胞；（e）$S_3$ 层发育早期的管胞；（f）成熟管胞。标尺 500 nm

阔叶材中主要的半纤维素是 $O$-乙酰基-4-$O$-甲基葡萄糖醛酸木聚糖，约占细胞壁总组成的 30%。它由 $\beta$-(1,4)-木聚糖主链组成，并且侧链含有乙酰基和 4-$O$-甲基-$\alpha$-D-葡萄糖醛酸。使用 LM10 和 LM11 抗体的免疫荧光法探讨木材中木聚糖的分布（图 2-23）[55]。具体来说，LM10 抗体对低取代木聚糖的反应显著，而 LM11 抗体对高取代木聚糖的反应更强。木聚糖的标记最早在 $S_1$ 层的细胞角隅的纤维中观察到，随后出现在导管和射线细胞中。在成熟的细胞壁中，纤维表现出异质的标记模式，低取代木聚糖在外层细胞壁中的标记较强，而内层则较弱。相反，成熟细胞壁中的导管显示出均匀的标记，高取代木聚糖的染色强于纤维。木聚糖在射线细胞中的存在被发现得比在纤维或导管中晚。木聚糖标记在次生壁形成开始时出现在纤维和导管中，并且在细胞壁中的标记与发育阶段无关。

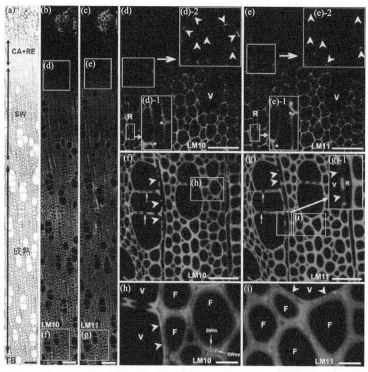

图 2-23　木质部分化过程中木聚糖与 LM10 和 LM11 抗体的免度荧光定位

（a～c）在分化木质部中检测到强烈的木聚糖标记；（d，e）分别为（b，c）中方块标记细胞的放大图（木聚糖的标记首次在次生壁形成早期被检测到，位于纤维细胞角隅处）；（f，g）成熟木质部；（h，i）分别为（f，g）中方块标记单元格的放大图。

CA：形成层带；RE：径向膨胀区；SW：次生壁；TB：甲苯胺蓝染色。标尺为 10 μm

Zeng 等描述了一种结合光谱分析和化学/酶法去除玉米秸秆细胞壁中木聚糖的方法[56]。他们使用木聚糖酶特异性消化经过精心预处理的玉米秸秆基质中的大量木聚糖，并在玉米秸秆基质中生成了一系列人工木聚糖"浓度梯度"。通过比较从不同来源和不同聚合度的木聚糖模型化合物获得的拉曼光谱，确定了与木聚糖含量相关的几个拉曼峰。自建模曲线分解（SMCR）是一种典型的多变量方法，用于从一组光谱中分离纯净成分，而不需要光谱库的参考。如图 2-24 所示，通过 SMCR 重建了纤维素和半纤维素的光谱，并确定了半定量浓度。结果表明，纤维素主要集中在杨树纤维的次生壁中，而半纤维素在纤维的整个细胞壁中几乎均匀分布。木质部射线和导管的半纤维素浓度相对较高，但这些细胞类型中的纤维素浓度相对较低。这与 LM10 抗体的免疫荧光标记结果一致。

### 2.3.3　木质素在细胞壁中的分布

木质部细胞壁中木质素的分布可以通过 TEM 和高锰酸钾（$KMnO_4$）染色来观察。高锰酸根离子（$MnO_4^-$）作为一种强氧化剂，会将木质素分子中的醇基氧化为醛和羧酸。生成的二氧化锰（$MnO_2$）是不溶于水的反应产物，用于在超薄切片上显示反应部位。结合了能量色散 X 射线分析（EDXA）的溴化技术的 TEM 或 SEM 能够提供木质素的分布。此外，免疫金标记技术使得 TEM 可以检测木质素单体的组成和木质素结构内部连接的性质。早期研究表明，在典型的阔叶材导管中，复合胞间层的木质素含量比次生壁更高。松杉木的 $S_1$ 或 $S_3$ 层中的木质素含量高于 $S_2$ 层。与针叶材不同，阔叶材中包含各种细胞类型，如纤维、导管和薄壁细胞。虽然阔叶材纤维的次生壁和胞间层中木质素的分布与针叶材管胞相当，但阔叶材纤维的次生壁通常比针叶材管胞的次生壁木质素含量少。图 2-25 展示了通过 TEM 和高锰酸钾染色测得的杨树木质部中木质素的分布情况，显示了木质素的不均匀分布。

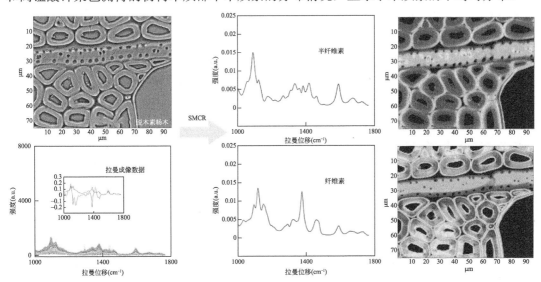

图 2-24　纤维素和半纤维素组分的拉曼光谱和对应分布

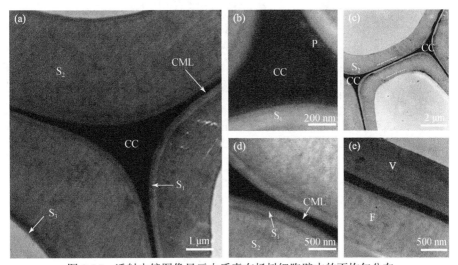

图 2-25　透射电镜图像显示木质素在杨树细胞壁中的不均匀分布

（a）相邻纤维不同层的超微结构；（b）细胞角隅（CC）和 $S_1$ 层之间初生壁的木质素浓度；（c）$S_2$ 层外层和内层的电子密度明显大于中间部分；（d）$S_1$ 层和 $S_2$ 层木质素分布具有明显的不均匀性；（e）导管的木质化程度高于纤维

紫外显微镜是一种定量工具，用于可视化木材细胞壁中木质素浓度变化。如前所述，木质素和酚类物质在紫外光下具有特征吸收效应。Fukazawa 和 Imagawa 利用这一技术研究了日本冷杉一个生长增量中的木质素含量[57]。研究发现，成年木材中的早材木质素含量高于晚材。Möller 等发现，辐射松细胞壁的胞间层最早发生木质化，其次是次生壁。胞间层的木质化程度高于次生壁[58]。Prislan 等通过紫外显微镜研究了山毛榉木质部细胞的形成和木质化（图 2-26）[59]。他们发现，木质化始于新形成的木质部组织。一个月后，发育中的早材部分包含完全分化的导管，壁的沉积和木质化已完成，而分化的纤维和轴向薄壁细胞则在两个月后变得可见。红外光谱和拉曼光谱在研究木质素方面具有独特的优势。由于木质素特有的芳香环，其在红外光谱和拉曼光谱中约 1600 cm$^{-1}$ 处具有特征峰。Möller 和 Polle 使用傅里叶变换红外显微镜实现了欧洲山毛榉中的木质素分布的可视化表征[58]。每个光谱中都整合了纤维素的典型波数范围（1530～1490 cm$^{-1}$）。测量区域的木质素分布是异质的，顶部部分的细胞壁中木质素浓度较高，表现为更明亮的红色。Agarwal 等通过整合波数范围 1519～1712 cm$^{-1}$ 研究了黑云杉纤维中的木质素分布[60]。木质素在不同形态区域的浓度不均匀，变化显著。CC 的木质素浓度平均最高。

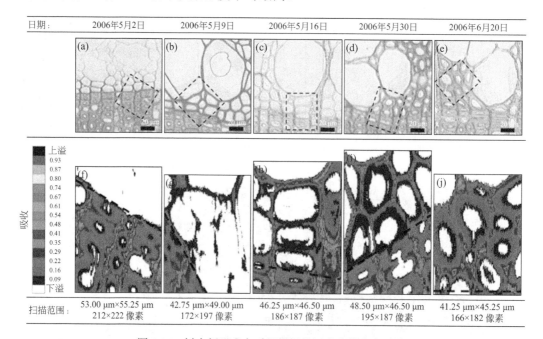

图 2-26　树木新形成木质部组织的逐步分化和木质化

（a～e）甲苯胺蓝染色的生长环边界附近首次形成组织的光学显微镜照片，方框中显示了细胞壁发育的不同阶段；（f～j）采用紫外显微镜研究不同木质化阶段细胞壁的吸光度分析图像，从（f）上没有检测到吸光度，到（j）上检测到最大吸光度，黑色虚线表示生长环的边界

## 2.3.4　预处理对细胞壁中超分子结构的影响

在分离和提取木材主要成分的过程中，需要对木材进行预处理，以打破细胞壁的自然降解抗性障碍。预处理的目标是分解木质素结构并扰乱纤维素的晶体结构，从而使酶在水

解过程中更容易接触到碳水化合物。为实现这些目标，已提出各种预处理技术，并通过湿化学方法进行表征。然而，由于木材细胞壁的异质性，湿化学方法在分析这些复杂生物质混合物时存在经典的整体平均限制。所获得的数据有时不确定且部分矛盾。为克服这些问题，已经使用了桥接细胞壁结构与化学成分之间差距的技术，多尺度可视化表征木材细胞壁在预处理过程中的解构机制。表 2-6 列出了能够引起细胞壁超分子结构变化的预处理方法，这些预处理包括碱、稀酸、水热、离子液体和低共熔溶剂[61-65]。碱预处理导致了膨胀和木质素去除，主要发生在次生壁中，但对细胞角隅影响较小。预处理清晰地暴露了非纤维素聚合物中嵌入的微纤维，增大了微纤维的直径，并增加了表面孔隙度，从而促进了酶的更好运输。此外，碱预处理导致了纤维素结晶度的增加和半纤维素的解聚，这些都影响了酶解转化为葡萄糖的过程。

**表 2-6　木质细胞壁解构的预处理方法**

| 预处理方法 | 原材料 | 条件 |
| --- | --- | --- |
| 碱预处理 | 杨树 | 碱性（2wt% NaOH）在 121℃下反应 30～180 min |
| | 杨树 | 稀碱（0.5wt%～5wt% NaOH）在 70℃下反应 1 h |
| 稀酸预处理 | 黑皮松 | 稀硫酸（2%）在 160℃下反应 30 min |
| 水热预处理 | 糖枫 | 热水在 170℃下处理 10～30 min |
| | 杨树 | 热水在 170℃下反应 10～40 min |
| 离子液体预处理 | 杨树 | 1-乙基-3-甲基咪唑乙酸乙酯在 120℃下反应 1～10 h；去离子水再生 |
| | 微晶纤维素和综纤维素 | 1-丁基-3-甲基咪唑氯在 120℃下反应 1～10 h；去离子水再生 |
| | 杨树 | 1-乙基-3-甲基咪唑乙酸乙酯在 90℃下反应 40 min；去离子水再生 |
| 低共熔溶剂预处理 | 黑皮松 | ChCl/乳酸（LA）；120℃下反应 4 h；在 120℃下微波辅助 8 min |

稀酸预处理和水热预处理的机制类似。它们都选择性地溶解了半纤维素和木质素，促进了细胞壁结构的松动。作为一种特殊现象，木质素在壁面上形成了液滴，并且这些液滴相互融合，暴露了更多细胞壁深处的微纤维，供酶水解。稀酸预处理释放了比压缩木更多的半纤维素。半纤维素的溶解不均匀，且在管胞壁上有所不同。对于水热预处理，$S_2$ 层被分为两个区域，即重损伤区域（外层和薄内层 $S_2$），以及轻度损伤区域（中间 $S_2$）。去除多糖（主要是半纤维素）而非木质素在细胞壁可见损伤，如腔隙、缝隙和崩溃。具体来说，水热预处理（杨木）最初去除了次生壁中间层的无木质素木糖，但随后的木质素结合木糖几乎没有被去除，而纤维素结合的木糖则很少被去除。

离子液体（IL）通常定义为由阳离子和阴离子组成的盐，熔点通常低于 100℃。通过设计阴离子和阳离子，离子液体能够完全溶解木质细胞壁的某些或所有成分，并释放出可发酵的糖。在预处理过程中，木材细胞壁的溶解可以清晰地分为两个阶段：离子液体的缓慢渗透和木质素及碳水化合物的快速溶解。大多数纤维素微纤维被溶解，但链迁移受到限制，部分微纤维在膨胀过程中仍然存在。此外，离子液体诱导了纤维素的晶体结构转变，使晶格间距增大，结晶度和晶粒尺寸减小；然而，由于细胞壁的解构和木质素的溶解，生物质转化效率大大提高。

低共熔溶剂完全由离子组成，已被证明是去除木质素和半纤维素的有效溶剂，具有许多与离子液体相似的性质。使用氯化胆碱/戊酸的预处理具有高木质素去除率，且形态破坏和结晶度降低。在预处理过程中，纤维素微纤维在各向异性上出现微空隙和裂缝。经过氯化胆碱/乳酸的预处理，非或低取代的木糖被直接去除，暴露出更多的纤维素供酶攻击。高取代的木糖和木质素则从细胞角隅中协同溶解。

## 2.4　木质资源分级结构的异质性

### 2.4.1　结构组成异质性

　　木质资源因其来源不同，其分级结构具有显著的差异性。以木材和竹材为例，竹材在纵向上由竹间和竹节构成，竹间主要由排布紧密的长纤维细胞构成，而竹节主要由排列松散的薄壁细胞和少量短纤维细胞构成[66]。木材细胞可以根据功能不同分为各种类型，如管胞、导管、木纤维和木射线。细胞组成因树种而异。针叶材主要由管胞和木射线组成，木射线通常较细且不明显；某些树种的管胞之间还有树脂道。阔叶材的微观结构更为复杂，细胞种类更多且排列不规则，主要由导管、木纤维、木射线和轴向薄壁组织等组成[67]。在细胞层面，木材细胞壁的次生壁主要由 $S_1$、$S_2$ 和 $S_3$ 三层构成。而竹材的细胞壁的次生壁最高可达 18 层，且这些亚层还具有厚薄交替分布的特征。这些结构性能的差异直接引起了木材和竹材分级结构的力学强度、反应活性、解离能耗等差异性。本节以木材和竹材为例，揭示了不同木质资源分级结构的异质性。

　　木材纤维一直是制浆造纸、纤维板以及纤维增强复合材料的重要原料。为了寻求高性能纸张，早期研究者研究了木材纤维的机械强度[68, 69]。为了有效选择和使用木材及木纤维，并探索树木及其细胞壁的形成，研究人员系统地研究了单根木纤维的机械性能[70, 71]。最近，木纤维因其能够增强纳米复合材料的机械性能（如刚度和强度）而受到广泛关注[72]。细胞壁赋予纤维及其复合材料机械性能。因此，许多研究者专注于木材细胞壁的机械性能研究[73]。

　　竹子在材料特性和利用方面与木材非常相似。它们的细胞壁由初生壁和次生壁组成，化学成分包括纤维素、半纤维素和木质素，分别对应骨架、基质和包埋物。然而，竹子的生长周期较短，通常可以在不到 3 年的时间内收获。幼年毛竹竹竿已被用于制作传统纸张，这些纸张曾用于宗教纸、书法纸和古籍重印[74]。随着木材资源的逐渐减少，对生长周期较短的竹材的研究、开发和利用正受到广泛关注。马尾松和中国杉是中国南方两个重要的商业树种，它们的造林面积分别占总商业森林的 40%～62.5% 和 30%～45%。它们一直是造纸和工业纤维的主要原料。毛竹是另一种重要的原材料，尤其是用于制作高级纸张[75]。原材料的机械性能直接影响产品的性能。本节将比较马尾松、中国杉和毛竹的结构和力学性能差异。

### 2.4.2　力学性能异质性

　　木材和竹材单根纤维的测量数据总结在表 2-7 中。马尾松和中国杉的平均拉伸强度和弹性模量（MOE）非常相似，分别约为 850 MPa 和 22 GPa。平均断裂应变小于 4%。Groom

等使用类似的方法测试了长叶松纤维的拉伸强度和 MOE，其范围分别为 410～1422 MPa 和 6.55～27.5 GPa[76]。Burgert 等报道了挪威云杉的极限拉伸强度和 MOE，分别为 1186 MPa 和 22.6 GPa[77]。对于断裂应变，所有样本的成熟纤维在大约 10° 的微纤丝角（MFA）下均为约 4%。

表 2-7　木材和竹材单纤维的力学性能

| | 横截面面积（μm²） | 破坏载荷（mN） | 抗拉强度（MPa） | MOE（GPa） | 断裂应变（%） |
|---|---|---|---|---|---|
| 马尾松 | 365.30（0.24） | 315.83（0.34） | 885.97（0.31） | 22.22（0.27） | 3.98（0.28） |
| 杉木 | 256.33（0.20） | 207.16（0.23） | 822.20（0.23） | 22.77（0.19） | 3.70（0.26） |
| 毛竹 | 139.27（0.22） | 200.60（0.24） | 1469.24（0.22） | 31.90（0.16） | 5.04（0.30） |

注：括号内数据为变异系数。

毛竹单根纤维的机械性能如表 2-7 所示。毛竹单纤维的平均横截面面积较小，为 139.3 μm²，其平均拉伸强度、MOE 和断裂应变分别为 1469 MPa、31.9 GPa 和 5.04%。此外，最大断裂应变为 8.33%。毛竹单纤维的平均横截面积仅为木材的三分之一或三分之二，而其平均断裂负荷几乎是马尾松的三分之二，且几乎等于中国杉。此外，毛竹单纤维的平均拉伸强度、MOE 和断裂应变分别比马尾松高 65.8%、43.6% 和 26.6%，比中国杉高 78.7%、40.1% 和 36.2%。与木材单纤维相比，尽管由于横截面积较小，毛竹单纤维的平均断裂负荷稍低，但在其他机械性能上表现优异，特别是平均拉伸强度和 MOE。在另一项研究中，苎麻纤维的平均断裂应力为 621 MPa，断裂应变为 1.9%，杨氏模量为 47.5 GPa[78]。这些结果表明，毛竹单纤维在强度、弹性和延展性方面优于许多其他植物纤维。

如图 2-27（a）所示，毛竹单纤维的直径较小，约为 14 μm，竹子的双壁厚度在外表面附近超过 10 μm。因此，细胞腔非常小，使得整个纤维几乎呈现实心结构。图 2-27（b）和（c）显示了马尾松和中国杉单纤维的横截面。它们的早材直径约为 40 μm，大多数双壁厚度小于 8 μm。至于晚材单纤维，其直径和双壁厚度分别约为 30 μm 和 10 μm[79]。木材单纤维的细胞腔面积较大，占总面积的 60% 以上。因此，毛竹单纤维可被视为两端尖锐的固体圆柱结构，而马尾松和中国杉单纤维则是内部空心且壁薄的圆柱结构，两个端部均为钝端。在拉伸过程中，薄壁且腔体较大的木材单纤维容易发生屈曲和断裂[80]。在拉伸下，薄壁纤维主要表现为屈曲，而厚壁纤维则由于纤维在弯曲应力下的响应而抵抗屈曲[81]。因此，细胞几何结构在影响单纤维的机械性能中起着重要作用。

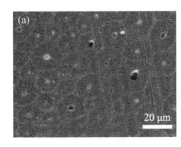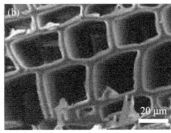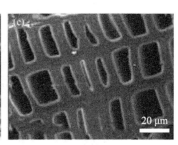

图 2-27　毛竹（a）、马尾松（b）和中国杉（c）横切面的扫描电镜图（标尺是 20 μm）

毛竹、马尾松和中国杉纤维都是具有运输水分和营养物质功能的生物材料，这些功能通过细胞壁上的纹孔来实现。纹孔会导致细胞壁的自然缺陷，因为纤维在受拉应力时，通常会在纹孔位置或其周围发生断裂。边界纹孔和紧邻的双纹孔会显著增加断裂的发生率。因此，纹孔附近的 MFA 的变化较大以及严重的应力集中会导致断裂[82]。Eder 等确认了纹孔对单纤维断裂和机械性能的重要影响[80]。如图 2-28（a）所示，毛竹纤维的细胞壁上纹孔很少且尺寸较小。相比之下，马尾松和中国杉纤维的细胞壁上存在大量较大的边界纹孔，这些纹孔通常以单排或双排的模式分布在早材和晚材纤维中，如图 2-28（b）和（c）所示。因此，马尾松和中国杉纤维的断裂应变低于毛竹纤维。

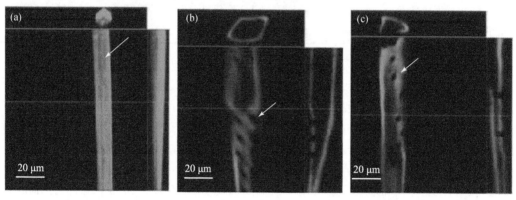

图 2-28　毛竹（a）、马尾松（b）和中国杉（c）纹孔结构的共聚焦拉曼图像

马尾松次生壁的纳米压痕模量和硬度分别为 19.18 GPa 和 0.53 GPa，而毛竹的纳米压痕模量和硬度分别为 21.69 GPa 和 0.61 GPa，比马尾松高出 19.9%和 23.6%，比中国杉（17.8 GPa 和 0.42 GPa）高出 22.1%和 43.5%。从复合材料力学的角度来看，纤维被视为嵌入半纤维素和木质素基体中的微纤维增强复合材料。MFA 与纤维次生壁的纳米压痕模量负相关[83]。马尾松的平均 MFA 为 12.6°，中国杉为 15.6°，均大于毛竹的 9.8°。毛竹次生壁是多层结构，具有交替的纳米尺度薄层和微米尺度厚层。毛竹的导管非常小，纤维的纹孔也很少且小。这种稳定的结构提供了强有力的支持，并且使得纳米压痕仪器探头的测量值波动较小。因此，毛竹较小的 MFA 和特殊的细胞壁结构导致了其优越的机械性能。

马尾松和中国杉在硬度和 MOE 的差异归因于平均 MFA 和密度的不同。马尾松的 MFA 为 12.6°，低于中国杉，因此由于 MFA 与 MOE 的负相关[81, 83]，马尾松具有较大的 MOE。此外，马尾松的密度也大于中国杉，因此硬度也较大[84]。与其他天然纤维材料的机械性能比较，亚麻秸秆纤维的次生壁的纳米压痕模量和硬度分别为 17.4 GPa 和 0.39 GPa[85]。麻和棉秸的对应值分别为 12.3 GPa 和 0.41 GPa，以及 16.3 GPa 和 0.85 GPa[86]。几乎所有这些值都低于毛竹。总之，成熟竹纤维的细胞壁具有优越的机械性能，表明竹子在制造高档纸张和高质量纤维增强复合材料方面具有潜力。

通过场发射扫描电子显微镜观察，马尾松和中国杉单纤维的断裂呈横向、整齐且均匀，且通常发生在纹孔或应力集中区域［图 2-29（b）和（c）］。纹孔区域是决定木材纤维断裂位置最重要的缺陷[87]。如图 2-29（b）和（c）所示，断裂附近有更多纹孔（椭圆区域内）。在拉伸过程中，马尾松和中国杉的断裂大多首先出现在纹孔或纹孔附近，之后许多纤维素大分子链断裂，随后发生有序的横向断裂。图 2-29（a）显示，毛竹的断裂大多发生在薄层和厚层之间的弱界面处，断裂特征主要为多层剥离断裂。由于毛竹的纹孔较少且简单，这种断裂是由于层间连接弱，受到 MFA 和层厚度差异的影响。

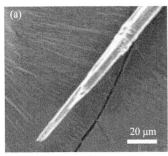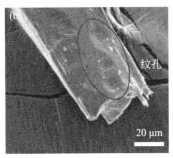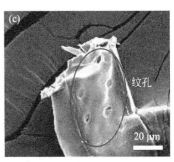

图 2-29 毛竹（a）、马尾松（b）和中国杉（c）的横向断裂的扫描电镜图像

马尾松和中国杉纤维的细胞壁由一层初生壁和三层占比超过 70% 的次生壁组成。竹子细胞壁有十多层，每层的 MFA 不同，并且纳米尺度的薄层和微米尺度的厚层交替重复[88]。此外，毛竹的细胞壁与腔体的厚度比约为 15，显示出非常小的腔体，而马尾松和中国杉的厚度比约为 0.5。由于厚薄交替的细胞壁亚层结构、较小的 MFA、较大的壁腔比以及有限的纹孔结构，毛竹纤维的机械性能和延展性相较于马尾松和中国杉更好，抗断裂能力更强。

# 参 考 文 献

［1］ Grotta A T, Gartner B L, Radosevich S R, et al. IAWA Journal, 2005, 26(3): 309-324.

［2］ Sun F, Li R, Zhu J, et al. Industrial Crops and Products, 2024, 220: 119185.

［3］ Kretschmann D E. Effect of Various Proportions of Juvenile Wood on Laminated Veneer Lumber. US Department of Agriculture, Forest Service, Forest Products Laboratory, 1993.

［4］ Júnior M G F E, da Conceição D M, Iannuzzi R. Review of Palaeobotany and Palynology, 2023, 316: 104947.

［5］ Wimmer R, Strumia G, Holawe F. Canadian Journal of Forest Research, 2000, 30(11): 1691-1697.

［6］ Enquist B J. Tree Physiology, 2002, 22(15-16): 1045-1064.

［7］ Dadswell G, Dargavel J, Evans P D. Australian Forestry, 2015, 78(1): 18-28.

［8］ Gominho J, Pereira H. Wood and Fiber Science, 2000: 189-195.

［9］ Hoadley R B. Understanding Wood: A Craftsman's Guide to Wood Technology. New York: Taunton Press, 2000.

［10］ Hillis W E. Heartwood and Tree Exudates. New York: Springer Science & Business Media, 2012.

［11］ Krajnc L, Gričar J. Forests, 2020, 11(12): 1316.

［12］ Esteban L G, de Palacios P, Gasson P, et al. Forests, 2024, 15(7): 1162.

［13］ Nabuchi T, Takahara S, Harada H. Bulletin, Kyoto University Forests, 1979, 51: 239-246.

［14］ Taylor A M, Gartner B L, Morrell J J. Wood Fiber Science, 2002, 34(4): 587-611.

［15］ Hillis W E. Wood Science and Technology, 1971, 5(4): 272-289.

［16］ Kozlowski T T, Pallardy S G. Growth Control in Woody Plants. San Diego: Elsevier, 1997.

［17］ Milhinhos A, Miguel C M. Plant Cell Reports, 2013, 32: 867-883.

［18］Peter Z. Carbohydrate Polymers, 2021, 254: 117417.

［19］Rao J, Lv Z, Chen G, et al. Progress in Polymer Science, 2023, 140: 101675.

［20］Sun R C. ChemSusChem, 2020, 13(17): 4385-4393.

［21］Md Salim R, Asik J, Sarjadi M S. Wood Science and Technology, 2021, 55: 295-313.

［22］Benhamou A A, Boussetta A, Salim M H, et al. Materials Science and Engineering: R: Reports, 2024, 161: 100852.

［23］Kavitha S, Gondi R, Kannah R Y, et al. Bioresource Technology, 2023, 369: 128383.

［24］Maaß M C, Saleh S, Militz H, et al. Advanced Materials, 2020, 32(16): 1907693.

［25］Zhang X, Li L, Xu F. Forests, 2022, 13(3): 439.

［26］Toumpanaki E, Shah D U, Eichhorn S J. Advanced Materials, 2021, 33(28): 2001613.

［27］Scott J A N, Procter A R, Fergus B J, et al. Wood Science and Technology, 1969, 3: 73-92.

［28］Gierlinger N, Keplinger T, Harrington M. Nature Protocols, 2012, 7(9): 1694-1708.

［29］Miyagawa Y, Tobimatsu Y, Lam P Y, et al. The Plant Journal, 2020, 104(1): 156-170.

［30］Barnett J R, Bonham V A. Biological Reviews, 2004, 79(2): 461-472.

［31］Donaldson L. Wood Science and Technology, 2007, 41(5): 443-460.

［32］Fujita M, Harada H. Ultrastructure and Formation of Wood Cell Wall. New York: Marcel Dekker, 1991.

［33］Ruben G C, Bokelman G H. Carbohydrate Research, 1987, 160: 434-443.

［34］Lampugnani E R, Khan G A, Somssich M, et al. Journal of Cell Science, 2018, 131(2): jcs207373.

［35］Nishiyama Y, Sugiyama J, Chanzy H, et al. Journal of the American Chemical Society, 2003, 125(47): 14300-14306.

［36］Nishiyama Y, Langan P, Chanzy H. Journal of the American Chemical Society, 2002, 124(31): 9074-9082.

［37］Huang C L, Lindström H, Nakada R, et al. Holz als Roh-und Werkstoff, 2003, 61: 321-335.

［38］Huang C. Microfibril Angle in Wood, 1998: 177-205.

［39］Longo S, Corsaro C, Granata F, et al. Radiation Physics and Chemistry, 2022, 199: 110376.

［40］Henrik-Klemens Å, Abrahamsson K, Björdal C, et al. Holzforschung, 2020, 74(11): 1043-1051.

［41］Gierlinger N, Luss S, König C, et al. Journal of Experimental Botany, 2010, 61(2): 587-595.

［42］Sun L, Singh S, Joo M, et al. Biotechnology and Bioengineering, 2016, 113(1): 82-90.

［43］Gierlinger N, Schwanninger M. Plant Physiology, 2006, 140(4): 1246-1254.

［44］Zhou T, Liu H. Materials, 2022, 15(4): 1598.

［45］Fengel D, Wegener G. Wood: Chemistry, Ultrastructure, Reactions. New York: Walter de Gruyter, 2011.

［46］Cao C, Yang Z, Han L, et al. Cellulose, 2015, 22: 139-149.

［47］Müller G, Polle A. New Zealand Journal of Forestry Science, 2009, 39: 225-231.

［48］Gierlinger N, Keplinger T, Harrington M. Nature Protocols, 2012, 7(9): 1694-1708.

［49］Agarwal U P. Planta, 2006, 224: 1141-1153.

［50］Qaseem M F, Shaheen H, Wu A M. Renewable and Sustainable Energy Reviews, 2021, 144: 110996.

［51］Scheller H V, Ulvskov P. Annual Review of Plant Biology, 2010, 61(1): 263-289.

［52］Ruel K, Joseleau J P. Histochemistry, 1984, 81(6): 573-580.

［53］Maeda Y, Awano T, Takabe K, et al. Protoplasma, 2000, 213: 148-156.

［54］Kim J S, Awano T, Yoshinaga A, et al. Planta, 2010, 232: 545-554.

［55］Kim J S, Sandquist D, Sundberg B, et al. Planta, 2012, 235: 1315-1330.

［56］Zeng Y, Yarbrough J M, Mittal A, et al. Biotechnology for Biofuels, 2016, 9: 1-16.

［57］Fukazawa K, Imagawa H. Wood Science and Technology, 1981, 15(1): 45-55.

［58］Möller R, Koch G, Nanayakkara B, et al. Tree Physiology, 2006, 26(2): 201-210.

［59］Prislan P, Koch G, Čufar K, et al. Holzforschung, 2009, 63：482-490.

［60］Agarwal U P. Planta, 2006, 224(5): 1141-1153.

［61］Meng X, Wells T, Sun Q, et al. Green Chemistry, 2015, 17(8): 4239-4246.

［62］Mittal A, Pilath H M, Parent Y, et al. ACS Sustainable Chemistry & Engineering, 2019, 7(5): 4842-4850.

［63］Li M, Cao S, Meng X, et al. Biotechnology for Biofuels, 2017, 10: 1-13.

［64］Raj T, Gaur R, Lamba B Y, et al. Bioresource Technology, 2018, 249: 139-145.

［65］Procentese A, Johnson E, Orr V, et al. Bioresource Technology, 2015, 192: 31-36.

［66］陈红. 竹纤维细胞壁结构特征研究. 北京: 中国林业科学研究院, 2014.

［67］李坚. 木材科学. 3 版. 北京: 科学出版社, 2014.

［68］Richter G A. Industrial & Engineering Chemistry, 1931, 23(4): 371-380.

［69］Isenberg I H. Economic Botany, 1956, 10(2): 176-193.

［70］Cristian Neagu R, Kristofer Gamstedt E, Bardage S L, et al. Wood Material Science and Engineering, 2006, 1: 146-170.

［71］Zhang S Y, Fei B H, Yu Y, et al. Forest Science and Practice, 2013, 15: 56-60.

［72］Stark N M, Rowlands R E. Wood and Fiber Science, 2003, 2: 167-174.

［73］Bergander A, Salmén L. Journal of Materials Science, 2002, 37(1): 151-156.

［74］Shamsuri M A, Main N M. Progress in Engineering Application and Technology, 2021, 2(1): 965-971.

［75］Boadu K B, Ansong M, Afrifah K A, et al. Journal of Natural Fibers, 2022, 19(11): 4198-4209.

［76］Groom L, Mott L, Shaler S. Wood and Fiber Science, 2002, 1: 14-27.

［77］Burgert I, Keckes J, Frühmann K, et al. Plant Biology, 2002, 4(1): 9-12.

［78］Lodha P, Netravali A N. Journal of Materials Science, 2002, 37: 3657-3665.

［79］Bao F, Jiang Z. Wood Properties of Main Tree Species From Plantation in China. Beijing: China Forestry Publishing House, 1998.

［80］Eder M, Jungnikl K, Burgert I. Trees, 2009, 23: 79-84.

［81］Page D H, El-Hosseiny F. Pulp & Paper Canada, 1983, 9：99-100.

［82］Mott L, Shaler S M, Groom L H. Wood and Fiber Science, 1996, 4：429-437.

［83］Yu Y, Fei B, Zhang B, et al. Wood and Fiber Science, 2007, 4: 527-535.

［84］Wu Y, Wang S, Zhou D, et al. Wood and Fiber Science, 2009, 1: 64-73.

［85］Keryvin V, Lan M, Bourmaud A, et al. Composites Part A: Applied Science and Manufacturing, 2015, 68: 219-225.

［86］Li X, Wang S, Du G, et al. Industrial Crops and Products, 2013, 42: 344-348.

［87］郭宇, 李超, 李英洁, 等. 林产工业, 2019, 46(8): 5.

［88］Lian C, Liu R, Zhang S, et al. Cellulose, 2020, 27(13): 7321-7329.

# 第3章　木质资源物化特性

## 3.1　木质资源的热学特性

### 3.1.1　热解与燃烧

木材本身并不燃烧，但其在加热时会经历热降解，产生挥发性可燃气体，这些气体在接触到火源时会燃烧。因此，燃烧的是这些可燃气体，而不是木材本身。

木质纤维素材料在加热和暴露于点火源时通过两种不同的机制降解。第一种机制，主要发生在 300℃以下的温度，涉及通过断裂内部化学键来降解聚合物；脱水形成自由基、羰基、羧基和过氧化氢基团；生成一氧化碳和二氧化碳；最终形成反应性碳质炭。反应性炭的氧化导致闷燃或发光燃烧，而进一步氧化可燃挥发气体则会引发明火燃烧[1, 2]。第二种机制发生在 300℃以上的温度，涉及次级键的断裂以及形成中间产物如脱水单糖，这些中间产物可转化为低分子量产物（寡糖和多糖），最终导致炭化产物[3]。

评估木材热性质最常用方法是热重分析（TGA）。图 3-1 展示了用于此分析的设备示意图。样品放置在金属盘中，随后放置在炉管内。氮气通过系统流动，炉管以恒定速率缓慢加热。重量损失百分比作为温度的函数进行测量。温度通常升高到 500～600℃，以每分钟几度的速度加热。然后，温度降低到约 300℃，系统中引入氧气，温度再次升高。第二次扫描显示了炭在氧气中的燃烧过程。

图 3-2 展示了氮气氛下典型的木材热重分析图。当木材从室温加热到100℃过程中，几乎没有发生化学反应。大约在 100℃时，木材中的水分被蒸发掉。随着木材温度的升高，直到约 200℃，几乎没有发生降解，化学键开始通过脱水和可能的自由基机制断裂，去除水分并产生挥发性气体。在缺乏氧气或存在有限氧气的情况下，这种热降解过程称为热解。生成的挥发性气体扩散到周围气氛中。

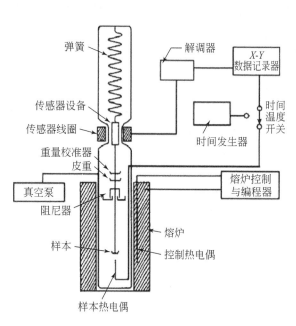

图 3-1　热重分析系统的简易示意图

整体木材在大约 250℃开始热降解（见图 3-3）。在约 300～375℃之间，大部分碳水化合物聚合物已经降解，只有木质素残留。半纤维素成分在约 225℃开始分解，到 325℃几乎完全降解。纤维素聚合物在热降解过程中更为稳定，直到约 370℃，然后在很短的温度范围内几乎完全分解。木质素在约 200℃开始分解，但与碳水化合物聚合物相比，它们对热降解的稳定性更高。整体木材的曲线代表了每个细胞壁组分的结果。木材热降解时释放的热解产物见表 3-1。

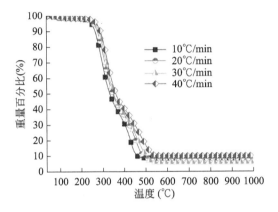

图 3-2　木材在不同的热解速率下的热重曲线　　　图 3-3　杨木及其细胞壁组分的热重曲线

表 3-1　木材的热解产物

| 产物 | 混合物中占比（%） | 产物 | 混合物中占比（%） |
| --- | --- | --- | --- |
| 乙醛 | 2.3 | 乙酸 | 6.7 |
| 呋喃 | 1.6 | 5-甲基-2-呋喃醛 | 0.7 |
| 丙酮 | 1.5 | 甲酸 | 0.9 |
| 丙烯醛 | 3.2 | 2-呋喃醇 | 0.5 |
| 甲醇 | 2.1 | 二氧化碳 | 12.0 |
| 2,3-丁二酮 | 2.0 | 水 | 18.0 |
| 1-羟基-2-丙酮 | 2.1 | 炭 | 15.0 |
| 乙二醛 | 2.2 | 焦油（600℃） | 28.0 |

由于主要的细胞壁聚合物是纤维素，纤维素的热降解主导了热解的化学反应[4]。纤维素的分解主要生成挥发性气体，而木质素的分解则主要生成焦油和炭。图 3-4 展示了纤维素的热解和燃烧过程。在纤维素降解的早期阶段（低于 300℃），分子量因脱水反应而降低。主要产物为 CO、$CO_2$（由脱羧化和脱羰化产生）、水和炭残留物。在氧气存在下，炭残留物会出现发光燃烧。CO 和 $CO_2$ 在氧气中的生成速度比在氮气中更快，且随着温度升高，这一速率加快。表 3-2 展示了纤维素在空气和氮气中脱聚合的速率常数。

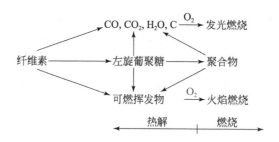

图 3-4　纤维素的热解和燃烧过程

表 3-2　纤维素在空气和氮气中的解聚速率常数

| 温度 | 状态 | $K_o \times 10^7$ (mol/162 g·min) * |
|---|---|---|
| 150 | 氮气 | 1.1 |
| | 空气 | 6.0 |
| 160 | 氮气 | 2.8 |
| | 空气 | 8.1 |
| 170 | 氮气 | 4.4 |
| | 空气 | 15.0 |
| 180 | 氮气 | 9.8 |
| | 空气 | 29.8 |
| 190 | 氮气 | 17.0 |
| | 空气 | 48.9 |

\* 1 mol 葡萄糖。

　　纤维素还会产生可燃挥发物，如乙醛、丙烯醛、甲醇、丁二酮和乙酸。当这些可燃挥发物与氧气混合并加热至点火温度时，会发生放热燃烧。这些气相反应释放的热量会传回木材中，从而增加固相的热解速率。当燃烧混合物积累足够的热量时，会发出可见光谱的辐射。这一现象被称为火焰燃烧，发生在气相中。在 300℃时，纤维素分子高度灵活，通过转糖苷化发生解聚，产生如脱水单糖 [包括左旋葡聚糖酸酐（1,6-脱氧-β-D-葡萄糖吡喃糖）] 和 1,6-脱氧-β-D-葡萄糖呋喃糖等产物。这些产物被转化为低分子量产物、随机连接的寡糖和多糖，最终形成炭化产物。图 3-5 展示了纤维素转化为左旋葡聚糖酸酐的过程。当一个纤维素单元（葡萄糖）发生脱水时，会形成左旋葡聚糖酸酐、左旋葡萄糖酮和 1,4：3,6-二脱氧-α-D-葡萄糖吡喃糖。其他产物如 1,2-脱氧糖、1,4-脱氧糖、3-脱氧-D-红糖素、5-羟甲基-2-呋喃甲醛、2-呋喃甲醛（呋喃醛）、其他呋喃衍生物、1,5-脱氧-4-脱氧-D-己-1-烯-3-乌洛糖，以及其他吡喃衍生物也会形成。这些脱水衍生物在中间阶段对炭化化合物的形成具有重要意义。分子间和分子内的转糖苷化反应伴随脱水，之后发生糖单元的断裂或碎裂以及气相中的不对称反应。脱水单糖可以重新聚合形成聚合物，这些聚合物随后会降解为一氧化碳、二氧化碳、水和炭渣，或者可燃挥发物。超过 300℃时，焦油形成反应速率增加，炭的形成减少。表 3-3 显示了不同温度下纤维素的焦油和炭产物的百分比。在 300℃时，约 28% 的产物是焦油，20% 是炭。温度升高到 350℃时，焦油产量增加到 38%，炭产量降至 8%。在 500℃时，焦油产量保持不变，但炭产量降至 2%。焦油产物包括能够水解为还原糖的脱水糖衍生物。左旋葡萄糖酸酐和其他挥发性热解产物的蒸发是高度吸热的，这些反应在高度放热的燃烧反应发生之前吸收了系统中的热量。表 3-4 展示了不同温度下纤维素、木材和木质素的炭产量。纤维素的最高炭产量（63.3%）发生在 325℃；到 400℃时，产量降至 16.7%。在 400℃时，整块木材的炭产量为 24.9%，而分离的木质素为 73.3%。不同炭产量的碳、氢、氧分析显示，最高碳含量的炭发生在 500℃，但炭产量只有 8.7%。表 3-4 显示，木质素成分提供了最高的炭产量。木质素主要贡献于炭的形成，而纤维素和半纤维素主要生成可挥发的热解产物，负责火焰燃烧。

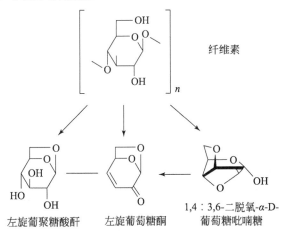

图 3-5　纤维素转化成左旋葡聚糖和其他单体的过程

表 3-3　不同热解温度下纤维素的焦油和炭形成量

| 温度（℃） | 焦油形成量（%） | 炭形成量（%） | 温度（℃） | 焦油形成量（%） | 炭形成量（%） |
| --- | --- | --- | --- | --- | --- |
| 300 | 28 | 20 | 425 | 39 | 4 |
| 325 | 37 | 10 | 450 | 38 | 4 |
| 350 | 38 | 8 | 475 | 37 | 3 |
| 375 | 38 | 5 | 500 | 38 | 2 |
| 400 | 38 | 5 | | | |

表 3-4　纤维素、木材、木质素热解形成的炭及其元素成分比例

| 材料 | 温度（℃） | 炭形成量（%） | 碳元素（%） | 氢元素（%） | 氧元素（%） |
| --- | --- | --- | --- | --- | --- |
| 纤维素 | 对照组 | — | 42.8 | 6.5 | 50.7 |
| | 325 | 63.3 | 47.9 | 6.0 | 46.1 |
| | 350 | 33.1 | 61.3 | 4.8 | 33.9 |
| | 400 | 16.7 | 73.5 | 4.6 | 21.9 |
| | 450 | 10.5 | 78.8 | 4.3 | 16.9 |
| | 500 | 8.7 | 80.4 | 3.6 | 16.1 |
| 木材 | 对照组 | — | 46.4 | 6.4 | 47.2 |
| | 400 | 24.9 | 73.2 | 4.6 | 22.2 |
| 木质素 | 对照组 | — | 64.4 | 5.6 | 24.8 |
| | 400 | 73.3 | 72.7 | 5.0 | 22.3 |

燃烧强度可以表示为

$$I_R = -\Delta H \frac{dw}{dt} \qquad (3\text{-}1)$$

式中，$I_R$ 代表反应强度，$-\Delta H$ 代表燃烧热，$dw/dt$ 代表燃料的质量损失速率。

表 3-5 显示了纤维素、整块木材、树皮和木质素的燃烧热值。纤维素产生的挥发物最高，其燃烧热值最低，且炭的形成百分比最低。紧随其后的是整块木材，其燃烧热值略高于纤维素，炭的形成量也稍高于纤维素。树皮的燃烧热值高于木材，其炭的形成量为 47.1%，挥发物为 52.9%。木质素具有最高的燃烧热值，同时也具有最高的炭形成量和最低的挥发物百分比。

表 3-5　木材、纤维素、树皮和木质素的燃烧热、成炭率和燃烧挥发物

| 燃料 | 燃烧热 $\Delta H$ 25℃（cal/g） | 成炭率（%） | 燃烧挥发物（%） |
| --- | --- | --- | --- |
| 纤维素 | −4143 | 14.9 | 85.1 |
| 木材 | −4618 | 21.7 | 78.3 |
| 树皮（花旗松） | −5708 | 47.1 | 52.9 |
| 木质素（花旗松） | −6371 | 59.0 | 41.0 |

注：加热速度为 200℃/min 至 400℃/min，保持 10 min。

在火焰燃烧过程中释放的高热量为气化剩余木材元素并传播火焰提供了所需的能量。在火焰燃烧后，残余炭的氧化会导致炭的发光燃烧。如果热强度和可燃挥发物的浓度低于火焰燃烧的最低水平，逐渐氧化的活性炭会引发炭燃烧。炭燃烧过程中释放非可燃或未氧化的挥发产物，通常发生在低密度木材中。

## 3.1.2　阻燃性

木材因其较差的导热性能而被广泛应用。在火灾中，未经处理的木材会形成一层炭层，该炭层作为绝缘屏障保护了内部未燃烧的木材（自我绝缘）。木材和金属的相对阻燃性能在 1953 年位于纽约弗兰克福特的一个酪蛋白厂火灾后的照片中体现得尤为明显（图 3-6）。钢梁在高温下软化，失效，并坠落在被炭化但仍坚固足以支撑钢梁的 12×16 英寸的层压木梁上。

图 3-6　1953 年位于纽约弗兰克福特的一个酪蛋白厂火灾后幸存的木梁照片

为了提高木材的阻燃性能，开发了阻燃剂。这可以追溯到公元一世纪，罗马人使用明矾和醋处理船只以阻燃。后来，盖-吕萨克使用磷酸铵和硼砂处理纤维素纺织品。美国海军规定自 1895 年起其船只必须使用阻燃剂，而纽约市自 1899 年起要求超过十二层的建筑必须使用阻燃剂。

建筑和消防规范规定了结构的防火标准。建筑规范包括房间的面积和高度、防火隔板、门和其他出口、自动喷洒装置、火灾探测器以及建筑类型。消防规范包括材料的可燃性、火焰传播和耐火性。在大多数住宅建筑中，可能不需要阻燃剂，但在公共建筑中，通常要求使用阻燃剂。

### 3.1.3　阻燃性测试方法

测试阻燃剂效率的方法有几种，其中最常见的是热重分析（TGA），即在程序控制温度下测量待测样品的质量与温度变化关系的一种热分析。在等温 TGA 中，记录样品在恒定温度下的质量随时间变化关系。利用程序控制温度，还可以测量重量损失的速率，这被称为导热热重分析。

差热分析（DTA）测量木材样品在经历从一个物理过渡状态（如熔化或蒸发）或进行任何化学反应时释放或吸收的热量。这些热量通过测量样品与惰性参考样品之间的温度差来确定。DTA 可以用来测量热容、提供动力学数据，并给出过渡温度信息。测试设备包括暴露在相同热源下的样品盘和参考盘。使用嵌入样品和参考盘的热电偶来测量温度。记录样品与参考之间的温差与时间的关系，可以作出温差-时间或温差-温度曲线。对于热量测定，设备需要通过在多个温度下的已知标准进行校准。

差示扫描量热法（DSC）与 DTA 类似，只是实际测量当样品和参考温度相等时的差异热流。在 DSC 中，样品和参考分别由独立的加热器加热。如果由于样品中的放热或吸热反应导致样品与参考之间出现温差，则调整输入功率以消除这种差异。因此，样品托架的温度始终与参考样品的温度保持一致。

氧指数测试测量的是在氧氮混合气体中，能够刚好支持测试样品燃烧的最低氧气浓度。高度易燃的材料氧指数较低，而较低易燃的材料氧指数较高[5]。该测试的一个优点是可以使用非常少的样品。另一个优点是它可以用于研究气相中的阻燃机制，而 TGA、DTA 或 DSC 通常只能测量固相的属性。表 3-6 显示了无机添加剂对氧指数和左旋糖苷产量的影响[6]。磷酸是提高木材氧指数并减少左旋糖苷形成的最有效处理方法。磷酸二氢铵、氯化锌和硼酸钠也非常有利于减少左旋糖苷的产量。

除了上述测试，可以对木材和阻燃木材进行其他测试，以确定烟雾产生、烟雾毒性、热释放速率等指标（ASTM 2002）。烟雾的产生在某些类型的阻燃剂中可能是一个关键问题。阻燃剂对烟雾产生的影响取决于所使用的化学物质。像氯化锌和磷酸铵这样的化学品会产生比硼酸盐更多的烟雾。烟雾的毒性也是阻燃木材的重要考虑因素。大量火灾受害者并非被火焰烧伤，而是因暴露于有毒烟雾而中毒。木材的燃烧热量因树种、树脂含量、湿度等因素而异。虽然木材的燃烧热量不变，但阻燃剂可以减少热释放速率、延长热释放时间。

**表 3-6    无机添加剂对氧指数和左旋糖苷产量的影响**

| 无机添加剂 | 氧指数（%） | 左旋糖苷产量（%） |
|---|---|---|
| 未经处理的 | 17.3 | 10.1 |
| 磷酸二氢钾 | 18.5 | 0.9 |
| 磷酸氢钾 | 18.6 | 0.2 |
| 硼酸钠 | 19.3 | <0.1 |
| 氯化锌 | 19.6 | 0.3 |
| 正磷酸二氢铵 | 19.6 | 0.8 |
| 磷酸 | 20.5 | <0.1 |

### 3.1.4    阻燃剂

#### 3.1.4.1    化学品促进木材在较低温度下转化为炭

木材阻燃剂可以分为以下六类：第一类是促进木材在比未处理木材更低的温度下形成更多炭化物的化学品；第二类是作为火焰中的自由基捕获剂的化学品；第三类是用于在木材表面形成涂层的化学品；第四类是提高木材热导率的化学品；第五类是用不可燃气体稀释木材释放的可燃气体的化学品；第六类是降低挥发性气体热含量的化学品。在多数情况下，特定阻燃剂通过多种机制发挥作用。

大多数关于木材燃烧中阻燃机制的证据表明，阻燃剂通过增加炭化物的量、减少挥发性可燃气体的释放以及降低热解起始温度来改变燃料的生成机制。图 3-7 展示了未经处理的木材与用几种无机阻燃剂处理过的木材的热重分析（TGA）结果。阻燃化学品如磷酸二氢铵显著增加了残余炭化物的量，并降低了热分解的初始温度。非冷凝气体的量增加，取代了可燃的焦油部分。减少可燃挥发物的化学机制不仅涉及阻燃剂抑制左旋糖苷的形成，催化纤维素脱水生成更多炭化物和更少挥发物的能力，还涉及其增强炭化物的凝聚形成交联且热稳定的多环芳烃结构的潜力。Nanassy 证明，使用氯化钠或磷酸二氢铵处理的道格拉斯冷杉增加了炭化物的产量和炭化物中芳香碳的含量（见表 3-7）[7]。图 3-8 展示了未经处理的纤维素与用几种无机阻燃剂处理的纤维素的 TGA。纤维素的热分解模式类似于整体木材，只是纯纤维素在去除半纤维素后更具热稳定性。无论阻燃剂的相对效果如何，都可减少左旋糖苷的量。这包括酸性、中性和碱性添加剂对左旋糖苷产量的影响。酸性处理对减少左旋糖苷的生成具有最显著的效果。在用硼酸盐或磷酸二氢铵处理的纤维素加热过程中，纤维素的聚合度（DP）减少。在 150℃下加热 2 min 后，使用磷酸二氢铵处理的木材的 DP 从 1110 降至 650。在 150℃下加热 1 h 后，使用硼酸盐处理的木材的 DP 从 1300 降至 700。这两种化学处理都抑制了左旋糖苷的形成。图 3-9 展示了未经处理的木质素与用几种无机阻燃剂处理的木质素的 TGA。处理木质素的阻燃剂对木质素的热分解几乎没有影响。

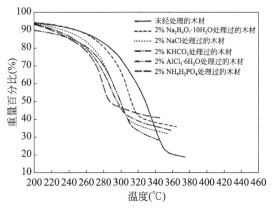

图 3-7 未经处理的木材与用几种无机阻燃剂处理过的木材的热重分析

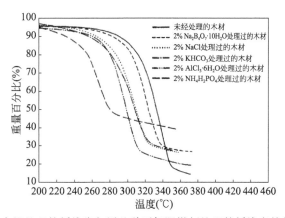

图 3-8 未经处理的纤维素与用几种无机阻燃剂处理的纤维素的热重分析

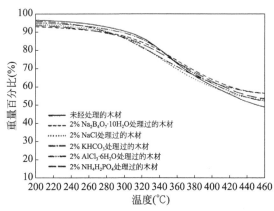

图 3-9 未经处理的木质素与用几种无机阻燃剂处理的木质素的热重分析

表 3-7 使用氯化钠或磷酸二氢铵处理的道格拉斯冷杉的炭化物的产量和炭化物中芳香碳的含量

| 无机阻燃剂 | 炭化物产量（wt%） | 炭化物中芳香碳含量（wt%） |
|---|---|---|
| 未经处理的 | 15.3 | 13.7 |
| 氯化钠 | 17.5 | 16.8 |
| 磷酸二氢铵 | 28.9 | 18.6 |

### 3.1.4.2 化学品作为燃烧过程中的自由基捕获剂

某些阻燃剂通过抑制气相反应中的链反应来发挥作用。诸如溴和氯等卤素是良好的自由基抑制剂。通常,需要较高浓度的卤素(15%~30%,质量分数)才能达到实际的阻燃效果。卤素的效率按顺序递减为 Br>Cl>F。使用 HBr 作为卤素抑制链分支反应的机制是

$$H \cdot + HBr \longrightarrow H_2 + Br \cdot \tag{3-2}$$

$$\cdot OH + HBr \longrightarrow H_2O + Br \cdot \tag{3-3}$$

在这些反应中消耗的氢卤酸被再生,以便继续发挥抑制作用。另一种机制已被提出用于卤素抑制,这种机制涉及氧原子的重组[8]:

$$O \cdot + Br_2 \longrightarrow BrO \cdot + Br \cdot \tag{3-4}$$

$$O \cdot + OBr \cdot \longrightarrow Br \cdot + O_2 \tag{3-5}$$

因此,抑制效果来源于从气相中去除活性氧原子。额外的抑制作用还可能来自于去除链分支反应中的 $\cdot OH$ 自由基。一些磷化合物也被发现通过这种机制抑制明火。

$$BrO \cdot + \cdot OH \longrightarrow HBr + O_2 \tag{3-6}$$

$$BrO \cdot + \cdot OH \longrightarrow Br \cdot + HO_2 \cdot \tag{3-7}$$

### 3.1.4.3 化学品在木材表面形成涂层

物理屏障可以通过阻止易燃物的逸散和防止氧气接触基材来抑制阴燃和明燃。这些屏障还可以隔离可燃基材与高温的接触。常见的屏障包括硅酸钠和膨胀涂层(在特定温度下释放气体并被困在涂层表面)。膨胀系统在火灾暴露时会膨胀并炭化,形成一种碳质泡沫。这些系统由几个组件组成,包括产生炭的化合物、膨胀剂、路易斯酸脱水剂等。

在膨胀系统中,如多元醇生成的炭化合物通常会燃烧产生二氧化碳和水蒸气,并留下易燃的焦油残留物。然而,这些化合物可以与某些无机酸(通常是磷酸)反应生成酯化物。酸作为脱水剂,会导致炭的产量增加和挥发物减少。这种炭是在比木材炭化温度低的情况下产生的。膨胀剂在特定温度下分解,释放出气体,使炭体膨胀。常见的膨胀剂包括氰胺、三聚氰胺、尿素和胍,它们的选择基于其分解温度。许多膨胀剂也作为脱水剂使用。其他化学物质可以添加到配方中以增加表面泡沫的韧性。

### 3.1.4.4 化学品可增加木材的热导率

另一种热理论认为,阻燃剂通过引起化学和物理变化,使热量被化学物质吸收,从而防止木材表面着火。这种理论基于含有大量结晶水的化学物质。水会吸收从热解反应中释放出的潜热,直到水全部蒸发。这有助于从热解区域移除热量,从而减缓热解反应。这也是为什么湿木材比干木材燃烧得更慢。一旦水被移除,木材的热解过程将独立于木材的含水量。

### 3.1.4.5 化学品通过不可燃气体稀释木材燃烧过程释放的可燃气体

诸如氰胺和尿素等化学品在主要热解化学反应开始前释放大量不可燃气体,硼砂等化

学品释放大量水蒸气。减少易燃气体的百分比是有益的,因为这增加了点燃所需的可燃挥发物体积。此外,气体远离木材的运动可能会稀释木材与气相反应边界层附近的氧气量。

### 3.1.4.6　化学品可降低挥发性气体的焓

如前所述,添加无机添加剂会降低活跃热解的起始温度,导致炭的产量增加和挥发物减少。这主要是由于木材纤维素成分中的脱水反应速率增加。然而,还发生其他竞争反应,如脱羧基化、简单化合物的分解和缩合反应。所有这些反应是相互竞争的。因此,偏向某一反应的变化也改变了总体反应热。差示热分析可用于确定这些反应热的变化,并有助于理解这些竞争反应。

在氮气中进行的木材 DTA 测试显示出两个吸热反应和一个较小的放热反应。第一个吸热反应出现在约 125℃,主要是水分蒸发和气体解吸的结果;第二个吸热反应出现在 200～325℃之间,表明木材的降解和挥发。在约 375℃时,这些吸热反应被一个小的放热峰所取代。当在氧气中进行木材样品测试时,这些吸热峰被强烈的放热反应所取代。第一个放热峰出现在木材约 310℃、纤维素约 335℃,归因于挥发产物的燃烧;第二个放热峰出现在木材约 440℃、纤维素和木质素约 445℃,归因于残余炭的炽热燃烧。含无机阻燃剂处理的木材在氧气中测试时,峰值温度和/或释放的热量有所变化。例如,硼酸钠显著减弱了挥发产物的放热峰,增强了炽热放热峰,并在 510℃左右显示出第二个炽热峰。氯化钠也减弱了第一个放热峰,并增强了第二个放热峰,但没有像硼酸钠那样出现第二个炽热峰。用磷酸铵处理的木材在减少挥发产物的量和降低这些产物形成的温度方面最为有效。磷酸铵几乎消除了炽热放热峰。这种类型的防火剂处理降低了在热解早期阶段释放的挥发性热解产物的平均燃烧热量,低于未处理木材在早期挥发阶段的值。在 40%挥发化阶段,未处理木材的挥发产物燃烧热量为 29%;而处理后的木材仅释放了 10%～19%的总热量。在所有测试的化学品中,只有氯化钠(被认为是一种效果不佳的阻燃剂)未能降低燃烧热量。

### 3.1.4.7　磷氮协同作用理论

磷酸和磷酸盐化合物在木材阻燃中的一个作用是催化脱水反应,从而产生更多的炭。这种反应途径只是众多同时发生的反应之一,包括脱羧、缩合和分解。含有磷和氮的阻燃剂的效果要优于它们各自单独使用的效果。

磷和氮化合物的相互作用产生了更有效的脱水催化剂,因为这种组合能进一步增加炭的形成量,并在炭中保留更多的磷[9]。这可能是由于在热解过程中通过与脱水剂形成酯化反应,导致纤维素的交联增加。氨基的存在使磷以非挥发性的氨盐形式保留,而不是一些可能热解并释放到挥发相中的磷化合物。此外,氮化合物可能促进磷酸缩聚形成聚磷酸。聚磷酸还可能作为热隔离和氧气屏障,因为它形成了黏稠的涂层。

### 3.1.4.8　木材阻燃剂的成分设计

如今使用的主要阻燃剂包括含有磷、氮、硼及一些其他元素的化学品。大多数阻燃剂配方具有水溶性和腐蚀性,因此研究人员持续寻求更具耐水洗性且腐蚀性较低的配方。含磷的化学品是最早的一类阻燃剂。单铵磷酸盐和二铵磷酸盐与氮化合物一起使用时,因其协同效应使得所需的化学品量更少[10, 11]。有机磷和聚磷酸盐化合物也被用作阻燃剂。按照 ASTM E84 标准，加载量为 96 kg/m³ 的聚磷酸铵给出的火焰蔓延指数为 15。这种处理产生了低烟雾排放，但对铝和软钢具有腐蚀性。其他含磷的配方包括了瓜氨酸磷酸盐与硼酸的混合物，以及磷酸、硼酸和氨。表 3-8 显示了一些阻燃剂在 500℃ 时的重量损失百分比。磷酸是最有效的化学品，其重量损失为 61%，而未经处理的木材重量损失为 93%。硼砂和硼酸是最常用的阻燃剂。硼酸盐具有低熔点，在高温下形成玻璃状薄膜。硼砂抑制表面火焰扩散，但也促进了燃烧和发光。硼酸减少了燃烧和发光，但对火焰扩散影响不大。因此，硼砂和硼酸通常一起使用。碱性硼酸盐在处理木材时还导致较少的强度损失，并且腐蚀性和吸湿性较低[12]。硼化合物还与其他化学品如磷和胺化合物结合，以提高其阻燃效果。表 3-8 显示，使用硼酸处理的木材在 500℃ 时的重量损失为 81%，硼砂为 89%，但不如磷化合物有效。如今，部分建筑规范中规定，阻燃处理必须具有耐水洗性。

**表 3-8　无机添加剂对木材热重分析的影响**

| 无机添加剂 | 500℃时的重量损失（%） | 无机添加剂 | 500℃时的重量损失（%） |
| --- | --- | --- | --- |
| 磷酸 | 61 | 氯化锡 | 84 |
| 正磷酸二氢铵 | 66 | 硫酸铵 | 86 |
| 氯化锌 | 74 | 十水合四硼酸钠 | 89 |
| 氢氧化钠 | 79 | 磷酸钠 | 91 |
| 硼酸 | 81 | 氯化铵 | 93 |
| 氯化钠 | 82 | 未经处理的木材 | 93 |

最广泛研究的耐水洗阻燃剂系统基于氨基树脂[13]。这种树脂系统基本上由氮源（尿素、三聚氰胺、瓜氨酸或二氰胺）与甲醛结合，产生甲基化胺。这些产品随后与磷酸等磷化合物反应。其他配方包括氰胺、三聚氰胺、甲醛和磷酸的混合物，或氰胺、尿素、甲醛、磷酸、甲酸和氢氧化钠的混合物。耐洗脱性归因于成分在木材中的聚合。另一种配方是使用尿素和三聚氰胺氨基树脂[14]。这些树脂的稳定性由尿素、三聚氰胺和氰胺的甲基化速率控制。这些溶液的最佳摩尔比为尿素或三聚氰胺、氰胺、甲醛和正磷酸的 1∶3∶12∶4。Lee 等通过五氧化二磷与胺反应，随后将磷氨化合物键合到木材上[15]，从而使耐洗脱性大大改善。其效果机制被认为是通过脱水进行热解从而降低了挥发物和炭氧化速率并增加炭的形成。木材与阻燃化学品如五氧化二磷胺复合物或葡萄糖二氨基磷酸盐反应后，具有耐洗脱性[16]。

# 3.2　木质资源的化学反应特性

## 3.2.1　乙酰化反应

木材的乙酰化主要是通过液相反应进行的，早期的研究是使用醋酸酐，并用氯化锌或吡啶作为催化剂。随着时间的推移，许多其他催化剂在液相和气相系统中也被尝试使用，

如尿素-硫酸铵、二甲基甲酰胺、醋酸钠、过硫酸镁、三氟乙酸、氟化硼以及 γ 射线。该反
应也可以在没有催化剂的情况下进行，或使用有机共溶剂。也有报道使用醋酸酐进行气相
反应；然而，由于扩散速率非常缓慢，这项技术仅应用于薄单板[17]。与醋酸酐的反应导致
细胞壁中可接触的羟基酯化，并产生副产物醋酸。

$$Wood\text{-}OH+CH_3\text{—}C(=O)\text{—}O\text{—}C(C\text{—}O)\text{—}CH_3$$
$$\longrightarrow Wood\text{-}O\text{—}C(=O)\text{—}CH_3+CH_3\text{—}C(=O)\text{—}OH \tag{3-8}$$

　　乙酰化是一个单点反应，这意味着一个乙酰基只与一个羟基结合，没有聚合反应。在
乙酰化过程中，所有的重量增加都可以直接转化为被封闭的羟基单元。这与形成聚合物链
的反应（例如环氧化物和异氰酸酯）不同。在这些情况下，重量增加不能转化为被封闭羟
基的单元。乙酰化也可以使用乙烯气体进行。在这种情况下，细胞壁羟基的酯化发生，但
没有副产物醋酸的形成。

$$Wood\text{-}OH+CH_2=C=O\longrightarrow Wood\text{-}O\text{—}C(=O)\text{—}CH_3 \tag{3-9}$$

　　虽然这种消除了副产物的化学反应很有趣，但研究表明，与乙烯气体的反应会导致反
应化学品渗透性差，反应后的木材性质不如与醋酸酐反应的木材。如今，乙酰化木材的首
选方法是使用少量液态醋酸酐，无需催化剂或共溶剂。该方法已用于改性纤维、颗粒、薄
片、碎片、单板和各种尺寸的木材。使用有限量的醋酸酐意味着反应过程中加热的化学品
更少，反应后需要清理的化学品也更少。

## 3.2.2　酸性氯化物反应

　　酸性氯化物也可以用于木材的酯化。反应生成的产品是相关酸性氯化物的酯，副产物
为氯化氢。Singh 等在使用醋酸氯化物与醋酸铅作为催化剂的实验中发现，生成的乙酰含量
低于使用醋酸酐的情况[18]。使用 20%的醋酸铅溶液可以减少反应中释放的氯化氢量。然而，
这个反应中释放出的强酸副产物会对木材造成严重降解，因此在这一领域的研究相对较少。

$$Wood\text{-}OH+R\text{—}C(=O)\text{—}Cl\longrightarrow Wood\text{-}O\text{—}C(=O)\text{—}R+HCl \tag{3-10}$$

## 3.2.3　其他酸酐反应

　　除了醋酸酐之外，其他酸酐也被用于与木材反应。Risi 和 Arseneau 用邻苯二甲酸酐处理
木材，获得了高尺寸稳定性木材[19]。然而，Popper 和 Bariska 发现，经过水浸泡后，化学增
重会消失，表明邻苯二甲酸基团可能因水解而丧失[20]。邻苯二甲酸基团对水的亲和力大于
木材中的羟基，因此邻苯二甲酸改性木材比未处理的木材更易吸湿。乙酰化导致的尺寸稳定
性是由于细胞壁的膨胀，而邻苯二甲酸化导致的尺寸稳定性似乎是由于木材细胞壁中亚微观
孔隙的机械膨胀。邻苯二甲酸化能实现非常高的增重（40%～130%），这可能与聚合有关。
　　Goldstein 等在无催化剂的情况下用丙酸和丁酸酐处理美国黄松，反应在 125℃下持续
10 h，丙酸化增重为 4%，而丁酸化为 0%[21]。经过 30 h 的反应，丙酸化仅增重 10%。
Papadopoulos 和 Hill 用醋酸、丙酸、丁酸、戊酸和己酸酐处理科西嘉松[22]。Chang 等还采

用微波加热进行丁基化,以提高木材的尺寸稳定性和光稳定性[23]。琥珀酸酐和马来酸酐也被用于修饰木材[24]。这两种酸酐与木材的反应使木材呈现热塑性,能够在压力下将木纤维热成型为高密度复合材料。

## 3.2.4 羧酸反应

已有报道采用三氟乙酸酐为催化剂,催化羧酸与木材发生酯化反应[25]:

$$\text{Wood-OH}+(\text{CH}_3)_2\text{—C}\!=\!\!\text{CH—COOH}\longrightarrow\text{Wood-O—C(}\!=\!\!\text{O)—CH—C(CH}_3)_2 \quad (3\text{-}11)$$

几种不饱和羧酸通过"推动"法与木材反应,能够在不改变颜色、结晶度或含水量的情况下增加烘干后的体积。木材与 $\alpha$-甲基丁烯酸的反应使得取代度足够高,从而使反应后的木材在丙酮和氯仿中的溶解度达到30%[26]。进一步的酯化虽然增加了溶解度,但同时也导致了木材成分的显著降解。溶解化的过程受到木质素和半纤维素的阻碍。

## 3.2.5 异氰酸酯反应

木材与异氰酸酯的羟基反应,形成含氮酯。Clermont 和 Bender 将浸泡在二甲基甲酰胺中的木皮暴露于 100~125℃的苯基异氰酸酯蒸气中,得到的木材具有很高的尺寸稳定性,机械强度也得到增强且颜色变化不大[27]。Baird 对浸泡在二甲基甲酰胺中的白松和英格尔曼云杉的横截面与乙基、烯丙基、丁基、叔丁基和苯基异氰酸酯进行反应[28]。其中,与丁基异氰酸酯的气相反应效果最佳。白雪松与 2,4-甲苯二异氰酸酯反应,使用和不使用吡啶催化剂的情况下,氮含量分别达到 3.5%和 1.2%。随着氮含量的增加,木材的抗压强度和弯曲模量均有所提高。榉木与一种二异氰酸酯反应后,具有了非常高的抗腐朽能力。甲基异氰酸酯在没有催化剂的情况下与木材迅速反应,获得了较高的附加重量。乙基、正丙基和苯基异氰酸酯在无催化剂的情况下也能与木材反应,但对甲苯-1,6-二异氰酸酯和 2,4-甲苯二异氰酸酯则需要二甲基甲酰胺或三乙胺作为催化剂。

$$\text{Wood-OH}+\text{R—N}\!=\!\!\text{C}\!=\!\!\text{O}\longrightarrow\text{Wood-O—C(}\!=\!\!\text{O)—NH—R} \quad (3\text{-}12)$$

## 3.2.6 甲醛反应

木材羟基与甲醛的反应分为两个步骤。由于反应涉及两个羟基,因此称为交联反应。两个羟基可以来自:①单一糖单元内的羟基;②单个纤维素链内不同糖残基上的羟基;③两个不同纤维素链之间的羟基;④与①、②和③相同,但反应发生在半纤维素上;⑤不同木质素残基上的羟基;⑥纤维素、半纤维素和木质素羟基之间的相互作用。可能的交联组合非常多,理论上所有组合都是可能的。由于反应是一个两步机制,部分添加的甲醛将以非交联的半缩醛形式存在。这些化学键非常不稳定,反应后不久就无法稳定存留。

该反应最有效的催化剂是强酸,如盐酸[29]、硝酸[30]、二氧化硫[31]、对甲苯磺酸和氯化锌[32]。较弱的酸,如亚硫酸和甲酸则效果不佳。

$$Wood\text{-}OH+H\text{—}C(\text{=}O)\text{—}H \longrightarrow Wood\text{-}O\text{—}C(OH)\text{—}H_2 + Wood\text{-}OH$$
$$\longrightarrow Wood\text{-}O\text{—}CH_2\text{—}O\text{-}Wood \qquad (3\text{-}13)$$

### 3.2.7　其他醛类反应

醛类（如乙醛和苯甲醛）与木材反应时，采用了硝酸或氯化锌作为催化剂。另外，乙二醛、戊二醛和 $\alpha$-羟基己醛也可在氯化锌、氯化镁、二甲基苯铵氯化物和吡啶氯化物的催化下与木材发生反应。未加催化剂的氯醛（如三氯乙醛）以及在乙酮中以对甲苯磺酸催化的邻苯二甲酸也可与木材发生反应。其他醛类和相关化合物也曾单独或在硫酸、氯化锌、氯化镁、氯化铵或磷酸二铵的催化下尝试与木材发生反应。如 $N,N'$-二甲基亚乙烯脲、醇酸乙酯、丙烯醛、氯乙醛、庚醛、邻-和对-氯苯甲醛、呋喃醛、对羟基苯甲醛和间-硝基苯甲醛等化合物均能增厚木材细胞壁，但似乎没有与木材发生交联反应。

### 3.2.8　甲基化反应

可以形成的最简单醚是甲基醚。木材与二甲基硫酸盐和氢氧化钠的反应或与碘化甲基和氧化银的反应是两种已报道的木材甲基化反应体系[33]。甲基化可达到 15%，且不影响酪蛋白胶的胶合性能。

$$Wood\text{-}OH+CH_3I \longrightarrow Wood\text{-}O\text{—}CH_3 \qquad (3\text{-}14)$$

### 3.2.9　氯代烷烃反应

在氯代烷烃与木材的反应中，生成了氯化氢作为副产物。因此，处理后的木材的强度较差。在吡啶或氯化铝中反应的氯丙烯能够赋予木材良好的尺寸稳定性；但在水中浸泡后，尺寸稳定性会丧失。在氯丙烯-吡啶体系下，尺寸稳定性并不是由于与化学物质结合而使细胞壁膨胀，而是由于形成了水溶性的丙烯吡啶铵氯聚合物，这些聚合物容易被洗脱。其他报道的氯代烷烃包括氯戊烯和丁烯基氯及叔丁氯，它们均可在吡啶的催化下与木材进行反应。

$$Wood\text{-}OH+R\text{—}Cl \longrightarrow Wood\text{-}O\text{—}R+HCl \qquad (3\text{-}15)$$

### 3.2.10　$\beta$-丙内酯反应

$\beta$-丙内酯与木材的反应非常有趣，根据反应的 pH，可以生成不同的产物。在酸性条件下，$\beta$-丙内酯与木材的羟基形成醚键，并生成游离的酸末端基团。在碱性条件下，$\beta$-丙内酯与木材的羟基形成酯键，生成一元醇末端基团。

在酸性条件下，南方黄松与 $\beta$-丙内酯反应，生成了羧乙基衍生物。高浓度的 $\beta$-丙内酯由于膨胀过大，导致木材出现分层和裂纹。$\beta$-丙内酯现已被标记为一种非常活跃的致癌物。

因此，这个非常有趣的化学反应体系之后可能不会再被研究。

### 3.2.11　丙烯腈反应

当丙烯腈在碱性催化剂的存在下与木材反应时，会发生氰乙基化反应。使用氢氧化钠作为催化剂时，已报道的重量增量高达 30%[34]。相比之下，使用氢氧化铵的重量增量较低。

$$\text{Wood-OH}+\text{CH}_2=\text{CH}-\text{CN}\longrightarrow \text{Wood-O}-\text{CH}_2-\text{CH}_2-\text{CN} \tag{3-16}$$

### 3.2.12　环氧化合物反应

最简单的环氧化物（氧化乙烯）在三甲胺催化下以气相形式与木材发生反应。Liu 和 McMillin 指出，波动压力比恒定压力更适合该反应[35]。氢氧化钠也被用作木材与氧化乙烯反应的催化剂。其他已报道的环氧化物包括 1,2-环氧-3,3,3-三氯丙烷、1,2-环氧-4,4,4-三氯丁烷、1-烯丙氧基-2,3-环氧丙烷、对氯苯基-2,3-环氧丙醇醚、1,2：3,4-二环氧丁烷、1,2：7,8-二环氧八烷、1,4-丁二醇二甘醇醚和 3-环氧乙基-7-氧杂双环庚烷。丙烯氧化物和丁烯氧化物也可与木材反应，此外还有环氧氯丙烷及其与丙烯氧化物的混合物。理论上，环氧氯丙烷可以发生交联反应，导致氯化氢的分裂，但这从未被观察到。在环氧体系中，氧化乙烯与细胞壁羟基初始反应后，形成了一个新的来源于环氧化物的羟基。这个新的羟基开始形成聚合物。

$$\text{Wood-OH}+\text{R}-\text{CH}(-\text{O}-)\text{CH}_2\longrightarrow \text{Wood-O}-\text{CH}_2-\text{CH(OH)}-\text{R} \tag{3-17}$$

### 3.2.13　反应速率

表 3-9 展示了南方松木在不同反应条件下与丙烯氧化物、丁烯氧化物、甲基异氰酸酯和丁基异氰酸酯反应，以及在液态醋酸酐、醋酸酐蒸气和酮烯气体下进行的乙酰化反应的速率。丙烯氧化物和丁烯氧化物的反应使用了 5% 的三乙胺作为催化剂，而甲基和丁基异氰酸酯则没有使用催化剂。在与醋酸酐蒸气反应时，松木单板被悬挂在醋酸酐的上方。而在与酮烯气体反应时，松木碎片则分批暴露在酮烯气体中。

**表 3-9　使用不同化学物质时松木的反应速率**

| 化学试剂 | 温度（℃） | 时间（min） | 重量百分比增量 |
| --- | --- | --- | --- |
| | 120 | 40 | 35.5 |
| 丙烯氧化物 | 120 | 120 | 45.5 |
| | 120 | 240 | 52.2 |
| | 120 | 40 | 24.6 |
| 丁烯氧化物 | 120 | 180 | 36.9 |
| | 120 | 360 | 42.2 |

| 化学试剂 | 温度（℃） | 时间（min） | 重量百分比增量 |
|---|---|---|---|
| 甲基异氰酸酯 | 120 | 10 | 25.7 |
|  | 120 | 20 | 40.4 |
|  | 120 | 60 | 51.8 |
| 丁基异氰酸酯 | 120 | 120 | 5.0 |
|  | 120 | 180 | 16.0 |
|  | 120 | 360 | 24.3 |
| 醋酸酐（液态） | 100 | 60 | 7.8 |
|  | 100 | 120 | 11.2 |
|  | 100 | 360 | 19.9 |
|  | 120 | 60 | 17.2 |
|  | 120 | 180 | 21.4 |
|  | 140 | 60 | 17.9 |
|  | 140 | 180 | 22.1 |
| 醋酸酐（蒸气） | 160 | 60 | 21.4 |
|  | 120 | 480 | 7.2 |
|  | 120 | 1440 | 22.1 |
| 酮烯气体 | 50～60 | 60 | 6.8 |
|  | 50～60 | 120 | 21.7 |

在两种环氧化物和两种异氰酸酯的反应中，反应时间越长，重量百分比增量（WPG）越高。然而，乙酰化的最大 WPG 约为 22，无论采用何种方式，进一步的反应时间都不会增加该数值。白杨的乙酰化过程遵循类似的模式，最大 WPG 约为 17～18。

研究表明，醋酸酐溶液中可以含有多达 30%的醋酸，而不会对反应速率产生不利影响。在浸泡溶液中，10%～20%的醋酸实际上会提高反应速率，这可能是由于醋酸的膨胀效应，以及酸度增加的影响。由于木材与醋酸酐的反应是放热反应，一旦开始乙酰化，系统的温度会升高。这种升温可以用来减少系统外部加热的能耗。

## 3.2.14　水分的影响

由于所有与木材细胞壁羟基反应的化学物质也会与水反应，因此在反应前木材的水分含量非常重要。水解反应比与细胞壁羟基的反应快得多。在水分含量低于 5%时，水分移除的成本和能耗与水解造成的化学物质损失之间需要权衡。在环氧化物的情况下，与水的反应会导致细胞壁中形成非共价聚合物。而在酸酐的反应中，会生成游离酸；只要生成的醋酸量不太大，乙酰化反应则呈现出优势。

# 3.3 木质资源的化学修饰与性能优化

## 3.3.1 体积变化特性

表 3-10 显示了松木在与几种液体化学试剂反应后的体积变化情况，以及在木材重新干燥后细胞壁中化学品填充的体积。由于与丙烯氧化物和丁烯氧化物、甲基异氰酸酯，以及醋酸酐反应导致的体积增加约等于化学品填充的体积，表明反应发生在细胞壁中，而不是木材的空隙中。而对于木材与丙烯腈等化学品的反应，这一关联并不成立。在这种情况下，化学品位于木材结构的空隙中。

**表 3-10 不同的化学处理对松木体积的影响**

| 化学试剂 | 重量百分比增量 | 松木体积增加[①]（$cm^3$） | 添加化学试剂体积[②]（$cm^3$） |
|---|---|---|---|
| 丙烯氧化物 | 26.5 | 7.1 | 7.5 |
| | 36.2 | 8.9 | 9.0 |
| 丁烯氧化物 | 25.3 | 6.9 | 6.9 |
| 甲基异氰酸酯 | 12.4 | 0.16 | 0.14 |
| | 25.7 | 0.21 | 0.27 |
| | 47.7 | 0.46 | 0.54 |
| 醋酸酐 | 17.5 | 3.0 | 2.9 |
| | 22.8 | 3.9 | 4.0 |
| 丙烯腈 | 25.7 | 0.46 | 0.77 |
| | 36.0 | 0.74 | 1.2 |

① 反应木材与非反应木材之间的绝干体积差异。
② 计算添加化学试剂的体积时使用的相对密度：丙烯氧化物和丁烯氧化物：1.01；甲基异氰酸酯：0.967；醋酸酐：1.049；丙烯腈：0.806。

## 3.3.2 浸出稳定性

用多种溶剂浸泡反应后的木材，并测定反应样品的重量损失，是间接判断反应是否导致化学物质与细胞壁结合的方法。至少使用两种不同的溶剂，一种是起始化学物质可溶于其中的溶剂，另一种是在反应中形成的聚合物可溶于其中的溶剂。表 3-11 显示了在苯/乙醇和水中的浸出损失，使用索氏抽提器抽提 24 h，以及在水中浸泡 7 d 的数据。结果表明，与甲基异氰酸酯、丁烯氧化物和醋酸酐反应的木材形成了稳定于浸泡溶剂的化学键，而与丙烯氧化物反应的木材在水浸出中会损失一些化学物质。木材与丙烯腈在铵或氢氧化钠催化下反应形成的化学键不稳定，产物容易被溶剂提取。

表 3-12 显示了乙酰化松木和白杨在不同 pH 和温度下乙酰基的稳定性，表 3-13 显示了松木和白杨去乙酰化的活化能。结果表明，乙酰化木材在微酸性条件下比在微碱性条件下更稳定。这些数据可以用来预测乙酰化木材（或其他木材）在任意 pH 和温度组合下的稳定性，从而估算产品在使用环境中的寿命。然而，必须考虑到本研究的数据是使用细磨粉末或微小纤维收集的粉末。因此，接触各种 pH 和温度环境的表面积非常大，这些数据也

代表了最快的可能降解速率。文献中有充分的证据表明，在考古木材中，乙酰基在数千年内保持稳定，几乎没有观察到乙酰基的损失。

表 3-11 化学修饰木材在不同的溶剂抽提下的质量损失

| 化学试剂 | 重量百分比增量 | 苯/乙醇 索氏抽提器抽提 4 h 20 目（失重，%） | 水 索氏抽提器抽提 24 h 40 目（失重，%） | 水 索氏抽提器抽提 7 d 20 目（失重，%） |
|---|---|---|---|---|
| 无 | 0 | 2.3 | 11.2 | 0.6 |
| 甲基异氰酸酯 | 23.5 | 6.5 | 11.6 | 1.0 |
| 丙烯氧化物 | 29.2 | 5.2 | 10.7 | 4.0 |
| 丁烯氧化物 | 27.0 | 3.8 | 11.7 | 1.6 |
| 醋酸酐 | 22.5 | 2.8 | 12.2 | 1.2 |
| 丙烯腈（NH₄OH） | 26.1 | 22.3 | 20.4 | 21.7 |
| 丙烯腈（NaOH） | 25.7 | 17.6 | 18.7 | 13.5 |

表 3-12 不同的 pH 和温度条件对乙酰化松木和白杨的乙酰基稳定性的影响

| 木材 | 温度（℃） | pH | 速率常数（$k \times 10^3$） | 半衰期/d |
|---|---|---|---|---|
| 松木 | 24 | 2 | 0.26 | 2640 |
| | | 4 | 0.15 | 4630 |
| | | 6 | 0.06 | 10900 |
| | | 8 | 1.40 | 500 |
| 白杨 | 24 | 2 | 0.23 | 3083 |
| | | 4 | 0.15 | 4697 |
| | | 6 | 0.06 | 10765 |
| | | 8 | 1.11 | 623 |
| 松木 | 50 | 2 | 2.07 | 340 |
| | | 4 | 1.06 | 650 |
| | | 6 | 1.71 | 410 |
| | | 8 | 7.31 | 95 |
| 白杨 | 50 | 2 | 1.18 | 590 |
| | | 4 | 0.66 | 1050 |
| | | 6 | 1.29 | 540 |
| | | 8 | 8.51 | 80 |
| 松木 | 75 | 2 | 11.3 | 61 |
| | | 4 | 8.41 | 82 |
| | | 6 | 15.5 | 45 |
| | | 8 | 32.2 | 22 |
| 白杨 | 75 | 2 | 7.33 | 95 |
| | | 4 | 4.78 | 145 |
| | | 6 | 12.6 | 55 |
| | | 8 | 32.5 | 21 |

表 3-13　松木和白杨在 24～75℃范围内发生乙酰化反应的活化能

| 木材 | pH（$k\times10^3$） | 活化能/(kJ/mol) |
| --- | --- | --- |
| 松木 | 2 | 58 |
|  | 4 | 58 |
|  | 6 | 89 |
|  | 8 | 57 |
| 白杨 | 2 | 63 |
|  | 4 | 68 |
|  | 6 | 93 |
|  | 8 | 53 |

表 3-14 显示了松木和白杨在 90%和 30%相对湿度（RH）下周期性暴露的乙酰基稳定性。每个周期表示在 30% RH 下暴露三个月，然后在 90% RH 下暴露三个月。在实验误差范围内，经过 41 个湿度变化周期后，乙酰基没有损失。这个数据是在 1992 年收集的，且该实验仍在继续。经过近 10 年的 30%和 90% RH 之间的循环，这些木片的最近乙酰分析表明，湿度循环仍然没有导致乙酰基损失。

表 3-14　松木和白杨在 90%和 30%相对湿度下周期性暴露的乙酰基稳定性

| 木材 | 循环（周期）后乙酰基含量（%） | | | | |
| --- | --- | --- | --- | --- | --- |
|  | 0 | 13 | 21 | 33 | 41 |
| 松木 | 18.6 | 18.2 | 16.2 | 18.0 | 16.5 |
| 白杨 | 17.9 | 18.1 | 17.1 | 17.8 | 17.1 |

### 3.3.3　反应位点可及性

　　木材化学改性速率的控制步骤是试剂渗透到细胞壁的速率。在液体醋酸酐与木材反应时，当乙酰基重量百分比增量（WPG）约为 4 时，$S_2$ 层中的结合乙酰基比胞间层中的要多。当 WPG 约为 10 时，乙酰基在 $S_2$ 层和胞间层中的分布相等。当 WPG 超过 20 时，胞间层中的乙酰基浓度略高于细胞壁的其他部分。这是使用氯醋酸酐并通过能量色散 X 射线分析跟踪氯的去向发现的。

　　当使用较大的木材块时，醋酸酐渗透所需的时间与木材的尺寸成正比。当然，关键的维度是纵向尺寸。表 3-15 显示，如果在 120℃下反应 30 min，云杉木片的 WPG 为 14.2，乙酰基含量为 15.6%。如果将木片先拆解为纤维，然后在相同反应条件下进行乙酰化，WPG 为 22.5，乙酰基含量为 19.2%。如果将乙酰化的木片拆解为纤维，然后在相同条件下重新乙酰化，WPG 为 20.4，乙酰基含量为 20.5%。由于在还原步骤中没有损失乙酰基团，这表明当乙酰化木片被拆解为纤维时，会有新的—OH 位点变得可用。这也表明，一些—OH 基团在木片中可及度低，但在纤维中具有更高的可及度。

表 3-15 云杉样品的尺寸对乙酰基含量的影响

| 样品 | 重量百分比增量 | 乙酰基含量（%） |
| --- | --- | --- |
| 乙酰化木片 | 14.2 | 15.6 |
| 乙酰化木纤维 | 14.2 | 15.4 |
| 木片拆解为纤维再乙酰化 | 22.5 | 19.2 |
| 乙酰化木片拆解为纤维 | 22.5 | 19.4 |
| 乙酰化木片拆解为纤维后再重新乙酰化 | 20.4 | 20.5 |

## 3.3.4 乙酰基平衡性

在乙酰化反应中，质量平衡表明，进入阔叶材和针叶材乙酰化反应中的所有醋酸酐都可以被解释为木材中增加的乙酰基含量，以及因木材中的水分水解而产生的醋酸或未反应的醋酸酐。醋酸酐的消耗可以根据乙酰化程度和木材的水分含量进行化学计量计算。这适用于迄今为止所有乙酰化的木材。表 3-16 显示了乙酰化导致的重量百分比增量（WPG）与化学分析中测得的乙酰基含量的比较。在较低的 WPG 水平下，乙酰基含量总是高于 WPG。这可能是由于抽提物和一些细胞壁聚合物被溶解到醋酸酐溶液中，从而导致样品初始重量损失。在 WPG 超过约 15 时，乙酰基含量和 WPG 值几乎相同。

表 3-16 乙酰化松木和白杨的重量百分比增量和乙酰基含量分析

| 松木 | | 白杨 | |
| --- | --- | --- | --- |
| 重量百分比增量 | 乙酰基含量 | 重量百分比增量 | 乙酰基含量 |
| 0 | 1.4 | 0 | 3.9 |
| 6.0 | 7.0 | 7.3 | 10.1 |
| 14.8 | 15.1 | 14.2 | 16.9 |
| 21.1 | 20.1 | 17.9 | 19.1 |

## 3.3.5 结合物质分布

表 3-17 显示了反应过的松木中结合物质分布及羟基取代度（DS）。该分析基于多个假设：①松木的综纤维素含量为 67%，木质素含量为 27%；②综纤维素含量中 87%为六碳糖，13%为五碳糖；③综纤维素中的纤维素含量为 71.8%，14.8%为六碳糖半纤维素，13.4%为五碳糖半纤维素；④整个松木中 67%为综纤维素，其中 48.1%为纤维素，9.0%为五碳糖，9.9%为六碳糖；⑤综纤维素的理论乙酰基含量为 77.7%，木质素为 25.7%；⑥木质素每个九碳单元平均有 1.1 个羟基。

基于该分析，木质素在 WPG 约为 47 时完全取代，此时，综纤维素中只有约 20%的羟基被取代。这些计算还基于一个假设，即所有理论羟基在乙酰化反应中都是可及的。假设半纤维素部分 100%可及，但纤维素只有 35%可及（基于结晶度），可及的综纤维素的取代度将为 0.48。在对分离的细胞壁成分进行乙酰化的实验中，木质素反应速度快于半纤维素，而整体木材和纤维素则没有反应。可能在分离过程中，纤维素已经被修饰，因此这一结果并不一定意味着在整体木材的乙酰化过程中没有发生纤维素的修饰。

表 3-17　改性松木的羟基取代度和甲基异氰酸酯氮的分布

| 重量百分比增量 | 木质素中甲基异氰酸酯氮 | | 综纤维素中甲基异氰酸酯氮 | |
|---|---|---|---|---|
| | 含量（%） | 取代度 | 含量（%） | 取代度 |
| 5.5 | 1.42 | 0.17 | 0.59 | 0.03 |
| 10.0 | 2.36 | 0.28 | 1.19 | 0.05 |
| 17.7 | 3.44 | 0.41 | 2.11 | 0.08 |
| 23.5 | 4.90 | 0.59 | 2.94 | 0.12 |
| 47.2 | 7.46 | 0.89 | 5.24 | 0.21 |

### 3.3.6　吸湿性

通过将木材细胞壁聚合物上的一些羟基替换为乙酰基，木材的吸湿性得以降低。表 3-18 显示了乙酰化松木和杨木的纤维饱和点。随着乙酰化水平的提高，针叶材和阔叶材的纤维饱和点均降低。

表 3-18　乙酰化松木和白杨的纤维饱和点

| 重量百分比增量 | 松木（%） | 白杨（%） |
|---|---|---|
| 0 | 45 | 46 |
| 6 | 24 | — |
| 8.7 | — | 29 |
| 10.4 | 16 | — |
| 13.0 | — | 20 |
| 17.6 | — | 15 |
| 18.4 | 14 | — |
| 21.1 | 10 | — |

表 3-19 展示了对照组和几种不同类型化学改性松木在三种相对湿度下的平衡含水率（EMC）。在所有情况下，化学重量百分比增量水平增加时，所得到的木材的 EMC 降低。甲醛与木材的反应在减少 EMC 方面是最有效的，其他化学物质中，乙酰化效果最好，其次是丁烯氧化物反应。与未反应木材相比，丙烯氧化物反应的木材 EMC 有轻微降低。

表 3-20 显示了不同乙酰化水平下松木和杨木的 EMC。如果将不同类型乙酰化木材在 65% 相对湿度下的 EMC 减少量（与未乙酰化木材相比）绘制为结合乙酰含量的函数，结果会呈现出一条直线图。尽管这些点代表许多不同类型的木材，但它们都符合一个共同的曲线。在约 20% 结合乙酰基的情况下，实现了 EMC 的最大减少量。将该图外推至 100% EMC 减少时，结合乙酰基含量约为 30%。这一值与这些纤维的纤维饱和点相差不大。由于乙酰

基团的体积大于水分子,因此并不是所有的吸湿氢键位点都被覆盖;且可以预期乙酰化后的饱和点会低于水的饱和点。

表 3-19　对照组和几种不同类型化学改性松木在三种相对湿度下的平衡含水率

| | 27℃时的平衡含水率 | | | |
| --- | --- | --- | --- | --- |
| | 重量百分比增量 | 35% RH | 60% RH | 85% RH |
| 对照组 | 0 | 5.0 | 8.5 | 16.4 |
| 丙烯氧化物 | 21.9 | 3.9 | 6.1 | 13.1 |
| 丁烯氧化物 | 18.7 | 3.5 | 5.7 | 10.7 |
| 甲醛 | 3.9 | 3.0 | 4.2 | 6.2 |
| 醋酸酐 | 20.4 | 2.4 | 4.3 | 8.4 |

表 3-20　不同乙酰化水平下松木和杨木的平衡含水率

| 样品 | 27℃时的平衡含水率 | | | |
| --- | --- | --- | --- | --- |
| | 重量百分比增量 | 30% RH | 65% RH | 90% RH |
| 松木 | 0 | 5.8 | 12.0 | 21.7 |
| | 6.0 | 4.1 | 9.2 | 17.5 |
| | 10.4 | 3.3 | 7.5 | 14.4 |
| | 14.8 | 2.8 | 6.0 | 11.6 |
| | 18.4 | 2.3 | 5.0 | 9.2 |
| | 20.4 | 2.4 | 4.3 | 8.4 |
| 白杨 | 0 | 4.9 | 11.1 | 21.5 |
| | 7.3 | 3.2 | 7.8 | 15.0 |
| | 11.5 | 2.7 | 6.9 | 12.9 |
| | 14.2 | 2.3 | 5.9 | 11.4 |
| | 17.9 | 1.6 | 4.8 | 9.4 |

图 3-10 展示了乙酰化云杉纤维的吸附-脱附等温线。10 min 乙酰化的曲线表示 WPG 为 13.2,4 h 的曲线表示 WPG 为 19.2。未处理的云杉在约 35%的水分含量下达到吸附-脱附最大值,而 13.2 WPG 在约 30%处达到最大值,19.2 WPG 则在约 10%处达到最大值。对于对照组和 13.2 WPG 纤维,吸附和脱附曲线之间的差异很大,但对于 19.2 WPG 纤维,差异则小得多。水分的吸附被认为是作为初级水或次级水被吸附的。初级水是吸附在高结合能的初级位点上的水,例如羟基。次级水则是吸附在结合能较低的位点上的水——吸附在初级层上的水分子。由于一些羟基位点被乙酰基酯化,水分能够吸附的初级位点减少。

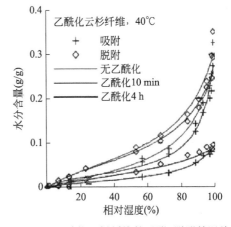

图 3-10　乙酰化云杉纤维的吸附-脱附等温线

### 3.3.7 尺寸稳定性

木材在弦向和径向上的尺寸变化，以及复合材料的厚度和线性膨胀，都是木质复合材料面临的重大问题。复合材料不仅经历正常的膨胀（可逆膨胀），还会由于复合材料在压制过程中的残余压应力释放而引起膨胀（不可逆膨胀）。水分吸附导致可逆和不可逆的膨胀，板材干燥时也会发生一些可逆收缩。由于乙酰化，三种相对湿度下的厚度膨胀大大减少（表3-21）。线性膨胀同样因乙酰化而显著降低。增加黏合剂的含量可以减少厚度膨胀，但效果不及乙酰化显著。

**表 3-21  利用乙酰化杨木纤维制造的纤维板的厚度膨胀率**

| 重量百分比增量 | 酚醛树脂含量（%） | 27℃时的厚度膨胀率（%） | | |
|---|---|---|---|---|
| | | 30% RH | 65% RH | 90% RH |
| 0 | 5 | 0.7 | 3.0 | 12.6 |
| | 8 | 1.0 | 3.1 | 11.2 |
| | 12 | 0.8 | 2.5 | 9.7 |
| 17.9 | 5 | 0.2 | 1.8 | 3.2 |
| | 8 | 0.2 | 1.7 | 3.1 |
| | 12 | 0.1 | 1.7 | 2.9 |

表3-22显示了由对照纤维和乙酰化纤维制成的纤维板在水中厚度膨胀的速率和程度。乙酰化后，膨胀的速率和程度都显著降低。在水浸泡5d后，对照板膨胀了36%，而乙酰化纤维板的膨胀不到5%。测试结束时，相较于乙酰化纤维板，干燥后的对照板显示出更大的不可逆膨胀程度。

**表 3-22  由对照纤维和乙酰化纤维制成的纤维板在水中厚度膨胀的速率和程度**

| 在水中浸泡时间 | 厚度膨胀率（%） | | | | | | |
|---|---|---|---|---|---|---|---|
| | 15 min | 30 min | 60 min | 3 h | 6 h | 24 h | 5 d |
| 对照组 | 25.7 | 29.8 | 33.5 | 33.8 | 34.0 | 34.0 | 36.2 |
| 乙酰化（21.6 WPG） | 0.6 | 0.9 | 1.2 | 1.9 | 2.5 | 3.7 | 4.5 |

表3-23显示了松木和山毛榉纤维板在水中浸泡24h后的厚度膨胀和干燥后的厚度。对照纤维板在水中浸泡时膨胀并在干燥后几乎保持相同的厚度，而乙酰化纤维板在水中几乎没有膨胀，干燥后的残余膨胀也很小。表3-24显示了几种不同类型的化学改性实心松木的抗收缩效率（ASE）。所有化学反应的松木在22~26 WPG的重量百分比增量下均显示出约70的抗收缩效率。

表 3-23　松木和山毛榉纤维板在水中浸泡 24 小时后的厚度膨胀和干燥后的厚度

| 纤维 | 重量百分比增量 | 厚度膨胀率（%）（水中 24 h） | 残余厚度膨胀（%）（烘干） |
|---|---|---|---|
| 松木 | 0 | 21.3 | 19.7 |
| | 21.5 | 2.1 | 1.0 |
| 山毛榉 | 0 | 17.0 | 13.0 |
| | 19.7 | 2.2 | 0.9 |

表 3-24　几种不同类型的化学改性实心松木的 ASE

| 化学试剂 | 重量百分比增量 | ASE（%） |
|---|---|---|
| 无 | 0 | — |
| 丙烯氧化物 | 29.2 | 62 |
| 丁烯氧化物 | 27.0 | 74.3 |
| 醋酸酐 | 22.5 | 70.3 |
| 甲基异氰酸酯 | 26.0 | 69.7 |
| 丙烯腈（NH$_4$OH） | 26.1 | 80.9 |
| 丙烯腈（NaOH） | 25.7 | 48.3 |

如果水膨胀测试经过几轮水浸泡和烘干，ASE 可能会因化学物质在浸出过程中的损失而发生变化。表 3-25 显示了几种化学改性实心松木的 ASE。ASE1 是从烘干状态到水浸泡状态计算得出。ASE2 是从水浸泡状态再到烘干状态计算得出。ASE3 和 ASE4 是第二个完整周期的值。表 3-25 的数据表明，第一轮浸泡周期中，氨催化的丙烯腈的 ASE 最高。但重新干燥后，化学物质大量流失，因此 ASE2 为零，最终重量损失为 22.6%——几乎完全失去反应化学物质。丙烯氧化物、丁烯氧化物、甲基异氰酸酯和醋酸酐修饰的木材在膨胀和收缩循环中更加稳定。乙酰化是最稳定的处理方法，在两个循环测试后，重量损失不到 0.2%。

表 3-25　几种化学改性实心松木的 ASE

| 化学制品 | 重量百分比增量 | ASE1（%） | ASE2（%） | ASE3（%） | ASE4（%） | 测试后重量减轻（%） |
|---|---|---|---|---|---|---|
| 丙烯氧化物 | 29.2 | 62.0 | 43.8 | 50.9 | 50.3 | 5.7 |
| 丁烯氧化物 | 26.7 | 74.3 | 55.6 | 59.7 | 48.1 | 4.6 |
| 醋酸酐 | 22.5 | 70.3 | 71.4 | 70.6 | 69.2 | <0.2 |
| 甲基异氰酸酯 | 26.0 | 69.7 | 62.8 | 65.0 | 60.7 | 4.3 |
| 丙烯腈（NH$_4$OH） | 26.1 | 80.9 | 0 | 0 | 0 | 22.6 |
| 丙烯腈（NaOH） | 25.7 | 48.3 | 0 | 0 | 0 | 14.7 |

## 3.3.8  生物抗性

### 3.3.8.1  抗白蚁性

表 3-26 显示了使用北美散白蚁对几种化学改性松木进行的为期两周的白蚁侵蚀测试结果。使用丙烯氧化物和丁烯氧化物以及醋酸酐改性木材在抗白蚁侵蚀方面表现出一定的抵抗力，其中丙烯氧化物改性木材的抵抗力约为 30%，而丁烯氧化物和酸酐反应木材的抵抗力约为 20%~25%。尽管如此，松木并没有完全抵抗白蚁侵蚀，这可能与测试的严苛程度有关。然而，由于白蚁可以以醋酸为生，并将纤维素分解为醋酸盐，因此酸酐处理的木材未能完全抵抗白蚁攻击也就不足为奇了。测试结束时，白蚁的存活率相当高，显示出改性木材对它们并不具有毒性。

**表 3-26   北美散白蚁对几种不同类型的化学改性松木进行的为期两周的白蚁侵蚀测试结果**

| 化学试剂 | 重量百分比增量 | 木材重量损失（%） |
| --- | --- | --- |
| 对照组 | 0 | 31 |
| 丙烯氧化物 | 9 | 21 |
|  | 17 | 14 |
|  | 34 | 6 |
| 丁烯氧化物 | 27 | 4 |
|  | 34 | 3 |
| 醋酸酐 | 10.4 | 9 |
|  | 17.8 | 6 |
|  | 21.6 | 5 |

### 3.3.8.2  耐腐性

已有研究者根据 ASTM 标准，采用包括褐腐菌和白腐菌在内的多种腐朽菌对化学改性木材进行 12 周的耐腐测试。表 3-27 显示，所有化学改性木材均对白腐菌表现出良好的抵抗力，而除了丙烯氧化物改性以外，其他改性也对褐腐菌表现出良好的抵抗力。由真菌侵蚀造成的重量损失，是评估木质复合材料防腐处理有效性的最常用的方法。在某些情况下，特别是对于褐腐菌的侵蚀，强度损失可能是更重要的指标，因为已知在木材重量损失很小的情况下，实木会发生较大的强度损失。为确定木质复合材料在暴露于褐腐或白腐真菌时的强度损失，开发了一种动态弯曲蠕变测试。

在杨木刨花板的弯曲蠕变测试中，使用酚醛胶黏剂制作的对照板在褐腐菌的作用下平均在 71 天内失效，而在白腐菌的作用下则为 212 天。失效时，褐腐菌侵蚀下的平均重量损失为 7.8%，而白腐菌侵蚀下的平均重量损失为 31.6%。使用异氰酸酯黏合剂的对照板在褐腐菌作用下平均在 20 天内失效，白腐菌则为 118 天，失效时的平均重量损失分别为 5.5%

和 34.4%。在使用酚醛或异氰酸酯黏合剂和乙酰化木材制成的刨花板中，两种真菌几乎没有造成重量损失，且在 300 天的测试期内均未发生失效。从外观上看，在一周内，异氰酸酯胶合的对照板表面完全被菌丝覆盖，但酚醛胶合的对照板的菌丝发展明显较慢。测试期间，酚醛和异氰酸酯胶合的乙酰化刨花板显示出表面菌丝的存在，但由于真菌未攻击乙酰化木片，因此几乎没有损失强度。在类似的弯曲蠕变测试中，使用三聚氰胺-尿素-甲醛胶黏剂制作的对照和乙酰化松木颗粒板因褐腐菌侵蚀胶线中的胶黏剂而失效。菌丝侵入所有板材的内部，在对照板的木材和胶线中定殖，而在乙酰化板中仅在胶线中定殖。这些结果表明，胶线在保护木质复合材料免受真菌侵蚀方面也非常重要。

表 3-27 几种不同类型的化学改性木材对褐腐菌和白腐菌腐蚀的抗性

| 化学试剂 | 重量百分比增量 | 12 周后质量损失 | |
| --- | --- | --- | --- |
| | | 褐腐菌（%） | 白腐菌（%） |
| 对照组 | 0 | 61.3 | 7.8 |
| 丙烯氧化物 | 25.3 | 14.2 | 1.7 |
| 丁烯氧化物 | 22.1 | 2.7 | 0.8 |
| 甲基异氰酸酯 | 20.4 | 2.8 | 0.7 |
| 醋酸酐 | 17.8 | 1.7 | 1.1 |
| 甲醛 | 5.2 | 2.9 | 0.9 |
| $\beta$-丙内酯 | 25.7 | 1.7 | 1.5 |
| 丙烯腈 | 25.2 | 1.9 | 1.9 |

在经过 16 周的褐腐菌暴露后，使用酚醛树脂胶黏剂制作的对照杨木刨花板的内结合强度下降超过 90%，而使用异氰酸酯胶黏剂的刨花板则下降 85%。在潮湿非无菌土壤中暴露6 个月后，使用酚醛树脂胶黏剂制作的对照板失去 65%的内结合强度，使用异氰酸酯胶黏剂的刨花板则失去 64%的内结合强度。失效主要是由于木材受到真菌侵袭导致强度大幅降低。经过乙酰化处理的杨木刨花板在 16 周的褐腐菌暴露或 6 个月的土壤掩埋期间，内结合强度损失要小得多。异氰酸酯胶黏剂对真菌侵袭的抵抗力略强于酚醛树脂胶黏剂。在乙酰化复合材料的情况下，内结合强度的损失主要是由于胶黏剂中的真菌攻击和水分引起的少量膨胀。

### 3.3.8.3 海洋生物抗性

表 3-28 显示了化学改性松木在海洋环境中的数据。与白蚁测试类似，所有类型的木材化学改性都有助于抵抗海洋生物的侵害。对照样本在六个月到一年内被破坏，主要是由于受到三疣蛀木水虱的侵蚀，而经过丙烯和丁烯氧化物、丁基异氰酸酯和醋酸酐反应的木材表现出良好的抵抗力。在瑞典也进行了类似的试验，测试了乙酰化木材，该改性木材在海洋测试中两年后被破坏。破坏原因是受到甲壳类动物和软体动物的侵蚀。

**表 3-28　几种不同类型的化学改性松木在海洋环境中的生物抗性等级**

| 化学试剂 | 重量百分比增量 | 受到攻击的平均评级[①] | | |
| --- | --- | --- | --- | --- |
| | | 暴露年限 | 三疣蛀木水虱和船蛆蛀虫 | 长管三缝茧蜂 |
| 对照组 | 0 | 1 | 2~4 | 3.4 |
| 丙烯氧化物 | 26 | 11.5 | 10 | — |
| | | 3 | — | 3.8 |
| 丁烯氧化物 | 28 | 8.5 | 9.9 | — |
| | | 3 | — | 8.0 |
| 丁基异氰酸酯 | 29 | 6.5 | 10 | — |
| 醋酸酐 | 22 | 3 | 8 | 8.8 |

① 评级系统：10=无攻击；9=轻微攻击；7=中度攻击；4=重度攻击；0=被摧毁的。

## 3.3.9　耐候性

木材与环氧化物和醋酸酐的反应也被证明可以提高木材的紫外线抗性。表 3-29 显示了经过 700 h 加速老化测试后，乙酰化白杨的重量损失、侵蚀速率和渗透深度。对照样本的重量损失速率约为 0.121 μm/h。乙酰化减少了 50%重量损失率。未改性板材的老化渗透深度约为 200 μm，而乙酰化板材的深度则大约为其一半。表 3-30 显示了加速老化前后，外层 0.5 mm 表面及剩余部分的乙酰基和木质素含量。老化后表面的乙酰基含量减少，表明乙酰保护基团在老化过程中被去除。紫外线辐射并未完全去除所有的乙酰基，因此对光化学降解仍然存在一些稳定作用。乙酰基的损失仅限于外层 0.5 mm，因为剩余木材在加速老化前后乙酰基含量相同。由于老化，表面的木质素含量也大幅减少；主要的细胞壁聚合物受到紫外线辐射的降解。纤维素和半纤维素对光化学降解则更为稳定。

**表 3-29　经过 700 h 加速老化测试后，乙酰化白杨的重量损失、侵蚀速率和渗透深度**

| 重量百分比增量 | 重量损失（%/h） | 损失速率（μm/h） | 侵蚀速率（%） | 渗透深度（μm） |
| --- | --- | --- | --- | --- |
| 0 | 0.019 | 0.121 | — | 199~210 |
| 21.2 | 0.010 | 0.059 | 51 | 85~105 |

**表 3-30　经过 700 h 加速老化测试后，乙酰化杨木纤维板的乙酰基和木质素分析**

| 重量百分比增量 | | 老化测试前 | | 老化测试后 | |
| --- | --- | --- | --- | --- | --- |
| | | 表面（%） | 剩余物（%） | 表面（%） | 剩余物（%） |
| 乙酰基 | 0 | 4.5 | 4.5 | 1.9 | 3.9 |
| | 19.7 | 17.5 | 18.5 | 12.8 | 18.3 |
| 木质素 | 0 | 19.8 | 20.5 | 1.9 | 17.9 |
| | 19.7 | 18.5 | 19.2 | 5.5 | 18.1 |

在户外测试中，由乙酰化松木制成的刨花板在一年后仍保持淡黄色，而对照板在此期

间则变为深橙色到浅灰色。在两年内，乙酰化松木开始变灰。在室内测试环境中，乙酰化松木在十年后仍保持明亮的颜色，而对照松木在几个月后则变为浅橙色。

## 3.3.10　力学性能

木材的力学特性因多种化学修饰而发生改变。例如，乙酰化木材在平行于纹理方向的剪切强度降低，弹性模量略有下降，但冲击强度和刚度没有变化。湿和干压缩强度、硬度和纤维应力均有所增加。在针叶材中，弯曲破坏模量增加，但在阔叶材中则减少。对于异氰酸酯反应的木材，压缩强度和弯曲模量均有所增加。与未反应木材相比，甲醛反应木材的所有机械性能均有所降低。韧性和耐磨性显著降低，压缩强度和弯曲强度降低了 20%，冲击弯曲强度降低多达 50%。甲醛反应木材显著脆化，这可能与—O—C—O—型短且不灵活的交联单元有关。部分强度损失可能还与强酸催化剂导致的聚合物水解有关。甲基化木材的强度特性也因使用强酸催化剂而降低。使用氢氧化钠作为催化剂的氰乙烯化木材冲击强度较低。使用丙烯氧化物反应的木材，弹性模量降低了 14%，弯曲破坏模量降低了 17%，纤维应力降低了 9%，最大压缩强度降低了 10%。

然而，使用乙酰化原料制作的木材纤维板相较于未反应的木材纤维板并未失去机械性能。表 3-31 显示了来自对照组和乙酰化松木纤维板的静曲强度（MOR）、弯曲弹性模量（MOE）和内结合强度（IBS）。乙酰化导致 MOR 和 MOE 的增加，但在 IBS 上则保持相等。MOR 值超过了美国国家标准学会（ANSI，1982）规定的最低标准。乙酰化导致的某些强度的轻微下降可能归因于乙酰化原料的疏水性，这可能使水溶性酚醛或异氰酸酯树脂无法渗透到木材单元中。

表 3-31　使用乙酰化原料制作的木材纤维板的 MOR、MOE 和 IBS

| 重量百分比增量 | MOR（MPa） | MOE（GPa） | IBS（MPa） |
| --- | --- | --- | --- |
| 0 | 53 | 3.7 | 2.3 |
| 19.6 | 61 | 4.1 | 2.3 |
| ANSI 标准 | 31 | — | |

还应指出，木材的强度特性非常依赖于细胞壁的水分含量。纤维应力和最大压缩强度是受水分含量变化影响最大的机械性能，仅因水分含量在纤维饱和点（FSP）上下变化 1% 而发生显著变化。乙酰化木材纤维的平衡含水率（EMC）和 FSP 远低于对照木材纤维，单因这一点强度特性也将会不同。

## 3.3.11　胶合性能

乙酰化木材比天然木材更具疏水性，研究人员为确定哪些胶黏剂最适合制作复合材料而开展了研究[36]。测量乙酰化杨木的剪切强度和失效强度，乙酰化程度分别为 0、8、14 和 20 WPG 时，测试了包括乳液聚合异氰酸酯冷固、聚氨酯冷固、聚氨酯热熔、聚乙酸乙烯酯乳液、聚乙酸乙烯酯冷固、聚乙酸乙烯酯交联冷固、基于橡胶的接触黏合、氯丁橡胶接触黏合冷固、水性接触黏合冷固、环氧树脂-聚酰胺冷固、三聚氰胺-甲醛热固、尿素-甲醛热固、尿素-甲醛冷固、间苯二酚-甲醛冷固、苯酚-间苯二酚-甲醛冷固、苯酚-间苯二酚-甲醛热固等。所有情况下，胶黏剂强度都因乙酰化程度的增加而降低。

许多胶黏剂在 8 WPG 乙酰化水平下能够形成强大而耐用的结合，但在 14 和 20 WPG 水平下则无法实现。大多数测试的胶黏剂含有极性聚合物，因此它们的胶合性能因乙酰化木材中的非极性和疏水性乙酰基的存在而降低。尽管乙酰化木材中羟基的可及度有限，但具有丰富羟基的高反应性酚醛树脂胶黏剂在室温下也能实现优良的胶合。

# 3.4　木质资源的力学特性

## 3.4.1　力学基础概述

木材是一种各向异性材料，其机械性能在径向、横向和弦向上存在差异。然而，木材仍然是一种可行的建筑材料，且已经制定了可行的机械性能估计标准。机械性能与材料对施加载荷的抵抗能力有关。机械性能包括以下几类：①对变形和扭曲的抵抗力的度量（弹性性能）；②与破坏相关的性能的度量（强度）；③其他性能相关问题的度量。在讨论机械性能之前，需要解释两个概念：应力（$\sigma$）和应变（$\varepsilon$）。

应力是材料内部因施加外力（即载荷）而产生的内力的度量。主要有三种类型的应力：拉伸应力，拉动或延伸物体 [图 3-11（a）]；压缩应力，推挤或压缩物体 [图 3-11（b）]；剪切应力，使物体的两个相邻部分（即内部平面）在物体内旋转（即滑动）[图 3-11（c）]。弯曲应力 [图 3-11（d）] 是所有三种主要应力的组合，会导致物体的旋转变形或弯曲。

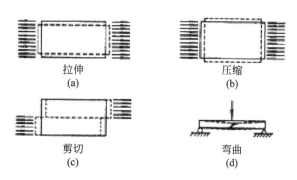

拉伸
(a)

压缩
(b)

剪切
(c)

弯曲
(d)

图 3-11　拉伸、压缩、剪切和弯曲示意图

应变是材料在应力作用下变形能力的度量，即延伸、压缩或旋转。在材料的弹性范围内，应力和应变之间呈线性关系。在弹性材料中，单位应力（$\sigma$）会导致相应的单位应变（$\varepsilon$）。这种弹性理论产生了材料最关键的工程属性之一，即弹性模量（$E$）。这一理论通常被称为胡克定律。

$$E=\sigma/\varepsilon \tag{3-18}$$

它适用于所有弹性材料在其弹性极限以下的形变。

弹性理论将材料在应力作用下的变形能力与其在去除应力后恢复原始尺寸的能力联系起来。弹性的标准不是变形的多少，而是材料在去除应力后完全恢复原始尺寸的能力。相反的特性是黏性，也可以理解为塑性。完美塑性体是在去除应力后不会恢复原始尺寸的材料。木材并非理想弹性材料，它不会在卸载时立即完全恢复变形，但随着时间推移，残余变形往往是可恢复的。木材被视为一种黏弹性材料。这种黏弹性解释了蠕变现象，即在施加特定负荷后会产生立即变形，且如果负荷保持在该材料上，额外的次级变形（即蠕变）将会在较长时间内继续发生。弹性模量，描述了负荷（应力）与变形（应变）之间的关系；剪切模量，描述了剪切应力与剪切应变之间的内部分布。

强度值是材料抵抗施加力的最终能力的预估数值。主要的强度特性是材料应力-应变关系的极限值。在这个意义上，强度是决定材料在不发生断裂或过度变形情况下能够承受的最大单位应力。在许多情况下，单一的"强度"一词有些模糊。思考特定强度，例如抗压强度、抗拉强度、剪切强度或极限弯曲强度，有时更有用。

美国材料与试验协会（ASTM）是北美的 ISO 认可组织，负责标准化测试方案。几项 ASTM 木材标准概述了确定基本机械性能和推导允许设计应力的方案。在进行测试时，会以特定方式向样本施加负荷，并监测由此产生的变形。负荷信息可以计算样本内部的应力，而变形信息则允许在接受特定假设的情况下计算内部变形（应变）。当应力和应变相互绘制在图表上时，就会生成应力-应变图。

应力-应变图中线性段上限值对应的单位应力被称为弹性极限。弹性极限测量了材料完全可恢复强度的边界。在低于弹性极限的应力水平下，完美弹性材料将恢复其原始尺寸和形状；而在超过弹性极限的应力水平下，弹性材料将无法恢复其原始形状，而会发生永久变形。

最大纵坐标所代表的单位应力是极限（最大）强度。这个点估计了材料破坏时的最大应力。许多工程师关心的机械性能，如最大压缩强度或极限弯曲强度，描述的正是这个最大应力点。

## 3.4.2　力学性能影响因素

### 3.4.2.1　材料因素

比重是指给定体积的木材重量与等体积水的重量之比。比重增加时，木材的强度特性也会增加，因为内部应力在更多的分子材料中分布。比重与各种机械性能之间的数学关系的近似值见表 3-32。木材在形成过程中及其生命周期中受到许多环境因素的影响。这些环境因素可能会增加木材的变异性，从而增加机械性能的变异性。为了减少这种固有变异性的影响，通常使用标准化测试方案。测试的木材样品要求没有节疤、裂缝等缺陷。然而，实际应用中使用的木材产品通常存在这些缺陷。由于强度受比重和生长特性等因素影响，因此在考虑强度特性时，始终要考虑性能变异性。变异系数是用于近似每种强度特性相关变异性的统计参数。各种力学特性的平均变异系数见表 3-33。

表 3-32　木材比重和力学强度之间的关系

| 属性 | 生材 | | 含水率为12%的木材 | |
|---|---|---|---|---|
| | 针叶材 | 阔叶材 | 针叶材 | 阔叶材 |
| 静态弯曲 | | | | |
| 静曲强度（kPa） | 109600 | 118700 | 170700 | 171300 |
| 弹性模量（MPa） | 16100 | 13900 | 20500 | 16500 |
| 最大负载功（kJ/m³） | 147 | 229 | 179 | 219 |
| 冲击弯曲（N） | 353 | 422 | 346 | 423 |
| 顺纹压力（kPa） | 49700 | 49000 | 93700 | 76000 |
| 横纹压力（kPa） | 8800 | 18500 | 16500 | 21600 |
| 顺纹剪力（kPa） | 11000 | 17000 | 16600 | 21900 |
| 横纹拉力（kPa） | 3800 | 10500 | 600 | 10100 |
| 侧面硬度（N） | 6230 | 16550 | 85900 | 15300 |

表 3-33　木材力学性能的平均变异系数

| 属性 | 平均变异系数 | 属性 | 平均变异系数 |
|---|---|---|---|
| 静曲强度 | 16 | 顺纹剪力 | 14 |
| 弹性模量 | 22 | 最大抗剪强度 | 14 |
| 最大负载功 | 34 | 顺纹拉力 | 25 |
| 冲击弯曲 | 25 | 侧面硬度 | 20 |
| 顺纹压力 | 18 | 韧性 | 34 |
| 横纹压力 | 28 | 比重 | 10 |

### 3.4.2.2　环境因素

　　木材是一种吸湿材料，会通过与周围环境的平衡来吸收或失去水分。平衡含水率（EMC）是木材在特定相对湿度和温度下达到的稳态水分水平。如果两个相似的样本分别在吸湿和脱湿条件下接近 EMC，它们的最终 EMC 将有所不同。例如，当环境的相对蒸气压力为 0.65（即相对湿度为 65%）时，处于吸湿和脱湿条件下的两个相似样本的平衡水分含量大约分别为 11% 和 13%。

　　木材的强度与木材细胞壁中的水分含量有关[37]。在从烘干（OD）到纤维饱和点的水分含量范围内，水分会积累在木材细胞壁中（结合水）。在纤维饱和点以上，水分会积累在木材细胞腔内（自由水），此时水分变化不会对强度产生明显影响。然而，在 OD 到纤维饱和点之间的水分含量范围内，水分确实会影响强度。结合水的增加会干扰并减少细胞壁有机聚合物之间的氢键，从而降低木材的强度。相关近似关系见表 3-34 和表 3-35。

　　并非所有机械性能都随水分含量的变化而变化。木材在动态加载条件下的性能是材料强度的对偶函数，材料的强度随着水分含量的增加而降低，而材料的柔韧性则随着水分含量的增加而增加。强度和柔韧性的变化在一定程度上相互抵消，因此，在动态加载条件下的机械性能不如静态机械性能那样受水分变化的影响。强度还与工作环境的温度有关[38]。在恒定的水分含量下，温度对强度的直接影响是线性的（图 3-12），通常在温度恢复到正常时强度可以恢复。一般来说，木材在较冷的温度下的即时强度较高，而在较暖的温度下则较低。然而，可能会出现永久性不可恢复的影响。长期高温暴露下的永久性强度损失会受到较高水分含量的显著影响。

表 3-34　木材的含水率变化为 1%时力学性能的变化情况

| 属性 | | 含水率每变化 1% |
| --- | --- | --- |
| 静态弯曲 | 弹性极限的纤维应力 | 5 |
| | 静曲强度 | 4 |
| | 弹性模量 | 2 |
| | 弹性极限功 | 8 |
| | 最大负载功 | 0.5 |
| 冲击弯曲 | 导致完全破坏的落差 | 0.5 |
| 顺纹压力 | 弹性极限的纤维应力 | 5 |
| | 最大抗压强度 | 6 |
| 横纹压力 | 弹性极限的纤维应力 | 5.5 |
| 顺纹剪力 | 最大抗剪强度 | 3 |
| 硬度 | 末端 | 4 |
| | 侧面 | 2.5 |

表 3-35　木材力学性能与含水率的关系

| 属性 | | 含水率*（%） | | | | |
| --- | --- | --- | --- | --- | --- | --- |
| | | 生材 | 19% | 12% | 8% | 烘干 |
| 花旗松 | 静曲强度 | 62 | 76 | 100 | 117 | 161 |
| | 顺纹压力 | 52 | 68 | 100 | 124 | 192 |
| | 弹性模量 | 80 | 88 | 100 | 108 | 125 |
| 厚皮刺果松 | 静曲强度 | 57 | 72 | 100 | 121 | 175 |
| | 顺纹压力 | 49 | 66 | 100 | 127 | 203 |
| | 弹性模量 | 78 | 87 | 100 | 109 | 128 |
| 山杨 | 静曲强度 | 61 | 75 | 100 | 118 | 165 |
| | 顺纹压力 | 50 | 67 | 100 | 126 | 199 |
| | 弹性模量 | 73 | 87 | 100 | 111 | 137 |

*属性在含水率为 12%设置为 100%。

温度升高的直接效果包括木质素的塑性增加和空间尺寸的增大，这减少了分子间的接触，因此是可恢复的。永久性影响表现为木材物质的实际减少或通过降解机制导致的重量损失，因此是不可恢复的。这种对木材强度的永久热效应已经被广泛研究[39, 40]，并已开发出基于预测动力学的模型。

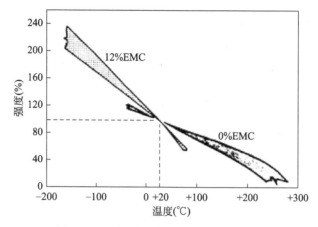

图 3-12    温度对木材力学性能的直接影响

### 3.4.2.3    载荷因素

木材抵抗负载的能力与负载施加的时间长度有关。长时间施加负载时结构失效所需的载荷大小远低于短时间施加负载时所需的载荷大小。木材在冲击负载下（负载持续时间＞1 s）能承受的负载几乎是长时间负载（负载持续时间＞10 年）的一倍。这种时间依赖关系如图 3-13 所示。水解化学处理已知会使木材变得脆弱。最近的研究表明，水解木材力学性能下降与其在快速负载下（极限负载＜1~2 s）耗散应变能量的能力下降有关。循环或重复负载通常会导致疲劳失效。抗疲劳能力是材料抵抗重复或波动负载而不发生失效的能力。疲劳失效通常发生在远低于导致静态失效的应力水平。重复或疲劳型应力通常会在材料内部产生缓慢的热积累，并引发和扩展微小裂纹，最终达到临界尺寸。当木材受到重复应力（例如，$5.0 \times 10^7$ 次循环）时，疲劳失效可能在静态条件下预期的极限应力的 25%~30%下发生。在设计任何材料时，需要估算力学性能。ASTM 标准测试方法详细说明了通过应力-应变关系确定机械性能所需的方法。

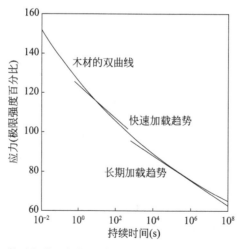

图 3-13    快速加载和长期加载条件下的弯曲应力-持续时间曲线

## 3.4.3　弯曲载荷特性

弯曲性能在木材设计中非常重要。许多结构设计将弯曲强度或某种弯曲的函数（例如挠度）视为限制性设计标准。弯曲型应力常常是桥梁等结构设计中的主要考虑因素。通过标准弯曲试验的应力-应变关系，可以导出五个机械性能指标：静曲强度（MOR）、弹性极限的纤维应力（FSPL）、弹性模量（MOE）、弹性极限功（WPL）和最大负载功（WML）。MOR 是材料的最终弯曲强度。因此，MOR 描述了导致木梁失效所需的负载，可以看作是木梁在弯曲型应力下所能预期的最终抗力或强度（图 3-14，点 B）。MOR 通过使用弯曲公式得出

$$MOR=Mc/I \qquad (3\text{-}19)$$

这假设了弹性响应，尽管这一假设并不完全正确，其中 $M$ 是最大弯矩，$c$ 是从梁的高应力法兰到其中轴的距离，而 $I$ 是惯性矩，它将弯矩与梁的几何形状相关联。工程师通常将这些几何因素（$c/I$）简化为一个称为 $S$ 的参数，即截面模量：

$$S=c/I \qquad (3\text{-}20)$$

对于在中心点加载下的矩形或方形梁，弯曲公式会根据加载条件和梁的几何形状进行调整：

$$MOR=1.5*P*L^2/b*h^2 \qquad (3\text{-}21)$$

式中，$P$ 为极限荷载，$L$ 为梁跨，$b$ 为梁宽，$h$ 为梁高。

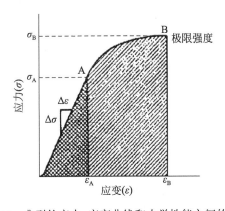

图 3-14　典型的应力-应变曲线和力学性能之间的关系

点 A 代表弹性极限，点 B 代表极限强度，$\sigma_B$ 代表 MOR，$\sigma_A$ 代表 FSPL，$\Delta\sigma/\Delta\varepsilon$ 代表 MOE，$\int_\phi^A \sigma d\varepsilon$ 代表 WPL，$\int_\phi^B \sigma d\varepsilon$ 代表 WML

FSPL 是材料在静态条件下能够承受的最大弯曲应力，并且不会出现永久性变形或扭曲。根据定义，它是在材料的弹性极限处 $y$ 坐标上的单位应力（图 3-14，点 A）。FSPL 也通过弯曲公式得出，其中 $M$ 是弹性极限处的弯矩，$S$ 是截面模量。

MOE 定量化了材料在加载下抵抗变形的弹性。MOE 对应于应力-应变关系中从零到弹性极限的线性部分的斜率（图 3-14）。刚度（MOE*$I$）常常被错误地认为与 MOE 同义。然而，MOE 仅仅是材料的特性，而刚度则依赖于材料和梁的尺寸。相似材料的大梁和小梁具

有相似的 MOE，但刚度却不同。MOE 可以通过应力-应变曲线计算得出。

WPL 是从无负载状态到材料的弹性或弹性极限所做的功，即所用的能量（图 3-14）。对于在中心点加载下的矩形截面梁，WPL 计算为应力-应变曲线从零到弹性极限下的面积。WML 是实际断裂或破坏材料所要做的功，是断裂材料所需能量的度量。韧性和总加载功是类似的属性，但它们的最终极限状态也包括超过最终破坏所吸收的能量。WML 计算为应力-应变曲线从零到材料的极限强度下的面积（图 3-14）。由于 WML 是测量在弹性极限下和超过弹性极限所做的功，因此它可以通过图形近似或微积分方法得出。由于木材的各向异性和非均质特性，不同方向的强度可能存在显著差异。木材强度沿着木纹（与木材细胞的纵轴平行）比垂直于木纹（与纵轴垂直）更强。

### 3.4.4 轴向载荷特性

由于木材的各向异性和异质性，在不同方向上的强度可能会有很大的差异。由上小节可知，木材沿着木纹（平行于原木的纵轴或木细胞的纵轴）比垂直于木纹（与纵轴呈直角）更坚固。如果将木材视为捆绑在一起的稻草束，则平行于木纹的压缩应力（$C_{//}$）可以看作是试图从一端到另一端压缩稻草的力。传递的压应力的距离并不会增加或放大应力，但承载应力的长度是重要的。如果柱的长度远大于宽度，样本可能会发生屈曲。这种应力类似于弯曲型破坏，而非轴向型破坏。平行于木纹压缩的木材示例包括木柱或屋顶桁架的上弦。平行于木纹的压缩强度或最大压碎强度是在标准应力-应变曲线的极限值处得出的。木材的 $C_{//}$ 值可以通过以下公式推导：

$$C_{//}=P/A \tag{3-22}$$

式中，$C_{//}$ 是顺纹压缩应力，$P$ 是最大轴向压缩载荷，$A$ 是载荷施加的面积。

垂直于木纹的压缩应力（$C_{\perp}$）可以被视为施加在木材细胞长度方向垂直的应力。因此，在稻草例子中，稻草（或木细胞）在与其长度成直角的方向被压碎。在细胞腔体完全坍塌之前，木材在垂直于木纹方向的强度不如平行于木纹方向强。然而，一旦木细胞腔体坍塌，木材在 $C_{\perp}$ 方向上可以承受几乎无法测量的负荷。由于真正的极限应力几乎无法实现，因此最大 $C_{\perp}$ 在极限承载能力的意义上是未定义的，$C_{\perp}$ 的讨论通常限于某个预定极限状态下的应力，例如弹性极限或 4%的挠度。垂直于木纹的压缩应力在一个构件与另一个垂直于木纹的构件相互支撑时出现。垂直于木纹压缩的例子包括梁、桁架或楼板的支撑区域。$C_{\perp}$ 的强度通过以下方式推导：

$$C_{\perp}=P/A \tag{3-23}$$

式中，$C_{\perp}$ 是横纹压缩应力，$P$ 是弹性极限载荷，$A$ 是载荷施加的面积。

平行于木纹的拉伸应力（$T_{//}$）是试图拉长木细胞或"稻草"的力。木材在 $T_{//}$ 方向上非常强大。拉伸应力传递的距离并不会增加应力。由于在测试机器中安全夹持拉伸试样的难度，尤其是对于无疵直纹的木材，$T_{//}$ 很难测量。通常，无疵直纹木材的 $T_{//}$ 被保守地估算为 MOR。这个转换是被接受的，因为无疵木材的弯曲破坏通常发生在弯曲试样的下表面，在那里下表面纤维承受拉伸类型的应力。平行于木纹的拉伸的一个例子是承受拉伸应力的桁架底弦。木材的 $T_{//}$ 强度通过以下公式推导：

$$T_{/\!/}=P/A \qquad (3\text{-}24)$$

式中，$T_{/\!/}$为顺纹拉伸应力，$P$ 为最大载荷，$A$ 为面积。

垂直于木纹的拉伸应力（$T_\perp$）是由施加在木细胞纵向轴线垂直方向的拉力引起的。在这种情况下，木细胞在与其长度成直角的方向上被拉开。$T_\perp$的强度变化极大，通常在木材力学讨论中会被避开。然而，$T_\perp$应力往往会导致沿木纹的劈裂或分裂破坏，这可能会显著降低大梁的结构完整性。$T_\perp$导致的破坏有时出现在服役过程中干燥的大梁中。例如，如果一个梁的一端通过顶部和底部的螺栓固定，收缩可能最终导致顶部和底部螺栓孔之间的劈裂或分裂破坏。木材在相对较轻的负荷下就能被 $T_\perp$劈裂。木材的 $T_\perp$强度通过以下公式推导：

$$T_\perp=P/A \qquad (3\text{-}25)$$

式中，$T_\perp$是横纹拉伸应力，$P$ 是最大载荷，$A$ 是面积。

## 3.4.5 其他力学性能

平行于木纹的剪切强度（$\gamma$）衡量木材抵抗一个平面沿着木纹滑动或滑移的能力。剪切强度的推导方式与轴向性质类似，使用以下公式：

$$\gamma=P/A \qquad (3\text{-}26)$$

式中，$\gamma$ 是平行于木纹的剪切应力，$P$ 是剪切载荷，$A$ 是通过材料的剪切面面积。

硬度用于表示材料抵抗凹陷和/或损伤的能力。硬度（ASTM 2003a）是通过将一个直径为 1.128 cm 的钢球嵌入木材中，使其深度达到直径的一半所需的负荷来测量的。虽然在日常用语中，材料可能被描述为较软或较硬，但在工程术语中，硬度是一种通过指定的方法测量的材料属性，这些方法详细规定了尺寸、来源和测试速度。在这些特定的测试条件之外，"硬度"一词在日常语言中可能对不同的人有着广泛而不同的含义。

冲击抗力或能量吸收是材料快速吸收并随后通过变形耗散能量的能力。这是一个重要的属性，适用于棒球棒、工具把手和其他经常受到冲击载荷的物品。高冲击抗力和能量吸收特性需要材料具有承受高极限应力的能力，并且在失效之前能够大幅度变形。冲击抗力可以通过几种方法进行测量。在木材中，常用的三种测试方法是最大负荷功测试、冲击弯曲测试和韧性测试。后两种测试方法提供了强度和柔韧性的测量，统称为能量吸收。这两种冲击抗力的测量相似，但并不特别相关。冲击弯曲测试是通过将一个重物从逐渐增加的高度上放落到梁上进行的（ASTM 2003a）。记录的仅仅是导致梁完全失效的落下高度，因此，对于不同尺寸的梁或不同质量的重物，测得的值肯定会有所变化。韧性是材料抵抗来自摆锤装置的单次冲击负荷的能力（ASTM 2003a）。因此，韧性与冲击弯曲相似，都是对能量吸收或冲击抗力的测量。然而，它们之间存在关键的差异。韧性使用单一的极限负荷和冲击弯曲，而冲击弯曲使用一系列逐渐增加的多重负荷，之前的负荷历史肯定会影响最终结果。尽管每种测试方法定义了一种材料特性，但每种测量的属性只能在该方法的有限定义内进行比较。它们不应在方法之间进行比较，也不应在不同尺寸或不同条件的材料上进行比较。

# 参 考 文 献

[1] Antal M J. Advances in Solar Energy, 1985, 2: 175-255.

[2] Bridgwater A V. Journal of Analytical and Applied Pyrolysis, 1999, 51: 3-22.

[3] Kawamoto H, Murayama M, Saka S. Journal of Wood Science, 2003, 49: 469-473.

[4] Shafizadeh F, Fu Y L. Carbohydrate Research, 1973, 29(1): 113-122.

[5] White R H. Wood Science, 1979, 12: 113-121.

[6] Fung D P C, Tsuchiya Y, Sumi K. Wood Science, 1972, 5(1): 38-43.

[7] Nanassy A J. Wood Science, 1978, 11(2): 111-117.

[8] Creitz E C. Journal of Research of the National Bureau of Standards, 1970, 74(4): 521.

[9] Hendrix J E, Drake Jr G L, Barker R H. Journal of Applied Polymer Science, 1972, 16(2): 257-274.

[10] Langley J T, Drews M J, Barker R H. Journal of Applied Polymer Science, 1980, 25(2): 243-262.

[11] Kaur B, Gur I S, Bhatnagar H L. Journal of Applied Polymer Science, 1986, 31(2): 667-683.

[12] Middleton J C, Draganov S M, Winters F T J. Forest Products Journal, 1965, 15(12): 463-467.

[13] Goldstein I S, Dreher W A. Forest Products Journal, 1961, 11(5): 235-237.

[14] Juneja S C, Fung D P C. Wood Science, 1974, 7(2): 160-163.

[15] Lee H L, Chen G C, Rowell R M. Journal of Applied Polymer Science, 2004, 91(4): 2465-2481.

[16] Rowell R M, Susott R A, DeGrott W F, et al. Wood and Fiber Science, 1984, 16: 214-223.

[17] Rowell R M, Tillman A M, Simonson R. Journal of Wood Chemistry and Technology, 1986, 6(3): 427-448.

[18] Singh S P, Dev I, Kumar S. International Journal of Wood Preservation, 1979, 1(4): 169-171.

[19] Risi J, Arseneau D F. Forest Products Journal, 1958, 8(9): 252-255.

[20] Popper R, Bariska M. Acylation of wood. I. Holz Als Roh-Und Werkstoff, 1972, 30(8): 289-294.

[21] Weaver J W, Nielson J F, Goldstein I S. Forest Products Journal, 1960, 10(6): 306-310.

[22] Papadopoulos A N, Hill C A S. Holz Als Roh-Und Werkstoff, 2022, 60: 329-332.

[23] Chang H T, Chang S T. Journal of Wood Science, 2003, 49: 455-460.

[24] Clemons C, Young R A, Rowell R M. Wood and Fiber Science, 1992, 24: 353-363.

[25] Nakagami T, Amimoto H, Yokota T. Kyoto University Forest, 1974, 46: 217-224.

[26] Nakagami T, Ohta M, Yokota T. Kyoto University Forest, 1976, 48: 198-205.

[27] Clermont L P, Bender F. Forest Products Journal, 1957, 7(5): 167-170.

[28] Baird B R. Wood and Fiber Science, 1969, 1: 54-63.

[29] Minato K, Mizukami F. Journal of the Japan Wood Research Society, 1982, 28(6): 346-354.

[30] Papadopoulou E, Kountouras S, Nikolaidou Z, et al. Holzforschung, 2016, 70(12): 1139-1145.

[31] Iwamoto S, Minato K. Journal of Wood Science, 2005, 51: 141-147.

[32] Himmel S, Mai C. Holzforschung, 2015, 69(5): 633-643.

[33] Nagel M C V, Koschella A, Voiges K, et al. European Polymer Journal, 2010, 46: 1726-1735.

[34] Thybring E E. International Biodeterioration & Biodegradation, 2013, 82: 87-95.

[35] Liu C, McMillin C W. Treatment of wood with ethylene oxide gas and propylene oxide gas. U.S. Patent 3183114.1965-05-11.

［36］Frihart C R, Brandon R, Beecher J F, et al. Polymers, 2017, 9(12): 731.

［37］Startsev O V, Makhonkov A, Erofeev V, et al. Wood Material Science & Engineering, 2017, 12(1): 55-62.

［38］Yue K, Wu J, Wang F, et al. Journal of Materials in Civil Engineering, 2022, 34(2): 04021434.

［39］Srinivas K, Pandey K K. Journal of Wood Chemistry and Technology, 2012, 32(4): 304-316.

［40］Wang J, Cao X, Liu H. European Journal of Wood and Wood Products, 2021, 79: 245-259.

# 第4章  木质资源修饰技术

## 4.1  木质资源的物理修饰技术

### 4.1.1  磁控溅射

#### 4.1.1.1  磁控溅射基本原理

磁控溅射（magnetron sputtering）是物理气相沉积（physical vapor deposition，PVD）技术的一种，广泛应用于薄膜材料的制备[1-3]。由于其能够在低温下生成高质量薄膜，并且具有较高的沉积速率和均匀性，在半导体制造、光学元件、存储设备及防护涂层等领域具有重要应用。

磁控溅射沉积过程涉及将材料从靶材喷射到硅片等基材的表面上。磁控溅射的独特之处在于它利用磁场和带负电的阴极来捕获靶材附近的电子。当气体或等离子体的高能粒子（入射离子）轰击一种材料（也称为靶材）时，就会发生溅射现象[4]。入射离子会在靶材中引起级联碰撞，如果超过表面的结合能，原子就会脱离。入射离子来源丰富，包括等离子体、人造离子源和粒子加速器等。这种技术早在19世纪50年代被发现，但直到20世纪40年代二极管溅射被用作涂层工艺时才开始商业化。然而，由于沉积速率低和成本高，这种方法存在严重的缺点。1974年，磁控溅射法作为二极管溅射的增强替代品出现，其沉积速率超过了二极管溅射[5]。与其他真空镀膜方法相比，磁控溅射工艺具有显著的优势。磁控溅射利用磁场和电场将粒子限制在靶材表面附近，从而增加离子密度并实现高溅射速率。该工艺有多种变化，包括直流（DC）磁控溅射、脉冲DC溅射和射频（RF）磁控溅射。射频磁控溅射不像直流磁控溅射那样要求目标表面具有导电性，从而扩大了溅射过程中靶材范围。然而，射频磁控溅射需要昂贵的耗材和专用设备。磁控溅射对于金属涂层的沉积非常有效，金属涂层可增强基材的特定性能，如耐刮擦性、导电性和耐久性。

"磁控溅射"这一名称源于磁控溅射沉积过程中使用磁场来控制带电粒子的行为。该工艺需要高真空室来为溅射创造低压环境。组成等离子体的气体（通常是氩气）首先进入真空室。在阴极和阳极之间施加高负电压以启动惰性气体的电离。来自等离子体的正氩离子与带负电的靶材料碰撞。高能粒子的每次碰撞都会导致靶表面的原子喷射到真空环境中并推进到基板表面。强磁场通过将电子限制在靶表面附近来产生高等离子体密度，从而提高沉积速率并防止离子轰击对基材造成损坏。大多数材料都可以作为溅射工艺的靶材，因为磁控溅射系统不需要熔化或蒸发源材料。溅射气体的类型主要取决于基片，特别是其原子量。较轻的基片适合使用氖气，而较重的基片则更适合使用氙气或氪气等元素[6]。将氧气或氮气等气体引入腔体将导致反应性溅射。

### 4.1.1.2　磁控溅射在木质资源改性上的应用

在木质资源改性方面，磁控溅射技术因其能够在低温环境下实现高附着力、高均匀性的薄膜沉积，逐渐受到广泛关注。该技术通过在磁场的作用下，使高能电子在靶材表面产生旋转运动，从而增加溅射过程中的离化率，并最终在木材表面沉积出具有特定功能的薄膜。这种薄膜可以显著改善木材的表面性能。

在木材改性中，磁控溅射技术主要用于在木材表面沉积金属或陶瓷薄膜，从而赋予木材新的功能特性。例如，通过在木材表面沉积一层超薄的氧化铝或氧化锌薄膜，可以显著增强木材的耐磨性和耐腐蚀性，使其在户外环境下的使用寿命大幅延长。最近，有研究表明，可以通过磁控溅射沉积铜膜来制备具有超疏水性能的木材。Li 等[7]通过磁控溅射技术将纳米金属与木材混合，赋予木材导电性和疏水性。通过对木基纳米金属复合材料的物理性能进行表征，结果表明：表面金属化对木材的结晶区没有影响，XRD 图谱显示仍然存在木材纤维素特征峰，但衍射峰的强度降低。同时，也存在铜的特征性衍射峰。并且镀铜表面具有良好的导电性。研究发现，当基温为 200℃时，涂覆时间为 15 min 的样品的薄层电阻不仅约为室温下样品薄层电阻的 4.6 倍，而且木材表面的铜膜质量也优于室温下。另外木材表面的润湿性由亲水性转变为疏水性。有研究发现在木材表面沉积适当厚度的 Cu 膜是木材获得粗糙表面的有效方法，Bao 等[8]通过直流磁控溅射工艺，开发了一种简单高效的木材表面超疏水改性方法，如图 4-1 所示。作者探究了 Cu 层厚度变化对木材表面的疏水效应的影响。发现沉积在木材表面的 50 nm 厚 Cu 膜具有最粗糙的表面，在 50 nm 厚的 Cu 层沉积后，再进行全氟癸酸单层的自组装，利用全氟癸酸进行表面改性导致表面超疏水。结果显示木材表面表现出优异的超疏水性能。水滴在木材表面呈现典型的球形，水接触角为 154°±1°，如图 4-2 所示。结果表明，木材表面润湿性由亲水性转变为超疏水性。这种磁

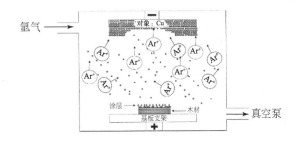

图 4-1　磁控溅射设备在木材基板上沉积 Cu 膜的示意图

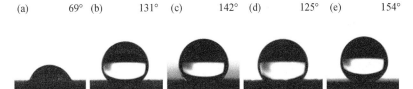

图 4-2　不同表面上水滴的接触角轮廓

（a）原始木材；（b）全氟癸酸改性的木材表面；（c，d）磁控溅射改性的木材表面（铜层厚分别为 50 nm 和 150 nm）；（e）磁控溅射改性的木材表面（铜层厚 50 nm，并且用全氟癸酸处理）

控溅射表面改性方法不需要严格的条件，可以很容易地放大以创建大面积均匀的超疏水表面结构。更重要的是，木材资源有可能进一步应用于各种领域。Xiao 等[9]通过磁控溅射工艺在木材的横向截面上构建超疏水的 Al 纳米涂层。木材的横向截面分布有许多天然的气孔、孔洞和凹槽，有利于超疏水涂层的附着。将溅射的 Al 原子聚集成纳米团簇，均匀分布在木材表面，形成具有 Al(111) 晶面优先取向的超疏水涂层。研究发现，当涂覆时间为 30 min 时，超疏水涂层的附着力低，不黏附液滴。涂覆 60 min 后，木材的红外特征峰完全消失，表面 Al 元素含量达到 26.59%。此外，XPS 分析表明，纳米涂层的外层被氧化成致密的氧化铝层，阻止了内部金属 Al 的持续氧化。因此该研究实现了利用磁控溅射法在木材上构建了不含低表面能剂的纳米铝涂层，为无机纳米材料与木材的复合提供了一种可行的方法，也为在木材表面构建超疏水涂层提供了新的研究思路。

此外，金属银、铜等具有良好抗菌性的金属材料也常用于磁控溅射中，通过在木材表面形成抗菌涂层，能够有效抑制细菌的滋生，提升木制品在公共场所或医疗环境中的卫生安全性。Chu 等[10]在 Ar 气体下，使用纯 Cu 和 Ag 靶材对聚丙烯（PP）纤维的表面功能化进行了系统研究，包括表面形貌、拉伸强度、耐磨性、回潮性、抗菌等。结果表明，在适当的处理条件下，沉积在 PP 表面的纳米复合膜均匀致密。与原始纤维相比，Cu/Ag 沉积 PP 纤维的断裂韧性、耐磨性和抗菌性能均有显著提高，而断裂伸长率和回潮率则有不同程度的下降。磁控溅射技术在木材表面改性中的另一个重要应用是改善其耐水性和尺寸稳定性。木材由于其天然的亲水性和多孔结构，极易吸湿膨胀，导致其尺寸稳定性下降。通过在木材表面沉积疏水性材料薄膜，如碳化硅或氮化硅，可以有效阻隔水分进入木材内部，从而提高木材的耐水性能。此外，这种薄膜还能够显著减少木材在湿热环境中的形变和开裂，提高其使用寿命和应用范围。尽管磁控溅射技术在木材改性中展示了诸多优点，但其在实际应用中仍面临一些挑战。首先，木材作为一种天然多孔材料，其表面粗糙度和化学成分的多样性使得薄膜的均匀沉积和良好附着难以保证。为解决这一问题，需要对木材表面进行预处理，如抛光、等离子体清洁等，以提高薄膜的附着力。其次，磁控溅射过程中产生的薄膜通常较薄，这在某些需要厚膜保护的应用中可能存在不足，因此需要进一步优化工艺参数或结合其他表面改性技术，以实现更为综合的改性效果。

总的来说，磁控溅射技术在木材改性方面具有广阔的应用前景。通过合理设计薄膜材料和沉积工艺，可以在木材表面实现各种功能性涂层的高效沉积，显著改善其物理、化学性能。然而，在实际应用中仍需克服技术上的挑战，以确保薄膜的均匀性、附着力和耐久性，从而充分发挥磁控溅射技术在木材改性中的潜力。随着技术的不断进步和研究的深入，磁控溅射技术有望成为木材表面改性领域中不可或缺的重要手段，为木材的高性能化和多功能化应用提供新方案。

## 4.1.2　原子层沉积

### 4.1.2.1　原子层沉积基本原理

原子层沉积（ALD）是一种能够沉积各种薄膜材料的技术，在新兴的半导体和能源转换应用中显示出巨大前景。ALD 因其保形性以及对材料厚度和成分的控制，显示出优于常规化学气相沉积（CVD）和物理气相沉积（PVD）技术的优势。

ALD 于 1977 年由 Suntola 和 Antson 作为原子层外延（ALE）引入，用于平板显示器沉积[11]。随着 ALE 工艺进一步发展，许多材料以非外延方式沉积，因此采用了 ALD 更通用名称。还应该注意的是，许多原子层沉积方案是从各种 CVD 过程发展而来的。与 CVD 相比，原子层沉积的特点是交替暴露化学前体以反应形成所需的材料，通常在非常低的温度下进行[12]。一般的原子层沉积过程如下，如图 4-3 所示：它由与底物反应的气态化学前体的连续交变脉冲组成。这些单独的表面反应被称为"半反应"，仅构成材料合成的一部分。在每个半反应过程中，将母离子脉冲到真空，以使母离子通过自限性过程与底物表面完全反应，在表面留下不超过一个单层。随后，用惰性载气（通常为 $N_2$ 或 Ar）以去除未反应的前体或反应副产物。然后是用反应物母离子脉冲和吹扫，从而产生一层所需的材料。循环该过程，直到达到适当的膜厚。通常，ALD 过程在适度温度（<350℃）下进行。生长饱和的温度范围取决于特定的原子层沉积过程，被称为"原子层沉积温度窗口"。由于反应动力学缓慢或母离子冷凝（低温）以及母离子的热分解或快速解吸（高温）等影响，窗口外的温度通常会导致生长速率低下和非原子层沉积型沉积[13]。

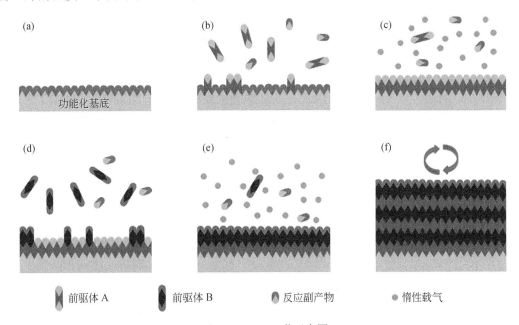

图 4-3　ALD 工艺示意图

（a）基底表面已自然功能化或经过功能化处理；（b）脉冲前驱体 A 与基底表面发生反应；（c）用惰性载气清除多余的前驱体和反应副产物；（d）前驱体 B 进入脉冲并与表面反应；（e）用惰性载气清除多余的前驱体和反应副产物；（f）重复步骤，直至达到所需的材料厚度

ALD 的主要优点来自于沉积过程的顺序、自饱和、表面反应控制。首先，与 CVD 或溅射等沉积技术相比，ALD 膜的一致性通常是选择 ALD 的关键因素。高纵横比和三维结构材料的一致性是由于其自限制特性，将表面反应限制在不超过一层前驱体。有足够的前驱脉冲时间，前驱体可以分散到深沟，允许与整个表面完全反应。随后的循环允许在高纵

横比结构上均匀生长，而 CVD 和 PVD 可能分别由于更快的表面反应和阴影效应而遭受不均匀性。ALD 的第二个明显优点是沉积薄膜的厚度控制。通过利用逐层沉积，薄膜的厚度可以根据 ALD 循环的次数来定制。ALD 的另一个突出优点是组合控制。锌锡氧化物（ZTO）和 SrTiO$_3$ 等材料都被成功用来成分控制[14]。这些薄膜可以通过定制由多个 ALD 过程组成的"超级循环"来沉积和成分控制。例如，在 ZTO 沉积中，调整 SnO$_x$ 和 ZnO 的循环比可以定制不同的薄膜导电行为和光学性能[15]。虽然原子层沉积具有许多有前途的特性，但它也受到沉积速率缓慢的影响。由于脉冲和吹扫前驱体涉及较长的循环时间以及沉积的逐层性质，大多数原子层沉积速率约为 100~300 nm/h[16]。然而，该速率在很大程度上取决于反应器设计和基板的长宽比。随着原子层沉积反应器的表面积和体积的增加，脉冲和吹扫所需的时间也会增加。高长宽比基板还需要更长的脉冲和吹扫时间，以允许前驱体气体分散到沟槽和其他三维特征中。为了克服这一缺点，空间原子层沉积已经成为一种很有前途的技术，可以显著提高吞吐量[17-19]。空间原子层沉积的工作原理是取消传统的脉冲/吹扫室，取而代之的是具有空间分辨能力的喷头，该喷头根据位置将基板暴露在特定的气体前驱体下。使用空间原子层沉积技术，沉积速率最高可达 3600 nm/h[20]。

### 4.1.2.2　原子层沉积在木质资源改性上的应用

ALD 技术可以显著提高木材的耐久性和抗老化性。通过在木材表面沉积氧化锌（ZnO）、二氧化钛（TiO$_2$）等氧化物薄膜，可以有效增强木材的耐紫外线性能，减少长期暴露在阳光下的木材发生老化和变色的可能性。此外，这些氧化物薄膜还可以提高木材的抗氧化和耐化学腐蚀性，使其在苛刻的环境条件下保持稳定的物理化学特性。例如当木材长期暴露在紫外线下表面的颜色和化学成分将发生变化，这是由于木材细胞壁中的木质素在紫外线和水的共同作用下降解成小分子化合物并进一步从细胞壁中去除，这将导致木材表面的亲水性增加并促进真菌的生长。针对这个问题，Lozhechnikova 等[21] 利用 ALD 技术添加 ZnO 层在木材表面以提高其疏水和抗紫外线性能。结果显示由于涂层中 ZnO 的存在，经过 10 天紫外辐射实验后木材表面的总颜色变化得到了大幅度减少，如图 4-4 所示。

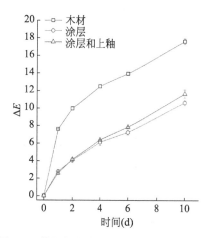

图 4-4　紫外辐射实验中木材表面的总颜色
变化 $\Delta E$

ALD 技术还可以赋予木材一些新型的功能特性，如隔热和抗菌性。在某些特殊应用场合，木材需要具备一定的隔热性能，例如建筑材料。通过 ALD 技术在木材表面沉积低热导率的薄膜，可以实现木材的功能化改性，使其具备良好的隔热性能，同时具有抗菌功能。Gregory 等[22] 使用单循环 ALD 工艺在木材上沉积亚纳米级金属氧化物层。除了证明这些涂层在降低木材吸湿性方面的有效性外，还发现经过 ALD 工艺处理的木材在潮湿环境中具有较低的导热性和抗真菌性。此外 ALD 可以在给定的基材上实现具有埃级厚度分辨率的保形涂层。由于无论基板几何形状如何，气态前驱体都会填充所有可用空间，并且由于反应可以在低温（90～150℃之间）发生，ALD 非常适合具有反应性表面位点的天然有机底物，例如纤维素。Lee 等[23] 的研究表明，利用 ALD 技术可以在纤维素基材表面生长 $Al_2O_3$，进而形成疏水表面。Gregorczyk 等[24] 证明，ALD 处理可以改变棉纤维的机械性能。因此，ALD 是一种很有前途的纤维素表面改性技术，它具有比液相方法（无溶剂）更快地扩散到活性位点、增强保形功能化纳米结构材料的能力以及可能更少地产生废料等优点。然而，原子层沉积技术在木材改性中的应用也面临着一些挑战。首先，由于木材的天然异质性和复杂的表面形貌，薄膜在沉积过程中可能会遇到覆盖不均匀的问题。为此，工艺参数的精确控制，以及与木材表面预处理技术的结合，如等离子体处理、化学浸渍等，是实现高质量薄膜沉积的关键。

总的来说，ALD 技术凭借其在纳米级精度和薄膜均匀性方面的优势，为木材的功能化改性提供了一种创新方法。通过合理选择沉积材料和优化工艺参数，ALD 技术能够显著改善木材的表面性能，赋予其更多元的功能特性。随着技术的进一步发展，原子层沉积技术有望在木材改性领域发挥越来越重要的作用。

## 4.1.3　等离子体活化

### 4.1.3.1　等离子体活化基本原理

等离子体是一种部分或完全电离的气体，其特点是存在中性和带电粒子，如原子、自由基、电子、离子和光子[25,26]。就静电荷而言，等离子体在宏观上通常是中性的。等离子体可以在很宽的压力和温度范围内产生，但已知有两种基本类型：平衡（热）和非平衡（冷）等离子体。在前者中，原子和电子的动能（温度）处于热力学平衡状态，因此它们不能用于热敏材料的表面改性，而在后者中，电子的温度明显高于重粒子的温度。等离子活化技术是一种基于等离子体的表面处理技术，广泛应用于材料改性领域。

等离子体活化技术通过将高能粒子引入材料表面，能够诱导材料表面发生一系列物理、化学变化，从而显著改善材料的表面性能（如图 4-5 所示）。等离子活化技术的核心在于其能够在较低的温度和压力下，实现对材料表面的高效改性，同时避免了传统高温、高压工艺对材料内部结构的潜在破坏。等离子体表面活化是一种用于改善材料润湿性和附着力的过程。它是通过将材料的表面暴露于等离子体来实现的。该过程改变了材料的表面化学性质和动力学，例如，增加聚合物的表面张力并使其更具亲水性。等离子体表面活化可用于各种材料，包括金属、塑料和玻璃。最常见的应用领域有制造、印刷和包装，在这些应用中，等离子体表面活化处理的材料可以产生更好的油墨覆盖率、清漆附着力等。冷等离子体可以提高生物相容性，常用于医疗设备和植入物。

虽然等离子体表面活化是改善材料性能的有效方法，但它也是一个复杂且难以控制的过程。等离子体表面活化暴露于高能物质会分解其表面的聚合物，从而产生自由基。等离子体含有高水平的紫外线辐射，在塑料或特氟龙表面产生额外的自由基。自由基不稳定，会迅速与材料本身发生反应。这使得表面能够形成稳定的共价键，这些共价键可以键合到上面。当一层需要黏合到另一层上时，等离子技术非常有用。它简化了制造过程，提高了结果的可靠性和一致性。活化还可以改善大多数表面的润湿性，包括铝和铜涂层。大多数金属表面可以通过此过程提高其润湿性。提高润湿性对于在塑料表面上使用墨水进行印刷非常重要。此外在等离子体活化过程中使用何种气体也十分重要[27]。如果使用氧气进行等离子体处理，则该过程会通过逐个从表面去除原子的方式，产生显著的蚀刻效果，留下了一个干净、可黏合的表面，该表面也可以接受墨水或油漆并形成永久黏合。如果处理金属表面，则将氩气与氧气一起引入，可防止处理过的表面氧化。用氧气处理将逆转塑料材料的极性，并通过增加表面张力在处理过的材料表面产生非常小的接触角，使聚合物获得新的表面官能团。与传统的湿化学活化方法相比，等离子体处理具有许多优点。最重要的是，可以随时进行第二次等离子体处理，而不会对被处理的产品进行降解。对于许多使用刺激性化学物质的处理方法来说，情况并非如此，这些化学物质可能会损坏被处理的材料。此外，真空等离子体技术是目前最环保的深度清洁形式。该技术不会产生化学废物，对工作人员或设施没有任何危险，也无需购买或储存化学品，绿色环保变得前所未有的简单[28]。

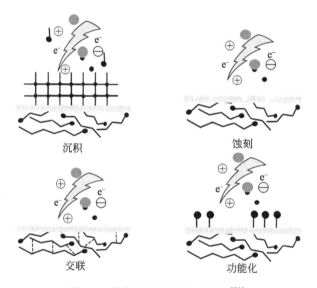

图 4-5　等离子体表面相互作用[29]

### 4.1.3.2　等离子体活化在木质资源改性的应用

等离子活化技术对木材表面的改性原理主要包括以下几个方面：首先，等离子体中的高能电子、离子及自由基与木材表面的分子发生碰撞，引发木材表面分子链的断裂和重组，形成新的化学键。这些新的化学键往往表现出不同于原始木材表面的化学性质。例如，通过引入疏水性官能团，可以显著降低木材表面的自由能，从而提高其疏水性。其次，等离子活化还可以通过物理溅射作用，去除木材表面的弱结合层，使得木材表面变得更加清洁和活化，增加其表面能，从而为后续的化学处理或涂层提供更好的附着基础。

木材应在加工后不久黏合，以防止表面失活。对于实木，重新激活木材表面的最简单方法是打磨要黏合的表面，从而形成新的表面[30]。然而，打磨过程会导致木材厚度的减少。

之前的一项研究表明，对于典型的胶合板厂来说，干单板所需厚度减少 1%每年可节省超过100000 美元[31]。除了通过打磨进行表面改性外，一些化学试剂还被广泛应用于木材表面，以提高木材黏合能力、润湿性并重新激活木材表面以进行木材黏合[32]。在这个过程中，存在于木材表面的官能团被修饰，使它们能够与黏合剂中的官能团发生反应并更有效地结合[33]。

　　近年来，随着人们对环境污染问题的日益关注，限制了化学表面处理的广泛工业应用。等离子体处理作为一种有前途的可替代技术，可用作木质资源表面处理和改性。与普通商业处理相比，等离子体的优势主要是在不降低材料强度的情况下改善了界面黏附力[34]。等离子体处理仅影响材料的近表面；与化学改性相反，它不会改变整体材料的特性。与木材的化学改性相比，等离子处理后无需再对木材进行干燥处理。Aydin 等[35]采用低压等离子体处理法替代其他表面处理方法，以重新激活经过长期自然存放而导致表面失活的云杉木材表面，使其可用于胶水黏合。经过 $O_2$ 等离子处理后，失活云杉单板的润湿性和表面自由能都得到了提高。同样，经等离子处理的云杉单板制成的胶合板的抗弯强度和弹性模量也高于失活的样品。此外，经过等离子处理后，单板的表面颜色没有明显变化，如图 4-6 所示。在木材研究领域，通常用于研究木材改性的等离子体类型包括射频（RF）等离子体、介质电阻挡放电（DBD）等离子体、滑动弧放电（GAD）等离子体和微波等离子体（MWP）。为了了解不同等离子体处理对木材表面的影响，Duan 等[36]比较了由不同等离子体改性的木材的性能。研究采用 GAD 和 RF 等离子体来改性木材的性能。GAD 是一种由电弧放电产生的冷等离子体，具有很强的诱导化学反应的能力，广泛用于降解废水和废料的高级氧化反应。RF 是一种在低压下产生的典型等离子体，其电子能量高于其他激发形式，广泛用于金属蚀刻和涂层。研究表明，不同类型的等离子体会导致显著不同的修饰效果。RF等离子体更倾向于蚀刻木材表面，而 GAD 等离子体则可以显著增加表面官能团的数量[37]。接触角的变化部分归因于木材表面化学基团变化所导致的表面变化，此外，改性木材对液体的吸收性能也是影响接触角的一个因素。等离子体改性后的木材由于快速吸收液体，可能会导致接触角测量的不准确，这可以通过指数方程拟合方法进行校正。该研究还根据不同等离子体改性的效果，为胶黏剂的应用提供了良好的参考依据。

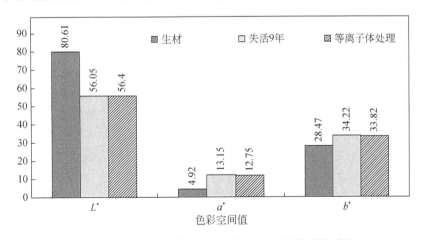

图 4-6　表面失活和等离子体处理后木材表面的颜色变化

　　木材或木纤维是一种天然复合材料，由纤维形式的半结晶纤维素混合物、半纤维素、木质素和低分子量物质或抽提物组成。这些成分在细胞壁内分布不均匀。由于等离子体处理主要作用于材料的最外层，不同成分因物理可及性和化学结构的差异，不能在相同条件下获得相同的处理效果。此外，木材的来源、年龄、含水量和几何形状是显著影响等离子体处理效果的关键参数。相比单一组分材料，木材表面处理的效果要复杂得多。此外，纤维素中存在无定形和结晶区域，根据 Warner 等[38]的研究，在半结晶聚合物中，结晶部分对等离子体具有更强的抗性。因此，确定哪种效果更强几乎是不可能的，因为这些因素共同影响处理的最终结果。一般来说，当用非聚合气体生成的等离子体处理木材表面时，由于表面活化和新官能团的形成，表面变得比以前更亲水，而无论木材表面的确切成分如何，由于蚀刻，粗糙度都会增加。

　　尽管等离子活化技术在木材改性中展示了诸多优点，但其在实际应用中仍然面临一些挑战。例如，等离子体处理过程中的参数控制对于改性效果具有重要影响，如功率、气压、处理时间等因素都会显著影响木材表面的改性程度和均匀性。此外，等离子体处理后的木材表面可能会产生不稳定的中间态，这些中间态在后续使用过程中可能发生自发变化，从而影响木材的长期稳定性。总之，等离子活化技术凭借其独特的高效、低温处理特性，在木材改性领域展现出巨大的应用前景。通过合理设计和优化处理工艺，等离子活化技术能够显著改善木材的表面性能，增强其在各种复杂环境下的耐久性和功能性。

# 4.2　木质资源的化学修饰技术

## 4.2.1　接枝共聚

### 4.2.1.1　接枝共聚基本原理

　　接枝共聚化学修饰技术是一种通过在基体材料上引入功能性聚合物链来改善材料性能的技术。该方法涉及将单体与基体材料的分子链发生反应，从而形成共价键连接的聚合物链[39, 40]。通常采用三种方法合成接枝共聚物，如图 4-7 所示。嫁接支链（grafting onto）涉及两种不同聚合物上的官能团之间的反应。长出支链（grafting from）涉及具有官能团的聚合物，该聚合物能引发乙烯基单体的聚合。大分子单体共聚接枝（grafting through）涉及大分子单体的（共）聚合。接枝共聚技术在多种材料改性中具有广泛应用，尤其在提高材料的耐久性、功能性和表面特性方面表现出显著效果[41]。嫁接支链模式通常是指将预先合成好的聚合物链通过化学反应接枝到基体材料表面或内部。这种方法的优点在于，聚合物链的结构和分子量可以在接枝之前进行精确控制，从而在接枝后赋予基体材料特定的功能性。例如，在纤维素或木质素等天然高分子材料的表面接枝聚乙二醇（PEG），可以显著提高其亲水性和生物相容性，使其适用于医疗器械或药物载体材料。由于嫁接支链方法中预合成的聚合物链往往具有较大的分子量，接枝密度通常受到限制，这可能影响改性效果的均匀性和稳定性。与嫁接支链模式不同，长出支链模式是通过在基体材料上引发单体聚合反应，直接在材料表面或内部生成接枝聚合物链。这种方法的优势在于可以实现较高的接枝密度，从而更有效地改变基体材料的表面性能。例如，在天然纤维素的化学修饰中，通过自由基引发或原子转移自由基聚合等方法，在纤维素分子链上引发聚合反应，可以合成出具有良好疏水性、抗菌性或导电性的纤维素接枝共聚物。由于长出支链方法的聚合反应是在基体材料表面或内部直接进行的，这种方法通常能够在较短时间内实现高效的表面改性，且能够精确控制接枝链的长度和结构[42]。

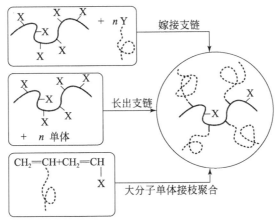

图 4-7　接枝共聚方法

接枝共聚化学修饰技术在材料科学领域中的应用非常广泛，尤其在天然高分子材料的功能化改性方面发挥着重要作用。以木材为例，通过接枝共聚技术，可以显著改善木材的耐水性、抗菌性、阻燃性及机械性能。例如，在木材纤维素链上接枝含磷或含氮的阻燃单体，可以形成具有优异阻燃性能的木质材料，从而提高其在建筑材料中的应用价值。此外，通过在木质素或纤维素表面接枝抗菌聚合物，如季铵盐或银纳米颗粒，可以制备出具有长效抗菌性能的木质材料，这种材料在公共卫生和医疗领域具有广泛的应用前景。接枝共聚技术的另一个重要应用领域是生物质基高分子材料的开发与应用[43]。生物质基高分子材料具有可再生、可降解的优点，但其性能往往不如合成聚合物。通过接枝共聚技术，可以将功能性聚合物链引入生物质基材料中，从而显著改善其性能。例如，通过在淀粉[44]、壳聚糖[45]等生物质基材料上接枝疏水性或导电性聚合物，可以制备出具有优良力学性能和特殊功能的生物质基复合材料。这种材料不仅保持了生物质基材料的环保特性，还在包装、电子器件和生物医用材料等领域展现出巨大的应用潜力。

### 4.2.1.2　接枝共聚在木质资源改性上的应用

接枝共聚化学修饰技术在木质资源中的应用是一种通过引入功能性聚合物链以改善木材及其衍生物性能的有效方法。木质资源主要包括纤维素、半纤维素和木质素，它们具有天然的异质性和复杂的化学结构，这使得它们在工业应用中具有挑战性。然而，接枝共聚技术通过在木质资源的分子结构上进行化学改性，能够赋予其新的功能性，显著提高其应用价值。

**1）纤维素**

纤维素由于其丰富的羟基官能团，成为接枝共聚的理想基体。通过自由基引发或离子引发等方法，单体可以在纤维素链上引发聚合反应，从而生成接枝共聚物[46]。接枝共聚改性纤维素是目前一种非常成熟的改性方法。改性后的纤维素具有优异的疏水性、机械性能、热稳定性和低降解性，而且还可以为纳米纤维素提供更多新颖的功能，如构建导电材料或半导体纤维素。例如，Dias 等[47] 以 $FeCl_3$ 为氧化剂，以 3-甲基噻吩（3MT）为催化剂，在二氯甲烷溶液中通过氧化聚合将多噻吩接枝到纤维素纳米纤丝（CNFs）膜表面，制备了柔性导电膜。该报告指出，CNFs 薄膜从绝缘体转变为半导体。接枝率最高达到 39.53%，电导率为 133 μS/cm。Parit 等[48] 也报道了使用聚吡咯接枝纳米纤维素。在报告中，CNFs 薄膜具有优异电导率，高达 8.4 S/cm。此外改性后的纳米纤维素膜表面更加光滑，抗拉强度有所提高。研究表明，表面接枝改性纳米纤维素具有吸附多种污染物，特别是重金属离子的潜力。例如，Zhang 等[49] 使用环氧氯丙烷作为交联剂将聚乙烯亚胺接枝到 CNFs 上。具有三维网状结构的聚乙烯亚胺功能化 CNFs 在 0.05 mg/L 的低浓度和 2～8 的宽 pH 范围内均能有效吸附 Cr(VI)。Kara 等[50] 将丁二酸酐通过酯键和羧基接枝到 CNFs 上，研究其对重金属离子的吸附。结果表明，CNFs 的酯基、羧基和羟基与 Cr(VI)离子的相互作用使得表面接枝改性 CNFs 对 Cr(VI)离子的吸附能力明显优于原始 CNFs，其对 Cr(VI)离子的吸附量（156.25 mg/g）约为原始 CNFs 的 1.6 倍。Littunen 等[51] 对纳米纤维素与甲基丙烯酸缩水甘油酯、丙烯酸乙酯、甲基丙烯酸甲酯、丙烯酸丁酯和甲基丙烯酸 2-羟乙酯接枝共聚过程中单体类型、浓度、引发剂浓度和聚合时间的影响进行了总结。单体转化率（$C$）、接枝产量（$G$）、接枝效率（$G_E$）、重量分数（$W_G$）、接枝聚合物的重均摩尔质量（$M_{WG}$）和多分散性（$PD_G$）如表 4-1 所示。

**表 4-1　聚合参数和重量测定的转化率（$C$）、接枝产量（$G$）、接枝效率（$G_E$）和重量分数（$W_G$）**

| 样品 | $n(M)/m$ (NFC) (mmol/g) | 硝酸铈铵 (CAN) (mmol/dm³) | $t$ (min) | $C$ (%) | $G$ (%) | $G_E$ (%) | $W_G$ (%) | $M_{WG}$ (kg/mol) | $PD_G$ |
|---|---|---|---|---|---|---|---|---|---|
| NFC-PGMA3 | 38 | 2 | 60 | 85 | 321 | 96 | 76 | — | |
| NFC-PGMA4 | 20 | 2 | 60 | 54 | 146 | 96 | 59 | — | |
| NFC-PGMA5 | 40 | 4 | 60 | 78 | 434 | 97 | 81 | — | |
| NFC-PGMA6 | 40 | 2 | 90 | 77 | 439 | 99 | 81 | — | |
| NFC-PEA4 | 20 | 2 | 60 | 82 | 95 | — | 49 | 33 | 1.5 |
| NFC-PEA5 | 40 | 2 | 60 | 70 | 230 | 81 | 70 | 40 | 4.9 |
| NFC-PEA6 | 40 | 4 | 60 | 74 | 251 | 84 | 72 | 391 | 1.9 |
| NFC-PEA7 | 40 | 2 | 90 | 74 | 255 | 85 | 72 | 127 | 2.6 |
| NFC-PMMA1 | 40 | 2 | 60 | 35 | 78 | 56 | 44 | 256 | 2.0 |
| NFC-PMMA2 | 21 | 2 | 90 | 36 | 56 | 75 | 36 | 121 | 1.5 |
| NFC-PMMA3 | 40 | 4 | 60 | 35 | 94 | 67 | 48 | 194 | 1.7 |
| NFC-PMMA4 | 40 | 2 | 60 | 41 | 98 | 60 | 49 | 239 | 1.9 |
| NFC-PBuA1 | 41 | 2 | 60 | 81 | 369 | 86 | 79 | 3480 | 1.2 |
| NFC-PBuA2 | 20 | 2 | 90 | 81 | 177 | 85 | 64 | 1420 | 1.8 |
| NFC-PBuA3 | 40 | 4 | 60 | 81 | 345 | 83 | 78 | 1890 | 1.4 |

续表

| 样品 | $n$（M）/$m$（NFC）（mmol/g） | 硝酸铈铵（CAN）（mmol/dm$^3$） | $t$（min） | $C$（%） | $G$（%） | $G_E$（%） | $W_G$（%） | $M_{WG}$（kg/mol） | PD$_G$ |
|---|---|---|---|---|---|---|---|---|---|
| NFC-PBuA4 | 40 | 2 | 90 | 86 | 392 | 89 | 80 | 1770 | 1.7 |
| NFC-PHEMA1 | 40 | 2 | 60 | 10 | 33 | 63 | 25 | — | — |
| NFC-PHEMA2 | 21 | 2 | 60 | 14 | 19 | 51 | 16 | — | — |
| NFC-PHEMA3 | 40 | 4 | 60 | 11 | 37 | 64 | 27 | — | — |
| NFC-PHEMA4 | 40 | 2 | 90 | 29 | 27 | 18 | 21 | — | — |

**2）木质素**

木质素作为另一种重要的木质资源，具有复杂的芳香族结构，其在接枝共聚反应中的应用也备受关注。木质素分子中含有丰富的酚羟基和醚键，这为接枝共聚提供了丰富的反应位点。通过接枝共聚反应，木质素可以被功能化。精确控制的接枝共聚是成功合成木质素基聚合物的重要因素。接枝共聚物通常由主链聚合物作为主链，并含有一种或多种类型的支链聚合物，这些支链聚合物通过共价键与主链连接在一起[52]。所生产的共聚物具有可调的性质，这些特性由接枝聚合物上的官能团、接枝长度和接枝密度定义。长出支链法是从位于主链聚合物上的活性位点生长接枝聚合物，如图 4-8（a）所示。在该方法中，木质素通常用作骨架聚合物，接枝聚合物是通过各种聚合方法从木质素的起始位点生长出来的，包括自由基聚合、开环聚合（ROP）等。在嫁接支链法中，单独合成的聚合物与木质素通过共价结合，如图 4-8（b）所示。点击化学是一种将聚合物接枝到木质素上的常用合成方法，具备高效率和便利性。在大分子单体接枝聚合法中，规则单体在大分子单体存在下聚合，导致主链在共聚过程中通过侧链的末端"缝合"[53]。由于木质素缺乏明确的化学结构和具有不规则的三维网状结构，该方法制备的木质素基共聚物的研究数量有限。

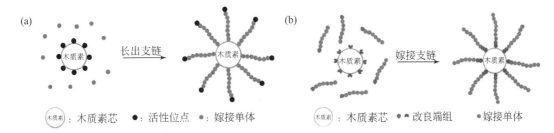

图 4-8　（a）长出支链法和（b）嫁接支链法合成木质素基共聚物

Liu 等[54]通过原子转移自由基聚合（ATRP）的方法在木质素上接枝聚（2-二甲氨基乙基甲基丙烯酸酯）（PDMAEMA），以木质素上的羟基与 2-溴异丁酰溴（BiBB）进行酯化反应。使用的 ATRP 催化剂络合物为 CuBr 和 1,1,4,7,10,10-六甲基三乙基四胺（HMTETA）。单体 DMAEMA 以 3 种不同的聚合度（5.5、19.6 和 30.1）接枝在木质素上共聚。通过改变接枝聚合物的长度来优化 DNA 的缩合能力。木质素本身没有 DNA 缩合能力，但 PDMAEMA 的阳离子性质可以结合和凝聚质粒 DNA（pDNA）形成纳米颗粒，用于基因递送到细胞中。

三种木质素接枝 PDMAEMA 均表现出有效的 DNA 缩合。这些共聚物的基因转染效率很大程度上依赖于接枝的 PDMAEMA 链长度。此外，这些共聚物的细胞毒性很大程度上取决于 PDMAEMA 臂的链长。PAMAEMA 链的长度越长，细胞毒性越高。用四氢呋喃（THF）和 1,4-二氧六环研究了溶剂效应。极性更强的溶剂 1,4-二氧六环在 ATRP 过程中的产量比 THF 高 57%。另一项研究使用酶激活的 ATRP 进行木质素–大引发剂的接枝聚合[55]。与其他 ATRP 接枝方法不同，Kobayashi 等[56]使用酶代替金属催化剂络合物。乙烯基单体 N-异丙基丙烯酰胺（NIPAM）由静电纺丝木质素纳米纤维毡在室温下在水性介质中聚合而成。酶是高度选择性的生物催化剂，是参与维持"活生命"所需的体内代谢反应的关键生物分子。除了普通的生物反应外，该酶还可以用于有机和聚合物合成。通过 ATRP 接枝法，聚苯乙烯（PS）、聚甲基丙烯酸甲酯（PMMA）和聚丙烯酸正丁酯（PBA）成功地将多个乙烯基单体共聚到木质素上。此外还有一些研究也都使用 BiBB 功能化木质素作为宏观引发剂，使用 ATRP 进行接枝共聚[57-59]。

除此之外，有研究还发现木质素接枝共聚物可用于改善其自身的机械性能。例如 Hilburg 等[58]比较了木质素接枝 PS 和木质素接枝 PMMA 与相应物理共混共聚物的力学性能。结果显示，共价接枝共聚物的韧性是共混体系的 10 倍，证实了接枝法作为"单组分"复合方法的潜力。共混体系由于界面结合较差，颗粒聚集和相分离更为严重，而共价合成的单组分颗粒聚集和相分离较少，因此能更有效地制备可重复性杂化材料。对于木质素接枝 PMMA 和木质素接枝 PS 两种共聚物，木质素接枝 PMMA 具有较好的混溶性，因为木质素表面的羟基官能团允许与 PMMA 主体形成氢键。此外，木质素接枝的 PS 由于形貌上的聚集而与 PS 不相容。由于相容性的差异，PMMA 样品的极限伸长率和韧性值等于或大于 PS 样品的值。Yu 等[60]报道了另一项用木质素基接枝共聚物改性木质素机械性能的研究。在这项研究中，他们制备了一种具有类似弹性体性能的木质素接枝聚物（MMA-co-BA）。所制备的 MMA-co-BA 的热分解温度（TGA 最大失重温度）高于线型共聚物。此外研究结果显示，木质素的加入提高了材料的断裂伸长率。例如，含有木质素接枝聚物（MMA450-co-BA）的木质素断裂伸长率为 307%，而不含 MMA450-co-BA 的木质素断裂伸长率仅为 126%，其中 450 为 PMMA 的理论 DP。机械性能和热性能的增强是由于限制了整体链的迁移率。这种现象通常被称为聚合物链的缠结。在木质素接枝共聚物中观察到非常相似的整体机械性能增强，这是由于接枝聚合物链的长度延长，具有高缠结合成的木质素接枝聚（MMA-co-BA）在 240～400 nm 紫外范围内具有良好的吸光性能。该新型木质素基接枝共聚物有可能应用于吸收紫外线的涂层材料中。

Kai 等[61]还将木质素与聚乙二醇甲基丙烯酸甲醚（PEGMA）复合。通过 ATRP 将 PEGMA 接枝到木质素上，得到木质素接枝 PEGMA。随后，木质素接枝 PEG 通过主客体超分子络合形成 α-环糊精（α-CD）水凝胶。比较了木质素-PEGMA/α-CD 络合与 PEGMA/α-CD 络合的不同凝胶形成方式，发现木质素-PEGMA/α-CD 由于聚合物结构超支化，更容易形成水凝胶。具体来说，1wt%木质素接枝 PEGMA 足以在磷酸盐缓冲液中形成凝胶，而 PEGMA 在高达 10wt%聚合物浓度的 α-CD 下仍不能形成凝胶。通过流变学试验表征了水凝胶的自愈特性。木质素超分子水凝胶的自愈特性源于可逆的主客体络合作用。在高应变下，主-客体复合物发生解体，水凝胶破裂。当剪切力消失时，表面氢键再次形成，并再生形成水凝胶。

随后，Kai 等[62]继续研究木质素接枝 PEGMA 作为抗氧化剂掺入商用防晒霜中，可显著提高其防晒系数（从 15.36±2.44 提高到 38.53±0.26）。

接枝共聚化学修饰技术在木质资源中的应用不仅限于功能化改性，还涉及对木材衍生物的性能优化。例如，在制备木质复合材料时，通过接枝共聚技术，可以增强木纤维与基体树脂之间的界面结合力，从而提高复合材料的力学性能和耐久性。这种方法在木塑复合材料中具有广泛应用，特别是在提高材料的韧性、耐水性和耐候性方面表现出显著优势。尽管最近在木质素基接枝共聚物方面取得了显著的成就，但大多数研究使用低含量的木质素。因此，该领域的一个重要挑战是将木质素的重量比提高到最终的木质素基接枝共聚物产品中的 50wt%。

总之，接枝共聚化学修饰技术在木质资源中的应用为木材及其衍生物的功能化和高性能化提供了强有力的技术支持。通过优化接枝条件和探索新型功能性单体，接枝共聚技术将进一步推动木质资源在建筑材料、包装材料、电子器件等领域的广泛应用，助力木材工业的高质量发展。

## 4.2.2 离子液体处理

### 4.2.2.1 离子液体处理基本原理

离子液体处理在木质资源的转化和分离中具有重要作用。传统的木质资源处理方法往往依赖于有机溶剂或高温高压条件，导致高能耗和环境污染问题。相比之下，离子液体可以在较温和的条件下溶解木质素、纤维素等木质组分，从而实现高效的分离与提取。这一过程不仅减少了能耗，还避免了有机溶剂的使用，符合可持续发展的要求。离子液体处理技术还广泛应用于材料的表面改性和功能化。由于离子液体独特的溶解能力和低挥发性，能够在材料表面形成均匀的涂层，或通过化学反应引入功能性基团，从而显著改善材料的性能。例如，在木材处理方面，离子液体可以通过溶解木材中的某些成分，或者通过与木材表面的官能团反应，改变木材的化学结构，从而提高其耐水性、抗菌性或阻燃性。这种处理方法不仅简化了材料改性工艺，还减少了传统溶剂处理对环境的污染。此外，离子液体处理还在纳米材料的制备和功能化方面展现出广泛的应用前景。通过控制离子液体的组成和性质，可以在纳米尺度上调控材料的形貌和表面化学性质，从而开发出具有特定功能的新型纳米材料。

离子液体处理的原理是基于离子液体的独特物理化学性质，具体来说离子液体是一类由有机阳离子与无机或有机阴离子组成的盐类化合物，其熔点通常低于 100℃，甚至在室温下为液态。与传统的有机溶剂相比，离子液体具有独特的低挥发性、高热稳定性、宽广的液态范围以及极强的溶解能力[63-65]。离子液体的高溶解能力源于其离子结构。由于离子液体由带电的阳离子和阴离子组成，其极性远高于传统的分子溶剂。这种高极性使得离子液体能够溶解许多难溶于传统有机溶剂的化合物，包括木质资源中的纤维素和木质素。这一过程的核心在于离子液体能够破坏这些大分子之间的氢键和范德瓦耳斯力，从而使得大分子链解离并溶解在离子液体中。这种能力使离子液体成为木质资源转化过程中的理想溶剂，例如在纤维素的降解和溶解中，离子液体可以在相对温和的条件下高效进行。

在催化领域，离子液体的作用原理涉及其作为溶剂和催化剂的双重功能[66]。首先，由于离子液体的离子性，反应物在其中的溶解度较高，这有助于提高反应物之间的接触概率，进而加速反应速率。此外，离子液体可以通过阴阳离子的选择性组合来调整其酸碱性和极性，从而优化特定反应条件。更为重要的是，离子液体在反应过程中表现出高度的选择性和稳定性，能够有效控制反应路径和产物分布。例如，在某些有机反应中，离子液体不仅作为溶剂，还通过与反应物发生协同作用，增强催化效率。在材料改性方面，离子液体的作用原理主要基于其与材料表面的相互作用。离子液体能够通过与材料表面的官能团（如羟基、羧基等）发生离子交换或配位反应，改变材料表面的化学环境[67]。这种改性不仅可以在材料表面引入功能性基团（如抗菌、阻燃基团），还可以通过离子液体的物理吸附形成稳定的涂层，从而提升材料的耐久性和功能性。此外，离子液体在纳米材料制备中的应用原理是通过控制离子液体的组成和反应条件，精确调控纳米材料的粒径、形貌和表面特性，进而实现对材料性能的定制化设计。

### 4.2.2.2　离子液体在木质资源改性上的应用

离子液体是在环境温度附近具有熔点和独特特性的盐，具有高溶解度、极低挥发性、不燃性和低黏度。离子液体在木材加工中的应用引起了人们的关注，并有望促进木材的进一步利用。它们可有效地作为木材防腐剂，增强木材的耐腐性，并提高木材的耐火性。离子液体已被用作反应溶剂，用于制备各种纤维素衍生物或与其他物质的复合材料。在从纤维素或木材生产生物乙醇时，已经尝试使用离子液体进行酶水解预处理。离子液体也被证明可以有效地溶解纤维素或木材，为研究纤维素、半纤维素和木质素从木材中分离奠定基础。

在使用木质资源作为建筑材料时，其对腐烂和燃烧的敏感性一直被认为是关键缺陷，因此经常需要使用各种化学试剂修饰来克服这些缺陷。然而，离子液体已被证明可以有效地作为木材防腐剂。据报道，用离子液体二甲基双烷基铵 D,L-乳酸和苯扎氯铵 D,L-乳酸处理木质材料对抵抗褐腐菌和白腐菌的侵蚀效果[68]。然而，琼脂培养基测试表明，采用 1-甲基-3-辛氧基甲基咪唑四氟硼酸盐和 1-甲基-3-壬氧基甲基咪唑四氟硼酸盐修饰木材都表现出与市售防腐剂相同的抗腐性能[69]。此外，通过使用含有吡啶阳离子的各种离子液体处理的木材的抗腐性显著提高，例如 1-癸氧基甲基-4-二甲氨基吡啶氯化物和 1-癸氧基甲基-4-二甲氨基吡啶鎓乙酰磺酸酯具有令人满意的抗腐性[70]。此外离子液体处理还可以赋予木材阻燃性能。图 4-9 显示了用离子液体处理木材的燃烧实验结果，该实验木材是通过用离子液体 1-乙基-3-甲基咪唑鎓六氟磷酸盐浸渍获得的。未经处理和用离子液体处理过的木材在其中心暴露于火焰约 5 s 后，未经处理的木材几乎完全被烧毁，而用离子液体处理的木材仅在直接接触焰火的部分燃烧，火焰不会蔓延，这表明离子液体是木材的有效阻燃剂[71]。

离子液体还可以用来溶解纤维素和木材，例如含有咪唑阳离子的离子液体。此外，近年来一些学者研究了关于阳离子和阴离子结构对纤维素溶解度的影响以及温度或加热时间等条件与纤维素溶解度之间的关系[72]。核磁共振（NMR）[73]和分子动力学模拟[74]已经对溶解机理进行了分析，研究结果显示，当离子液体解离纤维素的分子内和分子间氢键并与其羟基产生相互作用时，溶解就会进行。此外，有学者认为离子液体中的阴离子对纤维

图 4-9　未经处理的木材（左）与用离子液体处理的木材（右）的耐火性试验

素的溶解度有显著的影响[75]。

离子液体与木材的反应性也得到了广泛关注,选择适当的反应条件可确保所有组分(包括木质素、半纤维素和纤维素)完全液化[76]。然而,纤维素和半纤维素比木质素更容易液化。Sun 等[77]在 120℃下使用离子液体处理山毛榉木材,研究处理后木材残留率和半纤维素总量的变化以及残留物中木质素含量的变化。发现,随着处理时间的增加,残留物减少,木质素、纤维素和半纤维素减少。此外,已经有研究旨在利用这一特性从木质资源中分离纤维素、半纤维素和木质素[78]。

## 4.2.3　低共熔溶剂处理

### 4.2.3.1　低共熔溶剂处理基本原理

低共熔溶剂(deep eutectic solvents,DESs)是一类由两种或多种组分通过氢键等相互作用形成的混合物,其共熔点显著低于各单一组分的熔点[79, 80]。由于低共熔溶剂具有类似离子液体的独特性质,如低挥发性、低毒性、可调节的极性及良好的溶解性,近年来在绿色化学和材料处理领域中受到越来越多的关注。

低共熔溶剂的形成通常涉及氢键供体(如胺、羧酸、醇类)和氢键受体(如盐类、酰胺)之间的相互作用。通过精确调整这些组分的比例和种类,低共熔溶剂能够以较低的温度形成液态,这种现象使得低共熔溶剂在低温条件下仍具有良好的流动性和溶解能力[81]。与传统有机溶剂相比,低共熔溶剂不仅具有更高的安全性和环境友好性,还能够溶解多种有机和无机物质,包括生物质、金属氧化物和高分子材料等。

### 4.2.3.2　低共熔溶剂处理在木质资源改性上的应用

近年来,低共熔溶剂因其低毒性、可再生性、可调节性和环境友好性,逐渐成为木质资源处理中的研究热点,尤其在木材化学改性、木质素解聚、纤维素溶解及木质资源转化过程中展现出了广阔的应用前景。木质资源的复杂多样性源其主要成分:纤维素、半纤维素和木质素的复杂交织和化学键合。传统的木质资源处理方法通常依赖于强酸、强碱或有机溶剂,这不仅会导致严重的环境污染,还可能损伤木质资源的天然结构,降低产物的利用率。而低共熔溶剂则为木质资源处理提供了一种温和而高效的替代方案。通过合理设计低共熔溶剂的组分，能够实现对木质资源中特定组分的选择性溶解或改性，从而提高处理效率，减少副产物的生成。

在纤维素的溶解与改性方面，低共熔溶剂表现出显著优势。由于纤维素具有结晶结构，传统溶剂难以有效溶解。然而，某些低共熔溶剂，如以胆碱氯化物和尿素为基础的溶剂体系，能够通过破坏纤维素的氢键网络，显著降低纤维素的结晶度，使其在较低温度下实现高效溶解。这种溶解能力为纤维素的进一步化学改性，如酯化、醚化、氧化等，提供了理想的反应介质。此外，低共熔溶剂的绿色性和低毒性特点，特别适合在生物基材料和药物领域中使用。

在木质素解聚和分离中，低共熔溶剂同样展现出优异性能。木质素是木质资源中最复杂且难以处理的成分，其不规则的芳香结构使得传统方法难以有效降解。而低共熔溶剂，尤其是含有酚类、醇类或有机酸成分的溶剂体系，能够通过氢键作用和芳香堆积效应，与木质素分子中的酚羟基或醚键相互作用，从而促进木质素的解聚和溶解。这不仅为木质素的高值利用提供了新途径，还能够在温和条件下实现木质素的定向转化，生成具有高附加值的化学品，如单体酚类、二聚体芳烃等。

低共熔溶剂在木质资源处理中的应用还包括分离天然木材中的刚性成分，从而制备软化木材。软化木材（SW）具有重量轻、密度低、弹性好、孔隙率高、可压缩性好等优点，可以被广泛应用于家居、装饰、建筑等领域。Chen 等[82]将木块浸入沸腾的低共熔溶剂（2.5 mol/L NaOH 和 0.4 mol/L NaClO$_2$）7 h，然后浸泡在沸腾的去离子水中数次以除去化学物质，研究发现，这种低共熔溶剂处理可以显著去除木质素和半纤维素，从而破坏天然的细胞壁并产生具有大量堆叠拱形层的弹性层状结构。Song 等[83]通过低共熔溶剂（NaOH 和 NaClO$_2$ 混合溶液）处理木材，构建了一种超柔韧、可生物降解和生物相容的 3D 多孔木。其独特的孔隙率和优异的柔韧性主要是因为去除了部分木质素和半纤维素。Yiin 等[84]发现不同浓度的羟基琥珀酸和蔗糖在水中对木质素和半纤维素具有良好的溶解性能。Kumar 等[85]尝试用乳酸和氯化胆碱组成的低共熔溶剂溶解木质素，发现木质素在这种低共熔溶剂中极易溶。Zhang 等[86]研究表明，通过低共熔溶剂可以去除玉米芯结构中的木质素和半纤维素。Tan 等[87]使用酸性氯化胆碱/乳酸组成的低共熔溶剂成功去除了木材中 100%的半纤维素、88%的木质素和少量的纤维素。

总之，低共熔溶剂在木质资源处理中的应用潜力巨大。其独特的物理化学性质使其能够在温和条件下有效处理木质资源中的各类成分，从而提高木质资源的利用率和产品附加值。未来，随着低共熔溶剂体系的设计优化和功能提升，其在木质资源处理中的应用将更加广泛深入，推动木质资源向高效、绿色和可持续利用迈进。

## 4.2.4 TEMPO 氧化

### 4.2.4.1 TEMPO 氧化基本原理

TEMPO 氧化是一种选择性氧化技术，以 2,2,6,6-四甲基哌啶氧自由基（TEMPO）作为催化剂，能够在温和条件下将木质资源中的特定官能团氧化为更具反应活性的基团。该技术在木质资源处理和改性中具有重要应用，特别是在纤维素的氧化改性方面，为制备具有特殊功能的材料提供了新途径。

TEMPO 氧化是一种选择性氧化反应，主要用于将多糖中的伯醇基团（如纤维素中的伯羟基）氧化为羧酸基团。该反应因其高效、温和且对伯醇的选择性极高而受到广泛关注[88]。

TEMPO 氧化反应的核心在于 TEMPO 自由基的存在。TEMPO 是一种稳定的有机自由基，在氧化反应中充当催化剂。典型的 TEMPO 氧化系统包括 TEMPO、氧化剂（如次氯酸钠或次溴酸钠）和共催化剂（如亚硝酸钠）。在反应过程中，TEMPO 自由基首先与伯醇基团反应，生成相应的羟胺基团。随后，在氧化剂的作用下，羟胺基团被重新氧化为自由基，同时伯醇基团被氧化为醛基或羧酸基团。此过程能够高效地将纤维素或其他多糖中的伯醇基团转化为羧酸，从而赋予材料新的化学功能。相比于传统的氧化方法，TEMPO 氧化具有明显的优势。首先，TEMPO 氧化具有高度的选择性，能够在不破坏分子骨架结构的前提下，专一性地将伯羟基氧化为羧酸基团。其次，反应条件温和，通常在中性至弱碱性条件下进行，避免了高温和强酸、强碱的使用。最后，TEMPO 氧化过程中的副产物较少，且反应效率高，产物得率高，因此在绿色化学和可持续发展领域得到了广泛认可。

### 4.2.4.2 TEMPO 氧化在木质资源改性上的应用

TEMPO 氧化在纤维素改性中的应用尤为显著。通过 TEMPO 氧化，纤维素分子中的 C6 位伯羟基可以被定向氧化为羧酸基团，形成具有高羧基含量的氧化纤维素。氧化纤维素由于其羧基的存在，表现出较高的亲水性和离子交换能力，这使得它在造纸、纺织、药物载体以及水处理等领域具有广泛的应用前景。此外，TEMPO 氧化纤维素还能够通过与阳离子聚合物或金属离子结合，制备各种功能性复合材料，如导电材料、吸附剂和催化剂载体。

TEMPO 氧化反应通常在水溶液中进行，典型的反应条件包括将 TEMPO、亚硝酸钠（$NaNO_2$）和次氯酸钠（$NaClO$）作为氧化剂。在这一体系中，TEMPO 通过催化作用，将次氯酸钠引发的氧化反应集中在纤维素分子 C6 位的伯羟基上，生成醛基中间体，随后进一步氧化为羧基。由于反应条件温和，且氧化过程能够精确控制，这种方法在生物基材料和纳米纤维素的制备中得到了广泛应用。关于 TEMPO 氧化纤维素纳米纤维的最新研究主要集中在共存盐的影响上[89]。在这些研究中，一部分 NaBr 被更便宜的 $Na_2SO_4$ 取代，同时获得相同的羧酸含量。

在 CNFs 制备中，TEMPO 氧化技术尤为重要。TEMPO 氧化纤维素纳米纤丝（TOCNFs）具有非常好的性能，它们的生产比酶预处理（<7 MJ/kg）消耗的能量少得多。通过 TEMPO 氧化，纤维素微纤丝可以在不破坏其原有结晶结构的前提下，被解离为具有良好分散性的 CNFs。最近，有学者提出了一种新方法，可以在不使用 TEMPO 氧化的多步骤方法的情况下产生与 TOCNFs 相似 CNFs。Sharma 等[90] 使用硝酸和亚硝酸钠直接在未经处理的木质原料上获得了 4～5 nm 宽和 190～370 nm 长的 CNFs。与其他 CNFs 生产相比，这种工艺消耗了更少的化学品和能源。虽然 TEMPO 氧化制备 CNFs 反应时间短，纤维素功能化程度高，但纤维素醛基在反应过程中容易发生各种副反应，此外，氧化反应的程度难控制。对此，Saito 等[91] 使用了 $TEMPO/NaClO/NaClO_2$ 氧化体系在中性条件下氧化得到无醛 CNFs，

其平均直径为 5 nm，平均长度超过 2 μm，聚合度大于 900。当羧基含量提高到 0.8 mmol/g 时，CNFs 的得率高达 90%。Aracri 等[92]报道了一种新型的漆酶-TEMPO 氧化体系，有效提高了剑麻纤维素的湿强度。同时，氧化系统可以在更中性的环境中进行氧化，以确保系统选择性氧化纤维素，同时避免使用有害的卤化物。

TEMPO 氧化在木质资源处理中的应用不仅限于纤维素，还包括木质素的氧化改性。由于木质素由高比例碳组成，因此将木质素化合物转化为燃料和化学品已被证明是一种有吸引力的策略[93]。学者们已经开发了各种工艺来转化木质素化合物，包括热处理和氧化工艺。香草醇（VAL）是一种木质素模型化合物，可以催化氧化为香兰素（VN）（一种增值产品）。Lin 等[94]基于 TEMPO 氧化开发了一种将 VAL 氧化为 VN 的替代工艺。研究发现，温度似乎是 VAL 氧化的最大影响因素。特别是，在 90℃时，VAL 的转化率可以达到 99%，选择性高达 93%，相应的产量达到了 89%。这些特性表明，基于 TEMPO 氧化的方式是将木质素模型化合物 VAL 转化为目标产物 VN 的一种有前途的、高选择性方法。

总的来说，TEMPO 氧化技术以其高效、选择性强和温和的反应条件，成为木质资源处理和改性中的一种重要技术。它不仅在纤维素的氧化改性、纳米纤维素制备中展现出巨大潜力，还在木质素和木材表面处理等方面具有广泛的应用前景。随着研究的深入和技术的优化，TEMPO 氧化在木质资源处理中的应用将进一步扩大，为可持续材料的开发和利用提供更多可能性。

## 4.2.5　酯化反应

### 4.2.5.1　酯化反应基本原理

酯化反应是一种重要的有机化学反应，通过将酸（通常是羧酸）与醇或酚反应生成酯和水。酯化反应广泛应用于有机合成、药物制造、食品添加剂生产和高分子材料制备等领域。最常见的酯化反应是羧酸与醇的酯化，通常在酸性催化剂（如浓硫酸、对甲苯磺酸等）下进行。

酯化反应的基本原理涉及羧酸羰基碳原子与醇羟基氧原子的亲核加成反应。反应过程中，羧酸中的羰基碳（C═O）受到催化剂的作用而亲电性增强，更容易受到醇羟基中的氧原子的亲核攻击。在这个过程中，形成了一个不稳定的中间体，随后通过质子转移和脱水作用，生成最终的酯产物和水。由于反应是可逆的，通常通过移除反应生成的水或使用过量的醇来推动反应向生成酯的方向进行。除了传统的酸催化酯化反应外，还有多种其他类型的酯化反应。例如，Fischer 酯化反应是指在酸催化剂存在下，羧酸与醇直接反应生成酯的一种经典方法。另一种是通过酰氯与醇反应制备酯，这种方法通常更快且更彻底，但需要使用剧毒的酰氯试剂。此外，还有酯交换反应，通过一个酯与另一种醇反应生成新的酯和新的醇，这种方法在生物柴油的生产中具有重要应用。

酯化反应在工业上有着广泛的应用。例如，许多天然和人工合成的酯类化合物被用于食品和香料工业中作为香味剂和防腐剂，如乙酸乙酯（有梨的香味）、乙酸戊酯（有香蕉的香味）等。在制药工业中，许多药物活性成分是酯类，酯化反应可以用于调整药物的溶解性、生物利用度和稳定性。此外，酯化反应在高分子材料工业中用于制备聚酯类材料，如聚对苯二甲酸乙二醇酯（PET），它是一种广泛应用于纤维、瓶装材料的聚合物。总的来说，酯化反应是一个基础且多功能的有机化学反应，涉及从基础化学合成到大规模工业生产的广泛领域。通过不同的催化剂和反应条件，酯化反应可以被精确调控，以生产出各种具有特定性质的酯类化合物。

### 4.2.5.2 酯化反应在木质资源改性上的应用

纤维素是木质资源中最主要的成分，其分子结构中含有大量的羟基，这些羟基是酯化反应的主要活性位点。酯化反应多通过使用羧酸或酸酐与纤维素表面羟基反应生成酯。该方法通常用于疏水改性纤维素并提高 CNFs 的分散性，以防止其角化。Mulyadi 等[95]将马来酸酐苯乙烯嵌段共聚物接枝到 CNFs 表面。结果表明，酯化 CNFs 具有良好的疏水性，接触角高达 130°。此外酯化改性提升了 CNFs 的力学性能，拉伸强度和断裂伸长率分别较原始 CNFs 提高了 33%和 34%。Huang 等[96]使用苹果酸和 3-氨丙基三乙氧基硅烷（KH550）在 110℃下以一水硫酸氢钠为催化剂酯化 CNFs。酯化后，CNFs 的分散性显著提高，三维网络结构孔径增大，吸附能力增加。此外，苹果酸和硅氧烷的接枝也使 CNFs 薄膜表面表现出一定的粗糙度，薄膜的疏水性有所提高。纤维素的酯化改性也可用于重金属离子的吸附。Choi 等[97]利用醋酸纤维素（CA）和巯基乙酸铵（AMTG）制备巯基功能化 CNFs，基于硫醇与金属离子的优良螯合，CNFs 对重金属离子具有高吸附性。结果显示，CNFs 对 Cu(Ⅱ)、Cd(Ⅱ)和 Pb(Ⅱ)离子的吸附能力最强，吸附量分别为 49.0 mg/g、45.9 mg/g 和 22.0 mg/g。

在木质素的酯化处理中，酯化反应主要集中于木质素分子中的酚羟基和醇羟基。木质素的复杂结构和多样化的官能团使得酯化反应可以赋予木质素新的功能特性，例如通过与有机酸酐反应，可以提高木质素的疏水性和热塑性。这种改性后的木质素不仅能够用于制备高性能的生物基塑料，还可以作为热塑性复合材料中的增韧剂或增塑剂。此外，酯化反应还能够改善木质素的溶解性，使其更易于与其他高分子材料共混，形成性能优异的复合材料。例如，Thielemans 等[98]采用酸酐化合物对来自阔叶木和针叶木资源的碱木质素中的羟基进行修饰。结果表明，修饰后的碱木质素在不饱和单体中的溶解度有所提高。此外，酯化木质素在与聚乳酸（PLA）和丁酸纤维素（CAB）等可生物降解聚合物的共混中表现出更好的相容性[99, 100]。Laurichesse 等[101]采用油酰氯酯化木质素，然后进行环氧化和环氧乙烷开环合成，合成木质素基多元醇。

在木材的整体改性中，酯化反应同样发挥着重要作用。通过对木材中的纤维素和半纤维素进行酯化处理，可以显著提高木材的耐水性、抗菌性和尺寸稳定性。以酯化为基础的木材防腐处理，通常涉及将木材浸渍在有机酸或酸酐溶液中，使得木材中的羟基与这些酸性物质发生酯化反应，生成不溶于水的酯基，从而有效防止木材在潮湿环境中的降解和变形。这种处理方式不仅提高了木材的使用寿命，还赋予其一定的防火性能，使其在建筑材料和室外设施中具有广泛的应用前景。

# 4.3  木质资源的生物修饰技术

## 4.3.1  生物酶处理

### 4.3.1.1  生物酶处理基本原理

生物酶改性技术的原理基于酶作为生物催化剂在温和条件下对特定化学键进行选择性催化，从而实现材料的结构改性。酶是一类具有高催化效率和高度特异性的蛋白质分子，其作用机制依赖于其独特的三维结构以及活性位点的特异性。木质资源的主要成分包括纤维素、半纤维素和木质素，这些高分子结构中存在大量的醚键、酯键和糖苷键，通过特定酶的催化，可以实现这些结构的定向水解、氧化或聚合，从而实现材料的改性。酶催化反应的核心原理是"锁和钥匙"模型，即酶分子中的活性位点和底物分子的特定区域具有高度的几何和化学互补性。当底物分子进入酶的活性位点后，酶通过非共价键与底物结合形成酶-底物复合物，在此过程中酶的活性位点对底物的化学键施加应力或提供适宜的微环境，从而降低反应的活化能，使得化学反应能够在较低的能量条件下高效进行。

### 4.3.1.2  生物酶处理在木质资源改性上的应用

最近，利用生物酶分离纤维素束为实现纯净纤维素的高比例量产提供了新的契机。此外，它还具有高糖化效率、更低的能耗、高渗透力等优点。这些活性分子具有高度的特异性，使得它们成为降解木质资源的合适候选者[102]。例如，Kumari 等[103] 使用酶水解从柠檬草的木质纤维素废料中分离出 CNFs。得到的 CNFs 具有网状结构和长纠缠纤维素链段。然而，Aprilla 等[104] 通过机械均质法从酶处理的竹纤维中分离出 CNFs，由于温和的酶水解和机械均质过程的结合，CNFs 表现出短棒状结构。与 TEMPO 介导氧化制备的 CNFs 相比，重组酶的酶促反应获得了更长且热稳定性更高的 CNFs。这一结果表明，水解酶和氧化酶处理可以用作超声处理步骤之前的预处理，以生产 CNFs[105]。例如，Rovera 等[106] 使用两种酶［内切-1,4-β-葡聚糖酶（EG）和纤维素酶］联合水解生产 CNFs。结果显示，EG 介导的水解产生了大颗粒，而联合水解过程导致纳米颗粒的数量更多。从 Wang 等[107] 的研究可以看出，在较高强度的酶预处理下，CNFs 的平均直径减小。在酶解和均质化的共同作用下，纤维表面的直径逐渐减小，直至纳米级，同时纤维表面的大量极性羟基暴露出来。

在木材改性中，生物酶展现出独特的优势。例如，通过利用木聚糖酶和果胶酶，可以选择性地降解木材中的半纤维素和果胶，从而提高木材的渗透性，增强其防腐处理的效果。此外，通过酶促反应引入亲水性或疏水性基团，可以改善木材的耐水性、耐久性和防火性，使其更适用于建筑材料和室外设施的制造[108]。木材的酶处理旨在：①通过调控木质纤维素体系来改善木材的性能；②通过酶预处理创造新的性能来激活表面；③简化和/或使传统加工技术更加环保。由于酶具有高底物特异性，因此主要关注纤维素、半纤维素和木质素的酶修饰、活化和反应。Kudanga 和 Greimel[109, 110] 利用漆酶介导的偶联反应在木材上形成了疏水表面。在这项研究中，作者在木材表面接枝了不同的疏水分子，并且表面的官能团和化合物之间建立了稳定的共价键，从而在木材表面形成了坚韧的疏水层。Müller 等[111]使用类似的方法，也成功地在木材表面形成了共价键合的木材防腐剂。

## 4.3.2 细菌处理

### 4.3.2.1 细菌处理基本原理

细菌处理的原理基于利用特定种类的细菌通过其代谢活动和生物反应来改变和优化材料的结构和性能。与传统的化学改性方法相比，细菌处理具有环境友好、过程温和、选择性强和能够处理复杂结构等优点。细菌处理主要依靠细菌的酶促反应和代谢产物对材料进行分解、转化或合成，从而实现材料的功能化和性能提升。

细菌处理的另一个重要原理是细菌的代谢产物与材料之间的相互作用。许多细菌在生长过程中会分泌有机酸、表面活性剂和多糖等代谢产物，这些物质能够通过与材料表面的化学键或物理吸附相互作用，改变材料的表面性质。例如，乳酸菌分泌的乳酸能够降低材料表面的 pH 值，促进表面羟基的质子化，从而提高材料的表面反应性。此外，细菌产生的多糖类物质能够在材料表面形成保护性涂层，提高材料的耐水性、耐久性和生物相容性。细菌改性技术的成功应用依赖于对细菌种类的选择、培养条件的优化以及反应过程的精细控制。不同种类的细菌具有不同的代谢特性和改性能力，因此在实际应用中，需要根据具体的改性目标选择合适的细菌菌种。此外，细菌的生长环境（如温度、pH 值、营养供给）对改性过程也有重要影响，优化这些条件能够显著提高改性效率和效果。

### 4.3.2.2 细菌处理在木质资源改性上的应用

细菌处理在木质资源改性上的应用近年来逐渐引起关注。这一技术利用细菌的代谢活动和生物催化作用，对木质材料进行改性和功能化，实现材料性能的提升和新型材料的开发。由于木质资源中含有大量的纤维素、半纤维素和木质素，这些成分可以通过细菌的选择性降解或转化，得到具有不同性能的衍生物，从而扩大了木质资源的应用范围。

在纤维素降解方面，纤维素降解细菌被广泛应用于木质废料的处理和纤维素基材料的功能化。例如，Prasad 等[112]研究发现，通过利用纤维素分解菌进行酶解，可以有效地将废弃木材中的纤维素转化为葡萄糖，从而进一步用于发酵生产生物乙醇。这种方法不仅提高了木质废料的利用效率，还为可再生能源的生产提供了新的途径。此外，纤维素降解细菌还可以通过部分降解纤维素分子链，调控纤维素材料的结晶度和分子量，从而改善其溶解性和加工性能。例如，Schwarz[113]通过在木材中引入纤维素分解菌，使得纤维素的分子结构发生改变，生成了一种可溶性纤维素衍生物，该材料具有优异的加工性能和力学性能，适用于高性能复合材料的制备。

在木质素改性中，漆酶和木质素降解细菌被用于木质素的降解与功能化。例如，Zhu 等[114]研究利用漆酶和细菌的协同作用，实现了木质素的选择性氧化和降解，从而制备出具有高反应活性的木质素衍生物。这些衍生物可以与其他聚合物共混，形成性能优异的复合材料，如高强度木塑复合材料和耐水性涂层材料。此外，细菌还能够通过生物矿化作用在木材表面沉积无机矿物，提高木材的耐火性和耐腐蚀性。

细菌处理还在木材的防腐处理中展现出应用前景。传统的木材防腐处理通常依赖于化学药剂，但这些药剂可能对环境和健康产生不利影响。相较之下，细菌处理提供了一种绿色环保的替代方案。例如，通过利用木聚糖酶和果胶酶降解木材中的半纤维素和果胶，可以有效提高木材的渗透性，从而增强其防腐处理效果。这一方法不仅提高了防腐剂的渗透深度，还延长了木材的使用寿命。此外，细菌还可以通过代谢产物的分泌，在木材表面形成保护性涂层，提高其耐水性和耐久性，从而进一步增强木材的防腐性能[115]。

### 4.3.3    真菌处理

#### 4.3.3.1    真菌处理基本原理

真菌降解木质资源的核心机制是酶促反应。木质资源主要由纤维素、半纤维素和木质素构成，而真菌能够分泌特定的酶类来针对这些成分进行降解。例如，纤维素酶家族中的内切葡聚糖酶、外切纤维素酶和 β-葡萄糖苷酶共同作用，将纤维素分解为葡萄糖单体；木聚糖酶可以降解半纤维素中的木聚糖成分；漆酶、过氧化物酶等则专门用于木质素的降解[116]。通过这些酶的协同作用，真菌能够将复杂的木质纤维素分解为易于代谢的小分子有机物，如葡萄糖、乙酸和乙醇等。其次，真菌在木质资源中的改性还涉及生物转化过程。在降解木质纤维素的同时，真菌的代谢活动也会引发木材内部的结构变化。例如，白腐菌能够降解木材中的木质素，从而减少木材的刚性，增加其柔韧性和可塑性[117]；褐腐菌则主要降解纤维素和半纤维素，导致木材内部形成孔隙结构，从而提高木材的吸湿性和渗透性[118]。此外，某些真菌还能够在木材表面或内部生成代谢产物，如有机酸、酚类化合物等，这些物质可以与木材中的多糖和木质素反应，生成新的化学键，从而改变木材的物化性质。

在真菌改性技术中，生物降解和生物转化通常是同时发生的，这使得木质材料能够在真菌作用下经历复杂的化学和结构变化。例如，通过调控真菌的生长条件（如温度、湿度、pH 值和营养条件），可以选择性地促进特定酶的分泌，从而实现对木材特定组分的降解或转化[119]。此外，真菌与其他微生物或化学试剂的协同作用也可以进一步增强木材改性效果。

#### 4.3.3.2    真菌处理在木质资源改性上的应用

真菌处理的核心在于利用真菌对木质材料进行选择性降解和改性。真菌在适宜的生长条件下，能够分泌大量的纤维素酶、木聚糖酶和漆酶等胞外酶，这些酶可以有效地降解木质纤维素中的纤维素、半纤维素和木质素成分，从而改变木材的结构和性质。例如，白腐真菌以其强大的木质素降解能力而闻名，它们通过分泌漆酶和过氧化物酶，将木质素分解为小分子芳香化合物。这一过程不仅可以降低木材的密度和硬度，还能提高木材的透气性和吸湿性，使其更适合用于纸浆生产和生物质能利用。Zhang 等[120]研究发现，通过使用白腐菌 *Phanerochaete chrysosporium* 对木材进行处理，能够显著提高木材的酶解效率，从而提高木材在纸浆和生物燃料生产中的利用率。

此外，真菌处理在木材防腐和功能化中也展现出了广泛的应用潜力。传统的木材防腐处理依赖于化学药剂，但这些药剂可能对环境和人体健康产生不利影响。相较之下，真菌改性技术提供了一种绿色环保的替代方案。例如，褐腐菌能够选择性地降解木材中的纤维素和半纤维素，从而在木材内部形成细胞壁孔隙结构，以提高防腐剂的渗透性和均匀性。Schubert 等[121]研究发现，通过利用白腐菌 *Physisporinus vitreus* 对木材进行长期预处理，可以显著提高防腐剂的渗透深度，延长木材的使用寿命。这种技术不仅减少了化学药剂的使用量，还降低了防腐处理对环境的影响。

总的来说，真菌处理为木质资源的高效利用和功能化提供了新的方向。通过利用真菌的生物降解能力，可以实现木材的结构调控和性能优化。尽管真菌处理在木质资源改性上的应用仍处于探索阶段，但随着生物技术的发展和真菌改性机制的深入研究，这一技术在木材处理、功能化材料制备和环境友好型防腐处理上具有巨大的潜力。未来的研究应继续关注真菌种类的筛选、改性过程的优化以及工业化应用的可行性，以推动真菌改性技术在木质资源处理中的应用。

# 参 考 文 献

［1］ Ichou H, Arrousse N, Berdimurodov E, et al. Journal of Bio-and Tribo-Corrosion, 2024, 10(1): 3.

［2］ Ju Y, Ai L, Qi X, et al. Materials, 2023, 16(10): 3764.

［3］ Wang H, Lin N, Nouri M, et al. Journal of Materials Research and Technology, 2023, 27: 6021-6046.

［4］ Singh M, Sharma Y, Vasudev H, et al. Various sputtered coating deposition techniques for the development of boron nitride based thin film coating: A review//AIP Conference Proceedings. AIP Publishing, 2024, 2986(1).

［5］ Moustakas T D. Semiconductors and Semimetals, 1984, 21: 55-82.

［6］ Sletten G, Knudsen P. Nuclear Instruments and Methods, 1972, 102(3): 459-463.

［7］ Li J, Wang Y, Tian H, et al. Forest Products Journal, 2020, 70(3): 340-349.

［8］ Bao W, Zhang M, Jia Z, et al. European Journal of Wood and Wood Products, 2019, 77: 115-123.

［9］ Xiao Z, Ai R, Wang Y, et al. Forests, 2023, 14(9): 1761.

［10］ Chu C, Hu X, Yan H, et al. E-Polymers, 2021, 21(1): 140-150.

［11］ Suntola T, Antson J. Method for producing compound thin films: U.S. Patent 4, 058, 430. 1977-11-15.

［12］ Parsons G N, Elam J W, George S M, et al. Journal of Vacuum Science & Technology A, 2013, 31(5).

［13］ Johnson R W, Hultqvist A, Bent S F. Materials Today, 2014, 17(5): 236-246.

［14］ Kosola A, Putkonen M, Johansson L S, et al. Applied Surface Science, 2003, 211(1-4): 102-112.

［15］ Hultqvist A, Edoff M, Törndahl T. Progress in Photovoltaics: Research and Applications, 2011, 19(4): 478-481.

［16］ Jones A C, Hitchman M L. Chemical Vapour Deposition: Precursors, Processes and Applications, 2009, 1: 1-36.

［17］ Levy D H, Nelson S F, Freeman D. Journal of Display Technology, 2009, 5(12): 484-494.

［18］ Poodt P, Lankhorst A, Roozeboom F, et al. Advanced Materials, 2010, 22(32): 3564-3567.

［19］ Werner F, Veith B, Tiba V, et al. Applied Physics Letters, 2010, 97(16): 162103.

［20］ Poodt P, Tiba V, Werner F, et al. Journal of The Electrochemical Society, 2011, 158(9): H937.

［21］Lozhechnikova A, Bellanger H, Michen B, et al. Applied Surface Science, 2017, 396: 1273-1281.

［22］Gregory S A, McGettigan C P, McGuinness E K, et al. Langmuir, 2020, 36(7): 1633-1641.

［23］Lee K, Jur J S, Kim D H, et al. Journal of Vacuum Science Technology A: Vacuum Surfaces and Films, 2012, 30(1): 01A163.

［24］Gregorczyk K E, Pickup D F, Sanz M G, et al. Chemistry of Materials, 2015, 27(1): 181-188.

［25］Boulos M I, Fauchais P L, Pfender E. The Plasma State//Handbook of Thermal Plasmas. Cham: Springer International Publishing, 2023: 3-55.

［26］Mumtaz S, Khan R, Rana J N, et al. Catalysts, 2023, 13(4): 685.

［27］Wiemer M, Wuensch D, Braeuer J, et al. Handbook of Wafer Bonding, 2012: 101-118.

［28］Ebnesajjad S. Material Surface Preparation Techniques//Handbook of Adhesives and Surface preparation. William Andrew Publishing, 2011: 49-81.

［29］Klébert S, Mohai M, Csiszár E. Coatings, 2022, 12(4): 487.

［30］Aydin I, Demirkir C. Plasma Chemistry and Plasma Processing, 2010, 30: 697-706.

［31］Wellons J D, Krahmer R L, Sandoe M D, et al. Forest Products Journal, 1983, 33(1): 27-34.

［32］Gardner D J, Elder T J. Wood and Fiber Science, 1988: 378-385.

［33］Kelley S S, Young R A, Rammon R M, et al. Forest Products Journal, 1983, 33(2): 21.

［34］Dilsiz N, Akovali G. Composite Interfaces, 1995, 3(5-6): 401-410.

［35］Aydin I, Demirkir C. Plasma Chemistry and Plasma Processing, 2010, 30: 697-706.

［36］Duan Z, Fu Y, Du G, et al. Forests, 2024, 15(7): 1271.

［37］Dimitrakellis P, Delikonstantis E, Stefanidis G D, et al. Green Chemistry, 2022, 24(7): 2680-2721.

［38］Warner S B, Uhlmann D R, Peebles L H. Journal of Materials Science, 1975, 10: 758-764.

［39］Bhattacharya A, Misra B N. Progress in Polymer Science, 2004, 29(8): 767-814.

［40］Thakur V K, Thakur M K. ACS Sustainable Chemistry & Engineering, 2014, 2(12): 2637-2652.

［41］He W, Jiang H, Zhang L, et al. Polymer Chemistry, 2013, 4(10): 2919-2938.

［42］Achilleos D S, Vamvakaki M. Materials, 2010, 3(3): 1981-2026.

［43］Kumar R, Sharma R K, Singh A P. Polymer Bulletin, 2018, 75: 2213-2242.

［44］Meimoun J, Wiatz V, Saint-Loup R, et al. Starch-Stärke, 2018, 70(1-2): 1600351.

［45］Kumar D, Gihar S, Shrivash M K, et al. International Journal of Biological Macromolecules, 2020, 163: 2097-2112.

［46］Yi T, Zhao H, Mo Q, et al. Materials, 2020, 13(22): 5062.

［47］Dias O A T, Konar S, Leão A L, et al. Carbohydrate Polymers, 2019, 220: 79-85.

［48］Parit M, Du H, Zhang X, et al. Carbohydrate Polymers, 2020, 240: 116304.

［49］Zhang S, Zhang S, Li W, et al. Materials Letters, 2021, 293, 129685.

［50］Kara H T, Anshebo S T, Sabir F K. Materials Research Express. 2020, 7(11): 115008.

［51］Littunen K, Hippi U, Johansson L S, et al. Carbohydrate Polymers, 2011, 84(3): 1039-1047.

［52］Hadjichristidis N, Iatrou H, Pitsikalis M, et al. Progress in Polymer Science, 2006, 31(12): 1068-1132.

［53］Uhrig D, Mays J. Polymer Chemistry, 2011, 2(1): 69-76.

［54］Liu X, Yin H, Zhang Z, et al. Colloids and Surfaces B: Biointerfaces, 2015, 125: 230-237.

［55］Gao G, Karaaslan M A, Kadla J F, et al. Green Chemistry, 2014, 16(8): 3890-3898.

［56］Kobayashi S, Makino A. Chemical Reviews, 2009, 109(11): 5288-5353.

［57］Cao Q, Wu Q, Dai L, et al. Green Chemistry, 2021, 23(6): 2329-2335.

［58］Hilburg S L, Elder A N, Chung H, et al. Polymer, 2014, 55(4): 995-1003.

［59］Cheng H N, Smith P B, Gross R A. Green Polymer Chemistry: Biocatalysis and Materials II, 2013, 1144: 1-12.

［60］Yu J, Wang J, Wang C, et al. Macromolecular Rapid Communications, 2015, 36(4): 398-404.

［61］Kai D, Low Z W, Liow S S, et al. ACS Sustainable Chemistry & Engineering, 2015, 3(9): 2160-2169.

［62］Kai D, Jiang S, Low Z W, et al. Journal of Materials Chemistry B, 2015, 3(30): 6194-6204.

［63］Gazal U. Investigation of Thermal Stability of Ionic Liquids Through Thermo Gravimetric Analysis//Ionic Liquids and Their Application in Green Chemistry. Elsevier, 2023: 245-265.

［64］Khan H W, Reddy A V B, Negash B M, et al. Chemical Engineering Journal, 2024: 154309.

［65］Lei Z, Dai C, Hallett J, et al. Chemical Reviews, 2024, 124(12): 7533-7535.

［66］Vekariya R L. Journal of Molecular Liquids, 2017, 227: 44-60.

［67］Ohno H. Bulletin of the Chemical Society of Japan, 2006, 79(11): 1665-1680.

［68］Cybulski J, Wiśniewska A, Kulig-Adamiak A, et al. Chemistry: A European Journal, 2008, 14(30): 9305-9311.

［69］Pernak J, Zabielska-Matejuk J, Kropacz A, et al. Holzforschung, 2004, 58: 286-291.

［70］Stasiewicz M, Fojutowski A, Kropacz A, et al. Holzforschung, 2008, 62: 309-317.

［71］Miyafuji H, Fujiwara Y. Holzforschung, 2013, 67(7): 787-793.

［72］Pinkert A, Marsh K N, Pang S, et al. Chemical Reviews, 2009, 109(12): 6712-6728.

［73］Moulthrop J S, Swatloski R P, Moyna G, et al. Chemical Communications, 2005(12): 1557-1559.

［74］Youngs T G A, Holbrey J D, Deetlefs M, et al. ChemPhysChem, 2006, 7(11): 2279-2281.

［75］Ebner G, Schiehser S, Potthast A, et al. Tetrahedron Letters, 2008, 49(51): 7322-7324.

［76］Kilpeläinen I, Xie H, King A, et al. Journal of Agricultural and Food Chemistry, 2007, 55(22): 9142-9148.

［77］Sun N, Rahman M, Qin Y, et al. Green Chemistry, 2009, 11(5): 646-655.

［78］Miyafuji H. Journal of Wood Science, 2015, 61(4): 343-350.

［79］Prabhune A, Dey R. Journal of Molecular Liquids, 2023, 379: 121676.

［80］Zhang J, Li S, Yao L, et al. Chinese Chemical Letters, 2023, 34(5): 107750.

［81］Hansen B B, Spittle S, Chen B, et al. Chemical Reviews, 2020, 121(3): 1232-1285.

［82］Chen C, Song J, Zhu S, et al. Chem, 2018, 4(3): 544-554.

［83］Song J, Chen C, Wang C, et al. ACS Applied Materials & Interfaces, 2017, 9(28): 23520-23527.

［84］Yiin C L, Quitain A T, Yusup S, et al. Bioresource Technology, 2016, 199: 258-264.

［85］Kumar A K, Parikh B S, Pravakar M. Environmental Science and Pollution Research, 2016, 23: 9265-9275.

［86］Zhang C W, Xia S Q, Ma P S. Bioresource Technology, 2016, 219: 1-5.

［87］Tan Y T, Ngoh G C, Chua A S M. Industrial Crops and Products, 2018, 123: 271-277.

［88］Isogai A, Saito T, Fukuzumi H. Nanoscale, 2011, 3(1): 71-85.

［89］Inamochi T, Funahashi R, Nakamura Y, et al. Cellulose, 2017, 24: 4097-4101.

［90］Sharma P R, Joshi R, Sharma S K, et al. Biomacromolecules, 2017, 18(8): 2333-2342.

［91］Saito T, Hirota M, Tamura N, et al. Biomacromolecules, 2009, 10(7): 1992-1996.

［92］Aracri E, Vidal T, Ragauskas A J. Carbohydrate Polymers, 2011, 84(4): 1384-1390.

［93］Behling R, Valange S, Chatel G. Green Chemistry, 2016, 18(7): 1839-1854.

［94］Lin J Y, Lin K Y A. Biomass Conversion and Biorefinery, 2019, 9: 617-623.

［95］Mulyadi A, Deng Y. Cellulose, 2016, 23: 519-528.

［96］Huang L, Zhao H, Yi T, et al. Nanomaterials, 2020, 10(4): 755.

［97］Choi H Y, Bae J H, Hasegawa Y, et al. Carbohydrate Polymers, 2020, 234: 115881.

［98］Thielemans W, Wool R P. Biomacromolecules, 2005, 6(4): 1895-1905.

［99］Ghosh I, Jain R K, Glasser W G. Journal of Applied Polymer Science, 1999, 74(2): 448-457.

［100］Kun D, Pukánszky B. European Polymer Journal, 2017, 93: 618-641.

［101］Laurichesse S, Huillet C, Avérous L. Green Chemistry, 2014, 16(8): 3958-3970.

［102］Afrin S, Karim Z. ChemBioEng Reviews, 2017, 4(5): 289-303.

［103］Kumari P, Pathak G, Gupta R, et al. DARU Journal of Pharmaceutical Sciences, 2019, 27: 683-693.

［104］Aprilia N A S, Asniza M, Owolabi F A T, et al. Materials Research Express, 2018, 5(10): 105014.

［105］Rossi B R, Pellegrini V O A, Cortez A A, et al. Carbohydrate Polymers, 2021, 256: 117510.

［106］Rovera C, Fiori F, Trabattoni S, et al. Nanomaterials, 2020, 10(4): 735.

［107］Wang S, Gao W, Chen K, et al. Bioresource Technology, 2018, 267: 426-430.

［108］Jegannathan K R, Nielsen P H. Journal of Cleaner Production, 2013, 42: 228-240.

［109］Kudanga T, Prasetyo E N, Sipilä J, et al. Engineering in Life Sciences, 2008, 8(3): 297-302.

［110］Greimel K J, Kudanga T, Nousiainen P, et al. Process Biochemistry, 2017, 59: 111-115.

［111］Müller C, Euring M, Kharazipour A. International Journal of Materials and Product Technology, 2009, 36(1-4): 189-199.

［112］Prasad R K, Chatterjee S, Mazumder P B, et al. Chemosphere, 2019, 231: 588-606.

［113］Schwarz W. Applied Microbiology and Biotechnology, 2001, 56: 634-649.

［114］Zhu D, Liang N, Zhang R, et al. ACS Sustainable Chemistry & Engineering, 2020, 8(34): 12920-12933.

［115］Martín J A, López R. Forests, 2023, 14(2): 283.

［116］Do Vale L H F, Edivaldo Filho X F, Miller R N G, et al. Biotechnology and Biology of Trichoderma, 2014: 229-244.

［117］Bi W, Li H, Hui D, et al. Nanotechnology Reviews, 2021, 10(1): 978-1008.

［118］Thybring E E, Fredriksson M. Forests, 2021, 12(3): 372.

［119］Burns R G, DeForest J L, Marxsen J, et al. Soil Biology and Biochemistry, 2013, 58: 216-234.

［120］Zhang L, You T, Zhou T, et al. Industrial Crops and Products, 2016, 86: 155-162.

［121］Schubert M, Volkmer T, Lehringer C, et al. International Biodeterioration & Biodegradation, 2011, 65(1): 108-115.

# 第5章 木质资源重组技术

## 5.1 溶胶-凝胶重组技术

### 5.1.1 溶胶-凝胶基本原理

溶胶-凝胶（sol-gel）技术是一种通过液相合成材料的方法，将溶胶转化为凝胶，并进一步经过干燥、烧结等过程，形成固态材料。溶胶-凝胶技术的核心在于将一种或多种金属醇盐、金属盐或有机金属化合物溶解在溶剂中形成均匀的溶胶。在适当的条件下，通过化学反应使溶胶中的颗粒发生聚合，形成具有三维网状结构的凝胶[1]。这个过程可以分为以下几个步骤：

（1）溶胶制备：将金属醇盐、金属盐或有机金属化合物溶解在适当的溶剂中，通常是醇类溶剂，如甲醇、乙醇等。通过水解和缩合反应，形成分散在溶液中的纳米级颗粒，即溶胶。溶胶的稳定性取决于反应条件和体系组成，可以通过调节 pH 值、反应温度、催化剂等因素来控制。

（2）凝胶化：在适当条件下，溶胶中的纳米颗粒进一步发生缩合反应，形成具有三维网状结构的凝胶。这个过程通常伴随着溶剂的部分蒸发和溶剂分子的排出，使得系统逐渐从液态向固态转变。凝胶化过程的关键在于控制反应速率，以确保凝胶的均匀性和结构完整性。

（3）干燥或烧结：凝胶形成后，需要经过干燥或烧结步骤，以除去残余溶剂和有机物，形成最终的固态材料。干燥过程可以是常压干燥、超临界干燥或亚临界干燥，根据不同的材料需求选择不同的方法。烧结通常在高温下进行，使材料达到所需的物化性质。

溶胶-凝胶技术的优势在于能够在分子水平上混合不同的前驱体，确保最终材料的化学均匀性。这对于多组分材料的制备尤其重要。此外与传统的高温陶瓷工艺相比，溶胶-凝胶技术能够在较低温度下进行材料合成，减少了晶体缺陷和应力的产生。通过调整溶胶的制备条件，可以精确控制凝胶的孔结构，如孔径、孔隙率等，这在催化剂、吸附材料等领域具有重要意义。溶胶-凝胶技术可以用于制备多种材料，包括氧化物、非氧化物、复合材料等，且适用于不同的形貌设计，如薄膜、纤维、颗粒等。目前溶胶-凝胶技术还存在以下挑战：①过程复杂，溶胶-凝胶工艺涉及多个化学反应步骤，需要对反应条件进行精确控制，否则可能导致凝胶不均匀或出现缺陷。②收缩和裂纹，在干燥和烧结过程中，凝胶体积会发生显著收缩，容易引发裂纹，影响材料的机械性能和结构完整性。由于溶胶-凝胶过程的反应速度较慢，某些材料可能需要长时间的处理，这可能影响材料的生产效率。

### 5.1.2　溶胶-凝胶技术在木质资源重组上的应用

纤维素是木材细胞壁中的主要成分，其独特的结构和性质使其成为多功能材料的理想前体。然而，纤维素的自然形态难以直接应用于许多高科技领域，因此需要通过重组技术进行结构和性能的优化。溶胶-凝胶技术作为一种重要的化学合成手段，在纤维素重组领域发挥着重要作用。制备过程通常包括以下步骤：将纤维素溶解或分散在适当的溶剂中，形成均匀的纤维素溶胶。向纤维素溶胶中加入无机纳米颗粒的前驱体溶液，在搅拌和控制温度下进行水解和缩合反应，使无机纳米颗粒均匀分布在纤维素基体中。凝胶化后，通过干燥或烧结步骤去除溶剂，形成最终的纤维素基纳米复合材料。

**1）2D 薄膜/纸**

近年来，超疏水/超亲油材料在油水分离方面表现出了极大的前景，大量超疏水材料（包括金属网或泡沫、织物或碳布、滤纸等）已开发用于油/水分离[2-4]。其中，多孔纤维素膜因其化学稳定性好、成本低等优点引起了人们的极大兴趣[5]。此外，纤维素膜材料可以作为基材，通过浸渍、旋涂或喷涂方法构建超疏水和超亲油表面[6, 7]。开发稳定、环保、可持续和经济的纤维素膜制备方法是必要的。与传统制备纤维素膜的方法相比，溶胶-凝胶法具有许多优点，包括低温处理、所得物质的组成和结构可控、易于放大。制备过程通常包括以下步骤：将纤维素溶解在适当溶剂中，形成纤维素溶胶。向纤维素溶胶中加入其他功能性前驱体（如光电材料、阻隔材料等），形成复合溶胶。将复合溶胶通过旋涂或浇铸等方法，形成均匀的薄膜。经过干燥和固化步骤，制备出性能稳定的纤维素基薄膜，如图 5-1 所示。Xie 等[8]通过一步法简易溶胶-凝胶策略制备了一种可持续的超疏水纤维素膜（SOCM），用于高效的油/水分离。纤维素膜（CM）的超疏水性是通过一步式微/纳米分层结构构建以及四乙基正硅酸盐（TEOS）和十六烷基三甲氧基硅烷（HDTMS）化学修饰实现的。SOCM 对各种油/水混合物的分离效率很高（98%以上）。重要的是，SOCM 具有良好的环境（耐酸、耐碱和耐盐）和机械耐久性（胶带剥离和抗划伤），以及显著的可重复使用性（至少 10 次）。SOCM 具有易于制造、稳定、环保、可持续和成本低廉等优点，使其有望大规模用于油水分离。此外，通过溶胶-凝胶技术，可以将纤维素与无机纳米颗粒（如二氧化钛、氧化锌等）复合，制备具有优异性能的纳米复合材料。这类材料通常具有高强

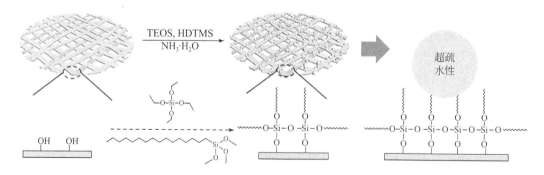

图 5-1　溶胶-凝胶法制备超疏水纤维素膜示意图

度、高模量和优异的热稳定性，适用于光催化、抗菌涂层和传感器等领域。例如，Habibi 等[9] 采用溶胶-凝胶技术加工制备了的二氧化钛-甲基纤维素纳米复合薄膜。其中溶胶悬浮液是在乙醇和盐酸的混合物中加入四异丙醇钛，然后加入 2wt%的甲基纤维素（MC）溶液制备得到的。随后将 $TiO_2$ 纳米粉体分散在溶胶中，通过旋涂将混合物沉积在显微镜载玻片上。使用 MC 作为分散剂克服了薄膜不均匀和缺陷的问题。通过扫描电子显微镜、X 射线衍射和划痕测试，研究了 MC 在高达 500℃的热处理过程中的结构变化、结晶行为和机械完整性。结果显示，含有 MC 的复合薄膜比不含有 MC 的薄膜表面粗糙得多。在 500℃下热处理的复合薄膜具有最大的硬度值。

**2）3D 气凝胶/泡沫**

此外，溶胶-凝胶技术还常用于制备纤维素基气凝胶材料。纤维素基气凝胶是一种超轻材料，具有高孔隙率、低密度和优异的吸附性能。通过将纳米纤维素分散在水中，进而利用溶胶-凝胶技术和超临界干燥/冷冻干燥技术，可以将纤维素溶胶转化为气凝胶，形成多孔网络结构，广泛应用于吸附剂、隔热材料和生物医学等领域[10, 11]。溶胶-凝胶法是一种非常独特的湿化学方法，它允许在多个尺度上确定结构方向，从而在材料中形成层次结构。在这方面，溶胶-凝胶工艺的优势在于可以控制可用反应步骤的机制和动力学，这使得形成层状材料成为可能，例如通过应用自组织模板，从而控制宏观形貌。此外，溶胶-凝胶法的温和反应条件非常适合形成含有纳米纤维素和其他无机材料的纳米复合材料。众所周知，纤维素材料通常需要在有水条件下加工，而溶胶-凝胶过程包括纤维素前体的水解、凝结形成胶体溶胶和随后的凝胶化过程。凝胶化过程通常是指利用纤维素分子间相互作用形成相互连接的天然聚合物网络，也可称为天然聚合物溶液的固化过程。在凝胶化过程中形成三维纳米纤维素网络，这些网络骨架增强了凝胶的强度。一旦凝胶化开始，溶胶就会逐渐转化为凝胶[12]。随后，通过不同干燥技术进一步得到纳米纤维素凝胶。如 Zhu 等[13] 采用溶胶-凝胶法，利用 CNCs 和 CNFs 合成了两种不同的气凝胶 [图 5-2（a）]。结果表明，从纸浆中提取的 CNCs 和 CNFs 具有优异的理化性能，有利于制备高性能纳米纤维素气凝胶。通过控制干燥工艺条件，获得了低收缩率（4.55%）的 CNCs 气凝胶和 CNFs 气凝胶。此外，CNCs 气凝胶和 CNFs 气凝胶在 85%压应变下也表现出较高的抗压强度，分别为 167.2 kPa 和 170.3 kPa [图 5-2（b）]。Jiang 等[14] 采用溶胶-凝胶法制备了 CNFs/二氧化硅复合气凝胶。结果表明，制备的气凝胶密度为 7.7 $mg/cm^3$，比表面积为 342 $m^2/g$，孔体积为 0.86 $cm^3/g$。这种强大的溶胶-凝胶方法利用天然丰富的二氧化硅和纤维素来生成改进的 CNFs/二氧化硅气凝胶。溶胶-凝胶法制备的复合气凝胶比二氧化硅气凝胶具有更高的结构稳定性和热稳定性。Gupta 等[15] 利用溶胶-凝胶法制备了纳米纤丝化纤维素气凝胶。溶胶-凝胶法制备的气凝胶具有独特的纳米级颗粒相互连接的三维网络 [图 5-2（c）]。溶胶-凝胶法制备周期长，通常可以通过添加化学交联剂或改变物理条件（温度、pH、超声等）来诱导纳米纤维素快速交联，形成三维网络，从而加快凝胶结构的形成，提高其制备速率。如 Ruan 等[16] 将氯化钙作为 CNCs 的绿色交联剂，通过溶胶-凝胶法和冷冻干燥得到 CNCs 气凝胶。该气凝胶具有稳定性好、密度（0.036 $g/cm^3$）低等优异性能 [图 5-2（d）]。Maestri 等[17] 研究了超声和各种阳离子的加入对羧化纤维素纳米晶溶胶-凝胶转变的影响。结果表明，除了纤维素的破碎外，超声波还导致溶液的快速凝胶化。此外，作者发现凝胶弹性模量的增加与离子电荷成正比，而不是与阳离子的大小成正比，并且水凝胶的流变特性取决于超声处理的持续时间。

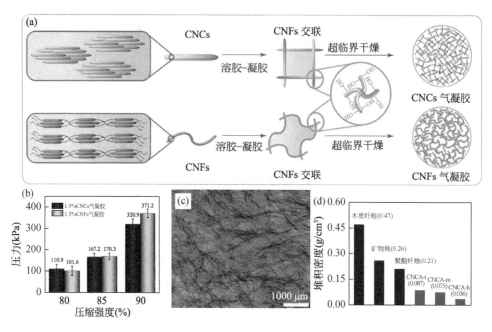

图 5-2 （a）利用溶胶-凝胶法制备 CNCs 气凝胶和 CNFs 气凝胶的示意图；（b）CNCs 气凝胶和 CNFs 气凝胶的压缩强度[13]；（c）纤维素气凝胶独特的三维网络结构[15]；（d）纳米纤维素气凝胶与一些天然材料的密度比较[16]

## 5.2 静电纺丝重组技术

静电纺丝是制备 1D 纤维素纳米纤维和 2D 纤维素薄膜的通用技术，因为它具有纳米级的形态和可控的功能。与其他工艺相比，静电纺丝具有可纺聚合物多、可控性高等优点[18, 19]。

### 5.2.1 静电纺丝基本原理

静电纺丝的基本原理是利用静电力将溶液中的纤维素分子拉伸成纳米级纤维，并在捕集器上形成纤维膜。具体操作过程包括：首先，将纤维素溶液注入静电纺丝装置的喷嘴中；然后，在高压电源的作用下，纤维溶液在喷嘴尖端形成锥形液滴；最后，由于静电力的作用，液滴会逐渐变薄并拉伸成纤维，最终在集热器上形成纤维膜。在纺丝过程中，由于喷射的纤维直径非常细，溶剂的去除速度非常快[20]。纺纱后，成纱纤维通常被收集成纱垫或纱线。因此，静电纺丝是一种灵活的工艺，溶剂的去除非常简单。静电纺丝可以使高分子与纳米纤维素快速对齐，同时避免了长时间干燥导致较大纤维变形的问题[21]。典型的静电纺丝如图 5-3（a）所示。溶剂不相容性可能限制不同材料的直接混合和随后的电纺。为了解决这一问题，可以采用平行和同轴静电纺丝。平行静电纺丝使用两个独立的注射器同时旋转溶液［图 5-3（b）］，而同轴静电纺丝通过包含两个同心针的喷丝器形成核-壳细丝［图 5-3（c）］[22]。

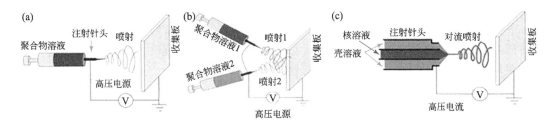

图 5-3　（a）典型静电纺丝、（b）平行静电纺丝和（c）同轴静电纺丝示意图[22]

可以通过静电纺丝技术开发直径在 2 nm 到几微米之间的不同直径的聚合物纳米纤维。为了制造纳米纤维材料，许多因素可能会对纳米纤维的形成和结构产生重大影响。这些参数包括溶液参数、工艺参数和环境参数[23-26]（图 5-4）。

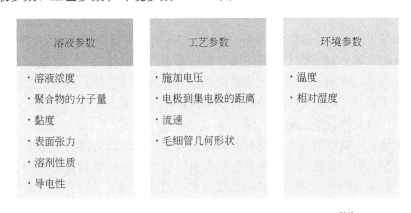

图 5-4　通过控制静电纺丝重组技术参数进行工艺优化[24]

**1）溶液参数**

静电纺丝纳米纤维的微观结构和形态受聚合物分子量的影响，尤其是聚合物链在溶液中的纠缠程度。具体来说，聚合物的分子量决定了链之间的纠缠密度。当具有较大水解度的聚合物分子量降低时，溶剂的黏度会显著增加，这会导致流体的含量保持不变。如果分子量进一步减小，还需要减少溶剂在凝胶状态下的蒸发量。因此，测定纤维的微观结构和组成对理解溶液黏度非常重要。一般来说，纳米纤维不适合通过黏度过低或过高的聚合物溶液制备。因此，确定适合静电纺丝的溶液黏度至关重要，且溶液的黏度、聚合物浓度和分子量之间存在密切的相互关系。

研究表明，如果在聚苯乙烯、聚环氧乙烷、聚乳酸等溶剂中使用，纠缠数高于 3.5，可以制造出光滑的纳米纤维。如果纠缠数约为 $2 < n < 3.5$，则产生的是珠子和纳米纤维的混合物，而对于 $n < 2$，则不产生纤维[27-29]。通过调节溶剂混合物的质量比，可以优化纳米结构的形成。使用表面活性剂时，静电纺丝纳米纤维膜中可能会引入杂质。表面活性剂不仅降低了表面张力，还通过添加额外的带电载体（如阴离子表面活性剂，例如十二烷基硫酸钠[30, 31]），提

高了纳米纤维的生产效率。此外,聚合物和溶剂类型对溶液的电导率有显著影响。在低电荷强度的电场下,聚合物溶液中的表面张力会升高,导致质量较差的纳米纤维。此外,加入离子盐将有助于产生均匀的纤维直径分布。通过添加有机酸作为溶剂,可以提高溶液的电导率。溶剂的挥发性也会影响静电纺丝过程。使用挥发性非常低的溶剂配制的溶液可能会生成湿润的,甚至极少量的纳米纤维。另一方面,使用高挥发性的溶剂时,聚合物可能会在喷丝头尖端过早凝固,从而导致间歇性纺丝[32, 33]。

**2)工艺参数**

为了通过静电纺丝制造光滑细腻的纤维,工艺参数非常关键。研究人员指出,施加电压的变化会增加流体聚合物流动的静电排斥力,这有利于纤维直径的收紧。然而,在某些情况下,增强的库仑力和更强的射流电场会导致更大的电压拉伸。改进的电场和强效的溶剂蒸发效果能够减小纤维直径。较高的电压(通常在 10~20 kV 之间)可能会形成带磁珠的纤维结构。输出的程度取决于聚合物溶液的浓度以及喷丝头与收集器之间的距离。大多数聚合物溶液在合适的溶剂中静电纺丝时,电压通常介于 7~30 kV 之间[34, 35]。然而,为了生成纳米级纤维,通常需要施加更强的静电场。当聚合物溶液因静电力带电时,进一步的压力会作用于溶液中,而电荷的相互排斥作用则会产生纵向应力。除了施加的应力外,当大气静压施加到聚合物流体上时,正离子和负离子还以相反的方向移动。负离子通常沿正电极的方向迁移。正离子和负离子量之间的差异被视为过电压。可以将盐涂在聚合物溶液上,以便对正在分离的聚合物溶液进行静电纺丝。该解决方案由一个带电射流构建,当施加静电能时,该射流会产生剩余电荷[36]。

进料流速会影响射流的方向和材料的运动速度。相对较低的进料速率更可取,因为溶剂蒸发的时间会更长。每种纺丝方案都有其自身的最佳流速。数据显示,随着聚合物流速的增加,聚苯乙烯(PS)纤维的直径和孔径增长。流速的调节可以稍微改变形态结构。溶解度以及 PS 和溶剂的介电常数的巨大差异导致了珠子串形貌的形成。随着溶剂介电常数和偶极矩的增加,纺制纤维的生产率增加。使用 1500 r/min 的集电极转速,在 15~20 kV 范围内的施加电位下,并且氮气进氮速率尽可能低,则可以从 DMF 溶液中生产出排列良好、均匀的 PS 静电纺丝纤维[37]。静电纺丝过程还可能受系统中使用的收集器影响。在这个过程中,纳米纤维被收集在导电基板上。铝箔通常用作收集器,其他收集器还有导电纸、导电布、旋转辊、金属丝网[38]。较小的表面积会导致在纤维制造上产生珠子。此外,有研究比较了相同电气区域中的铝箔和铝丝收集器,结果显示铝丝收集器在纤维排列方面表现更好。使用丝网使纤维过渡到另一个基质成为可能。通过调节旋转速度和收集器的类型,可以确保纤维的对齐。然而,由于强电射流的弹性弯曲,纳米纤维会任意沉积在收集器上。研究表明,使用旋转鼓或类似于纺车的线轴或金属框架作为收集器,可以更有效地排列纤维,从而提升性能。

**3)环境参数**

环境参数(如湿度和温度)对于聚合物静电纺丝至关重要,具体取决于工艺和溶液参数。Mit-uppatham 等[39]研究了 25~60℃之间的温度对聚酰胺-6 纤维电纺丝的影响。研究发现,温度升高时,纤维产量会随着纤维直径的增加而减少。在较高温度下,纤维直径的减小与聚合物溶液黏度的降低有关,而黏度与温度成反比。在对聚苯乙烯溶液进行纺丝时,也观察到了湿度的差异，研究表明，纤维表面形成了圆形结构。另一方面，在湿度很低的情况下，挥发性溶剂很容易干燥，因为溶剂蒸发得更快。蒸发速度有时与从针端提取的溶剂速度相当。研究人员还认为，高湿度可能会导致电纺纤维放电。除了溶液和加工条件外，气候条件也会影响静电纺丝过程。

## 5.2.2　静电纺丝在木质资源重组上的应用

从纤维制备的角度来看，静电纺丝与纳米纤维素相结合有许多潜在的优势。由于纳米纤维素直径小，溶剂去除相对简单[40]。因此能够快速锁定高聚合物和纳米纤维素的排列，并避免更长的干燥过程。Clemons 等[41]通过静电纺丝制备的海绵状聚合物中，纳米纤维素的含量高达 50%，但在静电纺丝过程中，更少量的纳米纤维素成分更为常见。这是因为，纳米纤维素的添加会显著增加溶液的黏度，使静电纺丝变得更加困难，通常还会导致纤维直径的增加。因此，纳米纤维素更多地作为聚合物基质的增强材料使用。尤其是纤维素纳米晶（CNCs），因其高强度和刚性，被用于增强多种形式的生物复合材料的机械性能，如薄膜、凝胶和泡沫，特别是在增强静电纺丝生物聚合物基纤维时表现出色。例如，Lalia 等[42]使用 CNCs 作为增强剂来增强聚(偏氟乙烯-六氟丙烯)的性能。此外，在聚合物中添加纳米纤维素还会带来一系列的效果，如改善静电纺丝溶液的导电性（因为纳米纤维素可以通过降低未改性 CNCs 硫酸盐基团上负电荷的影响，减小纤维直径）。纳米纤维素的添加还会影响基质行为（如聚合物增强、成核或基质结晶抑制）以及表面结构（如纤维取向、孔隙率）。例如 Wang 等[43]采用控制静电纺丝参数等方法制备了淀粉/纳米纤维素复合纤维毡，研究了纳米纤维素在复合淀粉基体中的分散和分布。通过对复合纤维毡的形貌和机械强度进行分析，了解了纳米纤维素对纤维强度的增强作用。结果显示，纳米纤维素可以显著提高淀粉纤维的拉伸强度。

静电纺丝制备的 2D 纳米纤维膜具有高比表面积和大孔隙率等优良性能，可为多种污染物提供丰富的吸附活性位点。如 Ji 等[44]以聚乙烯醇（PVA）和纳米纤维素为原料，采用静电纺丝法制备了 PVA/纳米纤维素膜。纤维相互重叠形成孔隙结构，随着纳米纤维素含量的增加，PVA/纳米纤维素膜的孔隙率单调增加，当纳米纤维素含量为 8%时，纳米纤维膜的孔隙率增加到 45.94%，比 PVA 高 120%。此外，静电纺丝的工艺参数对纤维素纳米纤维的形态和性能也有重要影响[45, 46]。Ge 等[47]研究了不同纺丝电压对 CNCs/水性聚氨酯（WPU）/聚乙烯醇（PVA）复合纤维膜均匀性的影响。结果表明：通过扫描电镜观察到了不同电压下 CNCs/WPU/PVA 复合纤维的形貌。随着电压的增大，纤维直径逐渐变小。理论上，电压的升高会增强电场强度，增加聚合物液体中的静电荷，静电斥力随之增大，从而导致电场对纤维施加的张力增大，最终使纤维分化成更细的细丝。当 CNCs 含量为 1%时，得到的复合纤维膜形貌最为规则，可纺性最佳，孔隙率达到 62.61%。

PVA 是一种半结晶的水溶性多羟基聚合物，因其良好的成膜性、亲水性、生物相容性和可生物降解性而广泛用于纺织、造纸和医疗保健领域。为了扩大 PVA 在高强度材料领域的应用，PVA 在复合材料中常被用作聚合物基体，纳米纤维素被用作增强剂。纳米纤维素具有极性羟基，可以与多糖形成氢键。通过在 PVA 与纳米纤维素的羟基之间形成分子间或分子内氢键，可以达到增强 PVA 复合材料性能的目的。例如 Zhang 等[48]通过静电纺丝制备了一种可水洗的 PVA/CNCs 纳米纤维空气过滤器，用于去除颗粒物。研究发现，在不添加任何交联剂的情况下，通过简单的热处理可以提高空气过滤器的耐水性。Sanders 等[49]通过静电纺丝制备了 PVA/CNCs 纳米纤维，提高了纳米纤维膜的结晶度，从而提高了其稳定性和熔融温度。然而，前人并未研究 PVA 和纳米纤维素之间的氢键相互作用对复合材料各种性能的影响。因此，Sutka 等[50]以 PVA 和纳米纤维素为原料，采用静电纺丝法制备了纳米纤维膜，对不同纳米纤维素含量的 PVA/纳米纤维素膜的氢键、结晶性质和微观形貌进行了表征，评估了纳米纤维膜的力学性能、液体吸收性和细胞毒性。结果表明，当纳米纤维素质量分数为 6% 时，PVA/纳米纤维素膜的游离羟基最大值为 9%。随着纳米纤维素含量的增加，PVA/纳米纤维素膜的结晶度和纳米纤维的平均直径先减小后增大。在纳米纤维素含量为 6% 时，最小值分别为 38.23% 和 272.03 nm。此时，接触角最小。在纳米纤维素含量为 2% 时，PVA/纳米纤维素膜的最大强度比 PVA 膜高 75.8%。随着纳米纤维素含量的增加，PVA/纳米纤维素膜对水、PBS 缓释悬浮液和人工血液的吸附增强。此外细胞毒性试验表明，PVA/纳米纤维素膜无毒，具有良好的细胞相容性，有望在医用敷料领域得到应用。

## 5.3　湿法纺丝重组技术

### 5.3.1　湿法纺丝基本原理

纺丝是一种用于制造直径从几百纳米到几微米纤维的技术。这些超细纤维或纳米纤维在高性能纺织品、空气过滤等领域具有巨大潜力[51]。几个世纪以来，纤维素溶液一直通过黏胶工艺进行纺纱，以生产再生纤维素纤维。除此之外，诸如 NMMO 法、NaOH/尿素法和离子液体法等溶剂型纤维素纺丝工艺也在积极研究中，并在大规模工业应用中展现出许多吸引人的特性和巨大的潜力。尽管有这些理想的特性，但溶剂型纺丝工艺有两个主要缺点：一是溶剂使用量大，可能导致溶剂成本高，产生广泛的污染；二是再生纤维素纤维的弹性模量远低于天然纤维素纤维，这是由于纤维素在溶解和再生过程中的变化引起分子间氢键的断裂。纳米纤维素的纺丝性受许多因素的影响，例如一致性、长径比、流动行为、流变性和表面电荷[52]。

湿法纺丝技术的基本原理是基于溶液的凝固或沉淀过程。具体来说，聚合物首先被溶解在适当的溶剂中，形成均匀的聚合物溶液。然后，溶液通过喷丝头（纺丝口）以一定的速度被挤入到一种与溶剂不相容的液体介质中，这种液体介质称为凝固浴。聚合物溶液进入凝固浴后，由于溶剂与凝固浴液体的相互作用，溶液中的聚合物分子发生沉淀或凝固，从而形成连续的纤维。凝固浴通常包含一种或多种与溶剂具有强相互作用但不溶解聚合物的液体，如水或有机溶剂。通过调节凝固浴的温度、组成和流动条件，可以控制纤维的凝固速度、内部结构和表面形态，从而影响最终纤维的机械性能和物理特性。湿法纺丝的工艺流程可以分为以下几个主要步骤：

（1）聚合物溶液制备：首先，选择适合的聚合物和溶剂，并将聚合物溶解在溶剂中，形成均匀的高浓度聚合物溶液。这一步骤的关键在于控制溶液的黏度和均匀性，以确保后续纺丝过程中能够稳定成形。

（2）纺丝：将制备好的聚合物溶液注入纺丝装置，通过多孔喷丝头以一定的压力和速度将溶液挤出，形成纤维原型。喷丝头的孔径、形状和排列方式将直接影响纤维的直径和形态。

（3）凝固：挤出的聚合物溶液进入凝固浴后，开始发生凝固或沉淀反应。此时，溶剂逐渐扩散到凝固浴中，而凝固浴中的液体渗入纤维原型内部，从而促进聚合物链的缠结或结晶，最终形成固态纤维。凝固过程的速度和条件对纤维的内部结构（如取向度、结晶度）有重要影响。

（4）拉伸：在凝固过程中或凝固完成后，纤维通常需要经过一定的拉伸处理。这是为了进一步排列聚合物链，提高纤维的取向度和结晶度，从而增强纤维的机械强度和弹性模量。拉伸的程度和速度需要精确控制，以避免纤维断裂或结构缺陷。

（5）洗涤和干燥：纤维在凝固后通常会保留一定量的残余溶剂或凝固浴液体，因此需要经过洗涤步骤将其去除。洗涤后的纤维通过加热或自然干燥的方式脱去水分或残余液体，形成最终的干燥纤维。

（6）卷绕和后处理：干燥后的纤维被卷绕成纱线或纤维束，准备进行后续加工，如热处理、表面改性或染色等。后处理步骤可以进一步改善纤维的物理和化学性能，满足不同应用领域的需求。

## 5.3.2　湿法纺丝技术在木质资源重组上的应用

在湿法纺丝过程中，纳米纤维素在剪切诱导和湿拉伸诱导的取向导致高成型性和理想的物理性能，如图 5-5 所示[53]。在没有纤维素溶解和再生的情况下，纳米纤维素纺丝提供了一种制备具有改善物理性能的可再生长丝的方法。湿纺纤维的拉伸强度和杨氏模量随着纺丝速度的增加而增大。在 100 m/min 纺丝速率下，CNFs 纺丝纤维的杨氏模量为 23.6 GPa，拉伸强度为 321 MPa，断裂伸长率为 2.2%。因此建立了一种精确控制的湿拉伸过程，以诱导 CNFs 的高度取向。例如，Walther 等[54]采用了类似的过程，包括通过注射器进行简单的湿挤出、凝固和室温干燥。获得的宏纤维表现出良好的物理性能，如具有 22.5 GPa 的刚度、275 MPa 的强度和 7.9 MJ/m³ 的断裂韧性，并且弹性模量和拉伸伸长率之间呈近线性关系。湿纺纤维的机械强度在有水的情况下会急剧下降。此外通过简单的湿法纺丝，可以获得具有各种功能的高质量纤维。例如，Lundahl 等[55]通过连续同轴湿纺丝制备了具有高水吸附能力的 CNFs 长丝。Nechyporchuk 等[56]还利用湿法纺丝重组技术，以带有阴离子的 CNFs 为核心，具有阳离子的二氧化硅纳米颗粒为壳，开发了一种具有高强度的连续阻燃纤维素纤维。

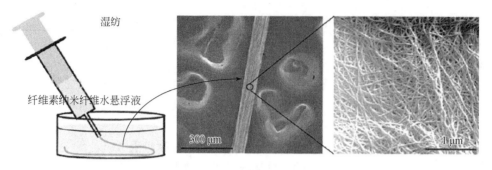
湿纺

纤维素纳米纤维水悬浮液

300 μm

1 μm

图 5-5 天然纤维素纳米纤维的湿纺重组过程[53]

# 5.4 冰模板法重组技术

## 5.4.1 冰模板法基本原理

冰模板法又称取向冷冻法。冰模板法过程的基本原理如下：首先，将前驱体进行冷冻制备，然后对其进行可控冷冻成型，最后在减压条件下将溶剂升华[57-60]。由于该过程本质上与材料无关，因此第二阶段可以是任何类型的材料，从陶瓷到聚合物或者碳材料等，它们可溶于溶剂或可以形成稳定的分散体并从溶剂的生长晶体中排出。在非常低的温度和真空下通过冰升华消除固化的溶剂，只留下模板化的多孔材料，其中的孔隙是固化溶剂结构的复制品。

通过冰模板法重组技术可以获得纳米纤维素基轻质多孔材料。在冰模板法重组过程中，通过将悬浮液冻结到冰点来冻结孔内的溶剂，然后在真空下将压力降低到升华压力以下。在冷冻干燥过程中，没有液-气界面，孔内的溶剂直接升华，而表面张力的影响很小。以这种方式获得的轻质多孔材料除了气凝胶外，有时也称为晶胶。初始冻结阶段可以通过改变冻结温度来控制冰晶的生长，从而调节多孔结构。随后的真空升华能够在很大程度上减小毛细管力，防止内部多孔网络结构坍塌。但值得注意的是，冷冻干燥存在成本高、处理时间长。并且如果溶剂是醇，则达到冷冻温度存在一定困难。在冷冻干燥过程中，纳米纤维素基多孔材料的结构和性能在很大程度上取决于特定条件，如冷冻温度、溶剂类型、冻结方式和纳米纤维素的性质。大多数通过冷冻干燥法制备的纳米纤维素多孔材料表现出无序的孔隙结构，无法实现定向质量、热量或电子传递[61]。冰模板重组是一种特殊的技术，通过精确控制冷冻过程，可以产生各向异性结构和理想的孔隙排列。其原理是通过控制应用于溶液的温度梯度来控制溶剂晶体生长的方向。溶剂晶体沿一个方向生长，从低温端到高温端。冷冻干燥后，冰晶的升华留下定向多孔结构，最终的孔隙直接复制溶剂晶体的结构，如图 5-6 所示。值得注意的是，定向冷冻提供了轴向有序和规则的孔隙通道，可以实现高效的流体输送能力，同时增强各向异性的力学性能[62]。除了在轴向（沿冻结方向）提高机械强度外，该工艺还在径向（垂直于冻结方向）赋予了快速的形状恢复。当在径向压缩时，由于存在许多相互连接的孔隙，气凝胶可以通过弯曲甚至折叠来储存较大的压缩应变。

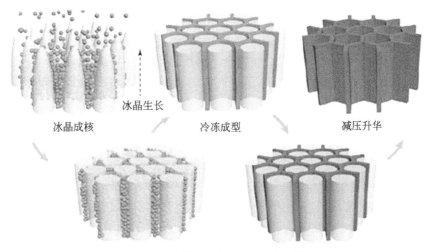

图 5-6　冰模板重组步骤示意图[60]

## 5.4.2　冰模板法在木质资源重组上的应用

　　冷冻干燥是用于制备干燥的纳米纤维素颗粒或气凝胶的最广泛的方法。冷冻干燥过程可分为两个主要步骤，即冻结（纳米纤维素悬浮液凝固）和干燥（水分子升华），如图 5-7 所示。在悬浮液凝固后，分散的纳米纤维素从生长的冰晶中被排斥出来。纳米纤维素组装成层状结构或定向超细纤维[63]。这个冷冻步骤对最终产品的特性起着决定性的作用。纳米纤维素的最终多孔结构是随着冰晶的升华而形成的。通过冷冻干燥获得的纳米纤维素泡沫的体积收缩率可以限制在 40%～50%[64]。

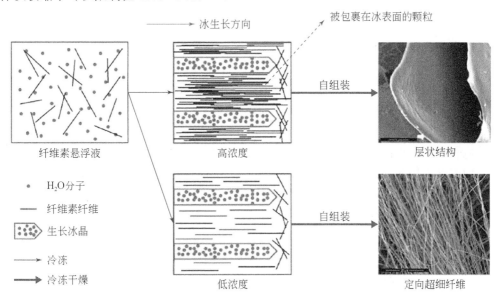

图 5-7　纳米纤维素在冰模板重组过程中的自组装机理示意图

冷冻速率和冷冻方向可用于调节纳米纤维素气凝胶的微观结构。在冷冻阶段，通过在整个 CNFs 悬浮液中施加均匀的温度梯度，可以获得较小且均匀分布的孔隙结构，而通过单轴温度梯度则可以实现定向孔道结构。那些具有各向异性的优先取向的纳米纤维素泡沫在隔热材料中具有巨大的潜力。通过在纳米纤维素悬浮液中用叔丁醇部分置换水，可以在一定程度上缓解结构坍塌和体积收缩，从而产生高孔隙率泡沫和具有高比表面积的气凝胶。Chen 等[65]报道了一种高孔隙率（99.5%）、低密度（7 mg/cm³）的 3D CNFs 气凝胶。3D CNFs 气凝胶定向孔隙结构通过定向冰模板重组技术获得。CNFs 气凝胶的孔隙结构在横向上呈蜂窝状结构，在纵向上呈规则的定向通道。这种定向结构不仅增强了气凝胶的力学性能，而且使气凝胶表现出优异的定向输送液体的能力。由于定向结构的存在，液体在纵向的输送速度比在垂直方向上的输运速度要快多。定向冷冻干燥与化学交联相结合，生产出具有蜂窝状孔隙排列和定向弹性。化学交联和定向冷冻都有助于提高气凝胶的可压缩性和形状恢复能力。由于在水转移过程中分层的大孔道对齐，各向异性气凝胶能够容纳更多的水。此外，各向异性或对齐的互连结构还带来了优异的电气性能，尤其是在碳化后表现出较低的电阻率。

在单向冻结的基础上，发展了双向冻结方法，以进一步调节多孔材料的孔隙结构。采用双向梯度冷冻干燥，随机冷冻得到的 CNFs 泡沫在各个方向上都表现出无序结构，而通过单向梯度冷冻得到的 CNFs 泡沫在 XZ 和 YZ 方向上都表现出各向异性结构。与单向冻结不同，通过双向梯度冻结的 CNFs 泡沫在所有 XY、XZ 和 YZ 方向上都表现出良好的对齐蜂窝状结构，从而具有出色的弹性。Mi 等[66]利用双向冷冻制备了高可压缩、弹性和各向异性的 CNFs/石墨烯气凝胶。在干燥过程中，冰晶主要沿 Y 和 Z 方向生长，从而在 Y 和 Z 方向上产生层状结构，在 X 方向上形成类似固体的分层结构。刚性石墨烯的协同效应和独特的定向孔结构赋予了气凝胶优异的压缩和恢复性能。

# 5.5　静电吸附重组技术

## 5.5.1　静电吸附基本原理

静电吸附技术在纳米纤维素复合材料的制备和功能化中发挥了重要作用。通过静电吸附，可以将不同的功能性纳米颗粒、聚合物或生物分子均匀地分散在纳米纤维素基体中，形成具有特定功能的复合材料。

静电吸附的核心在于电荷之间的相互作用。正电荷与负电荷之间存在吸引力，而同种电荷之间则存在排斥力。这种电荷之间的静电力可以有效地操控带电分子、离子或颗粒的行为。在材料制备和应用过程中，利用静电力来诱导不同成分的吸附、分离或组装，可以精确调控材料的微观结构和宏观性能。静电吸附技术通常涉及以下几个基本过程：

（1）电荷产生：在静电吸附过程中，材料表面首先需要带上电荷。电荷的产生可以通过多种方式实现，如化学修饰、物理吸附、离子交换或电晕放电等。表面带电材料可以是正电荷、负电荷，或两者的组合。

（2）吸附：一旦材料表面带上电荷，它便能吸附带相反电荷的分子、离子或纳米颗粒。这一过程受材料表面的电荷密度、电场强度、吸附对象的电荷量及溶液的介电常数等因素的影响。静电吸附具有高效、可逆的特点，适合动态控制和重复使用。

（3）重组：在吸附之后，通过改变环境条件（如 pH、离子强度、外加电场等）或引入新的吸附剂，可以实现吸附物的脱附、重新排列或复合组装。这一过程可以用于构建多层结构、复合材料或功能化界面，实现材料的重组与功能化。

### 5.5.2　静电吸附技术在木质资源重组上的应用

静电相互作用是纳米纤维素形成物理凝胶的另一种方法[67]。据报道，与氢键不同，静电相互作用可以提高纳米纤维素基多孔材料的强度[68]。Zhang 等[69]通过直接冷冻干燥得到了 CNCs/CNFs 气凝胶，发现 CNFs 和 CNCs 的不同混合比例通过静电相互作用显著影响了多孔结构和机械强度。当 CNFs 和 CNCs 的混合比为 3∶1 时，气凝胶呈现出丰富的孔隙结构，CNCs/CNFs 复合气凝胶的密度为 143 mg/cm$^3$，抗压强度高达 0.202 MPa，并且具有 80%的高抗压应变。Li 等[70]通过静电相互作用制备了一种基于羧化 CNFs 和聚乙烯亚胺（PEI）的杂化气凝胶。由于 CNFs 具有溶胀能力，以及阴离子带电的 CNFs 与阳离子带电的 PEI 之间具有较强的静电相互作用，所得气凝胶具有较高的湿强度、优异的吸水能力和良好的形状恢复性。Zhang 等[71]通过 CNFs 与部分脱乙酰几丁质纳米纤维之间的静电相互作用，制备了一种具有良好水稳定性的复合气凝胶。复合气凝胶具有层次形孔隙结构，其中大孔隙具有较快的分子扩散和传质能力，而介孔隙则具有更活跃的吸附位点。

作为一种特殊类型的静电相互作用，离子交联通常是通过添加二价金属离子进行的。聚合物或纳米纤维素上的羧基能够在二价阳离子存在下通过离子相互作用进行交联。Lin 等[72]通过 Ca$^{2+}$和 TEMPO 氧化纤维素纳米晶（TOCNCs）羧基之间的交联，制备了 TEMPO 氧化纤维素纳米晶和海藻酸钠（SA）的复合海绵，其中刚性 TOCNCs 在框架的构建和机械强度的增强中起到了关键作用。复合海绵表现出优异的吸水能力（>1300%），并且结果显示，交联的 TOCNCs/SA 气凝胶具有优异的抗溶胀变形性能，可以承受高达 80%的压缩应变。此外，基于 CNCs 的 Pickering 乳液已成功用于制备具有可控孔径的泡沫材料。具体来说，Tasset 等[73]利用 CNCs 稳定的水包油（O/W）环己烷乳液，通过静电作用与部分氨基化的壳聚糖（CS）进行连接，然后对其进行冷冻干燥，最终得到泡沫材料。由于 CNCs 之间强烈的氢键作用和静电相互作用，这种泡沫材料在冷冻干燥过程中能够保持其结构内部孔隙没有出现收缩或变形。进一步的研究发现，CNCs 浓度的变化对泡沫的形成和稳定性有显著影响。当 CNCs 浓度较低时，乳液中形成的液滴直径较小，但这也导致泡沫的稳定性降低。

## 5.6　溶剂蒸发重组技术

### 5.6.1　溶剂蒸发基本原理

溶剂蒸发技术是一种通过控制溶剂的蒸发过程，促使溶质重新组织形成特定结构或功能材料的技术。该技术广泛应用于材料科学、生物医学工程、药物制备、纳米材料合成等领域[74-76]。

溶剂蒸发技术的基本原理涉及溶质分子在溶剂蒸发过程中如何相互作用并形成特定的结构。这个过程通常包括以下几个关键步骤：首先，将待重组的物质（如聚合物、纳米颗粒、药物分子等）溶解或均匀分散在溶剂中。选择合适的溶剂至关重要，因为溶剂不仅要能够有效溶解或分散目标物质，还需要具有适宜的蒸发速率和挥发性。随着溶剂的逐步蒸发，溶液中的溶质浓度逐渐增加。这一过程中，溶质分子开始相互作用，形成初步的结构单元或聚集体。通过调节蒸发速率和温度，可以控制溶质的重组路径和最终结构。例如，缓慢蒸发通常有助于形成更加有序的结构，而快速蒸发可能导致无序聚集。溶剂蒸发到一定程度时，溶质分子或颗粒将趋于自组装或重组，形成特定的纳米结构、微观结构或宏观形态。这些结构可以是晶体、胶束、层状结构、纤维状结构或三维网络等。重组过程受到溶质分子间的范德瓦耳斯力、氢键、静电相互作用等多种力的共同调控。最后，溶剂完全蒸发后，所形成的结构将被固定下来，形成稳定的材料。这些材料通常表现出良好的机械强度、稳定性和功能性。

## 5.6.2 溶剂蒸发技术在木质资源重组上的应用

溶剂蒸发技术是从湿纳米纤维素垫获得干燥的纳米纤维素膜或复合材料的最常用的干燥方法之一。影响空气或烘箱干燥中溶剂蒸发（通常是水）的因素有很多，例如温度、湿度和空气流动。溶剂蒸发干燥可分为三个阶段：①在恒定干燥速率阶段，纳米纤维素彼此靠近，体积减小；②当纳米纤维素的迁移速率受到限制时，干燥速率下降，溶剂蒸发主要发生在纳米纤维素的表面；③当内部的水分转移速率比外表面的转移速度慢时，干燥速率第二次减慢[77]。

随机分散的纳米纤维素向三维分层结构的转变经历了几个阶段。以 CNCs 为例，CNCs 最初是由于阴离子羧基的静电斥力，在低浓度下形成各向同性悬浮液。随着蒸发的进行，开始出现有序的手性向列相，并以完整的手性向列相结束。有研究认为 CNCs 的化学基团具有螺旋状扭转，有利于形成角度填充，从而导致手性向列相的扭曲排列。手性向列相的进一步干燥导致螺距降低，CNCs 悬浊液开始形成凝胶，随着更多的水蒸发，3D 层次结构即可获得[78]。在干燥过程中，纳米纤维素之间的相互作用随着水分的蒸发而增加。由于水的性质，在干燥过程中会显示出较高的表面张力（毛细力），这将纳米纤维素聚焦在一起，导致多孔结构崩溃和收缩。随着干燥的进行，纳米纤维素不再自由移动，并且由于分子间的氢键而倾向于形成团块。干燥后的纳米纤维素可以呈现出多种形态、尺寸和性能。然而，不可逆的角化以及表面可及性和反应性的丧失会影响干燥纤维素的质量。

一种替代传统水基纳米纤维素干燥的方法是基于叔丁醇干燥。在 25℃时，叔丁醇的表面张力相对较低，而水的表面张力较高。用叔丁醇代替水可以降低干燥过程中的表面张力和毛细作用，从而减少多孔结构的崩塌和收缩[79]。理想的干燥技术应保持其纳米级尺寸，并以较少的能耗提供易于分散的纳米纤维素。如图 5-8 所示，Uetani 等[80]通过研究观察溶剂蒸发干燥过程中的双折射，揭示了纤维素纳米纤丝的自组装排列，获得了手性向列状纤维素纳米纤丝薄膜。据报道，纳米纤维素溶液质量分数为 0.5%～0.6%时，在悬浮液表面首先形成层状结构。随着干燥的进行，表层的 CNFs 开始排列形成手性向列结构，此时质量分数约为 1.3%。Liu 等[81]利用小角 X 射线散射（SAXS）研究了蒸发诱导的含有反离子（$H^+$ 和 $Li^+$）的自组装磺化纤维素纳米晶体的结构演变。研究发现，蒸发诱导的 CNCs 在大型悬浮液滴中的组装与块状体系相当。在颗粒浓度非常高的情况下，CNCs 组装的纳米级结构有助于通过蒸发方法制造纳米纤维素材料。

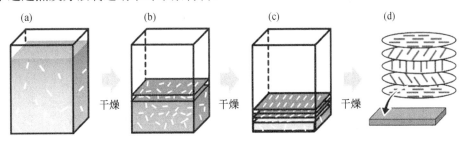

图 5-8　纳米纤维素在溶剂蒸发过程中的自组装排列示意图

　　除此之外，溶剂蒸发技术还可以应用于纳米纤维素气凝胶的制备。冷冻干燥和超临界干燥都是去除凝胶中液相的有效方法，同时保持高度多孔的固体结构[82-84]。然而，这两种方法通常需要复杂的设备和恶劣的条件，这限制了其在大规模生产中的应用。作为一种传统的干燥方法，蒸发干燥通常在大气压或低真空下和很宽的温度范围内进行，从而能够以节能和经济的方式可扩展地制造轻质多孔材料（通常称为干凝胶）。由于蒸发干燥是一个从液体到气体的过程，因此很难避免由于毛细管力而导致的孔隙结构的收缩和塌陷。因此，通常采用低极性或非极性溶剂（如己烷和戊烷等）在湿凝胶中交换溶剂（尤其是水），以降低干燥过程中的界面张力，从而改善多孔结构。近年来，溶剂蒸发法被用于纳米纤维素干凝胶的制备，干凝胶类似于"气凝胶"和"泡沫"，具有高孔隙率和低密度，但比表面积往往在一定程度上受到限制。Yamasaki 等[85]深入研究了通过不同溶剂交换获得的 CNFs 干凝胶的结构，包括乙醇、丙酮、己烷和戊烷。当以水为溶剂时，在 23℃环境压力下干燥后，得到透明致密、无明显孔隙结构的薄膜。在与乙醇和丙酮交换后，溶剂与 CNFs 之间仍存在较强的相互作用，导致溶剂蒸发过程中 CNFs 紧密组装。相比之下，与己烷和戊烷交换后得到的干凝胶在光学上是不透明的，并且很好地保留了原来的尺寸，表明在干燥过程中收缩得到了很大的抑制。这些干凝胶孔隙率和比表面积分别达到了 71%～76%和 340～411 $m^2/g$，与通过冷冻和超临界干燥获得的纤维素多孔结构相当[86]。多步骤溶剂交换更有利于提高孔隙率和比表面积。据报道，当 CNFs 水分散体首先交换为丙醇，然后交换为辛烷时，即使在环境压力下 50℃的烘箱中干燥后，干凝胶的收缩仍会大大限制。通过上述步骤获得的薄膜状干凝胶最高比表面积达到了 200 $m^2/g$。此外，纳米纤维素气凝胶具有高孔隙率（>98%）、低密度（低至 0.018 $g/cm^3$）以及 3D 开孔的多孔结构，这些特性也可以通过溶剂蒸发重组技术制备得到。Li 等[87]首先将预制的 CNFs 水凝胶在乙醇/干冰浴（-72℃）中冷冻，然后浸入 2-丙醇浴（-20℃）中进行溶剂交换。在 70℃常压下干燥后，所得气凝胶保持整体形状，无明显收缩，而直接从酒精凝胶中干燥的气凝胶表现出明显的收缩和结构崩溃。低温下结构较好可归因于冰晶在冻结过程中的生长将纳米纤丝推到冰晶的边界上，导致纳米纤丝的聚集和网络结构的增强。Cervin 等[88]通过溶液蒸发技术制备了一种低密度（~20 mg/cm³）和高弹性模量（~1.1 MPa）的 CNFs 基泡沫。在溶剂蒸发过程中，收缩主要发生在垂直方向而不是径向。所制备的泡沫具有各向异性特性，垂直于轴线的方向表现出比垂直方向更高的弹性模量。γ-甲基丙烯酰氧基丙基三甲氧基硅烷（GPTMS）是一种常见的交联剂，具有反应性环氧化物基团，可以水解生成硅羟基。结合蒸发干燥，CNFs 和支链聚乙烯亚胺（b-PEI）与 GPTMS 化学交联，制备出具有优良力学性能的气凝胶[89]。即使在 5 个压缩测试周期后，气凝胶的高度仍保持在其原始高度的 91%以上。Carlsson 等[90]通过蒸发干燥结合聚合交联法制备了 CNFs/PPy 复合气凝胶。在凝胶化过程中，使用三氯化铁作为氧化剂将吡咯聚合并与 CNFs 进行化学交联。在蒸发干燥过程中，纤维聚集形成致密而坚硬的材料，纤维之间的开口体积非常小。复合气凝胶结构致密坚硬，纤维间开孔体积有限，孔隙率约为 30%~35%，比表面积<1 m²/g。并且由于 PPy 参与了化学交联，气凝胶表现出高密度结构和优异的力学性能。此外，由于导电聚合物 PPy 的负载，气凝胶的导电性得到了显著提高。

## 5.7　真空抽滤重组技术

### 5.7.1　真空抽滤基本原理

真空抽滤技术是一种常用于工业生产和实验室操作中的固液分离技术。它通过在真空条件下加速液体通过过滤介质的过程，实现固体和液体的分离，并重组固体材料。真空过滤技术的核心在于利用真空泵在过滤系统内产生负压，迫使液体通过过滤介质（如滤纸、滤布或多孔材料），从而将固体颗粒截留在介质表面或内部。通过不断地移除液体，剩余的固体物质最终被重组为较干燥的滤饼形式。真空抽滤技术被用于从溶液中分离出晶体或沉淀物，特别是在需要快速分离和干燥的工艺中。另外在实验室中常用该技术来分离和纯化化学反应的产物。

### 5.7.2　真空抽滤技术在木质资源重组上的应用

在木材资源重组过程中，通常使用真空过滤技术制备 2D 纤维素薄膜/纸材料。真空过滤方法首先在给定的介质（通常是水）中稀释纳米纤维素悬浮液，然后将其倒入压力或真空过滤装置中。随着过滤的进行，大部分自由水被除去，纳米纤维素悬浮液在底部过滤器中形成致密的保压层。纳米纤维素浓度的增加诱导纳米纤维素聚集形成湿纳米纸。利用过滤器两侧的压差，纳米纤维素可以一层一层地紧密聚集在过滤器的上表面，形成湿的纤维素垫。然后将湿的纤维素垫从过滤器上剥离并干燥，得到平整无皱的纤维素膜，也称为纤维素纸[91-93]。真空/低压过滤技术往往需要更低的纤维素浓度，比传统的蒸发诱导自组装或溶液铸造方法消耗更少的时间。Sehaqui 等[94]开发了一种快速制备纤维素纳米纸的方法，其制备过程包括真空过滤、湿纸网转移和真空干燥。整个过程使纤维素纳米纸的制备效率大大提高，可在 1 h 内完成纤维素纳米纸的制备。由于纳米尺寸需求，用于制备纤维素纳米纸的过滤器的尺寸是至关重要的。传统丝网的孔径远大于纳米纤维素的孔径，导致纳米纤维素的保留率较低[95]。虽然使用孔径在 0.1～0.65 μm 或更小的过滤器可以大大减少纳米纤维素的损失，但制备过程耗时，这大大降低了大规模生产的可行性[96]。Wetterling 等[97]开发了一种电辅助过滤方法，以促进纤维素材料脱水。结果表明，离子强度对电辅助过滤过程有重要影响，电辅助过滤提高了所研究纤维素材料的脱水效率。此外，真空/加压过滤常用于制备 CNCs 薄膜。通过蒸发诱导自组装得到的薄膜具有多畴结构，导致力学性能不均匀且易开裂。Chen 等[98]通过真空/加压过滤制备了取向高、结构均匀的 CNCs 虹彩膜，研究发现 CNCs 薄膜的彩虹色可以通过超声时间、悬浮液体积和真空度来调节。由于 CNCs 固有的刚性，CNCs 自组装形成的虹彩膜仍然具有机械脆性。Nan 等[99]通过简单的碱处理可以显著提高真空过滤 CNCs 虹彩膜的韧性和热稳定性。如图 5-9（a）所示，碱处理可以改变 CNCs 在液晶状态下的凝聚态物理结构和表面化学结构，而自组装的 CNCs 胆甾相仍然被很好地保存。与未经处理的试样相比，CNCs 虹彩膜的抗拉强度和韧性分别提高了 285% 和 250%［图 5-9（b）］。同时，由于碱处理去除了 CNCs 的硫酸盐基团，CNCs 虹彩膜的初始降解温度从 142℃显著提高到了 263℃［图 5-9（c）］。

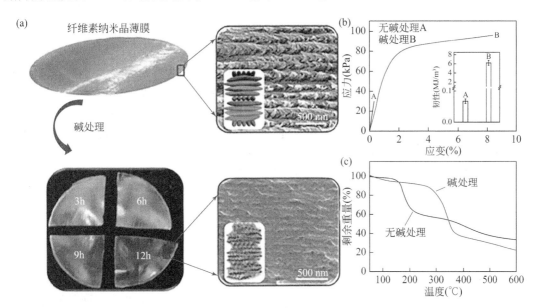

图 5-9　（a）扫描电镜横截面图像显示，虹彩膜的胆甾液晶相得以很好地保存；碱处理增强了真空过滤虹彩膜的韧性（b）和热稳定性（c）

## 5.8　3D 打印重组技术

### 5.8.1　3D 打印基本原理

3D 打印技术，又称增材制造技术，是通过逐层堆积材料来创建三维物体的一种制造方法[100, 101]。这种技术突破了传统的减材制造方式，能够实现高度复杂的几何结构和精确的定制化生产。3D 打印技术通常分为四类：①基于挤出的方法，如熔融沉积建模（FDM）和直接墨水写入（DIW）；②基于颗粒融合的方法，如选择性激光烧结（SLS）；③立体光刻（SLA）；④喷墨打印[102]。3D 打印技术已经广泛应用于制造业、医疗、航空航天等领域，并且随着材料科学的发展，越来越多的新型材料也被纳入 3D 打印的范畴。最近已有研究证明通过 3D 打印技术可以制成复杂的三维功能活组织，这为 3D 打印技术在组织工程和再生医学中的应用提供了可能。然而，要开发出具有兼容性和可打印性的生物墨水，还需要做更多的工作。纳米纤维素既可作为打印功能的基底，也可作为 3D 打印的生物墨水成分。因此，纳米纤维素的 3D 打印为制造具有多种特性的可持续结构提供了一种极具吸引力的方法。

## 5.8.2 3D 打印技术在木质资源重组上的应用

### 5.8.2.1 CNFs 在 3D 打印重组上的应用

由于 CNFs 高度的柔韧性以及丰富的羟基，其很容易形成水凝胶。CNFs 水凝胶具有剪切稀化性能和足够的稳定剪切黏度，可以满足 3D 打印挤出性和形状保真度要求。Rees 等[103]比较了两种用作生物墨水的 CNFs，其中一种是通过 TEMPO 介导氧化制备的（称为 TEMPO CNFs），而另一种是通过羧甲基化和高碘酸盐氧化组合制备的（称为 C-Periodate CNFs）。纳米纤维较短的 C-Periodate CNFs 比 TEMPO CNFs 具有更低的黏度，并且还表现出更明显的剪切稀化行为。C-Periodate CNFs 形成了具有明确轨迹的固体结构，而 TEMPO CNFs 结构则倾向于坍塌。增加 CNFs 的浓度也可能导致打印问题，因为流变性能会发生变化。在未来的工作中，可以使用助溶剂来解决这个问题。Lille 等[104]研究了 CNFs 基材料的可印刷性，包括挤出的易用性和均匀性，以及印刷图案的高印刷分辨率和稳定性。他们发现，当含有高 CNFs 浓度（>0.8%）时，会出现堵塞问题，这可能是由于纤维化后残留在 CNFs 中的一些较大的纤维颗粒，当被迫通过注射器的小尖端时，剪切诱导的材料絮凝。有趣的是，由 0.8% CNFs 和 50%半脱脂奶粉（SSMP）组成的糊状物可使打印样品具有出色的形状保持性。

3D 打印水凝胶已广泛用于生物医学研究领域，其中液态有利于细胞培养。3D 打印可用于将 CNFs 水凝胶转化为具有受控结构的 3D 材料[105-107]。与石油基聚合物水凝胶相比，CNFs 水凝胶具有优势，例如生物相容性，据报道，在少数情况下可以支持/促进不同类型细胞的生长。可注射水凝胶与可打印水凝胶之间最显著和最具挑战性的区别是没有几何约束，并且需要快速凝胶化以确保形状保真度。CNFs 的存在被认为可以提高打印结构的形状稳定性，并增强了 3D 打印复合材料的机械性能，因为它具有剪切诱导的取向。从上述研究来看，基于 CNFs 的复合油墨可能是 3D 打印的不错选择。Torres-Rendon 等[108]通过 3D 打印技术制造了基于 CNFs 的空心管。CNFs 通过共价结合的戊二醛或络合 $Ca^{2+}$ 离子进行交联，从而可以定制水凝胶管的机械性能。随后制成的管子具有很高的生物相容性，可以让小鼠成纤维细胞在其内腔中生长成汇合细胞层。汇合的细胞层可通过酶降解从打印的 CNFs

支架中释放出来，形成大尺度的 3D 细胞构建体。

含有 CNFs 的弹性油墨的开发具有一定挑战性，这种油墨不仅需要能够轻松挤出，还必须在离开喷嘴后具备自支撑的特性。Markstedt 等[109] 将 CNFs 与海藻酸盐结合，配制成一种生物墨水，用于带有细胞的活体软组织的 3D 打印。利用 CNFs 优异的剪切稀化性能和海藻酸盐的快速交联能力，有望满足 3D 打印细胞支架的制造要求。CNFs 作为生物墨水的主要成分，能够提高打印物的形状保真度。这可以用 CNFs 分散体的高黏度来解释。与用纯海藻酸盐墨水打印的印刷品相比，用由 CNFs/海藻酸盐混合物组成的生物墨水打印的印刷品具有更高的打印分辨率，具有清晰可见的网格线。这可以用抹刀去除，因为它是由海藻酸盐的离子交联形成的。然而，如图 5-10（a）所示，由纯 CNFs 组成的印刷品容易被机械力破坏，这表明海藻酸盐的交联能力也很重要。类似软骨组织的形状（即耳朵和半月板）也被成功打印出来，如图 5-10（b）所示。由于油墨黏度高，这些印刷品在印刷过程中或印刷后不会塌陷或失去形状。人体软骨细胞经过 1 天和 7 天的 3D 培养后，细胞存活率分别达到 73% 和 86%。所有这些结果都表明，基于 CNFs 的生物墨水适用于活体细胞的三维生物打印，证明了其在制造活体组织和器官方面的潜在用途。

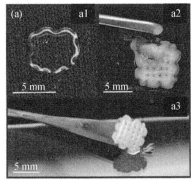 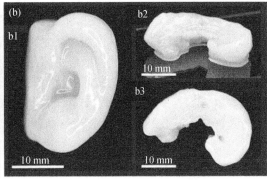

图 5-10　（a）用不同油墨印刷的小网格 [海藻酸盐（a1）、CNFs（a2）、CNFs/海藻酸盐（a3）]；（b）3D 打印的类似于软骨组织形状 [人耳（b1）、侧视图（b2）、俯视图（b3）]

### 5.8.2.2　CNCs 在 3D 打印重组上的应用

由于 CNCs 高结晶度和能够传递来自变形基体的机械应力，其可用于在低负载下增强基体[110]。特别是，基于 CNCs 的墨水在适当的 CNCs 负载（质量分数超过 1%）下表现出剪切稀化行为，使其适用于 3D 打印[111]。一旦组件兼容，CNCs 就可以起到增强剂的作用。Feng 等[112] 研究发现，将不同含量的木质素包覆 CNCs（L-CNCs）掺入甲基丙烯酸酯（MA）树脂中，并将其混合物通过 3D 打印制备纳米复合材料。结果表明，在固化（120℃下热处理）后，仅添加 0.1% 和 0.5% L-CNCs 后，产品的力学性能有所提高，热稳定性也有所提高，这可能是由于 L-CNCs 和 MA 基体之间的相容性和酯化作用。他们还使用 L-CNCs 加固了 3D 打印的丙烯腈-丁二烯-苯乙烯（ABS），研究发现，L-CNCs 的加入提高了最终产品的拉伸模量、储存模量以及热稳定性。Wang 等[113] 发现双(酰基)膦氧化物连接的 CNCs 可以将传统的单官能团单体直接转化为聚合物网络，而无需任何额外的交联剂。Palaganas 等[114]

还报道了 CNCs 的复合使得 3D 打印聚乙二醇二丙烯酸酯（PEGDA）的力学性能显著提高。

对于基于纤维素的 3D 打印材料，迄今为止的研究主要集中在低 CNFs 负载（0.8%～2.5%，质量分数），因为高负载的 CNFs 悬浮液由于固有的纠缠状态，阻碍了其应用[115-117]。然而，高固体含量有助于限制印刷品在风干过程中的收缩。相比之下，在 3D 打印油墨中使用 CNCs 作为增强剂可能比半结晶 CNFs 更具优势，因为在给定的黏度和存储模量下，由于没有物理纠缠，可以实现更高的固体负载量。Siqueira 等[118]采用 CNCs 作为油墨，通过 3D 打印制造纹理蜂窝结构，其中水性 CNCs 墨水的浓度高达 20wt%。与植物细胞壁中的微加固效应一样，CNCs 在 3D 打印过程中的排列导致复合材料在打印方向上的刚度得到提高。在聚合物基体中加入原始和甲基丙烯酸酐改性的 CNCs 后，与纯基体相比，复合材料的弹性模量显著增加。具体而言，当用 20wt%的改性 CNCs 增强基体时，弹性模量增加了 80%。在较软的基体中发现 CNCs 更明显的增强效果。由于 CNCs 本身价格昂贵，高剂量的 CNCs 会增加最终产品的价格，因此，CNCs 和 CNFs 的混合可能提供了一种有前途的方法，可以在质量和成本之间取得平衡。

3D 打印物体的层间附着力是决定物体强度的基本特征。然而，关于纳米纤维素层间融合和层间黏合的研究却很少。纳米纤维素在三维打印后的凝胶化和凝固过程中采用了物理交联、化学交联或它们的组合。在纳米纤维素悬浮液中添加阳离子、非离子多糖或其他交联剂可降低对固体含量的要求，从而调节纳米纤维素的凝胶化。含有透明质酸、胶原蛋白、明胶、琼脂糖、几丁质或海藻酸的纳米纤维素悬浮液作为互穿网络（IPN）水凝胶，可提供具有更好机械性能的三维结构。Klar 等[119]研究评估了高浓度（15wt%～25wt%）酶促纤维素纳米纤丝的 3D 打印工艺的可打印性、形状保真度、结构和机械性能。结果表明，增加水凝胶的固含量并降低干燥速率可保持形状的真实性并减少干燥变形。

<h1 style="text-align:center">参 考 文 献</h1>

[1] Tian M, Xu L, Yang Y. Advanced Electronic Materials, 2022, 8(7): 2101409.

[2] Yin Z, Li Z, Deng Y, et al. Industrial Crops and Products, 2023, 197: 116672.

[3] Ling H, Wang L, Lin Q, et al. Carbohydrate Polymers, 2023, 312: 120794.

[4] Ren Y, Ling Z, Huang C, et al. International Journal of Biological Macromolecules, 2023, 253: 126486.

[5] Zhao X Q, Wahid F, Cui J X, et al. International Journal of Biological Macromolecules, 2021, 185: 890-906.

[6] Yue X, Li Z, Zhang T, et al. Chemical Engineering Journal, 2019, 364: 292-309.

[7] Liyanage S, Acharya S, Parajuli P, et al. Polymers, 2021, 13(19): 3433.

[8] Xie A, Cui J, Chen Y, et al. Surface and Coatings Technology, 2019, 361: 19-26.

[9] Habibi M H, Nasr-Esfahani M, Egerton T A. Journal of Materials Science, 2007, 42: 6027-6035.

[10] Phong D T, Hieu N T N, Hai N D, et al. Materials Today Sustainability, 2024, 25: 100618.

[11] Mao Y, Sheng Y, Gao Y, et al. Carbon, 2024, 228: 119412.

[12] Zhao J, Yuan X, Wu X, et al. Molecules, 2023, 28(8): 3541.

[13] Zhu W, Zhang Y, Wang X, et al. Cellulose, 2022, 29(2): 817-833.

[14] Jiang F, Hu S, Hsieh Y. ACS Applied Nano Materials, 2018, 1(12): 6701-6710.

[15] Gupta P, Sathwane M, Chhajed M, et al. Macromolecular Rapid Communications, 2023, 44(2): 2200628.

［16］ Ruan J Q, Xie K Y, Li Z, et al. Journal of Materials Science, 2023, 58(2): 971-982.

［17］ Maestri C A, Abrami M, Hazan S, et al. Scientific Reports, 2017, 7(1): 11129.

［18］ Keirouz A, Wang Z, Reddy V S, et al. Advanced Materials Technologies, 2023, 8(11): 2201723.

［19］ Ji D, Lin Y, Guo X, et al. Nature Reviews Methods Primers, 2024, 4(1): 1.

［20］ Shang L, Yu Y, Liu Y, et al. ACS Nano, 2019, 13(3): 2749-2772.

［21］ Wang, B, Qiu S, Chen Z, et al. Carbohydrate Polymers, 2023, 299: 120008.

［22］ Ardila N, Medina N, Arkoun M, et al. Cellulose, 2016, 23: 3089-3104.

［23］ Yang W, Yang C, Jing G, et al. AIP Advances, 2024, 14(9).

［24］ Deitzel J M, Kleinmeyer J, Harris D E A, et al. Polymer, 2001, 42(1): 261-272.

［25］ Aussawasathien D, Teerawattananon C, Vongachariya A. Journal of Membrane Science, 2008, 315(1-2): 11-19.

［26］ Shao C, Guan H, Liu Y, et al. Journal of Crystal Growth, 2004, 267(1-2): 380-384.

［27］ Larrondo L, St. John Manley R. Journal of Polymer Science: Polymer Physics Edition, 1981, 19(6): 909-920.

［28］ Ray S S, Chen S S, Hsu H T, et al. Separation and Purification Technology, 2017, 186: 352-365.

［29］ Ray S S, Chen S S, Nguyen N C, et al. Electrospinning: A versatile fabrication technique for nanofibrous membranes for use in desalination//Nanoscale Materials in Water Purification. Elsevier, 2019: 247-273.

［30］ Shenoy S L, Bates W D, Frisch H L, et al. Polymer, 2005, 46(10): 3372-3384.

［31］ Ray S S, Chen S S, Nguyen N C, et al. Desalination, 2017, 414: 18-27.

［32］ Ray S S, Chen S S, Li C W, et al. RSC Advances, 2016, 6(88): 85495-85514.

［33］ Mit-uppatham C, Nithitanakul M, Supaphol P. Macromolecular Chemistry and Physics, 2004, 205(17): 2327-2338.

［34］ Chang F C, Chan K K, Chang C Y. BioResources, 2016, 11(2): 4705-4717.

［35］ Yördem O S, Papila M, Menceloğlu Y Z. Materials & Design, 2008, 29(1): 34-44.

［36］ Reneker D H, Yarin A L, Fong H, et al. Journal of Applied Physics, 2000, 87(9): 4531-4547.

［37］ Wannatong L, Sirivat A, Supaphol P. Polymer International, 2004, 53(11): 1851-1859.

［38］ Wang X, Um I C, Fang D, et al. Polymer, 2005, 46(13): 4853-4867.

［39］ Mit-uppatham C, Nithitanakul M, Supaphol P. Effects of Solution Concentration, Emitting Electrode Polarity, Solvent Type, and Salt Addition on Electrospun Polyamide-6 Fibers: A Preliminary Report// Macromolecular Symposia. Weinheim: WILEY-VCH Verlag, 2004, 216(1): 293-300.

［40］ Dong H, Strawhecker K E, Snyder J F, et al. Carbohydrate Polymers, 2012, 87(4): 2488-2495.

［41］ Clemons C. Journal of Renewable Materials, 2016, 4(5): 327-339.

［42］ Lalia B S, Guillen E, Arafat H A, et al. Desalination, 2014, 332(1): 134-141.

［43］ Wang H, Kong L, Ziegler G R. Food Hydrocolloids, 2019, 90: 90-98.

［44］ Ji X, Guo J, Guan F, et al. Gels, 2021, 7(4): 223.

［45］ Reneker D H, Yarin A L, Fong H, et al. Journal of Applied Physics, 2000, 87(9): 4531-4547.

［46］ Pasaoglu M E, Koyuncu I. Chemosphere, 2021, 269: 128710.

［47］ Ge L, Yin J, Yan D, et al. ACS Omega, 2021, 6(7): 4958-4967.

［48］ Zhang Q, Li Q, Zhang L, et al. Chemical Engineering, 2020, 399: 125768.

［49］ Sanders J E, Han Y, Rushing T S, et al. Nanomaterials, 2019, 9: 805.

［50］ Sutka A, Sutka A, Gaidukov S, et al. Holzforschung 2015, 69: 737-743.

［51］ Clemons C. Journal of Renewable Materials, 2016, 4(5): 327-339.

［52］ Wang Q, Yao Q, Liu J, et al. Cellulose, 2019, 26: 7585-7617.

［53］ Iwamoto S, Isogai A, Iwata T. Biomacromolecules, 2011, 12(3): 831-836.

［54］ Walther A, Timonen J V I, Díez I, et al. Advanced Materials, 2011, 26(23): 2924-2928.

［55］ Lundahl M J, Klar V, Ajdary R, et al. ACS Applied Materials & Interfaces, 2018, 10(32): 27287-27296.

［56］ Nechyporchuk O, Bordes R, Köhnke T. ACS Applied Materials & Interfaces, 2017, 9(44): 39069-39077.

［57］ Wang G, Han J, Meng X, et al. ACS Chemical Neuroscience, 2023, 14(17): 3249-3264.

［58］ Zhao F, Lin L, Zhang J, et al. Advanced Materials Technologies, 2023, 8(11): 2201968.

［59］ Wang Y, Wu Y, Zheng X, et al. Energies, 2023, 16(9): 3865.

［60］ Li D, Bu X, Xu Z, et al. Advanced Materials, 2020, 32(33): 2001222.

［61］ Shi J, Hara Y, Sun C, et al. Nano Letters, 2011, 11(8): 3413-3419.

［62］ Zhang X, Liu M, Wang H, et al. Carbohydrate Polymers, 2019, 208: 232-240.

［63］ Håkansson K M O, Henriksson I C, de la Peña Vázquez C, et al. Advanced Materials Technologies, 2016, 1(7): 1600096.

［64］ Ganesan K, Budtova T, Ratke L, et al. Materials, 2018, 11(11): 2144.

［65］ Chen Y, Zhou L, Chen L, et al. Cellulose, 2019, 26: 6653-6667.

［66］ Mi H Y, Jing X, Politowicz A L, et al. Carbon, 2018, 132: 199-209.

［67］ Salas C, Nypelö T, Rodriguez-Abreu C, et al. Current Opinion in Colloid & Interface Science, 2014, 19(5): 383-396.

［68］ Moud A A. International Journal of Biological Macromolecules, 2022, 222: 1-29.

［69］ Zhang T, Zhang Y, Wang X, et al. Materials Letters, 2018, 229: 103-106.

［70］ Li J, Zuo K, Wu W, et al. Carbohydrate Polymers, 2018, 196: 376-384.

［71］ Zhang X, Elsayed I, Navarathna C, et al. ACS Applied Materials & Interfaces, 2019, 11(50): 46714-46725.

［72］ Lin N, Bruzzese C, Dufresne A. ACS Applied Materials & Interfaces, 2012, 4(9): 4948-4959.

［73］ Tasset S, Cathala B, Bizot H, et al. RSC Advances, 2014, 4(2): 893-898.

［74］ Upadhyay K, Tamrakar R K, Thomas S, et al. Chemico-Biological Interactions, 2023, 380: 110537.

［75］ Kouhjani M, Jaafari M R, Kamali H, et al. Journal of Biomaterials Science, Polymer Edition, 2024, 35(3): 306-329.

［76］ Wang F, Harker A, Edirisinghe M, et al. Small Science, 2023, 3(11): 2300039.

［77］ Peng Y, Gardner D J, Han Y. Cellulose, 2012, 19: 91-102.

［78］ Gray D G. Nanomaterials, 2016, 6(11): 213.

［79］ Han J, Zhou C, Wu Y, et al. Biomacromolecules, 2013, 14(5): 1529-1540.

［80］ Uetani K, Izakura S, Kasuga T, et al. Colloids and Interfaces, 2018, 2(4): 71.

［81］ Liu Y, Agthe M, Salajková M, et al. Nanoscale, 2018, 10(38): 18113-18118.

［82］ Basak S, Singhal R S. Food Hydrocolloids, 2023, 141: 108738.

［83］ Demina T S, Minaev N V, Akopova T A. Polymer Bulletin, 2024: 1-26.

［84］ Abdullah, Zou Y C, Farooq S, et al. Critical Reviews in Food Science and Nutrition, 2023, 63(24): 6687-6709.

［85］ Yamasaki S, Sakuma W, Yasui H, et al. Frontiers in Chemistry, 2019, 7: 316.

［86］ Kobayashi Y, Saito T, Isogai A. Angewandte Chemie International Edition, 2014, 53(39): 10394-10397.

［87］ Li Y, Tanna V A, Zhou Y, et al. ACS Sustainable Chemistry & Engineering, 2017, 5(8): 6387-6391.

［88］ Cervin N T, Johansson E, Larsson P A, et al. ACS Applied Materials & Interfaces, 2016, 8(18): 11682-11689.

［89］ Li Y, Grishkewich N, Liu L, et al. Chemical Engineering Journal, 2019, 366: 531-538.

［90］ Carlsson D O, Nyström G, Zhou Q, et al. Journal of Materials Chemistry, 2012, 22(36): 19014-19024.

［91］ Benitez AJ, Walther A. Biomacromolecules, 2017, 18: 1642-1653.

［92］ Österberg M, Vartiainen J, Lucenius J, et al. ACS Applied Materials & Interfaces, 2013, 5(11): 4640-4647.

［93］ Wang Q, Du H, Zhang F, et al. Journal of Materials Chemistry A, 2018, 6(27): 13021-13030.

［94］ Sehaqui H, Morimune S, Nishino T, et al. Biomacromol, 2012, 13(11): 3661-3667.

［95］ Wang Q. Yao Q, Liu J, et al. Cellulose, 2019, 26, 7585-7617.

［96］ Liu W, Liu K, Du H, et al. Nano-Micro Letters, 2022, 14(1): 104.

［97］ Wetterling J, Jonsson S, Mattsson T, et al. Industrial & Engineering Chemistry Research, 2017, 56(44): 12789-12798.

［98］ Chen Q, Liu P, Nan F, et al. Biomacromolecules, 2014, 15(11): 4343-4350.

［99］ Nan F, Nagarajan S, Chen Y, et al. ACS Sustainable Chemistry & Engineering, 2017, 5(10): 8951-8958.

［100］ Fu K, Yao Y, Dai J, et al. Advanced Materials, 2017, 29(9): 1603486.

［101］ Gunasekera D H A T, Kuek S L, Hasanaj D, et al. Faraday Discussions, 2016, 190: 509-523.

［102］ Ambrosi A, Pumera M. Chemical Society Reviews, 2016, 45(10): 2740-2755.

［103］ Rees A, Powell L C, Chinga-Carrasco G, et al. BioMed Research International, 2015, 2015(1): 925757.

［104］ Lille M, Nurmela A, Nordlund E, et al. Journal of Food Engineering, 2018, 220: 20-27.

［105］ Håkansson K M O, Henriksson I C, de la Peña Vázquez C, et al. Advanced Materials Technologies, 2016, 1(7): 1600096.

［106］ Malda J, Visser J, Melchels F P, et al. Advanced Materials, 2013, 25(36): 5011-5028.

［107］ Murphy S V, Atala A. Nature Biotechnology, 2014, 32(8): 773-785.

［108］ Torres-Rendon J G, Köpf M, Gehlen D, et al. Biomacromolecules, 2016, 17(3): 905-913.

［109］ Markstedt K, Mantas A, Tournier I, et al. Biomacromolecules, 2015, 16(5): 1489-1496.

［110］ Ben Azouz K, Ramires E C, Van den Fonteyne W, et al. ACS Macro Letters, 2012, 1(1): 236-240.

［111］ Siqueira G, Kokkinis D, Libanori R, et al. Advanced Functional Materials, 2017, 27(12): 1604619.

［112］ Feng X, Yang Z, Chmely S, et al. Carbohydrate Polymers, 2017, 169: 272-281.

［113］ Wang J, Chiappone A, Roppolo I, et al. Angewandte Chemie International Edition, 2018, 57(9): 2353-2356.

［114］ Palaganas N B, Mangadlao J D, de Leon A C C, et al. ACS Applied Materials & Interfaces, 2017, 9(39): 34314-34324.

［115］ Håkansson K M O, Henriksson I C, de la Peña Vázquez C, et al. Advanced Materials Technologies, 2016, 1(7): 1600096.

［116］ Sydney Gladman A, Matsumoto E A, Nuzzo R G, et al. Nature Materials, 2016, 15(4): 413-418.

［117］ Torres-Rendon J G, Femmer T, De Laporte L, et al. Advanced Materials, 2015, 27(19): 2989-2995.

［118］ Siqueira G, Kokkinis D, Libanori R, et al. Advanced Functional Materials, 2017, 27(12): 1604619.

［119］ Klar V, Pere J, Turpeinen T, et al. Scientific Reports, 2019, 9(1): 3822.

# 第6章  木质资源储能应用

## 6.1  碳纤维/掺氮富氧空位 NiCo$_2$O$_4$ 纳米草基超级电容器

### 6.1.1  引言

随着便携式电子设备与混合动力汽车需求的显著增长,对长循环寿命、高功率密度与高能量密度储能设备的需求也不断提升。锂离子电池因其卓越的能量密度而成为当前商业化应用中的主流选择,然而,对稀缺资源的依赖、高昂的成本以及潜在的安全性问题,严重限制了其更广泛的应用[1, 2]。作为一种替代方案,超级电容器(SCs)以其更广泛的优势,成为极佳的候选者之一。因其具备高功率密度特性,能够在短时间内快速充放电,吸收/释放大量的电能,使得它们非常适合用于需要瞬间高功率输出的应用场合,如电动汽车的启动加速、风力发电系统的瞬时功率调节等。与传统的电池相比,超级电容器的充放电速度极快,可在几秒钟甚至更短的时间内完成充电或放电过程,而无需经历漫长的充放电周期,这一优势使它们在需要频繁充放电的应用场景中表现出色。此外,相对于电池,超级电容器的工作机制涉及更少的储能化学反应,而是更多依靠物理吸脱附过程进行储能行为,因此在使用过程中亦难以产生像电池充放电过程中发生的大面积材料结构变化,故而大大延长了器件的使用寿命,一些高质量的超级电容器甚至可经受数百万次的充放电循环而不会显著降低循环性能。在安全性方面,超级电容器相较于传统电池具有显著优势,它们不含易燃、易爆或有毒的化学物质,因此在使用过程中减少了火灾、爆炸等安全隐患。同时,通过引入宽温度电解液后,超级电容器还可在极端温度下稳定工作,进一步提升了其安全性。可见,超级电容器是下一代电子设备驱动电源的理想选择[3-5]。

因超级电容器在众多储能技术中脱颖而出,展现出广泛的应用前景,近 20 年来已快速成为科研与产业界关注的焦点。在交通运输领域,它能为电动汽车、混合动力汽车及公共交通系统提供高效的能量存储方案,提升充电速度与使用便捷性,并与电池系统结合,推动电动汽车普及。在可再生能源领域,作为辅助储能装置,超级电容器能应对可再生能源输出的不稳定性,提高系统可靠性与效率,适用于微电网与分布式能源系统,推动可再生能源的广泛应用。在工业领域,超级电容器可作为备用电源,为关键工业设备提供稳定的电力支持,提高能源利用效率,助力工业转型升级。在消费电子领域,超级电容器能延长便携式电子设备的续航时间,提升用户体验,并为新兴消费电子产品提供稳定电力支持。在军事与航天领域,超级电容器因其高功率密度、长循环寿命与卓越安全性,成为军事通信、雷达系统、卫星及太空探索任务的理想储能装置。在智能电网领域,超级电容器能优化能源分配与存储,实现能源平衡与稳定,提高电网运行效率与可靠性。在电动汽车充电站领域,超级电容器为充电站提供快速、高效的能源支持,提升充电效率与服务质量。在微电网领域,超级电容器可提供稳定可靠的能源支持,优化能源分配与存储,同时辅助存储可再生能源。尽管超级电容器具有诸多优势,并在交通运输、可再生能源、工业与消费电子以及军事与航天等领域展现出广泛的应用前景,但其在实际应用中仍面临一些挑战。这些挑战包括提高能量密度以拓宽应用场景、降低生产成本以增强市场竞争力,以及进一步优化性能以满足不同领域的需求。为解决这些问题,科研人员正不断探索新的超级电容器电极材料、电解质与制造工艺,以期在保持现有优势的基础上,攻克能量密度、充放电效率、循环寿命等亟待解决的技术难题,进一步提升超级电容器的综合性能。当然,这需要通过探索新型电极材料和电解质、优化器件结构设计与制造工艺、引入先进的智能控制技术等手段来实现。同时,随着材料科学和电解质的不断创新,以及智能控制技术的应用,超级电容器的性能有望得到进一步提升。但为避免超级电容器低能量密度的问题,已经做出了大量的努力来增加超级电容器的能量密度,例如提高比电容或最大化电池电压。截至目前,如何设计高比电容的电极材料,尤其是具有超高理论电容和优良电化学活性的赝电容材料(包括导电聚合物[6, 7]和过渡金属氧化物/硫化物[8-10]),已经引起了很大的研究关注。$NiCo_2O_4$(NCO)具有成本低、天然丰度高、环境友好等优点,被认为是一种很有前途的赝电容材料[11]。此外,与常见的单金属化合物(如 NiO 和 $Co_3O_4$)相比,$NiCo_2O_4$ 具有多种氧化态(如 $Co^{2+}/Co^{3+}/Ni^{2+}/Ni^{3+}$)和更快的反应动力学,因此具有更高的电化学活性[12, 13]。然而,$NiCo_2O_4$ 普遍存在应用障碍,即电荷存储过程中因导电性差和机械/化学稳定性差而导致的剧烈结构畸变而自动降低了储能能力[14]。为提高 $NiCo_2O_4$ 的电化学性能,人们设计了多种形态的纳米材料,如一维纳米棒[15, 16]、二维纳米片[17, 18]和三维纳米花[19, 20],然而,受限的电子转移区域与活性位点的低可及性仍然导致电容特性提升面临困境。另一方面,制备的具有复杂异质结构的 $NiCo_2O_4$ 基复合电极材料增强了与比电容、电导率与结构耐久性协同相关的电化学性能,如 NCO@$NiWO_4$ 核壳纳米线[21]、NCO@PANI 纳米棒[22]、NCO/rGO 蜂窝状纳米片[23]和 NCO@CNT/碳纳米管[24]。然而,复杂的制备工艺及形貌的不可控性仍然是亟待解决的关键问题。

杂原子掺杂对超级电容器电极材料的电容性能具有显著影响。首先,通过在前驱体结构中引入氮、硫、硼等元素,可改善碳材料的界面润湿性、孔隙率、电荷分布和电导率等特性,从而提升电极材料与电解液的接触面积与离子传输效率,进而提高材料的电容性能。杂原子掺杂为电极材料提供了更多的电化学活性位点,这些位点能参与氧化还原反应,产生额外的赝电容,有效补充双电层电容,显著提高材料的比电容和能量密度。此外,杂原子掺杂还能优化电解质离子的吸附与脱附过程,提高材料的充放电速率与功率密度,并延长循环寿命。杂原子掺杂的实现方法多种多样,主要包括后处理法与原位掺杂法两种。后处理法是先制备碳材料,然后通过化学活化、气氛热处理、微波或等离子体处理等方法将杂原子引入碳材料中。而原位掺杂法则是选择合适的碳前驱体与掺杂剂混合,通过化学气相沉积、水热或热解等制备方法直接得到掺杂的碳材料。两种方法各有优缺点,具体选择取决于目标材料的性能需求与制备条件。可见,杂原子掺杂对材料电容性能的影响是多方面的,通过改善材料特性、增加电化学活性位点、优化电解质离子吸附、增强材料稳定性等途径,显著提升了超级电容器电极材料的电化学性能。杂原子掺杂(如 N、P 与 S 原子)

作为一种有效的解决方案，可通过优化金属氧化物的电子结构来增强其在各个位点的本征活性，从而提高电子导电性[25-27]。例如，N 原子周围的孤对电子能够更好地与金属原子相互作用，由此衍生的 M—O—N 键比原始 M—O 键具有更长的键长与更高的电负性，这削弱了 $Co^{2+}/Co^{3+}/Ni^{2+}/Ni^{3+}$ 对 3d 电子的吸引力，降低了电子传递能，从而改善了反应动力学[28]。金属氧化物晶格中嵌入的 N 原子会取代部分固有的 O 原子，从而产生大量的氧缺陷。缺陷的存在会在一定程度上干扰周围的原子成键特性，诱导结晶材料中的晶格畸变，故而可达到有效调节材料的电子结构、化学性质与电导率的效果[29]。Choi 等报道了通过简单的 $NH_3$ 等离子体活性策略制备掺 N 富氧空位尖晶石 $NiCo_2O_4$[30]。引入的 N 原子不仅填补了介孔 $NiCo_2O_4$ 表面的氧空位，还形成了氮化镍与氮化钴，使 $NiCo_2O_4$ 电极在 5 A/g 下具有 4434.68 F/g 的高比电容。Wang 等使用 N 原子作为活性掺杂剂，在 $NiCo_2O_4$ 表面诱导出一层非晶层镍钴氮氧化物并伴有氧空位[31]。在氧空位与大量多价金属阳离子的协同作用下，以优化后的镍钴氮氧化物作为电极（锂离子电容器的阳极），经测试表明，相对于未进行优化的镍钴氮氧化物电极，其电子导电性大幅提升。因此，适当掺杂 N 与氧空位有助于消除 $NiCo_2O_4$ 电化学性能的不良问题。此外，多孔活性物质的比表面积（SSA）、孔隙大小与孔隙分布极大地影响了电解质渗透与离子传输动力学，从而影响电极的整体电化学能力。具有高 SSA 与丰富的三维孔隙网络的微孔（<2 nm）/介孔（2～50 nm）材料将增加电极/电解质的界面面积，减轻充放电过程中的体积变化[32]。因此，将掺杂、缺陷与表面结构工程相结合的合理设计对于提高超级电容器电极材料（特别是 $NiCo_2O_4$）的电荷存储能力、倍率性能与循环稳定性具有重要意义，这在以往的研究中很少报道。

本节研究工作利用同步等离子体活化策略，在碳纤维（CF）上经济地构建了一种新型的掺 N 与富氧空位的 $NiCo_2O_4$（NCO）微孔纳米草（N-Ov-NCO MiNG）结构。掺杂与调节电子构型的氧空位增加了 N-Ov-NCO MiNG 活性位点的可用性，从而显著提高了电子迁移率，提高了反应动力学。此外，与普通碳化法制得的 NCO 介孔纳米草（NCO MeNG）不同，这种独特的三维互连微孔结构集中在 $N_2/Ar$ 等离子体刻蚀的 NCO 纳米草表面，缩短了离子的扩散长度，为电子的快速转移提供了更多的通道。实验结果表明，在电流密度为 1 $mA/cm^2$ 时，N-Ov-NCO MiNG-15 电极的最高比电容达到 2986.25 F/g。同时，该电极具有良好的倍率性能与循环稳定性。此外，组装的 N-Ov-NCO MiNG-15//AC 非对称超级电容器（ASC）器件具有 103.2 Wh/kg 的超高能量密度。这些优异的电化学性能反映了其在超级电容器领域的巨大潜力。

## 6.1.2　碳纤维/掺氮富氧空位 $NiCo_2O_4$ 纳米草的制备

### 6.1.2.1　水热-碳化制备碳纤维负载 NCO MeNG

碳纤维（CFs）是由棉布热解制备的，详细步骤参见文献 [33]。NCO MeNG 通过水热法与后续的碳化工艺锚定在 CFs 上。首先，将 2 mmol $Ni(NO_3)_2 \cdot 6H_2O$、4 mmol $Co(NO_3)_2 \cdot 6H_2O$ 与 9 mmol 尿素溶解于 30 mL 去离子水中，磁力搅拌 30 min，形成清澈的粉红色溶液。然后将混合溶液转移至一个 50 mL 高压反应釜特氟龙内衬中，该内衬包含一块定制的 CF

（$1 \times 2$ cm$^2$）。然后将密封的高压釜加热至 120℃并且在此温度下保持 6 h。将高压反应釜冷却至室温后，将样品取出并用去离子水与乙醇洗涤数次，在 60℃下干燥 12 h。为将镍钴氢氧化物前驱体转化为 NCO MeNG，样品在 300℃的空气气氛中以 1℃/min 的加热速率碳化 2 h。所有的试剂级化学品均购自 Aladdin 公司，并在收到后立即使用，无需进一步纯化。

### 6.1.2.2　射频等离子体增强化学气相沉积制备碳纤维负载 N-Ov-NCO MiNG

通过射频等离子体增强化学气相沉积设备（RF-PECVD，BTF-1200C-II-SL）制备了 N-Ov-NCO MiNG。将制备好的 NCO MeNG 样品放置在装有射频发生器（500 W，3.56 MHz）的 RF-PECVD 装置的石英管反应器室中。反应器室采用旋转泵与涡轮泵联合排气，然后泵送 N$_2$（50 sccm）与 Ar（50 sccm）的混合流量。利用 350 W 无线电波在室温下产生 N$_2$/Ar 等离子体，并进行了不同的持续时间（5 min、15 min 和 30 min）。不同处理时间得到的样品用 N-Ov-NCO MiNG-$x$ 表示（$x$=5、15 和 30）。

### 6.1.2.3　结构表征

采用透射电镜（TEM）（FEI，Tecnai G2 F20）和扫描电镜（SEM）（Hitachi，S4800）观察样品的形貌，并配备能量色散 X 射线（EDX）光谱检测器进行元素分析。采用加速表面积-孔隙率仪系统（3H-2000PS2 装置）进行 N$_2$ 吸附-脱附试验，分析孔隙分布和比表面积。在布鲁克 D8 Advance TXS XRD 仪上进行了 X 射线衍射（XRD）分析，Cu K$\alpha$（目标）辐射（$\lambda$=1.5418 Å），扫描速率（$2\theta$）为 4°/min，扫描范围为 5°～90°。电子顺磁共振（EPR）测试在 77 K 下由布鲁克 EPR 光谱仪（A300-10-12，Bruker）在 X 射线波段（9.45 GHz），调制振幅为 5.00 G，磁场调制频率为 100 kHz 条件下进行。X 射线光电子能谱（XPS）在 Thermo Escalab 250Xi 系统上使用双 Al K$\alpha$ X 射线源的光谱仪进行。采用高斯-洛伦兹混合拟合程序（Origin 9.0）对重叠峰进行分峰。

### 6.1.2.4　电化学表征

电化学表征包括循环伏安法（CV）、恒流充放电法（GCD）和电化学阻抗谱法（EIS），在室温下，在 CS350 电化学工作站（武汉 CorrTest 仪器有限公司）上进行。在 6 mol/L KOH 水溶液中，Pt 片电极作为对电极，Hg/HgO 电极作为参比电极。电极的暴露几何面积为 1 cm$^2$。在 0～0.5 V 电位范围内，记录了不同扫描速率（1 mV/s、2 mV/s、5 mV/s、10 mV/s 和 20 mV/s）下 NCO MeNG 和 N-Ov-NCO MiNG-$x$ 电极的 CV 曲线。在 0～0.4 V 的电位窗口中，分别获得了 1 mA/cm$^2$、2 mA/cm$^2$、5 mA/cm$^2$、10 mA/cm$^2$ 和 20 mA/cm$^2$ 不同电流密度下的 GCD 曲线。对于活性炭负极，在-1.0～0 V 电位范围内，记录了不同扫描速率（5 mV/s、10 mV/s、20 mV/s、50 mV/s 和 100 mV/s）下的 CV 曲线，并在 0～1.0 V 电位窗口内，获得了不同电流密度（1 mA/cm$^2$、2 mA/cm$^2$、5 mA/cm$^2$、10 mA/cm$^2$ 和 20 mA/cm$^2$）下的 GCD 曲线。所有样品的 EIS 测量在 0.1 Hz 至 100 kHz 的频率范围内进行，交流幅值为 5 mV。为实现电化学试验的可靠统计，工作电极首先在 100 mV/s 下进行至少 100 次 CV 循环试验。

### 6.1.2.5　ASC 器件组装

将正极（N-Ov-NCO MiNG-15）和 AC 负极组装为 ASC 器件，置于 6 mol/L KOH 水溶液中，在室温下进行双电极系统测量。正电极（$m^+$）和负电极（$m^-$）之间的最佳质量比使用以下方程获得

$$\frac{m^+}{m^-} = \frac{(C_{S-} V_-)}{(C_{S+} V_+)} \tag{6-1}$$

式中，$C_S$ 是面积电容，$V$ 是电位窗口。因此，根据两个电极的电容值及其响应电位窗口，AC 的质量负荷设定为 6 mg/cm²。通过 GCD 曲线的放电时间计算 AC 电容。

### 6.1.2.6　电容性能计算

对于电极和组装的 ASC，根据不同电流密度下的 GCD 曲线计算面积电容（$C_S$, F/cm²）、质量电容（$C_m$, F/g）和体积电容（$C_V$, F/cm³），公式如下：

$$C_S = \frac{I \times \Delta t}{\Delta V \times S} \tag{6-2}$$

$$C_m = \frac{I \times \Delta t}{\Delta V \times m} \tag{6-3}$$

$$C_V = \frac{I \times \Delta t}{\Delta V \times V} \tag{6-4}$$

式中，$I$、$\Delta t$、$\Delta V$ 分别为恒放电电流（mA）、放电时间（s）、电势（或电压）窗口（V）。$S$、$m$、$V$ 分别表示电极的面积（cm²）、质量（mg）、体积（cm³）。此外，$m$ 是 ASC 器件中 N-Ov-NCO MiNGHE AC 活性物质的总质量（6.8 mg/cm²）。此外，用下列公式从恒电流放电曲线计算出比容量：

$$C = \frac{I \times \Delta t}{3.6 \times m} \tag{6-5}$$

式中，$C$（mA·h/g）为比容量，$I$（mA）为放电电流，$m$（g）和 $\Delta t$（s）分别为活性物质质量和放电时间。按下式计算比能量密度（$E$）和比功率密度（$P$）：

$$E = \frac{1}{2} C_{m/V} (\Delta V)^2 \tag{6-6}$$

$$P = \frac{E}{\Delta t} \tag{6-7}$$

式中，$C_{m/V}$ 为质量电容（F/g）或体积电容（F/cm³），$E$ 和 $P$ 分别为 ASC 器件对应的比能量密度（Wh/kg 或 mWh/cm³）和比功率密度（kW/kg 或 mW/cm³）。

### 6.1.2.7　DFT 计算

利用第一性原理，使用 Perdew-Burke-Ernzerhof（PBE）公式在广义梯度近似（GGA）中执行所有自旋极化密度泛函理论（DFT）计算[34, 35]。选择投影增广波（PAW）方法来描述离子核，并使用平面波基组来考虑价电子，其动能截止值为 400 eV[36, 37]。采用高斯涂抹法和 0.05 eV 的宽度允许 Kohn-Sham 轨道的部分占据。当能量变化小于 $10^{-6}$ eV 时，认为

电子能量自洽。当能量变化小于 0.05 eV/Å 时，认为几何优化是收敛的。最后，将吸附能（$E_{ads}$）计算为

$$E_{ads} = E_{ad/sub} - E_{ad} - E_{sub} \qquad (6\text{-}8)$$

式中，$E_{ad/sub}$、$E_{ad}$ 和 $E_{sub}$ 分别为优化后的吸附物/底物体系、结构中的吸附物和清洁底物的总能量。

### 6.1.3 微观形貌、孔径分布与元素分析

N-Ov-NCO 在碳纤维表面制备过程如图 6-1 所示。为尽可能实现相对经济有效的制备过程，使用了储量丰富的棉织物，通过 1000℃ 的热解过程制备碳纤维（图 6-2）。PECVD 设备的照片和获得的产品示于图 6-2 中。

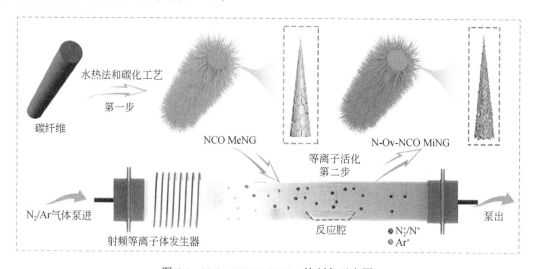

图 6-1　N-Ov-NCO MiNG-x 的制备示意图

所获得的具有三维缠绕结构和粗糙表面的碳纤维 [图 6-3（a）] 将为 Ni-Co-O 提供成核位点，并作为独立电极的导电基底。最初，锚定在碳纤维上的 NCO MeNG 通过普通的水热碳化工艺制备。SEM 图像 [图 6-3（b）、（c）] 显示，组织良好的 NCO MeNG 由许多针状 NCO 个体（直径 20～50 nm）组成。

TEM 图像 [图 6-4（a）、（b）] 显示，制备的 NCO 由许多准椭圆纳米颗粒（宽度为 10～17 nm）邻接堆叠在一起，从而在纳米尺度上呈现出许多间隙。从图 6-4（a）可进一步观察到，NCO MeNG 由锥形纳米针组成。放大后可见大量的颗粒间孔隙和细小的颗粒 [图 6-4（b）]，这为将制备的 NCO 定义为介孔材料提供了初步证据。图 6-4（c）的 HRTEM 图像显示，NCO 的晶面间距分别为 0.244 nm 和 0.202 nm，分别指向 NCO 的（311）和（400）晶面。图 6-4（d）中的选区电子衍射（SAED）模式显示了 NCO MeNG 的多晶性质。由明亮的衍射斑衍生出的圆环分别对应于（440）、（400）、（311）、（220）和（111）晶面。这种形貌的形成与 Ni-Co-O 前驱体在炭化过程中的热分解有关，同时引起晶粒尺寸的减小[38]。因此，所制备的 NCO 具有与文献报道相似的典型介孔纳米结构[39]。NCO MeNG 的 HRTEM

[图 6-4（c）] 和 SAED [图 6-4（d）] 图像证实，在碳纤维上成功制备了具有良好结晶度的典型尖晶石 NCO（JCPDS No. 20-0781）。

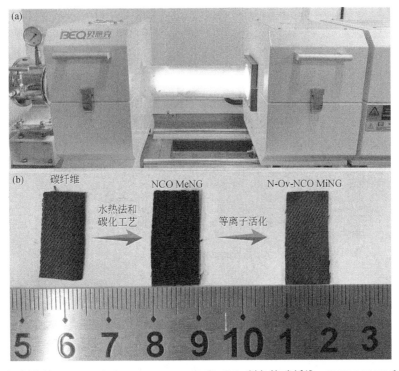

图 6-2　（a）运行中的 PECVD（BTF-1200C-II-SL）和（b）制备的碳纤维、NCO MeNG 和 N-Ov-MiNG

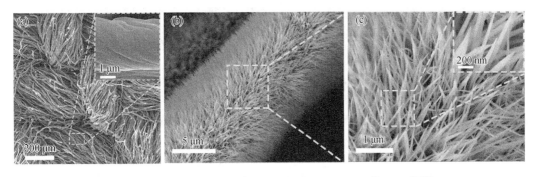

图 6-3　（a）碳纤维前驱体和（b，c）NCO MeNG 的 SEM 图像

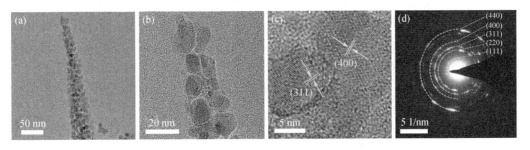

图 6-4　NCO MeNG 的（a，b）TEM 图、（c）HRTEM 图和（d）SAED 图

在接下来的 RF-PECVD 过程中，NCO MeNG 样品在室温下进行不同时间的 $N_2/Ar$ 等离子体活化，得到的样品记为 N-Ov-NCO MiNG-$x$（$x$=5 min、15 min 和 30 min）。N-Ov-NCO MiNG-$x$ 的 SEM 图像（图 6-5 和图 6-6）揭示了因等离子体活化，NCO 从介孔至微孔/介孔纳米结构的形态转变。如图 6-5（a）和（b）所示，NCO 表面在前 5 min 开始活化，但结构没有太大变化。随着活化时间延长至 15 min，NCO 表面激发出丰富的纳米孔，而其锥形纳米结构仍保持不变 [图 6-6（a）和（c）]。

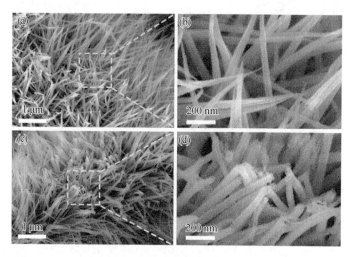

图 6-5　$N_2/Ar$ 等离子体活化（a，b）5 min（N-Ov-NCO MiNG-5）和（c，d）30 min（N-Ov-NCO MiNG-30）得到的 $NiCo_2O_4$ 在不同放大倍数下的 SEM 图像

图 6-6　N-Ov-NCO MiNG-15 不同放大倍数的 SEM 图像

通常研究人员认为，$Ar/N_2$ 等离子体活化的 NCO 可被刻蚀为三维多孔（尤其是介孔/微孔）结构，从而有效增加了表面积并暴露更多的活性位点[40]。然而，在 30 min 的较长时间内，NCO 的锥形纳米结构在尖端处破裂 [图 6-5（c）、（d）]。随着暴露在等离子体中时间的增加，活性反应基团（$Ar^+/N_2^+/N^+$）继续与 NCO 反应，反应产物挥发。因为这种最薄的结构具有较少的物质，NCO 的顶部在一定时间内首先被破坏。

对于 N-Ov-NCO MiNG-15，透射电镜图像进一步验证了其等离子体刻蚀的三维多孔结构 [图 6-7（a）]。与原始 NCO MeNG 相比，N-Ov-NCO MiNG-15 表面更粗糙，颗粒更细，介孔和微孔更发达。此外，图 6-7（b）清晰地显示了不规则轮廓的分层边缘（黄色虚线区域，扫描封底二维码可查看本书彩图），进一步验证了 N-Ov-NCO MiNG-15 表面的三维多孔框架。此外，在 Co$_x$-N 的（111）面和 Ni$_x$-N 的（002）面，还观察到两个新的 0.207 nm 和 0.214 nm 的晶面间距，表明 N 元素被成功掺杂至 NCO 晶格中，并且少量以 Co/Ni 氮化物的形式存在[41]。元素映射图[图 6-7（c）]显示，Ni、Co、O 和 N 元素均匀分布在 N-Ov-NCO MiNG-15 上，进一步说明了 N 原子的掺杂。

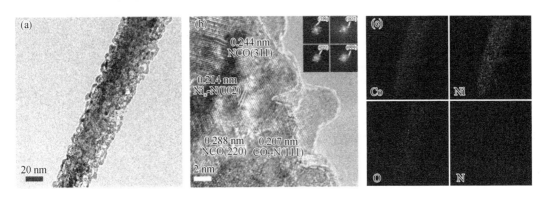

图 6-7　N-Ov-NCO MiNG-15 的 TEM（a）和 HRTEM（b）图像，插图显示了相应特定晶格条纹的 FFT 图像；（c）N-Ov-NCO MiNG-15 中 Co、Ni、O 和 N 的元素映射

　　为确定等离子体处理对碳纤维（CFs）的比表面积（SSA）和孔隙结构的影响，对裸露的碳纤维进行了 15 min 的相同射频等离子体增强化学气相沉积（RF-PECVD）处理，并将所得样品标记为等离子体处理碳纤维（PCFs）。图 6-8 展示了未处理碳纤维和等离子体处理碳纤维的相似等温线和孔径分布图，这表明在设定的条件下，N$_2$/Ar 等离子体仅与活性 NCO 反应，而不改变碳纤维的多孔结构，进一步证实了上述推测的可靠性。为进一步揭示 NCO 从中孔结构至富微孔结构的微观结构演变，进行了 Brunauer-Emmett-Teller（BET）气相吸附试验。如图 6-8（a）所示，所有吸脱附等温线均为Ⅳ等温线，表明了介孔材料的特征。初始阶段吸附量的急剧增加表明存在丰富的微孔，这一点也被孔径分布曲线[图 6-8（b）、（c）]所证实。各自的 SSA 和中孔/微孔体积的贡献列于表 6-1。由图可知，来源于生物质的裸 CFs 具有近 570.2 m$^2$/g 的高 SSA，并且含有丰富的微孔和介孔，这使得 NCO MeNG 具有约 190.8 m$^2$/g 的高 SSA 和中孔为主的结构（$V_{me}/V_{tot}$=59.26%）。相比之下，N-Ov-NCO MiNG 样品的 SSA（N-Ov-NCO MiNG-5、N-Ov-NCO MiNG-15 和 N-Ov-NCO MiNG-30 分别约为

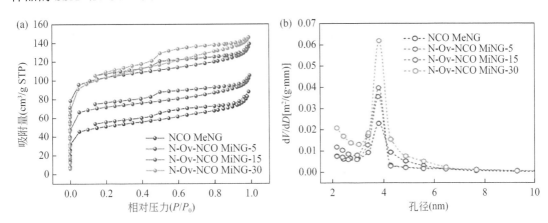

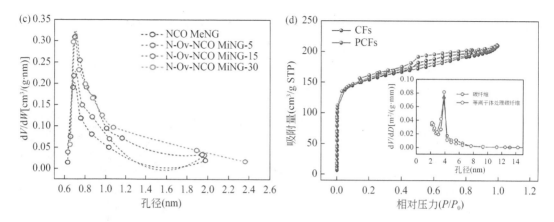

图6-8 （a）NCO MeNG、N-Ov-NCO MiNG-5、N-Ov-NCO MiNG-15 和 N-Ov-NCO MiNG-30 的 $N_2$ 吸附-脱附等温线；（b）基于 BJH 法的孔径分布图；（c）通过 HK 方法从相应等温线的吸附分支获得的孔径分布；（d）CFs 和 PCFs 的 $N_2$ 吸附-脱附等温线，插图显示了通过 BJH 方法获得的相应孔径分布

275.7 $m^2/g$、387.7 $m^2/g$ 和 382.8 $m^2/g$）高于 NCO MeNG 样品，该结果是因为它们的微孔体积比例更高（$V_{mi}/V_{tot}$=64.21%），这可能是因 NCO MeNG 表面等离子体刻蚀形成的表面 3D 网络所提供的，而不会改变 CFs 底物的形态和表面结构 [图6-8（d）]。碳纤维和等离子体处理碳纤维的氮气吸附测量详细数据汇总在表 6-1 中。

**表6-1 由氮气吸附等温线计算所得的电极材料孔隙参数**

| 电极材料 | 比表面积 $(m^2/g)$ | 总体积 $(cm^3/g)$ | 微孔体积 $(cm^3/g)$ | 中孔体积 $(cm^3/g)$ | 微孔体积/总体积 (%) | 中孔体积/总体积 (%) |
|---|---|---|---|---|---|---|
| CFs | 570.184 | 0.326 | 0.182 | 0.145 | 55.68 | 44.32 |
| PCFs | 580.930 | 0.324 | 0.181 | 0.144 | 55.73 | 44.27 |
| NCO MeNG | 190.833 | 0.134 | 0.055 | 0.079 | 40.74 | 59.26 |
| N-Ov-NCO MiNG-5 | 275.681 | 0.163 | 0.092 | 0.071 | 56.43 | 44.57 |
| N-Ov-NCO MiNG-15 | 387.741 | 0.215 | 0.138 | 0.077 | 64.21 | 35.79 |
| N-Ov-NCO MiNG-30 | 382.801 | 0.226 | 0.118 | 0.108 | 52.35 | 47.65 |

用 XRD 表征了 NCO MeNG 和 N-Ov-NCO MiNG-x 的晶相和组成。如图6-9（a）所示，24.5°处有一个宽峰，对应于 CFs 基底的非晶碳（002）面。在 31.18°、36.63°、44.53°、59.02° 和 64.96°处的峰分别指向尖晶石 NCO（JCPDS No. 20-0781）的晶面（220）、（311）、（400）、（511）和（440）。相比之下，N-Ov-NCO MiNG-x 的结晶度略有减弱，这表明 N 原子被掺杂至 NCO 的晶格氧空位而非彻底改变晶体结构。此外，N-Ov-NCO MiNG-x 的所有特征峰的衍射角都略有减小，该结果是由具有较大原子半径的 N 原子促使 NCO 晶格膨胀所致。在此，所有的 N-Ov-NCO-MiNG-x 样品在 42.21°～44.42°处出现了额外的峰，这与 $Ni_x$-N（JCPDS No. 10-0280）和 $Co_x$-N（JCPDS No. 41-0943）的混合相有关。这些结果与 HRTEM 观察结果一致，进一步表明制备的 N-Ov-NCO MiNG-x 由原始 NCO 和少量 Co/Ni 氮化物组成。此外，在晶格中引入 N 的取代或间隙将导致大量的氧空位和丰富的活性位点，这有利

于提高储能器件的反应动力学以及赝电容贡献量[42]。为测试 N-Ov-NCO MiNG-x 中氧缺陷的存在，进行了 EPR [图 6-9（b）]。考虑到带未配对电子的氧空位是这类材料产生 EPR 响应的主要原因[43]，N-Ov-NCO MiNG-x 在 g=1.999 处的高强度 EPR 信号表明，持续的等离子体活化激发了大量氧缺陷的产生。原始 NCO MeNG 的弱信号表示晶格原子热振动引起的固有缺陷。

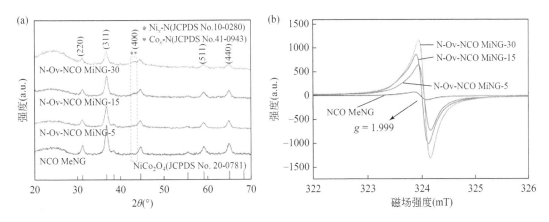

图 6-9　NCO MeNG 及 N-Ov-NCO MiNG-x 的 XRD 图（a）和 EPR 谱（b）

基于上述表征，进一步通过 XPS 测量研究了 NCO MeNG 和 N-Ov-NCO MiNG-15 的表面化学状态。

XPS 全谱表征显示存在 C、Co、Ni 和 O（图 6-10），其中 N-Ov-NCO MiNG-15 的掺杂比例约为 3.7%，可识别并量化 N 掺杂后引起的键合变化。

在 Co 2p XPS 光谱 [图 6-11（a）] 中，780.1 eV 和 797.3 eV 处的特征自旋轨道峰归属于 $Co^{3+}$，782.1 eV 和 787.3 eV 处的峰代表 $Co^{2+}$。786.8 eV 和 803.6 eV 处的两个宽峰为对应的卫星峰。与原始 NCO MeNG 相比，N-Ov-NCO-15 MiNG

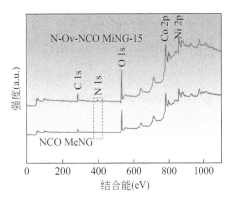

图 6-10　NCO MeNG 和 N-Ov-NCO MiNG-15 的 XPS 光谱

显示出更高的 $Co^{2+}/Co^{3+}$ 原子比，表明部分 $Co^{3+}$ 被还原为钴的低态[44]。这种还原也会导致氧缺乏的产生。在 Ni 2p XPS 光谱中也可见类似的结果 [图 6-11（b）]，在 854.7 eV 和 872.3 eV 结合能处有两个峰，分别对应于 $Ni^{2+}$ 的 Ni $2p_{1/2}$ 和 Ni $2p_{3/2}$。N-Ov-NCO MiNG-15 [图 6-11（c）] 的 N 1s XPS 谱可分解为三个峰，分别对应于吡啶 N（398.5 eV）、吡咯 N（40.1 eV）和氧化 N（406.4 eV），吡啶 N 代表 Co/Ni-N 的化学键。O 1s XPS 光谱如图 6-11（d）所示，其中光谱反卷积呈现出三个氧峰贡献 O-Ⅰ（529.7 eV）、O-Ⅱ（531.5 eV）和 O-Ⅲ（533.4 eV），分别对应金属-氧键、氧空位和吸收氧[45]。考虑到 N-Ov-NCO MiNG-15 中 O-Ⅱ 的比例（49%）大于原始 NCO MeNG（37%），认为通过等离子体处理的 N 掺杂会导致更多的氧流失[25, 44]。

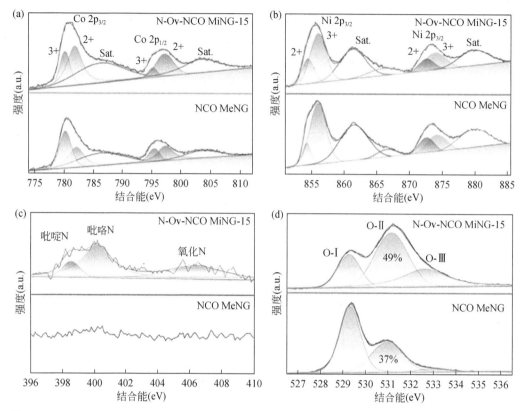

图 6-11　NCO MeNG 和 N-Ov-NCO MiNG-15 在（a）Co 2p、（b）Ni 2p、（c）N 1s 和（d）O 1s 中的
高分辨率 XPS 光谱

　　此外，两个样品都显示出与 Ni 2p、Co 2p、O 1s 和 C 1s 相对应的峰。N-Ov-NCO MiNG-15
样品在 399.08 eV 位置的峰被归因于 N 1s。此外，检测到的氮元素原子比例经量化确定为
3.7%。如图 6-12（a）（所有样品的 N 1s XPS 光谱）所示，随着 $N_2$/Ar 等离子体处理时间的
延长，氮含量从初始的 0.23% 逐渐上升至 4.3%［图 6-12（b）］。晶格中氮含量的增加会导

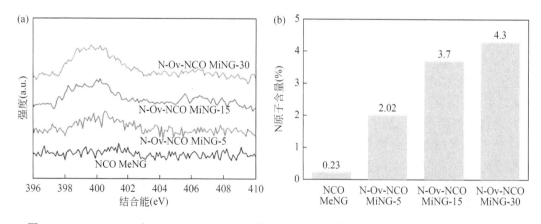

图 6-12　NCO MeNG 和 N-Ov-NCO MiNG-$x$ 的 N 1s XPS 光谱（a）和相应电极 N 原子含量（b）

致更多的氧空位。氮掺杂 NCO 中氧空位的增加通过将费米能级移动至导带附近来提高电导率。此外，嵌入晶格中具有较高电负性的氮原子增加了 N-Ov-NCO 原子周围的表面电荷，从而提高了电导率。

基于上述，提出了 N-Ov-NCO MiNG-$x$ 的结构模型，如图 6-13 所示。这种具有特征性 3D 结构的自支撑电极材料有望在水性超级电容器的应用中呈现出显著增强的电化学性能。

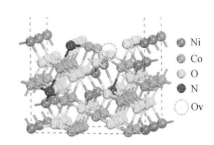

图 6-13　N-Ov-NCO-NCO MiNG-$x$ 的结构模型

## 6.1.4 电容性能与储能机制

研究了 NCO MeNG 和 N-Ov-NCO MiNG-$x$ 在 6 mol/L KOH 水溶液中作为无黏结剂电极的电化学行为。图 6-14（a）对比了在 0～0.5 V 电势窗口内，扫描速率为 5 mV/s 时各电极的 CV 曲线。很明显，每个电极都观察到一对强烈而对称的氧化还原峰，在约 0.26 V 处出现一个阳极峰，在约 0.42 V 处出现一个阴极峰。这归因于 $NiCo_2O_4$ 的可逆性法拉第氧化还原反应，主要与 $Co^{2+}/Co^{3+}/Co^{4+}$ 和 $Ni^{2+}/Ni^{3+}$ 的转变有关，根据以下反应方程而进行[46]：

$$NiCo_2O_4 + OH^- + H_2O \rightleftharpoons NiOOH + 2CoOOH + e^- \qquad (6-9)$$

$$CoOOH + OH^- \rightleftharpoons CoO_2 + H_2O + e^- \qquad (6-10)$$

此外，考虑到 $N_2$/Ar 等离子体活化过程可额外产生具有丰富活性位点、高电导率和优异化学稳定性的 $Co_x$-N 和 $Ni_x$-N 物质，N-Ov-NCOMiNG-$x$ 电极的氧化还原峰也可归因于生成的氮化物产生的不同价态金属离子的可逆转化。因此，$Co_x$-N 和 $Ni_x$-N 可能发生的氧化还原反应如下[47]：

$$Co_x\text{-}N + OH^- \rightleftharpoons Co_x\text{-}NOH + e^- \qquad (6-11)$$

$$Co_x\text{-}NOH + OH^- \rightleftharpoons Co_x\text{-}NO + H_2O + e^- \qquad (6-12)$$

$$Ni_x\text{-}N + OH^- \rightleftharpoons Ni_x\text{-}NOH + e^- \qquad (6-13)$$

这种独特的协同氧化还原机制有望在充放电过程中提供更高的可用法拉第赝电容。值得注意的是，N-Ov-NCO MiNG-$x$ 电极的 CV 曲线具有比 NCO MeNG 电极更大的积分面积。N-Ov-NCO MiNG-$x$ 电极的 CV 曲线积分面积随着活化时间的延长而增大。结果表明，与原始 NCO MeNG 和 N-Ov-NCO MiNG-5 相比，N-Ov-NCO MiNG-15 电极显示出更大的积分面积和更强的氧化还原峰，表明 Ar/N 等离子体活化在 NCO 表面触发了更为丰富的法拉第氧化还原反应位点，从而提高了电荷的存储能力。N-Ov-NCO MiNG-15 的电流密度响应显著增加，这主要归因于 N 掺杂与氧空位的结合以及富微孔的三维结构，这两种协同作用显著提高了电化学活性。然而，随着活化时间的延长，得到的 N-Ov-NCO MiNG-30 显示出响应电流的减小，这是由 NCO 受到气体离子的过度轰击而结构破损所致。

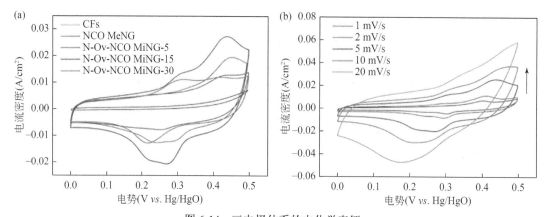

图 6-14 三电极体系的电化学表征

（a）0～0.5 V 电势窗口内扫描速率为 5 mV/s 时的 CV 曲线比较；（b）不同扫描速率下 N-Ov-NCO MiNG-15 的 CV 曲线。扫描封底二维码可查看彩图信息，下同

在不同的扫描速率下（从 1～20 mV/s），从分析电极收集的详细 CV 曲线如图 6-15 和图 6-14（b）所示，GCD 曲线如图 6-16 所示。N-Ov-NCO MiNG-15 电极的 CV 曲线均呈现出具有强氧化还原峰的相似模式[48]，表明该电极具有典型的赝电容特性和良好的倍率性能。为更好地研究 N-Ov-NCO MiNG-15 电极的储能机理，通过 CV 方法对于电容贡献进行了拟合。

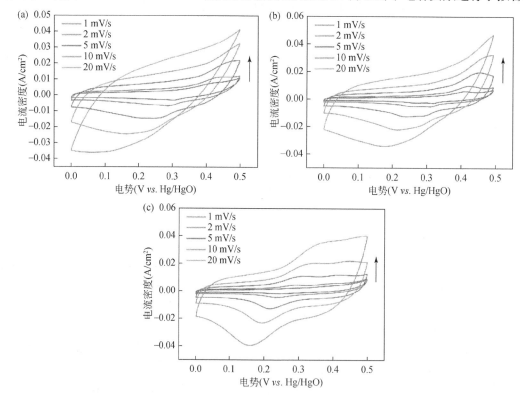

图 6-15 （a）NCO MeNG、（b）N-Ov-NCO MiNG-5、（c）N-Ov-NCO MiNG-30 的 CV 曲线

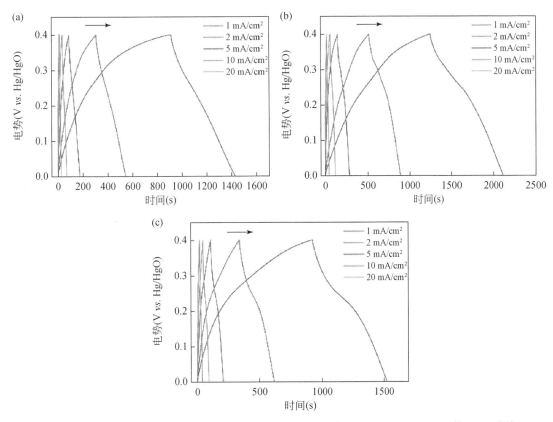

图 6-16　（a）NCO MeNG、（b）N-Ov-NCO MiNG-5、（c）N-Ov-NCO MiNG-30 的 GCD 曲线

由图 6-17（a）可知，阳极峰值电流和阴极峰值电流的 $b$ 值分别为 0.73 和 0.77，在 $0.5\sim$ 1.0 的范围内，说明 N-Ov-NCO MiNG-15 电极的充放电过程同时具有扩散控制电容特性和表面控制电容特性。此外，还利用 Dunn 方法对反应动力学进行了定量研究[48]。

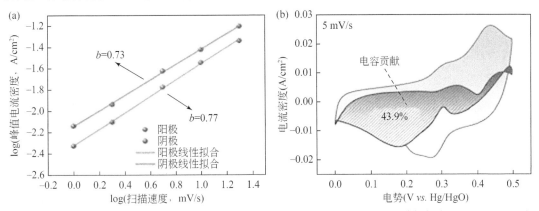

图 6-17　（a）在 5 mV/s 下基于 CV 曲线的阳极和阴极峰值电流与扫描速率的线性拟合；（b）1 mV/s 时电容对总电荷存储的贡献

其中斜率 $k_1$ 和 $k_2$ 是通过在固定电位区间 $\Delta V$，不同扫速 $v$ 的条件下绘制 $i/v^{1/2}$ $vs.$ $k_1/v^{1/2}$

得到的常数 [图 6-18（a）～（d）]。这样，在 5 mV/s 的扫描速率下，电容对总电流的贡献比例计算为 43.9% [图 6-17（b）]，在 20 mV/s 时进一步提高至 71.1%（图 6-19）。表面电容效应的显著贡献进一步表明了电化学过程中快速的氧化还原反应，表明 N-Ov-NCO MiNG-15 具有吸引人的电化学性能。

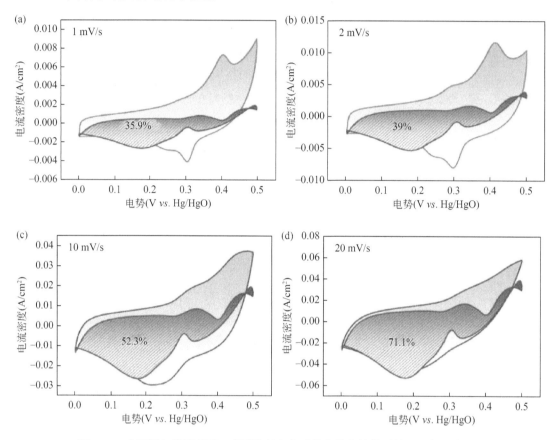

图 6-18　在不同扫描速率下，表面控制电容对总电荷存储的贡献（深色区域）

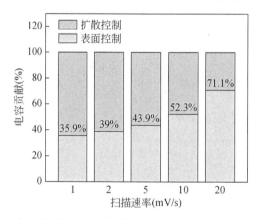

图 6-19　直方图说明表面和扩散控制在不同的扫描速率下的贡献

图 6-20（a）为 0~0.4 V 电流密度为 1 mA/cm² 时的 GCD 曲线比较。每个电极的 GCD 曲线呈准三角形，显示出可逆的氧化还原反应和良好的导电性。N-Ov-NCO MiNG-15 电极的放电时间最长，比电容显著更高，这与 CV 分析结果一致。

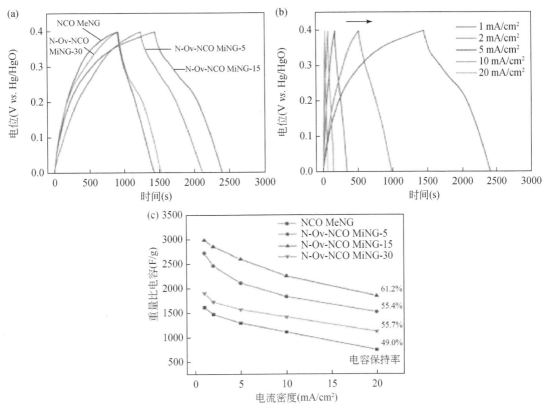

图 6-20　（a）1 mA/cm² 电流密度下 GCD 曲线对比；（b）不同电流密度下 N-Ov-NCO MiNG-15 的 GCD 曲线；（c）不同电流密度下各电极的重量比电容

根据各电极在不同电流密度（1~20 mA/cm²）下的 GCD 图中的放电时间［图 6-16（a）~（c）和图 6-20（b）］，计算出的比电容汇总在图 6-20（c）（重量比电容）、图 6-21（面积比电容）和表 6-2 中。在所有电极中，N-Ov-NCO MiNG-15 在所有测试条件下都表现出最大的比电容。例如，N-Ov-NCO MiNG-15 在 1 mA/cm² 时产生 2986.25 F/g（331.81 mAh/g）的超高电容（比电容是根据活性材料的质量负载 0.8 mg/cm² 计算的），明显大于 NCO MeNG（1617.50 F/g，179.72 mAh/g）、N-Ov-NCO MiNG-5（2722.81 F/g，

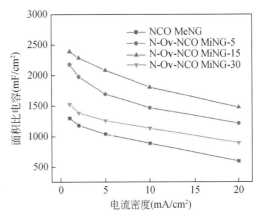

图 6-21　在 0~0.4 V 的电势窗口内测量了不同电流密度下不同电极的面积比电容

302.53 mAh/g）和 N-Ov-NCO MiNG-30（1906.25 F/g，211.81 mAh/g）。当电流密度增加 20 倍时，可保持 61.7%的初始电容，大大超过 NCO MeNG（46%）、N-Ov-NCO MiNG-5（55.8%）和 N-Ov-NCO MiNG-30（58.7%），表明 N-Ov-NCO MiNG-15 具有良好的倍率性能。

表 6-2 不同电流密度下各种电极材料的电容性能

| 电极材料 | 电容量：F/g（mF/cm²） | | | | | 倍率性能 |
| --- | --- | --- | --- | --- | --- | --- |
| | 1 mA/cm² | 2 mA/cm² | 5 mA/cm² | 10 mA/cm² | 20 mA/cm² | 1~20 mA/cm² |
| NCO MeNG | 1617.50（1294） | 1475（1180） | 1296.25（1037） | 1109.38（887.5） | 743.75（595） | 46% |
| N-Ov-NCO MiNG-5 | 2722.81（2178.25） | 2470.63（1976.5） | 2117.19（1693.75） | 1835.63（1468.5） | 1518.75（1215） | 55.8% |
| N-Ov-NCO MiNG-15 | 2986.25（2389） | 2855.25（2284.2） | 2604.69（2083.75） | 2259.38（1807.5） | 1843.75（1475） | 61.7% |
| N-Ov-NCO MiNG-30 | 1906.25（1525） | 1729.38（1383.5） | 1571.88（1257.5） | 1418.75（1135） | 1118.75（895） | 58.7% |

通过在 20 mA/cm² 的高电流密度下连续进行 12000 次 GCD 测试来评估循环性能。如图 6-22 所示，N-Ov-NCO MiNG-15 电极表现出极佳的循环稳定性，循环测量后初始电容保持率为 96.5%，远远优于 NCO MeNG 电极（仅为 49.2%）。

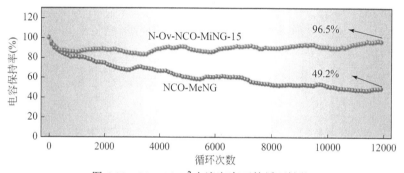

图 6-22 20 mA/cm² 电流密度下的循环性能

利用 SEM 图像记录了经过循环测试后电极的形态。可见，NCO MeNG 的结构［图 6-23（a）和（b）］遭受了明显的破坏。活性层从 CFs 脱落或原位崩解，这自动加速了电容衰减并降低了循环寿命。相比之下，N-Ov-NCO MiNG-15 的形貌和结构完整性保持得较好，只有轻微的聚集［图 6-23（c）和（d）］，这保证了电子和离子的快速转移。TEM 和 HRTEM 图像进一步揭示了 N-Ov-NCO MiNG-15 具有超长充放电循环稳定性的原因。

如图 6-24（a）和（b）所示，经过循环试验后，单个 NCO 纳米草的平均直径略有增大，这是因为电解质离子在微孔和介孔 NCO 纳米草上的持续快速转移导致了轻微的晶粒膨胀，而没有结构崩塌和溶解[50, 51]。更重要的是，HRTEM 图像［图 6-24（c）和（d）］分别显示了 NCO（220）、Ni$_x$-N（111）和 Co$_x$-N（111）的特性晶面间距，这表明 NCO 表面的非晶态氮化物具有很高的稳定性，可缓解氧化物的大体积变化，有效防止快充过程中结构破损[52]。

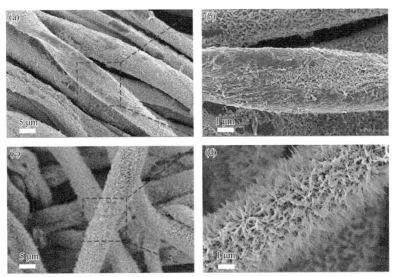

图 6-23　NCO MeNG（a，b）和 N-Ov-NCO MiNG-15（c，d）在不同倍率下经过 12000 次充放电循环后的 SEM 图像

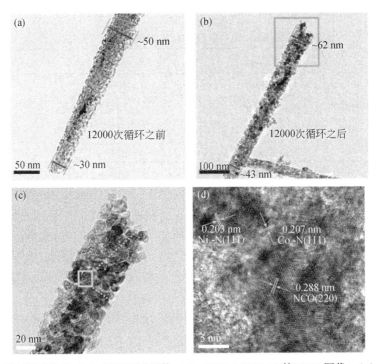

图 6-24　（a）循环测试前和（b）循环测试后的 N-Ov-NCO MiNG-15 的 TEM 图像；（c）图（b）中框内区域放大图像；（d）图（c）中框内 N-Ov-NCO MiNG-15 的 HRTEM 图像

　　进行 EIS 测量以进一步揭示各种电极的反应动力学。从 Nyquist 图（图 6-25）和拟合参数（表 6-3）来看，与原始 NCO MeNG 相比，N-Ov-NCO MiNG-$x$ 电极的电解质电阻（$R_s$）和电荷转移电阻（$R_{ct}$）更小，这表明 N 原子和氧空位的引入增强了材料的电导率和导致更

快的电荷转移速率。其中 N-Ov-NCO MiNG-15 电极的 $R_s$ 值和 $R_{ct}$ 值最低,分别为 1.188 $\Omega/cm^2$ 和 0.271 $\Omega/cm^2$。N-Ov-NCO MiNG-15 在低频区斜率最大时,其 Warburg 阻抗最低(1.193 $\Omega/cm^2$)。这些结果揭示了这种富含微孔的三维纳米结构在降低离子嵌入/脱嵌电阻和加速电极-电解质界面的电荷转移方面的作用,从而有助于获得更高的电容和优异的倍率性能。

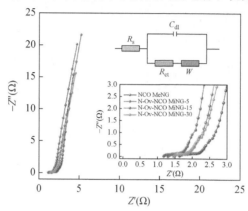

图 6-25 NCO-MeNG 和 N-Ov-NCO MiNG-$x$ 电极的 Nyquist 图,插图显示了放大的半圆区域和拟合的等效电路

表 6-3 Nyquist 图中各电极的 $R_s$、$R_{ct}$ 和 $W$ 拟合结果

| 电极材料 | $R_s$($\Omega/cm^2$) | $R_{ct}$($\Omega/cm^2$) | $W$($\Omega/cm^2$) |
|---|---|---|---|
| NCO MeNG | 1.673 | 0.345 | 1.614 |
| N-Ov-NCO MiNG-5 | 1.319 | 0.327 | 1.382 |
| N-Ov-NCO MiNG-15 | 1.188 | 0.271 | 1.193 |
| N-Ov-NCO MiNG-30 | 1.478 | 0.190 | 1.303 |

   N-Ov-NCO MiNG 电极在电容性能上的突出优点可归因于 N 原子在 Ni/Co-O 晶格中的成功取代和富氧空位的产生,从而有效地调节了材料的电子结构并提高了 NCO 的导电性。此外,等离子体活化产生的大量微孔不仅大大增加了 SSA,而且在 NCO 表面暴露了更多有效的电化学位点,使电解质对于材料的浸润更为彻底,导致反应动力学更快。这样的表面微/介孔结构亦可作为缓冲层来承受离子在储能时嵌入/脱嵌反应中的体积膨胀,保护电极结构的完整性。

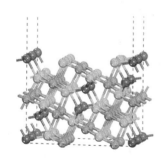

图 6-26 NCO MeNG 的结构模型

   为更好地阐明和理解 N 掺杂剂和氧空位对 NCO 电化学性能增强的影响,进行了 DFT 计算。图 6-13 和图 6-26 为优化后的 N-Ov-NCO 和 NCO 结构模型。掺杂的 N 原子和氧空位可暴露出更多的电化学活性位点,并加速电荷转移。通过计算态密度 [包括局部态密度(LDOS)和部分态密度(PDOS)],研究了 NCO 和 N-Ov-NCO 的电子结构。

   如图 6-27(a)所示,NCO 具有典型的半导体

DOS 图，即具有小带隙（0.53 eV）和费米能级附近的弱 DOS。N 2p 杂质态极大地提高了 N-Ov-NCO 在费米能级上的 PDOS，带隙较低（0.24 eV）[图 6-27（b）]，证实了 N-Ov-NCO 中存在氧空位，这将允许更多的载流子进入导带从而进行快速的法拉第反应[53]。图 6-27（c）给出了 NCO 和 N-Ov-NCO 的电荷密度差异。与原始 NCO 相比，因 N 原子的电负性更高，N-Ov-NCO 原子周围的表面电荷显著增加，表明其导电性增强。此外，还计算了 OH⁻ 在电解质在 N-Ov-NCO 表面的吸附性能，以进一步评价 N 掺杂剂和氧空位对氧化还原反应动力学的影响。N-Ov-NCO 对于 OH⁻ 的强烈吸附来自于电解质 [图 6-27（d）]。其 OH⁻ 吸附能高达-3.469 eV，高于 NCO（-2.071 eV），表明 N-Ov-NCO 能够捕获更多电解质离子，从而加速氧化还原反应动力学[54]。

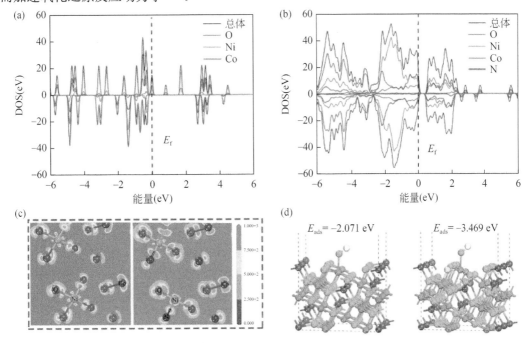

图 6-27　（a）NCO 和（b）N-Ov-NCO 的态密度；（c）NCO 和（d）N-Ov-NCO 的差分电荷密度以及对 OH⁻吸附能

根据这些令人满意的结果，认为 N-Ov-NCO MiNG-15 之所以具有优异的电化学性能是因其独特的纳米结构和组分特性[55-58]。因此，进一步讨论了这种富含微孔的 3D 纳米草结构在电荷存储方面的优势。图 6-28（a）显示了锚定在碳纤维基板上的 NCO 纳米草的代表性结构的直观示意图。NCO 纳米草具有优异的电化学性能主要有三个原因：①将组织良好、电化学活性高的 NCO 纳米草定向垂直生长在导电碳纤维上，形成三维异质结构，其中碳纤维基底作为导电连接提供专用通道（路径 1），实现电子水平转移，NCO 纳米草提供另一条从尖端至根部的"高速公路"（路径 2），实现更快的迁移。②复合材料的高 SSA 赋予了其丰富的空隙空间，有利于电解质离子的渗透和保留。③NCO 材料具有较好的导电性、多种化学价态（Ni²⁺/Ni³⁺/Co²⁺/Co³⁺）和许多可进行可逆氧化还原反应的活性位点，从而使独立电极具有较高的赝电容[59]。

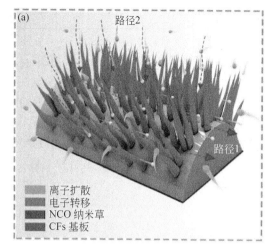
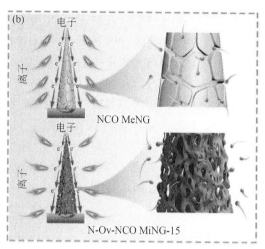

图 6-28 （a）NCO NG 锚定在碳纤维基板上的复合结构储能机理；（b）NCO MeNG 和 N-Ov-NCO MiNG-15 储能原理

除了上述优点外，图 6-28（b）直观地描述了合理设计的 N-Ov-NCO MiNG-15 与原始 NCO MeNG 相比在电荷存储方面的结构优势。如图所示，N-Ov-NCO MiNG-15 由微孔和介孔组成的 3D 互联网络更容易受到离子的影响，这加速了电解质离子从材料表面向内部的转移，并允许存储更多的电荷而不会结构膨胀或崩溃，从而产生更大的电容和更好的稳定性。

鉴于这些较佳电化学性能，研究了 N-Ov-NCO MiNG-15 的实际应用，利用它作为正极，耦合涂覆在泡沫 Ni 上的 AC 作为负极，在 6 mol/L KOH 溶液中构建水溶液 ASC 器件（N-Ov-NCO MiNG-15//AC）（图 6-29）。

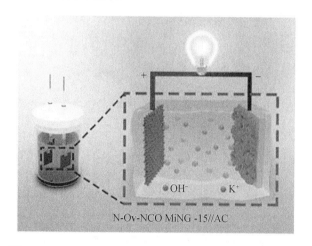

图 6-29 N-Ov-NCO MiNG-15//AC ASC 器件的结构示意图

为使两个电极的容量匹配得最好，电荷平衡遵循 $Q^+=Q^-$ 的关系，电荷平衡前后 AC 阳极在比质量负荷下的详细电化学性能，如图 6-30 所示。

图 6-31（a）显示了 AC 和 N-Ov-NCO MiNG-15 在 $-1.0 \sim 0$ V 和 $0 \sim 0.5$ V 电位窗口内扫描速率为 5 mV/s 时的 CV 曲线。因此，ASC 的 CV 曲线在不分解水电解质的情况下产生了

较宽的稳定工作电压，可达 1.5 V 的测量值［图 6-31（b）］，这表明组装的水系 ASC 器件可为电子产品提供 1.5 V 工作电压。

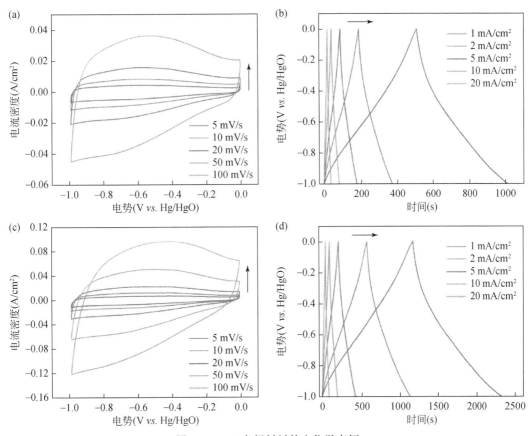

图 6-30　AC 负极材料的电化学表征

（a）CV 和（b）GCD 为在质量负载为 3.2 mg/cm² 时的测量结果，不考虑两个电极的负载是否匹配；（c）CV 和（d）GCD 为在质量负载约为 6.0 mg/cm² 时的测量结果，基于两个电极之间的电荷平衡（在电流密度为 1 mA/cm² 时，计算所得比电容为 158.1 F/g）

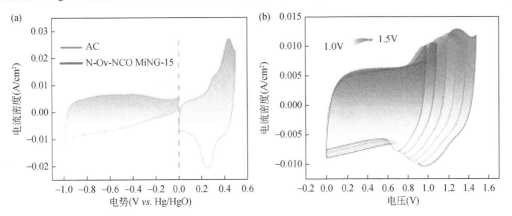

图 6-31　N-Ov-NCO MiNG-15//AC ASC 器件的电化学表征

（a）AC 和 N-Ov-NCO MiNG-15 在 5 mV/s 扫描速率下的工作电势范围；（b）各电压窗口下扫描速率为 5 mV/s 时的 CV 曲线

如图 6-32 所示，ASC 在 5～100 mV/s 不同扫描速率下的 CV 曲线表现出典型的赝电容性特征，这主要源于 N-Ov-NCO MiNG-15 正极上的法拉第氧化还原反应 [图 6-32（a）]。即使在较高的扫描速率下，相似的 CV 曲线形状可推断出器件内良好的可逆性和快速的离子/电子传输行为。N-Ov-NCO MiNG-15//AC 在 1.5 V 的高工作电压下，在 1～20 A/g 不同电流密度下的 GCD 曲线 [图 6-32（b）] 呈现出近似线性和对称的三角形，表现出极佳的电容特性和库仑效率。

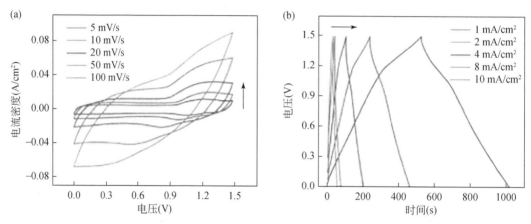

图 6-32　（a）不同扫描速率下的 CV 曲线；（b）不同电流密度下的 GCD 曲线

此外，根据 GCD 曲线计算出相应的质量比电容、面积比电容和体积比电容随电流密度的关系，如图 6-33 和表 6-4 所示，其中在电流密度为 1.0 A/g 时获得了较高的质量、面积、体积比电容，分别为 330.3 F/g、2.244 F/cm$^2$、3.005 F/cm$^3$。在计算比电容时，考虑了除去基底材料（即 CFs 和 Ni 泡沫）的两个电极的总质量。即使在 10 A/g（68 mA/cm$^2$）的高电流密度下，ASC 器件也可保持 175.3 F/g 的电容，反映出出色的倍率性能（电容保持率 53%）。

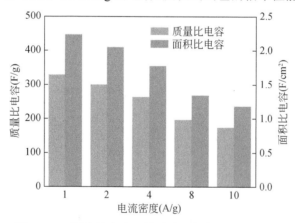

图 6-33　不同电流密度下的质量比电容和面积比电容

如 Ragone 图 [图 6-34，超级电容器在实际应用中最关键的性能指标之一] 所示，组装的 N-Ov-NCO MiNG-15//AC ASC 器件在电流密度为 1 A/g（功率密度 748.3 W/kg，24.63 mW/cm$^3$）时展现了极高的能量密度 103.2 Wh/kg（3.38 mWh/cm$^3$）。因 N-Ov-NCO MiNG-15 超高比电

表 6-4　N-Ov-NCO MiNG-15//AC ASC 在不同电流密度下的质量、面积、体积比电容

| 电流密度（A/g） | 质量比电容（F/g） | 面积比电容（F/cm²） | 体积比电容（F/cm³） |
| --- | --- | --- | --- |
| 1 | 330.3 | 2.244 | 3.005 |
| 2 | 302.4 | 2.056 | 2.778 |
| 4 | 262.4 | 1.784 | 2.410 |
| 8 | 197.3 | 1.342 | 1.813 |
| 10 | 175.3 | 1.192 | 1.611 |

容的贡献，在 10 A/g 的大电流密度下，其功率密度为 7500.1 W/kg（247.09 mW/cm³），可维持 54.8 Wh/kg 的能量密度（1.812 mWh/cm³）。ASC 器件所获得的能量密度数据与之前报道的 Ni/Co 基氧化物 ASC 具有竞争力或优于它们，如 NiCo$_2$O$_4$@NF//AC（87.4 Wh/kg，953 W/kg[20]）、NiCo-LDH@//APDC（89.7 Wh/kg，456.8 W/kg[53]）、类似洋葱的 NiCo$_2$S$_4$//AC（42.7 Wh/kg，1583 W/kg）[54]、C-NiCo$_2$S$_4$//AC（38.3 Wh/kg，8000 W/kg）、P-Co$_3$O$_4$@P,N-C//Co@P,N-C（46.7 Wh/kg，约 750 W/kg）[52]，除上述工作外，还有以下文献［47,56,57］等工作。通用仪表显示单个 N-Ov-NCO MiNG-15//AC ASC 的电压为 1.413 V［图 6-34（b）中插图］。

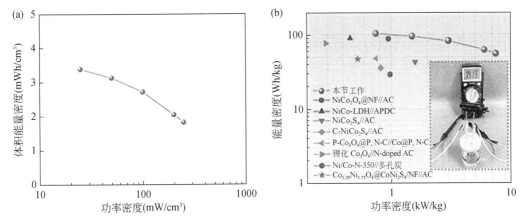

图 6-34　（a）N-Ov-NCO MiNG-15//AC ASC 的体积能量密度和功率密度关系；（b）本器件与文献报道的同类器件的 Ragone 图比较（内置图像显示装置器件的电压测量）

更值得注意的是，一个 LED（2.5 V）可通过两个串联的 ASC 照明，一个 iPad（5.2 V）也可通过四个 ASC 充电［图 6-35（a）、（b）］，这表明 ASC 在实际使用中具有可靠性。此外，N-Ov-NCO MiNG-15//AC ASC 器件在 10000 次循环后提供了出色的稳定性，初始电容保持率为 88.4%。

值得注意的是，在循环测试后，GCD 曲线显示出略微放大的内阻（IR）下降（图 6-36），进一步表明在实际使用中具有非凡的循环稳定性。同样，从 ASC 的 Nyquist 图来看，循环试验后 $R_s$ 和 $R_{ct}$ 也略有增加（$R_s$ 分别为 3.1 Ω 和 3.5 Ω，$R_{ct}$ 分别为 0.225 Ω 和 0.35 Ω）。循环试验后 $R_{ct}$ 略有增大，可能与部分电活性材料受到大量剧烈氧化还原反应的破坏和溶解有关。此外，这些低 $R_{ct}$ 和 $R_s$ 值有望提高 ASC 的功率密度。N-Ov-NCO MiNG-15//AC 具有优异的循环稳定性，原因如下：①N-Ov-NCO MiNG-15 由微孔和介孔组成的互联三维互联网

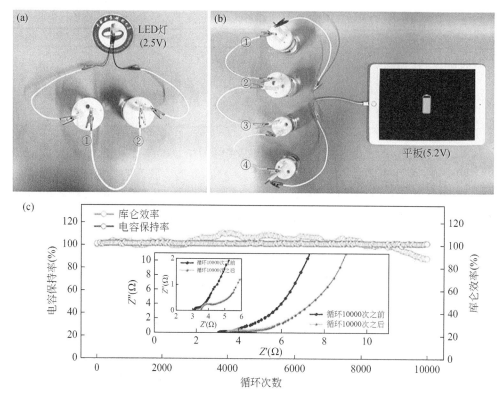

图 6-35 （a）由两个串联 ASC 照明的 LED 和（b）由四个串联 ASC 充电的 iPad；N-Ov-NCO MiNG-15//AC ASC 器件的循环稳定性试验显示（c）电流密度为 10 A/g 时的循环稳定性，插图为循环测试前后的 Nyquist 图

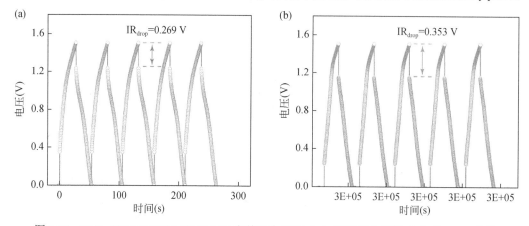

图 6-36 N-Ov-NCO MiNG-15//AC ASC 在前五个周期（a）和后五个周期（b）的 GCD 曲线

络，能够在循环测量的大电流密度下提供丰富的自由空间，以减小体积变化，防止 NCO 的结构破坏。②NCO 表面额外的微孔暴露了更多的内部空间和更大的电极/电解质界面，为更快的反应动力学提供了丰富的电化学活性位点。③电负性高的氮原子（包括 $Ni_x/Co_x$-N 的间隙 N 和取代 N）和氧空位的存在提供了额外的电化学活性位点，允许更多的电荷载流子进入导电区域进行快速法拉第反应。④AC 是一种典型的具有电化学双层电容器（EDLC）行

为的商用电极材料，其电荷在电极与电解质界面通过静电吸附进行物理存储，不发生法拉第反应。此外，AC 的大表面积可提供出色的离子吸附能力和稳定性，从而有助于提升能量密度和维持循环稳定性。

## 6.1.5　小结

综上所述，通过一种简单的同步等离子体活化策略，成功地在 CFs 基底上设计了新型的 N-Ov-NCO MiNG 架构，用于高性能超级电容器。因协同 N 掺杂、氧空位、表面微孔和介孔特性，优化后的 N-Ov-NCO MiNG-15 在 1 mA/cm$^2$ 时具有 2986.25 F/g 的超高比电容、良好的倍率性能和卓越的循环性能，循环 12000 次后电容保持率为 96.5%。此外，还组装了以 N-Ov-NCO MiNG-15 为正极，镍泡沫上的 AC 为负极的水相 ASC 器件。N-Ov-NCO MiNG-15//AC 器件在功率密度为 748.3 W/kg 时具有 103.2 Wh/kg 的能量密度，在 10 A/g 条件下，10000 次循环中电容保持率高达 85%，具有较长的循环寿命。研究结果表明，同步等离子体活化策略是一个有前景的方向，在创造新的策略来提高电极材料的电化学性能方面迈出了重要的一步。

## 6.2　碳纤维/掺氮 3D 分层多孔石墨烯泡沫基超级电容器

### 6.2.1　引言

大力减少不可再生能源消耗，减少环境污染，满足日益增长的绿色高效能源需求，开发合适的能量存储与转换技术势在必行。6.1 节论述了超级电容器的典型特征和优势，分别通过非法拉第和法拉第过程在双电层电容器和赝电容器中呈现，旨在大幅提高功率密度、提供更快的充放电速率和更长的使用寿命。此外，超级电容器具有小型化、轻量化等优点，可作为智能手机、笔记本等各种便携式电子设备的电源，甚至可满足混合动力汽车短期加速的大功率输出需求[60-62]。

迄今为止，可折叠智能手机和个人医疗传感器等先进电子设备的发展离不开柔性储能设备。在高度集成的系统中，柔性储能设备的安全性、可靠性和兼容性越来越受到重视[63]。当前，柔性固态超级电容器因其强大的机械韧性、优异的安全性（防止电解液泄漏）以及良好的可弯折性，成为满足这些要求的有力候选者。尽管前景光明，但与可充电电池相比，超级电容器的能量密度要低得多，严重阻碍了其发展。而离子混合电容器结合了超级电容器和电池的优点，成为一种极具吸引力的储能系统[64]。其中，锌离子电容器通常在水系锌离子电解质（如硫酸锌、氯化锌、三氟甲烷磺酸锌等）中以锌金属为阳极，碳材料为阴极组装。对于这种新型储能装置，必须创造合适的阴极材料来触发锌阳极表面的快速沉积/剥离动力学。

活性炭、石墨烯、还原性氧化石墨烯、碳纳米管等纳米碳材料是锌离子电容器的理想电极材料[65]。目前报道的活性炭材料主要来源于生物质热解，具有比表面积大、成本低等优点。然而，这种粉状材料往往需要添加添加剂以及导电剂，导致电活性层在机械外力作用下甚至在长时间充放电过程中有脱落基材的趋势，降低了设备的充电效率和循环寿命。通过苛刻的化学条件和复杂的工艺制备的还原氧化石墨烯或碳纳米管的负面结果是它们难以分散且容易重新积累团聚，这不利于电极的导电性和电容性能。近年来，利用等离子体增强化学气相沉积（PECVD）技术制备了垂直取向的石墨烯纳米片（GNSs）。与传统方法制备的还原氧化石墨烯相比，基于等离子体增强化学气相沉积技术的石墨烯纳米片摆脱了石墨烯片团聚和基底的限制。此外，石墨烯纳米片具有均匀分布的阵列结构，可使离子快速地渗透至电极表面。然而，未经处理的碳材料（包括石墨烯纳米片）通常具有较低的比电容，难以满足高能量密度的要求。

传统上，多孔碳是通过碳化活化相结合的策略制备的。通常，碳化是通过在惰性气氛中在 400～1000℃的温度下对有机前驱体进行碳化来实现的。通过碳化，可得到无孔固体碳，即煤炭或生物炭。活化剂用于在活化过程中形成孔。然后将得到的煤炭或生物炭与活化剂（$CO_2$、$O_2$、空气或 $H_2O$、KOH、$Na_2CO_3$、$ZnCl_2$ 或 $H_3PO_4$）进行活化反应。大多数商业上可用的多孔碳都是用蒸汽作为活化剂，通过活化从椰子壳中生产出来的，这样可得到高纯度的多孔碳，比表面积约为 1500 $m^2/g$。利用 KOH 或 NaOH 作为活化剂，可制备具有高比表面积（1000～3000 $m^2/g$）的多孔碳。碳化活化策略所获得的多孔碳随制备参数和活化剂的不同而变化。寻找对环境无害的化学活化剂和绿色化学活化工艺对于多孔碳的可持续发展至关重要。

进一步增强碳材料电化学性能的方法是通过引入杂原子（如氮、氧、硫、磷）[66-69]来调节石墨晶格的电子结构。值得注意的是，人工掺杂杂原子，尤其是氮原子，可有效地改善碳材料的电子电导率、电子给体特性和表面润湿性，并进一步增强其离子/电荷转移性能[70]。也有报道称，在 N 掺杂后，因电解液与表面 N 物种的相互作用，可产生赝电容，从而增强电容性能[71]。此外，构建具有丰富微孔和中孔的独特多孔碳质纳米结构，有利于缩短两个离子/电子的扩散距离，加快传输动力学从而存储更多电荷[72]。然而，通过简单快速的方法，将氮掺杂和分层多孔纳米结构结合在一起，制备高性能超级电容器的石墨烯材料仍然是一个挑战。现如今，等离子活化技术已被确定为一种有效且快速的方法，用于对碳材料进行氮掺杂，为赋予碳材料各种新的或增强的电化学应用性能提供了可行的方案[73]。例如，Fan 等采用一步法在室温下进行了氮等离子活化策略，成功地将商用碳布转化为用于锂离子存储的 N 掺杂的表层纳米结构电极[74]。他们发现，$N_2$ 等离子活化产生的氮掺杂可改善碳材料的润湿性，而表面纳米形态的形成可增加比表面积，这有利于电极和电解质界面上的离子吸附和解吸。据报道，经过等离子处理后，所得的氮掺杂碳布在 4 $mA/cm^2$ 下的电容显著增大至 391 $mF/cm^2$，而未处理的碳布仅为 0.12 $mF/cm^2$。Jeong 等用 $N_2$ 等离子体活化石墨烯 3 min，实现了氮的最大掺杂率为 2.51%[75]。结果显示，用 $N_2$ 等离子体诱导的氮掺杂石墨烯作为超级电容器电极显示出 280 F/g 的大电容，远高于原始石墨烯的电容，同时不牺牲稳定性和功率特性。值得注意的是，$NH_3$ 是另一种通用的氮源，用于激发比 $N_2$ 等离子体更活跃的等离子活化[76]。简而言之，在相对温和的条件下进行的等离子活化过程在提高能源存储与转换方面具有不可替代的优势。

本节提出了一种 Ar/CH$_4$ 等离子体沉积与 N$_2$ 等离子体活化相结合的策略，在碳纤维（CFs）表面（N-GNF@CFs）上构建了 N 掺杂和 3D 分级多孔石墨烯泡沫纳米结构，以增强超级电容器的电化学性能。N$_2$ 等离子体活化诱导的 N 掺杂和表面结构工程赋予了 PECVD 石墨烯丰富的 N 活性位点、大表面积和超亲水性等众多优点。特别是，对 3D 互连多孔纳米结构的精心设计大大缩短了离子扩散距离并增强了电极的结构稳定性。因此，所得的 N-GNF@CFs 电极在 1 mA/cm$^2$ 时具有显著的大比电容（204.2 F/g），并且在 10000 次循环后具有 93.5%的电容保持率，表现出优异的循环稳定性。此外，通过采用 N-GNF@CFs 作为阴极，并在其上电沉积 Zn 纳米片，得到了一种新型柔性准固态锌离子电容器，具有高能量密度和长使用寿命。该电容器在电流密度为 0.2 A/g 时具有 131.5 mAh/g 的高容量，在功率密度为 378.6 W/kg 时具有 105.2 Wh/kg 的能量密度，并且循环寿命超过 10000 次，电容保持率达到 87.9%。

## 6.2.2　碳纤维/掺氮 3D 分层多孔石墨烯泡沫的制备

### 6.2.2.1　试验材料

碳纤维（CFs）的制备是将清洁干燥的牛仔布样品（100%棉，20×40 cm$^2$）转移到配有石英管（直径 80 mm）的管式炉中，在氮气（99.999%）流量为 100 sccm 的条件下进行热解。样品以 5℃/ min 的加热速率加热至 1000℃，并在此温度下保持 4 h 以完成热解；之后，管式炉自然冷却至室温。所有试剂在使用前均无需进一步纯化，直接使用即可。

### 6.2.2.2　射频等离子体增强化学气相沉积制备 GNSs@CFs 与 N-GNF@CFs

采用射频等离子体增强化学气相沉积装置（RF-PECVD，BTF-1200C-II-SL）在 CFs 基底（面积：4×2 cm$^2$，质量：16.4 mg/cm$^2$）表面制备石墨烯纳米片。首先，在反应室内部形成真空（5 Pa），然后将 Ar 气体（80 sccm）注入反应室（直径 80 mm 的石英管），并将 CFs 基底以 30℃/min 的加热速率加热至 800℃。随后，将 CH$_4$ 气体（20 sccm）注入室中，并在 200 W 射频波和 200 Pa 的反应压力下激活射频等离子体。反应持续 120 min，然后自然冷却。通过 CFs 和 GNSs@CFs 之间的重量差，确定石墨烯纳米片的质量负载为 0.6 mg/cm$^2$。同样地，以 GNSs@CFs 为前驱体，制备 N-GNF@CFs。具体而言，在通入 N$_2$ 50 sccm 的条件下，将 GNSs@CFs 在纯 N$_2$ 等离子体中处理，该等离子体在 500 W 射频波下被激发，进行了不同处理时间（5 min、10 min 和 20 min）的 N$_2$ 等离子体活化。不同处理时间的样品分别标记为 N-GNF@CFs-$x$（$x$=5、10、20）。除非另有说明，N-GNF@CFs 指代的是 N-GNF@CFs-10。

### 6.2.2.3　柔性准固态锌离子电容器的制备

首先通过典型的电化学沉积技术制备了 ZnNSs@CFs 阳极。将 10 mL 1 mol/L ZnSO$_4$ 溶液和 1 g 明胶颗粒在 80℃下混合，直至混合物转至澄清透明，制备出 ZnSO$_4$/明胶凝胶电解质。N-GNF@CFs 阴极、ZnNSs@CFs 阳极和一张纤维素纸在 80℃下浸入 ZnSO$_4$/明胶溶液中 10 min，使电解质渗透至内部电极中。刮去多余的电解质后，电极冷却至室温。最后，通过使用 N-GNF@CFs 阴极、ZnNSs@CFs 阳极和与纤维素隔膜结合的 ZnSO₄/明胶凝胶电解质，成功组装了类似三明治的柔性器件。

### 6.2.2.4　结构表征

使用透射电子显微镜（TEM）（FEI，Tecnai G2 F20）和扫描电子显微镜（SEM）（日立 S4800）观察样品的形态，SEM 设备配备了能量色散 X 射线（EDX）光谱仪检测器以进行元素分析。通过加速表面积和孔隙率测定系统（3H-2000PS2）的 $N_2$ 吸附-脱附测试分析孔分布和比表面积（SSA）。在布鲁克 D8 Advance TXS XRD 仪器上进行了 X 射线衍射（XRD）分析，使用 Cu Kα（靶）辐射（$\lambda=1.5418$ Å），扫描速率为 4°/min，扫描范围为 5°～90°（$2\theta$）。使用 Renishaw InVia 微拉曼系统以 514 nm 的激发波长记录拉曼光谱。在 Thermo Escalab 250Xi 系统上使用具有双 Al Kα X 射线源的光谱仪进行 X 射线光电子能谱（XPS）分析。

### 6.2.2.5　电化学表征

首先在以 Hg/HgO 和 Pt 片分别为参比电极和对电极的三电极体系中研究了电极的电化学性质。电化学交流阻抗谱的频率范围为 0.05 Hz 至 40 kHz，振幅电位为 10 mV。采用双电极测试系统评价了准固态锌离子电容器的电化学性能。所有电化学测量均在多通道电化学工作站（武汉 CorrTest 仪器有限公司）上进行。

### 6.2.2.6　电容性能计算

在三电极系统中，根据不同电流密度的 GCD 曲线，可按以下公式计算面积比电容（$C_S$，F/cm²）和质量比电容（$C_m$，F/g）[46]：

$$C_S = \frac{I \times \Delta t}{\Delta V \times S} \tag{6-14}$$

$$C_m = \frac{I \times \Delta t}{\Delta V \times m} \tag{6-15}$$

式中，$I$、$\Delta t$ 和 $\Delta V$ 分别代表恒定放电电流（mA）、放电时间（s）和电势窗口（V）；$S$ 和 $m$ 分别代表电极的面积（cm²）和质量（mg）。锌离子电容器的比容量（$C$，mAh/g）是通过放电曲线精确确定的，由以下公式得出[77]：

$$C = 2I \int V \mathrm{d}t / 3.6m \tag{6-16}$$

式中，$I$（A）、$\int V\mathrm{d}t$（V·s）、$V$（V）和 $m$（g）分别代表放电电流（A）、放电曲线下的积分面积、欧姆降后的电压以及阴极中活性物质的质量。锌离子电容器设备的能量密度（$E$，Wh/kg）和功率密度（$P$，W/kg）是根据阴极中活性物质的质量计算得出的，计算公式如下[78]：

$$E = I \int V \mathrm{d}t / 3.6m \tag{6-17}$$

$$P = 3600E / I \tag{6-18}$$

## 6.2.3　微观形貌、孔径分布与元素分析

碳纤维/掺氮 3D 分层多孔石墨烯泡沫的纳米结构设计和制备策略如图 6-37（a）所示。具有三维交织结构和粗糙表面的 CFs（图 6-38）作为石墨烯的生长基质，首先在 1000℃下热解棉织物而制得。随后，通过在 RF-PECVD 系统中的 Ar/CH₄ 等离子体将垂直石墨烯纳米片阵列均匀地沉积在 CFs 表面，形成核壳结构［图 6-37（b）］。除了沉积反应外，等离子体技术还可应用于各种纳米材料的表面形态控制和功能化[79-81]。

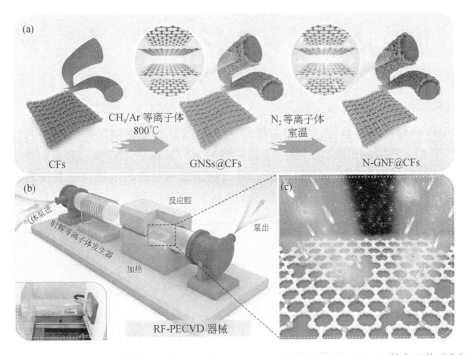

图 6-37　（a）N-GNF@CFs 的制备工艺和（b）RF-PECVD 系统示意图，（c）N₂ 等离子体活化机理图

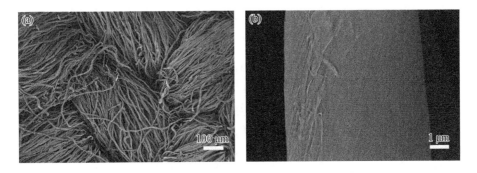

图 6-38　碳纤维的 SEM 图像

（a）低放大倍率图，纤维的三维缠绕结构；（b）高放大倍率图，单纤维表面

　　N₂等离子体已报道可用于碳和金属氧化物的氮掺杂。此外，因中等压力放电的物理刻蚀作用，N₂等离子体活化可诱导材料的表面纳米结构化，如增加表面粗糙度[82]和3D互连介孔/微孔[83]。本节中，通过在低温下进行N₂等离子体活化，成功将石墨烯纳米片转化为N掺杂的石墨烯纳米泡沫，其具有互连的多孔结构，覆盖在CFs表面。如图6-37（c）所示，N₂等离子体中的许多正离子（$N_2^+/N^+$）取代了石墨烯的部分碳原子，从而实现N掺杂并产生更多缺陷[84]。另一方面，这种纳米结构修饰赋予了石墨烯大的界面面积和3D分层孔道结构，有利于电解质离子的快速扩散和电子的快速转移[85]。此外，N掺杂的石墨碳因具有可及的活性位点和更高的电子迁移率而表现出良好的亲水性和电化学活性[86-88]。

　　通过扫描电子显微镜（SEM）初步研究了N-GNF@CFs的三维分层多孔纳米结构。GNSs@CFs的SEM图像[图6-39（a）]显示了碳纤维的褶皱表面。放大后的图像[图6-39（a）中的插图部分]显示，在碳纤维表面上发现了大量结构良好的纯石墨烯纳米片。可见，石墨烯纳米片垂直堆叠在一起，呈现出准蜂窝状结构，且密集地包覆碳纤维[图6-39（b）]，这意味着石墨烯与碳纤维之间具有高黏附性。在N₂等离子体活化后，这些二维石墨烯纳米片阵列演变成具有三维互连多孔网络结构的石墨烯纳米泡沫[图6-39（c）]，这归因于高能N₂等离子体激发的刻蚀效应，表明石墨烯通过等离子体系统中高能电子和活性自由基（$N^{2+}/N^+$）的相互作用成功修饰[89-91]。值得注意的是，等离子体刻蚀与湿法刻蚀是有区别的。等离子体刻蚀不需要腐蚀性酸或碱，并且加工过程具有高度的可重复性和良好的控制性[92]。

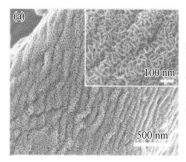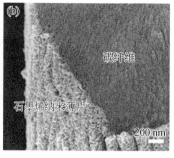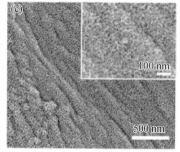

图6-39　材料的显微结构特征

（a）GNSs@CFs的SEM图像；（b）GNSs@CFs核壳结构的SEM横截面图；（c）N-GNF@CFs的SEM图像

　　为揭示这种石墨烯纳米结构的形成，本节研究了石墨烯在不同N₂等离子体活化时间下的SEM图像（图6-40）。随着等离子体处理时间的增加，石墨烯展现了从纳米片阵列至纳米泡沫的结构转变[图6-40（a）～（c）]。然而，长时间的处理会对石墨烯泡沫结构造成较大的结构损伤[图6-40（d）]，导致活性层显著减少，不利于电容性能。这样的3D多孔纳米结构将有效地增加材料的比表面积并暴露更多的电化学活性位点（即掺杂N原子），这对于实现碳基电极材料的电容和倍率性能增强至关重要[93, 94]。

　　对应的N-GNF@CFs元素映射图（图6-41）显示，C、N、O元素分布均匀，说明在石墨烯结构中成功掺杂了N原子。

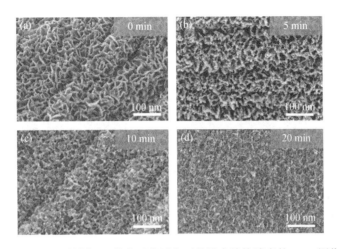

图 6-40　石墨烯在 $N_2$ 等离子体活化下的纳米结构演变的 SEM 图像

（a）0 min（GNSs@CFs）；　（b）5 min（N-GNF@CFs-5）；　（c）10 min（N-GNF@CFs-10）；　（d）20 min（N-GNF@CFs-20）

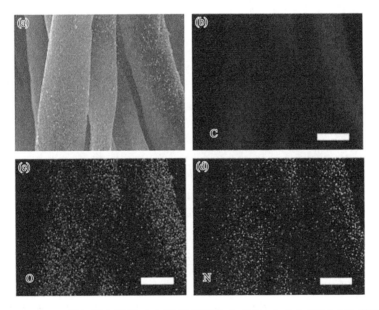

图 6-41　N-GNF@CFs 的扫描电镜图（a）以及对应的 C（b）、O（c）和 N（d）的元素映射图

　　通过透射电子显微镜（TEM）进一步证实了 N-GNF@CFs 的纳米结构。图 6-42（a）显示了 N-GNF@CFs 层次化多孔结构的高连通性，为电子快速迁移提供了有效的高速通道[25]。放大区域［图 6-42（b）］突出了这些不规则和随机分布的孔隙，包括微孔（<2 nm）、介孔（2~50 nm）和大孔（50~100 nm），贯穿整个物质，这与 SEM 观察结果一致。鉴于这些观察结果，N-GNF@CFs 受到 $N_2$ 等离子体活化将暴露更多的表面积。为进一步研究 N-GNF@CFs 的孔隙度特征，进行了 $N_2$ 吸附-脱附实验。图 6-42（c）为裸碳纤维、GNSs@CFs 和 N-GNF@CFs 的 $N_2$ 吸附-脱附等温线，在相对压力范围为 0.45~0.9 时，其表现为可逆的 Ⅳ 型介孔滞回线。N-GNF@CFs 的比表面积（528 $m^2/g$）远高于原始的 GNSs@CFs（417 $m^2/g$）和裸碳纤维（362 $m^2/g$），这是由于 $N_2$ 等离子体活化诱导了更多微孔/介孔导致的［图 6-42（d）］。

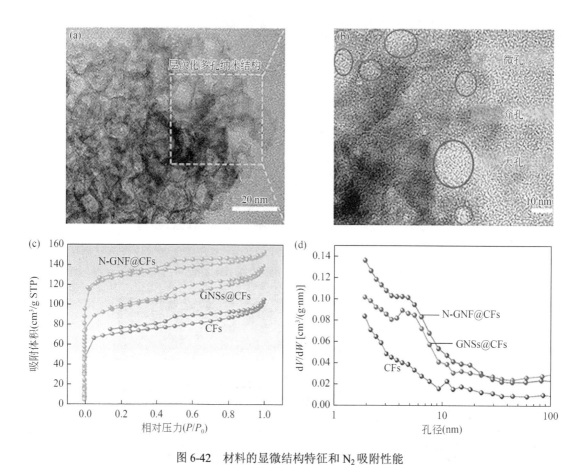

图 6-42　材料的显微结构特征和 N$_2$ 吸附性能

（a）N-GNF@CFs 的 TEM 图像；（b）N-GNF@CFs 的 HRTEM 图像；（c）N$_2$ 吸附-脱附等温线；（d）碳纤维、GNSs@CFs 和 N-GNF@CFs 的孔径分布

　　此外，图 6-42（d）所示的孔径分布图证实了 N-GNF@CFs 的分层多孔结构，由丰富的微孔和介孔组成。GNF@CFs-5、N-GNF@CFs-10、N-GNF@CFs-20 的 N$_2$ 吸附-脱附等温线和对应的孔径分布图如图 6-43（a）和（b）所示。因微孔和介孔的贡献，N-GNF@CFs-5 的比表面积可达 477 m$^2$/g。当活化时间延长至 10 min 时，多孔纳米结构显著增强，获得了 528 m$^2$/g 的高比表面积。然而，在 20 min 的较长活化时间内，微孔和介孔数量下降，比表面积明显减小（367 m$^2$/g），接近裸碳纤维，证实了过量的 N$_2$ 等离子体活化导致碳纤维表面石墨烯的损失，这与 SEM 的结果一致。

　　因表面润湿性对电极/电解质界面上电解质离子的转移速率至关重要，本节研究了 N$_2$ 等离子体活化对石墨烯润湿性的影响。从水接触角测量结果可看出，未经处理的 GNSs@CFs 的接触角测量值为 136.7°［图 6-44（a）］，而 N-GNF@CFs 具有超亲水性，在 1 s 内可快速吸附水滴［图 6-44（b）］。通过 N$_2$ 等离子体处理引入大量亲水含 N 基团是 N-GNF@CFs 润湿性改善的原因。此外，碳纤维基材料在可穿戴和可折叠超级电容器的应用方面具有灵活性和重量轻的优点。如图 6-44（c）所示，N-GNF@CFs 具有良好的灵活性和实用性，可自由弯曲、折叠和扭曲，这在发展可穿戴和轻量化电子产品的情况上十分关键。

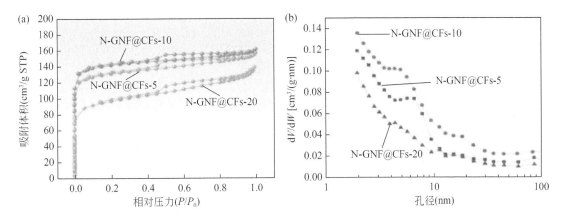

图 6-43　N-GNF@CFs-5、N-GNF@CFs-10 和 N-GNF@CFs-20 的 $N_2$ 气体吸附-脱附曲线（a）和孔径分布图（b）

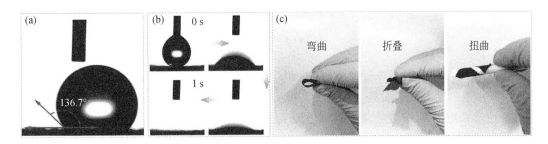

图 6-44　（a）GNSs@CFs 的水接触角，（b）N-GNF@CFs 的水接触角，（c）N-GNF@CFs 的柔性

为揭示石墨烯在 $N_2$ 等离子体活化后的石墨结构和化学成分，采用 X 射线衍射、拉曼光谱和 X 射线光电子能谱进行表征。结果表明，XRD 谱图在 24.0° 和 43.7° 处显示出宽峰，对应于碳纤维中无定形碳的（002）和（100）面 [图 6-45（a）]。值得注意的是，GNSs@CFs 的特征峰比裸碳纤维的特征峰更尖锐，表明石墨化程度增加。此外，在石墨碳的（002）晶面上，GNSs@CFs 出现了一个位于 26.2° 的新尖峰 [图 6-45（a）插图]，这证实了在碳纤维表面成功制备了石墨烯纳米片[96]。在 $N_2$ 等离子体活化后，N-GNF@CFs 在较低的衍射角下（002）峰逐渐变宽，该结果是因大量的氮原子掺杂至石墨烯中，增加了晶格间距和更多的缺陷[97]。图 6-45（b）中的拉曼光谱显示，在 1350 $cm^{-1}$ 处存在明显的 D 峰，在 1596 $cm^{-1}$ 处存在 G 峰，分别对应于石墨晶格的面内振动和石墨无序或晶格缺陷[98]。D 峰和 G 峰的强度比（$I_D/I_G$）常用于确定碳材料的缺陷和石墨化程度。GNSs@CFs 的 D 峰与 G 峰的强度比（$I_D/I_G$）为 1.16，而裸碳纤维的 $I_D/I_G$ 值为 1.06，这表明石墨烯的成功制备[99]。N-GNF@CFs 的 $I_D/I_G$ 值增加至 1.38，表明其具有更大的无序/缺陷，这可能是因石墨烯表面存在含氮的官能团以及致密的反应性石墨边缘[100]。

　　X 射线光电子能谱（XPS）也用于确定氮原子的掺杂程度。图 6-46（a）显示了具有 C 1s 和 O 1s 特征峰的典型 XPS 全谱，其中 N-GNF@CFs 表现出可量化原子比为 9.7% 的掺杂

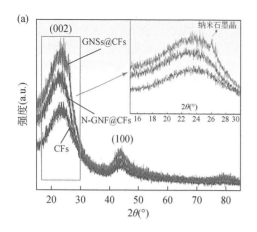
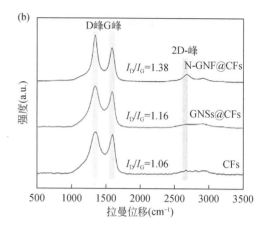

图 6-45 GFs、GNSs@CFs 和 N-GNF@CFs 的（a）XRD 谱和（b）拉曼光谱

N 1s 峰。N-GNF@CFs 的 C 1s 谱的特征峰位于 285.6 eV［图 6-46（b）］，对应于 C—O 和 C—N 键的综合贡献，其中 C—N 键的形成归因于 $N_2$ 等离子体活化过程后石墨烯上的 N 掺杂。此外，N 1s 谱［图 6-46（c）］可解卷积为四个峰，分别对应吡啶氮（398.4 eV）、吡咯氮（399.7 eV）、石墨氮（401.1 eV）和氧化氮（402.4 eV）[101]。吡咯氮是由 N 原子并入五元杂环引起的，吡啶氮来自与两个 $sp^2$ 杂化 C 相邻的 $sp^2$ 杂化 N 原子，而石墨氮来自与三个 $sp^2$ 杂化 C 相邻的 $sp^2$ 杂化 N 原子。据报道，石墨平面边缘的掺杂氮原子（吡咯氮、吡啶氮和氧化氮）比石墨平面内（石墨氮）能提供更多有效的活性位点，从而提高催化和电化学性能[102]。值得注意的是，石墨平面边缘的 N 原子百分比为 87.1%，远高于石墨平面内的 N 原子百分比（12.9%），这表明存在更有效的活性位点。基于上述表征分析，利用等离子体活化技术创建的 N-GNF@CFs，有望成为高性能超级电容器的理想的电极。N-GNF@CFs 的优点如图 6-46（d）所示。①由分布良好的介孔和微孔组成的分层多孔纳米结构显著增加了比表面积，可能为接受足够的电解质溶液促进电荷传播和离子转移提供了更广阔的空间；②$N_2$ 等离子体活化引起的氮掺杂增加了材料的电导率，暴露了更多的电化学反应活性位点，氮成键作用几乎为石墨烯平面的边缘，这将增强电极的电容性；③优良的润湿性有利于提高对电解质的吸附，从而影响电极的电容和循环性能。

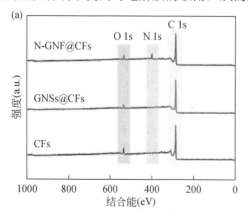
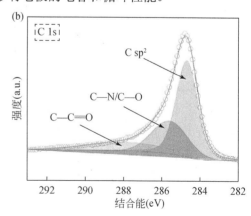

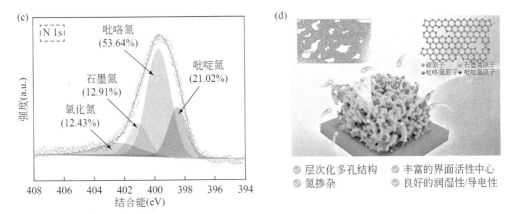

图 6-46　CFs、GNSs@CFs 和 N-GNF@CFs 的（a）XPS 全谱；（b）N-GNF@CFs 的 C 1s 高分辨 XPS 光谱；（c）N-GNF@CFs 的 N 1s 高分辨 XPS 光谱；（d）N-GNF@CFs 表面纳米结构示意图

## 6.2.4　电容性能与储能机制

本节首先在以 3 mol/L KOH 溶液为电解质的三电极系统中评估了 N-GNF@CFs 电极的电化学性能 [图 6-47（a）]。图 6-47（b）显示了 5 mV/s 下的循环伏安法（CV）曲线，其电势范围为 -1.0~0 V。与 GNSs@CFs 和裸 CFs 相比，N-GNF@CFs 的 CV 曲线显示出理想的准矩形特征，积分面积更大，这证实了 N-GNF@CFs 的响应电流显著更大和电容更高。

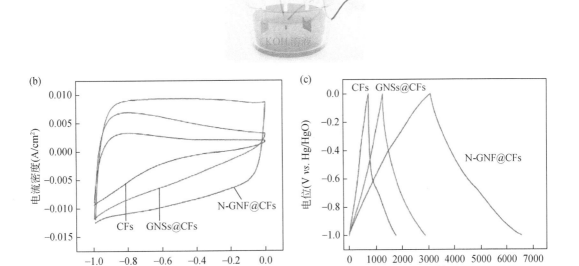

图 6-47　三电极系统下 CFs、GNSs@CFs 和 N-GNF@CFs 电极的电化学性能

（a）三电极系统的示意图；（b）5 mV/s 下的循环伏安曲线；（c）1 mA/cm² 下的恒电流充放电曲线

值得注意的是，未进行任何掺杂的 GNSs@CFs 的电化学性能优于 CFs，因为石墨烯具有更大的表面积和更高的电导率。图 6-47（c）显示了以 1 mA/cm$^2$ 的电流密度测试的 N-GNF@CFs、GNSs@CFs 和 CFs 电极的恒流充放电（GCD）曲线。通过比较各材料的 GCD 曲线，N-GNF@CFs 显示出准对称三角形，反映了高的库仑效率。显然，N-GNF@CFs 的放电时间远长于 GNSs@CFs 和 CFs 电极的放电时间，这清楚地揭示了形成 3D 分层多孔纳米结构并氮掺杂后该电极电容增加。

根据图 6-48（a），N-GNF@CFs 的电容在 1 mA/cm$^2$ 时为 3.47 F/cm$^2$，该结果是 GNSs@CFs（1.61 F/cm$^2$）的两倍，甚至是 CFs（1.01 F/cm$^2$）的 3.5 倍。即使在 20 mA/cm$^2$ 的大电流密度下，N-GNF@CFs 电极仍保持 2.29 F/cm$^2$ 的高比电容，并保持 66% 的高保持率，表明其具有较好的倍率性能，而 GNSs@CFs 和 CFs 电极的比电容分别降低至 0.80 F/cm$^2$（49.6%）和 0.19 F/cm$^2$（18.8%）。图 6-48（b）中的电化学阻抗谱（EIS）进一步揭示了其反应动力学。插图显示了由溶液电阻（$R_s$）、电荷转移电阻（$R_{ct}$）、常相角元件（CPE）和 Warburg 阻抗（$W$）组成的拟合等效电路。在 EIS 曲线中，$R_s$ 的值可通过高频区域的横轴（$Z'$）截距确定，而半圆的直径代表 $R_{ct}$ 的值。在低频区域，曲线的斜率用于评估 $W$ 值，该值与电极/

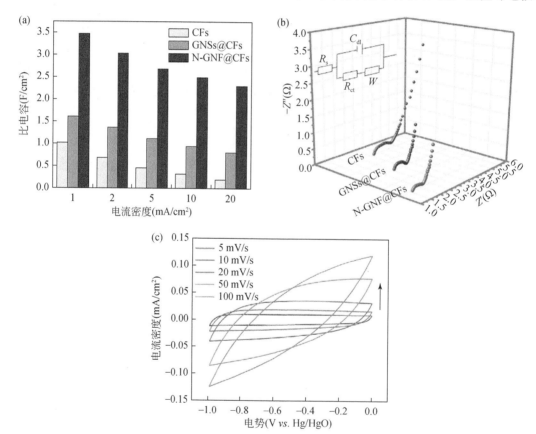

图 6-48　CFs、GNSs@CFs 和 N-GNF@CFs 在不同电流密度下的比电容（a）和 Nyquist 图（b，插图表示等效电路的拟合）；N-GNF@CFs 在不同扫描速率下的循环伏安曲线（c）

电解质界面处的离子扩散速率有关。发现 N-GNF@CFs 的 $R_s$ 和 $R_{ct}$ 值分别为 1.58 Ω 和 0.52 Ω，低于 GNSs@CF（2.53 Ω 和 0.72 Ω）和 CFs（3.23 Ω 和 1.13 Ω），这表明三维分级多孔网络纳米结构和掺杂的电负性氮原子可显著提高电导率和加速电荷转移。此外，N-GNF@CFs 还表现出最高的斜率，这表明离子嵌入/脱嵌的电阻较低，电容性能更优越。这些结果与 CV 和 GCD 结果完全一致。

　　不同扫描速率下的 N-GNF@CFs 的 CV 曲线如图 6-48（c）所示。显然，即使在高达 100 mV/s 的扫描速率下，曲线的形状仍能较好地保持，表明电极具有良好的倍率性能和快速的电子转移能力。

　　考虑到石墨烯纳米片的纳米结构随 $N_2$ 等离子体活化时间的延长而明显变化，进一步研究了等离子体处理时间对电极电化学性能的影响。比较了 0 min（GNSs@CFs）、5 min（N-GNF@CFs-5）、10 min（N-GNF@CFs-10）和 20 min（N-GNF@CFs-20）$N_2$ 等离子体处理后不同电极的 CV 和 GCD 曲线（图 6-49）。

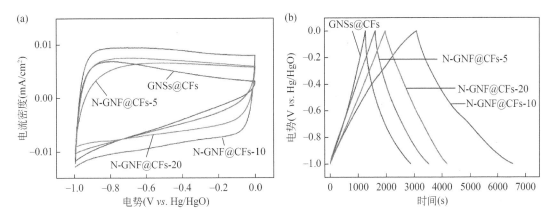

图 6-49　GNSs@CFs、N-GNF@CFs-5、N-GNF@CFs-10 和 N-GNF@CFs-20 的 CV 曲线（a）和 GCD 曲线（b）

　　经等离子处理的结果如下：显然，CV 曲线［图 6-50（a）］的积分面积随活化时间从初始 0～10 min 逐渐增大，表明 $N_2$ 等离子活化使石墨烯表面暴露出更多的活性位点并增加了表面积，从而提高了电荷存储能力。然而，过度的处理时间导致 N-GNF@CFs-20 的电化学性能发生退化，因为来自气体离子与活性层之间的活化反应产生的过度刻蚀几乎消除了 CFs 表面的活性物质（图 6-50）。因此，具有分级多孔结构的 N-GNF@CFs-10 被确定为最优的研究对象，并在本节中以 N-GNF@CFs 表示。GNSs@CFs、N-GNF@CFs-5 和 N-GNF@CFs-20 的详细电化学性能如图 6-50 所示。

　　图 6-51（a）显示了不同电流密度下 N-GNF@CFs 的 GCD 曲线。GCD 曲线是几乎对称的三角形，与 CV 分析的结果非常吻合，表明典型的双层电容特性具有很高的库仑效率（>98%）。此外，N-GNF@CFs 在 10000 个 GCD 循环中表现出优异的循环稳定性，保持了其初始电容的 96.4%［图 6-51（b）］，表明其属于长寿命储能设备。基于上述分析，N-GNF@CFs 有望成为高性能超级电容器器件的理想电极。锌离子电容器（ZIC）是一种有前途的新型混合储能器件，通过在超级电容器型碳阴极上可逆地吸附/脱附阴离子和在电池型锌阳极上可逆地沉积/剥离锌离子（作为电荷载体）来储存能量[103]。在此，采用一步电沉积法制备了

由锌纳米片（ZnNSs）和碳纤维（CFs）组成的锌阳极（ZnNSs@CFs）[104]。具体来说，使用三电极系统进行电化学沉积，其中 CFs 基底、铂片和饱和甘汞电极分别作为工作电极、对电极和参比电极，以 $ZnSO_4$、$Na_2SO_4$ 和硼酸的 100 mL 混合溶液为电解质，在 60 mA 的恒定电流下进行 15 min 的制备过程。

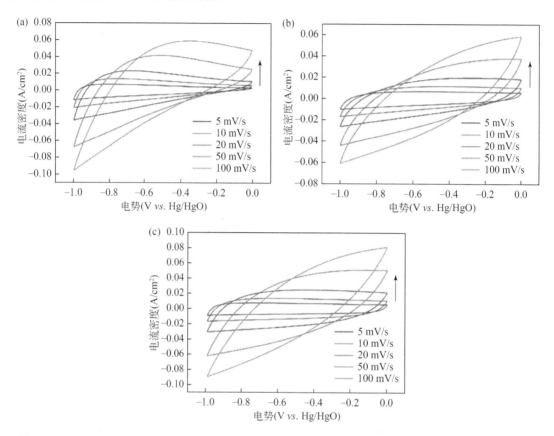

图 6-50　GNSs@CFs（a）、N-GNF@CFs-5（b）和 N-GNF@CFs-20（c）在不同扫描速率下的 CV 曲线

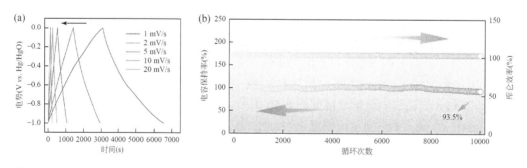

图 6-51　N-GNF@CFs 在不同电流密度下的 GCD 曲线（a）及在 10 mA/cm² 下的循环稳定性（b）

　　电沉积 ZnNSs 的生长机制如图 6-52 所示[105]。开始时，电解质溶液中的大量 $Zn^{2+}$ 被吸附至 CFs 表面进行阴极反应，即将 $Zn^{2+}$ 还原为 Zn 金属。随后，首先形成一层 Zn 薄膜并封装在 CFs 上。随着反应的进行，开始成核和结晶，其中一些 Zn 纳米片从 Zn 薄膜的薄层中

萌发。然后，所有 Zn 薄膜都用作纳米片聚集性生长的籽晶层。随着沉积时间逐渐延长，越来越多的 ZnNSs 形成。扫描电子显微镜（SEM）图像［图 6-53（a）］证实许多 ZnNSs 均匀地沉积在 CFs 表面。高倍率 SEM 图像进一步显示垂直相交的纳米片直径为 1.5～2 mm。这种无聚集的纳米片阵列分布良好，可显著降低电子转移的内在电阻[106]。图 6-53（b）～（d）中的相应元素映射图像也证实了 Zn 元素在 CFs 表面上的均匀分布。

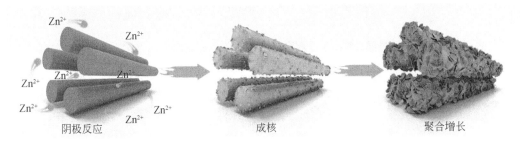

图 6-52　ZnNSs@CFs 阳极电化学沉积法制备机理示意图

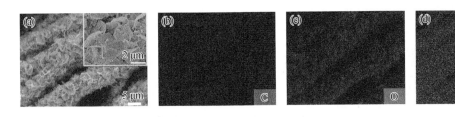

图 6-53　ZnNSs@CFs 阳极的制备及形貌和化学表征

（a）低倍和高倍 SEM 图像；（b～d）对应的元素映射图像

通过使用 N-GNF@CFs 作为阴极、ZnNSs@CFs 作为阳极以及 1 mol/L ZnSO₄/明胶作为凝胶电解质来构建柔性准固态锌离子电容器（即 N-GNF@CFs//ZnNSs@CFs，简称为 N-GNF@CFs 锌离子电容器），其组装结构示意图如图 6-54（a）所示。图 6-54（b）示意性地描述了 N-GNF@CFs 锌电容器的电荷存储机制。在充电过程中，$SO_4^{2-}$ 被吸附至 N-GNF@CFs 表面，而电解质中的 $Zn^{2+}$ 被沉积至 ZnNSs@CFs 上。在放电过程中，$SO_4^{2-}$ 离开 N-GNF@CFs 电极并返回至电解质中，而 $Zn^{2+}$ 则从 ZnNSs@CFs 中脱离出来。通过 CV 和 GCD 曲线综合研究了锌离子电容器的电化学性能。

图 6-55（a）显示了在 0.2～1.8 V 的电压窗口内，以 5 mV/s 的扫描速率对 N-GNF@CFs 和 GNSs@CFs 锌离子电容器进行循环伏安（CV）分析的结果。两种 CV 曲线均呈现非理想矩形形状，且无明显氢氧析出峰，表明在稳定的电压下工作的锌离子电容器中的碳阴极（即可逆的 $SO_4^{2-}$ 吸附/脱附）和锌阳极（即 $Zn^{2+}$ 的沉积/剥离）具有不同的电荷存储机制。N-GNF@CFs 锌离子电容器的 CV 曲线综合面积远大于 GNSs@CFs 基锌离子电容器的面积，表明 N-GNF@CFs 锌离子电容器的电容更大。在电流密度为 0.2 A/g 时，N-GNF@CFs 和 GNSs@CFs 锌离子电容器的恒电流充放电曲线显示出放电比容量分别为 131.5 mAh/g 和 54.4 mAh/g（263 F/g 和 108.8 F/g）［图 6-55（b）］。值得注意的是，因电极表面 $Zn^{2+}$ 的吸附/脱附不完全，N-GNF@CFs 的放电容量高于充电容量。

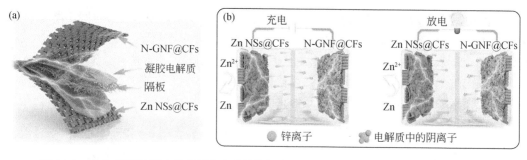

图 6-54 （a）柔性准固态锌离子电容器结构示意图；（b）锌离子电容器的电荷存储机制

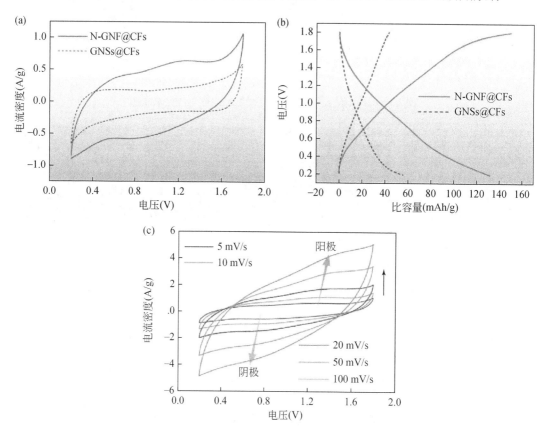

图 6-55 柔性锌离子电容器器件的电化学性能

（a）5 mV/s 下的 CV 曲线；（b）0.2 A/g 下的 GCD 曲线；（c）不同扫描速率下 N-GNF@CFs 锌离子电容器的 CV 曲线

图 6-56 显示 GNSs@CFs 锌离子电容器即使在高达 100 mV/s 的扫描速率下，所有曲线都显示出相似的形状。具体来说，N-GNF@CFs 锌离子电容器在阴极（0.8 V）和阳极（1.3 V）扫描时出现一对弱峰，表明存在可逆的法拉第氧化还原反应，从而赋予该结构额外的容量。这种协同的赝电容行为归因于通过快速简便的 $N_2$ 等离子活化处理的碳材料表面上的含氮基团。

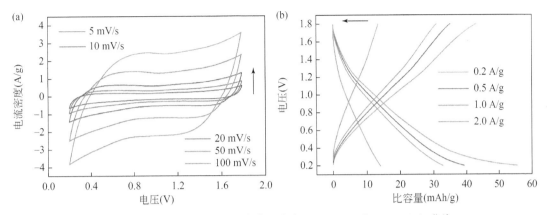

图 6-56　GNSs@CFs 基水性锌离子电容器 CV（a）和 GCD（b）曲线

为了进一步揭示 N-GNF@CFs 基锌离子电容器的储能机制，通过 Dunn 方法进行了电化学动力学分析。根据 CV 曲线，峰电流（$i$）与扫描速率（$v$）之间的幂律关系可用下列公式表示：

$$i = a \times v^b \tag{6-19}$$

$$\log(i) = b\log(v) + \log(a) \tag{6-20}$$

其中，$a$ 和 $b$ 为可变参数。通常情况下，$b$ 值为 0.5，表示离子扩散控制的电化学行为；而 $b=1.0$ 表示表面电容控制的电化学行为。如图 6-57 所示，计算所得到的 $b$ 值对应阳极电流和阴极电流分别为 0.63 和 0.61，证实离子扩散和电容的联合行为共同控制电荷存储过程，其中 Zn 扩散控制过程主导电化学行为。电容和扩散控制的贡献可通过使用以下公式进一步定量检验：

$$i(V) = k_1 v + k_2 v^{1/2} \tag{6-21}$$

其中，$k_1 v$ 为电容控制电流部分，$k_2 v^{1/2}$ 为扩散控制电流部分。$k_1$ 和 $k_2$ 的值可通过绘制不同电位和扫描速率下的 $i/v^{1/2}$ 和 $k_2 v^{1/2}$ 来确定：

$$i(V) / v^{1/2} = k_1 v^{1/2} + k_2 \tag{6-22}$$

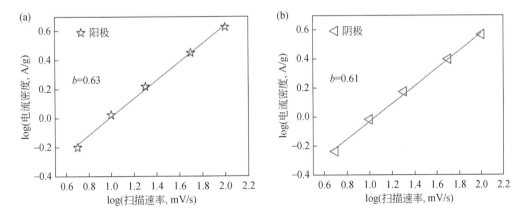

图 6-57　CV 曲线峰值电流的线性拟合：阳极（a）和阴极（b）峰值电流作为扫描速率的函数

　　图 6-58（a）为 N-GNF@CFs 锌离子电容器在 20 mV/s 时的 CV 曲线，其中锌离子扩散控制的贡献占总电流的比例为 94.6%。另外，还计算了不同扫描速率下的扩散控制贡献率，结果如图 6-58（b）所示。由图可知，随着扫描速率从 5 mV/s 增加至 100 mV/s，扩散控制过程的贡献从 96.8%下降至 81.4%，而电容的贡献逐渐增加。这些结果有助于阐明 N-GNF@CFs 锌离子电容器的典型电池型特性，它通过可逆吸附/脱附锌离子来进行电荷存储。此外，丰富的含氮官能团增加了活性位点，三维分层多孔纳米结构扩大了表面积，从而为赝电容反应提供了更多的机会。

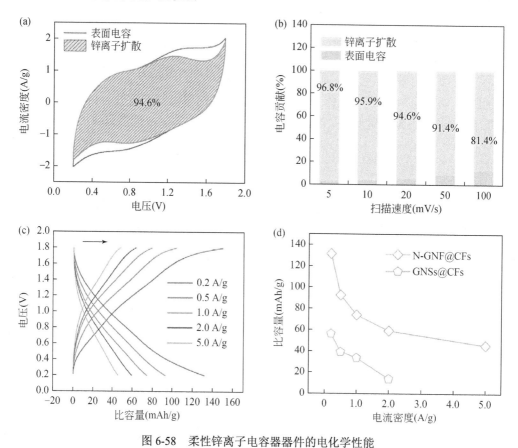

图 6-58　柔性锌离子电容器器件的电化学性能
（a）N-GNF@CFs 锌离子电容器在 20 mV/s 下 CV 曲线的 Zn 离子扩散贡献拟合结果；（b）不同扫描速率下电容贡献和 Zn 离子扩散贡献；（c）在不同电流密度下的 GCD 曲线；（d）N-GNF@CFs 和 GNSs@CFs 锌离子电容器在不同电流密度下的容量

　　N-GNF@CFs 锌离子电容器在不同电流密度下的 GCD 曲线如图 6-58（c）所示。由放电曲线可知，在 0.2 A/g 时，N-GNF@CFs 锌离子电容器的容量为 131.5 mAh/g（263 F/g），是 GNSs@CFs 锌离子电容器（54.4 mAh/g，即 108.8 F/g）的两倍以上。锌离子电容器在不同电流密度下的容量值如图 6-58（d）和图 6-59（a）所示。值得注意的是，N-GNF@CFs 锌离子电容器即使在高电流密度（5.0 A/g）时，也能表现出 45.5 mAh/g（91 F/g）的容量，而 GNSs@CFs 锌离子电容器不能维持如此大的电流密度，在 2.0 A/g 时只能表现出 14.1 mAh/g（28.2 F/g）的容量，这表明 N-GNF@CFs 具有优异的倍率能力。并对 N-GNF@CFs 锌离子电容器进行循环试验，结果也记录在图 6-59（a）中。在 2.0 A/g 的电流密度下，超长 10000 次 GCD 循环后，准固态锌离子电容器的容量保持率可达 87.9%，具有优异的循环稳定性。因卓越的容量和相对宽的电压窗，N-GNF@CFs 锌离子电容器器件实现了可达 105.2 Wh/kg 和 378.6 W/kg 的高能量和功率密度。即使在 11250 W/kg 的高功率密度下，能量密度也保持在 36.4 Wh/kg。从图 6-59（b）的 Ragone 图可看出，这些数值可与典型的锌离子电容器器件 NOCS//Zn（109.5 Wh/kg, 225.0 W/kg）进行比较，甚至优于 MnO$_2$-CNTs//Ti$_3$C$_2$T$_x$（67.8 Wh/kg, 59.9 W/kg）、PDC//Zn 箔（48.0 Wh/kg, 85.0 W/kg）、OPC/CC//Zn 箔（82.4 Wh/kg, 44.1 W/kg）、rGO-NbPO//Zn 箔（56.0 Wh/kg, 1000.0 W/kg）和 UPCSs//Zn 箔（75.2 Wh/kg, 36.6 W/kg）。以上结果证明了基于 N-GNF@CFs 的柔性锌离子电容器具有优异的电化学性能。

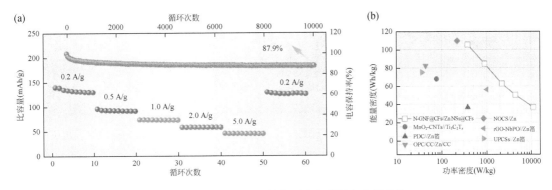

图 6-59　N-GNF@CFs 锌离子电容器的电化学性能

（a）在各种速率下的倍率性能和在 5.0 A/g 的电流密度下的循环稳定性；（b）Ragone 图

　　与金属储能设备相比，碳纤维储能设备具有轻质、灵活、尺寸易于定制等优点。最重要的是，CFs 能够防止表面活性物质在外力作用剥离，这是因其粗糙的表面和主体与客体物质之间的强分子间键。此外，多个柔性器件可串联或并联连接，创建具有广泛输出电压和电流的集成电源，以满足不同的功率和能源需求。考虑到这些有趣的优点，进一步评估了柔性 N-GNF@CFs 准固态锌离子电容器在实际应用中的可行性。图 6-60（a）和（b）描述了单个设备和两个设备的 CV 轮廓比较，以 50 mV/s 的扫描速率串联和并联连接如图所示，两个串联器件的工作电压窗从 1.8 V 增加至 3.6 V，而两个并联器件的响应电压几乎是单个器件的两倍。

　　在不同弯曲角度（0°、90°、180°）和扭转状态下的锌离子电容器在 50 mV/s 处对应的 CV 曲线与原始状态保持相似的形状 [图 6-60（c）]。此外，N-GNF@CFs 锌离子电容器可弯曲和扭曲，无结构失效和电解液泄漏 [图 6-61（a）]，这得益于柔性碳纤维基电极和明胶凝胶电解液的机械稳定性。同时验证了其具有良好的抗变形能力。最后，使用准固态 N-GNF@CFs 锌离子电容器成功地为手表 [图 6-61（b）] 和 mini LED [图 6-61（c）] 提供了动力。

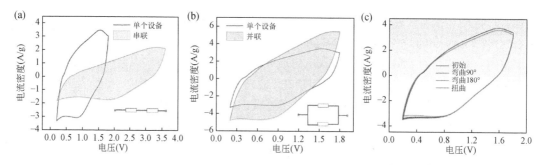

图 6-60　单个锌离子电容器器件与（a）串联和（b）并联设备的 CV 曲线；（c）弯曲测试（50 mV/s）

图 6-61　（a）弯曲 0°～180°电化学测试；（b）为运动手表供电；（c）为 mini LED 面板供电

## 6.2.5　小结

本节采用一种高效等离子体沉积和 $N_2$ 等离子体活化相结合的方法创制了新型 N 掺杂三维分层多孔独立电极材料。N-GNF@CFs 具有快速的离子/电子传输，并确保了足够的电荷存储空间，这归因于互联的多孔纳米膜结构、丰富的微孔和介孔、大的比表面积和优良的亲水性。在电流密度为 1 mA/cm² 的情况下，N-GNF@CFs 提供了 204.2 F/g 的高电容。此外，所设计的电极具有优异的倍率性能和较高的循环稳定性。已制备的柔性准固态 N-GNF@CFs//ZnNSs@CFs 锌离子电容器在 378.6 W/kg 下，具有超高能量密度 105.2 Wh/kg 和长期循环稳定性（10000 次循环后具有 87.9%电容保持率）。本研究为纳米结构电极材料的开发提供了一种启发性的思路。

## 6.3　再生纤维/MXene/MnO₂基柔性纤维状锌离子电容器

### 6.3.1　引言

可穿戴设备，作为近年来科技领域的一大热点，涵盖了智能电子产品、智能电子皮肤，以及巧妙集成在服装或各种配件中的可植入式传感器等便携式电子产品。这些设备以其独特的设计和便捷的使用体验，正逐步渗透并改变着人们的日常生活。随着可穿戴技术的迅猛发展和不断创新，全球范围内对于这类便携式电子产品的需求呈现出持续且显著的增长趋势。在这一背景下，为推动柔性智能可穿戴电子设备的进一步发展，并满足市场对于更轻量化、小型化、高灵活性以及高度集成化等多功能特性的迫切需求，探索和开发新型储能设备显得尤为重要且势在必行。这类储能设备不仅需要具备高效能、长寿命等核心优势，还需充分考虑到与可穿戴设备的无缝集成，确保在提升设备整体性能的同时，不会增加用户的负担或影响使用体验[107, 108]。

超级电容器具有功率密度高、充放电快、循环寿命长、安全性高等特点，是一种极具潜力的储能器件[109-111]。纤维状超级电容器（FSSC）的出现迎合了可穿戴电子产品的需求，与二维或三维超级电容器相比，它们具有独特的一维结构，可在所有维度上进行转换[112, 113]。此外，纤维形超级电容器具有优越的柔韧性、微型化潜力、对变形的适应性、与传统纺织工业的兼容性等特点，在可穿戴电子设备领域具有巨大的应用前景[114, 115]。然而，纤维状超级电容器的实际应用受其相对较低的能量密度（与锂离子电池相比）的限制[116, 117]。为克服这一限制，混合超级电容器的概念应运而生。混合超级电容器结合了传统超级电容器和电池的特性，旨在同时提高能量密度和功率密度，同时保持高循环稳定性和安全性。通过优化电极材料、电解质和电池结构，混合超级电容器有望实现在不牺牲高功率密度的前提下，提供更高的能量密度。这为纤维形超级电容器的进一步发展提供了新的方向。这不仅有助于推动纤维状超级电容器在更多领域的应用，还能为可穿戴电子产品等新兴领域提供更加高效、可靠的储能解决方案。因此，在不牺牲高功率密度的前提下，开发一种绿色、安全、灵活、轻量化的高能量密度纤维形超级电容器具有重要意义。

锌离子电容器（FSZIC）作为一种新兴的储能器件，集成了超级电容器和锌离子电池（ZIB）的多种优势，展现出巨大的应用潜力[118, 119]。其高能量密度特性意味着它能够在相同体积或重量下存储更多的电能，这对于提高设备的续航能力和减少储能设备的体积至关重要。锌离子电容器结合了电池和电化学电容器的优点，具有快速充放电速率以及高能量密度特性。它利用氧化还原金属负极（如锌负极）来提高电荷存储能力，同时采用双电层正极来允许快速动力学和维持高功率密度。在充放电过程中，锌离子在负极发生还原/氧化反应，同时在正极发生阴离子的吸附/脱附反应，从而实现电容器的可逆充放电。锌离子电容器具有以下特征：较高的理论能量密度，这得益于锌离子的正二价特性，使其能够在相同的条件下存储更多的电荷；环境友好，锌是一种相对环保的金属，储量丰富且不易受地缘政治因素影响，因此锌离子电容器在生产和回收过程中对环境的影响较小；因锌的储量丰富且价格相对较低，其制造成本也相对较低。这不仅有助于推动绿色能源的发展，降低维护成本，还使得锌离子电容器在实际应用中更具竞争力。其可在多次充放电过程中保持稳定的性能，降低了使用成本并提高了设备的可靠性。其宽电压范围使得锌离子电容器在不同应用场景下具有更高的灵活性和适应性。组装简便性是锌离子电容器相较于其他储能技术，如锂离子电池和钠离子电池的一大显著优势。锌离子电容器的组装过程可在空气中实现，这一特点极大地简化了生产流程并降低了成本，其组装过程对环境的敏感度较低，不需要特殊的无氧或无水环境。这意味着锌离子电容器的组装可在常规的空气环境中进行，无需额外的设备或复杂的操作程序。因此，锌离子电容器被视为未来储能技术的重要发展方向之一[120-123]。

迄今为止，研究者们已经开发出各种一维纤维状的锌离子电容器电极材料，以实现器件的灵活性和可穿戴性。Pu 等以碳纳米管（CNT）纤维为基底，水热-碳化法掺杂氮的碳纳米管为阴极，电沉积法制备锌纳米片/碳纳米管为阳极组装准固态 FSZIC[124]。该器件经过 10000 次的循环测试，在电流密度为 1.42 mA/cm² 的情况下，可保持 88.56%的电容，并能够承受 0°～180°之间的苛刻弯曲角度。虽然 CNT 纤维具有高导电性、高比表面积和优异的结构柔韧性，但复杂的工艺和不规范的纤维形态不可避免地导致高成本[125, 126]。Zhang 等开发了还原氧化石墨烯（rGO）/CNT 导电纤维[127]。虽然获得了 104.5 F/cm³ 的大比容，但纤维电极的尺寸受到严重限制，难以实现连续超长尺寸制造。利用可持续和低成本的材料，以及连续纺丝技术制备具有超长导电纤维的柔性可穿戴纤维状锌离子电容器仍然是一个巨大的挑战[128]。

从木质资源中提取的纤维素具有高的固有力学强度、优异的热稳定性和易于功能化的特点，不仅满足可持续发展的要求，也是开发高性能纤维状锌离子电容器的优势条件[129-132]。其固有的高力学强度为锌离子电容器提供了坚实的结构基础，使得电容器在充放电过程中能够承受较大的机械应力，延长了使用寿命。通过化学改性，可调整纤维素的分子结构和表面性质，从而进一步提升其储能性能[133, 134]。此外，纤维素分子间的相互作用也有助于形成稳定的电容结构，提高电容器的能量密度和功率密度[135, 136]。

纺丝工艺是纺丝领域的核心技术，主要包括以下几种类型：溶液纺丝、熔融纺丝、湿法纺丝、干法纺丝等。随着纺丝技术的发展，还出现了静电纺丝、离心纺丝、负压纺丝、微流体纺丝以及瞬时释压纺丝等新技术，这些技术为纺丝领域注入了新的活力。在纺丝领域，湿法纤维素纺丝工艺被广泛认为是制备纤维长丝材料并将其固有强度细化至最佳水平的一种合适的方法。使用纤维素成分进行纺丝具有多方面的显著优势，主要体现在纤维的性能、环保性、成本效益以及应用广泛性上。

湿法纤维素纺丝工艺通常涉及纤维素溶解、混凝浴再生和干燥[137-139]。纤维素分子结构中含有大量的羟基（—OH），并形成一个极其稳定的氢键网络，这使得纤维素分子之间具有很强的吸引力，难以分解，导致其在常见溶剂中不溶解。许多有效的纤维素溶剂体系已被开发用于制备纤维素纺丝液，如 NaOH/尿素/H₂O[140-142]、氯化锂/二甲基乙酰胺（LiCl/DMAC）[143]、$N$-甲基吗啉-$N$-氧化物[144]、各种离子液体[145]。与其他溶剂相比，NaOH/尿素/H₂O 体系是一个快速溶解过程（通常为 3～5 min），具有操作方便、能耗低、效率高等优势。在这种溶剂中，纤维素很容易与各种电化学活性材料自组装形成均匀的混合纺丝溶液，这为制备高导电性和电化学活性的再生纤维素（RC）纺丝纤维提供了重要前提[146-149]。另外，再生纤维素还能继承纤维素的生物相容性、生物可降解性、亲水性等特性。然而，关于纤维素纺丝纤维用于超级电容器的报道大多集中在纳米纤维素纺丝纤维上，而关于再生纤维素基柔性电极材料，特别是开发新型再生纤维素基纤维状锌离子电容器的报道很少[150-152]。诚然，尽管再生纤维素的纤维材料继承了纤维素的诸多优良特性，并且其在电化学活性材料方面的应用潜力巨大，但再生纤维素基纤维状锌离子电容器的研究与开发仍面临诸多挑战[153]。一方面，再生纤维素纤维的制备工艺需要进一步优化，以提高其作为超级电容器电极材料的导电性和电化学活性。这包括探索更高效的溶解和再生技术[154-156]，以及优化纺丝过程中的参数，如温度、浓度和拉伸速度等，以获得具有理想结构和性能的再生纤维素纤维材料。另一方面，对于再生纤维素基纤维状锌离子电容器的研究还需要更加深入，以充分理解其电荷存储机制和提高其能量密度及循环稳定性。研究者们可通过对再生纤维素进行化学改性、表面修饰或与其他材料的复合[157-160]，来进一步改善其电化学性能。同时，探索新的电解液体系和电极结构也是提升再生纤维素基纤维状锌离子电容器性能的重要途径。此外，将再生纤维素基纤维状锌离子电容器应用于实际设备中还需要考虑其柔性和可加工性。研究者们需要开发出具有优异柔韧性和机械强度的再生纤维素基纤维材料，以确保其在柔性可穿戴设备中的长期稳定运行。同时，探索大规模、低成本的再生纤维素基纤维材料制备技术也是推动再生纤维素基纤维状锌离子电容器实际应用的关键因素。

基于上述现实问题，本节提出了一种以木质纤维素为原料，采用连续湿法纺丝制备导电 RC 基微纤维柔性 FSZIC 阴极的新方法。MXene/MnO$_2$ 协同电活性纳米复合物在分子链重排过程中被限制在 RC 自组装形成的稳定三维纳米网络结构中。具有丰富羟基的 RC 纳米网络有利于电解质离子的吸附和储存，而具有高电导率和大表面积的 MXene/MnO$_2$ 电活性组分确保了更快的电荷转移动力学，促进了 Zn$^{2+}$ 的快速转移。此外，因这种均匀的三维多孔纳米网络和高度规整的结构，以及纤维素分子与电化学活性纳米材料之间稳定的结合界面，导电复合微纤维表现出了较高的机械强度。由 MXene/MnO$_2$-RC 阴极和锌阳极组装而成的准固态 FSZIC 不仅具有高比电容、高能量密度和长循环寿命，而且具有优异的机械柔性，为开发下一代柔性可穿戴储能器件提供了新的策略。

## 6.3.2　再生纤维/MXene/MnO$_2$ 复合材料的制备

### 6.3.2.1　试验材料

杨木纤维由中国林业科学研究院林产化学工业研究所提供。明胶、氢氧化钠（NaOH）、过氧化氢（H$_2$O$_2$）、尿素购自国药集团化学试剂有限公司。无水氢氧化锂（LiOH）、硫酸（H$_2$SO$_4$）、氟化锂（LiF）、二水氯化钙（CaCl$_2$·2H$_2$O）、MnSO$_4$·H$_2$O、KMnO$_4$、明胶、ZnSO$_4$·7H$_2$O 由上海阿拉丁试剂有限公司提供，Ti$_3$AlC$_2$ 粉体购自新烯科技有限公司。去离子（DI）水在 milliq 净水系统（Millipore）中采集。直径 0.3 mm 的锌丝和外径 1 mm 的聚二甲基硅氧烷（PDMS）纤维管购自德国默克公司。所有药品在使用前均无需进一步纯化，直接使用即可。

### 6.3.2.2　强碱/自由基协同溶解法制备纤维素溶液

将杨木纤维（20 g）加入含有 5%（质量分数）NaOH 溶液（200 mL）的烧杯中，在 100℃下浸泡 3 h。该步骤是利用 NaOH 的强碱性环境，对杨树纤维进行预处理，破坏其原有结构，使其更易于后续的化学和物理处理。然后用 3%（质量分数）H$_2$O$_2$（200 mL），pH=9，在 80℃的水浴中浸泡 1 h，得到的木纤维在去离子水中清洗，60℃干燥得到木纤维素（WFC）。将纤维素溶解于低温尿素-碱溶剂体系中，在 97 g LiOH/尿素/H$_2$O（4.6/15/80.4，质量比）溶液中加入 3 g 木纤维素，搅拌均匀后，于-12℃冷冻 2 h。然后对冷冻溶液进行剧烈的机械搅拌 20 min。将获得的溶液以 5000 r/min 离心 5 min，去除未溶解的残余木纤维（约 0.12%，质量分数），最终得到均匀、半透明的 3%（质量分数）纤维素溶液。

### 6.3.2.3　酸蚀法制备多层 MXene

将 2 g Ti$_3$AlC$_2$ 粉末缓慢添加到含有由 3.2 g LiF 和 40 mL 9 mol/L HCl 组成的刻蚀溶液的烧杯中。将烧杯置于 50℃的油浴中，连续搅拌 30 h，进行酸蚀步骤。用水和乙醇过滤，将产物冲洗几次，然后在去离子水中进行超声（100 W，1 s/周期）1 h。以 3500 r/min 离心 2 min 分离悬浮液，去除未酸蚀的 MXene。

### 6.3.2.4　水热法制备 MnO$_2$ 纳米棒

采用水热法制备 MnO$_2$ 纳米棒。将 15 mL 0.6 mol/L MnSO$_4$·H$_2$O 和 15 mL 0.1 mol/L KMnO$_4$ 连续搅拌 1 h，然后将混合物转移到 50 mL 高压反应釜特氟龙内衬中，在 140℃下反应 12 h，得到的产物在 3500 r/min 下离心分离 15 min，用去离子水洗涤数次后备用。

### 6.3.2.5　湿法纺丝制备 MXene/MnO$_2$-RC 纤维

将制备的 MXene 和 MnO$_2$ 纳米棒按 1∶1 的质量比混合在 LiOH/尿素/H$_2$O 溶液中，超声 10 min（100 W，1 s/周期）得到 MXene/MnO$_2$ 分散溶液，MXene/MnO$_2$ 的质量分数控制在 3%。将 MXene/MnO$_2$ 悬浮液与 WFC 溶液按一定比例混合搅拌 1 h，得到均匀的纺丝油墨。使用注射泵（SPLab01）将 MXene/MnO$_2$/WFC 的混合物在 H$_2$SO$_4$ 凝固浴（质量分数为 5%）中进行纺丝。喷嘴的内径为 420 μm，挤出速度为 60 s/mL。将混合物挤进装在特氟龙容器（$L \times W \times H$: 40 cm×8 cm×5 cm）中的凝固浴中，其中纤维素再生形成 MXene/MnO$_2$-RC 长丝纤维。然后，纤维通过电动缠绕滚筒转移至去离子水容器中进行洗涤，最后收集在滚筒上进行风干。整个湿法纺丝过程确保了 MXene/MnO$_2$/-RC 纤维的连续纺丝和收集。

### 6.3.2.6　MXene/MnO$_2$-RC//Zn FSZIC 器件组装

以 MXene/MnO$_2$-RC 纤维为阴极，锌丝为阳极，1 mol/L ZnSO$_4$/明胶凝胶为电解质，制备了一维（1D）FSZIC 器件。将 3 g 明胶溶解于 1 mol/L ZnSO$_4$ 溶液中，在 60℃下制备 ZnSO$_4$/明胶凝胶电解质。将两个电极浸泡在 ZnSO$_4$/明胶溶液中 30 min，确保电解液完全注入纺丝纤维电极内部。将电极取出并冷却 1 h，然后将两个电极通过螺旋缠绕组装得到 MXene/MnO$_2$-RC//Zn FSZIC 器件。

### 6.3.2.7　结构表征

使用透射电子显微镜（FEI，Tecnai G2 F20）和扫描电子显微镜（Hitachi，S4800）对其形貌进行了表征，并配备能量色散 X 射线（EDX）探测器进行元素分析。X 射线衍射（XRD）分析在 Bruker D8 Advance TXS XRD 仪上进行，Cu Kα（靶材）辐射（$\lambda$=1.5418 Å），扫描速率为 4°/min，扫描范围为 5°～85°。通过使用具有双 Al Kα X 射线源的光谱仪在 Thermo Escalab 250Xi 系统上测试 X 射线光电子能谱（XPS）。用流变仪（DHR-2，TA 仪器公司，美国）在 25℃下测定纺丝液的剪切黏度。剪切速率从 0.01 s$^{-1}$ 上升至 1000 s$^{-1}$。用 MTS CMT6103 万能试验机在恒速 5 mm/min 下测定拉伸性能。所有纤维电极的电化学性能测试均在 CS350 电化学工作站（武汉 CorrTest 仪器有限公司）的三电极系统中进行，其中以

1.0 mol/L ZnSO₄ 为电解液、Ag/AgCl 为参比电极、Pt 片为对电极。而 FSZIC 器件的电化学测量采用双电极系统进行。用于测试的纤维电极的长度约为 1.0 cm。

#### 6.3.2.8　电容性能计算

对于纤维电极和组装的 FSZIC 器件，根据以下公式从不同电流密度下的 GCD 曲线计算比电容（$C$，F/cm³）：

$$C = \frac{I \times \Delta t}{V} \tag{6-23}$$

式中，$I$、$\Delta t$、$V$ 分别为比放电电流（A/cm³）、放电时间（s）和电位窗口（V）。能量密度（$E$，mWh/cm³）和功率密度（$P$，mW/cm³）根据电容值进行评估：

$$E = \frac{C \times V^2}{2} \tag{6-24}$$

$$P = \frac{E}{\Delta t} \tag{6-25}$$

## 6.3.3　微观形貌、孔径分布与元素分析

### 6.3.3.1　MXene/MnO₂-RC 纤维的宏微观形貌

MXene/MnO₂-RC 纤维的制备示意图见图 6-62（a）。纤维素是一种储量丰富、可再生、可降解的天然材料，具有精细的纳米结构和高结晶度[161]。湿法纺丝可制造多种高强度、高模量、低密度的纤维素纤维[162-165]。在本研究中，从丰富和低成本的天然木材中分解木纤维素（WFC）作为制备 RC 的前驱体。采用低温尿素-碱溶剂体系对 WFC 进行溶解，得到纤维素溶液。在尿素-碱共溶剂中，MXene 纳米片和 MnO₂ 纳米棒通过纤维素丰富的含氧官能团，在纤维素表面通过非共价键自组装，形成均匀的共混溶液，作为纺丝纤维的油墨。再生棉超细纤维连续纺丝系统包括挤出、成型、漂洗、干燥等流程。首先，MXene/MnO₂-RC 纺丝液通过微米直径的喷嘴挤出至酸再生溶液中进行凝固和定型。这一过程促使油墨中的纤维素从无序分布过渡至定向排列。定向流体通过分子间力的氢键使纤维素分子链重新组装，构建有序的晶体结构，从而使分子链之间的键结合更加坚韧，从而提高再生纤维素的机械强度和刚度[166]。成型的 MXene/MnO₂-RC 在经过水洗后，可被电驱动的线轴收集并风干，从而得到长度大、柔韧性高、机械强度强的复合微纤维。图 6-62（b）展示了 MXene/MnO₂-RC 复合纤维在湿润和风干状态下的数码图像。可见，纤维在干燥后直径收缩剧烈，没有出现断裂，说明韧性高，稳定性好。这可归因于水分蒸发促使纤维素分子链内形成更多的氢键和范德瓦耳斯力，从而促进分子链的排列更直、更紧[167, 168]。图 6-62（c）显示了被拉伸的长 MXene/MnO₂-RC 微纤维，它显示出类似于弹簧的良好柔韧性。利用扫描电镜（SEM）和透射电镜（TEM）对 MXene/MnO₂-RC 中活性物质的微观结构和形貌进行了表征。多层 MXene NSs 采用 Ti₃AlC₂ MAX 相一步刻蚀法制备[169]。

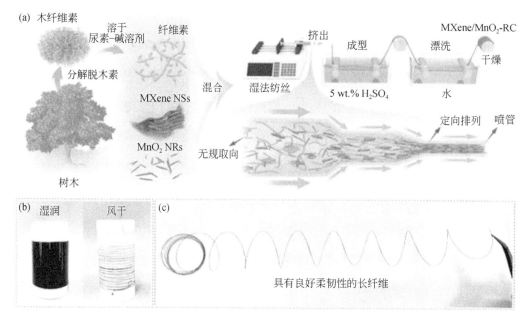

图 6-62 （a）MXene/MnO$_2$-RC 复合纤维的制备流程示意图；（b）纤维在湿润及风干状态下的数码图像；（c）长纤维柔韧性示意图

与致密的 Ti$_3$AlC$_2$ 块体［图 6-63（a）和（b）］相比，制备的 Ti$_3$C$_2$ 在 SEM 图像中呈现出典型的手风琴状的层状结构［图 6-63（c）和（d）］。

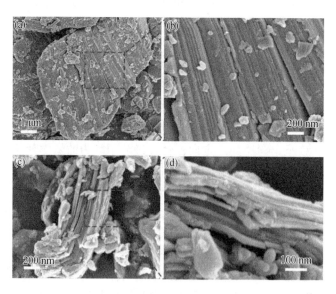

图 6-63 （a，b）Ti$_3$AlC$_2$ MAX 相和（c，d）Ti$_3$C$_2$ MXene 的 SEM 图像

TEM［图 6-64（a）、（b）］和 HRTEM 图像［图 6-64（c）］显示了 MXene NSs 的褶皱表面和清晰的晶格条纹。观察到归因于（004）和（008）晶面的晶格条纹［图 6-64（c）］。此外，利用能量色散 X 射线（EDX）记录了 Ti$_3$C$_2$ MXene 的元素映射图像（图 6-65），证

实了大部分 Al［图 6-65（d）］元素从 Ti$_3$AlC$_2$ 相中去除。

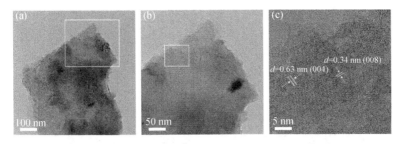

图 6-64　MXene 多层纳米片在不同放大倍数下的 TEM 图像（a，b）和 HRTEM 图像（c）

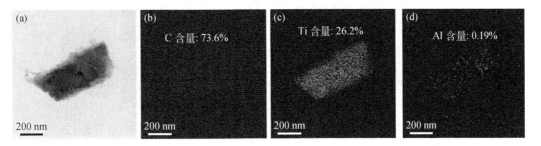

图 6-65　对 Ti$_3$C$_2$ MXene（a）的 C（b）、Ti（c）和 Al（d）元素的 EDX 映射

如图 6-66 所示，水热制备的 MnO$_2$ 纳米棒的直径为 100～200 nm。在 HRTEM 结果中［图 6-67（a）～（c）］，0.218 nm 和 0.315 nm 的晶面间距分别对应于（200）面和（110）面。此外，还出现了属于 β-MnO$_2$ 四方晶系的衍射斑［图 6-67（d）］。

MXene/MnO$_2$-RC 中纺丝纤维的表面形貌如图 6-68（a）所示。纤维直径约为 100 μm，其表面的取向织构（图 6-69）是受纺丝过程的微通道快速挤压和后续干燥过程中产生的内

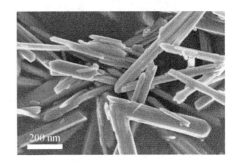

图 6-66　MnO$_2$ 纳米棒的 SEM 图像

应力的拉伸效应造成的。RC 和电活性材料在微纤维中的低扭曲排列使得微纤维具有高导电性和优异的机械强度[44]。

纤维的径向截面［图 6-69（a）］表现为与纺丝喷嘴一致的圆形，从视觉上反映了纺丝纤维的结构稳定性。如放大 SEM 图像［图 6-69（b）和（c）］所示，纤维填充了丰富的多孔结构，由均匀分布的 RC、MXene NSs 和 MnO$_2$ 纳米棒组成。具体而言，这些活性纳米材料均匀嵌入至 RC 的三维纳米网络结构中，形成稳定的导电通道，促进电子转移。这样有趣的多孔网络纳米架构是在再生过程中溶剂与非溶剂相分离的结果，导致了纤维素凝胶中丰富的孔隙，这大大增加了纤维的比表面积。此外，具有丰富表面羟基的 RC 网络显著促进了离子在电解质中的吸收和储存，并可能改善 Zn$^{2+}$ 的吸附和脱附动力学。

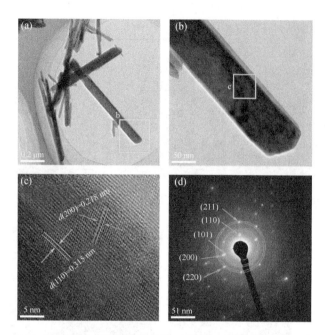

图 6-67　（a～c）MnO$_2$ 纳米棒在不同放大倍数下的 TEM 图像和（d）对应的电子衍射图样

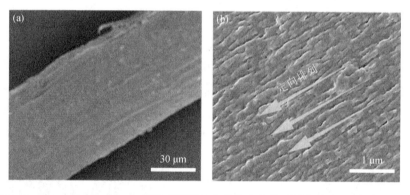

图 6-68　MXene/MnO$_2$-RC$_{1:4}$ 纤维表面显示出具有定向排列的独特纹理的 SEM 图像

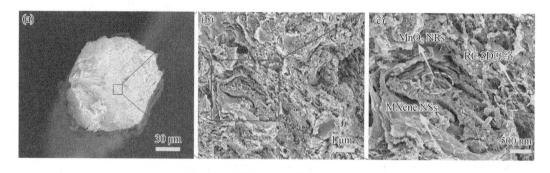

图 6-69　MXene/MnO$_2$-RC$_{1:4}$ 的（a）横截面、（b）径切面、（c）径切面局部放大的 SEM 图像

　　进一步研究了含有不同含量活性纳米粒子的超细纤维结构的形貌。图 6-70（a）和（b）分别为纯 RC 微纤维的 SEM 图像。可观察到，溶解的纤维素在酸性溶液中经历快速挤压和

氢键重排，形成均匀、致密的 3D 多孔纳米网络结构。如图 6-70（c）和（d）所示，当活性纳米材料与 RC 的质量比为 1∶8 时，超细纤维的多孔纳米网络没有明显变化。

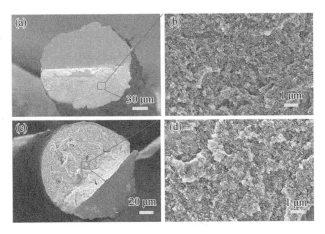

图 6-70　纯 RC 纤维（a，b）和 MXene/MnO$_2$-RC$_{1∶8}$（c，d）的 SEM 图像

此外，质量比为 1∶6［图 6-71（a）和（b）］和 1∶4［图 6-69（a）和（b）］的复合纤维显示出 MXene/MnO$_2$ 与纤维素之间组装的纳米层状结构。值得注意的是，随着 MXene/MnO$_2$ 纳米材料的增加，微纤维的直径逐渐减小。这可合理地解释为纳米填料含量的增加降低了纤维素组分的含量，从而导致在干燥过程中体积收缩更大。当添加比增加至 1∶2 时，微纤维的直径进一步减小，并观察到大量的活性纳米材料聚集块［图 6-71（c）和（d）］，这不利于微纤维获得良好的机械强度和电化学性能。因此，初步确定以活性材料与纤维素的质量比为 1∶4 制备的超细纤维可能适合作为 FSZIC 所需的电极。

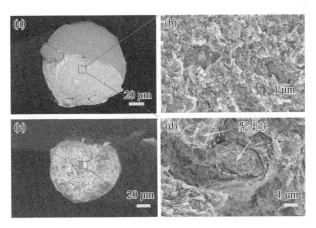

图 6-71　MXene/MnO$_2$-RC$_{1∶6}$（a，b）和 MXene/MnO$_2$-RC$_{1∶2}$（c，d）的 SEM 图像

另一方面，通过 EDX 获得的映射图像清晰地显示了 C、O、Mn 和 Ti 元素在复合纤维中的分布（图 6-72），进一步证明了多组分相之间良好的界面兼容性。

图 6-72  MXene/MnO$_2$-RC$_{1:4}$的 EDX 扫描区及其对应的 C、O、Mn、Ti 元素映射

### 6.3.3.2　MXene/MnO$_2$-RC 纤维的化学成分和力学性能

利用 X 射线衍射（XRD）分析了 MXene/MnO$_2$-RC 复合纤维中各组分的晶体结构。纤维素的晶体结构在纤维素溶解和再生后发生转变，即从天然纤维素 I 至再生纤维素 II。图 6-73（a）为 WFC 和 RC 的 XRD 谱图。对于 WFC，$2\theta=15.5°$的宽峰对应于纤维素 I 的（110）和（1$\bar{1}$0）晶面，$2\theta=22.7°$的峰对应于纤维素 I 的（200）面；对于 RC，三个明显的峰分别位于 $2\theta=12.5°$、$20.4°$和 $22.1°$，对应于纤维素 II 的（1$\bar{1}$0）、（110）和（200）平面，为在尿素-碱体系中可较好地溶解 WFC 提供了强有力的证据。图 6-73（b）为 Ti$_3$AlC$_2$刻蚀前后的 XRD 图谱。Ti$_3$AlC$_2$MAX 的典型峰几乎消失，在 $2\theta=6.3°$处出现了一个清晰的峰，此贡献为特征（002）晶面。图 6-73（c）中的衍射峰与 β-MnO$_2$（PDF# 24-0735）一致。MXene/MnO$_2$-RC 纤维的 XRD 图如图 6-74 所示。所有组分的特征峰都清晰可见，表明复合纤维制备过程中没有发生副反应，MXene/MnO$_2$ 纳米材料的结构和性能保持稳定。

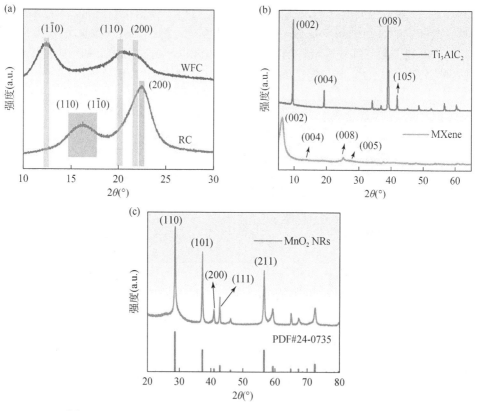

图 6-73  WFC 和 RC（a）、MXene（b）和 MnO$_2$（c）的 XRD 谱图

利用 X 射线光电子能谱（XPS）进一步分析 MXene 和 MnO$_2$ 中元素的价态。图 6-75（a）为 Mn 2p 的 XPS 谱，其中 641.9 eV 和 653.6 eV 处的两个特征峰对应 Mn 2p$_{3/2}$ 和 Mn 2p$_{1/2}$ 自旋轨道，归因于 Mn(Ⅳ) 的存在。Ti 2p XPS 谱如图 6-75（b）所示，其中 Ti 2p$_{3/2}$ 和 Ti 2p$_{1/2}$ 的特征自旋轨道分裂可解卷积成 455.5/461.3 eV、456.6/462.4 eV 和 458.5/464.2 eV 处的三个峰，分别归属于 Ti—C、Ti（II）和 Ti—O[170]。结果表明，Ti$_3$C$_2$ MXene 和 β-MnO$_2$ 已成功制备。MXnene/MnO$_2$ 纳米复合材料可作为电化学活性组分，提供可逆氧化还原反应，使纤维电极具有优异的电荷存储能力[171, 172]。

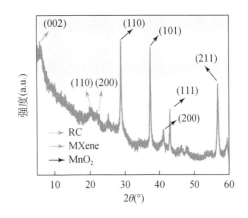

图 6-74 MXene/MnO$_2$-RC 复合纤维的 XRD 谱图

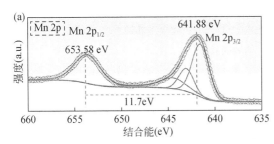
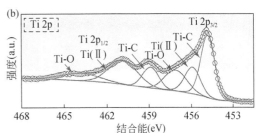

图 6-75 （a）Mn 2p 和（b）Ti 2p 的高分辨 XPS 谱

柔性、抗拉强度和导电性对于柔性 FSZIC 器件至关重要。为实现柔韧性和优异电化学性能之间的协同作用，纤维电极材料必须在机械性能和电导率之间取得平衡。因此，探索了纤维素与 MXene/MnO$_2$ 活性物质配比对纺丝油墨黏度和纺丝纤维机械强度的影响，以获得最佳的材料配比。为保证纺丝纤维具有良好的挤出能力和保形性，纺丝油墨通常需要足够高的零剪切黏度和典型的剪切稀化行为[173]。图 6-76（a）显示了在不同材料配比下，纺丝油墨的表观黏度随剪切速率变化的关系。所有比例条件下的纺丝油墨都表现出显著的剪切稀化行为，这有利于连续的湿纺工艺。当去除施加的应力时，纺丝油墨的宾汉塑性行为也有利于保持纺丝纤维在凝固浴中的形状。插图展示了质量比为 1∶4 的纺丝油墨的照片，显示出均匀的黏性聚合物流体。各种纺丝油墨的表观黏度值如图 6-76（b）所示。

图 6-77（a）为各种纺丝纤维的应力-应变曲线，（b）为相应的断裂强度和杨氏模量（对应的参数见表 6-5），反映了纤维素含量与纤维力学性能的关系。

纯纤维素溶液的黏度为 70 Pa·s，混合溶液的黏度随着活性纳米材料组分含量的增加而增加。当活性纳米材料的添加比例为 1∶4 时，纺丝油墨的表观黏度比初始 1∶8 的对照组增加了近 2 倍（1087 Pa·s∶3232 Pa·s）。这表明，纤维素分子通过物理吸附和强静电相互作用与分散良好的活性纳米粒子结合，导致复合溶液的流动特性发生了显著变化。当比例为 1∶2 时，表观黏度急剧下降至 544 Pa·s。这一方面可能是因溶液中尿素碱溶剂含量高，导致溶解纤维素的实际浓度降低,严重限制了纤维素分子与电活性材料的有效结合。另一方面,可能会发生这些电活性材料的聚集,从而破坏纤维素链的网络结构,降低溶液黏度。这一结论与在 SEM 图像中观察到的结果有很好的一致性。而低黏度难以保证纺丝纤维塑形和具有理想的机械性能。

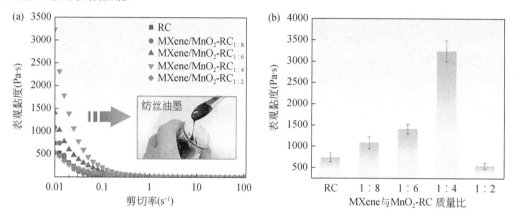

图 6-76　(a)MXene/MnO$_2$-RC 油墨的剪切黏度测量和拟合的卡罗黏度模型曲线;(b)MXene/MnO$_2$ 与 RC 质量比不同时油墨的黏度

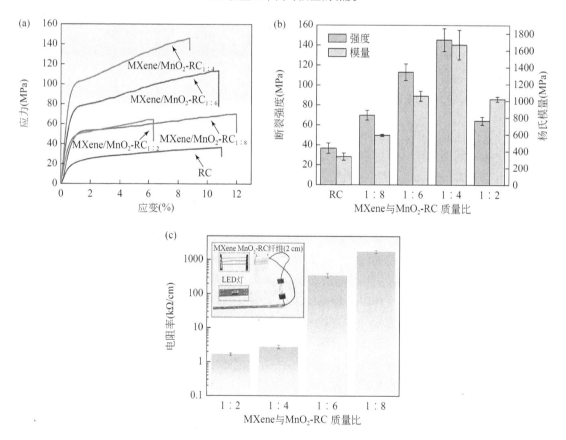

图 6-77　各种湿纺纤维的应力-应变曲线(a)、杨氏模量和断裂强度(b),以及直流电阻率(c)

表 6-5 各种纤维样品的断裂强度和杨氏模量

| 样品 | 断裂强度（MPa） | 杨氏模量（MPa） |
|---|---|---|
| RC | 36.83 | 338.45 |
| MXene/MnO$_2$-RC$_{1:8}$ | 70.19 | 588.82 |
| MXene/MnO$_2$-RC$_{1:6}$ | 113.39 | 1058.67 |
| MXene/MnO$_2$-RC$_{1:4}$ | 145.83 | 1672.11 |
| MXene/MnO$_2$-RC$_{1:2}$ | 64.4 | 1023.61 |

纯 RC 纤维的断裂强度和杨氏模量分别为 36.83 MPa 和 338.45 MPa。随着 MXene/MnO$_2$ 纳米材料用量的增加，其强度和弹性模量也随之增加。当纳米材料与 RC 的质量比为 1:4 时，强度和弹性模量分别达到最大值 145.83 MPa 和 1672.11 MPa。但当配比为 1:2 时，其力学性能突然劣化，说明适量的 MXene/MnO$_2$ 可与纤维素形成较强的相互作用，从而提高纤维的整体力学性能。此外，从图 6-77（b）中各纤维的失效应变可见，纳米材料的过度引入也增加了纤维的脆性，不利于柔性可穿戴储能器件的应用。具体来说，当纳米材料的含量过高时，很难在混合溶液中均匀分散，产生大量的团聚体，阻碍了纤维素在纺丝过程中形成强大的再生纳米网络，这在 SEM 图像中可清晰地观察到［图 6-71（c）、（d）］。这也导致了 MXene/MnO$_2$-RC$_{1:2}$ 复合纤维的机械强度减弱。这些结果显示了与纺丝溶液流变性能相似的规律。为保证纤维在不牺牲电导率的情况下获得较高的力学性能，进一步使用万用表测试了复合纤维的直流电阻率（DCR），结果如图 6-77（c）所示。MXene/MnO$_2$-RC$_{1:4}$ 和 MXene/MnO$_2$-RC$_{1:2}$ 的电阻率相近，分别为 2.8 kΩ 和 1.7 kΩ。如图 6-77（c）插图所示，用 3 根 MXene/MnO$_2$-RC$_{1:4}$ 纤维（2 cm 长）作为导线连接了一个简单的闭合电路，成功点亮了一排 LED 灯。基于上述分析结果，在不同配比条件下制备的复合纺丝纤维中，MXene/MnO$_2$-RC$_{1:4}$ 是最理想的纤维状超级电容器电极，兼具柔韧性、高机械强度和良好导电性。

而纤维素与活性纳米材料之间稳定的结合界面以及独特的多孔异质结构是 MXene/MnO$_2$-RC 纤维呈现优异力学性能和电导率的关键。首先，在不改变 pH 条件的情况下，MXene/MnO$_2$ 可很容易地分散在尿素-碱溶液中，并与纤维素溶液均匀混合。这可有效减少纳米材料的聚集，增强界面剪切强度。此外，在溶解-再生过程中，RC 通过纤维素分子链的自交联形成多孔网状纳米结构，可在空间上限制纳米材料，并构建坚固的异质神经界面，形成导电多孔网络，实现有效的电荷转移（图 6-78）。此外，一维纺丝纤维易于实现内部成分的有序，这有助于减少纤维的随机断裂。

## 6.3.4 电容性能与储能机制

### 6.3.4.1 MXene/MnO$_2$-RC 纤维电极的电化学性能

鉴于 MXene/MnO$_2$-RC$_{1:4}$ 纤维在机械强度和电导率方面的综合优势，对其电化学性能进行了系统的评价。为便于理解，将使用 MXene/MnO$_2$-RC 来代替 MXene/MnO$_2$-RC$_{1:4}$ 进

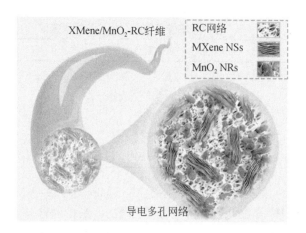

图 6-78　MXene/MnO$_2$-RC 复合纤维中电活性纳米材料与 RC 协同作用机理示意图

行下面的描述。首先，在三电极体系中，使用 Ag/AgCl 作为参比电极，Pt 片作为对电极，1.0 mol/L ZnSO$_4$ 作为电解质，研究了纤维电极材料的电化学特性。同时，在相同的配比条件下（即活性物质与 RC 的质量比为 1∶4），制备了 MXene-RC 和 MnO$_2$-RC 纤维作为参考深入了解 MXene 和 MnO$_2$ 之间的协同增强效应。

图 6-79（a）显示了三种电极材料在 5 mV/s 扫描速率下的循环伏安（CV）曲线比较。与 MXene-RC 和 MnO$_2$-RC 纤维电极相比，由二元活性纳米材料组成的 MXene/MnO$_2$-RC 纤维电极具有更高的电流密度和比电容。值得注意的是，所有的 CV 曲线均显示出明显的氧化还原峰，表明电化学反应具有较高的可逆性，并伴有显著的赝电容贡献。对于 MXene-RC 纤维电极，其赝电容贡献来自于 Zn$^{2+}$ 的嵌入/脱嵌，伴随着 Ti 中心的氧化还原和氧官能团的质子化/去质子化[174]。与此相似，MnO$_2$-RC 纤维电极的赝电容行为也可能由锌离子的嵌入/脱嵌和 Mn(Ⅳ)态[175]的还原和恢复组合产生。MXene/MnO$_2$-RC 纤维电极的高电流响应表明两种电活性材料之间存在协同增强效应。

图 6-79（b）～（d）分别为 MXene/MnO$_2$-RC、MXene-RC 和 MnO$_2$-RC 纤维电极在不同扫描速率下的 CV 曲线。可见，MXene-RC 的 CV 曲线在高扫描速率下仍保持良好的形状，只有轻微的氧化还原峰，表明速率性能良好，而 MnO$_2$-RC 电极的 CV 曲线随着扫描

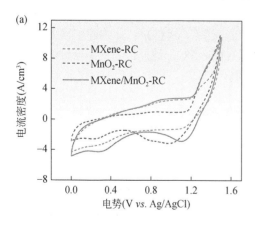

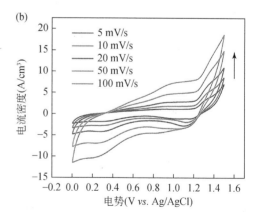

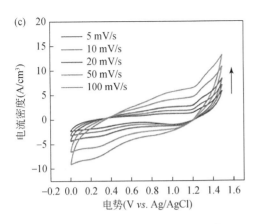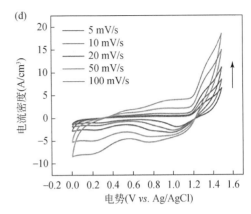

图 6-79 （a）MXene/MnO$_2$-RC、MXene-RC 和 MnO$_2$-RC 纤维电极的 CV 曲线比较；（b）MXene/MnO$_2$-RC、（c）MXene-RC、（d）MnO$_2$-RC 纤维电极在不同扫描速率下的 CV 曲线

速率的增加，在 1.2～1.6 V 之间呈现严重的极化 [图 6-79（c）]。该结果是因扩散系数低和单价态反应，导致二氧化锰的最高电位窗口相对较低，限制了其稳定工作电压[176]。然而，纤维素网络中 MXene 和 MnO$_2$ 的结合有效地弥补了这一缺陷，提高了电极的整体电容，同时防止了速率性能的衰减。因此，MXene/MnO$_2$-RC 纤维电极的 CV 曲线可在 0～1.5 V 的电压范围内保持有效性。

为更好地理解 MXene/MnO$_2$-RC 电极的电化学动力学，利用以下方程研究了电流随扫描速率的变化：

$$i = av^b \tag{6-26}$$

当 $b$ 值为 0.5 时，电流由扩散过程控制；当 $b=1$ 时，电流由电容过程控制。MXene/MnO$_2$-RC 电极正峰和负峰的 $\log i$（峰值电流）和 $\log v$（扫描速率）的拟合斜率（$b$ 值）分别为 0.57 和 0.62（图 6-80），说明反应电流同时受到快速电容过程和锌离子扩散的影响。此外，为定量揭示电容控制过程（$k_1 v$）和扩散控制（$k_2 v^{1/2}$）过程的贡献，可将上述公式改写如下：

$$I(V) = k_1 v + k_2 v^{1/2} \tag{6-27}$$

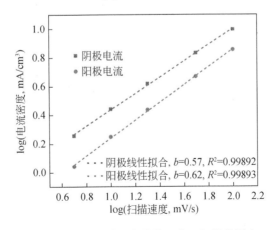

图 6-80　MXene-MnO$_2$-RC 电极正峰和负峰的 $b$ 值（扫描范围为 5.0～100 mV/s）

图 6-81 显示了在扫描速率为 5 mV/s 时，MXene/MnO$_2$-RC 电极的电容电流 $k_1v$（深色区域）和扩散电流（$k_2v^{1/2}$，深色区域）的贡献部分，其中电容控制过程贡献了大约 56.6% 的总电流。在扫描速率为 5 mV/s、10 mV/s、20 mV/s、50 mV/s、100 mV/s 时，电容控制过程占据含量分别为 56.6%、61.2%、64.0%、68.1%、79.8%。可见，当扫描速率从 5 mV/s 增加至 100 mV/s 时，电容过程对 MXene/MnO$_2$-RC 的贡献增加至 79.8%［图 6-81（c）］。这些结果表明，随着扫描速率的增加，电容贡献增加，导致电化学动力学过程更快。

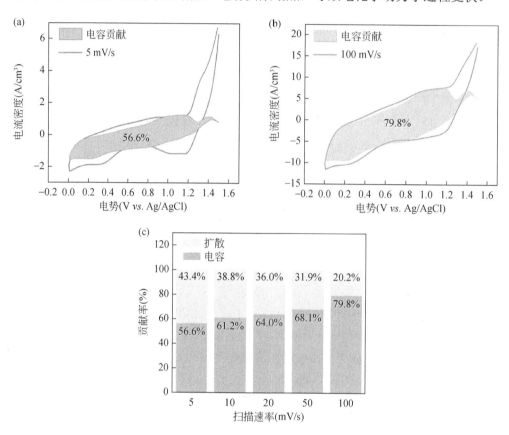

图 6-81　MXene/MnO$_2$-RC 电容贡献图

采用恒流充放电（GCD）测量方法研究了纤维电极的充放电特性。图 6-82（a）为三种纤维电极在一定电流密度下的 GCD 曲线。在 0.44 A/cm$^3$ 的电流密度下，MXene/MnO$_2$-RC 纤维电极表现出近似对称的充放电曲线，无明显的 IR 降，具有较高的库仑效率，再次证明了其良好的电容性能和反应可逆性。

根据纤维电极的 GCD 曲线（图 6-82、图 6-83），可计算出电流密度为 0.44 A/cm$^3$ 时三种电极的最大比容分别为 202.5 F/cm$^3$（MXene/MnO$_2$-RC）、156.7 F/cm$^3$（MXene-RC）和 83.7 F/cm$^3$（MnO$_2$-RC）。MXene/MnO$_2$-RC 电极具有最高的放电比电容，也优于碳纤维基电极（RuO$_2$@carbon 纤维，83.5 F/cm$^3$ [177]）、导电聚合物纤维基电极（PEDOT：PSS 纤维，36.8 F/cm$^3$ [160]；74.5 F/cm$^3$ [161]），以及电活性材料涂层纺织电极（活性炭纤维布/聚苯胺/碳纳米管/MnO$_2$，62 F/cm$^3$ [162]；棉-rGO-AgNP 纤维，9.67 F/cm$^3$ [163]）。甚至超过许多纳米纤

维素纤维和膜电极（木质纤维素碳纤维，25 F/cm$^3$ [164]；NCF/碳纳米管膜，11.25 F/cm$^3$ [165]；RGO/纤维素纳米晶/纤维素纳米纤维复合膜，171.3 F/cm$^3$ [166]）。当电流密度增加十倍时，MXene/MnO$_2$-RC 电容仍然保持在 56.3 F/cm$^3$，显著高于其他两种电极材料。得益于纤维素网络提供的稳健多孔纳米网络结构以及两种活性纳米材料之间协同增强的赝电容贡献，MXene/MnO$_2$-RC 纤维电极获得了较高的比电容和良好的倍率性能。

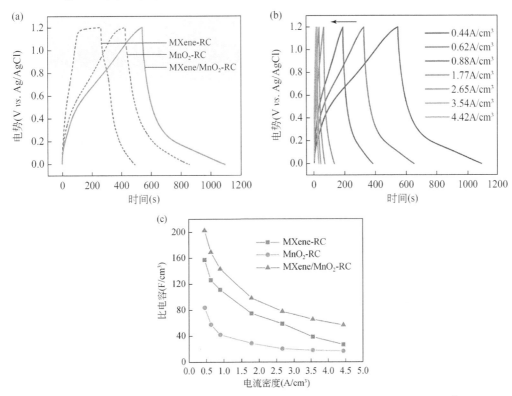

图 6-82　（a）MXene/MnO$_2$-RC、MXene-RC 和 MnO$_2$-RC 的 GCD 曲线（电流密度 0.44 A/cm$^3$）；（b）MXene/MnO$_2$-RC 在不同电流密度下的 GCD 曲线；（c）MXene/MnO$_2$-RC、MXene-RC 和 MnO$_2$-RC 在不同电流密度下的比电容图

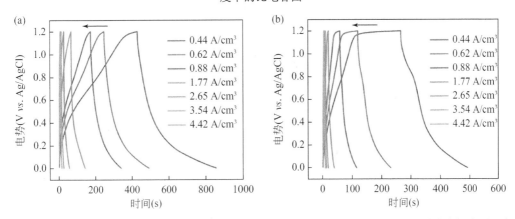

图 6-83　（a）MXene-RC 纤维电极在不同电流密度下的 GCD 曲线；（b）MnO$_2$-RC 纤维电极在不同电流密度下的 GCD 曲线

图 6-84 为通过电化学阻抗谱（EIS）测试得到的三种电极的 Nyquist 图。在 EIS 分析中，Nyquist 图展现出重要的电阻参数。在 EIS 曲线的高频区域，MXene-RC 和 MnO$_2$-RC 的内阻 $R_s$ 值分别为 68.4 Ω 和 24.8 Ω。与 MnO$_2$-RC 相比，MXene/MnO$_2$-RC 纤维电极的 $R_s$ 降低至 34.3 Ω。此外，MXene/MnO$_2$-RC 在 EIS 低频区域的斜率更高，表明 RC 纳米网络中 MXene 纳米片和 MnO$_2$ 纳米棒具有良好的协同作用，具有较低的离子嵌入/脱嵌阻力和优越的电容性能。

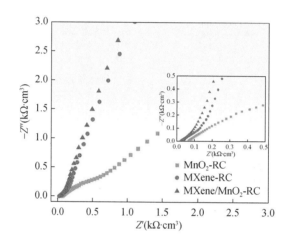

图 6-84　MXene-RC、MnO$_2$-RC 和 MXene/MnO$_2$-RC 纤维电极的 Nyquist 图

### 6.3.4.2　FSZIC 的组装与电化学性能

为证明 MXene/MnO$_2$-RC 纤维电极在可穿戴电子产品中优异的电化学储能性能，进一步组装了准固态 FSZIC 储能装置。如图 6-85（a）所示，FSZIC 器件由螺旋缠绕 MXene/MnO$_2$-RC 纤维为阴极、金属锌丝为阳极，1.0 mol/L ZnSO$_4$/明胶为凝胶电解质组装而成。图 6-86（a）显示 ZnSO$_4$/明胶具有良好的凝胶特性。组装后的 FSZIC 还具有良好的灵活性 [图 6-86（b）] 和较长的尺寸 [图 6-86（c）]，这对于通过集成至织物中为可穿戴设备供电非常重要。对于双电极系统测量，将 MXene/MnO$_2$-RC 纤维、ZnSO$_4$/明胶和锌线进一步集成至 3 cm 长的柔性 PDMS 护套中 [图 6-85（b）～（d）]。

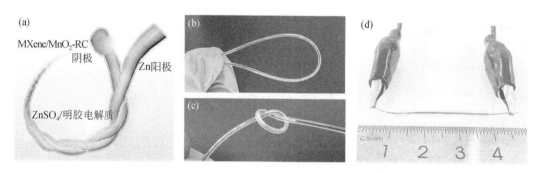

图 6-85　（a）MXene/MnO$_2$-RC//Zn FSZIC 结构示意图；（b，c）FSZIC 具有机械灵活性；（d）长度为 3 cm 的 FSZIC 器件，并用于双电极测量

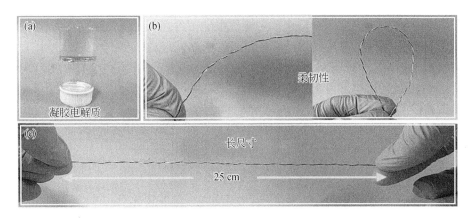

图 6-86　（a）凝胶态 $ZnSO_4$/明胶电解质照片；未封装的 FSZIC 照片，具有良好的柔韧性（b）和长尺寸（c）

图 6-87（a）显示了 5～50 mV/s 扫描速率范围内的 CV 曲线，这表明基于 MXene/$MnO_2$-RC 纤维电极的 FSZIC 的工作电压可成功扩展至 1.5 V，并且所有曲线都表现出一致的电池行为和快速的电流响应，表明该器件具有快速充放电能力。如图 6-87（b）所示，即使在高达 500 mV/s 的高扫描速率下，CV 曲线仍能保持其形状而不变形，仅伴有轻微的氧化还原峰位移，表明其具有良好的倍率特性。

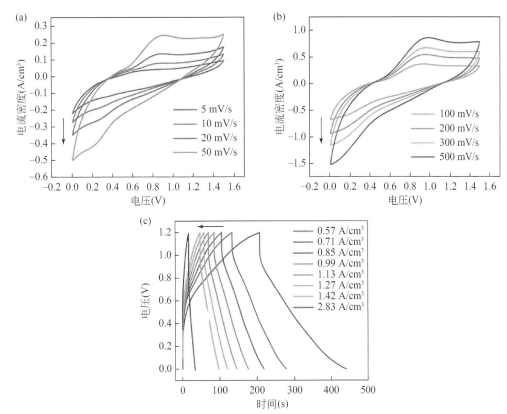

图 6-87　（a，b）5～500 mV/s 扫描速率下的 FSZIC 器件 CV 曲线；（c）不同电流密度下的 FSZIC 器件 GCD 曲线

此外，图 6-88（a）显示了扫描速率与峰值电流密度之间呈现几乎完美的线性关系，进一步证明了 FSZIC 器件具有良好的功率性能。在 0.57～2.83 A/cm³ 电流密度范围内，FSZIC 器件的 GCD 曲线如图 6-87（c）所示。根据 GCD 放电曲线，计算得到电流密度为 0.57 A/cm³ 时 FSZIC 器件的最大比电容为 110.01 F/cm³，如图 6-88（b）所示。即使当电流密度增加 5 倍，即电流密度为 2.83 A/cm³ 时，比电容仍然可达到 38.79 F/cm³。

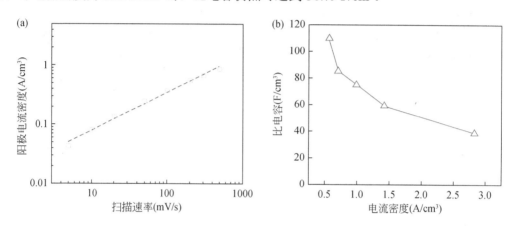

图 6-88　（a）FSZIC 阳极峰值电流密度与扫描速率的关系图；（b）FSZIC 在不同电流密度下的比电容

图 6-89（a）提供了本节研究所制得纤维状超级电容器和已报道的纤维状超级电容器器件之间的体积功率和能量密度的比较。本节报道的纤维状超级电容器在 341.9 mW/cm³ 的功率密度下提供了 22.0 mWh/cm³ 的最大体积能量密度，并且可在 1622.0 mW/cm³ 的最大功率密度下保持 7.8 mWh/cm³，展示了优越的倍率特性。

通过循环 GCD 试验研究了 FSZIC 的循环寿命。由图 6-89（b）可知，在电流密度为 2.83 A/cm³ 时，经过 5000 次 GCD 循环后，FSZIC 的电容保持率可达 90.5%，循环过程中的库仑效率仍然接近 100%。图 6-89（b）中的插图显示了初始、中期和最后 5 个周期的 GCD 曲线，没有明显变化。此外，对 FSZIC 器件进行了 EIS 研究（图 6-90）。该结构紧凑的 FSZIC 器件的固有电阻很小（60 Ω），在低频区呈现一条几乎垂直的线，表明良好的电容性能。这些结果充分证明了 FSZIC 优异的电化学性能。

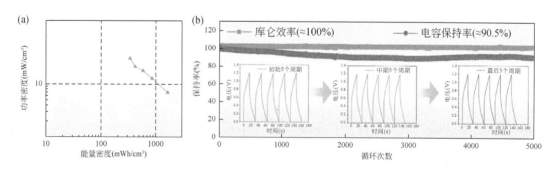

图 6-89　（a）FSZIC 器件的能量密度和功率密度之间的关系；（b）FSZIC 器件在 2.83 A/cm³ 时的循环稳定性，插图显示了初始、中期和最后 5 个周期的 GCD 曲线

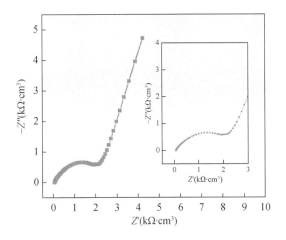

图 6-90　FSZIC 的 Nyquist 图

　　因 MXene/MnO₂-RC 内部多孔网络结构固有的柔韧性和高机械强度，基于 MXene/MnO₂-RC 的 FSZIC 有望表现出同样的柔韧性和稳定性。图 6-91 和图 6-92 分别收集了不同弯曲角度下 FSZIC 的 GCD 和 CV 曲线。FSZIC 的比电容即使在 180°弯曲时也几乎没有减小，反映了器件结构的高度集成化和 MXene/MnO₂-RC 纤维内部结构的稳定性。进一步验证了串联或并联 FSZIC 器件的电化学性能，以获得更高的电流或电压，从而在实际应用中满足更高的功率和能量要求。图 6-91（b）和（c）分别显示了两个 FSZIC 器件串联和并联后的 CV 和 GCD 曲线。通过将两个器件串联起来，与单个器件相比，在相同电流下可获得更高的 2.5 V 输出电压。通过并联连接，在相同的输出电压下，比电容几乎可翻倍。

　　MXene/MnO₂-RC 纤维电极材料优异的锌离子储存性能主要归因于表面富含羟基的纤维素纳米网络促进了电解质离子的快速吸附和稳定储存。协同 MXene/MnO₂ 纳米复合材料具有高导电性和高表面活性位点，可促进锌离子扩散，降低局部电流密度，保证了更快的电荷转移动力学，从而获得了高倍率特性和长循环寿命。另一方面，因再生纤维素在自组装过程中形成了坚固的三维多孔网络结构，MXene/MNO₂-RC 基 FSZC 具有优异的可弯曲性和集成特性。这表明，MXene/MnO₂-RC 微纤维在下一代柔性可穿戴、大面积集成柔性器件方面有潜在优势。

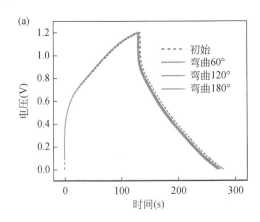

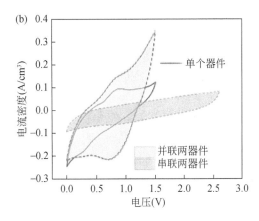

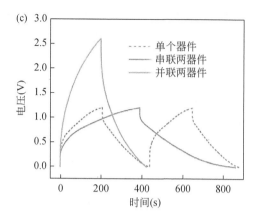

图 6-91  FSZIC 器件在不同弯曲角度下的 GCD 曲线（a）；单个器件和并联、串联两器件的 CV 曲线（5 mV/s）（b）和 GCD 曲线（电流密度：0.57 A/cm³）（c）

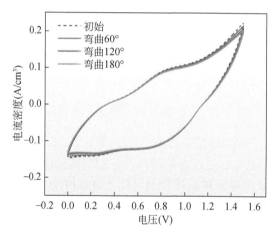

图 6-92  FSZIC 器件在不同弯曲角度下扫描速率为 20 mV/s 的 CV 曲线

## 6.3.5  小结

本节通过简单、连续的纺丝工艺制备了具有纤维素纳米网络约束的 MXene NSs/MnO$_2$ 纳米棒复合结构的柔性纤维，并合理设计了基于 MXene/MnO$_2$-RC 纤维电极的 1D FSZIC 器件。纤维素与活性纳米材料之间的强相互作用及其有序排列的结构显著增强了纤维电极的抗拉强度，而纤维素的三维纳米网络结构大大改善了电解质的渗透，促进了电荷和离子的转运。此外，MXene 与 MnO$_2$ 之间的协同增强效应以及高可逆的电化学反应提高了纤维电极的电化学性能。组装的一维柔性准固态 MXene/MnO$_2$-RC//ZnFSZIC 器件具有优异的电化学性能，在 0.57 mA/cm³ 时具有 110.01 mF/cm³ 的高比电容，在 341.9 mW/cm³ 时具有 22.0 mWh/cm³ 的高能量密度，在 5000 次充放电循环后仍保持 90.5% 的电容保持率和接近 100% 的库仑效率。这一创新设计为下一代可持续纤维状储能器件的发展提供了一种新策略。

## 6.4　氧-氮-硫共掺杂木质素碳微球基染料敏化太阳能电池

### 6.4.1　引言

太阳能是最有前途的可再生能源之一[178]。没有任何其他能源能像太阳能一样源源不断地提供大量能量[179]。因此，如果光伏电池能够捕获其中的一小部分太阳能并将其直接转化为电能，那么在减少化石能源的消耗和温室气体的排放方面将会取得巨大的进展。染料敏化太阳能电池（dye-sensitized solar cells，DSSCs）因具有较低的材料和制造成本以及在低日照条件下良好的工作性能，已成为新型太阳能电池的主要研究对象之一[180]。DSSCs主要由光阳极、对电极（CE）、染料敏化剂和电解质组成[181]。对电极的作用是收集来自外部电路的电子，并在电解质中将 $I_3^-$ 还原为 $I^-$。通过提高对电极的性能，可在对电极上进行更快的还原反应，从而抑制光阳极上的电荷复合过程，这对 DSSCs 的光电转换有很大的影响[182]。

贵金属铂（Pt）是 DSSCs 对电极的标准材料，对于最常见的 $I_3^-/I^-$ 电解质具有优异的催化性能和良好的导电性。然而，铂的高成本和储量的局限性促使人们寻找经济的无 Pt 材料用于 DSSCs 对电极。碳材料，如石墨[183]、石墨烯[184]、碳纳米管（CNTs）[185]和生物炭[186]，因具有出色的催化活性、良好的导电性和可调控的微观结构，已被研究作为铂的潜在替代品。特别是，通过热解制备的生物炭更易获得、更划算、更环保。一方面，碳材料相对于 Pt 的低催化活性可通过增加生物炭的活性表面积或通过创建富孔结构来补偿[187]。另一方面，因 π 电子离域和氧化还原反应的大量活性位点，将杂原子（如 N、B、P、S、F、I 和 Se）掺杂至碳基骨架结构中也是一种有效的策略[188, 189]。至目前为止，生物量与含有高比例杂原子的聚合物（如聚苯胺和聚吡咯）的共聚热解已被报道。前述章节的研究使用等离子体增强的化学气相沉积来使碳与杂原子气体发生反应，导致了相应的掺杂[190]。相比之下，直接热解同时含有高含量碳和其他杂原子的生物矿源无疑更便宜、更环保，而且更有利于规模化应用。

生物乙醇工业和造纸厂生产的废木质素通常被作为固体燃料处理或燃烧。因为木质素的废液中含有大量有机废料和无机盐，直接排放含有木质素的废液（如造纸黑液）会造成严重的环境污染[191]。木质素是植物细胞壁的主要成分之一，具有较高的含碳量（64.2%）和独特的芳香结构，并具有显著的环境可持续性。工业废木质素通常由木质素磺酸钠和其他杂质（如吡啶、吡咯和硫酸盐）组成。直接原位热解工业废木质素对于制备应用于 DSSCs 对电极的高性能碳材料有三大优点。①丰富孔隙结构。对工业废木质素进行热处理后，木质素碳化产生炭，无机杂质（如 $Na_2SO_4$ 和 $CaSO_4$）在高温下与炭反应，导致原位形成具有层次孔隙结构的产物[192]。中间产物（如 $H_2O/CO_2$）也能与炭反应，促进孔隙形成[193]。②活性位点增强。在热解过程中，木质素磺酸钠含有丰富的氧、硫基团，残留的含氮杂质也可作为活化剂，实现共掺杂。这种共掺杂使碳中的 π 电子离域，增加了活性位点的数量[194]。③预氧化法诱导无序结构。在热解前，对木质素进行低温预氧化处理，可在木质素分子链之间产生大量酯基,有利于木质素链的交联,抑制高温热解过程中碳结构的解构和重排[195]。这种作用导致结构高度无序,可为 $I_3^-$ 的催化反应提供更多的缺陷位点[196]。

基于这些优点,本节利用工业废木质素作为前驱体,通过预氧化和自活化策略制备氧-氮-硫共掺杂碳微球(ONS-doped CMSs)。研究了预氧化和自活化过程中的化学成分和大分子结构演化机制。这种演化导致了各种类型杂原子掺杂、无序碳结构和层次化富孔结构的形成,有利于提高 ONS-doped CMSs 的催化活性。ONS-doped CMSs 可作为 DSSCs 对电极的有效组分。利用循环伏安法(CV)、电化学阻抗谱(EIS)、塔费尔(Tafel)极化曲线、电流密度-电压(J-V)曲线和入射单色光子-电子转换效率(IPCE)谱研究了 ONS-doped CMS 对 $I_3^-$ 电解质的电催化活性和电荷转移机理。应用密度泛函理论(DFT)计算研究 $I_3^-$ 与掺杂碳在吸附能、功函数和总态密度(DOS)方面的相互作用。

## 6.4.2　氧-氮-硫共掺杂木质素碳微球的制备

### 6.4.2.1　试验材料

从印度尼西亚 Riau Andalan Pulp and Paper 公司购买的工业废木质素,根据酸沉淀法从黑液中回收。通过该过程,回收的木质素在微米尺度上形成不规则球体,其重均分子量（$M_w$）、数均分子量（$M_n$）和多分散性（$M_w/M_n$）分别为 11802、4277 和 2.76,这是通过凝胶渗透色谱法(GPC)分析得出的。回收木质素的主要成分及其相应含量列于表 6-6 中。

**表 6-6　从造纸黑液中回收的木质素微球(LMSs)的主要成分及其含量**

| 主要成分 | 质量分数（%） |
| --- | --- |
| 木质磺酸钠 | 60～65 |
| 含氮成分（吡啶、吡咯等） | 12～15 |
| 无机盐（$CaSO_4$、$Na_2SO_4$ 等） | 20～25 |
| 其他 | <1 |

回收木质素中含氮化合物的含量是通过凯氏定氮法确定的。氟掺杂的氧化锡(FTO)导电玻璃基板(TECA7),高性能碘溶液电解质 [LNT-DE02, 0.1 mol/L LiI、0.05 mol/L $I_2$、0.5 mol/L 4-叔丁基吡啶(TBP),以及 0.6 mol/L 1,2-二甲基-3-丙基咪唑鎓碘化物(DMPII)],用于介孔层(WH20)和散射层(A400)的二氧化钛浆料、钌有机染料(N719)、Torr Seal 低蒸气压环氧树脂和 Surlyn 膜(45 μm)均由 Libra 新能源科技有限公司(中国)提供。四氯化钛和乙醇由中国医药集团提供。所有化学品均为分析纯,无需进一步提纯即可使用。

### 6.4.2.2　酸沉淀-磺化法提取木质素微球

木质素微球的提取主要包括酸化、过滤和磺化三个主要步骤。首先,用 25% 的硫酸将黑液的 pH 值调节至 2 左右,以沉淀木质素。然后,通过过滤将沉淀的木质素分离出来,并在 60℃ 的温度下进行洗涤和干燥,直至质量恒定。随后,将粗木质素与 0.1 mol/L 亚硫酸钠在 90℃ 下混合 4 h，完成木质素的磺化反应。反应在容量为 500 mL 的三颈烧瓶中，以磁力搅拌速度 500 r/min 下进行。根据酸沉淀法从黑液中回收的木质素形成微米尺度上的不规则球体，浓缩干燥后，用 160 目筛网过筛。

### 6.4.2.3 预氧化-自活化法制备 ONS-doped CMSs

ONS-doped CMSs 的制备主要包括两个步骤：预氧化和自活化。

（1）预氧化步骤。将提取的木质素微球放入马弗炉中，并在空气气氛中进行热处理。样品首先以 5℃/min 的升温速度从室温加热至 120℃，然后在 120℃ 保持 2 h，再以 0.5℃/min 的升温速度从 120℃ 加热至 200℃，然后在 200℃ 保持 4 h，最后将样品自然冷却至室温。

（2）自活化步骤。预氧化的木质素被转移至管式炉中，并在氮气保护下热解。首先，将样品以 2℃/min 的升温速度加热至 500℃ 并保持 1 h，然后再以 5℃/min 的升温速度进一步升温至目标温度（700℃、800℃ 或 900℃）并保持 2 h。之后，样品以 5℃/min 冷却至 500℃，然后自然冷却至室温。所得产物用 10%（质量分数）盐酸漂洗，以除去无机杂质，再用蒸馏水洗涤，至 pH 为中性，最后在 105℃ 下干燥。为方便起见，基于目标热解温度，将所得的 ONS-doped CMSs 标记为 ONS-doped X-CMSs（其中 X 为目标温度）。

### 6.4.2.4 ONS-doped CMSs 基对电极的制备

首先，将 0.9 g ONS-doped CMSs、0.1 g 介孔层二氧化钛浆液（WH20）和 3 mL 乙醇以 300 r/min 的转速球磨 0.5 h 获得均匀碳浆。通过丝网印刷将这种碳浆涂在活性面积为 0.8×0.8 cm$^2$ 的 FTO 表面上。然后，将改性 FTO 放入管式炉中，在 N$_2$ 气氛保护下于 450℃ 下碳化 30 min，以获得 ONS-doped CMSs 基对电极（活性物质负载量约为 8.5 mg/cm$^2$）。为进行比较，还制备了基于 Pt 的对电极。为制备基于 Pt 的对电极，将氯铂酸浆料 [5%（质量分数）H$_2$PtCl$_6$-异丙醇溶液] 通过丝网印刷涂在干净的导电玻璃上，然后在 125℃ 下干燥 15 min。将涂层玻璃转移至管式炉中，并以 5℃/min 的加热速率加热至 450℃。维持此温度 30 min 后，载有 Pt 的导电玻璃自然冷却至室温。通过称量载有 Pt 前后的导电玻璃的质量差，确认对电极上 Pt 的负载量约为 8.5 mg/cm$^2$。

### 6.4.2.5 光阳极的制备

光阳极主要有三个层：致密层、吸附层和散射层。致密层的功能是减少 FTO 上电解质的电荷复合。吸附层具有较大的比表面积，可吸收染料分子。散射层由 200～400 nm 的二氧化钛组成，可通过光散射提高光能的利用。首先将 FTO 浸泡在 70℃ 的四氯化钛水溶液（40 mmol/L）中，然后用蒸馏水洗涤以去除残留的盐酸。将涂层的 FTO 在 80℃ 下干燥，然后在 500℃ 下烧结 30 min。上述过程重复两次，以确保形成一个薄而致密的二氧化钛底层。采用 WH20 透明膏和 A400 浆，通过丝网印刷法制备介孔吸附层和光散射层（活性面积为 0.4×0.4 cm$^2$）。将 FTO 放入管式炉中，在 450℃ 下碳化 30 min。将碳化后的二氧化钛薄膜浸泡在 0.5 mmol/L N719 乙醇溶液中 24 h。

### 6.4.2.6  ONS-doped CMSs 基 DSSCs 器件组装

利用制备的光阳极和对电极，在压力 0.5 MPa、热封时间 15 s 的条件下，制造 DSSCs 器件。将碘溶液电解质通过真空-加压循环法从对电极上保留的小孔注入两个电极之间的间隙，然后用紫外（UV）光固化胶密封小孔。最后，用 Torr Seal 低蒸气压环氧树脂进一步密封 DSSCs 器件。

### 6.4.2.7  结构表征

在美国 ThermoScientific 的 i1N0 傅里叶变换红外光谱仪上测试了木质素废渣的官能团信息，测试条件为 KBr 压片测试，收集波数范围在 4000～400 cm$^{-1}$。使用型号为 SmartLabSE 的 X 射线衍射仪（XRD）对木质素废渣中的无机成分进行鉴定，测试以 Cu Kα（$\lambda$=1.54 Å）为放射源，以 2℃/min 从 10° 扫描至 80°。通过 XPS 测试了 ONS-doped CMSs 表面化学成分。在室温条件下，每个样品取 30 mg 溶解在 0.5 mL 重水中，使用 NMR（DRX-400）记录了 $^1$H NMR 光谱。

对于木质素废渣的元素组成及含量的分析，除了使用型号为 SmartEDX 的能量色散 X 射线光谱仪（EDX）外，还应用有机元素分析仪（ThermoFlash2000）进一步分析了木质素样品中 C、O、S、N 和 H 的含量。ThermoFlash2000 元素分析仪由两个主要部分组成：①分析部分，包括加热炉、热导检测器（TCD）、色谱柱、吸附过滤器、反应器和自动进样器；②控制部分，包括气动室和电子室。有机元素分析的测试原理是采用高温燃烧法检测有机化合物中各元素的含量。样品在 1150℃ 纯氧气氛的氧化管中完全燃烧，生成 $CO_2$、$H_2O$、$NO_x$、$SO_2$、$SO_3$ 等气体，然后这些混合气体在还原管（850℃，还原 Cu）进一步还原为更稳定的形式（$CO_2$、$H_2O$、$N_2$ 和 $SO_2$）。之后，气体经吸附-脱附柱分离，再经色谱柱进一步分离，进行热导检测，得到 C、H、N、S 元素的含量。气体脱附是由程序升温脱附（TPD）在接近室温的条件下控制进行的。这样一来，$CO_2$、$H_2O$、$SO_2$ 等气体将被吸附，而 $N_2$ 则可毫无阻碍地直接被 TCD 检测到。氮峰检测后，当吸附柱分别升温至 60℃、140℃、220℃ 时，$CO_2$、$H_2O$、$SO_2$ 等气体依次脱附并用 TCD 检测。对于木质素样品中 O 元素的检测，是使用 O 模式获取的。样品首先在 1150℃ 的 $H_2$/He 混合气体中热解，然后以炭粉作为还原剂将其转化为 CO。通过对热导池的检测，确定含量。ThermoFlash2000 工作原理如图 6-93 所示。

此外，从造纸黑液中提取的木质素样品中含氮化学物质的含量采用凯氏定氮法进一步测定。该过程主要包括样品消解、蒸馏-吸收和滴定三个步骤。在催化剂的作用下，样品与催化剂一起加热消解，分解出含氮物质氨。分解出的氨与硫酸结合生成硫酸铵。之后，通过碱化蒸馏游离铵，用硼酸吸收，然后再用硫酸标准溶液滴定。根据酸的消耗量，可得到样品中的氮含量，再乘以换算系数，就可估算出含氮化合物的含量。详细步骤如下：

（1）样品消解。使用硫酸作为消解介质，在沸腾的 $H_2SO_4$ 中消解，将有机氮转化为 $NH_4^+$。添加硒试剂（$Na_2SO_4$、$Hg_2SO_4$、$CuSO_4$ 和 Se）的混合物可缩短消解所需的时间，其中 $Na_2SO_4$ 可提高 $H_2SO_4$ 的沸点，其他试剂可用作消化剂，消解温度约 380℃。涉及的反应如下所示：

$$NH_2(CH_2)_p COOH+(q+1)H_2SO_4 \longrightarrow (p+1)CO_2+qSO_2+pH_2O+NH_4HSO_4 \quad (6\text{-}28)$$

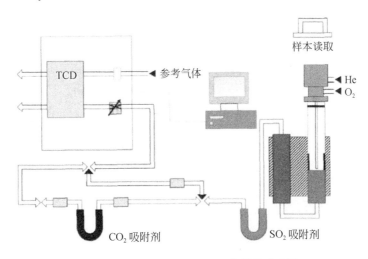

图 6-93　ThermoFlash 2000 工作原理示意图

　　消化液中必须含有过量的硫酸以 $NH_4^+$ 的形式保留 $NH_3$，另外还需要加水以防止消化液凝结，并避免在蒸馏过程中将浓碱与浓酸混合。

　　(2) 蒸馏和吸收。将 $NH_4^+$ 离子转化为 $NH_3$（用碱性 NaOH 中和溶液中过量的硫酸），然后蒸馏 $NH_3$。在消化的样品中加入水和碱后，将烧瓶加热，以蒸馏出一定体积的馏分，并在酸性（硫酸）蒸馏容器中收集 $NH_3$。氢氧化钠的加入所引起的转化率可从下列方程式中得到

$$NH_4^+ \Longleftrightarrow H^+ + NH_3 \quad (6\text{-}29)$$

$$\frac{[NH_3]}{[NH_4^+]} = 10^{pH-pK_{IN}} \quad (6\text{-}30)$$

其中，$pK_{IN}=-\log K_{IN}$，在 20℃ 条件下，$pK_{IN}=9.35$。

　　(3) 滴定。因蒸馏产生的氨通常是在过量的酸性环境中收集的，所以用标准碱溶液返滴定。对于 $NH_3$ 的捕集，本节使用硼酸，因为在酸性条件下，氨气可被硼酸固定。在指示剂甲基红和亚甲基蓝（2:1）的混合物存在下，用硫酸标准溶液滴定，当溶液从绿色变为紫色（pH 约为 5.2）时，完成滴定。根据使用的标准酸的体积，可计算出用硼酸中和的氨量。在蒸馏完成后尽快进行滴定，并确保蒸馏温度不超过 25℃。酸碱滴定公式可用一个简单的函数形式表示，$V=V(pH)$，其中 $pH=-\log[H^+]$。滴定曲线方程式可表示为

$$V = V_0 \cdot \frac{\overline{\eta}_N \cdot C_{ON} - (3 - \overline{\eta}_B) \cdot C_0 + \alpha}{(2 - \overline{\eta}_S) \cdot C - \alpha} \quad (6\text{-}31)$$

　　其中，

$$\alpha = [H^+] - [OH] = 10^{-pH} - 10^{pH-pK_w} \quad (pK_w=14.0) \quad (6\text{-}32)$$

$$\overline{\eta}_N = \frac{[NH_4^+]}{[NH_4^+] + [NH_3]} = \frac{10^{pK_{IN}-pH}}{10^{pK_{IN}-pH}+1} \quad (pK_{IN}=9.35) \quad (6\text{-}33)$$

$$\overline{\eta}_\mathrm{s} = \frac{[\mathrm{HSO_4^-}]}{[\mathrm{HSO_4^-}] + [\mathrm{SO_4^{2-}}]} = \frac{10^{\mathrm{p}K_{2s}-\mathrm{pH}}}{10^{\mathrm{p}K_{2s}-\mathrm{pH}}+1} \quad (\mathrm{p}K_{2s}=1.8) \tag{6-34}$$

$$\overline{\eta}_\mathrm{B} = \frac{3[\mathrm{H_3BO_3}] + 2[\mathrm{H_2BO_3^-}] + [\mathrm{HBO_3^{2-}}]}{[\mathrm{H_3BO_3}] + [\mathrm{H_2BO_3^-}] + [\mathrm{HBO_3^{2-}}] + [\mathrm{BO_3^{3-}}]}$$

$$= \frac{3\times10^{\mathrm{p}K_{1B}+\mathrm{p}K_{2B}+\mathrm{p}K_{3B}-3\mathrm{pH}} + 2\times10^{\mathrm{p}K_{2B}+\mathrm{p}K_{3B}-2\mathrm{pH}} + 10^{\mathrm{p}K_{3B}-\mathrm{pH}}}{10^{\mathrm{p}K_{1B}+\mathrm{p}K_{2B}+\mathrm{p}K_{3B}-3\mathrm{pH}} + 10^{\mathrm{p}K_{2B}+\mathrm{p}K_{3B}-2\mathrm{pH}} + 10^{\mathrm{p}K_{3B}-\mathrm{pH}} + 1} \tag{6-35}$$

$$(\mathrm{p}K_{1B}=9.24; \mathrm{p}K_{2B}=12.74; \mathrm{p}K_{3B}=13.80)$$

$$[\mathrm{NH_4^+}] + [\mathrm{NH_3}] = \frac{C_{0\mathrm{N}} \cdot V_0}{V_0 + V} \tag{6-36}$$

式中，$K_{2s}$ 是硫酸的第二离解常数；可假设 $[\mathrm{H_2SO_4}]=0$；$K_{iB}$（$i$=1，2，3）是硼酸的酸离解常数；$C_0$、$C_{0\mathrm{N}}$ 和 $C$ 是所示物种的浓度；$V_0$ 是滴定剂（硼酸和铵）的体积（mL），$V$ 是滴定剂（$\mathrm{H_2SO_4}$）的体积（mL）。等式中的符号 $\overline{\eta}_\mathrm{N}$、$\overline{\eta}_\mathrm{s}$、$\overline{\eta}_\mathrm{B}$ 和分别表示附着在相应基本形式 $\mathrm{NH_3}$、$\mathrm{SO_4^{2-}}$ 和 $\mathrm{BO_3^{3-}}$ 上的质子的平均数。

### 6.4.2.8　预氧化及热解过程的表征方法

使用型号为 K-Alpha 的 X 射线光电子能谱仪（XPS）以单色化 Al Kα X 为射线源，采集了木质素废渣预氧化前后的 XPS 图谱，表征了高分辨率 C 1s 和 O 1s 的 XPS 谱图。使用拉曼光谱仪（型号 LabRAMHREvolution）测试了预氧化前后木质素废渣的拉曼光谱。使用热重-质谱联用仪（TG-MS），研究了木质素在空气氛围下，由室温升至 200℃过程中的结构演变。使用 5 mm TXI 冷冻探针在 BrukerAVANCE-600 上测定了不同预氧化温度处理的木质素的高分辨率固态 $^{13}$C 核磁共振谱（NMR）。采用型号 STA499C 热重分析仪联合 Tensor 27 红外光谱仪，在 20 mL/min 流速的高纯度 $\mathrm{N_2}$ 中进行了热重-红外联用（TG-FTIR）分析，样品以 10℃/min 速率从 30℃加热至 1000℃，记录了波数 4000～400 cm$^{-1}$ 的傅里叶红外光谱。

### 6.4.2.9　光伏性能表征

（1）循环伏安（CV）分析。CV 测试采用电化学工作站（型号 CHI660C），以 Pt 丝为对电极，Ag/AgNO$_3$ 为参比电极，涂敷 ONS-doped CMSs 膜的 FTO 玻璃为工作电极的三电极体系进行的。测试是由 0.01 mol/L LiI、0.001 mol/L $\mathrm{I_2}$ 和 0.1 mol/L LiClO$_4$ 组成的乙腈溶液中进行，电势范围为-0.4～1.1 V，扫描速率为 20 mV/s。

（2）塔费尔极化分析。制备由两个对电极组成的对称虚拟电池进行塔费尔极化曲线的测定。塔费尔极化曲线的绘制是在电势范围为-0.8～0.8 V，扫描速率为 10 mV/s 的条件下进行的。

（3）电化学阻抗谱（EIS）分析。组装的 DSSCs 的 EIS 测试是在黑暗条件下 0.1 Hz 至 0.1 MHz 的频率范围进行的。

（4）光伏性能分析。使用 Keithley2400 万用电表收集了 DSSCs 在光照强度为 100 mW/cm$^2$（AM 1.5）的太阳模拟器（型号 CEL-AAAS）下的光电流-光电压参数，并绘制电流密度-电压（*J-V*）和功率密度-电压（*P-V*）特性曲线。使用基于 150 W 氙灯的太阳能电池光谱响应系统（CEL-QPCE2050）研究了器件单色光子-电子转化效率（IPCE）。根据下列公式计算组装器件的填充系数（FF）和功率转换效率（$\eta$）。

$$\text{FF}(\%) = \frac{J_{\max} \times V_{\max}}{J_{sc} \times V_{oc}} \times 100 \tag{6-37}$$

$$\overline{\eta}(\%) = \frac{J_{\max} \times V_{\max}}{P_{in}} \times 100 = \frac{FF \times V_{oc} \times J_{sc}}{P_{in}} \times 100 \tag{6-38}$$

其中，$V_{oc}$ 为开路电压（V），$J_{sc}$ 为短路电流密度（mA/cm$^2$），$P_{in}$ 为入射光辐射功率，$V_{\max}$（V）和 $J_{\max}$（mA/cm$^2$）分别为最大功率点处 *J-V* 曲线的电压和电流密度。

## 6.4.3　化学成分、孔径分布与元素分析

### 6.4.3.1　从高污染黑液中制备 ONS-doped CMSs

工业造纸通常涉及 Kraft 工艺，在这个过程中，木材被转化为木浆，然后再转化为纸。然而，这一过程会产生一种称为黑液的有毒副产物。这种有毒和高度污染的制浆残留物（如木质素和其他有机物）和无机化学物质（如氢氧化钠和 Na$_2$SO$_4$）经 Kraft 过程后直接释放至水环境中。通过简单的化学分离和干燥，可从这种混合物中获得固体残渣（主要含有木质素磺酸钠和一些含氮物质与无机盐）[197]。然而，这种多组分的固体残渣有助于在直接热解过程中诱导杂原子掺杂和多孔碳，并且这种碳材料可应用于 DSSCs 对电极。

如图 6-94 所示，木质素首先通过酸沉淀法从黑液中回收，然后作为碳源，经过预氧化和自活化，实现氧-氮-硫共掺杂。首先，通过低温预氧化引入氧组分，木质素链之间形成的酯基改善了交联，从而通过抑制接下来高温炭化过程中碳基骨架的重排和解构，导致碳结构更加无序[198]。在自活化过程中，木质素磺酸钠和残留的含氮杂质作为活化剂实现共掺杂，使 π-电子离域并增加活性位点[199]。在较高温度下，生物炭与无机盐杂质之间的反应因刻蚀效应导致微孔和介孔的产生，增加了 CMSs 的表面积和活性位点[200]。

### 6.4.3.2　预氧化和自活化过程中的成分分析和结构演化

从造纸黑液中提取的木质素废渣的 FTIR 光谱如图 6-95 所示，3445 cm$^{-1}$和 3284 cm$^{-1}$ 处的谱带分别来源于 O—H（游离）和 O—H…O（缔合）的拉伸振动[24]。1715 cm$^{-1}$、1671 cm$^{-1}$ 和 1626 cm$^{-1}$ 处的谱带分别归属于芳环的非共轭 C=O 基团和缔和 C=O 基团的 O—H…O=C 拉伸振动。1373 cm$^{-1}$、1135 cm$^{-1}$和 654 cm$^{-1}$ 处的谱带来源于 S 相关键合作用（S=O 和 C—S）的振动[201]。表 6-7 总结了这些特征信号及其归属。除了木质素磺酸钠的信号外，还观察到与含氮杂质（根据供应商描述，这里主要是吡啶和吡咯）相关的 FTIR 信号。通常，3431 cm$^{-1}$和 3073 cm$^{-1}$ 处的谱带来源于吡咯的 N—H（游离）和 N—H（对称）伸缩振动[202]。1557 cm$^{-1}$处的谱带归属于吡咯环的面内振动。708 cm$^{-1}$处的谱带归因于吡咯和吡啶环的 N—H 面外弯曲。氧、氮、硫组分的存在确保了共掺杂炭的产生。

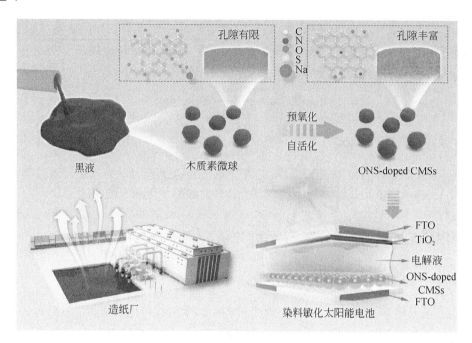

图 6-94　从高污染黑液中制备用于 DSSC 对电极的 ONS-doped CMSs

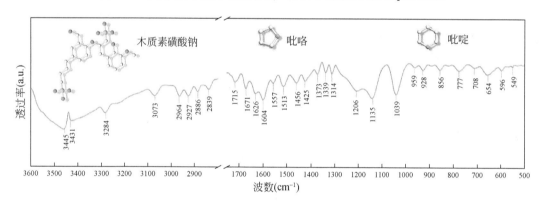

图 6-95　从造纸黑液中提取的木质素的 FTIR 光谱（插图显示了木质素磺酸钠、吡咯和吡啶的结构）

表 6-7　从造纸黑液中提取的木质素的主要红外信号的波数和相应的信号归属

| 波数（cm$^{-1}$） | 归属 | 来源 |
| --- | --- | --- |
| 3345 | O—H 拉伸振动（游离） | SL[1] |
| 3431 | N—H 拉伸振动（游离） | PO[2] |
| 3284 | N—H 拉伸振动（不对称）和 O—H···O 拉伸振动（缔合） | SL，PO |
| 3073 | N—H 拉伸振动（对称） | PO |
| 2964 | CH$_3$ 拉伸振动（对称） | SL |
| 2927 | CH$_2$ 拉伸振动（对称） | SL |
| 2886，2839 | C—H 拉伸振动 | SL，PO，PI[3] |
| 1715 | 与芳香烃非共轭 C=O 基团的拉伸振动 | SL |

续表

| 波数（cm⁻¹） | 归属 | 来源 |
|---|---|---|
| 1671，1626 | C=O 拉伸振动（O—H···O=C） | SL |
| 1604 | 芳香族骨架振动 | SL |
| 1557 | 吡咯环的面内振动 | PO |
| 1513 | 芳香族骨架振动 | SL |
| 1456 | C—H 变形振动 | SL，PO，PI |
| 1425 | C—H 变形振动（不对称） | SL，PO，PI |
| 1373 | S=O 变形振动（不对称） | SL |
| 1339 | C—H 弯曲振动和 CH₃ 变形振动（对称） | SL |
| 1314 | C—N 拉伸振动，N—H 变形振动，CH₂ 摇摆振动 | SL，PO |
| 1206 | N—H 变形振动 | PO |
| 1135 | S=O 伸缩振动（对称） | SL |
| 1039 | C—OH 拉伸振动 | SL |
| 959 | CH₃ 摇摆振动 | SL |
| 928 | CH₃ 摇摆振动 | SL |
| 856 | C—H 面外弯曲 | SL |
| 777 | CH₂ 摇摆振动 | SL |
| 708 | N—H 面外弯曲 | PO，PI |
| 654 | C—S 振动 | SL |
| 596 | C—O 面外弯曲 | SL |
| 549 | C—C 面外弯曲 | SL |

①SL 表示木质硫酸钠；②PO 表示吡咯；③PI 表示吡啶。

为进一步研究 LMSs 的分子结构，测试了其 $^1$H 和 $^{13}$C NMR 光谱，如图 6-96（a）和（b）所示。图 6-96（a）中，10.93 ppm 处的峰归属于电离的 $SO_3^{2-}$ 和 $H_2O$ 的结合形成的酸性氢（$SO_3H$）[203]。在 8.35 ppm 处的信号归因于酚羟基中的 H，而在 7.20～6.80 ppm 之间的峰归因于 G 单元中的芳香族质子。在 4.35～4.00 ppm 和 3.90～3.55 ppm 处的吸收峰分别来自 β-O-4 单元中的 $H_\gamma$ 和甲氧基质子[204]。在 3.50 ppm 处的峰与木质素磺酸钠的典型特征质子 $H_\alpha$ 有关。1.86 ppm 处的峰来自脂肪族乙酸酯中的 H，1.75～0.75 ppm 之间的峰归属于脂肪族 H。图 6-96（b）显示了回收的 LMSs 的 $^{13}$C NMR 光谱。182 ppm 的化学位移来自于羧基碳。在 160～90 ppm 处的化学位移属于芳香碳。在 148 ppm、128 ppm 和 114 ppm 处的峰分别归属于未醚化 G（愈创木酚基）单元中的 $C_4$、$C_\alpha$ 和 $C_\beta$ 以及 $C_5$[205]，这进一步证明了 G 单元是回收的 LMSs 的主要成分。65 ppm 和 55 ppm 的峰分别归属于 $C_\gamma$ 和芳香族 O—CH₃。10～50 ppm 的信号来自饱和脂肪族碳。结合 $^1$H 和 $^{13}$C NMR 的结论与 FTIR 分析，图 6-96（c）提供了 LMSs 原料的一种可能的结构单元。

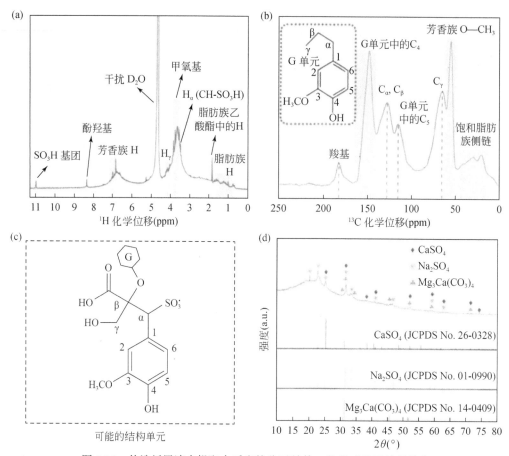

图 6-96　从造纸黑液中提取木质素的分子结构、化学成分及结晶结构

（a）$^1$H NMR；（b）$^{13}$C NMR 谱；（c）可能的结构单元；（d）XRD 图

用 XRD 法对从造纸黑液中提取的木质素中的无机成分进行了鉴定。从图 6-96（d）中可看出，这些 XRD 信号主要指向三种物质：$Na_2SO_4$（JCPDS No. 01-0990）、$CaSO_4$（JCPDS No. 26-0328）和 $Mg_3Ca(CO_3)_4$（JCPDS No. 14-0409）。根据 Wang 等的报道，这些无机物在 CMSs 的孔隙形成中起着关键作用[206]。在热解过程中，木质素磺酸钠被碳化成焦炭，硫酸盐与焦炭反应促进孔隙形成，这将在接下来的 TG-FTIR 分析中详细讨论。一些不参与反应的无机杂质可作为模板，促进碳材料孔结构的形成。

在热解（即自活化）前，对从造纸黑液中提取的木质素进行低温预氧化处理。这种低温预氧化的目的有两方面：①引入更多的氧基团（图 6-97）；②通过生成更多的酯基来

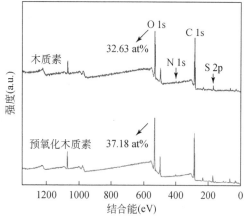

图 6-97　木质素与预氧化木质素的 XPS 谱图

改善木质素链之间的交联[207-210]，这有助于在后续热解产生更高的无序碳结构。更无序的碳结构为电催化反应提供了更多的缺陷位点。利用 XPS 分析了预处理前后木质素的化学成分。如图 6-98（a）所示，在预氧化之前，O 1s XPS 光谱中的信号可解卷积成四个峰，即 O1：C(O)O，O2：C=O，O3：C—O 和 O4：O—H。C 1s XPS 谱中的信号被解卷积成 5 个峰，分别是 C1：C—S，C2：C—C，C3：C—N/C—O，C4：C=O 和 C5：C(O)O ［图 6-98（c）］。预氧化后，O3（C—O）的积分面积减小，而 O4（O—H）的积分面积增加 ［图 6-98（a）、（b）和表 6-8］，这表明脱甲基化过程的进行。

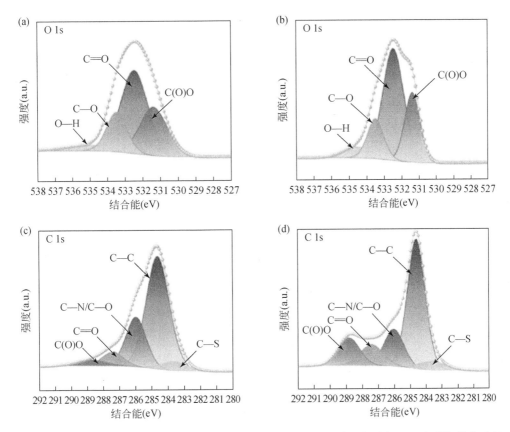

图 6-98　木质素（a）和预氧化木质素（b）的高分辨率 O 1s XPS 光谱；木质素（c）和预氧化木质素（d）的高分辨率 C 1s XPS 光谱

表 6-8　预氧化 LMSs 的高分辨率 O 1s XPS 谱的各氧成分含量

| B.E.（eV） | O1（531.2） | O2（532.5） | O3（533.5） | O4（534.6） |
|---|---|---|---|---|
| 归属 | C(O)O | C=O | C—O | O—H |
| LMSs | 17.31% | 48.11% | 28.39% | 6.19% |
| 预氧化 LMSs | 24.68% | 53.59% | 14.90% | 6.83% |

此外，C4 和 O2（C=O）积分面积的增加（图 6-98 和表 6-9）可能是因温度升高以及

氧气的引入，导致醇羟基氧化。更重要的是，O1 和 C5 积分面积的显著增加表明在 200℃时酯基的大量生成［图 6-98（d）］。这些酯基的形成促进了木质素的分子间交联，有利于防止碳结构在随后的高温热解中发生解构和重排。

**表 6-9　预氧化 LMSs 中高分辨率 C 1s XPS 谱的峰含量**

| B.E.（eV） | C1（283.6） | C2（284.6） | C3（286.0） | C4（287.4） | C5（288.8） |
|---|---|---|---|---|---|
| 归属 | C—S | C—C | C—N/C—O | C=O | C(O)O |
| LMSs | 5.37% | 59.88% | 23.34% | 7.02% | 4.38% |
| 预氧化 LMSs | 5.36% | 54.20% | 16.37% | 10.86% | 13.20% |

该效应将导致无序度更高的碳材料，这可由拉曼光谱中观察到的更高的 $I_D/I_G$ 值（图 6-99）所证实。强度比 $I_D/I_G$ 被认为是碳材料结构缺陷的指标，$I_D/I_G$ 值越高，意味着对 $I_3^-$ 的催化反应具有更高的无序度和更多缺陷位点[211]。此外，预氧化所导致的更多含氧基团的引入也可由 XPS 全谱进一步证明（图 6-97）。

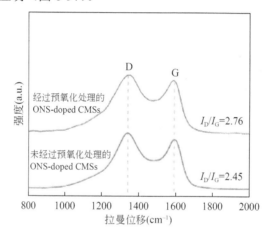

图 6-99　经过或未经过预氧化处理的 ONS-doped CMSs 的拉曼光谱

利用 TG-MS 和 $^{13}$C NMR 分析进一步研究了从造纸黑液中提取的木质素预氧化过程中的热反应和结构变化。显然，$CH_4$ 的释放与木质素的去甲基化有关［图 6-100（a）］，这可通过 $^{13}$C NMR 光谱中 O—$CH_3$ 峰值强度的降低来验证［图 6-100（b）］。这一结果与上述 XPS 结论一致。$H_2O$、CO 和 $CO_2$ 的产生可能是因脂肪族醇、芳香族醇和脂肪酸的热分解[212]。此外，随着温度的升高，在 148 ppm（$C_4$）处的信号明显变宽和减弱，而在 173 ppm（酯碳，COOR）处的信号明显改善，这与脂肪族羧基和酚羟基的酯化反应有关。因此，得到了更强的交联结构。图 6-101 给出了预氧化过程中回收的木质素可能的结构演化机制。

预氧化后，通过 TG-FTIR 研究热解过程中的自活化过程。图 6-102（a）和（c）为从造纸黑液中提取的木质素与不含无机盐的纯化木质素的 TG 曲线和微分热重（DTG）曲线对比图，图（b）和（d）为热解产物在不同温度下对应的 FTIR。根据 TG 图，热解过程主要分为三个步骤。失重的第一个阶段（30～130℃）是因吸附水的释放，导致轻微失重约 2.81%［图 6-102（a）］。在 100℃时的 FTIR 光谱中，仅检测到 $H_2O$ 的峰［图 6-102（b）］。

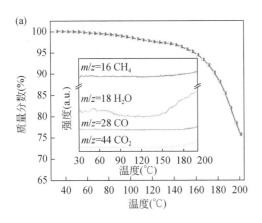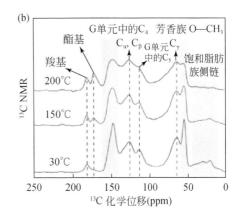

图 6-100　从造纸黑液中提取的木质素在预氧化和自活化过程中的热反应和结构变化

(a) 预氧化过程中回收废木质素的 TG 曲线（插图为质谱）；(b) $^{13}$C NMR 谱图

反应1：脱甲基

反应2：醇羟基的氧化

反应3：脂肪族羧基与酚羟基之间的酯化作用

交联结构

图 6-101　预氧化过程中回收的木质素可能的结构演化机制

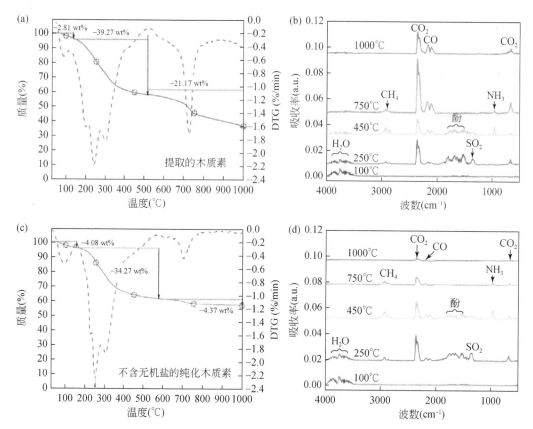

图 6-102　从造纸黑液中提取的木质素在预氧化和自活化过程中的热反应和结构变化
（a）提取的木质素的 TG（实线）和 DTG（虚线）图；（b）不同温度下提取的木质素热解产物的 FTIR 光谱；（c）不含无机盐的纯化木质素的 TG 和 DTG 图；（d）不同温度下纯化木质素热解产物的 FTIR 谱图

在第二步（130～512℃）中，在 200℃、240℃和 313℃有三个重叠的减重峰。大多数含 O 基团的分解和碳质物质的重排发生在这一阶段[213]，释放出芳香族化合物（如苯酚）、烷基（如 $CH_4$、$CO_2$、CO）和一些含硫小分子（如 $SO_2$），这些在 FTIR 光谱中都有记录。392℃的肩峰是由含氮基团（如吡啶和吡咯）[214]的热降解引起的。傅里叶变换红外光谱（FTIR）检测 $NH_3$ 的释放。在这一阶段的自活化过程中，除了形成初级碳骨架外，碳骨架还在热驱动下被杂原子掺杂。此外，通过比较有无机盐和没有无机盐的木质素热解产物的 FTIR 信号，可见它们的信号在低于 450℃时几乎相同 [图 6-102（b）和（d）]。当温度升高至 750℃时，FTIR 表明，有机盐的木质素热解产物的 $CO_2$ 和 CO 的释放更强。碳和无机盐（如 $Na_2SO_4$ 和 $CaSO_4$）之间的反应在这种质量损失中起重要作用。

$$Na_2SO_4+2C \longrightarrow Na_2S+2CO_2 \tag{6-39}$$
$$CaSO_4+2C \longrightarrow CaS+2CO_2 \tag{6-40}$$
$$CO_2+C \longrightarrow 2CO \tag{6-41}$$

$Na_2SO_4/CaSO_4$ 至 $Na_2S/CaS$ 的这些碳热反应具有"刻蚀"效应，有助于形成观察到的大表面积和多孔结构（表 6-10）。当温度进一步升高至 1000℃时，$CO_2$/CO 的释放继续。此外，1000℃下的质量损失部分源于无机硫酸盐的蒸发。

**表 6-10　在 77 K 下通过氮气吸附获得了从造纸黑液中提取的木质素原料和 ONS-doped 700-CMSs、800-CMSs 和 900-CMSs 的孔隙参数**

| 样品 | 总比表面积（m²/g） | 孔总体积（cm³/g） | 微孔表面积（m²/g） | 微孔体积（cm³/g） | 介孔表面积（m²/g） | 介孔体积（cm³/g） | 平均孔隙（nm） |
|---|---|---|---|---|---|---|---|
| 木质素原料 | 1.63 | 0.01 | 0 | 0 | 1.63 | 0.01 | 18.52 |
| ONS-doped 700-CMSs | 516.85 | 0.43 | 333.28 | 0.14 | 183.57 | 0.29 | 3.34 |
| ONS-doped 800-CMSs | 626.46 | 0.51 | 416.24 | 0.17 | 210.22 | 0.34 | 3.28 |
| ONS-doped 900-CMSs | 526.14 | 0.48 | 315.85 | 0.13 | 210.29 | 0.35 | 3.64 |

## 6.4.4　微观形貌、结晶结构与价键分析

利用 SEM 观察 ONS-doped CMSs 的形貌，并研究了自活化温度的影响。通过对比图 6-103 中的 SEM 图像，可清楚地看到，采用酸沉淀法从黑液中回收的木质素微球呈准球形，几乎不受高温热解的影响。此外，随着自活化温度的升高，从 ONS-doped 700-CMSs 至 ONS-doped 900-CMSs，表面织构逐渐变得粗糙。

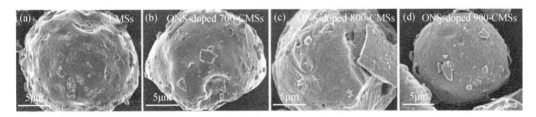

图 6-103　不同自活化温度下制备的 ONS-doped CMSs 的 SEM 图像

从高倍 SEM 图像中可看出，LMSs 表面几乎没有孔结构 [图 6-104（a）]。然而，自活化处理导致 ONS-doped 700-CMSs 中形成许多新的微孔（<2 nm）和介孔（2～50 nm）[图 6-104（b）]。随着温度升高至 800℃，ONS doped 800-CMSs 的孔隙数量显著增加，如图 6-104（c）所示。

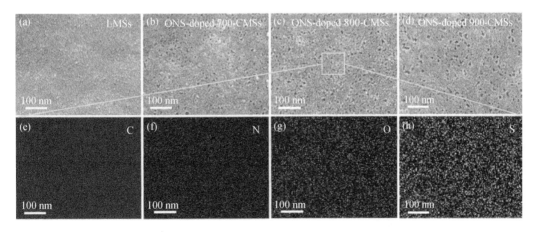

图 6-104　不同自活化温度下制备的 ONS-doped CMSs 的形貌和元素成分

（a～d）高倍 SEM 图像，（e～h）ONS-doped 800-CMSs 的 EDX 元素映射

然而，当温度进一步升高至 900℃时，孔径明显增大，而孔数量明显减少［图 6-104（d）］，这可能是因为较高的温度导致部分微孔和介孔的收缩且重构[215]。下面将讨论 $N_2$ 吸附-脱附等温线提供的更多关于孔特征的细节。

从 ONS-doped 800-CMSs 的元素映射图［图 6-104（e）～（h）］中可看出，与 ONS-doped 700-CMSs 和 ONS-doped 900-CMSs（质量分数分别为 20.68%和 12.86%，下同）相比，ONS-doped 800-CMSs 的总掺杂比可达 18.56%（N：3.10%，O：5.10%，S：10.08%）（图 6-105 和表 6-11）。

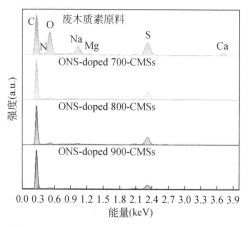

图 6-105　ONS-doped CMSs 系列样品能谱图

表 6-11　ONS-doped CMSs 系列样品的掺杂含量

| 样品 | 元素 | 含量（%，质量分数） |
| --- | --- | --- |
| 废木质素原料 | C | 39.78 |
| | N | 2.95 |
| | O | 29.74 |
| | Na | 9.23 |
| | Mg | 1.41 |
| | S | 13.52 |
| | Ca | 3.37 |
| ONS-doped 700-CMSs | C | 79.32 |
| | N | 3.35 |
| | O | 5.64 |
| | S | 11.69 |
| | 总掺杂含量：20.68% | |
| ONS-doped 800-CMSs | C | 81.72 |
| | N | 3.10 |
| | O | 5.10 |
| | S | 10.08 |
| | 总掺杂含量：18.28% | |
| ONS-doped 900-CMSs | C | 87.14 |
| | N | 0.15 |
| | O | 4.28 |
| | S | 8.43 |
| | 总掺杂含量：12.86% | |

除 EDX 分析外,采用有机元素分析仪 ThermoFlash 2000 进一步分析了木质素样品中 C、O、S、N、H 的含量。ThermoFlash 2000 元素分析仪的工作原理图和测试结果分别见图 6-93 和表 6-12。

**表 6-12　利用 ThermoFlash 2000 元素分析仪测定了废木质素原料和 ONS-doped 800-CMSs 的元素组成**

| 样品 | 元素 | 比重（%） |
| --- | --- | --- |
| 废木质素原料 | C | 38.68 |
| | H | 4.23 |
| | N | 2.87 |
| | S | 13.01 |
| | O | 28.17 |
| ONS-doped 700-CMSs | C | 78.93 |
| | H | 1.83 |
| | N | 3.08 |
| | S | 10.95 |
| | O | 5.21 |
| ONS-doped 800-CMSs | C | 80.91 |
| | H | 1.45 |
| | N | 2.92 |
| | S | 9.92 |
| | O | 4.80 |
| ONS-doped 900-CMSs | C | 86.53 |
| | H | 1.07 |
| | N | 0.11 |
| | S | 8.23 |
| | O | 4.06 |

为进一步分析元素比例和掺杂率,还应用了有机元素分析方法。可看出,EDX 分析确定的元素比例与有机元素分析方法收集的数据非常接近（图 6-93 和表 6-12）。这些结果验证了数据的可靠性。O、N、S 的掺入影响了原本有序的 C 原子的 $sp^2$ 杂化的电子分布,这有利于获得更高的电荷离域、更大的费米能级附近的供体态密度,以及更大的吸附和催化活性位点密度[216]。这些优势在实现更强的电催化活性方面发挥着关键作用。

通过 TEM 观察,ONS-doped 700-CMSs 呈现出无定形碳结构,未观察到可识别的晶格条纹,具备典型的无定形碳特征,如图 6-106（a）所示。随着自活化温度的升高,ONS-doped 800-CMSs 和 ONS-doped 900-CMSs 都产生了有序的石墨化区域,且石墨化区域具有一定的晶格条纹。0.35 nm 和 0.21 nm 的晶格间距分别与石墨碳（002）和（100）平面的晶格间距一致 [图 6-106（b）和（c）]。这一结果表明,较高的温度有利于非晶碳向石墨碳的转化,有助于提高 ONS-doped CMSs 的导电性。根据四探针法测定的结果,ONS-doped 700-CMSs、800-CMSs 和 900-CMSs 的电导率分别为（125.3±1.7）S/m、（244.1±2.4）S/m 和（322.4±2.9）S/m。

这些结果与上述分析结果具有良好的一致性。此外，ONS-doped 800-CMSs 的 SAED 图像显示出纳米晶体材料的典型环状图案［图 6-106（d）］。这些环与石墨碳的晶格间距一致。

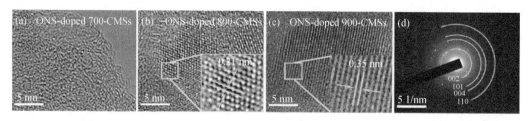

图 6-106 不同自活化温度下制备的 ONS-doped CMSs 的 HRTEM 图像（a～c）和 ONS-doped 800-CMSs 的 SAED 图像（d）

通过 XRD 和拉曼分析进一步研究了自活化温度对 ONS-doped CMSs 石墨化程度的影响。如图 6-107（a）所示，所有的样品都在约 23.4°和 43.6°处产生了两个宽峰，这与碳的（002）和（100）平面有关，但三个样品在峰位和半宽上略有差异。从（002）峰开始计算，ONS-doped CMSs 的 $c$ 轴相关长度 $L_c$ 和 $d_{002}$ 值使用以下公式[217]：

$$L_c = \frac{0.45\lambda}{\beta\sin\theta} \tag{6-42}$$

$$d_{002} = \frac{\lambda}{2\sin\theta} \tag{6-43}$$

式中，$\lambda$ 为入射 X 射线的波长，$\beta$ 为半峰宽，$\theta$ 为衍射角。ONS-doped CMSs 的 $a$ 轴相关长度 $L_a$ 从（100）峰开始计算，使用式（6-44）[218]。

$$L_a = \frac{0.92\lambda}{\beta\sin\theta} \tag{6-44}$$

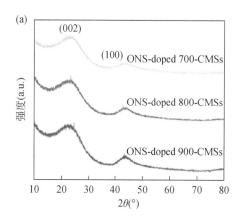
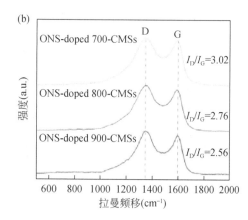

图 6-107 不同自活化温度下制备的 ONS-doped CMSs 的结晶结构和化学成分

（a）XRD 图谱；（b）拉曼光谱

$d_{002}$、$L_c$、$L_a$ 与温度的关系如表 6-13 所示。随着自活化温度的升高，$L_c$ 和 $L_a$ 增加，但 $d_{002}$ 减少，对应从非石墨化区域向石墨化区域的转变。温度越高，$d_{002}$ 值的减小表明石墨层之间的连接越紧密。在拉曼光谱中［图 6-107（b）］，所有样品在大约 1347 cm$^{-1}$ 和 1593 cm$^{-1}$

处都有两个明显的带，分别对应由碳材料的缺陷和无序程度衍生的 D 带和与有序石墨 sp$^2$ C—C 键平面内振动相关的 G 带[219]。ONS-doped 700-CMSs、ONS-doped 800-CMSs 和 ONS-doped 900-CMSs 的强度比 $I_D/I_G$ 分别为 3.02、2.76 和 2.56（峰面积比）。$I_D/I_G$ 值随着温度的升高而减小，表明碳材料中的结构缺陷逐渐减少。这一现象与 HRTEM 和 XRD 分析的结果一致。

表 6-13　ONS-doped CMSs 的 $d_{002}$、$L_c$ 和 $L_a$ 随温度的关系

| 样品 | $d_{002}$（Å） | $L_c$（nm） | $L_a$（nm） |
| --- | --- | --- | --- |
| ONS-doped 700-CMSs | 4.13 | 1.62 | 3.67 |
| ONS-doped 800-CMSs | 3.81 | 1.71 | 3.78 |
| ONS-doped 900-CMSs | 3.61 | 1.80 | 3.96 |

电极/电解质界面上电极与反应物之间的电子传递对碳基 DSSCs 的工作效率起着决定作用。因此，电极材料实现大比表面积和大孔径具有重要意义。通过 N$_2$ 吸附-脱附试验，分析了本研究中材料的比表面积和孔径特征。从造纸黑液中提取的木质素的 LMSs 呈III型等温线，孔径分布在 2～128 nm［图 6-108（a）和（b）］，表明缺乏微孔。经计算 BET 表面积仅为 1.63 m$^2$/g。如图 6-108（c）所示，对于 ONS-doped CMSs，显著增加的吸附体积表明预氧化和自活化处理产生了大量的孔隙。根据国际理论与应用化学联合会（IUPAC）分类，所有的曲线都显示出典型的IV型等温线，表明中孔的存在[220]。低相对压力下的大量氮吸附（$P/P_0 < 0.01$）是微孔丰富的典型标志。此外，在较高的相对压力下，吸附和脱附分支之间存在明显的滞后环，进一步证实了介孔的存在[221]。此外，吸附仍然没有在 $P/P_0$ 为 1.0 附近达到平台期，表明存在大孔（>50 nm）。Barrett-Joyner-Halenda（BJH）法计算的孔径分布图［图 6-108（d）］也说明了微孔、介孔和大孔的共存。孔径分布在 1～200 nm，峰位于 3～4 nm。与 ONS-doped 700-CMSs 和 900-CMSs 相比，ONS-doped 800-CMSs 在微孔和介孔区域的峰值强度更大，这表明在 ONS-doped 800-CMSs 中存在更多的微孔和介孔。

表 6-10 总结了 ONS-doped 700-CMSs、ONS-doped 800-CMSs 和 ONS-doped 900-CMSs 的孔隙参数。当自活化温度从 700℃升高至 800℃时，BET 表面积（516～626 m$^2$/g）、总孔容（0.43～0.51 cm$^3$/g）、t-plot 微孔面积（333.28～416.24 m$^2$/g）、t-plot 微孔体积（0.14～0.17 cm$^3$/g）、介孔表面积（183.57～210.22 m$^2$/g）、介孔体积（0.29～0.34 cm$^3$/g）等参数均有显著改善。这些结果表明，适度的温度升高会引起碳与活化剂之间的反应，导致更多的微孔和介孔。当温度达到 900℃时，BET 表面积、总孔隙体积、t-plot 微孔面积、t-plot 微孔体积等参数大部分减小（表 6-10），而介孔体积和比表面积略有增加。造成这种现象的一个可能的原因是 900℃的高温导致一些微孔和介孔的合并重建以及一些小分支的坍塌[222]，从而导致整体 BET 表面积减小，介孔参数略有增加。此外，平均介孔大小的变化趋势，从 700℃时的 3.34 nm 至 800℃时的 3.28 nm，最终至 900℃时的 3.64 nm，也印证了上述预期。因此，800℃下的自活化处理可得到最优的孔参数。

对于对电极材料来说，较大的表面积可提供更多活性反应位点，因此需要具有大表面积的分级孔结构。在这种结构内，大孔作为离子缓冲调节剂，可为电解质离子占据提供空间，介孔可提供离子高速传输通道，确保高催化活性和低电荷重组[223]。此外，足够数量

的微孔提供了较大的表面积和丰富的活性位点，可产生更好的电催化性能。

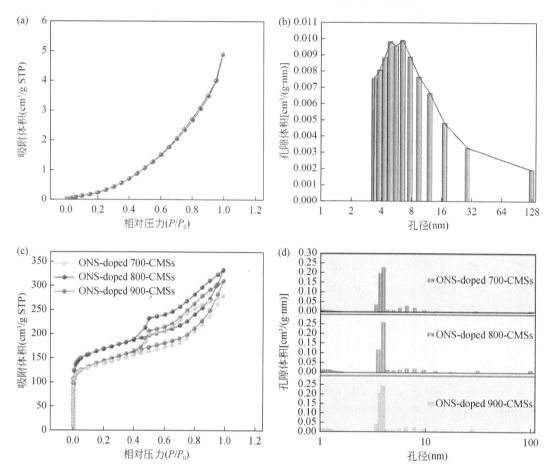

图 6-108　(a) LMSs 的 $N_2$ 吸附-脱附等温线；(b) LMSs 的孔径分布；(c) ONS-doped CMSs 的 $N_2$ 吸附-脱附等温线；(d) ONS-doped CMSs 的孔径分布

　　用 XPS 进一步研究了杂原子掺杂效应。从 ONS-doped 800-CMSs 的 XPS 全谱（图 6-109）中可清楚地识别出 C、O、N 和 S 的信号，这些结果与 EDX 结果吻合得很好。

　　为详细分析 ONS-doped 800-CMSs 中掺杂杂原子的化学状态，高分辨率的 C 1s、O 1s、N 1s 和 S 2p XPS 光谱如图 6-110 所示。C 1s XPS 谱表明，除 C—C 和 C═C 外，含氧基团存在 C—O/O—C═O/COOR，含氮基团存在 N-6（吡啶 N）/N-5（吡咯 N）/N-Q（季氮）/N—X（C—N—O），含硫基团存在 C—S（硫醚 S）/—$SO_n$—（噻吩 S）。

　　杂原子的引入诱导了电荷在碳上的重新分布，并创造了有效的活性位点，反应物分子可更有效地相互作用[224]。值得注意的是，氧掺杂改善了催化性能，但石墨化碳框架在一定程度上被破坏[225]，导致碳的导电性降低。作为一种替代方法，N 掺杂是平衡催化活性和电导率的有效方法，这归因于 N 原子的孤对电子可产生负电荷，从而同时提高催化活性和电荷转移能力[226]。研究发现，碳材料中较高的吡啶类 N 和季铵盐类 N 含量会提高 $I_3^-$ 还原的催化活性。此外，根据 DFT 计算，不同氮种的电离能（$E_i$）值为：季氮＜吡咯氮＜游离氮＜吡啶氮[227]。因此，具有高季氮含量的掺杂氮碳有望具有出色的催化活性和电子转移能力。因其分层孔隙结构、大比表面积、高杂原子掺杂水平以及有效的石墨化程度，所制备的 ONS-doped 800-CMSs 有望在 DSSCs 应用中展现出巨大的潜力。

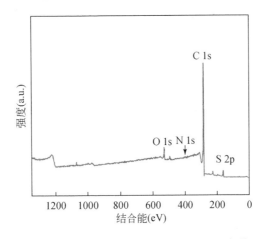

图 6-109　ONS-doped 800-CMSs 的 XPS 全谱

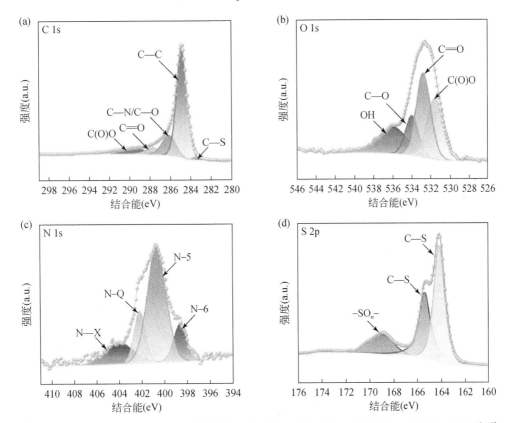

图 6-110　ONS-doped 800-CMSs 高分辨率（a）C 1s、（b）O 1s、（c）N 1s、（d）S 2p XPS 光谱

### 6.4.5　光伏性能分析

　　图 6-111 显示了 ONS 掺杂的 CMSs 在 DSSCs 中的工作机理。在阳光照射下，染料分子（N719）可吸收可见光，随后将光生电子注入至半导体 $TiO_2$ 的导带中。电子继续通过 FTO 进入外电路，通过 ONS-doped CMSs 对电极，最终至氧化还原电解质催化还原 $I_3^-$，从而完成整个电路的电子循环[228]。

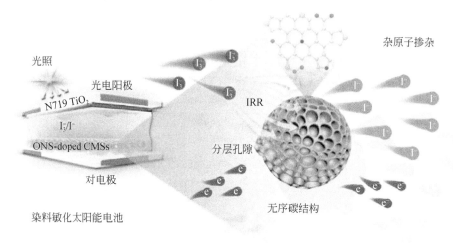

图 6-111　ONS-doped CMSs 基 DSSCs 的工作机理示意图

　　因光阳极和对电极都暴露在电解液中，对电极上的快速还原反应可抑制光阳极上的电荷复合，这对 DSSCs 的光电转换有很大的影响。因此，出色的催化活性是对电极材料的先决条件。ONS-doped 800-CMSs 的大表面积和分层孔结构有望为 $I_3^-$ 的还原提供丰富的活性位点。虽然介孔和大孔有助于通道的形成，但在 ONS-doped 800-CMSs 中，较高比例的微孔有助于提升比表面积，丰富活性位点，同时有助于电解质离子在催化剂表面的可逆吸附-脱附，这对提高电催化活性具有重要意义[229]。此外，由预氧化处理产生的无序碳结构也有助于活性位点数量的增加。

　　图 6-112 显示了用于不同光伏性能测试的三电极系统、对称虚拟电池和 DSSCs 的示意图。

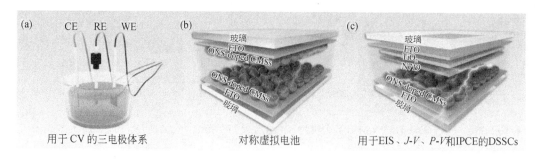

图 6-112　ONS-doped CMSs 基 DSSCs 的光伏性能测试

为评估 ONS-doped CMSs 和 Pt 催化剂对 $I_3^-/I^-$ 氧化还原反应的催化活性，在扫描速率为 20 mV/s 的三电极体系下测量了 CV 曲线。CV 曲线由两对氧化还原峰组成［图 6-113（a）］，其中负电位下的氧化还原峰（Red-1/Ox-1）归属于式（6-45）中的反应，正电位下的氧化还原峰（Red-2/Ox-2）归属于式（6-46）中的氧化反应[230]。

$$I_3^- + 2e^- \rightleftharpoons 3I^- \tag{6-45}$$

$$3I_2 + 2e^- \rightleftharpoons 2I_3^- \tag{6-46}$$

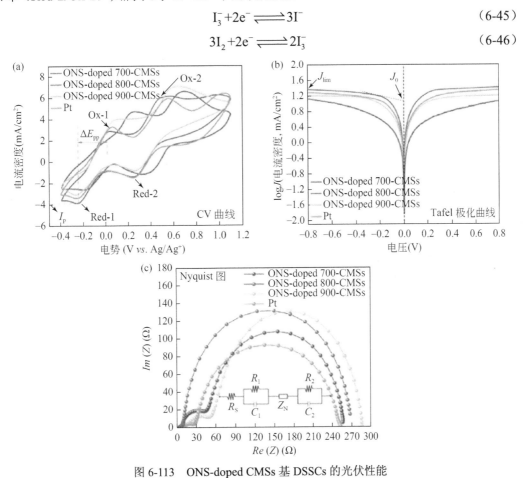

图 6-113　ONS-doped CMSs 基 DSSCs 的光伏性能

（a）ONS-doped CMSs 和 Pt 对电极的 CV 曲线；（b）基于 ONS-doped CMSs 和 Pt 对电极的对称电池的 Tafel 极化曲线；（c）Nyquist 图（插图：等效电路）

在 DSSC 对电极中，$I_3^-$ 的还原反应完成了电路电子的传导率并再生了染料，因此，研究重点是与 Red-1/Ox-1 相关的峰。峰电流密度（$I_p$）和峰电位分离（$\Delta E_{pp}$）是 CV 曲线的两个重要组成部分，用于分析电极的电催化活性。计算得出 $I_p$ 值的顺序为：ONS-doped 800-CMSs（3.94 mA/cm²）＞Pt（3.45 mA/cm²）＞ONS-doped 900-CMSs（3.13 mA/cm²）＞ONS-doped 700-CMSs（2.65 mA/cm²）。ONS-doped 700-CMSs、ONS-doped 800-CMSs、ONS-doped 900-CMSs 和 Pt 的 $\Delta E_{pp}$ 值分别为 437 mV、261 mV、341 mV 和 314 mV。显然，ONS-doped 800-CMSs 具有最高的 $I_p$ 和最低的 $\Delta E_{pp}$。较高的 $I_p$ 表示反应速率较快，但较小的 $\Delta E_{pp}$ 表示对 $I^-/I_3^-$ 还原具有较高的电催化活性[231]。此外，ONS-doped 800-CMSs 的峰位与 Pt 电极相同，验证了 ONS-doped 800-CMSs 可作为良好的对电极材料。

塔费尔极化曲线是研究对电极电催化活性和电荷转移动力学的有力工具。一般来说，塔费尔曲线可分为三个区域。低电位曲线（电压＜120 mV）为极化区，中电位曲线（斜率陡）为反映电极催化活性的塔费尔区，高电位曲线（水平部分）为扩散区，可用于评估电极离子扩散 [图 6-113（b）]。阴极分支与 $y$ 轴相交处的极限扩散电流密度（$J_{lim}$）与氧化还原偶联的扩散特性呈正相关[232]。一般情况下，根据下列公式[233]，$J_{lim}$ 越高表示两个相同电极间离子扩散系数越大。

$$D = \frac{l}{2nFC} J_{lim} \tag{6-47}$$

式中，$D$ 为 $I_3^-$ 的扩散系数，$l$ 为间隔层厚度，$n$ 为电极处参与 $I_3^-$ 反应减少的电子数，$F$ 为法拉第常数，$C$ 为 $I_3^-$ 浓度。ONS-doped 800-CMSs 电池的 $J_{lim}$ 达到 21.88 mA/cm$^2$，高于 Pt（18.62 mA/cm$^2$）、ONS-doped 900-CMSs（15.49 mA/cm$^2$）和 ONS-doped 700-CMSs（13.49 mA/cm$^2$）的电池。结果表明，氧化还原物质在 ONS-doped 800-CMSs 体系中扩散速度最快。

交换电流密度（$J_0$），即阴极支路切线在零电位坐标处的交点，与 $R_1$ 成反比，并与对电极的电催化活性有关[234]。计算得出 $J_0$ 值的顺序为：ONS-doped 800-CMSs（10.96 mA/cm$^2$）＞Pt（9.12 mA/cm$^2$）＞ ONS-doped 900-CMSs（7.41 mA/cm$^2$）＞ONS-doped 700-CMSs（2.09 mA/cm$^2$）。这一结果进一步证实了在这些对电极体系中，ONS-doped 800-CMSs 对电极体系对 $I_3^-$ 还原的催化活性最高。

EIS 用于研究对电极的电荷转移机理。电极-电解质界面处的电荷转移电阻（$R_1$）和电荷复合电阻 TiO$_2$-染料-电解质界面（$R_2$）处分别用高、中频区域实轴上的半圆直径表示 [图 6-113（c）]。

如表 6-14 所示，ONS-doped 800-CMSs 基 DSSCs 具有最小的 $R_1$（8.32 Ω），仅为基于 Pt 的 DSSC（17.02 Ω）的一半，是基于 ONS-doped 700-CMSs 和 900-CMSs 的 DSSC 的五分之一（41.12 Ω 和 39.77 Ω）。较低的 $R_1$ 通常反映了电催化剂和氧化还原对之间更有效的电子转移，因为活性增强了[235]。$R_1$ 与对电极的电流密度成反比，通常决定 DSSC 的最终性能。一个好的对电极应该提供与光阳极相当的交换电流密度。对于对电极，$J_0$ 表示 $I_3^-$ 还原速率，可由下列公式描述[236]：

$$J_0 = \frac{RT}{nFR_1} \tag{6-48}$$

式中，$R$ 为气体常数，$T$ 为热力学温度，$n$ 为被转移的电子数，$F$ 为法拉第常数。很明显，$R_1$ 是一个速率决定参数。因 $I_3^-$ 在对电极上的还原不是自发反应，所以 $I_3^-$ 的还原速率是由对电极材料的电催化性能控制的。总之，本节报道的低 $R_1$ 值证明了 ONS-doped 800-CMSs 具有优异的本征电催化活性。

表 6-14　基于不同对电极 DSSC 体系的 $R_1$ 与 $R_2$ 的数据

| 对电极 | $R_1$（Ω） | $R_2$（Ω） |
| --- | --- | --- |
| ONS-doped 700-CMSs | 41.12 | 211.27 |
| ONS-doped 800-CMSs | 8.32 | 254.16 |
| ONS-doped 900-CMSs | 39.77 | 235.12 |
| Pt | 17.02 | 225.72 |

ONS-doped 800-CMSs 基 DSSCs 的 $R_2$ 值最高（254.16 Ω），比其他三种 DSSCs 高 8.1%～20.3%。据报道，较高的复合电阻 $R_2$ 有效地阻碍了阳离子和光生电子在 $TiO_2$ 导电带中的复合[54]。因此，ONS-doped 800-CMSs 基 DSSC 具有较低的 $R_1$ 和较高的 $R_2$ 值，表明其具有较好的光电转换性能。

在强度为 100 mW/cm² (AM 1.5) 的模拟阳光照射下，通过计算 $J$-$V$ 和 $P$-$V$ 图 [图 6-114 (a) 和 (b)]，研究了掺杂 CMSs 或 Pt 对电极制备的 DSSCs 的光伏性能。ONS-doped 700-CMSs 的 DSSCs 的功率转换效率（$\eta$）最低，为 6.81%，这主要归因于其相应的 FF、$J_{sc}$ 和 $V_{oc}$ 值最低（表 6-15）。

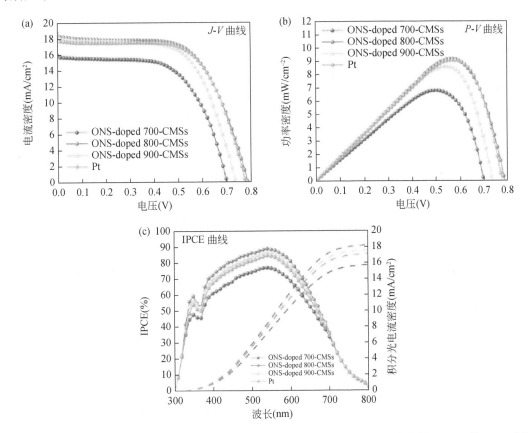

图 6-114　（a）$J$-$V$ 曲线，（b）$P$-$V$ 曲线，（c）不同 ONS-doped CMSs 和 Pt 对电极的 DSSCs 的 IPCE 光谱和相应的积分光电流密度

ONS-doped 800-CMSs 基 DSSC 的 $\eta$ 值最高（9.22%），优于贵金属 Pt 和 ONS-doped 900-CMSs 作为对电极的 DSSCs（9.12% 和 8.61%）。这一数值（9.22%）优于如橘子苹果皮衍生的活化碳@Se（5.67%）[237]，芦荟皮衍生的碳/镍钨氧化物（7.08%）[238]，海带衍生的碳/钴（7.48%）[239]，柚子皮衍生的氮、硫、磷共掺杂多孔碳（7.81%）[240]。此外，ONS-doped 800-CMSs 基 DSSC 的性能也高于许多基于一些新型碳基对电极的 DSSCs，例如氮掺杂石墨烯量子点@$MoS_2$@rGO（4.65%）[241]、垂直排列的单壁碳纳米管（5.50%）[242]和石墨烯纳米片（6.81%）[243]。

**表 6-15　基于不同对电极的 DSSCs 的光伏参数**

| 对电极 | $J_{sc}$（mA/cm²） | $V_{oc}$（V） | FF | $\eta$（%） | IPCE（%） | $J_{sc\text{-}cal}$（mA/cm²） |
|---|---|---|---|---|---|---|
| ONS-doped 700-CMSs | 16.01±0.20 | 0.704±0.012 | 0.60±0.0013 | 6.81±0.09 | 76.98±0.12 | 15.69±0.14 |
| ONS-doped 800-CMSs | 18.81±0.17 | 0.790±0.013 | 0.62±0.016 | 9.22±0.12 | 88.80±0.10 | 18.16±0.11 |
| ONS-doped 900-CMSs | 18.70±0.16 | 0.749±0.013 | 0.62±0.014 | 8.61±0.10 | 86.38±0.07 | 17.57±0.11 |
| Pt | 18.28±0.09 | 0.778±0.007 | 0.64±0.011 | 9.12±0.11 | 84.26±0.13 | 17.06±0.13 |

对于对电极来说，电极的电催化作用越强，$I^-/I_3^-$ 电解质的氧化还原反应越快，这导致处于激发态的染料分子再生越快。快速再生的染料分子可产生许多光生载流子，从而提高了光阳极的光捕获性能[244]，从而增加了 ONS-doped 800-CMSs 基 DSSCs 的 $J_{sc}$。$V_{oc}$ 也是决定 DSSCs 效率的关键参数。理论上，$V_{oc}$ 为 $TiO_2$ 的准费米能级与 $I^-/I_3^-$ 氧化还原对还原电位之间的能量差。因此，$V_{oc}$ 值与 $TiO_2$ 导带中光电子与电解阳离子的复合程度成正比[245]。电催化电极材料应延长电子的寿命，从而抑制电子的复合。在四种 DSSCs 中，ONS-doped 800-CMSs 基 DSSCs 的 $V_{oc}$ 值最高，说明在该体系中，ONS-doped 800-CMSs 在将三碘化物还原为碘化物方面是最有效的。

此外，以不含杂质（含 N 化学品和无机盐）的纯化木质素磺酸钠的热解产物为基础制备了 DSSC。热解过程与 ONS-doped 800-CMSs 相同，热解产物标记为 800-LC。所制备的 DSSC 效率为 4.61%（图 6-115）。

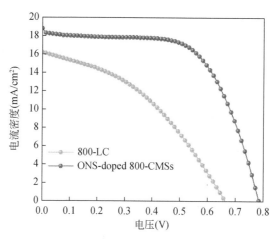

图 6-115　基于 800-LC 和 ONS-doped 800-CMSs 对电极的 DSSCs 的 *J-V* 图

此外，其较低的 $J_{sc}$ 和 $V_{oc}$ 值表明较差的电催化活性。一个可能的原因是，在制备过程中没有各种杂质，降低了掺杂率和孔隙率。此外，还研究了预氧化处理对光伏性能的影响。制备了未经预氧化处理的 ONS-doped 800-CMSs，并标记为 ONS-doped 800-CMSs-WPO。如图 6-115 和表 6-16 所示，未进行预氧化处理导致 DSSCs 效率下降 22.5%，这可能是因无序碳结构的数量减少导致活性位点数量减少。图 6-114（b）给出了不同 ONS-doped CMSs 和 Pt 对电极的 DSSCs 的功率-电压（P-V）曲线，其中最大功率密度顺序为：ONS-doped 800-CMSs（9.18 mW/cm²）＞Pt（9.05 mW/cm²）＞ONS-doped 900-CMSs（8.58 mW/cm²）

＞ONS-doped 700-CMSs（6.81 mW/cm²）。其顺序与 J-V 特征曲线的一致。与 Pt 基 DSSCs 相比，在约 0.57 V 下 ONS-doped 800-CMSs 基 DSSCs 具有更高的功率密度，这与 ONS-doped 800-CMSs 将三碘离子还原为碘离子的电催化活性更强有关。更多生成的碘离子扩散回光阳极，并将氧化的染料分子还原至基态。这些基态染料分子可继续吸收太阳能，并将电子注入 TiO₂ 的导带，从而产生更大的电流密度 $J_{sc}$。

**表 6-16　预氧化处理前后，基于 ONS-doped 800-CMSs 的 DSSCs 的 J-V 参数**

| 对电极 | $J_{sc}$（mA/cm²） | $V_{oc}$（V） | FF | $\eta$（%） |
|---|---|---|---|---|
| ONS-doped 800-CMSs | 18.81±0.17 | 0.790±0.013 | 0.62±0.016 | 9.22±0.12 |
| ONS-doped 800-CMSs-WPO | 15.34±0.19 | 0.710±0.19 | 0.65±0.013 | 7.15±0.16 |

注：从三个独立的体系中计算出平均值和标准偏差。

IPCE 是太阳能电池器件在特定波长的外部量子效率的度量，它解释了制造的太阳能电池器件在该特定波长下有效工作的能力。IPCE 定义为入射光子与产生的载流子之比。可用下列公式表示：

$$\text{IPCE}=1240\frac{J_{sc}[\text{A/cm}^2]}{\lambda[\text{nm}]P_{in}[\text{W/cm}^2]} \tag{6-49}$$

式中，$P_{in}$ 为入射光的辐射功率，$\lambda$ 为入射光的波长，$J_{sc}$ 为短路电流密度。

根据 IPCE 光谱计算光电流密度值（$J_{sc\text{-}cal}$），如下列公式表示：

$$J_{sc\text{-}cal}=e\int b_s(E)\text{IPCE}(E)\text{d}E \tag{6-50}$$

式中，$e$ 是元电荷，$b_s(E)$ 是入射-光谱-光子通量密度。

这允许对给定 IPCE 和入射光子通量的短路电流密度进行理论预测。然后可通过比较该量与 J-V 曲线测量的短路电流密度来评估器件效率损失。

图 6-114（c）显示了不同对电极获得的 IPCE 光谱，以及 IPCE 光谱与 AM 1.5 G 太阳辐射的重叠积分计算的 $J_{sc\text{-}cal}$ 数据。四个电池，由不同的对电极组装在 540 nm 附近的可见光区和 350 nm 附近的紫外区出现吸收峰，在这两个波长波段具有较高的 IPCE。值得注意的是，ONS-doped 800-CMSs 对电极的 DSSCs 的最大 IPCE 为 88.80%，远高于 ONS-doped 700-CMSs（76.98%）、ONS-doped 900-CMSs（86.38%）和 Pt（84.26%）的 DSSCs，进一步证实了含有 ONS-doped 800-CMSs 的体系具有更高的光电转换能力。值得注意的是，计算得到的 $J_{sc\text{-}cal}$ 值的递增顺序与图 6-114（a）和表 6-15 所示 J-V 曲线中 $J_{sc}$ 值的递增顺序一致，即 ONS-doped 700-CMSs（15.69 mA/cm²）＜Pt（17.06 mA/cm²）＜ONS-doped 900-CMSs（17.57 mA/cm²）＜ONS-doped-800-CMSs（18.16 mA/cm²）。J-V 曲线的 $J_{sc}$ 与 IPCE 光谱的 $J_{sc\text{-}cal}$ 偏差较小，仅为 2.00%～6.67%。这种轻微偏差是因 IPCE 测试是在低光强或单色照明下进行的。在低光强度下，电荷产生和分离的效率较低。另一方面，IPCE 测试只覆盖 300～800 nm 之间的光波长范围。相比之下，J-V 测试具有更宽的光波波长范围，为 280～1800 nm。波长范围（300～800 nm）以外的光产生的电流不能计算在 IPCE 中。

组装 DSSCs 的电化学稳定性在其实际应用中起着重要的作用。首先通过在 I⁻/I₃⁻ 电解质中连续进行 100 个循环的 CV 测量来确定 ONS-doped 800-CMSs 对电极的电化学稳定性。

如图 6-116（a）所示，随着 CV 循环次数的增加，$I_p$ 和 $\Delta E_{pp}$ 值几乎没有变化。这一结果表明，氧-氮-硫共掺杂多孔碳在 $I^-/I_3^-$ 电解质中具有优异的电催化耐久性。为进一步评估 ONS-doped 800-CMSs 在实际应用中的电化学稳定性，对 ONS-doped 800-CMSs 基 DSSCs 进行了为期一周的 $J$-$V$ 测试。得到的 $J$-$V$ 和 $P$-$V$ 特性曲线如图 6-116（b）所示。

7 天 DSSCs 相关参数如表 6-17 所示。经过 7 天的测试，$V_{oc}$ 和 $J_{sc}$ 值分别从 0.795 V 和 18.88 mA/cm² 略微下降至 0.791 V 和 18.79 mA/cm² [图 6-116（c）]。显然，$V_{oc}$ 和 $J_{sc}$ 的衰减几乎可忽略不计。而且，经过 7 天的试验，DSSCs 仍保持 9.07% 的高 $\eta$ 值，为其初始值（9.30%）的 97.5%。这种优异的电化学稳定性与 ONS-doped 800-CMSs 独特的碳骨架结构有关，该结构对腐蚀性电解质具有良好的结构稳定性和化学惰性。

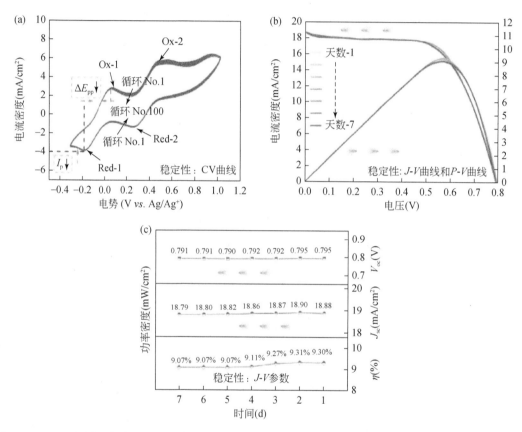

图 6-116　（a）扫描速率为 50 mV/s 时，ONS-doped 800-CMSs 对电极 100 次循环的 CV 曲线；（b）DSSCs 7 d 内的 $J$-$V$ 和 $P$-$V$ 特征曲线；（c）DSSCs 7 d 内 $V_{oc}$、$J_{sc}$ 和 $\eta$ 参数的变化趋势

表 6-17　ONS-doped 800-CMSs 基 DSSCs 在 7 天内的 $J$-$V$ 参数测试

| 天数 | $J_{sc}$（mA/cm²） | $V_{oc}$（V） | FF（%） | $\eta$（%） |
| --- | --- | --- | --- | --- |
| 1 | 18.88 | 0.795 | 62 | 9.30 |
| 2 | 18.90 | 0.795 | 62 | 9.31 |
| 3 | 18.87 | 0.792 | 62 | 9.27 |
| 4 | 18.86 | 0.792 | 61 | 9.11 |

续表

| 天数 | $J_{sc}$（mA/cm$^2$） | $V_{oc}$（V） | FF（%） | $\eta$（%） |
|---|---|---|---|---|
| 5 | 18.82 | 0.790 | 61 | 9.07 |
| 6 | 18.80 | 0.791 | 61 | 9.07 |
| 7 | 18.79 | 0.791 | 61 | 9.07 |

## 6.4.6　DFT 分析

杂原子掺杂是用杂原子取代某些碳晶格原子的方法。因碳和杂原子的电负性不同，这种类型的掺杂使碳的电荷和自旋密度在晶格中重新分布，有效地调节了功函数，加强了反应物在特定位点的吸附，创造了反应物分子可更有效地相互作用的高效活性位点。

为更好地阐明和理解掺杂对 DSSCs 光伏性能的有利影响，进行了 DFT 分析。为与实验结果一致，在设计用于 DFT 计算的结构模型时，考虑了 EDX 和 XPS 测定的 ONS-doped 800-CMSs 中的 C、O、S、N 含量和化学键（如 C—O、C=O、COOR、O—H、C—S、O—S、N-Q、N-5 和 N-6）（表 6-18 和表 6-19）。使用软件（OpenBabel）在 DFT 模型中随机分布这些组，结果如图 6-117（a）所示。

**表 6-18　在 DFT 结构模型中参考了 EDX 分析中 ONS-doped 800-CMSs 的 C、O、N 和 S 原子比例**

| | C | O | N | S |
|---|---|---|---|---|
| 通过 EDX 分析确定比例（原子分数） | 88.84% | 4.16% | 2.89% | 4.11% |
| DFT 结构模型中的原子数 | 191 | 9 | 6 | 9 |

**表 6-19　通过 XPS 确定了 ONS-doped 800-CMSs 中化学键的比例和 DFT 结构模型中对应的化学键数目**

| XPS 光谱 | 化学键 | 通过 XPS 确定的不同化学组分比例（%） | 不同元素含量的化学键比例（%） | DFT 结构模型中的化学键数量 |
|---|---|---|---|---|
| O 1s | C—O | 20.67 | 0.86 | 2 |
| | C=O | 31.73 | 1.32 | 3 |
| | COOR | 23.08 | 0.48 | 1 |
| | O—H | 24.52 | 1.02 | 2 |
| N 1s | N-Q | 17.30 | 0.50 | 1 |
| | N-5 | 48.79 | 1.41 | 3 |
| | N-6 | 15.92 | 0.46 | 1 |
| | N-X | 17.99 | 0.52 | 1 |
| S 2p | C—S | 88.81 | 3.65 | 8 |
| | O—S | 11.19 | 0.46 | 1 |
| | C—C/C=C | — | 88.84 | 191 |

此外，在 ONS-doped 800-CMSs 结构模型中，I$_3^-$ 离子的吸附位点主要有三种类型。掺杂杂原子一般会引起表面电荷或自旋密度的重新分布，电荷或自旋密度较高的区域成为活性中心。因具有较高的电子活性，N 和 O 掺杂剂会吸引电子，导致相邻 C 原子形成正电荷，

被认为是"C 活性中心",而 S 掺杂剂会失去电子而获得正电荷,成为"S 活性位点"。对于 $I_3^-$ 的这些不同的吸附位点,采用一个涉及这些不同类型位点的代表单元[图 6-117(a)中框线部分]作为研究对象,研究 N/S/O 掺杂碳与 $I_3^-$ 之间的相互作用。

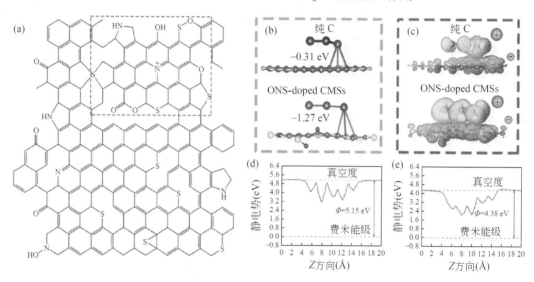

图 6-117　ONS-doped CMSs 的 DFT 分析

(a) ONS-doped 800-CMSs 可能的化学结构[选择框线中结构作为研究 N/S/O 掺杂碳与 $I_3^-$ 相互作用的代表单元];(b) $I_3^-$ 吸附在纯 C 和 ONS-doped CMSs 上的几何优化结构;(c) $I_3^-$ 与纯 C(上)或 ONS-doped CMSs(下)界面的三维(3D)差分电荷密度图;(d,e)纯 C 和 ONS-doped CMSs 沿 Z 方向的静电势

DFT 计算的细节见图 6-118 和表 6-20。吸附质 A（$I_3^-$）在催化剂表面的吸附能（$E_{ads}$）由公式（6-51）表示:

$$E_{ads}=E_{A/surf}-E_{surf}-E_{A(g)} \qquad (6-51)$$

式中,$E_{A/surf}$ 为吸附在催化剂表面的吸附物 A 的能量,$E_{surf}$ 为清洁催化剂表面的能量,$E_{A(g)}$ 为分离出的 A 分子或离子在 20 Å 边长度的立方周期盒中的能量。图 6-117(b)为纯 C 和 ONS-doped CMSs 上的 $I_3^-$ 吸附模型,对应的吸附能分别为-0.31 eV 和-1.27 eV（表 6-21）。ONS-doped 800-CMSs 的较高值验证了杂原子掺杂对 C 的电子结构优化的积极作用,有助于提高 C 对 $I_3^-$ 的吸附能力。

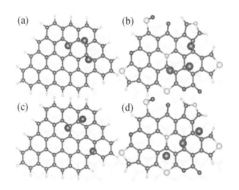

图 6-118　氧、氮、硫掺杂前(a)后(b)碳的单体模型;几何优化后的结构模型(c,d)

**表 6-20　材料相关的原子总数和键长**

| 键名 | 原子总数 | 键长 | 键名 | 原子总数 | 键长 |
| --- | --- | --- | --- | --- | --- |
| C—C | 48 | 0.77 | C-doped-I | 3 | 1.33 |
| C—H | 18 | 0.46 | C-doped-N | 2 | 0.74 |
| C—I | 3 | 1.33 | C-doped-O | 5 | 0.74 |
| C-doped-C | 33 | 0.77 | C-doped-S | 4 | 1.04 |
| C-doped-H | 7 | 0.46 | | | |

**表 6-21　吸附能计算中涉及的参数**

| 样品 | $E_{ads}$（eV）/$I_3^-$ | $E_{A/surf}$（eV）/$I_3^-$ | $E_{surf}$（eV） | $E_{A(g)}$ |
| --- | --- | --- | --- | --- |
| C | −0.31 | −509.92 | −505.70 | −3.91 |
| ONS-doped CMSs | −1.27 | −393.26 | −388.08 | −3.91 |

通过差分电子密度（CDD）图研究了吸附引起的电子相互作用。图 6-117（c）显示了纯 C（上）和 ONS-doped 800-CMSs（下）表面吸附的 $I_3^-$ 离子的 CDD。黄色和蓝色的云分别代表电子丰富区和电子缺乏区。对于 ONS-doped 800-CMSs/$I_3^-$ 体系，富电子和缺电子区域明显大于 C/$I_3^-$ 体系，这表明 $I_3^-$ 与 ONS-doped 800-CMSs 之间的电荷转移速率更快。因此，ONS-doped 800-CMSs 的电催化活性大大提高。

功函数（$U$）定义为将一个电子从固体移至固体表面外的一点所需的最小能量，可用来确定在对电极/电解质界面上传递的表面电子所需的能量。功函数 $U$ 可用公式（6-52）表示：

$$\phi = E_{vac} - E_f \tag{6-52}$$

式中，$E_{vac}$ 和 $E_f$ 分别为真空能级和费米能级的静电势。纯 C 和 ONS-doped 800-CMSs 的 $U$ 值分别为 5.15 eV 和 4.38 eV，如图 6-117（d）和（e）所示。ONS-doped 800-CMSs 的 $U$ 值较小是因杂原子掺杂控制的电子离域。因此，电子可在 ONS-doped 800-CMSs 表面自发、轻松地流动，最终达到一致的费米能级。值得注意的是，ONS-doped 800-CMSs 的功函数与 $I^-$/$I_3^-$（$U$=4.90 eV）的氧化还原电位吻合良好，这降低了电子在对电极/电解质界面从 ONS-doped 800-CMSs 转移至 $I_3^-$ 的势垒。

图 6-119（a）和（b）显示了纯 C 和 ONS-doped 800-CMSs 在吸附 $I_3^-$ 之前和之后的 DOSs。如图 6-119（a）所示，在费米能级下，纯 C 和 ONS-doped 800-CMSs 的 DOSs 都不为零，说明两种样品都具有良好的导电性。ONS-doped 800-CMSs 峰与 $I_3^-$ 峰重合较好，说明掺杂杂原子使 ONS-doped 800-CMSs 具有较好的 $I_3^-$ 吸附性能。当 $I_3^-$ 被吸附在表面上时，C 与 ONS-doped 800-CMSs 相比，后者在费米能级附近有更大的峰分裂 [图 6-119（b）]，进一步证实了 ONS-doped 800-CMSs 与 $I_3^-$ 的相互作用更强。它们之间的这种强相互作用有利于 $I_3^-$ 快速还原为 $I^-$，这也是 ONS-doped CMSs 作为 $I_3^-$ 还原反应的高效电催化材料的优越性所在。

## 6.4.7　小结

综上所述，本节开发了一种环保、简单、低成本的策略，成功地将造纸黑液副产物工

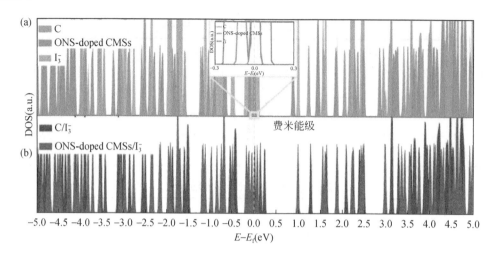

图 6-119　吸附 $I_3^-$ 前（a）、后（b）纯 C 和 ONS-doped CMSs 的总 DOSs

业废木质素通过预氧化和自活化转化为氧氮硫共掺杂多孔碳。预氧化过程增加了木质素分子之间的交联，导致自活化后的碳结构更加无序。无机杂质和 O、N、S 组分分别在分层孔隙和杂原子掺杂的形成中起着重要作用。在 800℃ 下活化的 ONS-doped CMSs 的最大 BET 表面积为 626 $m^2/g$，总孔容为 0.51 $cm^3/g$，并且具有丰富的微孔（66.4%），丰富的电解液离子可逆吸附/脱附催化活性位点。此外，ONS-doped 800-CMSs 显示出 18.29%（质量分数）的高总掺杂率，这有利于晶格中 C 原子的电荷和自旋密度的重新分布。DFT 计算证实，杂原子掺杂增加了反应物吸附，降低了功函数，加速了电极/电解质界面的电子传递。因此，基于 ONS-doped 800-CMSs 的 DSSCs 的 PCE 可达 9.22%。

# 6.5　木材衍生 3D 多孔炭基染料敏化太阳能电池

## 6.5.1　引言

2019 年底，全球光伏发电量占全球总发电量的 3.0%。此外，光伏装机量每年都在持续增加，中国、欧盟、美国的光伏装机容量占据世界前三[246-248]。截至目前，已经研制出了三代太阳能电池[249-251]。第三代太阳能电池，包括染料敏化太阳能电池（DSSCs）、量子点敏化太阳能电池和钙钛矿太阳能电池，因其高效、环保等优点已成为当前热点研究方向。作为典型代表，DSSCs 因其制作工艺简单、成本低廉、性能稳定等优点被认为具有良好的发展前景[252]。1991 年，Grätzel 等[253] 将多孔纳米结构 $TiO_2$ 半导体膜应用于 DSSCs，最终获得了 7.12% 的高功率转换效率（PCE）。DSSCs 主要由对电极（CE）、带染料的光阳极和电解质组成。电解质功能促进并允许电池的整体电荷平衡[254]。其工作原理（利用光敏材料吸收太阳能并将太阳能转化为电能）与植物利用叶绿素将光能转化为化学能的原理相似。太阳光首先照射 DSSCs 的光阳极形成电子，染料由基态变为激发态。染料敏化剂的电子在太阳能的作用下跃入 $TiO_2$ 的导带，然后通过外电路流向对电极[255, 256]。

对电极材料的特性可进一步提高 DSSCs 的效率。最常用的对电极材料是铂（Pt），但其价格昂贵且易在氧化还原电解质中失活，因此寻找替代材料至关重要[257]。依赖于良好的导电性、耐蚀性和低成本的碳材料已经被广泛研究[258, 259]。具体来说，$MoS_2$/碳和纤维石墨烯对电极已经被研究过，功率转换效率分别达到 3.26% 和 4.50%[260, 261]。以石墨烯和碳纤维为前驱体的碳基对电极虽然具有较高的活性，但仍存在成本高、制备工艺复杂、环保性差等缺陷。

生物质材料价廉易得，是碳材料的重要来源。各种生物质资源或生物废弃物，如南瓜茎[262]、稻壳[263]、纸盒[264]、甘蔗渣[265]、咖啡废物[266]、鱼类废物[267]、椰子[268] 和凤尾鱼[269] 等已被用于制备生物质衍生碳（BCs）。以上生物质纯度低，提取困难，因此 BCs 产率低。然而，杨木通常具有相对均匀的纹理和适中的密度，这使得它在处理时相对容易，故而工厂的废杨木材仅需通过简单的废水浸泡便能有效清洗，这得益于杨木的独特优势[270]。与其他生物质相比，杨木还具有结构多孔的优点，有利于 KOH 的深层渗透。本节的创新之处在于利用多孔杨木结合 KOH 活化，无需特殊条件（高温高压）即可加速和加深反应程度，从而产生更多的孔隙结构。BCs 的多孔结构和大比表面积可提供更多的催化活性位点，导致 PCE 显著增加。

然而，碳材料的制备始终依赖于苛刻的条件[271]，如高能输入的电弧放电技术[272]、催化化学气相沉积技术[273]、有机化合物催化热解技术[274] 等。本节采用了一种简单的方法来制备碳，即采用碳化和高温 KOH 活化法制备了木基多孔碳（WDPRC）。在 800℃时，用这种方法制备的 DSSCs 的 PCE 达到 5.99%。为更好地了解该对电极材料的性质，通过氮气吸附-脱附试验，样品 800-WDPRC 的比表面积达到 1234.30 $m^2/g$，表明其具有丰富的孔隙结构。较大的比表面积可为反应提供更多的活性位点，保证较高的催化活性[275, 276]。此外，杨木作为农林生物质材料还含有丰富的孔隙结构[277]，为 KOH 的渗透提供了通道，通过高温下的化学活化反应，即可显著提高碳层的比表面积。800-WDPRC（作为对电极材料）的 DSSC 开路电压为 0.70 V，与传统 Pt 电极的开路电压相当。与含有未经 KOH 活化木基碳材料（WDC）的 0.48 V DSSCs（作为对照组）相比，WDPRC 的催化活性有很大的优势，这得益于电子损失的减少。本节所用材料环保、价格低廉，降低了 DSSCs 的制造成本，解决了以往研究中对电极材料昂贵且在电解质中不稳定的问题。杨木替代了以往纯度低、提取困难的生物质制备 DSSCs。

## 6.5.2　木材衍生 3D 多孔炭的制备

### 6.5.2.1　试验材料

杨木由临沂天然木材厂提供。KOH 和盐酸由国药集团化学试剂有限公司提供。丙酮和乙腈由天津富裕精细化工有限公司提供。N719 和钛白粉浆购自澳大利亚 Greatcell Solar。FTO、沙林膜、Pt 电极、碘电解液均购自营口立博科技有限公司。碘化锂（LiI）、三水合高氯酸锂（$LiClO_4 \cdot 3H_2O$）、碘（$I_2$）均购自上海阿拉丁生化科技有限公司。所有药品在使用前均无需进一步纯化，药品的原始纯度已经足够满足反应要求，故直接使用即可。

### 6.5.2.2　预氧化结合碳化-活化法制备 WDPRC

WDPRC 的制备分两步进行：①进行预氧化，称取 50 g 杨木，放入马弗炉；②碳化活化，将样品加入 KOH 溶液（0.2 g/mL）中充分搅拌，然后将样品放入 100℃的烘箱中加热 48 h。将干燥后的样品在氩气（Ar）保护下放入加热炉中，加热速率 5℃/min 至目标温度。将样品在 $N_2$ 气氛保护下放入管式炉中。最后，将样品加热至 500℃，此温度保存 1 h；然后，将样品以 5℃/min 的加热速率加热至目标温度（700℃、800℃、900℃），并在此温度下保持 2 h。最后，将样品在 5℃/min 下冷却至 500℃，然后自然冷却至室温。

### 6.5.2.3　基于 WDPRC 的对电极的制备

先用去离子水洗涤 WDPRC 至中性，干燥后，加入无水乙醇溶剂，与 $TiO_2$ 按 9∶1 的比例混合，然后丝网印刷涂覆在 FTO 上。最后，将改性后的 FTO 放入管式炉中，在氮气气氛的保护下，在 450℃温度下碳化 30 min，得到了 WDPRC 基对电极。

### 6.5.2.4　光阳极的制备和染料敏化

首先，将 FTO 导电玻璃的导电表面向上放置，刮取适量的 $TiO_2$ 浆料，形成 10 μm 的 $TiO_2$ 薄膜。室温下放置 1 h，然后放入马弗炉中，以 10℃/min 的加热速率，450℃烧结 30 min。烧结后缓慢冷却至室温，再用 40 mm 的 $TiCl_4$ 水溶液处理 30 min，最后在 450℃下烧结 30 min，即可完成。染料是 DSSC 的关键成分之一，它可吸收阳光，将光子转化为电子。将制备好的光阳极浸泡在染料 N719 中并保持 24 h，得到带有染料的光阳极。

### 6.5.2.5　WDPRC 基 DSSCs 器件的组装

将染料敏化光阳极与对电极在 180℃处进行热封，可得到有效面积为 0.4×0.4 $cm^2$ 的 DSSCs 器件。然后将碘电解质添加至器件中间，即可进行后续的性能测试。

### 6.5.2.6　结构表征

在 Thermo Scientific Nicolet iS20 光谱仪（Thermo Scientific）上记录了 4000～400 $cm^{-1}$ 范围内的傅里叶变换红外（FTIR）光谱。采用美国 TAQ500 型热重（TG）分析仪分析杨木在 5℃/min 的升温速率下，从室温至 800℃条件下的热稳定性，整个过程均采用氮保护。在 5 kV 电压下使用 Zeiss Sigma 扫描电镜（SEM）观察样品表面形貌。X 射线衍射仪（XRD）由 Bruker D8 Advance TXS 获得，并用于表征样品（WDPRC）的晶体结构。对比材料的拉曼分析由 HORIBA Scientific 的 LabRAM HR Evolution 拉曼光谱仪获得。采用 Quan-tachrome Autosorb-IQ 气体吸附分析仪，在 77 K 温度下进行氮气吸附-脱附实验，测定了 BET-吸附-脱附等温线、BET 表面积、孔体积和孔径分布。X 射线光电子能谱（XPS）（Thermo Scientific K-Alpha）用于研究表面化学成分。紫外-可见漫反射光谱（UV-Vis DRS）（岛津 UV-3600；测试范围：200～900 nm）和光致发光光谱（Edinburgh FLS 1000；激发波长为 255 nm），测量材料的光吸收特性。

#### 6.5.2.7　光伏性能表征

在含有 1 mmol/L $I_2$、0.1 mol/L $LiClO_4 \cdot 3H_2O$ 和 0.01 mol/L LiI 的电解质溶液中测量循环伏安（CV）曲线。采用 Corr Test 4 通道电化学阻抗分析仪，工作电压 10 mV，交流调制，直流偏置电压-0.60 V，测量电化学阻抗谱（EIS）。使用的电池的有效面积为 $0.4 \times 0.4$ $cm^2$。使用 Tafel 极化测试分析氧化还原性质。在 CEL-AAAS 太阳模拟器（AM1.5，100 $MW/cm^2$）辐照下，使用数字光源计（Keithley 2400）测试光电流密度-电压（J-V）。

### 6.5.3　化学成分、热稳定性与微观形貌

图 6-120 为 WDPRC 制备及 DSSCs 组装示意图。首先，通过预氧化，杨木得到了含氧基团。然后，在 KOH 条件下对杨木进行高温（700℃、800℃、900℃）碳化活化，使原有完整的内部结构转变为多孔结构。一般情况下，氩气下 KOH 活化热解生成活性炭的过程可表示为[278-280]

$$2KOH+C \longrightarrow 2K+H_2O+CO \tag{6-53}$$

$$K_2CO_3+C \longrightarrow K_2O+2CO\uparrow \tag{6-54}$$

$$K_2O+C \longrightarrow 2K+CO\uparrow \tag{6-55}$$

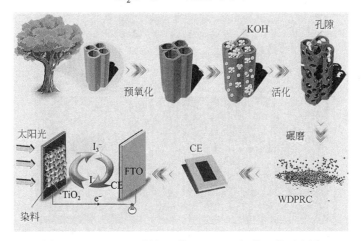

图 6-120　WDPRC 制备工艺及 DSSCs 组装工艺示意图

杨木的 FTIR 光谱如图 6-121（a）所示。3332 $cm^{-1}$ 为 O—H 伸缩振动；3300～3000 $cm^{-1}$ 为氢键宽峰；2900 $cm^{-1}$ 为 C—H 伸缩振动；1731 $cm^{-1}$ 为非共轭 C═O 拉伸振动；1238 $cm^{-1}$ 为 C—H 弯曲振动；1031 $cm^{-1}$ 为 C—O 伸缩振动。表明杨木的主要官能团有氢键、甲氧基（—$OCH_3$）、酚羟基、醇羟基（—OH）和羧基（C═O）[281]。图 6-121（b）展示了杨木在加热过程中重量变化。可见，在 220～350℃的温度范围内，一些元素开始发生分解反应，质量减少，这主要是由含氧基团的分解引起的。DTA 曲线显示，这个过程是放热反应。

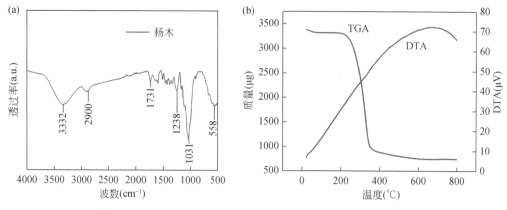

图 6-121　（a）杨木 FTIR 光谱；（b）杨木 TGA 和 DTA 曲线

通过杨木的 SEM 图像（图 6-122）可看出，在微介观条件下，杨木的自然结构是典型的木质纤维管状结构[282]。这些结构原本是为树木的生长输送养分的。这些管道为 KOH 渗透提供了通道，使活化反应顺利进行。在微观条件下，天然杨木的表面是相对光滑的。为进一步分析杨木元素的组成和分布，进行了 EDX 分析。结果表明：杨木元素主要由 C 和 O 组成。

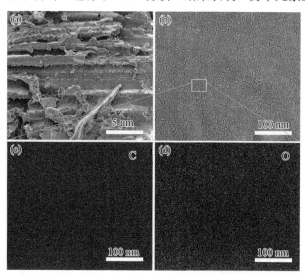

图 6-122　（a，b）杨木的 SEM 图像；（c，d）杨木 EDX 元素映射

比较了木材衍生碳（WDC）（在 800℃碳化且未活化）与 700-WDPRC、800-WDPRC 和 900-WDPRC 的 SEM 图像（700、800 和 900 代表活化温度）。700-WDPRC、800-WDPRC 和 900-WDPRC 的低倍率图像略有差异，如图 6-123（a）～（c）所示，高倍率图像如图 6-123（e）～（g）所示，可清晰发现刻蚀的痕迹，样品中形成了许多孔隙。800-WDPRC 孔隙多，刻蚀程度高，比表面积高。而当活化温度为 900℃时，样品腐蚀严重，大量孔洞连接，可能导致比表面积减小。当活化温度仅为 700℃时，样品的内部没有被较好地活化，这也会降低比表面积。与文献 [283] 一致的是，随着温度的升高，KOH 的反应更加完全。WDC 的 SEM 图像如图 6-123（d）和（h）所示。将样品放大至 200 nm，可见一些微小的孔隙，

这些孔隙来源于杨木本身[284]。但它也不能为电解质提供足够的活性位点。因此，可初步看到 800-WDPRC 的优势。

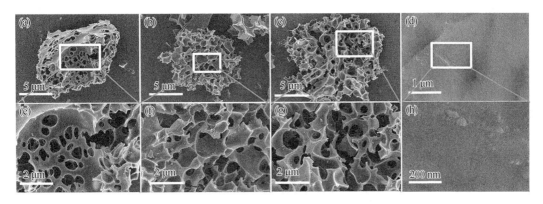

图 6-123　（a）～（d）分别为 700-WDPRC、800-WDPRC、900-WDPRC 和 WDC 的 SEM 图像；（e）～（h）分别为（a）～（d）的放大图像

## 6.5.4　孔径分布与元素分析

图 6-124 为 WDPRC 和 WDC 的 FTIR 光谱。3435.11 cm⁻¹处的峰值对应于—OH 拉伸振动；1629.72 cm⁻¹为 C=C 键拉伸振动；1450.10 cm⁻¹为 C—C 伸缩振动；1170～1200 cm⁻¹为 C—O 伸缩振动。这些结果表明样品由碳材料组成，与 EDX 分析一致。

为进一步研究 WDPRC 的孔径分布，对 WDPRC 和 WDC 进行了氮吸附-脱附试验。800-WDPRC 的吸附-脱附等温线如图 6-125 所示为Ⅳ型等温线。无迟滞环结构，或迟滞环较窄，说明 WDPRC 的孔隙主要为微孔或直径较窄的介孔，导致活性位点增加[285]。图 6-125 还提供了孔径分布曲线，可看出 800-WDPRC 存在许多微孔，进一步验证了 SEM 图像。通

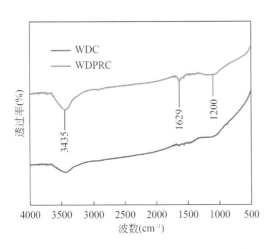

图 6-124　WDPRC 和 WDC 的 FTIR 光谱

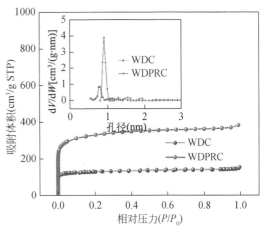

图 6-125　WDPRC 和 WDC 的吸附等温线图和孔径分布曲线

过氮吸附-脱附实验，800-WDPRC 的比表面积达到 1234.30 m²/g，远远大于 WDC 的比表面积（仅为 463.10 m²/g），说明活化杨木基碳的比表面积大于常规碳。与 WDC 相比，800-WDPRC 具有更大的孔隙体积，提供了更多的活性位点[286-288]。因此，电解质可快速填充到对电极 800-WDPRC 中。

WDPRCs 和 WDC 的组成和含量图表明，热解后的含氧官能团分解，氧含量降低。从图 6-126（a）～（c）中可看出，随着温度的升高，杨木的含碳量随着 KOH 活化的促进而降低，这与 SEM 图像相匹配。图 6-127（a）为 800-WDPRC 的 XPS 光谱，其关键峰为 532 eV（O 1 s）和 285 eV（C 1 s）。在 C 1 s 光谱［图 6-127（b）］中，284.7 eV 峰为 WDPRCs 的 C＝C 和 C—C 键，285.5 eV 峰和 288.1 eV 峰分别为 C＝O 和 C—O 键[289]。对碳材料的元素分析表明，碳化前后没有出现新的杂相。

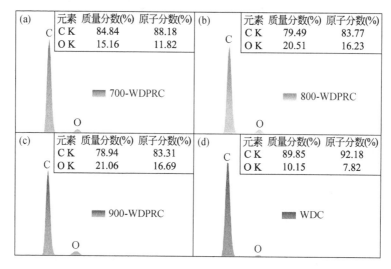

图 6-126　WDPRCs 和 WDC 的组成和含量图

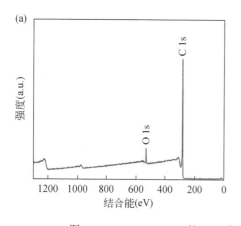 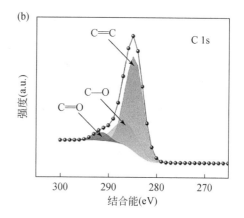

图 6-127　800-WDPRC 的 XPS 全谱（a）和 C 1s XPS 高分辨光谱（b）

## 6.5.5　缺陷密度与光学特性

采用 XRD 和拉曼分析对 WDPRC 和 WDC 的晶体结构进行了研究。根据 XRD 分析，样品有两个较宽的衍射峰 [图 6-128（a）]。第一个衍射峰位于 20°～30°，第二个在 40°附近，它们对应石墨结构的（002）和（100）晶面[47]，并且也进一步证明了没有其他杂原子的掺杂。活性炭的特征峰不尖锐，没有主峰，表明碳元素的组成形式为无定形碳[290]。与晶体结构完整的石墨相比，缺陷更为丰富的碳结构具有更多的催化还原 $I_3^-$ 的活性位点，这可能使其具有更高的催化活性[291]。

根据图 6-128（b）中的拉曼光谱，在 1341 cm$^{-1}$ 和 1590 cm$^{-1}$ 处有两个主峰，是两个典型的拉曼波段，即 D 波段和 G 波段。它们的强度比（$I_D/I_G$）可用来判断碳材料的缺陷程度。其比值越大，碳材料的缺陷程度越大[292]。计算得到 800-WDPRC 和 WDC 的 $I_D/I_G$ 分别为 3.06 和 2.54，说明活性炭的内部缺陷比 WDC 大。同时也证实了 800-WDPRC 与 WDC 在比表面积上的差异。700-WDPRC 和 900-WDPRC 的 $I_D/I_G$ 值分别为 2.80 和 2.76。因为在 700℃条件下，杨木没有被 KOH 充分活化，导致内部缺陷小于 800-WDPRC；在 900℃高温下，部分石墨化[293]，使得 $I_D/I_G$ 值低于 800-WDPRC。这与 SEM 图像和 XRD 结论一致。

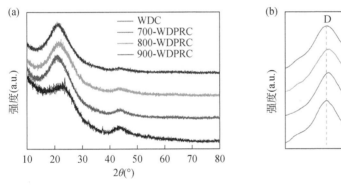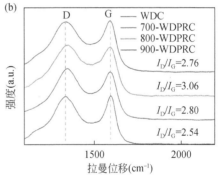

图 6-128　WDPRCs 和 WDC 的 XRD 图像（a）和拉曼光谱（b）

利用紫外-可见 DRS 光谱和光致发光光谱研究了样品的光学性质。光吸收能力和光学带隙能量是光伏性能的关键。利用紫外吸收光谱技术对材料的吸收容量和光学带隙能量进行了评价。在图 6-129（a）中，WDPRC 的光吸收高于 WDC。根据 Kubelka-Munk 模型[52]，估计 WDC 和 WDPRC 样品的带隙能量分别为 4.61 eV 和 4.52 eV [图 6-129（b）]。样品的最小带隙能量对 DSSCs 中的光吸收具有重要意义。

利用光致发光光谱来探究样品的电荷分离过程和复合速率，如图 6-130 所示。在 255 nm 的激发波长下，观察到位于 380～420 nm 和 520～580 nm 的宽发射峰。WDPRC 的发射强度低于 WDC，该结果是因其多孔结构加速了电荷转移，减少了电子配合物。

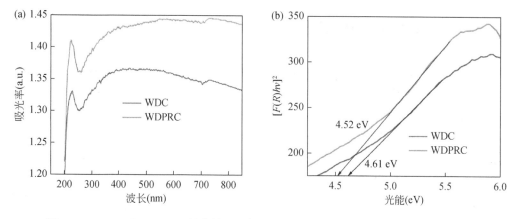

图 6-129　WDC 和 WDPRC 的紫外-可见 DRS 光谱（a）和 Kubelka-Munk 模型（b）

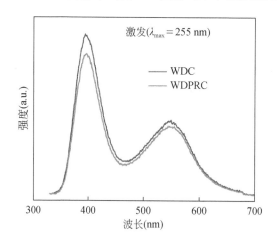

图 6-130　WDC 和 WDPRC 的光致发光光谱

## 6.5.6　电化学性能分析

在分析了材料的结构后，进行电化学测试来验证它们的性能。通过塔费尔（Tafel）极化曲线考察对电极与不同材料的催化活性[294]，引入了 Pt 材料。$J_0$ 和 $J_{lim}$ 分别表示交换电流密度和极限扩散电流密度，分别对应塔费尔区和扩散区。$J_0$ 和 $J_{lim}$ 的值如表 6-22 所示，由下列公式计算得出。

$$J_0 = RT / nFRct \tag{6-56}$$

$$J_{lim} = 2nFCD / l \tag{6-57}$$

式中，$R$、$T$、$F$ 分别表示气体摩尔常数、温度、法拉第常数；$n$ 为还原过程中转移的电子数；$l$ 为两个电极之间的厚度；$C$、$D$ 分别为 $I_3^-$ 的浓度和扩散系数。

图 6-131 为塔费尔极化曲线，其数值如表 6-22 所示。800-WDPRC（$-2.80\ \mathrm{mA/cm^2}$）对电极的 $J_{lim}$ 值高于 700-WDPRC（$-3.25\ \mathrm{mA/cm^2}$）、900-WDPRC（$-2.98\ \mathrm{mA/cm^2}$）和 WDC（$-3.75\ \mathrm{mA/cm^2}$）。$J_{lim}$ 值与 DSSCs 效率相关。800-WDPRC 对电极的 $J_0$ 值（$-3.60\ \mathrm{mA/cm^2}$）

也高于其他材料的对电极(−4.50 mA/cm²、−3.75 mA/cm² 和−5.52 mA/cm²)。表明 800-WDPRC 对电极的电子转移速率更快。因 700℃时，杨木没有被 KOH 充分活化，导致内部缺陷小于 800-WDPRC；而在 900℃较高温度时，造成部分石墨化。因此，800-WDPRC 具有最大的比表面积，在对电极内部具有良好的接触和电解质扩散。Pt 的值较好($J_{lim}$: −2.50 mA/cm²; $J_0$: −3.25 mA/cm²)，但与 80-WDPRC 差异较小。

表 6-22　不同对电极的 DSSCs 的光伏性能参数

| 对电极 | $\log J_0$（mA/cm²） | $\log J_{lim}$（mA/cm²） | $E_{pp}$（V） |
|---|---|---|---|
| WDC | −5.52 | −3.75 | 1.02 |
| 700-WDPRC | −4.50 | −3.25 | 0.56 |
| 800-WDPRC | −3.60 | −2.80 | 0.51 |
| 900-WDPRC | −3.75 | −2.98 | 0.52 |
| Pt | −3.25 | −2.50 | 0.48 |

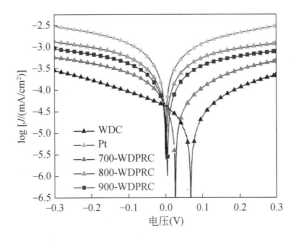

图 6-131　WDPRCs、Pt 和 WDC 基对电极的 Tafel 极化曲线

　　为进一步研究碳基对电极和 Pt 的催化活性，进行了 EIS 实验。EIS 谱反映了碳基对电极与电解质之间的电荷转移能力。每个碳基对电极的 Nyquist 图如图 6-132（a）所示，高频区域左侧的半圆间距称为 $R_{ct}$，表示碳基对电极与电解质之间电荷转移过程的阻抗。右边的称为 $Z_N$，反映了电解质中氧化还原对转运的 Nernst 扩散阻抗[295, 296]。左侧第一个半圆至原点的距离代表 $R_s$，代表溶液电阻。通过拟合，Pt 的 $R_{ct}$ 值（3.12 Ω）小于 800-WDPRC 的 $R_{ct}$ 值（6.28 Ω），表明 Pt 的电导率和电荷转移速率比 800-WDPRC 高[297]，但可见生物炭也具有良好的性能。Cha 等[298]制备了叶源多孔碳（QLPC），得到的 800-QLPC（800 代表温度）电极具有较低的 $R_{ct}$，为 27.32 Ω，这具有良好的电化学导电性和较高的电催化活性。而在本节中，我们所制得的 800-WDPRC 电极的 $R_{ct}$ 为 6.28 Ω，这得益于杨木的孔隙结构。我们还比较了 WDPRCs 和 WDC 的 CV 曲线，如图 6-132（b）所示，所有 CV 曲线均出现两对氧化还原峰（Ox-1/Red-1 和 Ox-2/Red-2）。通常，左侧的一对峰（Ox-1/Red-1）和

右侧的一对峰（Ox-2/Red-2）分别对应于 $I^-/I_3^-$ 和 $I_2/I_3^-$ 的氧化还原反应[299, 300]。

$$I_3^- + 2e^- \rightleftharpoons 3I^- \tag{6-58}$$

$$3I_2 + 2e^- \rightleftharpoons 2I_3^- \tag{6-59}$$

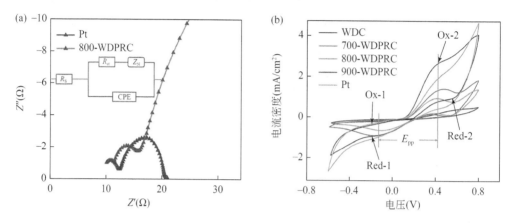

图 6-132　800-WDPRC、Pt 的 Nyquist 图谱和等效电路（a）；WDPRCs、Pt 和 WDC 的 CV 曲线（b）

因 $I^-/I_3^-$ 的氧化还原反应，Ox-1/Red-1 峰在研究对电极材料的电催化性能时更为重要[301, 302]。Ox-1/Red-1 的峰值强度和 Ox-1/Red-1 的间隙（表 6-22 中的 $E_{pp}$）分别反映了电流密度和氧化还原反应的催化速率。800-WDPRC 孔隙多，刻蚀程度高，比表面积高。而当活化温度为 900℃时，样品腐蚀严重，大量的孔洞连接，可能导致比表面积减小。当活化温度仅为 700℃时，样品的内部没有被较好地活化，这也会降低比表面积。反映了 Pt＜800-WDPRC＜900-WDPRC＜700-WDPRC＜WDC。800-WDPRC 的 $E_{pp}$ 为 0.51 V，WDC 为 1.02 V，表明 800-WDPRC 的电催化性能优于 WDC、700-WDPRC 和 900-WDPRC。与 Cha 等的报道相吻合，800-WDPRC 的对电极表现出更好的性能，这是因为其多孔结构提供了更丰富的活性位点密度和更快速的电荷积累。

## 6.5.7　光伏性能分析

短路电流密度（$J_{sc}$）、开路电压（$V_{oc}$）、填充系数（FF）和功率转换效率（$\eta$）是衡量电池光伏性能的主要参数。图 6-133 为不同对电极组装 DSSCs 的 $J$-$V$ 曲线，相关光伏参数列于表 6-23。

表 6-23　基于各种对电极的 DSSCs 的 $J$-$V$ 参数

| 样品 | $J_{sc}$（mA/cm²） | $V_{oc}$（V） | FF | $\eta$（%） |
| --- | --- | --- | --- | --- |
| WDC | 14.56 | 0.48 | 0.34 | 2.32 |
| 700-WDPRC | 12.63 | 0.69 | 0.60 | 5.23 |
| 800-WDPRC | 14.78 | 0.71 | 0.57 | 5.99 |
| 900-WDPRC | 14.67 | 0.70 | 0.58 | 5.97 |
| Pt | 15.10 | 0.71 | 0.57 | 6.15 |

值得注意的是，800℃活化温度下的
DSSCs 表现出优异的性能（5.99%），接近 Pt
材料的 DSSCs（6.15%）（表 6-23）。WDPRCs
中，温度为 800℃时效率最高（5.99%），高于
其他活化温度 700℃ （5.23%） 和 900℃
（5.97%）。与 WDC 制备的 DSSCs（2.32%）相
比，WDPRC 制备的 DSSCs 的 $J_{sc}$、$V_{oc}$、FF 和
$\eta$ 均有提高。这是因碳材料的高电子传递率和
电解液与电极的接触面积增大所致。

将含有 800-WDPRC 的 DSSCs 与已有的生
物碳材料和其他碳材料进行比较[304-309]，详细
数据如表 6-24 所示，与其他生物碳材料相比，
800-WDPRC 的效率具有显著优势。与商用碳材料相比，800-WDPRC 也具有良好的性能。

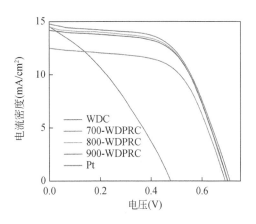

图 6-133　基于不同对电极的 DSSCs 的 J-V 曲线

表 6-24　生物碳与其他商业碳对电极材料的比较

| 碳基对电极 | $J_{sc}$（mA/cm$^2$） | $V_{oc}$（V） | FF | $\eta$（%） | 参考文献 |
|---|---|---|---|---|---|
| 杨木衍生碳（800℃） | 14.68 | 0.70 | 0.59 | 5.99 | 本节工作 |
| 落叶衍生碳 | 14.99 | 0.70 | 0.53 | 5.52 | [260] |
| 松果花衍生碳 | 13.51 | 0.71 | 0.52 | 4.98 | [261] |
| 废弃纸衍生碳 | 15.02 | 0.69 | 0.45 | 4.72 | [272] |
| 面巾纸衍生碳 | 14.80 | 0.69 | 0.46 | 4.70 | [272] |
| 南瓜茎衍生碳 | 3.84 | 0.61 | 0.48 | 2.79 | [265] |
| 氧化还原石墨烯 | 14.19 | 0.63 | 0.56 | 5.00 | [274] |
| 碳黑 | 14.88 | 0.76 | 0.49 | 5.62 | [306] |
| 碳纳米管 | 13.9 | 0.65 | 0.58 | 5.20 | [307] |
| 碳浆 | 10.85 | 0.67 | 0.67 | 4.88 | [308] |
| 碳纤维 | 3.96 | 0.64 | 0.80 | 2.03 | [309] |

## 6.5.8　小结

本节以杨木为原料制备的 DSSC 的效率为 5.99%，催化活性在 800℃时最佳。与 WDC
（2.32%）相比，800-WDPRC 基 DSSCs 表现出更好的性能。根据 EIS、Tafel 极化和 CV 分
析测量结果，制备的活性炭具有优良的电催化性能（较低的电荷转移电阻和 $E_{pp}$）。通过 KOH
的活化，碳材料的比表面积显著提高，增加了与电解质接触面积，提高了功率与效率。然
而，DSSCs 的效率还需要进一步提高，并需要进行大规模应用的研究。通过掺杂杂原子或
在多孔碳的基础上与其他材料复合可获得更好的性能。

## 6.6    废葡萄皮在染料敏化太阳能电池中的双效应用：
## 光敏剂与对电极

### 6.6.1    引言

太阳能作为一种可再生能源，具有无污染、无噪声、资源丰富、取之不尽等优点[310-312]。将充足且对自然友好的太阳辐射转化为能源，是一个具有重要现实意义和经济价值的目标。

在众多太阳能利用技术中，染料敏化太阳能电池（DSSCs）因其制造成本低、转换效率高、工艺简单等优点，近年来受到了广泛关注和深入研究[313]。DSSCs又称为格拉策尔电池，以其发明者迈克尔·格拉策尔教授的名字命名[314]。自1991年首次报道以来，DSSCs因其制造成本低、材料选择多样、工艺简单、转换效率高等优点，迅速成为太阳能电池领域的研究热点。与传统的硅基太阳能电池相比[315]，DSSCs在许多方面展现出独特的优势，尤其在柔性和透明太阳能电池的开发方面具有显著的潜力[316-318]。此外与传统的硅太阳能电池相比，DSSCs还在材料选择上更加多样化，而且在制造过程中可以使用低成本的工艺，这使得它们在市场上具有很强的竞争力。基于宽带隙金属氧化物半导体和氧化还原对电解质的DSSCs被认为是一种清洁且经济高效的将太阳能转化为电能的方法[319-321]。

典型的DSSCs结构由光阳极、对电极、染料分子和电解质组成。光阳极通常使用透明导电氧化物（TCO）涂覆纳米级二氧化钛（$TiO_2$）[322-324]，对电极则使用铂、碳等材料[325, 326]。染料分子通过吸收光子产生光电子，电解质中含有氧化还原对，负责电子的传递和循环。在工作过程中，DSSCs的主要工作原理可以概括为以下几个步骤：

首先，染料分子吸收光子（$hv$）并进入电子激发态 $D^*$ [式（6-60）]，然后将电子注入到半导体纳米颗粒（如 $TiO_2$）的导带（CB）[式（6-61）]。这一过程中，染料分子的光吸收和电子注入效率决定了DSSCs的光电转换效率。其次，激发态染料分子的去活化反应[式（6-62）]与电子注入过程相竞争，染料分子的去活化是其返回基态的过程，这一过程与电子注入竞争，从而影响了电子注入的效率。此外，电子在导带中的反向转移[式（6-64）]和氧化还原对对导带电子的捕获[式（6-66）]是两个主要的电荷复合过程。这两个过程不仅降低了电子的收集效率，而且影响了DSSCs的整体性能。最后，电子注入过程还与碘化物的氧化过程[式（6-63）]相竞争，碘化物的氧化过程降低了电池的转换效率。在DSSCs中，碘的还原通过外部电路注入的电子来完成[式（6-65）]，这一步骤对于维持电池的电荷平衡和正常工作至关重要。

$$D + hv \longrightarrow D^* \tag{6-60}$$
$$D^* + Ti \longrightarrow D^+ + e_{cb}^-(TiO_2) \tag{6-61}$$
$$D^* \longrightarrow D \tag{6-62}$$
$$2D^+ + 3I^- \longrightarrow 2D + I_3^- \tag{6-63}$$
$$D^+ + e_{cb}^-(TiO_2) \longrightarrow D + TiO_2 \tag{6-64}$$
$$I_3^- + 2e^- (catalyst) \longrightarrow 3I^- \tag{6-65}$$

$$I_3^- + 2e_{cb}^-(TiO_2) \longrightarrow 3I^- + TiO_2 \qquad (6\text{-}66)$$

综上所述，DSSCs 通过一系列复杂的光物理和电化学过程，将太阳能高效转化为电能。这些过程相互竞争和协同，决定了 DSSCs 的最终性能。研究和优化这些过程，不仅有助于提高 DSSCs 的转换效率，还为未来的太阳能电池技术发展提供了重要的理论和实验依据。图 6-134 展示了 DSSCs 的工作流程，从中可以更直观地理解其工作原理和各个关键步骤。

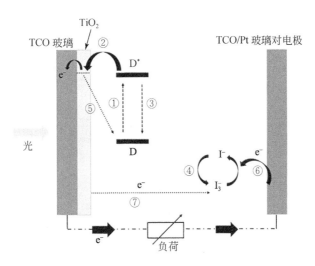

图 6-134　由 TiO₂ 涂层的 TCO 光阳极、TCO/Pt 玻璃对电极、碘基电解质和光敏剂（染料分子）组成的 DSCCs 器件的工作原理

为了提高 DSSCs 的效率和稳定性并降低成本，人们已经深入研究并改进了 DSSCs 的主要成分，包括光阳极、对电极、电解质和光敏剂[327-330]。其中，光敏剂是 DSSCs 的重要组成部分之一，其主要功能是吸收太阳光，然后将吸收的太阳光转化为电能[331]。因此，研究人员投入了大量的精力来设计能够更好地吸收太阳光谱以获得更高输出性能的染料分子。目前，常用的光敏剂是钌配合物，这主要是由于其可见光吸收范围广、激发态寿命长，且与 TiO₂ CB 的激发能基本匹配[332, 333]。然而，使用昂贵的钌化合物增加了 DSSCs 的生产成本，并导致了相对较大的环境负荷。与合成染料相比，天然染料具有易得性、可大量利用、无需纯化、无污染等优点，从而大大降低了设备成本。在天然色素中，主要用作 DSSCs 光敏剂的化合物有 4 种：叶绿素[334, 335]，黄酮类化合物[336, 337]，类胡萝卜素[338, 339]，花青素[340]。此外，配对电极中的电催化剂在决定 DSSCs 的整体光伏效率方面起着至关重要的作用，因为正确选择电催化剂有助于改善 I⁻/I₃⁻ 还原反应，并防止半导体 CB 中氧化物阳离子（光敏剂的阳离子形式）与电子的复合[341]。Pt 具有较高的电催化活性、化学稳定性和交换电流密度，是 DSSCs 中常见的电催化剂[342]。然而，铂是一种昂贵的金属，这违背了实现低成本 DSSCs 的目的。此外，铂在传统的碘电解质中容易被腐蚀。多孔碳具有比表面积高、孔径可调、孔体积大、孔结构连通良好等特点，有利于离子的自由转移，降低电荷转移阻力[343]。通过比较，多孔碳是一种很有前途的替代 Pt 电催化剂。

夏季黑葡萄果皮厚实，色泽均匀，呈均匀的黑蓝色，含有丰富的花青素[344]。然而，葡萄皮往往被当作废弃物丢弃，这无疑造成了生物质资源的浪费，甚至对环境造成污染。本研究为降低 DSSCs 成本，提高葡萄皮附加值，利用葡萄皮作为光敏剂的原料和碳电催化剂的前驱体，实现了葡萄皮在 DSSCs 中的双重应用。制造过程如图 6-135 所示。这种高性价比 DSSCs 获得了 0.48% 的光电转换效率，略高于基于 Pt 电催化剂的 DSSCs（0.36%），与众多同类产品相比具有竞争力。

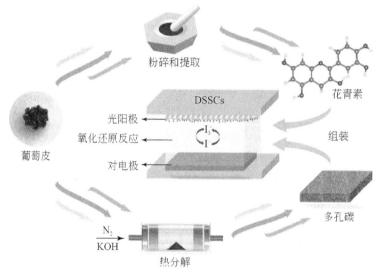

图 6-135  KA-GSDC 的复合材料的制备

## 6.6.2  葡萄皮衍生碳的制备

### 6.6.2.1  试验材料

高性能碘溶液电解质（LNT-DE02）、Suryn 薄膜（60 μm）和掺氟氧化锡（FTO）导电玻璃购自辽宁 Libra 科技有限公司。无水乙醇、$TiCl_4$ 和 KOH 均由国药集团化学试剂有限公司提供。$TiO_2$ 浆料（WH20，锐钛矿）由上海麦克林生化有限公司提供。所有试剂均可直接使用，无需进一步提纯。

用蒸馏水清洗干净新鲜的葡萄皮，然后在研钵中研磨。加入适量的乙醇提取葡萄皮中的天然色素。然后，将粗提液转移到离心机中，在 8000 r/min 下离心 30 s。离心产物的上清液作为光阳极的光敏剂，沉淀物干燥后作为对电极的原料。

### 6.6.2.2  $TiO_2$ 电子传输层的制备

$TiO_2$ 电子传输层主要由致密底层和用于吸附染料的表层两层组成。为制备致密底层，FTO 依次用甲苯、丙酮、乙醇、蒸馏水超声振荡冲洗 30 min，然后风干。将清洁后的 FTO 垂直放置于烧杯中，然后加入浓度为 40 mmol/L 的 $TiCl_4$ 水溶液，直至液体完全到达 FTO 顶部。之后，除去 FTO，在 70℃ 的烤箱中加热 30 min，促进 $TiCl_4$ 的水解和 $TiO_2$ 的生成。重复上述过程一次，以确保形成薄而致密的 $TiO_2$ 底层。最后，在 450℃ 下烧结 30 min，将表面的有机物全部去除。

为了制备用于染料吸附的表层，通过丝网印刷的方法，在底层涂覆 TiO₂ 的 FTO 上进一步覆盖 WH20 TiO₂ 浆料。利用两个螺栓控制基板吸力底座与丝网之间的高度，通过调节丝网与 FTO 之间的间隙距离来控制厚度。厚度约为 12 μm。丝网印刷后，将 TiO₂ 层在 450℃下烧结 30 min。

### 6.6.2.3　染料敏化过程

将烧结好的 TiO₂ 膜包覆的 FTO 浸在葡萄皮提取的天然染料中 24 h，然后用乙醇洗去浮色，最后将干净的染料敏化的 TiO₂ 膜包覆 FTO 风干，成功制得了光阳极。

### 6.6.2.4　热解制备葡萄皮衍生碳

洗净干燥后的葡萄皮渣转入管式炉。在 N₂ 的保护下，将葡萄皮渣以 5℃/min 的速度加热到 500℃保存 1 h，然后以 5℃/min 的速度继续加热到 1000℃保存 2 h，之后以 5℃/min 的冷却速度降至 500℃，最后自然冷却至室温，得到了葡萄皮衍生碳（GSDC）。

### 6.6.2.5　KOH 活化 GSDC

将 1 g GSDC 和 4 g KOH 与 50 mL 去离子水混合，在恒温振荡器中轻轻摇动 1 h，在 105℃下干燥后，在氩气保护下在管式炉中煅烧。在 10℃/min 下将温度从室温升高到 800℃，然后在 800℃下保存 5 h。之后，将样品自然冷却至室温。焙烧后的样品用盐酸洗涤至 pH=7。最后将样品在 60℃下干燥，命名为 KA-GSDC。

### 6.6.2.6　对电极组装

将少量 TiO₂ 浆料与 KA-GSDC 和少量乙醇混合均匀。利用薄膜涂布机在 FTO 上制备薄膜。改性后的 FTO 在室温下放置 1 h，然后转移到管式炉中，在氮气保护下，在 450℃下进行 30 min 的煅烧处理。

### 6.6.2.7　KA-GSDC 基 DSSCs 器件组装

光阳极和对电极被 Suryn 薄膜隔离，形成一个中空的三明治结构。然后用热风枪对夹层结构进行加热，使 Suryn 薄膜熔化，达到黏合目的。用注射器将电解液注入光阳极与对电极之间的间隙。多余的电解液用无尘纸擦去，并用 UV 胶密封。

### 6.6.2.8　表征方法

采用紫外-可见分光光度计（UV-2550，Shimadzu，岛津，日本）研究了 TiO₂ 敏化前后葡萄皮提取物的吸光度。利用扫描电子显微镜（SEM，Sigma 300，Carl Zeiss，德国）和能量色散 X 射线仪（EDX）分析了样品的表面形貌和元素组成。采用氩离子激光（514 nm）作为激发源，在拉曼光谱仪（LabRAM HR Evolution，HORIBA Scientific，法国）上记录了拉曼光谱。在布鲁克 D8 Advance TXS XRD 衍射仪上记录了 Cu Kα（目标）辐射（λ=1.5418 Å），扫描速率（2θ）为 4°/min，扫描范围为 10°～80° 的 X 射线衍射（XRD）图谱。FTIR

光谱记录在 FTIR 分光光度计（Magna 560，Nicolet，Thermo Electron Corp，美国）上，范围为 400～4000 cm$^{-1}$，分辨率为 4 cm$^{-1}$。在核磁共振波谱仪（WNMR-I 400 MHz，Q. One Instruments Ltd.，中国）上，使用 5 mm 逆探头，并配备自动进样器，在 300 K 下记录 1D $^1$H 核磁共振波谱。孔隙特征通过比表面积和孔径分析仪（AUTOSORB-iQ，Quantachrome，美国）进行研究。利用自制的氙灯、AM 1.5 滤光片和 CHI660D 电化学分析仪（CHI）组成的装置，对 DSSCs 进行了光电流密度-电压（*J-V*）和电化学阻抗谱（EIS）测试。过滤光的功率由中国计量科学研究院认证的硅基准电池校准为 100 mW/cm$^2$。利用太阳能电池 QE/IPCE 测量系统（CEL-QPCE2050，北京中教金源科技有限公司，中国）测量了葡萄皮提取物敏化后电池的入射光电子转换效率（IPCE）光谱。

### 6.6.3 化学成分、微观形貌和元素分析

葡萄皮提取物富含花青素，其是 DSSCs 光敏剂的一类代表性染料分子[345]。花青素苷的分子结构如图 6-136（a）所示。采用紫外-可见吸收光谱法对葡萄皮提取液吸附到 TiO$_2$ 表面前后的变化进行了研究。如图 6-136（b）所示，单个 TiO$_2$ 在约 350 nm 处显示出的吸收峰是 TiO$_2$ 的特征结构。相比之下，葡萄皮提取物被 TiO$_2$ 吸附后，提取物敏化的 TiO$_2$ 的 UV-Vis 吸收光谱在 200～380 nm 范围内有两个明显的吸收峰，与葡萄皮提取物的吸收光谱相似。以 240 nm 为中心的谱带是花青素苷的甲醇基 B 结构的特征[346]，而以 285 nm 为中心的谱带与花青素苷的芳香基团相关[347]。葡萄皮提取物吸附到 TiO$_2$ 表面后，与甲醇基 B 结构相关的谱带向较低波长移动了 24 nm。这种蓝移现象是因为染料具有在固/液界面处聚集的强烈倾向，分子和 H-聚集体（平行取向）之间的强吸引力将导致蓝移[348]。

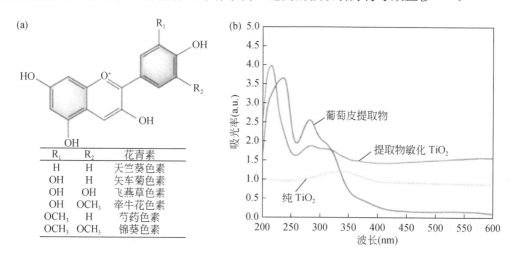

图 6-136 （a）花青素分子结构示意图（R$_1$ 和 R$_2$ 的典型类型见图中表）；（b）纯 TiO$_2$ 和葡萄皮提取物吸附在 TiO$_2$ 表面前后的紫外-可见吸收光谱（溶剂：无水乙醇；葡萄皮提取物浓度：约 0.72 mmol/L）

采用 FTIR 在 400～4000 cm$^{-1}$ 范围内进行表征，以验证葡萄皮提取物中化学键的类型。图 6-137 为葡萄皮提取物吸附到 TiO$_2$ 表面前后的 FTIR 光谱。葡萄皮提取物的 FTIR 光谱中，

3700~3000 cm$^{-1}$ 范围内的宽频带为 O—H 基团的拉伸振动，2924 cm$^{-1}$ 出现的波段为 C—H 的拉伸，1616 cm$^{-1}$ 处的波段为花青素芳香环的 C=C 伸缩振动，1365 cm$^{-1}$ 处的波段为苯酚的 O—H 弯曲[349]。1446 cm$^{-1}$ 处特征信号来自花青素中酚环的 OH—CH$_2$ 键[350]。此外，1285 cm$^{-1}$ 和 1201 cm$^{-1}$ 处的波段是酚基和双糖的 C—O 拉伸，证实了花青素的结构，825 cm$^{-1}$ 和 778 cm$^{-1}$ 处的波段对应芳香环中的 C—H 弯曲[351]。对于葡萄皮提取物吸附到 TiO$_2$ 表面后的 FTIR 光谱，仍然可以清晰地识别出花青素的一些特征波段。此外，542 cm$^{-1}$ 处的条带可归因于 TiO$_2$ 的 Ti—O—Ti 键[352]，表明葡萄皮提取物与 TiO$_2$ 之间成功复合。此外，通过对比葡萄皮提取物吸附到 TiO$_2$ 表面前后的 FTIR 光谱，我们可以发现 O—H 拉伸的宽频带从 3390 cm$^{-1}$（提取物）向更高的 3427 cm$^{-1}$（提取物/TiO$_2$）偏移。这种转变是由于花青素中的—OH 基团与 TiO$_2$ 中的 Ti 之间的络合作用[353, 354]，减少了花青素分子之间的氢键数量。结果表明葡萄皮提取物与 TiO$_2$ 之间存在有效结合，从而揭示了葡萄皮提取物作为 DSSCs 光敏剂的潜力。

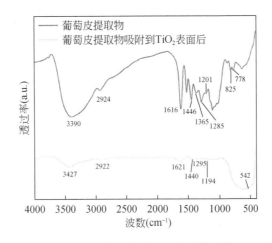

图 6-137　葡萄皮提取物吸附到 TiO$_2$ 表面前后的 FTIR 光谱

葡萄皮提取物的化学成分由 $^1$H NMR 谱测定。图 6-138 是葡萄皮提取物在 500 MHz 下获得的典型 $^1$H NMR 谱图。通过与已发表数据的比较，利用纯化合物的 $^1$H NMR 谱进行峰分配后，确定了不同提取物的信号分配[355, 356]。在葡萄皮提取物的 $^1$H NMR 谱中鉴定出 12 种主要化合物，如表 6-25 所示。光谱的主要共振对应于酚类化合物（花青素）、果糖、葡萄糖和蔗糖。

表 6-25　用于代谢物鉴定的 $^1$H 化学位移

| 化合物 | 基团 | $^1$H 化学位移 |
| --- | --- | --- |
| 亮氨酸 | C5H$_3$+C6H$_3$ | 0.92 |
| 异亮氨酸 | C5H$_3$ | 1.01 |
| 缬氨酸 | C4H$_3$+C5H$_3$ | 1.07 |
| 精氨酸 | C3H$_2$ | 1.87 |
| 脯氨酸 | C4H$_2$+C3H$_a$ | 2.07 |

续表

| 化合物 | 基团 | $^1$H 化学位移 |
|---|---|---|
| 谷氨酰胺 | C4H$_2$ | 2.28~2.42 |
| 柠檬酸 | 1/2（C2H$_2$+C4H$_2$） | 2.75 |
| 苹果酸 | C2H$_a$ | 2.62 |
| | C2H$_b$ | 2.85 |
| 果糖 | αC1H | 3.66 |
| | βC1H | 3.57 |
| | βC3H+βC4H | 4.02 |
| | βC2H | 3.29 |
| 葡萄糖 | αC1H | 4.55 |
| | βC1H | 5.13 |
| | 甘油葡萄糖苷-C1H | 5.40 |
| 蔗糖 | 甘油葡萄糖苷-C2H | 3.59 |
| | 甘油葡萄糖苷-C3H | 3.77 |
| 酚类化合物 | | 5.74~7.37 |

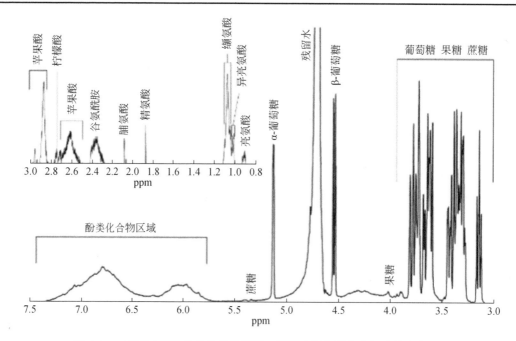

图 6-138　葡萄皮提取物的核磁共振谱（子图为低化学位移部分的放大图）

葡萄皮渣含碳量高，是碳基对电极的理想原料。图 6-139（a）、（b）为热解（GSDC）和 KOH 活化（KA-GSDC）后葡萄皮残渣的 SEM 图像。可以看出，热解制备的 GSDC 表面光滑，气孔较少。经 KOH 活化后，KA-GSDC 形成层次化多孔结构 [图 6-139（c）]，具有较高的比表面积。孔隙结构丰富，表面积大，有利于离子转移，促进电解质还原反应，对提高电池性能具有重要意义。为了研究 GSDC 的纯度，在图 6-139（d）中进行了 EDX 分析，其中主要检测到两个信号，包括氧（18.56%）和碳（81.44%）。极低的氧含量表明大多数含氧官能团被去除。图 6-139（e）为 GSDC 和 KA-GSDC 的 XRD 谱图。两个以 23.6° 和 43.5°为中心的宽峰对应于非晶碳的（002）和（100）面。拉曼光谱是研究碳材料结构的有力工具。图 6-139（f）为 GSDC 和 KA-GSDC 的拉曼光谱。两个典型的拉曼波段，通常被称为 D 和 G 波段，在 1138 cm$^{-1}$ 和 1590 cm$^{-1}$ 处非常清晰。G 波段是由 C—C 键的拉伸引起的，这在所有 sp$^2$ 碳体系中都是常见的。另一方面，由于 sp$^2$ 杂化碳体系中的任何无序，D 带都会出现并显示出增强的强度，称为缺陷带。GSDC 和 KA-GSDC 的 $I_D/I_G$ 强度比分别为 1.08 和 1.11。值得注意的是，强度比越高，缺陷程度越高[357]。研究表明，缺陷密度的增加有助于 DSSCs 的催化能力[358]。

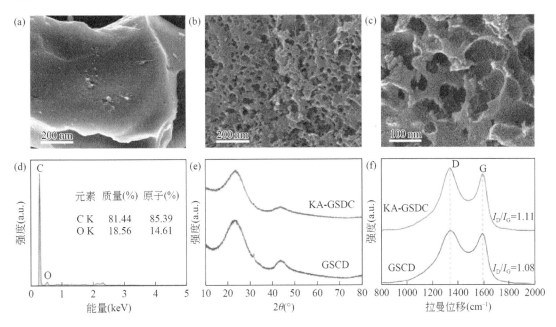

图 6-139　（a）GSDC 的 SEM 图像；（b，c）KA-GSDC 的 SEM 图像和（d）EDX 图谱；GSDC 和 KA-GSDC 的 XRD 谱图（e）和（f）拉曼光谱

为了进一步研究 KA-GSDC 的孔隙特征，进行了 N$_2$ 吸附-脱附试验，并确定 KA-GSDC 的比表面积和孔径分布。如图 6-140（a）所示，吸附等温线属于典型的 IV 型等温线，具有滞回线，滞回线主要位于中高压区（$P/P_0$=0.45～1）[359]，这是介孔（2～50 nm）的特征。此外，低压区吸附量显著增加表明存在丰富的微孔（<2 nm）。吸附等温线在 $P/P_0$ 为 1.0 附近仍未达到平台，表明存在大孔隙（>50 nm）。Brunauer-Emmett-Teller（BET）和 Barrett-Joyner-Halenda（BJH）分析得出的比表面积和孔隙体积分别为 620.79 m$^2$/g 和 0.51 cm$^3$/g。KA-GSDC 的 BET 比表面积值高于许多类似的多孔碳产品，如三聚氰胺衍生的活性炭（305 m$^2$/g）[360]、多孔碳纳米管-葡萄糖碳泡沫（357 m$^2$/g）[361]、纤维素衍生的碳气凝胶（113 m$^2$/g）[362]和腐植酸钾衍生的多孔碳（604 m$^2$/g）[363]。通过密度泛函理论（DFT）方法[364-367]计算的孔隙体积分布图表明，KA-GSDC 的孔隙结构由微孔和介孔组成[图 6-140

(b)]。另外 t-plot 微孔孔径分布 [图 6-140（c）] 和 BJH 介孔孔径分布 [图 6-140（d）] 进一步证明了这一结果。显然，孔径约为 0.6 nm 和 4 nm 的孔隙对孔隙体积的贡献最大。这些分层孔隙有利于 DSSCs 的电催化反应。微孔的大表面积（406.47 m²/g）提供了丰富的反应活性位点，介孔能够促进离子的传输，确保了更高的电催化性能。

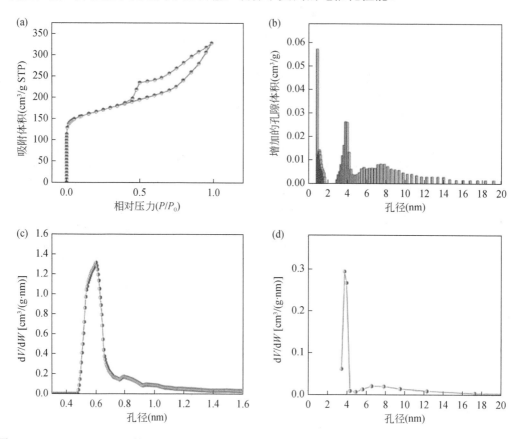

图 6-140　（a）KA-GSDC 的 N₂ 吸附-脱附等温线；（b）KA-GSDC 的 DFT 孔体积分布；（c）KA-GSDC 的 t-plot 微孔孔径分布；（d）KA-GSDC 的 BJH 介孔尺寸分布

## 6.6.4　光伏性能分析

葡萄皮提取物敏化的 TiO₂ 膜涂覆的 FTO 用作光阳极，其与 KA-GSDC/TiO₂ 涂覆的 FTO 对电极和碘溶液电解质集成以组装 DSSCs 器件 [图 6-141（a）]。太阳能电池性能的关键指标如表 6-26 所示，包括光伏效率 [$\eta$（%）]、填充因子（FF）、开路电压 [$V_{oc}$（V）] 和短路电流密度 [$J_{sc}$（mA/cm²）]，这些指标是从图 6-141（b）所示的 J-V 曲线中获得的。所有三条 J-V 曲线都是在 100 mW/cm² 的光强度下测试的。光伏效率和填充因子使用以下等式计算：

$$\eta = [(FF \times J_{sc} \times V_{oc}) / P_{in}] \times 100\% \qquad (6\text{-}67)$$

$$FF = J_m V_m / J_{sc} V_{oc} \qquad (6\text{-}68)$$

其中，$P_{in}$ 是入射光的强度（W/cm$^{-2}$），$J_m$（mA/cm$^2$）和 $V_m$（V）分别是 $J$-$V$ 曲线中最大功率输出点处的最大电流密度和最大电压。

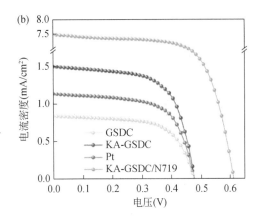

图 6-141　（a）KA-GSDC 基 DSSCs 器件；（b）KA-GSDC 基 DSSCs 的 $J$-$V$ 曲线

表 6-26　基于 GSDC、KA-GSDC 或 Pt 的 DSSCs 器件的光伏性能参数

| 对电极 | $J_{sc}$（mA/cm$^2$） | $V_{oc}$（V） | FF | $\eta$（%） |
|---|---|---|---|---|
| GSDC | 0.85 | 0.49 | 0.65 | 0.27 |
| KA-GSDC | 1.52 | 0.48 | 0.65 | 0.48 |
| Pt | 1.15 | 0.48 | 0.65 | 0.36 |

与 GSDC 基 DSSCs（0.27%）相比，KA-GSDC 作为对电极的 DSSCs 器件显示出更高的光伏效率（0.48%），这归因于 KA-GSDC 的高比表面积和分级孔结构提高了其电催化活性。光伏效率值高于一些已报道的使用葡萄皮提取物作为光敏剂的 DSSCs，例如基于酿酒葡萄的 DSSCs（0.025%）[368]、基于美洲葡萄的 DSSCs（0.061%）[369]和基于黑葡萄的 DSSCs（0.43%）[370]。

此外，基于 KA-GSDCs 的器件的 $J_{sc}$ 值为 1.52 mA/cm$^2$，高于基于 GSDC 的 DSSCs 的 $J_{sc}$ 值（0.85 mA/cm$^2$）。电极的电催化速度越快，氧化还原反应越快，这导致 I$^-$/I$_3^-$ 电解质中激发态的染料分子再生越快[371]。由于染料分子对光伏特性的强烈增强作用，产生了丰富的光生载流子，提高了光阳极的光捕获能力，从而提高了 $J_{sc}$ 值。此外，基于 KA-GSDC 的 DSSCs 的 $\eta$（0.48%）比基于 Pt 的 DSSCs 的 $\eta$（0.36%，Pt 是常见的对电极材料）高 33%。因此，KA-GSDC 可被视为昂贵 Pt 的潜在替代品。

开路电压也是决定 DSSCs 效率的重要参数。基于 KA-GSDC 的 DSSCs 的 $V_{oc}$ 值（0.48V）与对照组的 $V_{oc}$ 值相同（即基于 Pt 的 DSSCs）。开路电压是 TiO$_2$ 电极的费米能级与氧化还原电解质电势之间的差，其主要取决于光敏剂的复合速率和吸附模式[372]。花青素中丰富的醇基存在有助于花青素通过化学吸附与 TiO$_2$ 纳米结构表面的强结合。

我们采用 KA-GSDC 作为对电极，商业染料（N719）作为光敏剂组装 DSSCs 器件。根据实验结果，开路电压（$V_{oc}$）和短路电流密度（$J_{sc}$）值分别显著增加到 0.62 V 和 7.63 mA/cm$^2$，从而实现了高达 3.22% 的光伏效率。在其他研究中也发现了光敏剂对光伏特性的强烈增强效应[373]。结果进一步验证了 KA-GSDC 作为 Pt 对电极的替代物的潜力。此外，研究结果表明，有必要对葡萄皮提取物光敏剂进行改性，以进一步增强 DSSCs 器件的光伏性能。

表 6-27 中总结了基于天然染料的 DSSCs 的一些最新报道。在这些研究中，使用贵金属 Pt 作为对电极，无疑增加了成本。相比之下，使用廉价的 KA-GSDC 作为对电极的葡萄皮提取物敏化太阳能电池装置的光伏效率与基于其他类型的天然染料和 Pt 对电极的这些 DSSCs 的数据相当或甚至更高（0.05%~0.47%）。

表 6-27　基于天然染料和 Pt 对电极的一些 DSSCs 的光伏性能参数

| 染料 | $J_{sc}$（mA/cm²） | $V_{oc}$（V） | FF | $\eta$（%） | 参考文献 |
|---|---|---|---|---|---|
| 玫瑰 | 1.63 | 0.40 | 0.57 | 0.37 | [365] |
| 蝶豆花 | 0.37 | 0.37 | 0.33 | 0.05 | [365] |
| 玫瑰蝶豆花混合物 | 0.82 | 0.38 | 0.47 | 0.15 | [365] |
| 胭脂树橙 | 1.10 | 0.57 | 0.59 | 0.37 | [333] |
| 红木 | 0.53 | 0.56 | 0.66 | 0.19 | [333] |
| 酢浆草 | 1.09 | 0.52 | 0.69 | 0.47 | [366] |
| 菌草 | 0.35 | 0.53 | 0.67 | 0.14 | [366] |
| 火龙果 | 0.20 | 0.22 | 0.30 | 0.22 | [367] |
| 菠菜 | 1.11 | 0.58 | 0.46 | 0.29 | [368] |
| 栀子花 | 1.29 | 0.56 | 0.48 | 0.35 | [369] |
| 胭脂虫 | 0.51 | 0.78 | 0.25 | 0.10 | [369] |

电化学阻抗谱常被用来探测 DSSCs 中电荷传输和复合的动力学。在 100 mHz 和 100 kHz 之间的频率范围内记录 EIS。图 6-142 显示了所制造的 GSDC、KA-GSDC 或 Pt 基 DSSCs 器件的 Nyquist 曲线。在对电极-电解质界面处的电荷转移电阻（$R_1$）和在 TiO₂-染料-电解质界面处的电荷复合电阻（$R_2$）可以从 EIS 结果中计算得到。在高频和中频区域处的半圆弧的直径分别反映 $R_1$ 和 $R_2$ 的值。

IPCE 是产生的电子与入射光子的比率，其依赖于光捕获效率和电子转移产率，所述光捕获效率和电子转移产率包括外部电路中的量子电荷注入和电子收集效率。因此，IPCE 越高，染料的性能越高。根据 $J_{sc}$ 值和 TiO₂ 导带中相应单色光诱导电子的强度，在相应激发波长（$\lambda$）下计算 IPCE 值[374]。在三种 DSSCs 器件中，KA-GSDC 基 DSSCs 的较低的 $R_1$ 值和较高的 $R_2$ 值是导致其最高光伏效率的原因。此外，所需的 $R_1$ 和 $R_2$ 值主要是由于 KA-GSDC 的互连开孔结构增强的电催化作用，这有助于更有效地在电极和电解质之间转移电子，并提高氧化还原对的还原反应速率。

使用等式（6-69）中的关系，根据 $J_{sc}$ 的值和相应单色光的强度（$P_{in}$），在相应激发波长（$\lambda$）处计算 IPCE 值：

$$IPCE = \frac{1240 \times J_{sc}(mA/cm^2)}{P_{in}(mW/cm^2) \times \lambda(nm)} \qquad (6-69)$$

图 6-143 呈现了葡萄皮提取物敏化的 KA-GSDC 基 DSSCs 的 IPCE 光谱。如图所示，

DSSCs 的光转换主要发生在紫外和可见光区域，并且该器件在 328 nm 处达到最大 IPCE 值（34.7%）。同样，在波长附近的紫外-可见吸收光谱中也可以清楚地识别出明显的吸收。IPCE 值高于一些类似的基于天然染料的 DSSCs，例如基于叶绿素的 DSSCs（6.1%）、基于甜菜碱的 DSSCs（9.9%）和基于丝瓜提取物的 DSSCs（30%）。较高的 IPCE 表明光散射能力提高，并且由于光子与染料分子之间的更好相互作用而产生大量电荷载流子。

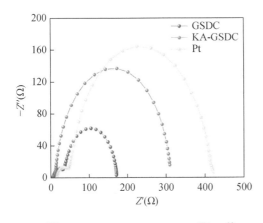

图 6-142　GSDC、KA-GSDC 和 Pt 基 DSSCs 器件的 Nyquist 曲线

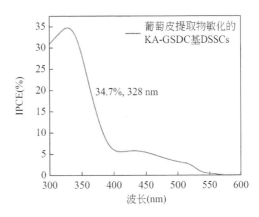

图 6-143　葡萄皮提取物敏化的 KA-GSDC 基 DSSCs 器件的 IPCE 作用谱

## 6.6.5　小结

本节利用葡萄皮及其提取物分别作为对电极碳源和光敏剂来源，实现了废弃葡萄皮的双效应用。葡萄皮提取物中的花青素与光阳极上的 $TiO_2$ 纳米结构表现出强结合，有助于组装的 DSSCs 器件获得高达 0.48V 的 $V_{oc}$ 值。KA-GSDC 的高表面积和分级多孔结构有助于获得更高的电催化活性和 1.52 mA/cm$^2$ 的高 $J_{sc}$ 值。此外，DSSCs 实现了 0.48% 的光伏效率，比 Pt 基 DSSCs 的光伏效率（0.36%）高 33%。另外，效率也与基于其他类型的天然染料和 Pt 对电极的 DSSCs 的数据相当或甚至更高（0.05%～0.47%）。最重要的是，DSSCs 在 328 nm 处实现了 34.7% 的最大 IPCE 值。这些结果验证了废弃葡萄皮作为 DSSCs 中光敏剂和对电极的潜力。

# 6.7　木质素磺酸钠衍生氮-硫共掺杂硬碳基钠离子电池

## 6.7.1　引言

传统能源加速耗竭问题促使人们不懈地研究开发可再生能源技术，如太阳能和风能[375]。然而，这些天然能源在很大程度上取决于地理位置和天气。因此，高效、稳定且成本低的能源储存技术非常重要。锂离子电池作为应用最广泛的储能系统之一[376]，由于其能量密度高、循环寿命长等优点，在便携式电子设备和汽车中得到了广泛应用。然而，锂资源地理分布的局限性和对锂资源需求的不断增长阻碍了锂电池在大规模固定式储能中的应用。由于钠的丰富储量和广泛分布，以及钠和锂具有相似的物理和化学特性[377]，钠离子电池（SIBs）在大规模固定式电网储能中引起了广泛的关注。为了促进钠离子电池的发展，人们研究了许多电极材料。特别是高性能钠离子电池阴极材料，如插层过渡金属氧化物[378]、聚阴离子化合物[379]、普鲁士蓝[380]、有机化合物[381]等。相比之下，钠离子电池的阳极材料仍然欠发达，许多挑战仍有待解决。钠离子电池阳极材料包括插层阳极[382]、合金化阳极[383]和转换阳极[384]。合金化阳极和转换阳极在充放电过程中存在体积膨胀[385]、循环稳定性差[386]和粉化[387]等问题，难以应用于工业钠离子电池。碳材料[388]作为典型的插层阳极，因其结构稳定、可持续性好，有可能成为钠离子电池最有前途的阳极材料。碳材料包括硬碳[389]、软碳[390]和石墨[391]。其中石墨是广泛应用于锂离子电池的商用阳极材料[392]。然而，在碳酸基电解质中，钠在石墨中的嵌入是一个热力学上不利的过程，因为钠离子在石墨中的扩散具有高能量势垒，并且难以形成稳定的钠-石墨嵌入化合物[393-395]。因此，石墨不适合用于钠离子电池。硬碳是一种常见的、有前途的储能电极材料，具有无序/无定形结构[396]、丰富的金属离子插入和储存活性位点[397]，并且因其高储钠容量、高平台容量和低工作电压等特点，成为钠离子电池中具有应用潜力的阳极材料。硬碳是一类难以石墨化的碳材料，由于前驱体中存在各种 $sp^3$ 结构[24]，在碳化和石墨化过程中抑制了石墨烯层的取向和生长[398]。因此，硬碳由随机分布的弯曲石墨层组成，具有相当数量的纳米孔[399]，为钠离子存储提供了大量的活性位点，实现了高容量。硬碳的性能主要取决于前驱体和合成方法。生物质[400]和聚合物[401]是合成硬碳最常用的两种前体。稻壳[402]、荔枝[403]、椰壳[404]、桂圆皮[405]等生物质废弃物因资源丰富、环境友好，被广泛采用合成硬碳。木质素[406]作为自然界中储量第二丰富的生物高聚物，成本低、产炭率高，是制备硬碳的理想前驱体。商品木质素主要来源于造纸工业的制浆黑液[407]，多用作低品位工业燃烧器或锅炉的燃料。为了实现其更高的附加值，考虑将这种合适的生物质前驱体转化为硬碳。由于木质素来源广泛、质地天然、生态友好、价格低廉等优点，被认为是最有利的硬碳来源。

然而，硬碳仍然面临着循环性差和初始库仑效率低等问题[408]。人们为克服这些障碍作出了巨大努力。一种办法是通过杂原子掺杂调整本征碳结构，如硼[409]、氮[410]、磷[411]和硫[412]。Aristote 等[413]报道，通过对硫和樟树进行热解，获得了硫掺杂的硬碳。当用作 SIBs 的阳极时，容量为 616.7 mAh/g，但初始库仑效率（ICE）只有 66.61%。杂原子掺杂可以通过提供额外的活性位点、促进电子电导率和扩散动力学以及扩大层间距离来增强钠离子的存储能力，然而，钠离子在缺陷位置的不可逆捕获会导致 ICE 较低。另一种办法是优化前体和反应条件。Kuai 等[414]结合酸蚀和高温碳化工艺对来自竹子的硬碳进行了优化，在 1300℃制备的竹基硬碳材料在 30 mA/g 的电流密度下，具有 83.7% 的 ICE，150 次循环后，在 300 mA/g 的电流密度下，容量保持率为 94.7%，但只有 303.8 mAh/g 的可逆比容量。在此基础上，一系列由木质资源材料衍生的硬碳已被报道具有长循环性能和高初始库仑效率，但存储容量（<350 mAh/g）有限。因此，设计和合成同时具有高容量、长循环性能和高初始库仑效率的硬碳是一个重大挑战。

基于这些问题，本节通过对木质素磺酸钠/尿素复合材料进行预氧化和碳化设计了一种氮-硫共掺杂的硬碳（LS@U-1000）。与单硫掺杂的 LS-1000 相比，LS@U-1000 具有更高的可逆容量 431.94 mAh/g，极大地提高了 Na 存储性能，证明了 N、S 共掺杂对提高钠离子电池存储容量具有优秀的协同作用。为了提高初始库仑效率，本研究采用预氧化法引入羧基以增强木质素的交联，羧基基团的引入提高了可逆容量，以此维持高的初始库仑效率。预氧化后的硬碳在电流密度为 30 mA/g 时的首圈充放电中具有 84.9%的高 ICE。经预氧化后，调控碳化温度以抑制高温热解过程中硬碳结构的解构和重排，维持结构高度无序，并且不破坏层间结构，来构建具有良好的循环和倍率性能的硬碳材料。在得到的所有材料中，LS@U-1000 经过 500 次循环后，在 0.1 A/g 的电流密度下具有 95.0%的容量保持率。此外，还显示出良好的倍率特性（0.05 A/g 时具有 247.8 mAh/g，5 A/g 时具有 209.5 mAh/g）。结合预氧化和调控碳化温度，大大提高了硬碳作为钠离子电池阳极的存储容量、初始库仑效率、循环性能和倍率性能。DFT 计算[414]进一步揭示了 LS@U 储钠性能提升的机理，LS@U 对于六氟磷酸根的吸附能达到了 -1.51 eV，相比纯炭（-0.43eV）提升了近 4 倍，差分电荷密度图中更大的富电子与缺电子区域证明了更快速的电荷转移。掺杂后，功函数由 4.89 eV 下降至 4.21 eV，且与六氟磷酸根的氧化还原电位更匹配，表明掺杂后硬碳材料表面电子流动更活跃以及具有更低的电子转移势垒。本节为杂原子掺杂钠离子电池阳极层次化多孔材料的可控合成提供了一条新途径，并为钠离子电池高性能硬碳阳极材料的合成提供了一条廉价的替代途径。

## 6.7.2　木质素磺酸钠衍生氮–硫共掺杂硬碳的制备

木质素磺酸钠由国药集团化学试剂有限公司供应。尿素购于上海阿拉丁化学有限公司。盐酸（HCl）、六氟磷酸钠溶液（NaPF$_6$）、导电炭黑（Super P）、乙醇、羧甲基纤维素（CMC）、二甲醚乙醇酸酯（DEG）和二甲醚（DME）由上海麦克林生化科技股份有限公司提供。所有化学品和试剂均为分析试剂级，无需进一步纯化即可使用。

LS@U 的制备方法如下：首先，将木质素磺酸钠和尿素以 2：1 的比例在瓷舟中混合，随后转移到马弗炉中，在空气气氛下进行热处理。样品先以 5℃/min 的升温速度从室温加热到 120℃，在 120℃保持 2 h，再以 1℃/min 的升温速度从 120℃加热到 200℃，在 200℃保持 4 h，然后将样品自然冷却到室温。最后，将预氧化后的样品转移到氮气气氛下的管式炉中，以 2℃/min 升温至 600℃，保持 2 h，随后以 4℃/min 的温度进一步提高到目标温度（800℃、1000℃和 1200℃），保持 2 h。得到的样品用 HCl（10%，质量分数）、乙醇和水反复洗涤数次，直到 pH 值为中性。样品在 80℃下干燥，根据目标温度，将得到的 LS@U 标记为 LS@U-X（其中 X 为目标温度）。

为了比较，采用木质素磺酸钠在 1000℃下直接碳化制备了硬碳，标记为 LS-1000。

在配备 532 nm 激光源的拉曼光谱仪（Horiba scientific-LabRAM HR evolution，日本）上测量石墨化程度。采用 X 射线衍射仪（布鲁克-D8 Advanced，德国）在 10°～60°范围内，以 5°/min 的速率表征样品的晶体结构。在 X 射线光电子能谱仪（赛默飞-ThermoFisher Nexsa，美国）上记录样品的 XPS 谱。采用扫描电子显微镜（SEM，日立 Regulus8230，日本）、透射电子显微镜（TEM，JEOL JEM-2100Plus，日本）、选择区域电子衍射（SAED）和能量色散 X 射线（EDX）对样品的微观形貌和元素成分进行研究。通过氮吸附分析（麦奇克拜尔，BELSORP MaxII，日本）确定表面积和孔隙度，使用 77 K 时多点 Brunauer-Emmett-Teller（BET）计算表面积，使用 Barrett-Joyner-Halenda（BJH）模型计算孔径分布。傅里叶变换红外（FTIR）光谱分析在红外光谱仪（IRTracer 100，岛津，日本）上进行，记录的光谱范围为 400~4000 cm$^{-1}$，分辨率为 4 cm$^{-1}$。采用四探针电阻率系统（RTS-9，广州四探针科技有限公司，中国），在 10 MPa 的加载压力下将炭粉压成片剂，测试其电导率。每个样品随机选取 5 个位置进行电导率测试，计算平均值和标准差。

## 6.7.3　微观形貌、化学成分及孔隙特征

由拉曼光谱［图 6-144（a）］观察可知预氧化后的 LS@U 具有更高的 $I_D/I_G$ 值。强度比 $I_D/I_G$ 越高，碳材料中的结构缺陷越多。此外，预氧化所导致的更多含氧基团的引入也可由 XPS 全谱进一步证明［图 6-144（b）］。

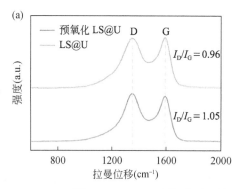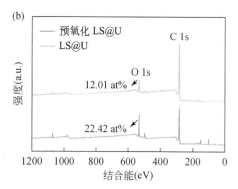

图 6-144　LS@U 预氧化处理前后的拉曼光谱（a）和 XPS 全谱（b）

在预氧化前后，通过 XPS 研究了所得到硬炭的化学成分。如图 6-145（a）和（b）所示，O 1s XPS 光谱中的信号可以拟合为四个峰，即 O1：C(O)O，O2：C=O，O3：C—O，和 O4：OH。如图 6-145（c）和（d）所示，C 1s XPS 光谱中的信号拟合为五个峰，即 C1：C—S，C2：C—C，C3：C—O，C4：C=O，和 C5：C(O)O。预氧化后，O3：C—O 和 C3：C—O 的积分面积减小，而 O4：O—H 的积分面积增加［6-145（b）和（d）］，这表示去甲基化过程的进行。此外，O2：C=O 和 C4：C=O 积分面积的增加［图 6-145（b）和（d）］

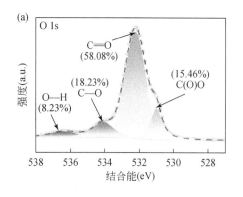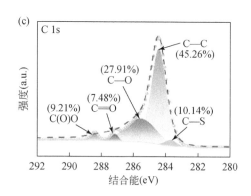

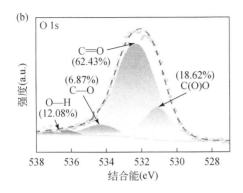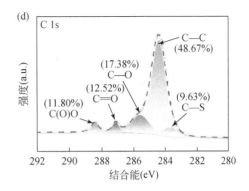

图 6-145　LS@U 预氧化前（a，c）和预氧化后（b，d）的高分辨率 O 1s XPS 谱和 C 1s XPS 谱

是由于温度升高以及氧气的引入，导致醇羟基氧化。最重要的是，O1：C(O)O 和 C5：C(O)O 积分面积的增加［图 6-145（b）和（d）］表明在预氧化过程中酯基的大量生成。这些酯基的形成促进了木质素的分子间交联，有助于增加硬炭的层间距，并能在后续热解中产生更高无序度的硬炭材料。

通过 XRD 和拉曼分析进一步研究了碳化温度对 LS@U 石墨化程度的影响。如图 6-146（a）所示，所有样品均在大约 23.7°和 43.4°处产生两个宽峰，这两个峰与碳的（002）和（100）晶面有关，但三个样品的峰位置和半宽略有不同。由（002）峰计算了 LS@U 的 $c$ 轴相关长度 $L_c$ 和 $d_{002}$ 值，公式如下[415]：

$$L_c = \frac{0.45\lambda}{\Delta\sin\theta} \tag{6-70}$$

$$d_{002} = \frac{\lambda}{2\sin\theta} \tag{6-71}$$

其中，$\lambda$ 是入射 X 射线的波长，$\Delta$ 是半宽，$\theta$ 是衍射角。由（100）峰计算出 LS@U 的 $a$ 轴关联长度 $L_a$，公式如下[416]：

$$L_a = \frac{0.92\lambda}{\Delta\sin\theta} \tag{6-72}$$

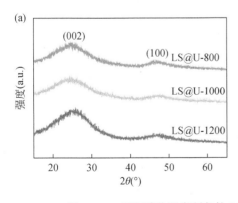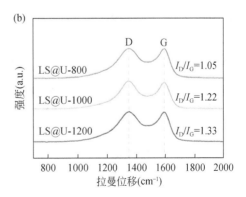

图 6-146　不同碳化温度制备的 LS@U 的（a）XRD 谱图和（b）拉曼光谱

随着碳化温度的升高，$L_c$ 和 $L_a$ 增大，$d_{002}$ 减小，对应于非石墨化区向石墨化区的转变。

较高温度下 $d_{002}$ 值的降低表明石墨化层之间的连接更加紧密。在拉曼光谱［图 6-146（b）］中，所有样品在约 1345 cm$^{-1}$ 和 1599 cm$^{-1}$ 处有两个明显的谱带，分别对应于由碳材料的缺陷和无序程度引起的 D 带和与有序石墨 sp$^2$ C—C 键的面内振动有关的 G 带。对于 LS@U-800、LS@U-1000 和 LS@U-1200，强度比 $I_D/I_G$ 分别为 1.05、1.22 和 1.33。$I_D/I_G$ 值随温度的升高而降低，表明碳材料中的结构缺陷逐渐减少，石墨结构增多。

用 SEM 观察了 LS@U 的形貌，并研究了碳化温度对其形貌的影响。如高倍率 SEM 图像所示，高温碳化处理导致在 LS@U-800 中形成许多新的微孔（<2nm）和介孔（2～50nm）［图 6-147（a）］。当温度升高到 1000℃时，LS@U-1000 的孔隙数量显著增加，如图 6-147（b）所示。当温度进一步升高到 1200℃时，孔径明显增加，孔隙数量减少［图 6-147（c）］，这可能是因为较高的温度导致部分微孔和介孔合并重建。通过比较图 6-147（d）～（f）中的 SEM 图像，可以清楚地看到，随着碳化温度的升高，LS@U-800 到 LS@U-1200 的表面结构逐渐变得粗糙。通过透射电子显微镜观察，发现 LS@U-800 具有无定形的碳结构，没有观察到可识别的晶格条纹，如图 6-147（g）所示。随着碳化温度的升高，LS@U-1000 和 LS@U-1200 都产生了具有明显晶格条纹的有序石墨化区。0.35 nm 和 0.33 nm 的晶格间距分别与石墨碳（002）和（100）晶面的 $d$ 间距一致［图 6-147（h）和（i）］。这一结果表明，

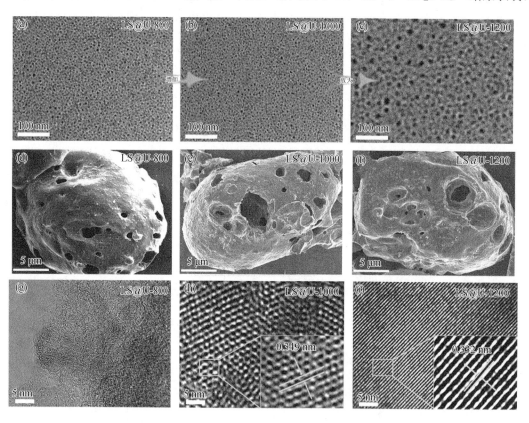

图 6-147　不同碳化温度制备的 LS@U 的微观形貌
（a～f）SEM 图像；（g～i）HRTEM 图像

较高的温度促进了无定形碳向石墨碳的转变，有助于提高 LS@U 的电导率。根据四探针法的测量结果，LS@U-800、LS@U-1000 和 LS@U-1200 的电导率分别为（65.3±1.2）S/m、（374±1.1）S/m 和（402.4+1.5）S/m。这些结果与上述分析结果吻合较好。

图 6-148（a）显示了 LS@U-1000 的元素映射图像。氧、氮和硫元素被均匀地掺杂到整个碳网络中。氧、氮和硫元素的掺入影响了原本有序原子的 $sp^2$ 杂化的电子分布，有利于实现更高的电荷离域、更大的费米能级附近的态密度、更大的吸附能和更高的催化活性中心密度。这些优势在实现更优异的储能性能方面起着关键作用。此外，LS@U-1000 的 SAED 图案显示出典型的纳米晶体材料的环形图案 [图 6-148（b）]，这些环与石墨碳的晶格间距是一致的。

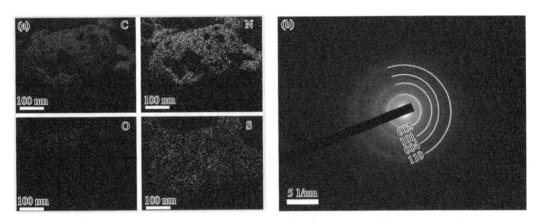

图 6-148　LS@U-1000 的 EDS 元素映射（a）和 SAED 图像（b）

电极与电极/电解液界面反应物之间的电子传递是决定碳基电池工作效率的重要因素。因此，获得大比表面积和孔容的电极材料具有重要意义。通过 $N_2$ 吸附-脱附实验对材料的比表面积和孔特征进行了分析。对于 LS@U，如图 6-149（a）所示，显著增加的吸附体积表明预氧化和碳化联合处理产生了大量的新孔。根据 IUPAC 分类[417]，所有曲线均呈现典型的IV型等温线，表明了介孔的存在。在较低的相对压力（$P/P_0<0.01$）下大量的氮吸附是微孔丰富的典型指标。在较高的相对压力下，吸附和脱附分支之间存在明显的滞后环，进一步证实了介孔的存在。此外，吸附仍未达到平台附近的 $P/P_0=1.0$，这表明存在大孔（＞50 nm）。用 Barrett-Joyner-Halenda（BJH）方法计算的孔径分布图也表明了微孔、介孔和大孔的共存 [图 6-149（b）]。其孔径分布范围为 1～120 nm，峰位于 10～12 nm。与 LS@U-800 和 LS@U-1200 相比，LS@U-1000 在微孔和介孔区的峰值强度更大，这表明 LS@U-1000 中存在更多的微孔和介孔。当碳温度从 800℃升至 1200℃时，所有参数均显著改善。这些结果表明，适度的温度升高会引起碳和活化剂之间的反应，从而导致更多的微孔和介孔。当温度达到 1200℃时，大部分参数下降，包括 BET 比表面积、总孔容、t-plot 微孔比表面积和 t-plot 微孔孔容，而介孔孔容和比表面积略有增加。造成这种现象的一个可能原因是 1200℃的高温导致了一些微孔和介孔的合并和重建，以及一些小分支的坍塌，从而导致总的比表面积减少，而介孔参数略有增加。此外，介孔平均尺寸的变化趋势，从 800℃时的 10.95 nm 到 1000℃时的 10.78 nm，最后到 1200℃时的 11.03 nm，证实了上述预期。因此，

1000℃的碳化处理可以得到最佳的孔参数。

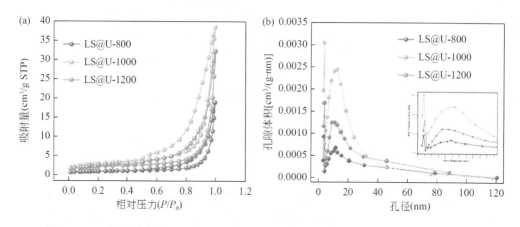

图 6-149    不同碳化温度制备的 LS@U 的 N₂ 吸附-脱附等温线（a）和孔径分布（b）

对于电极材料，需要具有大比表面积的分级孔结构，因为大比表面积可以提供许多活性反应中心。在该体系结构中，大孔作为离子缓冲调节器可以为电解液离子提供空间，介孔可以缩短电解质在离子传输路径上的扩散距离，确保高催化活性和低电荷复合。此外，足够数量的微孔提供了较大的比表面积和丰富的活性中心，可以产生更好的储钠性能。

图 6-150（a）为 LS-1000 和不同碳化温度下 LS@U 的傅里叶变换红外光谱图。由图可观察到，不同碳化温度下生成的 LS@U 的吸收峰波长高度一致，说明它们的表面官能团基本相似。并且与 LS-1000 不同的是，不同碳化温度的 LS@U 在 3440 cm⁻¹处均有特征峰，该峰与 O—H 和 N—H 伸缩振动的吸附有关。位于 2935 cm⁻¹ 处的特征峰是由 C—H 伸缩振动引起的。2840 cm⁻¹ 处的吸收峰属于 C=O 伸缩振动。1304 cm⁻¹ 和 1253 cm⁻¹ 处的吸收峰来自于呋喃骨架的 C=C 振动。1193 cm⁻¹、1025 cm⁻¹ 和 908 cm⁻¹ 处的峰分别来自羟基、羧基和呋喃环中 C—O 的伸缩振动。这些测试特征与报道中由高效液相色谱和固体核磁共振测试的结果相吻合。傅里叶红外光谱证明了 LS@U 表面有丰富的羟基活性官能团，羟基在

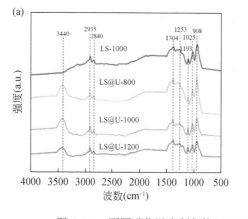
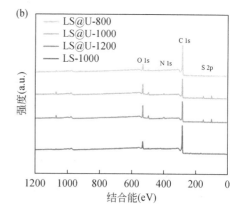

图 6-150    不同碳化温度制备的 LS@U 的 FTIR 光谱（a）和 XPS 全谱（b）

负载活性物质的过程中可以起到吸附作用，使其分散负载于炭球表面，并且能有效缓解活性物质团聚的现象，这有利于其进行元素掺杂。通过 XPS 对杂原子掺杂进行了进一步研究。从 LS@U-1000 的 XPS 测量光谱［图 6-150（b）］中清晰地识别了 C、O、N 和 S 的信号，这些结果与 EDX 结果很好地吻合。

　　为了分析 LS@U 中掺杂杂原子的详细化学状态，图 6-151 显示了高分辨率的 C 1s、O 1s、N 1s 和 S 2p 的 XPS 谱图，进一步证实了 N 和 S 在 LS@U 上的掺杂以及它们的详细化学成分。LS@U-1000 的 C 1s 高分辨率光谱［图 6-151（a）］显示的 5 个峰分别位于 283.8 eV、284.9 eV、286.1 eV、287.6 eV 和 289.3 eV，分别属于 C—S、C—C、C—N/C—O、C=O 和 C(O)O 键。LS@U-1000 的 O 1s 高分辨率光谱［图 6-151（b）］显示的 4 个峰分别位于 531.2 eV、532.5 eV、533.1 eV 和 534.3 eV，分别属于 C(O)O、C=O、C—O 和 O—H 键。LS@U-1000 的 S 2p 高分辨率光谱［图 6-151（c）］显示的 3 个峰分别位于 163.8 eV、165.1 eV 和 168.9 eV，分别属于 C—S—C、C=S 和 $SO_n$—键，证实了 LS@U-1000 中 S 元素的存在。S 含量仅为 1.70 %（LS@U-1000），但对电池的电荷存储能力有显著影响。LS@U-800 的 N 1s 高分辨率光谱［图 6-151（d）］显示的 4 个峰分别位于 398.3 eV、399.1 eV、400.8 eV 和 402.7 eV。LS@U-1200 的 N 1s 高分辨率光谱［图 6-151（e）］显示的 4 个峰分别位于 398.7 eV、399.8 eV、400.6 eV 和 402.1 eV。LS@U-1200 的 N 1s 高分辨率光谱［图 6-151（f）］显示的 4 个峰分别位于 397.9 eV、398.8 eV、399.9 eV 和 401.9 eV。同时，三者的 N 1s 高分辨率光谱的含氮基团为 N-6（吡咯氮）、N-Q（季氮）、N-5（吡啶氮）和 N-G（石墨氮）。根据不同碳化温度下 LS@U 的 N 1s 高分辨光谱得出的不同类型的氮在碳基材料中的分布对碳基材料表面官能团的赋能有很大影响。随着碳化温度的升高，归属于吡啶 N-5 的峰减少，归属于 N-G 的峰增加。说明较高的碳化温度对 N-G 的形成有促进作用，而对 N-5 没有促进作用。杂原子的引入引起了碳上电荷的重新分布，并产生了有效的活性位点，反应物分子可以在其中更有效地相互作用。值得注意的是，氧掺杂提高了储钠性能，但由于碳骨架在一定程度上被破坏，导致炭的电导率大大降低。作为替代方案，N 掺杂是克服储钠性能和电导率之间不协调的有效方法，因为 N 原子的孤对电子可以产生负电荷，从而同时提高电荷转移能力。因此，具有高季氮（N-Q）含量的 LS@U-1000 有望同时具有出色的储钠性能和高电导率。

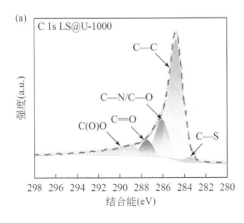
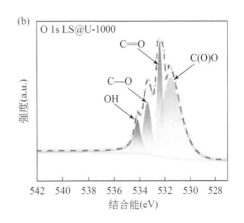

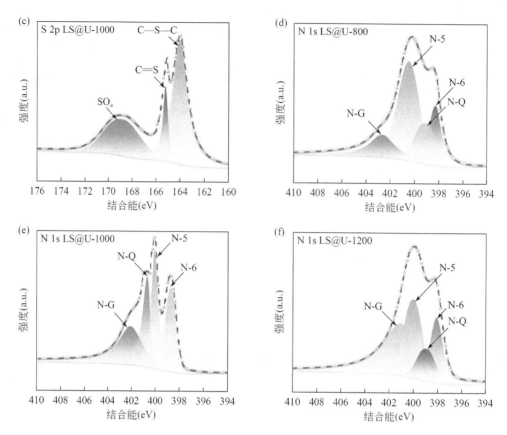

图 6-151    LS@U-1000 的高分辨率 C 1s（a）、O 1s（b）以及 S 2p（c）XPS 谱；不同炭化温度下 LS@U 的高分辨率 N 1s XPS 谱（d~f）

## 6.7.4    电化学性能分析

将所得氮硫掺杂多孔微球硬碳材料、Super P 和羧甲基纤维素（CMC）黏结剂按 8 : 1 : 1（80 mg : 10 mg : 10 mg）的质量比混合制备硬碳浆液。所得浆料涂布于铝箔（5 μm）上，在 80℃的真空干燥箱中干燥 12 h。电极中活性物质的平均负载约为 1.5~2.0 mg/cm²。在 2032 型纽扣电池中，以钠箔作为正极，1 mol/L NaPF₆ 在二甲醚乙醇酸酯（DEG）和二甲醚（DME）（体积比 1 : 1）中作为电解液，玻璃纤维（GF/F，Whatman）作为隔膜。半电池组装在充满氩气的手套箱中，湿度和氧气浓度低于 0.01 ppm。组装好的半电池在 LAND-CT 3001A 电池测试系统上进行恒流充放电，测试电压在 0~3.0 V 之间，电流密度为 30 mA/g。在 CS3104 多通道电化学工作站上进行了扫描速率为 0.1 mV/s 的循环伏安法（CV）和扫描频率为 0.01 Hz 至 100 kHz，振幅为 5 mV 的电化学阻抗谱（EIS）测试。

从图 6-152（a）中可以看出，在 0.1/0.01 V 左右，一对尖锐且对称的氧化/还原峰分别对应于钠离子在石墨烯层的脱离/嵌入。同时，1.0 V 左右的宽不可逆峰可归因于硬碳低电位表面电解质的分解，并形成 SEI[418]。后续扫描中不可逆峰的衰减表明了之前生成的密集 SEI 的保护作用。同时发现，碳化温度越高，该不可逆峰的强度越弱，这可以解释为 BET

表面积越小，官能团越少。此外，后续循环的扫描曲线重叠良好，证明了硬碳在放电和充电过程中具有良好的电化学稳定性。图 6-152（b）显示了在 0～3 V 电压范围内，电流密度为 30 mA/g 时，硬碳的初始恒流充放电曲线。LS-1000、LS@U-800、LS@U-1000 和 LS@U-1200 的初始充放电容量分别为 201.5/305.4 mAh/g、293.4/372.5 mAh/g、413.9/487.5 mAh/g 和 305.1/400.1 mAh/g，对应的 ICE 分别为 66.1%、78.8%、84.9% 和 76.3%。可以看出，所有曲线均由一个斜坡区（>1.0 V）和一个平台区（0.0~0.1 V）组成。

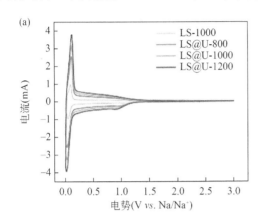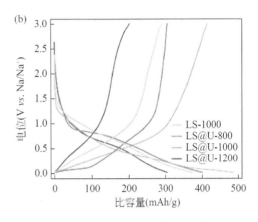

图 6-152　LS-1000、LS@U-800、LS@U-1000 和 LS@U-1200 基钠离子电池的电化学性能

（a）第一次循环，扫描速率为 0.1 mV/s 时的 CV 曲线；（b）电流密度为 30 mA/g 时的初始恒流充放电曲线

从图 6-153（a）可以看出，随着碳化温度的升高，斜坡区容量减小，平台区容量增加。由于碳化温度越高，产生的石墨相越多，层间距（0.36～0.40 nm）适合 $Na^+$ 的插入/提取，平台区容量逐渐增加，平台区容量所占比例从 LS-1000 的 31.2% 增加到 LS@U-1000 的 75.5%。而 LS@U-1200 平台区容量为 60.5% 的情况，是因为过度碳化会导致有害缺陷的形成，导致平台区容量下降。结合材料表征，可以得出清晰的结构-性能关系。硬碳储存 $Na^+$ 主要有三种方式：①在孔隙、边缘、杂原子等处吸附 $Na^+$；②石墨烯片间的层间嵌入；③填充到封闭的微孔中形成钠簇。为了进一步考察硬碳的电化学稳定性，进行了电池循环实验。图 6-153（b）显示了在 0～3 V 电压范围内，所有样品在 100 mA/g 下 500 次循环的充放电曲线。可以看出，所有电极都表现出令人满意的稳定性。循环 500 次后，LS-1000、LS@U-800、LS@U-1000 和 LS@U-1200 的放电容量分别为 292.1 mAh/g、300.4 mAh/g、344.4 mAh/g 和 217.4 mAh/g。容量保持率分别为 85.9%、87.3%、95.0% 和 71.4%。在所有材料中，LS@U-1000 表现出优异的循环性能，因为它同时具有较高的比容量和良好的容量保持能力，这可以归功于电解质的有效渗透和初始过程中产生的固体电解质界面（SEI）的保护。硬碳电极的倍率特性如图 6-153（c）所示。当电流密度从 50 mA/g 增加到 5000 mA/g 时，所有电极都表现出容量衰减。其中，LS@U-1000 在 50 mA/g、100 mA/g、200 mA/g、500 mA/g、1000 mA/g、2000 mA/g 和 5000 mA/g 时的充电比容量分别为 365.9 mAh/g、342.1 mAh/g、325.6 mAh/g、282.8 mAh/g、250.7 mAh/g、215.5 mAh/g 和 152.4 mAh/g，表现出最佳的倍率性能。用电化学阻抗谱法研究了硬碳的电极动力学，如图 6-153（d）所示。所有样品的 Nyquist 图在中高频部分呈半圆形，反映了 SEI 电阻和电荷转移电阻，在低频

部分呈直线，代表了钠离子扩散的 Warburg 阻抗。结果表明，所有样品均表现出良好的电荷转移和钠离子扩散性能。

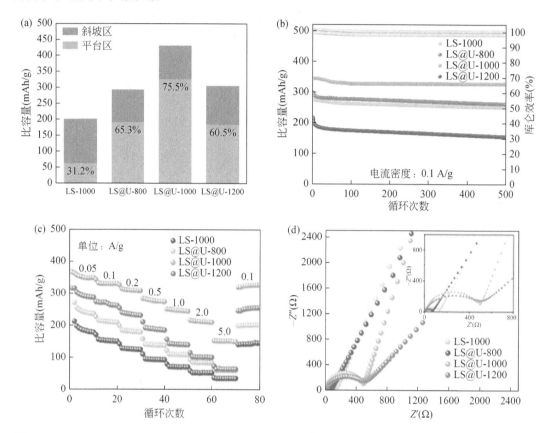

图 6-153　LS-1000、LS@U-800、LS@U-1000 和 LS@U-1200 基钠离子电池的（a）斜坡区和平台区比容量比例；(b)电流密度为 100 mA/g 时的循环性能；（c）硬碳阳极的倍率特性；（d）EIS 谱图

## 6.7.5　DFT 分析

通过引入杂原子掺杂到碳网络中来改善各种碳材料的储能性能已经被许多工作证实。大量的研究结果表明，杂原子共掺杂是提高碳材料储能性能的有效方法。然而，为了更好地对实验研究提供指导与改善建议，有必要深入探讨杂原子共掺杂 SIBs 阳极储能机理的研究。杂原子掺杂是将某些 C 晶格原子替换为杂原子。由于 C 与杂原子电负性的差异，这种掺杂重新分配了 C 在晶格中的电荷和自旋密度，有效地调节了功函数，加强了反应物在特定位点的吸附，为反应物分子创造了高效的活性位点，使其可以更有效地互动。因此，为了更好地阐明和理解掺杂对 SIBs 阳极的有利影响，本节构建了杂原子掺杂碳网络模型，并进行了 DFT 计算。

以量子化学计算的密度泛函理论（DFT）为基础，通过 DFT 框架内从头计算程序包（VASP）进行模拟计算[419, 420]，对周期边界模型的几何和能量计算条件进行了优化。用

Perdew-Burke-Ernzerhof（PBE）泛函和广义梯度近似（GGA）描述了电子的交换关联相互作用，用投影增广波（PAW）方法描述了价电子与离子核之间的相互作用[421]。计算是以自旋极化的方式进行的。不可约布里渊区的积分采用 $3 \times 3 \times 1$ $k$ 点网格的 Monkhorst-Pack 格式。平面波展开动能截止值为 450 eV。晶格参数和离子位置完全松弛，总能量收敛到每公式单元 $10^{-5}$ eV 以内。当能量变化小于 $10^{-4}$ eV 时，电子能量被认为是自洽的。当能量变化小于 0.02 eV/Å 时，几何优化被认为是收敛的。以含 103 个碳原子的二维碳作为基本结构模型，研究了杂原子掺杂对碳的电子结构和性质的影响。碳模型由最优晶胞得到，采用（$1 \times 1 \times 1$）超晶胞几何模型。超晶胞模型 ［图 6-154（a）］ 中的碳原子被 O、N 和 S 原子 ［图 6-154（b）］ 取代，并对掺杂模型进行了结构优化。在结构优化过程中，利用布里渊区的 $\Gamma$ 点进行 $k$ 点采样，使所有原子完全弛豫[422]。

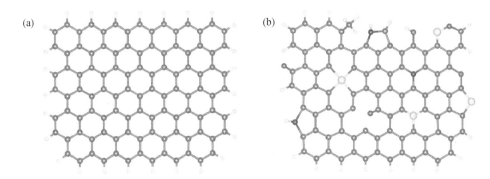

图 6-154　杂原子掺杂前（a）、后（b）碳的超晶胞模型

根据以下公式计算吸附物（$PF_6^-$）在超晶胞结构上的吸附能：

$$E_{ads} = E_{substrate+adsorbate} - E_{substrate} - E_{adsorbate} \tag{6-73}$$

式中，$E_{substrate+adsorbate}$ 和 $E_{substrate}$ 分别是包含吸附物和不包含吸附物的能量，$E_{adsorbate}$ 是吸附物的能量。图 6-155 分别显示了六氟磷酸根吸附在纯炭和 LS@U 上的模型，相应的吸附能分别是 -0.43 eV 和 -1.51 eV（表 6-28）。LS@U 的较高吸附能证实了杂原子掺杂对碳原子结构优化的积极影响，有助于提供更多的吸附位点，有利于钠的储存，提高容量和倍率特性。

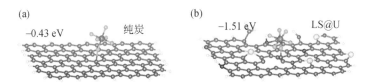

图 6-155　六氟磷酸根吸附在纯炭（a）和 LS@U（b）上的几何优化模型

表 6-28　吸附能计算涉及的参数

| | 表面吸附能（eV） | 包含吸附物的能量（eV） | 不包含吸附物的能量（eV） | 吸附物的能量（eV） |
|---|---|---|---|---|
| 纯炭 | -0.427 | -1061.843 | -1030.675 | -30.739 |
| LS@U | -1.508 | -925.535 | -893.731 | -30.296 |

通过差分电荷密度（CDD）图研究了吸附引起的电子相互作用。纯炭和 LS@U 吸附六氟磷酸根的差分电荷密度如图 6-156 所示，青色部分表示电荷消耗区，黄色部分表示电荷积累区。C 层吸附点和六氟磷酸根界面层出现了明显的电荷聚集，C 层中的电荷传递到六氟磷酸根上，从而实现电荷的转移。LS@U 吸附点和六氟磷酸根界面层同样出现了明显的电荷聚集，LS@U 中的电荷传递到六氟磷酸根上，且电荷转移相对于纯炭更强，表明 LS@U 与六氟磷酸根之间的电荷转移效果更好。

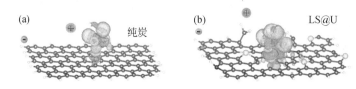

图 6-156  六氟磷酸根与纯炭（a）和 LS@U（b）界面的三维电荷密度差模型

图 6-157 显示了纯炭和 LS@U 在吸附六氟磷酸根前后的总态密度（TDOS）。如图 6-157（a）纯炭所计算的晶体 TDOS 所示，价带 VB 和导带 CB 主要由 C 的 2p 轨道贡献，纯炭存在较小的带隙。LS@U 所计算的晶体 TDOS 如图 6-157（b）所示，价带 VB 和导带 CB 除了由 C 的 2p 轨道贡献之外，N 的 2p 轨道、O 的 2p 轨道和 S 的 3p 轨道对价带 VB 和导带 CB 产生了巨大贡献。此外 LS@U 的带隙进一步降低，表明 LS@U 与纯炭相比具有增强的电子导电性，这显然是由 O、N 和 S 原子的掺杂赋予的。因此，良好的电子导电性诱导更强的 Na$^+$ 吸附位点相结合，形成了高容量和优异的倍率特性。

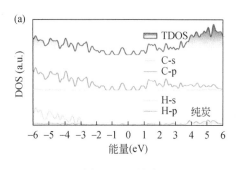
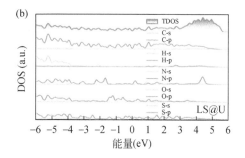

图 6-157  纯炭（a）和 LS@U（b）吸附六氟磷酸根前后的 TDOS

功函数（$\Phi$）被定义为将一个电子从固体移到固体表面外的点所需的最小能量，可以用来确定在电极/电解液的界面上转移表面电子所需的能量。功函数（$\Phi$）可用等式（6-74）表示[423]：

$$\Phi = E_{vac} - E_f \tag{6-74}$$

式中，$E_{vac}$ 和 $E_f$ 分别是真空能级和费米能级的静电势。如图 6-158 所示，纯炭和 LS@U 的功函数值分别为 5.15 eV 和 4.38 eV。LS@U 的较小值是由于杂原子掺杂控制的电子离域作用[424]。因此，电子在 LS@U 表面很容易自发地流动，最终达到一致的费米能级。值得注意的是，LS@U 的功函数与六氟磷酸根的氧化还原电位（$\Phi = 4.90$ eV）很好地吻合，这降低了电极/电解液界面上从 LS@U 向六氟磷酸根的电子转移势垒。

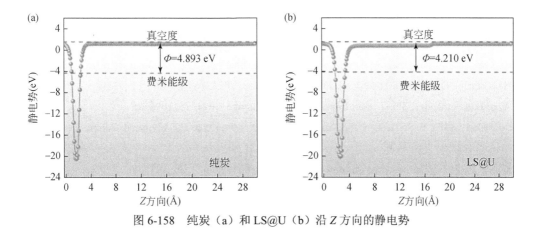

图 6-158 纯炭（a）和 LS@U（b）沿 Z 方向的静电势

## 6.7.6 小结

本节以造纸工业主要副产物木质素磺酸钠为碳源，通过简单的预氧化-高温碳化联用策略研制了氮-硫共掺杂的硬碳材料（LS@U-1000）。所具有的微孔、介孔和大孔的分级多孔结构增加了电解质的可及表面积，创造了离子的速传输通道，氮、硫元素的掺入激发了丰富的活性位点，使碳材料的反应活性显著增强，并在钠离子电池（SIBs）阳极的应用中获得了优异的储钠性能，对于促进钠离子电池规模化应用具有重要价值。通过对材料预氧化以及高温碳化的影响机制、LS@U-1000 的储钠性能及密度泛函理论（DFT）分析，得到以下结论：①LS@U-1000 最高可获得 895.12 $m^2/g$ 的比表面积和 24.87%（质量分数）的总掺杂率（热解温度 1000℃）。大的比表面积是由于预氧化产生的更多无序结构以及引入羧基以增强木质素的交联。②通过调整碳化温度来调控 LS@U 的比表面积和掺杂率发现，热解温度为 1000℃时具有最佳的储钠性能，并在 CV、恒电流充放电和 EIS 测试中得到很好的证明。基于 LS@U-1000 具有更高的可逆容量 431.94 mAh/g，极大地提高了 Na 存储性能，证明了 N、S 共掺杂对提高钠离子电池存储容量具有优异的协同作用。预氧化后的硬碳在电流密度为 30 mA/g 时的首圈充放电中具有 84.9%的高 ICE。经预氧化后，调控碳化温度可以抑制高温热解过程中硬碳结构的过度解构和重排，维持结构高度无序，并且不破坏层间结构，来构建具有良好的循环和倍率性能的硬碳材料。在得到的所有材料中，LS@U-1000 经过 500 次循环，在 0.1 A/g 的电流密度下具有 95.0%的容量保持率。③DFT 计算进一步揭示了 LS@U 储钠性能提升的机理。LS@U 对于六氟磷酸根的吸附能达到了-1.51 eV，相比纯炭（-0.43 eV）提升了近 4 倍，差分电荷密度图中更大的富电子与缺电子区域证明了更快速的电荷转移。掺杂后，功函数由 4.89 eV 下降至 4.21 eV，且与六氟磷酸根的氧化还原电位更匹配，表明掺杂后硬碳材料表面电子流动更活跃。

### 参 考 文 献

[1] Girirajan M, Bojarajan A K, Pulidindi I N, et al. Coordination Chemistry Reviews, 2024, 518: 216080.

[2] Ding J, Yang Y, Poisson J, et al. ACS Energy Letters, 2024, 9(4): 1803-1825.

［3］ Muzaffar A, Ahamed M B, Hussain C M. Renewable and Sustainable Energy Reviews, 2024, 195: 114324.

［4］ Shah S S, Niaz F, Ehsan M A, et al. Journal of Energy Storage, 2024, 79: 110152.

［5］ Chettiannan B, Dhandapani E, Arumugam G, et al. Coordination Chemistry Reviews, 2024, 518: 216048.

［6］ Hamidouche F, Ghebache Z, Lepretre J C, et al. Polymers, 2024, 16(7): 919.

［7］ Azizi E, Arjomandi J, Shi H, et al. Journal of Energy Storage, 2024, 75: 109665.

［8］ Sowbakkiyavathi E S, Arunachala Kumar S P, Maurya D K, et al. Advanced Composites and Hybrid Materials, 2024, 7(4): 1-66.

［9］ Bhol P, Patil S A, Barman N, et al. Materials Today Chemistry, 2023, 30: 101557.

［10］ Yetiman S, Dokan F K, Onses M S, et al. Journal of Energy Storage, 2023, 68: 107608.

［11］ Sun Z, Sun L, Koh S W, et al. Carbon Energy, 2022, 4(6): 1262-1273.

［12］ Shen B, Liao X, Hu X, et al. Journal of Materials Chemistry A, 2023, 11(31): 16823-16837.

［13］ Yang Z, Yang X, Yang T, et al. Energy Storage Materials, 2023, 54: 51-59.

［14］ Wang X, Deng C, Hong X, et al. Journal of Energy Storage, 2022, 55: 105837.

［15］ Mao X, Wang Y, Xiang C, et al. Journal of Alloys and Compounds, 2020, 844: 156133.

［16］ Shen L, Che Q, Li H, et al. Advanced Functional Materials, 2014, 24(18): 2630-2637.

［17］ Du J, Zhou G, Zhang H, et al. ACS Applied Materials & Interfaces, 2013, 5(15): 7405-7409.

［18］ Zhou W, Kong D, Jia X, et al. Journal of Materials Chemistry A, 2014, 2(18): 6310-6315.

［19］ Kamble G P, Kashale A A, Rasal A S, et al. RSC Advances, 2021, 11(6): 3666-3672.

［20］ Tong Z, Ji Y, Tian Q, et al. Chemical Communications, 2019, 55(62): 9128-9131.

［21］ Chen S, Yang G, Jia Y, et al. Journal of Materials Chemistry A, 2017, 5(3): 1028-1034.

［22］ Jabeen N, Xia Q, Yang M, et al. ACS Applied Materials & Interfaces, 2016, 8(9): 6093-6100.

［23］ Wei Z, Guo J, Qu M, et al. Electrochimica Acta, 2020, 362: 137145.

［24］ Wu P, Cheng S, Yao M, et al. Advanced Functional Materials, 2017, 27(34): 1702160.

［25］ Nasser R, Zhou H, Elhouichet H, et al. Chemical Engineering Journal, 2024, 489: 151554.

［26］ Zhang C, Hou L, Yang W, et al. Chemical Engineering Journal, 2023, 467: 143410.

［27］ Pawar S A, Patil D S, Nandi D K, et al. Chemical Engineering Journal, 2022, 435: 135066.

［28］ Zhai T, Wan L, Sun S, et al. Advanced Materials, 2016, 29(7)1604167.

［29］ Zhang Y, Tao L, Xie C, et al. Advanced Materials, 2020, 32(7): 1905923.

［30］ Choi K, Moon I K, Oh J. Journal of Materials Chemistry A, 2019, 7(4): 1468-1478.

［31］ Wang S, Li L, He W, et al. Advanced Functional Materials, 2020, 30(27): 2000350.

［32］ Zhu J, Zhang Q, Zhao Y, et al. Carbon, 2023, 202: 13-25.

［33］ Kresse G, Furthmüller J. Physical Review B, 1996, 54(16): 11169.

［34］ Kresse G, Furthmüller J. Computational Materials Science, 1996, 6(1): 15-50.

［35］ Perdew J P, Burke K, Ernzerhof M. Physical Review Letters, 1996, 77(18): 3865-3868.

［36］ Blöchl P E. Physical Review B, 1994, 50(24): 17953-17979.

［37］ Kresse G, Joubert D. Physical Review B, 1999, 59(3): 1758-1775.

［38］ Liu C, Jiang W, Hu F, et al. Inorganic Chemistry Frontiers, 2018, 5(4): 835-843.

［39］ Xu L, Jiang Q, Xiao Z, et al. Angewandte Chemie, 2016, 128(17): 5363-5367.

［40］Sai K N S, Tang Y, Dong L, et al. Nanotechnology, 2020, 31(45): 455709.

［41］Wang Z, Xu W, Chen X, et al. Advanced Functional Materials, 2019, 29(33): 1902875.

［42］Zhuang L, Ge L, Yang Y, et al. Advanced Materials, 2017, 29(17): 1606793.

［43］Hou L, Yang W, Xu X, et al. Electrochimica Acta, 2020, 340: 135996.

［44］Liu S, Sankar K V, Kundu A, et al. ACS Applied Materials & Interfaces, 2017, 9(26): 21829-21838.

［45］Chodankar N R, Selvaraj S, Ji S H, et al. Small, 2019, 15(3): 1803716.

［46］Yang J, Yu C, Fan X, et al. Energy & Environmental Science, 2016, 9(4): 1299-1307.

［47］Liu X, Zang W, Guan C, et al. ACS Energy Letters, 2018, 3(10): 2462-2469.

［48］Wan C, Jiao Y, Bao W, et al. Journal of Materials Chemistry A, 2019, 7(16): 9556-9564.

［49］Chao D, Zhu C, Yang P, et al. Nature Communications, 2016, 7(1): 12122.

［50］Wang X, Fang Y, Shi B, et al. Chemical Engineering Journal, 2018, 344: 311-319.

［51］Guan C, Liu X, Ren W, et al. Advanced Energy Materials, 2017, 7(12): 1602391.

［52］Liu S, Yin Y, Shen Y, et al. Small, 2020, 16(4): 1906458.

［53］Li X, Shen J, Sun W, et al. Journal of Materials Chemistry A, 2015, 3(25): 13244-13253.

［54］Guan B Y, Yu L, Wang X, et al. Advanced Materials (Deerfield Beach, Fla.), 2016, 29(6): 1605051.

［55］Mohamed S G, Hussain I, Shim J J. Nanoscale, 2018, 10(14): 6620-6628.

［56］Ren X, Du Y, Song M, et al. Chemical Engineering Journal, 2019, 375: 122063.

［57］Zhang Y, Hu Y, Wang Z, et al. Advanced Functional Materials, 2020, 30(39): 2004172.

［58］Lu Y, Li L, Chen D, et al. Journal of Materials Chemistry A, 2017, 5(47): 24981-24988.

［59］Zhang L L, Zhao X S. Chemical Society Reviews, 2009, 38(9): 2520-2531.

［60］Girirajan M, Bojarajan A K, Pulidindi I N, et al. Coordination Chemistry Reviews, 2024, 518: 216080.

［61］Muzaffar A, Ahamed M B, Hussain C M. Renewable and Sustainable Energy Reviews, 2024, 195: 114324.

［62］Shah S S, Niaz F, Ehsan M A, et al. Journal of Energy Storage, 2024, 79: 110152.

［63］Loh K H, Liew J, Liu L, et al. Journal of Energy Storage, 2024, 81: 110370.

［64］Ramulu B, Shaik J A, Mule A R, et al. Materials Science and Engineering R: Reports, 2024, 160: 100820.

［65］Hsieh Y Y, Tuan H Y. Energy Storage Materials, 2024: 103361.

［66］Wang Y, Sun S, Wu X, et al. Nano-Micro Letters, 2023, 15(1): 78.

［67］Liu Y, Wu L. Nano Energy, 2023, 109: 108290.

［68］Wei F, Zeng Y, Guo Y, et al. Chemical Engineering Journal, 2023, 468: 143576.

［69］Ma Y, Hou C, Kimura H, et al. Advanced Composites and Hybrid Materials, 2023, 6(2): 59.

［70］Chen G, Liu Z, Yang G, et al. Colloids and Surfaces A: Physicochemical and Engineering Aspects, 2024, 687: 133498.

［71］Ilnicka A, Skorupska M, Szkoda M, et al. Materials Research Letters, 2023, 11(3): 213-221.

［72］Abdelhamid H N, Al Kiey S A, Sharmoukh W. Applied Organometallic Chemistry, 2022, 36(1): e6486.

［73］Liu F, Zhang L H, Zhang Z, et al. Dalton Transactions, 2024, 53(13): 5749-5769.

［74］Jeong H M, Lee J W, Shin W H, et al. Nano Letters, 2011, 11(6): 2472-2477.

［75］Singh G, Sutar D S, Botcha V D, et al. Nanotechnology, 2013, 24(35): 355704.

［76］Ouyang B, Zhang Y, Xia X, et al. Materials Today Nano, 2018, 3: 28-47.

［77］ Wei S, Wan C, Zhang L, et al. Chemical Engineering Journal, 2022, 429: 132242.

［78］ Wei S, Wan C, Jiao Y, et al. Chemical Communications, 2020, 56(3): 340-343.

［79］ Jafri R I, Rajalakshmi N, Ramaprabhu S. Journal of Materials Chemistry, 2010, 20(34): 7114-7117.

［80］ Xu L, Jiang Q, Xiao Z, et al. Angewandte Chemie, 2016, 128(17): 5363-5367.

［81］ Adhamash E, Pathak R, Chen K, et al. Electrochimica Acta, 2020, 362: 137148.

［82］ Liang H, MiNG F, Alshareef H N. Advanced Energy Materials, 2018, 8(29): 1801804.

［83］ Shang Z, An X, Zhang H, et al. Carbon, 2020, 161: 62-70.

［84］ Tian Z F, Xie M J, Shen Y, et al. Chinese Chemical Letters, 2017, 28(4): 863-867.

［85］ Cai J, Wu C, Yang S, et al. ACS Applied Materials & Interfaces, 2017, 9(39): 33876-33886.

［86］ Geng D, Yang S, Zhang Y, et al. Applied Surface Science, 2011, 257(21): 9193-9198.

［87］ Zhang Z, Li W, Yuen M F, et al. Nano Energy, 2015, 18: 196-204.

［88］ Yang C, Bi H, Wan D, et al. Journal of Materials Chemistry A, 2013, 1(3): 770-775.

［89］ Ito Y, Qiu H J, Fujita T, et al. Advanced Materials (Deerfield Beach, Fla.), 2014, 26(24): 4145-4150.

［90］ Mou X, Ma J, Zheng S, et al. Advanced Functional Materials, 2021, 31(3): 2006076.

［91］ Guo D, Shibuya R, Akiba C, et al. Science, 2016, 351(6271): 361-365.

［92］ Shao Y, Sun Z, Tian Z, et al. Advanced Functional Materials, 2021, 31(6): 2007843.

［93］ Zheng Y, Zhao W, Jia D, et al. Chemical Engineering Journal, 2020, 387: 124161.

［94］ Zhang P, Li Y, Wang G, et al. Advanced Materials, 2019, 31(3): 1806005.

［95］ Yang J, Wang Y, Kong J, et al. Optical Materials, 2015, 46: 179-185.

［96］ Zeng Y, Zhang X, MeNG Y, et al. Advanced Materials, 2017, 29(26): 1700274.

［97］ Hao J, Li B, Li X, et al. Advanced Materials, 2020, 32(34): 2003021.

［98］ Augustyn V, Come J, Lowe M A, et al. Nature Materials, 2013, 12(6): 518-522.

［99］ Wang S, Yuan Z, Zhang X, et al. Angewandte Chemie, 2021, 133(13): 7056-7060.

［100］ Lou G, Pei G, Wu Y, et al. Chemical Engineering Journal, 2021, 413: 127502.

［101］ Wang S, Wang Q, Zeng W, et al. Nano-Micro Letters, 2019, 11: 1-12.

［102］ Cui F Z, Liu Z, Ma D L, et al. Chemical Engineering Journal, 2021, 405: 127038.

［103］ Patil S J, Chodankar N R, Hwang S K, et al. Energy Storage Materials, 2022, 45: 1040-1051.

［104］ Zhang Y, Wang Z, Li D, et al. Journal of Materials Chemistry A, 2020, 8(43): 22874-22885.

［105］ Wan C, Jiao Y, Liang D, et al. Electrochimica Acta, 2018, 285: 262-271.

［106］ Lu Y, Li Z, Bai Z, et al. Nano Energy, 2019, 66: 104132.

［107］ Du X, Zhang K. Nano Energy, 2022, 101: 107600.

［108］ Fan X, Zhang X, Li Y, et al. Nanoscale Horizons, 2023, 8(3): 309-319.

［109］ Guo T, Zhou D, Pang L, et al. Small, 2022, 18(16): 2106360.

［110］ Kiruthika S, Sneha N, Gupta R. Journal of Materials Chemistry A, 2023, 11(10): 4907-4936.

［111］ Gao D, Luo Z, Liu C, et al. Green Energy & Environment, 2023, 8(4): 972-988.

［112］ Wei S, Wan C, Li X, et al. Science, 2023, 26(2): 105964.

［113］ Pacchioni G. Nature Reviews Materials, 2022, 7(11): 844-844.

［114］ Mei X, Yang C, Chen F, et al. Angewandte Chemie International Edition, 2024: e202409281.

［115］ Zhang Q, Jin Y, Qi S, et al. Nano Energy, 2024: 109896.

［116］ Kim J, Kim Y, Ramasamy S, et al. Journal of Power Sources, 2024, 606: 234570.

［117］ Li C, Song P, Xu K, et al. Journal of Inorganic and Organometallic Polymers and Materials, 2024: 1-11.

［118］ Khumujam D D, Kshetri T, Singh T I, et al. Advanced Functional Materials, 2023, 33(40): 2302388.

［119］ Ren H, Huang C. Journal of Energy Storage, 2022, 56: 106032.

［120］ Shao Y, Sun Z, Tian Z, et al. Advanced Functional Materials, 2021, 31(6): 2007843.

［121］ Liu X, Sun Y, Tong Y, et al. Nano Energy, 2021, 86: 106070.

［122］ Wang Y, Sun S, Wu X, et al. Nano-Micro Letters, 2023, 15(1): 78.

［123］ Pu J, Cao Q, Gao Y, et al. Journal of Materials Chemistry A, 2021, 9(32): 17292-17299.

［124］ Liu P, Hu D C M, Tran T Q, et al. Colloids and Surfaces A: Physicochemical and Engineering Aspects, 2016, 509: 384-389.

［125］ Yang B, Zhao W, Gao Z, et al. Carbon, 2024, 218: 118695.

［126］ Yao J, Li F, Zhou R, et al. Chinese Chemical Letters, 2024, 35(2): 108354.

［127］ Wei S, Wan C, Wu Y. Green Chemistry, 2023, 25(9): 3322-3353.

［128］ Zhou S, Nyholm L, Strømme M, et al. Accounts of Chemical Research, 2019, 52(8): 2232-2243.

［129］ Wan C, Jiao Y, Wei S, et al. Chemical Engineering Journal, 2019, 359: 459-475.

［130］ Tu H, Li X, Liu Y, et al. Carbohydrate Polymers, 2022, 296: 119942.

［131］ Acharya S, Liyanage S, Parajuli P, et al. Polymers, 2021, 13(24): 4344.

［132］ Wang S, Lu A, Zhang L. Progress in Polymer Science, 2016, 53: 169-206.

［133］ Chen K, Huang J, Yuan J, et al. Energy Storage Materials, 2023, 63: 102963.

［134］ Zhou G, Li M C, Liu C, et al. Industrial Crops and Products, 2023, 193: 116216.

［135］ Elsayed S, Hummel M, Sawada D, et al. Cellulose, 2021, 28: 533-547.

［136］ Zhao D, Chen C, Zhang Q, et al. Advanced Energy Materials, 2017, 7(18): 1700739.

［137］ Mao L, Hu S, Gao Y, et al. Advanced Healthcare Materials, 2020, 9(19): 2000872.

［138］ Xue Y, Qi L, Lin Z, et al. Nanomaterials, 2021, 11(10): 2664.

［139］ Rosén T, Hsiao B S, Söderberg L D. Advanced Materials, 2021, 33(28): 2001238.

［140］ Cai S, Huang T, Chen H, et al. Journal of Materials Chemistry A, 2017, 5(43): 22489- 22494.

［141］ Wang L, Borghei M, Ishfaq A, et al. ACS Sustainable Chemistry & Engineering, 2020, 8(23): 8549-8561.

［142］ Zhao D, Zhu Y, Cheng W, et al. Advanced Materials, 2021, 33(28): 2000619.

［143］ Teng Y, Yu G, Fu Y, et al. International Journal of Biological Macromolecules, 2018, 107: 383-392.

［144］ Ma Y, Nasri-Nasrabadi B, You X, et al. Journal of Natural Fibers, 2021, 18(12): 2338-2350.

［145］ Li J, Lu S, Liu F, et al. ACS Sustainable Chemistry & Engineering, 2021, 9(13): 4744-4754.

［146］ Zhu K, Tu H, Yang P, et al. Chemistry of Materials, 2019, 31(6): 2078-2087.

［147］ Ota A, Beyer R, Hageroth U, et al. Polymers for Advanced Technologies, 2021, 32(1): 335-342.

［148］ Zheng X, Huang F, Chen L, et al. Carbohydrate Polymers, 2019, 203: 214-218.

［149］ Li Y, Zhang X. Advanced Functional Materials, 2022, 32(4): 2107767.

［150］ Gao T, Yan G, Yang X, et al. Journal of Energy Chemistry, 2022, 71: 192-200.

［151］ Das H T, Saravanya S, Elumalai P. ChemistrySelect, 2018, 3(46): 13275-13283.

［152］Zhang P, Soomro R A, Guan Z, et al. Energy Storage Materials, 2020, 29: 163-171.

［153］He Z, Wang Y, Li Y, et al. Journal of Alloys and Compounds, 2022, 899: 163241.

［154］Wang S, Wang Q, Zeng W, et al. Nano-Micro Letters, 2019, 11: 1-12.

［155］Wan Z, Chen C, MeNG T, et al. ACS Applied Materials & Interfaces, 2019, 11(45): 42808-42817.

［156］Brunet Cabré M, Spurling D, Martinuz P, et al. Nature Communications, 2023, 14(1): 374.

［157］Shi J, Wang S, Wang Q, et al. Journal of Power Sources, 2020, 446: 227345.

［158］Chen F, Chi Y, Zhang H, et al. Journal of Alloys and Compounds, 2021, 888: 161463.

［159］Wang J, Li X, Zi Y, et al. Advanced Materials, 2015, 27(33): 4830-4836.

［160］He C, Cheng J, Liu Y, et al. Energy Materials, 2021, 1(1): 100010.

［161］Wang Z, Cheng J, Guan Q, et al. Nano Energy, 2018, 45: 210-219.

［162］Wang J, Dong L, Xu C, et al. ACS Applied Materials & Interfaces, 2018, 10(13): 10851-10859.

［163］Xiao W, Huang J, Zhou W, et al. Coatings, 2021, 11(9): 1086.

［164］Wang L, Borghei M, Ishfaq A, et al. ACS Sustainable Chemistry & engineering, 2020, 8(23): 8549-8561.

［165］Hou M, Hu Y, Xu M, et al. Cellulose, 2020, 27: 9457-9466.

［166］Ding Z, Yang X, Tang Y. International Journal of Biological Macromolecules, 2023, 228: 467-477.

［167］Park H, Ambade R B, Noh S H, et al. ACS Applied , Materials & Interfaces, 2019, 11(9): 9011-9022.

［168］Gong X, Li S, Lee P S. Nanoscale, 2017, 9(30): 10794-10801.

［169］Li G X, Hou P X, Luan J, et al. Carbon, 2018, 140: 634-643.

［170］Sheng N, Chen S, Yao J, et al. Chemical Engineering Journal, 2019, 368: 1022-1032.

［171］Gopalsamy K, Yang Q, Cai S, et al. Journal of Energy Chemistry, 2019, 34: 104-110.

［172］Wang H, Wang C, Jian M, et al. Nano Research, 2018, 11: 2347-2356.

［173］Guo Z, Lu Z, Li Y, et al. Advanced Materials Interfaces, 2022, 9(5): 2101977.

［174］Sun S, Zhu X, Wu X, et al. Journal of Materials Science & Technology, 2023, 139: 23-30.

［175］Man P, Zhang Q, Zhou Z, et al. Advanced Functional Materials, 2020, 30(36): 2003967.

［176］Wu H, Mu J, Xu Y, et al. Small, 2023, 19(1): 2205152.

［177］An Y, Tian Y, Man Q, et al. ACS Nano, 2022, 16(4): 6755-6770.

［178］O'Shaughnessy E, Barbose G, Kannan S, et al. Nature Energy, 2024: 1-2.

［179］Ayachi S, He X, Yoon H J. Advanced Energy Materials, 2023, 13(28): 2300937.

［180］Malhotra S S, Ahmed M, Gupta M K, et al. Sustainable Energy & Fuels, 2024.

［181］He Y, Yue G, Huo J, et al. Materials Today Sustainability, 2023, 22: 100329.

［182］Kim J H, Park H W, Koo S J, et al. Journal of Energy Chemistry, 2022, 67: 458-466.

［183］González L M, Ramirez D, Jaramillo F. Journal of Energy Chemistry, 2022, 68: 222-246.

［184］Siddique S, Moazzam S S U, Nazar R, et al. Materials Letters, 2024, 372: 136979.

［185］Alwadai N, Ali A, Liaqat A, et al. Synthetic Metals, 2024, 307: 117692.

［186］Husain A, Kandasamy M, Mahajan D K, et al. Inorganic Chemistry Communications, 2024: 112859.

［187］Jahanbani S, Ghadari R. Electrochimica Acta, 2024: 144580.

［188］Ling Y K, Li J, Zhu T, et al. Organic Electronics, 2024: 107015.

［189］Chang J, Yu C, Song X, et al. Nano Energy, 2023, 116: 108744.

［190］Oskueyan G, Mansour Lakouraj M, Mahyari M. Carbon Letters, 2021, 31(2): 269-276.

［191］Wei S, Wan C, Zhang L, et al. Chemical Engineering Journal, 2022, 429: 132242.

［192］Kai D, Tan M J, Chee P L, et al. Green Chemistry, 2016, 18(5): 1175-1200.

［193］Wenxuan T, Xinxin L, Fang H, et al. European Journal of Wood and Wood Products, 2024, 82(3): 861-870.

［194］Tong Y, Yang J, Li J, et al. Journal of Materials Chemistry A, 2023, 11(3): 1061-1082.

［195］Du Y F, Sun G H, Li Y, et al. Carbon, 2021, 178: 243-255.

［196］Sun M, Yun S, Shi J, et al. Small, 2021, 17(41): 2102300.

［197］Roncali J. Advanced Energy Materials, 2020, 10(36): 2001907.

［198］Pang J, Zhang W, Zhang H, et al. Carbon, 2018, 132: 280-293.

［199］Lu Y, Zhao C, Qi X, et al. Advanced Energy Materials, 2018, 8(27): 1800108.

［200］Maldonado S, Stevenson K J. The Journal of Physical Chemistry B, 2005, 109(10): 4707-4716.

［201］Li B, Lv W, Zhang Q, et al. Journal of Analytical and Applied Pyrolysis, 2014, 108: 295-300.

［202］Abdulkhani A, Amiri E, Sharifzadeh A, et al. Journal of Environmental Management, 2019, 231: 819-824.

［203］Rakipov I T, Petrov A A, Akhmadiyarov A A, et al. Journal of Molecular Liquids, 2019, 277: 200-206.

［204］Telfah A, Majer G, Kreuer K D, et al. Solid State Ionics, 2010, 181(11-12): 461-465.

［205］Zhou H, Yang D, Qiu X, et al. Applied Microbiology and Biotechnology, 2013, 97: 10309-10320.

［206］Wang J, Yang Q, Yang W, et al. Journal of Materials Chemistry A, 2018, 6(34): 16690-16698.

［207］Bährle C, Custodis V, Jeschke G, et al. ChemSusChem, 2014, 7(7): 2022-2029.

［208］Meng X, Yu C, Song X, et al. Angewandte Chemie, 2018, 130(17): 4772-4776.

［209］Zong P, Jiang Y, Tian Y, et al. Energy Conversion and Management, 2020, 216: 112777.

［210］Wang X, Si J, Tan H, et al. Energy & Fuels, 2010, 24(9): 5215-5221.

［211］Yuan F, Wu D, Guo J, et al. Applied Surface Science, 2023, 616: 156525.

［212］Dai J P, Li D, He Y L, et al. Microporous and Mesoporous Materials, 2022, 337: 111890.

［213］Zahoor A, Christy M, Hwang Y J, et al. Applied Catalysis B: Environmental, 2014, 147: 633-641.

［214］Iwashita N, Imagawa H, Nishiumi W. Carbon, 2013, 61: 602-608.

［215］Yadav R M, Li Z, Zhang T, et al. Advanced Materials, 2022, 34(2): 2105690.

［216］Wan C, Li J. ACS Sustainable Chemistry & Engineering, 2015, 3(9): 2142-2152.

［217］Ji T, Chen L, Schmitz M, et al. Green Chemistry, 2015, 17(4): 2515-2523.

［218］Wu D, Xu F, Sun B, et al. Chemical Reviews, 2012, 112(7): 3959-4015.

［219］Wang T, Peng L, Deng B, et al. Fuel, 2024, 357: 129653.

［220］Chen B, Wu D, Wang T, et al. Chemical Engineering Journal, 2023, 462: 142163.

［221］Wang X, Zhao B, Kan W, et al. Advanced Materials Interfaces, 2022, 9(2): 2101229.

［222］Wang T, Wu D, Yuan F, et al. Chemical Engineering Journal, 2023, 462: 142292.

［223］MeNG X, Yu C, Song X, et al. Advanced Energy Materials, 2015, 5(11): 1500180.

［224］Xu X, Zhang Z, Xiong R, et al. Nano-Micro Letters, 2023, 15(1): 25.

［225］Zhang Q, Deng C, Huang Z, et al. Small, 2023, 19(12): 2205725.

［226］Zheng Y, Chen K, Jiang K, et al. Journal of Energy Storage, 2022, 56: 105995.

［227］Huang Y J, Lin Y J, Chien H J, et al. Nanoscale, 2019, 11(26): 12507-12516.

［228］Chiang C C, Hung C Y, Chou S W, et al. Advanced Functional Materials, 2018, 28(3): 1703282.

［229］Das S, Sudhagar P, Verma V, et al. Advanced Functional Materials, 2011, 21(19): 3729-3736.

［230］Yang Y, Gao J, Zhang Z, et al. Advanced Materials, 2016(40): 8937-8944.

［231］Younas M, Baroud T N, Gondal M A, et al. Journal of Power Sources, 2020, 468: 228359.

［232］Akman E, Karapinar H S. Solar Energy, 2022, 234: 368-376.

［233］Zhang Y, Yun S, Wang C, et al. Journal of Power Sources, 2019, 423: 339-348.

［234］Wu D, Zhu C, Shi Y, et al. ACS Sustainable Chemistry & Engineering, 2018, 7(1): 1137-1145.

［235］Jing H, Wu D, Liang S, et al. Journal of Energy Chemistry, 2019, 31: 89-94.

［236］Silambarasan K, Harish S, Hara K, et al. Carbon, 2021, 181: 107-117.

［237］Dong P, Pint C L, Hainey M, et al. ACS Applied Materials & Interfaces, 2011, 3(8): 3157-3161.

［238］Zhang D W, Li X D, Li H B, et al. Carbon, 2011, 49(15): 5382-5388.

［239］Yao H, Peng G, Li Z, et al. Journal of Energy Chemistry, 2022, 65: 524-531.

［240］Zhang L, Lin C Y, Zhang D, et al. Advanced Materials, 2019, 31(13): 1805252.

［241］Cole J M, Pepe G, Al Bahri O K, et al. Chemical Reviews, 2019, 119(12): 7279-7327.

［242］Chen M, Shao L L, Dong M Y, et al. ACS Sustainable Chemistry & Engineering, 2020, 8(46): 17245-17261.

［243］Yan X, Li D, Zhang L, et al. Applied Catalysis B: Environmental, 2022, 304: 120908.

［244］Yun S, Hagfeldt A, Ma T. Advanced Materials, 2014, 26(36): 6210-6237.

［245］Zhao J, He M C. Applied Surface Science, 2014, 317: 718-723.

［246］Chai Y, Wan C, Cheng W, et al. Materials Science and Engineering: B, 2023, 296: 116663.

［247］Mao H, Chen X, Luo Y, et al. Renewable and Sustainable Energy Reviews, 2023, 179: 113276.

［248］Czajkowski A, Wajda A, Poranek N, et al. Energies, 2022, 16(1): 284.

［249］Derbali S, Moudam O. Energy Technology, 2023, 11(9): 2300353.

［250］Lye Y E, Chan K Y, Ng Z N. Nanomaterials, 2023, 13(3): 585.

［251］Kant N, Singh P. Materials Today: Proceedings, 2022, 56: 3460-3470.

［252］Hui Z, Wang M, Yin X, et al. Computational Materials Science, 2023, 226: 112215.

［253］O'regan B, Grätzel M. Nature, 1991, 353(6346): 737-740.

［254］He Y, Yue G, Huo J, et al. Materials Today Sustainability, 2023, 22: 100329.

［255］Okello A, Owuor B O, Namukobe J, et al. Heliyon, 2022, 8(7): e09921.

［256］Abdellatif S O, Fathi A, Abdullah K, et al. Journal of Photonics for Energy, 2022, 12(2): 022202.

［257］Husain A, Kandasamy M, Mahajan D K, et al. Inorganic Chemistry Communications, 2024: 112859.

［258］Weerasinghe M I U, Kumarage P M L, Amarathunga I, et al. Journal of Science: Advanced Materials and Devices, 2024: 100749.

［259］Rehman W, Farooq U, Yousaf M Z, et al. Materials, 2023, 16(20): 6628.

［260］Kumar R, Nemala S S, Mallick S, et al. Solar Energy, 2017, 144: 215-220.

［261］Cha S M, Nagaraju G, Sekhar S C, et al. Journal of Colloid and Interface Science, 2018, 513: 843-851.

［262］Nagaraju G, Lim J H, Cha S M, et al. Journal of Alloys and Compounds, 2017, 693: 1297-1304.

［263］Xiao M Z, Sun Q, Hong S, et al. Journal of Leather Science and Engineering, 2021, 3: 1-23.

［264］Su Z, Yang Y, Huang Q, et al. Progress in Materials Science, 2022, 125: 100917.

［265］Madhu R, Veeramani V, Chen S M, et al. RSC Advances, 2014, 4(109): 63917-63921.

［266］Wang G, Wang D, Kuang S, et al. Renewable Energy, 2014, 63: 708-714.

［267］Zhang Y, Yun S, Wang Z, et al. Ceramics International, 2020, 46(10): 15812-15821.

［268］Xiang C, Lv T, Okonkwo C A, et al. Journal of the Electrochemical Society, 2017, 164(4): H203.

［269］Chung D Y, Son Y J, Yoo J M, et al. ACS Applied Materials & Interfaces, 2017, 9(47): 41303-41313.

［270］Ma P, Lu W, Yan X, et al. RSC Advances, 2018, 8(33): 18427-18433.

［271］Kumarasinghe K, Kumara G R A, Rajapakse R M G, et al. Organic Electronics, 2019, 71: 93-97.

［272］Kim C K, Choi I T, Kang S H, et al. RSC Advances, 2017, 7(57): 35565-35574.

［273］Ahmed A S A, Xiang W, Abdelmotalleib M, et al. ACS Applied Electronic Materials, 2022, 4(3): 1063-1071.

［274］Riaz R, Ali M, Maiyalagan T, et al. International Journal of Hydrogen Energy, 2020, 45(13): 7751-7763.

［275］Sriram G, Hegde G, Dhanabalan K, et al. Journal of Energy Storage, 2024, 94: 112454.

［276］Djandja O S, Dessie W, Huang Z, et al. Journal of Energy Storage, 2024, 98: 113181.

［277］Thess A, Lee R, Nikolaev P, et al. Science, 1996, 273(5274): 483-487.

［278］Hu J, Zhao C, Si Y, et al. Renewable Energy, 2024, 228: 120598.

［279］Zhang C, Fang J, Chen W H, et al. Science of the Total Environment, 2024, 921: 171254.

［280］Wang Y, Guo W, Chen W, et al. Renewable Energy, 2024: 120777.

［281］Oginni O, Singh K, Oporto G, et al. Bioresource Technology Reports, 2019, 7: 100266.

［282］Tan Y, Hu J, Chang S, et al. Annals of Forest Science, 2020, 77: 1-12.

［283］Borghei S A, Zare M H, Ahmadi M, et al. Arabian Journal of Chemistry, 2021, 14(2): 102958.

［284］Kim J Y, Oh S, Hwang H, et al. Polymer Degradation and Stability, 2013, 98(9): 1671-1678.

［285］Sannigrahi P, Ragauskas A J, Tuskan G A. Biofuels, Bioproducts and Biorefining, 2010, 4(2): 209-226.

［286］Mitome T, Uchida Y, Egashira Y, et al. Colloids and Surfaces A: Physicochemical and Engineering Aspects, 2013, 424: 89-95.

［287］Yasin G, Ibrahim S, Ibraheem S, et al. Journal of Materials Chemistry A, 2021, 9(34): 18222-18230.

［288］Mirzaei M, Gholivand M B. Electrochimica Acta, 2022, 432: 141179.

［289］Su P, Jiao Q, Li H, et al. ACS Applied Energy Materials, 2021, 4(5): 4344-4354.

［290］MeNG X, Yu C, Zhang X, et al. Nano Energy, 2018, 54: 138-147.

［291］Shao L L, Chen M, Yuan Z Y. Journal of Power Sources, 2014, 272: 1091-1099.

［292］Liu W W, Jiang W, Liu Y C, et al. ACS Applied Energy Materials, 2020, 3(4): 3704-3713.

［293］Blieck R, Taillefer M, Monnier F. Chemical Reviews, 2020, 120(24): 13545-13598.

［294］Wang Q, Wang Y, Wei P, et al. Applied Surface Science, 2019, 494: 1-7.

［295］Cui X, Xie Z, Wang Y. Nanoscale, 2016, 8(23): 11984-11992.

［296］Veerappan G, Bojan K, Rhee S W. Renewable Energy, 2012, 41: 383-388.

［297］Nithya P, Roumana C. Journal of Materials Science: Materials in Electronics, 2020, 31(12): 9151-9159.

［298］Cha S M, Nagaraju G, Sekhar S C, et al. Journal of Colloid and Interface Science, 2018, 513: 843-851.

［299］Kumar R, Sahajwalla V, Bhargava P. Nanoscale Advances, 2019, 1(8): 3192-3199.

［300］Sumathi T, Fredrick S R, Deepa G, et al. Physica E: Low-dimensional Systems and Nanostructures, 2022, 143: 115362.

［301］Fayaz H, Ahmad M S, Pandey A K, et al. Solar Energy, 2020, 197: 1-5.

［302］Mohite N, Ballal R, Shinde M, et al. Energy and Environment Focus, 2017, 6(2): 179-183.

［303］Tapa A R, Xiang W, Zhao X. Advanced Energy and Sustainability Research, 2021, 2(10): 2100056.

［304］Wang W, Cui Q, Sun D, et al. Journal of Materials Chemistry C, 2021, 9(22): 7046-7056.

［305］Podlesný J, Pytela O, Klikar M, et al. Organic & Biomolecular Chemistry, 2019, 17(14): 3623-3634.

［306］Wu C S, Chang T W, Teng H, et al. Energy, 2016, 115: 513-518.

［307］Anwar H, George A E, Hill I G. Solar Energy, 2013, 88: 129-136.

［308］Huang C Y, Lin G Y, Lin P T, et al. Japanese Journal of Applied Physics, 2017, 56(8): 082301.

［309］Choudhury B D, Lin C, Shawon S M A Z, et al. ACS Applied Energy Materials, 2021, 4(1): 870-878.

［310］Sharma J, Dhiman P, Alshgari R A, et al. Materials Today Sustainability, 2023, 21: 100327.

［311］Tian B, Zheng X, Kempa T J, et al. Nature, 2007, 449(7164): 885-889.

［312］Wu J, Li Y, Tang Q, et al. Scientific Reports, 2014, 4(1): 4028.

［313］Abdel-Latif M S, El-Agez T M, Taya S A, et al. Materials Sciences and Applications, 2013, 4, 516-520.

［314］Lewis N S, Crabtree G, Nozik A J, et al. Basic research needs for solar energy utilization. report of the basic energy sciences workshop on solar energy utilization, april 18-21, 2005. DOESC (USDOE Office of Science (SC), 2005.

［315］Mehmood U, Asghar H, Babar F, et al. Solar Energy, 2020, 196: 132-136.

［316］Subudhi P, Punetha D. Progress in Photovoltaics: Research and Applications, 2023, 31(8): 753-789.

［317］Dawo C, Chaturvedi H. Flexible and Printed Electronics, 2023, 8(1): 013001.

［318］Prajapat K, Dhonde M, Sahu K, et al. Journal of Photochemistry and Photobiology C: Photochemistry Reviews, 2023, 55: 100586.

［319］Yahya M, Bouziani A, Ocak C, et al. Dyes and Pigments, 2021, 192: 109227.

［320］Wang X, Zhi L, Müllen K. Nano Letters, 2008, 8(1): 323-327.

［321］Calogero G, Yum J H, Sinopoli A, et al. Solar Energy, 2012, 86(5): 1563-1575.

［322］Cherepy N J, Smestad G P, Grätzel M, et al. The Journal of Physical Chemistry B, 1997, 101(45): 9342-9351.

［323］He B, Tang Q, Luo J, et al. Journal of Power Sources, 2014, 256: 170-177.

［324］Jiang Y, Qian X, Zhu C, et al. ACS Applied Materials & Interfaces, 2018, 10(11): 9379-9389.

［325］Mariotti N, Bonomo M, Fagiolari L, et al. Green Chemistry, 2020, 22(21): 7168-7218.

［326］Carella A, Borbone F, Centore R. Frontiers in Chemistry, 2018, 6: 481.

［327］Buscaino R, Baiocchi C, Barolo C, et al. Inorganica Chimica Acta, 2008, 361(3): 798-805.

［328］Ragoussi M E, Ince M, Torres T. European Journal of Organic Chemistry, 2013, 2013(29): 6475-6489.

［329］Hao S, Wu J, Huang Y, et al. Solar Energy, 2006, 80(2): 209-214.

［330］Kumara G R A, Kaneko S, Okuya M, et al. Solar Energy Materials and Solar Cells, 2006, 90(9): 1220-1226.

［331］ Sinha K, Saha P D, Datta S. Dyes and Pigments, 2012, 94(2): 212-216.

［332］ Gonuguntla S, Kamesh R, Pal U, et al. Journal of Photochemistry and Photobiology C: Photochemistry Reviews, 2023: 100621.

［333］ Marchini E, Caramori S, Carli S. Molecules, 2024, 29(2): 293.

［334］ Alhamed M, Issa A S, Doubal A W. Journal of Electron Devices, 2012, 16(11): 1370-1383.

［335］ Yoon C H, Vittal R, Lee J, et al. Electrochimica Acta, 2008, 53(6): 2890-2896.

［336］ Sahore R, Levin B D A, Pan M, et al. Advanced Energy Materials, 2016, 6(14): 1600134.

［337］ Zhang K, Liu Z, Guan L, et al. Journal of Agricultural and Food Chemistry, 2018, 66(35): 9209-9218.

［338］ Marco P H, Levi M A B, Scarminio I S, et al. Analytical Sciences, 2005, 21(12): 1523-1527.

［339］ Wahyuningsih S, Wulandari L, Wartono M W, et al. The effect of pH and color stability of anthocyanin on food colorant//IOP Conference Series: Materials Science and Engineering. IOP Publishing, 2017, 193(1): 012047.

［340］ Maurya I C, Singh S, Neetu, et al. Journal of Electronic Materials, 2018, 47: 225-232.

［341］ Martinez-Pacheco M, Lozada-Ramirez J D, Martinez-Huitle C A, et al. Journal of the Electrochemical Society, 2019, 166(15): B1506.

［342］ Nan D, Fan H, Bolag A, et al. Heliyon, 2023, 9(11).

［343］ Vallejo W, Rueda A, Diaz-Uribe C, et al. Royal Society Open Science, 2019, 6(3): 181824.

［344］ Ghann W, Kang H, Sheikh T, et al. Scientific Reports, 2017, 7(1): 41470.

［345］ Tennakone K, Kumarasinghe A R, Kumara G, et al. Journal of Photochemistry and Photobiology A: Chemistry, 1997, 108(2-3): 193-195.

［346］ Hilal H S, Majjad L Z, Zaatar N, et al. Solid State Sciences, 2007, 9(1): 9-15.

［347］ Fan T W M. Progress in Nuclear Magnetic Resonance Spectroscopy, 1996, 28(2): 161-219.

［348］ Pereira G E, Gaudillere J P, Van Leeuwen C, et al. Journal of Agricultural and Food Chemistry, 2005, 53(16): 6382-6389.

［349］ Wei S, Wan C, Zhang L, et al. Chemical Engineering Journal, 2022, 429: 132242.

［350］ Zeng W, Fang G, Wang X, et al. Journal of Power Sources, 2013, 229: 102-111.

［351］ Bleda-Martínez M J, Lozano-Castello D, Morallón E, et al. Carbon, 2006, 44(13): 2642-2651.

［352］ Peer M, Lusardi M, Jensen K F. Chemistry of Materials, 2017, 29(4): 1496-1506.

［353］ Liu Y, Ba H, Nguyen D L, et al. Journal of Materials Chemistry A, 2013, 1(33): 9508-9516.

［354］ Wan C, Lu Y, Jiao Y, et al. Carbohydrate Polymers, 2015, 118: 115-118.

［355］ Xing B, Huang G, Chen Z, et al. Journal of Solid State Electrochemistry, 2017, 21: 263-271.

［356］ Wang L, Gao Z, Chang J, et al. ACS Applied Materials & Interfaces, 2015, 7(36): 20234-20244.

［357］ Grätzel M. Progress in Photovoltaics: Research and Applications, 2000, 8(1): 171-185.

［358］ Santos C M, Gomes B, Gonçalves L M, et al. Journal of the Brazilian Chemical Society, 2014, 25: 1029-1035.

［359］ Hemamali G, Kumara G R A. International Journal of Scientific and Research Publications, 2013, 3(11): 2250-3153.

［360］ Szostak R, de Souza E C F, Antunes S R M, et al. Journal of Materials Science: Materials in Electronics,

2015, 26: 2257-2262.

[361] Singh R, Kaur N, Mahajan A. Solar Energy, 2021, 226: 31-39.

[362] Shanmugam V, Manoharan S, Anandan S, et al. Spectrochimica Acta Part A: Molecular and Biomolecular Spectroscopy, 2013, 104: 35-40.

[363] Lim A, Kumara N, Tan A L, et al. Spectrochimica Acta Part A: Molecular and Biomolecular Spectroscopy, 2015, 138: 596-602.

[364] Wattananate K, Thanachayanont C, Tonanon N. Solar Energy, 2014, 107: 38-43.

[365] Wongcharee K, Meeyoo V, Chavadej S. Solar Energy Materials and Solar Cells, 2007, 91(7): 566-571.

[366] Ramamoorthy R, Radha N, Maheswari G, et al. Journal of Applied Electrochemistry, 2016, 46: 929-941.

[367] Ali R A M, Nayan N. International Journal of Integrated Engineering, 2010, 2(3): 55-62.

[368] Taya S A, El-Agez T M, El-Ghamri H S, et al. International Journal of Materials Science and Applications, 2013, 2(2): 37-42.

[369] Park K H, Kim T Y, Han S, et al. Spectrochimica Acta Part A: Molecular and Biomolecular Spectroscopy, 2014, 128: 868-873.

[370] Yang Y, Gao J, Zhang Z, et al. Advanced Materials, 2016(40): 8937-8944.

[371] Younas M, Baroud T N, Gondal M A, et al. Journal of Power Sources, 2020, 468: 228359.

[372] Patni N, G. Pillai S, Sharma P. International Journal of Energy Research, 2020, 44(13): 10846-10859.

[373] Maurya I C, Srivastava P, Bahadur L. Optical Materials, 2016, 52: 150-156.

[374] Ezike S C, Hyelnasinyi C N, Salawu M A, et al. Surfaces and Interfaces, 2021, 22: 100882.

[375] Maheshwar S, Manglam M K, Sinha R K. Tuijin Jishu/Journal of Propulsion Technology, 2023, 44(5): 1371-1377.

[376] Khan F M N U, Rasul M G, Sayem A S M, et al. Journal of Energy Storage, 2023, 71: 108033.

[377] Zhao L, Zhang T, Li W, et al. Engineering, 2023, 24: 172-183.

[378] Pralong V. Progress in Solid State Chemistry, 2009, 37(4): 262-277.

[379] Liu Y, Li W, Xia Y. Electrochemical Energy Reviews, 2021, 4(3): 447-472.

[380] Peng J, Zhang W, Liu Q, et al. Advanced Materials, 2022, 34(15): 2108384.

[381] Soai K, Matsumoto A, Kawasaki T. Advances in Asymmetric Autocatalysis and Related Topics, 2017: 1-30.

[382] Aurbach D, Zaban A, Ein-Eli Y, et al. Journal of Power Sources, 1997, 68(1): 91-98.

[383] McDowell M T, Lee S W, Nix W D, et al. Advanced Materials, 2013, 25(36): 4966-4985.

[384] Zhang H, Hasa I, Passerini S. Advanced Energy Materials, 2018, 8(17): 1702582.

[385] Caleman C, Van Maaren P J, Hong M, et al. Journal of Chemical Theory and Computation, 2012, 8(1): 61-74.

[386] Wang G, Fu L, Zhao N, et al. Angewandte Chemie International Edition, 2007, 46(1-2): 295-297.

[387] Rust C F. Journal of Petroleum Technology, 1952, 4(9): 217-224.

[388] Titirici M M, White R J, Brun N, et al. Chemical Society Reviews, 2015, 44(1): 250-290.

[389] Anthony D B, Howard J B, Hottel H C, et al. Fuel, 1976, 55(2): 121-128.

[390] Liu X, Song D, He X, et al. Fuel, 2019, 245: 188-197.

[391] Singh K, Naidoo Y, Baijnath H. African Journal of Traditional, Complementary and Alternative

Medicines, 2018, 15(1): 199-215.

[392] He S, Huang S, Wang S, et al. Energy & Fuels, 2020, 35(2): 944-964.

[393] Chen X, Fang Y, Tian J, et al. ACS Applied Materials & Interfaces, 2021, 13(16): 18914-18922.

[394] Liu M, Wang Y, Wu F, et al. Advanced Functional Materials, 2022, 32(31): 2203117.

[395] Chung H C, Li W B, Wang Y M. Na-Intercalation compounds and Na-ion batteries//Energy Storage and Conversion Materials. Abington: CRC Press, 2023: 51-74.

[396] Zhu Y, Hood Z D, Paik H, et al. Matter, 2024, 7(2): 500-522.

[397] Wang S, Yuan Z, Zhang X, et al. Angewandte Chemie, 2021, 133(13): 7132-7136.

[398] Duan X, Tian W, Zhang H, et al. ACS Catalysis, 2019, 9(8): 7494-7519.

[399] Zhang X, Xu Z, Hui L, et al. The Journal of Physical Chemistry Letters, 2012, 3(19): 2822-2827.

[400] Wang Y, Zhao Y, Bollas A, et al. Nature Biotechnology, 2021, 39(11): 1348-1365.

[401] Bar-On Y M, Phillips R, Milo R. Proceedings of the National Academy of Sciences, 2018, 115(25): 6506-6511.

[402] Akcelrud L. Progress in Polymer Science, 2003, 28(6): 875-962.

[403] Homchat K, Ramphueiphad S. Results in Engineering, 2022, 15: 100495.

[404] Dyjakon A, Sobol Ł, Noszczyk T, et al. Energies, 2022, 15(2): 612.

[405] Promdee K, Chanvidhwatanakit J, Satitkune S, et al. Renewable and Sustainable Energy Reviews, 2017, 75: 1175-1186.

[406] Shukla P, Tiwari S, Singh S, et al. Journal of Pharmaceutical Sciences and Research, 2023, 15(2): 1020-1024.

[407] Zhang W, Qiu X, Wang C, et al. Carbon Research, 2022, 1(1): 14.

[408] Jardim J M, Hart P W, Lucia L A, et al. Fibers, 2022, 10(2): 16.

[409] Lu B, Lin C, Xiong H, et al. Molecules, 2023, 28(10): 4027.

[410] Zhang J, Huang Y, Chen C, et al. Energy & Fuels, 2023, 37(3): 2379-2386.

[411] Yang M, Kong Q, Feng W, et al. Carbon, 2021, 176: 71-82.

[412] Chen C, Huang Y, Lu M, et al. Carbon, 2021, 183: 415-427.

[413] Aristote N T, Song Z, Deng W, et al. Journal of Power Sources, 2023, 558: 232517.

[414] Kuai J, Xie J, Wang J D, et al. Chemical Physics Letters, 2024, 842: 141214.

[415] Aristote N T, Liu C, Deng X, et al. Journal of Electroanalytical Chemistry, 2022, 923: 116769.

[416] Lee Y K. Catalysts, 2021, 11(4): 454.

[417] Katsumi N, Yonebayashi K, Okazaki M. Soil Science and Plant Nutrition, 2015, 61(4): 603-612.

[418] Ketcham R A, Carter A, Donelick R A, et al. American Mineralogist, 2007, 92(5-6): 789-798.

[419] Donohue M D, Aranovich G L. Advances in Colloid and Interface Science, 1998, 76: 137-152.

[420] Liu W, Liu P, Mitlin D. Advanced Energy Materials, 2020, 10(43): 2002297.

[421] Kresse G, Furthmüller J. Computational Materials Science, 1996, 6(1): 15-50.

[422] Kresse G, Joubert D. Physical Review B, 1999, 59(3): 1758.

[423] Perdew J P, Burke K, Ernzerhof M. Physical Review Letters, 1996, 77(18): 3865-3868.

[424] Grimme S, Antony J, Ehrlich S, et al. The Journal of Chemical Physics, 2010, 132(15): 154104.

# 第7章 木质资源传感应用

## 7.1 泡沫镍@石墨烯纳米片-Co₃O₄纳米草基血糖分子传感器

### 7.1.1 引言

糖尿病是一种流行疾病，全球约有 463 万患者，根据世界卫生组织的预测，截至 2030 年，糖尿病将成为第七大死亡原因[1-3]。糖尿病会损害重要器官的供血血管，从而显著增加心脏病和中风、肾脏疾病、视力问题和神经问题的风险。为了正确诊断和管理糖尿病，控制血糖水平，清晰、准确、及时地确定生理血糖水平是先决条件。自 1962 年 Clark 和 Lyons 首次提出检测葡萄糖水平的生物传感器概念以来[4]，基于不同机制的葡萄糖生物传感器已发展有四代[5]。第一代葡萄糖生物传感器依赖于利用天然氧底物和检测产生的过氧化氢（$H_2O_2$）。第二代介导型葡萄糖生物传感器的诞生，即以非生物性电子受体取代氧，这是为了摆脱高工作电位和缺氧等限制。第三代无试剂葡萄糖生物传感器依赖于酶和电极之间的直接电荷转移，不需要介质。尽管葡萄糖传感器已取得了重大进展，但酶的不稳定性、高成本、恶劣环境下的低活性和复杂的负载处理促进了第四代葡萄糖生物传感器的发展[6]。第四代非酶葡萄糖生物传感器依靠电催化剂的活性，在没有酶的情况下氧化葡萄糖。葡萄糖电氧化机制在酶（第一代、第二代和第三代）和非酶（第四代）生物传感器中的发展如图 7-1 所示[5]。这四代葡萄糖传感器的具体工作机理和优缺点如下所示。

第一代葡萄糖生物传感器间接测定葡萄糖浓度。取而代之的是，利用电极上的葡萄糖氧化酶（GOx）氧化葡萄糖来测量 $H_2O_2$ 浓度或耗氧量，公式如下：

$$葡萄糖 + O_2 \longrightarrow 葡萄糖酸盐 + H_2O_2 \tag{7-1}$$

$$O_2 + 4H^+ + 4e^- \longrightarrow 2H_2O \tag{7-2}$$

由于反应需要氧气，生物传感器的性能容易受环境影响，稳定性不佳。第二代葡萄糖生物传感器通过开发人工电子传递介质，克服了对 $O_2$ 的依赖，实现了电子从酶活性位点氧化还原中心到电极表面的快速传递。下面的方程可以描述这类生物传感器的机理：

$$葡萄糖 + GOx(FAD) \longrightarrow 葡萄糖酸盐 + GOx(FADH_2) \tag{7-3}$$

$$GOx(FADH_2) + 2M(Ox) + 2e^- \longrightarrow GOx(FAD) + 2M(Red) + 2H^+ \tag{7-4}$$

$$2M(Red) \longrightarrow 2M(Ox) + 2e^- \tag{7-5}$$

其中，M(Ox) 和 M(Red) 是介质的氧化和还原形式。第三代葡萄糖生物传感器实现了酶氧化还原中心和电极之间的直接电子转移，无需任何天然或人工电子介质。因此，不存在缺乏氧和酶活性中心、电子介质、电极表面竞争反应的问题。结果表明，该系统的灵敏度、稳

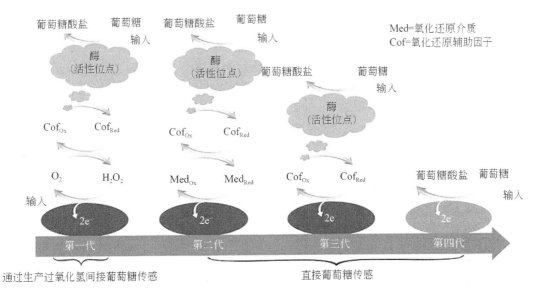

图 7-1　葡萄糖电氧化机制概述：酶促（第一代、第二代和第三代生物传感器）和非酶促（第四代生物传感器）

定性和抗干扰能力得到了显著提高。然而，酶的活性仍然容易受到 pH、温度、湿度等外界因素的影响，酶层的厚度会抑制电子转移过程。这种生物传感器的机理可以通过以下反应来理解：

$$葡萄糖+GOx(FAD) \longrightarrow 葡萄糖酸盐+GOx(FADH_2) \tag{7-6}$$

$$GOx(FADH_2)+2e^- \longrightarrow GOx(FAD)+2H^+ \tag{7-7}$$

　　第四代非酶葡萄糖生物传感器依靠电催化剂的活性，在没有酶的情况下氧化葡萄糖。这类生物传感器具有检测限低、成本低、响应速度快、灵敏度高、可逆性好等优点。精巧的组成和智能的微纳米结构是决定非酶生物传感器传感性能的两个最核心因素[7-9]。对于电化学非酶葡萄糖传感器，贵金属（如 Pt[10-11]、Pd[12]、Au[13] 等）及其合金（如 PtPd[14]、PtAu[15]、PdAu[16] 等）由于高响应和优良的催化性能而被首先和经常使用。然而，贵金属及合金易被卤化物失活，价格昂贵，易受电化学副反应的干扰[17]。因此，基于非贵金属过渡金属（如铜、镍和钴）及其氧化物、氮化物、磷化物的经济型葡萄糖氧化催化剂的研究受到了极大的关注[18-21]。更重要的是，这些非贵金属在碱性环境中表现稳定，对干扰物（如卤化物离子）有很强的抵抗力，并且对葡萄糖有高度选择性。然而，过渡金属化合物的导电性差，与高导电性物质整合，有利于减弱电子导电性低带来的副作用[8, 18]。异质性组分之间的协同效应需要精确设计和量身定制，以最大限度地提高葡萄糖传感特性。除了化学成分，微观结构在葡萄糖传感中也起着关键作用[22, 23]。通过调节反应条件，过渡金属化合物可呈现为多种纳米结构（如微球[24]、纳米棒[25]、纳米片[26] 等）。微观结构效应主要体现在四个方面：①比表面积的增大；②电催化活性位点的增加；③改善了对葡萄糖分子的吸附；④加速了电子迁移。因此，对分级微纳米结构组装的智能和精细设计是解开传感特性限制的一个突破点[27]。

　　在漫长的进化历史中，大自然创造了无数的奇迹，特别是从宏观宇宙到微观世界的各种巧妙结构，以及它们在相邻组成部分之间奇妙的"共生"效应[32]。到目前为止，自然界已经为如何解决材料和工程技术的限制提供了指导，例如，以荷叶为灵感的自清洁表面[28]，以蝴蝶翅膀为灵感的增透防雾薄膜[29]，以蜘蛛丝为灵感的集水材料[30]，以竹子为灵感的高性能可穿戴储能材料[31]。然而，在葡萄糖传感领域，自然启发策略的应用仍然很少。本节借鉴智能天然地质结构（即岩石-土壤-草）及其有趣的协同效应，构建了一种智能仿生结构，即泡沫镍@石墨烯纳米片-$Co_3O_4$纳米草（命名为 NiF@GNS-$Co_3O_4$ NGs），用于高性能葡萄糖传感。在本研究中，自然启发策略可以从以下四个角度进行总结：

（1）结构：如图 7-2 所示，分层 NiF@GNS-$Co_3O_4$ NGs 模拟了一个自然系统（即岩石-土壤-草）。泡沫镍（NF）模拟岩石，作为高硬度和导电的基板。原位沉积的石墨烯纳米片（GNSs）在岩石表面起到土壤的作用。顺序生长的草状纳米 $Co_3O_4$ 模拟了土壤表面的草成分。众所周知，草具有复杂的多层次结构（如微纳米通道），而草状纳米 $Co_3O_4$ 也具有由纳米束和纳米带组成的多级结构。

图 7-2　基于智能天然地质结构（岩石-土壤-草）启发的纳米 NiF@GNS-$Co_3O_4$ NGs 结构设计示意图

（2）协同：在自然界中，土壤作为中间层的存在，不仅为禾草的生长提供了丰富的场地，而且提高了禾草在岩石表面的附着力和稳定性。对于 NiF@GNS-$Co_3O_4$ 纳米草，同样，NiF@GNSs 底物为 $Co_3O_4$ 纳米草（NGs）的生长提供了丰富的位点。此外，衬底有望在电化学反应中保护纳米颗粒免受破坏。Odedairo 等的理论计算表明[33]，$Co_3O_4$ 与 GNSs 之间的强相互作用和高界面结合能使其具有出色的结构稳定性。此外，GNSs 的存在带来了更高的表面粗糙度（图 7-3），有利于 GNSs 与 $Co_3O_4$ 之间有效的机械互锁，从而提高 $Co_3O_4$ 的稳定性。

（3）功能：刚性 NiF 提供了良好的完整性和高机械强度，类似于岩石的作用。NiF 底物的存在有助于在没有任何结合和导电剂的情况下形成自支撑电极。土壤良好的保水能力有助于草类吸附和输送水分。同样，由于水热反应中的部分氧化，GNSs 具有亲水性含氧基团，这一点在下一节的 X 射线光电子能谱（XPS）分析中得到了验证。因此，GNSs 可以作为电解质离子和葡萄糖分子的储存器，缩短其向草状 $Co_3O_4$ 的扩散路径。此外，与草的大比表面积相似，Co₃O₄ NGs 也具有大比表面积，这有助于提供更多的反应位点。

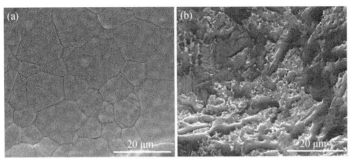

图 7-3　NiF 衬底（a）和 NiF@GNSs（b）的 SEM 图像

（4）过程：众所周知，禾本科植物具有层次结构，对水分子具有较高的捕获和吸附活性。类草状的纳米 Co₃O₄ 模仿植被在土壤表面的作用，可以吸附葡萄糖分子并进行催化。Co₃O₄ NGs 对葡萄糖的吸附效应将在密度泛函理论（DFT）得到证实。

## 7.1.2　泡沫镍@石墨烯纳米片-Co₃O₄ 纳米草的制备

### 7.1.2.1　试验材料

六水硝酸钴 [Co(NO₃)₂·6H₂O]、尿素 [Co(NH₂)₂]、氟化铵（NH₄F）、氯化钠（NaCl）、氢氧化钠（NaOH）、盐酸（HCl）、乙醇、d-(+)-葡萄糖、蔗糖（Su）、果糖（Fr）、尿酸（UA）、抗坏血酸（AA）、多巴胺（DA）购自上海博义耳化工有限公司。所有的化学品都是分析级，没有进一步纯化。泡沫镍由 SXLZY 电池材料有限公司（中国）提供。每次实验前将 d-(+)-葡萄糖溶解在去离子水中制备葡萄糖溶液。所有实验都使用去离子水。

### 7.1.2.2　PECVD 结合水热煅烧制备 NiF@GNS-Co₃O₄ NGs

NiF@GNS-Co₃O₄ NGs 的合成包括两个主要过程，即通过 PECVD 法生长石墨烯纳米片（GNSs），以及通过水热法生长 Co₃O₄ 纳米片。GNSs 的生长方法参考了 Song 等[34] 和 Huang 等[35] 的报告。首先对 NiF 衬底进行预处理，即在丙酮中搅拌 10 min，然后在 3 mol/L HCl 中浸泡 20 min，去除表面的氧化物。预处理后的 NiF 经无水乙醇洗涤三次去离子后，在 60℃下真空干燥 12 h。通过 PECVD 将 GNSs 沉积到 NiF 骨架表面。泡沫镍（NiF）[（1×1）cm²] 在石英管中氩气流（80 sccm）下以 25℃/min 的加热速率加热到 1000℃。此后，将 CH₄ 气体流量（20 sccm）引入反应管中并使温度维持一定时间。混合气体反应后，产物在 Ar 气氛下自然冷却至室温，得到 NiF@GNSs。在葡萄糖传感过程中，具有部分亲水基团的 GNSs 可以提供葡萄糖分子吸附的位点。因此，GNSs 的比表面积在葡萄糖传感中起着至关重要的作用。已知 PECVD 的反应时间对 GNSs 的比表面积有很大影响[41]。因此，我们使用三个时间段（即 40 min、60 min 和 80 min）制备 NiF@GNSs 样品，并将所得样品分别编号为 NiF@GNSs-40、-60 和-80。

其次，通过水热煅烧处理将 Co₃O₄ NGs 原位生长到 NiF@GNSs 表面。5 mmol/L 的

$Co(NO_3)_2 \cdot 6H_2O$、25 mmol/L 的 $CO(NH_2)_2$ 和 10 mmol/L 的 $NH_4F$ 在磁力搅拌下溶解在 60 mL 的去离子水中，形成清澈的粉红色溶液。将 NiF@GNSs 样品浸入上述溶液中，轻微震荡 3 h，然后将 NiF@GNSs 样品和溶液转移到 100 mL 的特氟龙内衬不锈钢高压反应釜中，在一定温度下加热一定时间。在高压反应釜自然冷却至室温后，收集样品，用蒸馏水和无水乙醇洗涤至少三次，在 60℃真空烘箱中干燥 12 h。

最后将样品放入管式炉中，在 350℃下退火 4 h，加热梯度为 1℃/min，在 Ar 气氛下得到 NiF@GNS-$Co_3O_4$ NGs 复合材料。沉积的活性物质（即 GNSs 和 $Co_3O_4$）的面密度测量约为 3 mg/cm$^2$。为了比较，在没有石墨烯的情况下，也用上述类似的方法合成了 NiF@$Co_3O_4$ NGs 复合材料。

### 7.1.2.3　结构表征

利用配备能量色散 X 射线（EDX）分析仪的扫描电子显微镜（SEM，Hitachi S4800）研究了材料的形貌和元素组成特征。同时使用 FEI，Tecnai G2 F20 透射电子显微镜（TEM）和高分辨率透射电子显微镜（HRTEM）获取图像并通过选定区域电子衍射（SAED）模式在 200 kV 的电子发射器条件下对材料的结构进行详细表征。X 射线衍射（XRD）测试采用 Bruker D8 Advance TXS X 射线衍射仪，Cu Kα（目标）辐射（λ=1.5418 Å），扫描速率为 2°/min，2θ 范围为 5°～90°。拉曼分析使用拉曼光谱仪（Renishaw inVia，德国），采用氦/氖激光（633 nm）作为激发源。采用双 Al-Ka X 射线源 XPS 谱仪对 Thermo Escalab 250Xi 系统进行了 X 射线光电子能谱（XPS）分析。采用混合高斯-洛伦兹拟合程序（Origin 9.0，Originlab Corporation）对重叠峰进行解卷积。氮气吸附-脱附测量采用表面积分析仪（Micromeritics ASAP2020，美国麦克仪器）在 77 K 下进行。电导率测试采用四探针电阻率测试系统（RTS-9，中国广州四探针科技有限公司）。

### 7.1.2.4　电化学表征

采用三电极结构，在恒温（25℃）条件下，利用 CS3501 电化学工作站（武汉 CorrTest 仪器有限公司）对电极的葡萄糖传感性能进行评估。电化学测量包括循环伏安分析（CV）和安培电流-时间分析（i-t）。制备的自支撑材料、Ag/AgCl 电极和铂片电极分别用作工作电极、参比电极和对电极。采用 0.5 mol/L NaOH 溶液作为电解液。葡萄糖生物传感器的灵敏度通过以下方程计算：

$$灵敏度 = \frac{S}{A} \tag{7-8}$$

式中，$S$（μA·L/mmol）是线性拟合斜率，$A$（cm$^{-2}$）是电极的比表面积。电极对葡萄糖的检出限（LOD）可计算为以下公式：

$$LOD = \frac{3\sigma}{S} \tag{7-9}$$

式中，$\sigma$ 为背景电流的标准差，$S$ 为线性拟合曲线的斜率。用安培法测定真实人血清中的葡萄糖（由湖南省人民医院提供）。自制血糖仪由传感模块和分析模块组成，采用自主开发的软件，支持 Windows 7、8、10 操作系统，能够快速、及时地分析血糖水平。

## 7.1.2.5　抗干扰测试

表 7-1 为已知或潜在干扰物在人体血液中的常规水平。在 0.55 V 的三电极体系中，将三种浓度（60 mg/dL、120 mg/dL、250 mg/dL）的葡萄糖和干扰物依次加入 0.5 mol/L NaOH 电解质中进行抗干扰试验。测试的干扰素浓度是指其在人体血液中的正常水平。记录加入葡萄糖或干扰物后的响应电流数据。

表 7-1　已知或潜在的干扰物以及在人体血液中的常规水平

| 干扰物 | 平均水平（mg/dL） | 数据来源 |
| --- | --- | --- |
| 对乙酰氨基酚 | 1～2 | Health Encyclopedia，provided by University of Rochester Medical Center. https://www.urmc.rochester.edu/encyclopedia/content.aspx?contenttypeid=167&contentid=acetaminophen drug level. |
| 抗坏血酸 | 0.4～2 | Test ID：VITC Ascoric Acid（Vitamin C），Plasma, provided by Mayo Clinic Laboratories https://www.mayocliniclabs.com/test-catalog/Clinical+and+Interpretive/42362. |
| 胆红素 | 0.2～0.8 | Westwood A. Annals of Clinical Biochemistry, 1991, 28(2): 119. Maisels M J，Gifford K. Pediatrics, 1986, 78(5): 837-843. |
| 胆固醇 | 186.8 | Lee Y，Lee S G，Lee M H，et al. Journal of the American Heart Association，2014, 3(1): e000650. |
| 肌酐 | 0.59～1.35 | Patient Care & Health Information, Creatinine tests, provided by Mayo Clinic. https://www.mayoclinic.org/tests-procedures/creatinine-test/about/pac-20384646. |
| 多巴胺 | $0～30×10^{-7}$ | Medical Encyclopedia, provided by U.S. National Library of Medicine.https://medlineplus.gov/ency/article/003561.htm. |
| EDTA | 1.0 | Escolar Elenas G A, Mark D B, et al. Circulation: Cardiovascular Quality and Obtcomes, 2014, 7(1): 15-24. |
| 半乳糖 | 0.3～10.8 | Test ID: GALIP Galactose-1-Phosphate, Erythrocytes, provided by Mayo Clinic Laboratories. https://www.mayocliniclabs.com/test-catalog/Clinical+and+Interpretive/80337. |
| 龙胆酸 | 0.39 | Roseman S, Dorfman A. Journal of Biological Chemistry, 1951, 192(1): 105-114. |
| 还原谷胱甘肽 | 47～59 | Elsayed H H, EI-Hafez A. The Egyptian Journal of Hospital Medicine, 2006, 25(L): 620-629. |
| 血红蛋白 | 12000～18000 | Henny H. Billett. Clinical·Methods: The History, Physical, and Laboratory Examinations. 3rd edition. Chapter 151 Hemoglobin and Hematocrit. |
| 肝素 | 0.1～0.24 | Engelberg H, Dudley A. Circulation, 1961, 23(4): 578-581. |
| 布洛芬 | 0.68～1.01 | Mchlisch D R, Sykes J. International Journal of Clinical Practice, 2013, 67: 3-8. |
| 左旋多巴胺 | 3～16 | Dutton J, Copeland L G, Playfer J R, et al. Clinical Chemistry, 1993, 39(4): 629-634 |
| 麦麸糖 | 20 | Pfuetzner A, Musholt P, Scherèr S, et al. Interference of hematocrit and maltose plasma concentrations on the accuracy of different blood glucose measurement systems//Diabetes, 2008, 57: A551-A551. |
| 甘露醇 | 270 | Norlén H, Göran L, Allgén L. G, et al. Scandinavian Journal of Urology and Nephrology, 1986, 20(2): 119-126. |
| 甲基多巴胺 | 0.59 | Saavedra J A, Reid J L, Jordan W, et al. European Journal of Clinical Pharmacology, 1975, 8(6): 381-386 |
| 水杨酸 | $(2.76～341.26)×10^{-4}$ | Blacklock C, Lawrence J R, Wiles D, et al. Journal of Clinical Pathology, 2001, 54(7): 553-555. |

| 参考指标 | 平均水平（mg/dL） | 数据来源 |
|---|---|---|
| 钠 | 310.5~333.5 | Patient Care & Health Information, Diseases & Conditions, Hyponatremia, provided by Mayo Clinic. https://www.mayoclinic.org/diseases-conditions/hyponatremia/symptoms-causes/syc-20373711. |
| 甲苯磺丁酰胺 | 10 | Melander A, Sartor G, Wählin E, et al. Br Med J, 1978, 1(6106): 142-144. |
| 甲苯酰胺 | 1.9~3.7 | Karam J H, Sanz N, Salamon E, et al. Diabetes, 1986, 35(12): 1314-1320. |
| 甘油三酯 | 150 | Benjamin Wedro. Triglyceride Test (Lowering Your Triglycerides), provided by MedicineNET. https://www.medicinenet.com/triglyceride_test/article.htm. |
| 尿酸 | 2.0~8.5 | Bishnu Prasad Devkota. Drugs & Diseases＞Laboratory Medicine Uric Acid, provided by Medscape. https://emedicine.medscape.com/article/2088516-overview. |
| 木糖 | 29.3~44.7 | Kraut J R, Lloyd-Still J D. The American Journal of Clinical Nutrition, 1980, 33(11): 2328-2333. |
| 糖醇 | 7.5 | Georgieft M. Katterturth R, Geiger K, et al. Infusionstherapie und Klinische Ernahrung, 1981, 8(2): 69-76. |

### 7.1.2.6　石墨烯结构表征与参数计算

石墨烯层数是通过使用层间距 $d$ 的值和晶体的大小来计算的。利用布拉格定律估计 $d$ 值，公式如下：

$$2d\sin\theta = n\lambda \tag{7-10}$$

式中，$\lambda$ 为入射 X 射线的波长（1.54 Å），$\theta$ 为 C（002）峰的散射角。利用 Scherrer 方程从衍射峰宽度估计晶体尺寸：

$$\beta_{hkl} = \frac{K\lambda}{L_{hkl}\cos\theta_{hkl}} \tag{7-11}$$

式中，$\beta$ 为特定相（$hkl$）最大强度的一半时峰的宽度（以弧度为单位）；$K$ 为常数，在本例中取为 0.91；$\lambda$ 为入射 X 射线的波长，$\theta$ 为峰的圆心角，$L$ 为晶体长度。

由此计算得到 $d$ 和晶体尺寸分别为 3.35 Å 和 7.17 Å。Seehra 等将沿 $c$ 轴的 $N_c$ 层数描述为

$$N_c = \frac{L_{hkl}}{d} \tag{7-12}$$

计算结果表明，沿 $c$ 轴约存在两层石墨烯层。

### 7.1.2.7　DFT 计算

使用模拟软件包（Vienna Ab-initio Simulation Package）执行所有的计算，并且都是在密度泛函理论（DFT）的框架下，采用投影缀加波方法进行的。对于交换关联势，选择了 Perdew、Burke 和 Ernzerhof 提出的广义梯度近似。价电子在带有 DFT 半核赝势的 DNP 基组中进行展开。构建了一个 $6×6$ 的单元胞，其中包含一个由 30 Å 真空区域分隔的石墨烯基板。布里渊区积分是在 $11×11×1$ 的 Monkhorst-Pack 网格上进行的。自洽迭代的收敛性设定为电荷密度变化在 $1×10^{-6}$ 以内。所有结构都进行了松弛，直到原子上的残余力降低到小于 0.03 eV/Å。GNSs 和 Co₃O₄ 之间的结合能（$E_a$）通过以下公式进行评估：

$$E_a = E_{GNSs\text{-}Co_3O_4} - E_{GNSs} - E_{Co_3O_4} \tag{7-13}$$

式中，$E_{GNSs-Co_3O_4}$ 是 GNSs-$Co_3O_4$ 的总能量，$E_{GNSs}$ 是 GNSs 的总能量，$E_{Co_3O_4}$ 是 $Co_3O_4$ 群的总能量。在葡萄糖吸附后，电荷密度差（$\Delta\rho$）计算如下：

$$\Delta\rho = \rho_{GNSs-Co_3O_4-Glucoser}(r) - \rho_{GNSs-Co_3O_4}(r) - \rho_{Glucose}(r) \tag{7-14}$$

式中，$\rho_{GNSs-Co_3O_4-Glucose}(r)$、$\rho_{GNSs-Co_3O_4}(r)$ 和 $\rho_{Glucose}(r)$ 分别为 GNSs-$Co_3O_4$-葡萄糖体系、GNSs-$Co_3O_4$ 体系和葡萄糖的电荷密度差。

## 7.1.3 微观形貌、晶体结构和化学成分

NiF@GNS-$Co_3O_4$ 纳米片的合成包括两个主要过程。首先，通过等离子体增强化学气相沉积（PECVD）法将石墨烯纳米片（GNSs）沉积到 NiF 骨架表面。GNSs 的生长涉及表面过程，包括：①烃分子的解离；②碳簇的形成；③表面扩散；④石墨烯核的扩展[34]，如图 7-4 所示。镍的高碳溶解度使其成为化学气相沉积（CVD）合成碳材料中的一种非常有效的金属[35]。镍具有较高的碳溶解度，因此，当甲烷（$CH_4$）在镍催化下分解时，碳原子会形成碳物质并溶解在镍基底中。随后，在冷却过程中，碳原子从镍-碳固溶体中扩散出来，沉积在镍表面，最终形成石墨烯薄膜。不同热液温度和周期条件下制备的 NiF@GNS-$Co_3O_4$ 纳米复合材料样品的电流增量，见表 7-2。

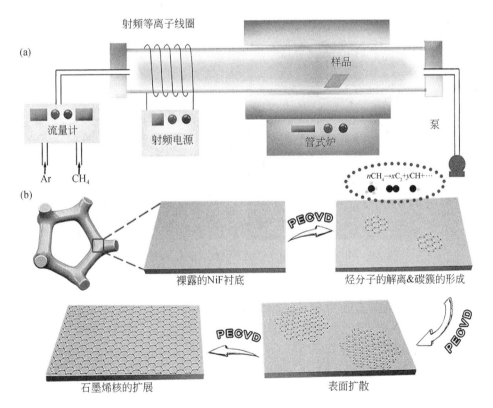

图 7-4 （a）用于生长 GNSs 的 PECVD 系统和（b）GNSs 生长过程示意图

表 7-2 不同热液温度和周期条件下制备的 NiF@GNS-Co₃O₄ NGs 样品的响应电流增量

| 样品 | 温度（℃） | 时间（h） | 响应电流增加量（mA/cm²） |
|---|---|---|---|
| NiF@GNS-Co₃O₄ NGs-100-8 | 100 | 8 | 1.33 |
| NiF@GNS-Co₃O₄ NGs-100-10 | 100 | 10 | 4.12 |
| NiF@GNS-Co₃O₄ NGs-100-12 | 100 | 12 | 2.54 |
| NiF@GNS-Co₃O₄ NGs-120-8 | 120 | 8 | 5.32 |
| NiF@GNS-Co₃O₄ NGs-120-10 | 120 | 10 | 17.34 |
| NiF@GNS-Co₃O₄ NGs-120-12 | 120 | 12 | 6.71 |
| NiF@GNS-Co₃O₄ NGs-140-8 | 140 | 8 | 3.04 |
| NiF@GNS-Co₃O₄ NGs-140-10 | 140 | 10 | 6.63 |
| NiF@GNS-Co₃O₄ NGs-140-12 | 140 | 12 | 1.33 |

GNSs 的加入使总电导率从 $1.29\times10^5$ S/m 显著提高到 $2.27\times10^5$ S/m。第二步，通过水热煅烧处理将 $Co_3O_4$ 纳米颗粒原位生长到 NiF@GNSs 表面。值得一提的是，尖晶石结构的 $Co_3O_4$ 是 Co 氧化物中使用最多的催化剂，其中三个 Co 原子中有一个处于+2 价态，另外两个处于+3 价态，在生物传感器中具有很大的应用潜力。

通过扫描电子显微镜（SEM）研究了 NiF@GNS-Co₃O₄ NGs 的表面特性。不同放大倍数的 SEM 图像证实，NiF@GNSs 基底的骨架结构被宽度为 870～960 nm、长度为 2.5～5.8 μm 的丰富交错纳米束所包裹（图 7-5）。这些交错的纳米束看起来像是一片比例匀称的草地。因此，通过使用 NiF、GNSs 和 Co₃O₄ NGs 分别作为底层、中层和顶层，获得了一种三明治型仿生结构。

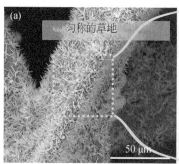

图 7-5 NiF@GNS-Co₃O₄ NGs 不同放大倍数下的 SEM 图像

此外，这些次级结构单元（纳米束）由更小尺寸的纳米带［宽度：80～170 nm，图 7-6(a)］组成。通过透射电子显微镜（TEM）观察，Co₃O₄ 纳米带紧密地锚定在超薄 GNSs 的表面上［图 7-6(b)］，表明界面结合良好。基本结构单元（Co₃O₄ 纳米带）的 TEM 和高分辨率 TEM（HRTEM）图像如图 7-6（c）所示，其中发现了清晰可辨的晶格条纹，间距为 0.47 nm，对应于 Co₃O₄ 的（111）面的晶格间距。此外，图 7-6（c）中的选区电子衍射（SAED）图案显示出清晰的衍射环，表明具有多晶性质。这些环分别对应于 Co₃O₄ 的（111）、（220）、（311）、（400）、（422）、（511）和（533）面，证明了 Co₃O₄ 的成功合成。

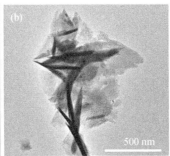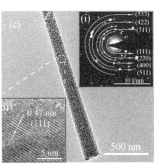

图 7-6　（a）NiF@GNS-Co$_3$O$_4$ NGs 的 SEM 图像；（b）NiF@GNS-Co$_3$O$_4$ NGs 的 TEM 图像；（c）复合材料中 Co$_3$O$_4$ 纳米带的 TEM 图像，插图呈现相应的 SAED（i）和 HRTEM（ii）图像

草状纳米结构的元素组成可以进一步通过元素映射研究，其原始图像（图 7-7）及 C、O、Co、Ni 的元素映射结果（图 7-8）可清晰识别，其中存在四种主要元素，且信号强烈。

在 NiF@GNS-Co$_3$O$_4$ NGs 的 N$_2$ 吸附-脱附等温线中观察到Ⅳ型吸附等温线，揭示了介孔（2～50 nm，图 7-9）的存在[36]。NiF 和 NiF@GNS-Co$_3$O$_4$ NGs 的 BET 比表面积分别为 1.50 m$^2$/g 和 21.63 m$^2$/g。此外，复合材料中 GNS-Co$_3$O$_4$ NGs 的质量分数约为

图 7-7　Co$_3$O$_4$ NGs 的 SEM 图像

8.42%。因此，我们可以大致计算出 GNS-Co$_3$O$_4$ NGs 的比表面积为 ［（21.63～1.50）/8.42%］ m$^2$/g≈239.1 m$^2$/g。远大于先前报道的石墨烯-Co$_3$O$_4$ 复合材料 ［如介孔 Co$_3$O$_4$ 薄片/三维石墨烯网络（34.5 m$^2$/g）[37]、石墨烯嵌入的玫瑰球形 Co$_3$O$_4$（87 m$^2$/g）[38]、空心 Co$_3$O$_4$/N-S 双掺杂 rGO（168 m$^2$/g）[39]等，见表 7-3］。

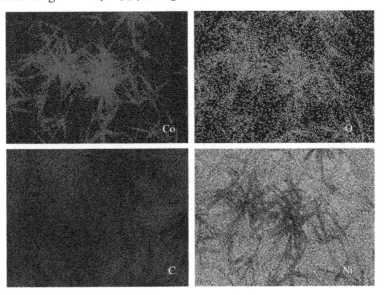

图 7-8　Co$_3$O$_4$ NGs 的 SEM 图像中对应的 C、O、Co、Ni 的元素映射结果

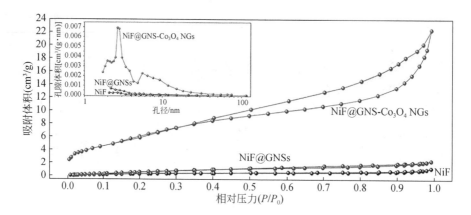

图 7-9 NiF、NiF@GNSs 和 NiF@GNS-Co₃O₄ NGs 的吸附−脱附等温曲线

表 7-3 不同合成方法制备的石墨烯-Co₃O₄ 复合材料的 BET 表面积

| 材料 | 吸附表面积（m²/g） | 合成方法 |
| --- | --- | --- |
| 介孔 Co₃O₄ 薄片/三维石墨烯网络 | 34.5 | 化学气相沉积+水热反应+煅烧 |
| Co₃O₄/氮掺杂石墨烯 | 76 | Hummer 法+煅烧 |
| 石墨烯嵌入的玫瑰球形 Co₃O₄ | 87 | Hummer 法+水热反应+煅烧 |
| 空心 Co₃O₄ 纳米晶/多孔石墨烯 | 130.1 | Hummer 法+超声波+冷冻干燥+煅烧 |
| 空心 Co₃O₄/N-S 双掺杂还原氧化石墨烯 | 168 | Hummer 法+溶剂热反应+煅烧 |
| Co₃O₄ 还原氧化石墨烯 | 183 | Hummer 法+溶剂热反应 |
| Co₃O₄/N 掺杂还原氧化石墨烯 | 186.8 | Hummer 法+N 掺杂+水热反应 |
| Co₃O₄ 纳米薄片@海绵状还原氧化石墨烯 | 196 | 模板导向有序组装+电沉积 |
| GNS-Co₃O₄ NGs | 239.1 | 等离子体化学气相沉积+水热反应+煅烧 |

对于 BJH 分析，可以清晰地识别出 1～110 nm 的孔径分布，且峰值位于介孔直径范围内。活性物质（即 GNS-Co₃O₄ NGs）的较大比表面积不仅提供了更大的有效面积，还暴露了更多的活性位点，有利于葡萄糖的氧化、电子的传输和催化活性的提高[40]。

NiF@GNS-Co₃O₄ NGs 的晶体学相通过 X 射线衍射（XRD）进行表征。如图 7-10（a）所示，与 NiF 在 44.5°和 51.8°处的两个强峰[分别对应于 Ni 的（111）和（200）晶面，JCPDS No. 04-0850]相比，NiF@GNSs 的 XRD 图谱在 26.6°处显示了一个新的峰，该峰归因于石墨烯的（002）晶面。此外，（002）峰是平行石墨烯层的特征，通常用于计算两个相邻石墨烯片层之间的层间距离（$d$ 间距）[41]。基于 Scherrer 公式和布拉格定律，石墨烯纳米片（GNSs）具有少层结构（约两层），这通常具有较大的比表面积[42-43]。在 NiF@GNS-Co₃O₄ NGs 的 XRD 图谱中，有四个新峰分别位于 31.4°、36.8°、59.4°和 65.3°，与单斜 Co₃O₄ 的（220）、（311）、（511）和（440）晶面（JCPDS No. 42-1467）匹配良好。

通过拉曼光谱进一步研究了 NiF@GNSs 和 NiF@GNS-Co₃O₄ NGs 中石墨烯的特征。如图 7-10（b）所示，位于 1329 cm⁻¹ 和 1594 cm⁻¹ 的宽峰分别归属于石墨烯的典型 D 带和 G

带。G 带是由 sp$^2$ 碳域的 $E_{2g}$ 振动模式引起的。D 带代表 sp$^3$ 结构缺陷、边缘或结构无序。NiF@GNS-Co$_3$O$_4$ NGs 中 D 带与 G 带的强度比（$I_D/I_G$=1.29）远高于 NiF@GNSs 中石墨烯的强度比（0.51），表明 NiF@GNS-Co$_3$O$_4$ NGs 中石墨烯的无序度增加（暴露出更多的缺陷和边缘）[44]。此外，与 NiF@GNSs 相比，NiF@GNS-Co$_3$O$_4$ NGs 的 G 带向低波数方向偏移了 10 cm$^{-1}$，揭示了界面电荷转移的发生[45]，这表明 GNSs 与 Co$_3$O$_4$ NGs 之间存在强烈的耦合效应。良好的界面相互作用有利于结构稳定性。2D 带（2710 cm$^{-1}$）可以解卷积为四个带（2D$_{1B}$、2D$_{1A}$、2D$_{2A}$ 和 2D$_{2B}$），揭示了两层石墨烯结构的特征 [图 7-10（c）][46]。该结果与 XRD 分析一致。

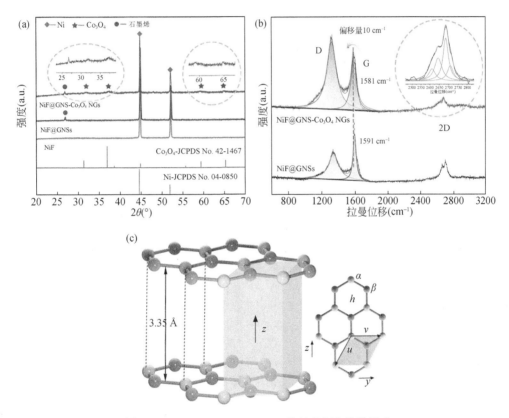

图 7-10　NiF@GNS-Co$_3$O$_4$ NGs 的结晶相和化学组成
（a）XRD 图谱；（b）拉曼光谱；（c）双层石墨烯结构

通过高分辨透射电子显微镜（HRTEM）检查了复合材料中的石墨烯层。可以清楚地看到两层石墨烯 [图 7-11（a）]。原子力显微镜（AFM）图像显示，石墨烯的厚度约为 0.65 nm [图 7-11（b）]，即仅有两层单原子厚的片层。这些表征进一步证实了拉曼和 XRD 的结果。

用 XPS 研究了其化合价。结合能为 855 eV、284 eV、795 eV 和 529 eV 的信号分别归属于 Ni 2p、C 1s、Co 2p 和 O 1s（图 7-12）。

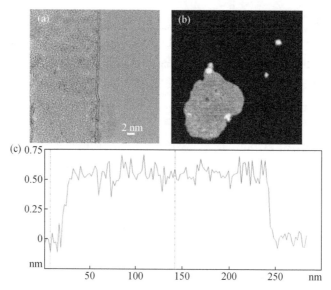

图 7-11　NiF@GNS-Co$_3$O$_4$ NGs 中 GNSs 的 HRTEM 图像（a）、AFM 图像（b），以及对选定线条区域的高度进行分析（c）

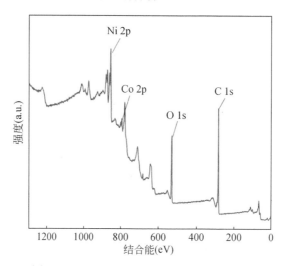

图 7-12　NiF@GNS-Co$_3$O$_4$ NGs 的 XPS 全谱

　　Co 2p 的高分辨率 XPS 谱在 780.1 eV 和 796.2 eV 处出现两个主峰，自旋能分离为 16.1 eV [图 7-13（a）]，分别对应 Co 2p$_{3/2}$ 和 Co 2p$_{1/2}$。Co 2p$_{3/2}$ 峰可以解卷积为 Co$^{2+}$（781.5 eV）和 Co$^{3+}$（779.9 eV）两个峰。Co 2p$_{1/2}$ 在 797.2 eV 和 795.5 eV 处分离出的两个峰分别对应 Co$^{2+}$ 和 Co$^{3+}$。同时，Co 2p$_{3/2}$ 和 Co 2p$_{1/2}$ 在 786.2 eV 和 802.8 eV 处的卫星峰的存在进一步证实了制备产物中 Co$^{2+}$ 的存在[47]。此外，O 1s 的 XPS 谱可以解卷积成 O1、O2 和 O3 三个峰 [图 7-13（b）]。529.9 eV 处的 O1 组分来源于典型的金属-氧键，而 531.6 eV 和 532.9 eV 处的 O2 和 O3 组分分别来源于 C=O/C—O—C/O—H 和 C—O 键，这可能与水热处理过程中石墨烯的部分氧化有关。这种氧化可能是造成无序程度增加的原因。高分辨率 C 1s 光谱在

285.1 eV、285.9 eV 和 287.2 eV 处显示出峰值 [图 7-13（c）]，这可以归因于 sp$^2$ C—C、C—O 和 O＝C—O 键的结合能，进一步验证了石墨烯的部分氧化。291.5 eV 下 π-π\*跃迁引起的卫星峰也被发现。研究表明，部分氧化的无序结构 GNSs 可以提供更多暴露的边缘和缺陷位点，这也是其展现出高催化活性的原因[48]。此外，局域未配对电子有望协同作用以捕获葡萄糖分子。

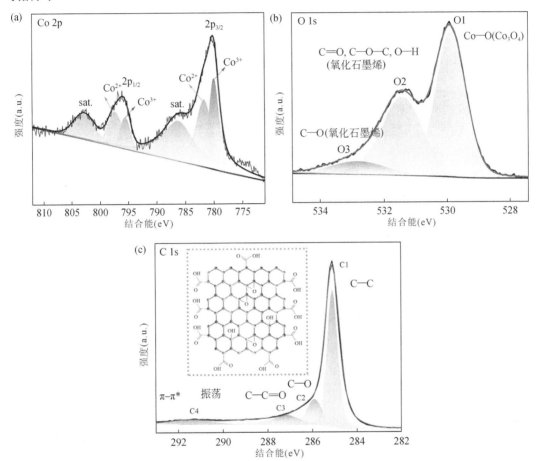

图 7-13　NiF@GNS-Co$_3$O$_4$ NGs 的（a）Co 2p、（b）O 1s 和（c）C 1s 的高分辨 XPS 光谱，（c）中插图为氧化石墨烯的结构示意图

## 7.1.4　血糖分子传感性能

在不同扫描速率下，在 0.5 mol/L NaOH 溶液和 1 mmol/L 葡萄糖存在下，在 0～0.7 V 电势范围内（相对于 Ag/AgCl），通过循环伏安法（CV）研究了 NiF@GNS-Co$_3$O$_4$ NGs 的电化学性能。这种受自然启发的三元复合材料不仅可以作为自支撑电极，不需要任何导电和黏合剂或添加剂，而且由于具有优异的导电性，还可以作为集流体，从而简化了结构，降低了成本。如图 7-14（a）所示，CV 曲线有两对氧化还原峰：①低电位的一对是由 Co$_3$O$_4$

和 CoOOH 之间的可逆转化引起的;②另一对高电位是由 CoOOH 和 CoO₂ 的转化引起的[55]。两个可逆反应可以用式（7-15）和式（7-16）表示:

$$Co_3O_4 + OH^- + H_2O \rightleftharpoons 3CoOOH + e^- \tag{7-15}$$

$$CoOOH + OH^- \rightleftharpoons CoO_2 + H_2O + e^- \tag{7-16}$$

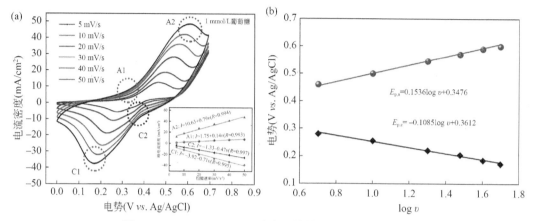

图 7-14　NiF@GNS-Co₃O₄ 纳米颗粒的电化学动力学行为

（a）在 5 ~ 50 mV/s 的不同扫描速率下的 CV 图，插图为葡萄糖峰值电流密度与扫描速率的线性关系；（b）Co(OH)₂/CoOOH 氧化还原对的阳极峰和阴极峰的 $E_p$ 与 log $\upsilon$ 关系图

氧化还原峰值电流在 5~50 mV/s 范围内与扫描速率成正比，表明这是一个表面控制的电化学过程。对于表面控制的过程，在不同的扫描速率下，还原峰的积分给出了几乎恒定的电荷（$Q$）。电活性 GNS-Co₃O₄ NGs 在 NiF 衬底上的表面平均浓度（$\Gamma^*$）可由法拉第定律计算[50]:

$$I_p = \frac{nFQ\upsilon}{4RT} = \frac{n^2F^2A\Gamma^*\upsilon}{4RT} \tag{7-17}$$

可以得到这样的表达:

$$\Gamma^* = \frac{Q}{nAF} \tag{7-18}$$

其中，$\Gamma^*$ 表示氧化还原物质的表面覆盖率，$\upsilon$ 是扫描速率，$A$ 是电极表面的几何面积，$n$ 表示反应中涉及的电子数，$Q$ 是在循环伏安法中消耗的电荷 [$Q$ 是扫描速率为 50 mV/s 时峰 A1（Co₃O₄→CoOOH）的积分]，$R$ 是气体常数，$T$ 是开尔文温度，$F$ 是法拉第常数。

基于峰 A1 的 $I_p$ 对数与扫描速率 $\upsilon$ 的对数之间的曲线 [图 7-14（a）的插图]，计算出 NiF@GNS-Co₃O₄ NGs 的 $\Gamma^*$ 值为 $2.66 \times 10^{-6}$ mol/cm²，这比许多同类产品的 $\Gamma^*$ 值高 1~4 个数量级（例如，Fe₃O₄@Au/壳聚糖/血红蛋白的 $\Gamma^*$ 值为 $1.40 \times 10^{-7}$ mol/cm²[51]、碳@Co₃O₄ 的 $\Gamma^*$ 值为 $4.92 \times 10^{-9}$ mol/cm²[52]，以及 Co 纳米粒子-碳纳米纤维的 $\Gamma^*$ 值为 $1.54 \times 10^{-10}$ mol/cm²[53]，如表 7-4 中所列）。

表 7-4　一些血糖分子传感材料的 $\Gamma^*$、$k_s$ 和 $\alpha$ 参数的比较

| 电极材料 | $\Gamma^*$（m²/g） | $k_s$（s⁻¹） | $\alpha$ |
| --- | --- | --- | --- |
| 碳@Co₃O₄ | $4.92 \times 10^{-9}$ | 0.20 | 0.32 |

| 电极材料 | $\Gamma^*$（m²/g） | $k_s$（s⁻¹） | $\alpha$ |
|---|---|---|---|
| Nafion 膜/血红蛋白/Co₃O₄-碳纳米纤维 | $4.73 \times 10^{-9}$ | 0.92 | 0.45 |
| Fe₃O₄@Au/壳聚糖/血红蛋白 | $1.40 \times 10^{-7}$ | 1.03 | 0.41 |
| 葡萄糖氧化酶-石墨烯量子点 | $1.80 \times 10^{-9}$ | 1.12 | 0.48 |
| Co 纳米粒子-碳纳米纤维 | $1.54 \times 10^{-10}$ | 1.13 | 0.58 |
| Cu-Co-Ni 纳米结构/碳纳米纤维 | — | 1.44 | 0.50 |
| 碳纳米管/葡萄糖氧化酶-辣根过氧化物酶 | $2.08 \times 10^{-10}$ | 1.52 | — |
| 聚吡咯-Co₃O₄/离子液体/葡萄糖氧化酶 | $1.59 \times 10^{-9}$ | 1.67 | 0.49 |
| Co 纳米珠/还原氧化石墨烯 | — | 1.78 | 0.61 |
| E-Co₃（BTC）/还原氧化石墨烯 | $1.22 \times 10^{-10}$ | 2.20 | 0.55 |
| NiF@GNS-Co₃O₄ NGs | $2.66 \times 10^{-6}$ | 2.81 | 0.82 |

NiF@GNS-Co₃O₄ NGs 电极之间的非均相电子转移速率常数（$k_s$）和转移系数（$\alpha$）通过 Laviron 方程进行估算[54]：

$$E_{p,a} = E^0 + \frac{RT \ln \upsilon}{(1-\alpha)nF} \tag{7-19}$$

$$E_{p,c} = E^0 - \frac{RT \ln \upsilon}{\alpha nF} \tag{7-20}$$

$$\log k_s = \alpha \log(1-\alpha) + (1-\alpha)\log \alpha - \log\left(\frac{RT}{nF\upsilon}\right) - \frac{(1-\alpha)\alpha nF \Delta E_p}{2.3RT} \tag{7-21}$$

式中，$\upsilon$ 表示扫描速率，$\Delta E_p$ 表示峰间电位差。根据 Co（OH）₂/CoOOH 氧化还原对的阳极和阴极峰的 $E_p$ 与 $\log \upsilon$ 的关系图 [图 7-14（b）]，计算出的 $k_s$ 值（2.81 s⁻¹）优于多种同类产品（表 7-4），这表明 NiF@GNS-Co₃O₄ NGs 表面上的氧化还原活性位点之间的电子转移速度更快。

通过测试并比较在无 3.0 mmol/L 葡萄糖和有 3.0 mmol/L 葡萄糖存在下的循环伏安（CV）曲线，可以明显看出，在加入葡萄糖后，NiF@GNSs-60 实现了最大的电流密度增量，为 4.01 mA/cm²（图 7-15），分别是 NiF@GNSs-40 和 NiF@GNSs-80 的 2.2 倍和 1.6 倍。因

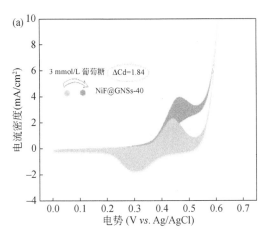
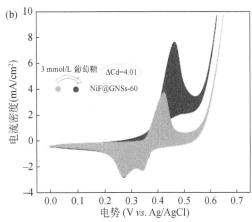

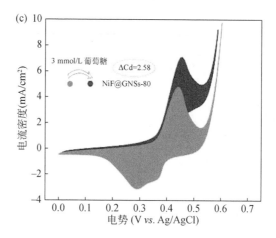

图 7-15 有无 3.0 mmol/L 葡萄糖时 NiF@GNSs-40、NiF@GNSs-60 和 NiF@GNSs-80 的 CV 曲线

此,我们选择 60 min 作为 PECVD 的反应时间。值得一提的是,在加入 3.0 mmol/L 葡萄糖后,NiF@GNSs 的响应电流主要与葡萄糖和 NiF 在 NaOH 电解质中氧化形成的氧化镍之间的化学反应有关。对于 GNSs 组分,其较大的表面积有助于吸附葡萄糖并增强葡萄糖与氧化镍之间的化学反应。过长的反应时间可能导致石墨烯层数增加和石墨烯团聚[60],从而降低比表面积和响应电流。

众所周知,温度和时间是水热反应的两个最重要的因素。我们选择三个反应温度 100℃、120℃和 140℃和三个反应时间段（8 h、10 h 和 12 h）来水热合成 $Co_3O_4$。所制备的复合材料编号为 NiF@GNS-$Co_3O_4$ NGs-$X$-$Y$（$X$ 和 $Y$ 分别代表温度和时间）。如图 7-16、图 7-17、图 7-18 所示,在九个样品中,NiF@GNS-$Co_3O_4$ NGs-120-10 实现了最高的响应电流增量,为 17.34 mA/cm²。因此,选择 NiF@GNS-$Co_3O_4$ NGs-120-10 进行后续表征和葡萄糖传感测试。

在 20 mV/s 的扫描速率下,研究了 NiF@GNS-$Co_3O_4$ NGs 对葡萄糖氧化的电化学响应性。随着葡萄糖浓度的逐渐增加,电流密度（峰 A2）的迅速且线性增加表明 NiF@GNS-$Co_3O_4$ NGs 具有良好的响应性［图 7-19（a）和（b）］。电流密度的增加与葡萄糖通过电子反应氧化为葡糖酸内酯有关。$CoO_2$ 的消耗和 CoOOH 的产生有利于 CoOOH⟶$CoO_2$ 的正向反

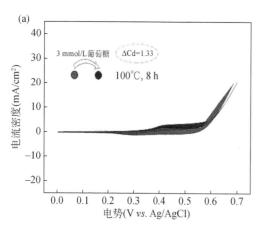

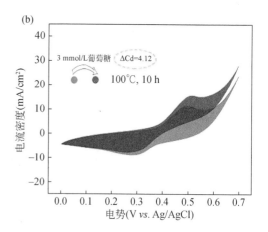

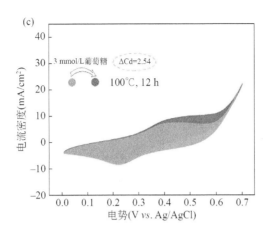

图 7-16　在有无 3.0 mmol/L 葡萄糖的情况下，NiF@GNS-Co$_3$O$_4$ NGs-100-$Y$ CV 曲线（$Y$ 代表时间）

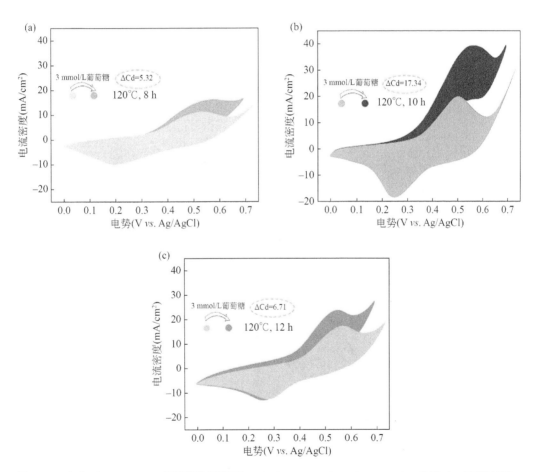

图 7-17　在有无 3.0 mmol/L 葡萄糖的情况下，NiF@GNS-Co$_3$O$_4$ NGs-120-$Y$ CV 曲线（$Y$ 代表时间）

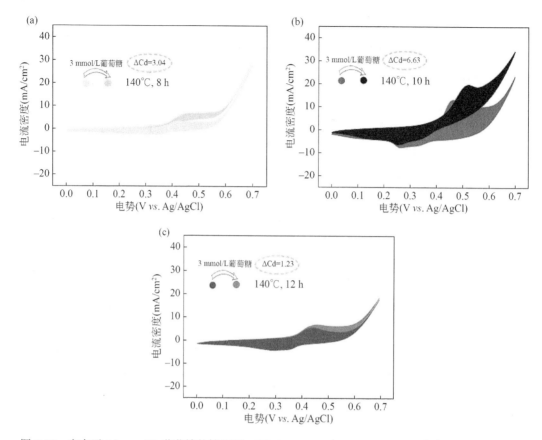

图 7-18    在有无 3.0 mmol/L 葡萄糖的情况下，NiF@GNS-Co$_3$O$_4$ NGs-140-$Y$ CV 曲线（$Y$ 代表时间）

应，从而在添加葡萄糖后导致氧化峰 A2 的增强。此外，在添加 3 mmol/L 葡萄糖后，三元 NiF@GNS-Co$_3$O$_4$ NGs 实现了最大的响应值 39.06 mA/cm$^2$，是二元材料（即 NiF@GNSs 和 NiF@ Co$_3$O$_4$ NGs）的 4.9 倍和 1.6 倍［图 7-19（c）］。三元 NiF@GNS-Co$_3$O$_4$ NGs 更好的电化学响应性强调了活性 GNSs 和 Co$_3$O$_4$ NGs 在自然启发的分级结构中的协同效应。

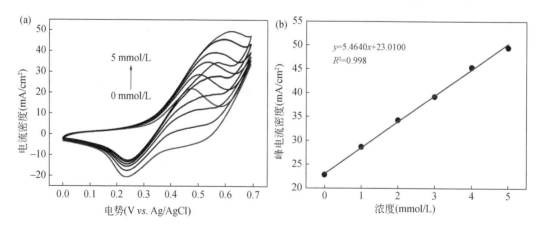

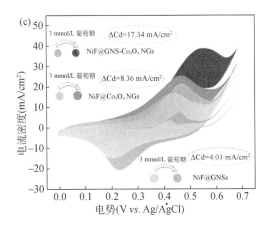

图 7-19　（a）NiF@GNS-Co₃O₄ NGs 在 0.5 mol/L NaOH 溶液中，葡萄糖浓度为 0~5 mmol/L，扫描速率为 20 mV/s 时的 CV 曲线；（b）氧化峰电流与葡萄糖浓度的关系图；（c）有无 3.0 mmol/L 葡萄糖时的 CV 曲线

　　对于电流响应的研究，我们在不同施加电位下记录了 NiF@GNS-Co₃O₄ NGs 的响应电流，结果表明+0.55 V 是葡萄糖响应电流检测的最佳电位［图 7-20（a）］。图 7-20（b）和（c）比较了在+0.55 V 电位下，连续添加不同浓度葡萄糖时，NiF@GNSs、NiF@ Co₃O₄ NGs 和 NiF@GNS-Co₃O₄ NGs 的电流-时间（*I-t*）曲线。显然，NiF@GNS-Co₃O₄ NGs 的所有响应都最为显著，进一步验证了其优越的电化学响应性。此外，其响应电流达到稳态时间仅需 1.8 s［图 7-20（d）］，表明葡萄糖与 NiF@GNS-Co₃O₄ NGs 之间的氧化反应速率很快。

　　图 7-21 展示了响应电流密度与葡萄糖浓度的拟合曲线。NiF@GNS-Co₃O₄ NGs 的拟合曲线在高达 $9.0 \times 10^{-3}$ mol/L 的范围内呈线性，具有超高的灵敏度 3849.6 μA·L/（mmol·cm²）和极低的检测限（LOD）$120 \times 10^{-9}$ mol/L（S/N=3）。特别是，该灵敏度值不仅优于对应的二元复合材料（NiF@GNSs 和 NiF@ Co₃O₄ NGs 分别为 442.2 μA·L/（mmol·cm²）和 1052.6 μA·L/（mmol·cm²），甚至比其他已报道的用于葡萄糖检测的非酶传感器数据高出一到两个数量级（表 7-5）[55,56]。

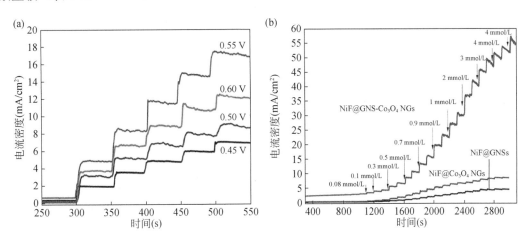

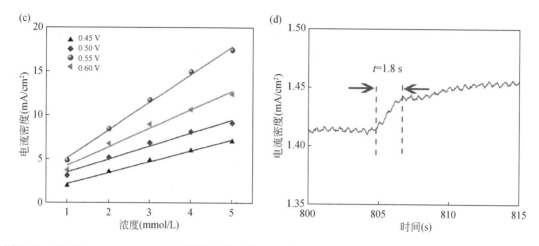

图 7-20　NiF@GNS-Co$_3$O$_4$ NGs（a）在不同电势下的 *I-t* 曲线；（b）在+0.55 V 电势下，连续向 0.1 mol/L NaOH 中添加葡萄糖的电流响应；（c）不同电势下的葡萄糖浓度与响应电流密度之间的关系；（d）对葡萄糖浓度变化的响应时间

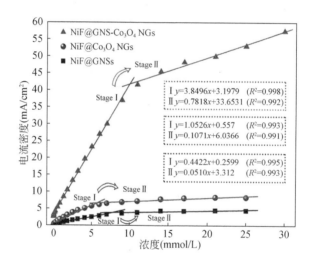

图 7-21　响应电流密度与葡萄糖浓度的线性拟合曲线

葡萄糖浓度的增加导致拟合曲线斜率的下降，因为葡萄糖的表面控制电化学氧化受到葡萄糖浓度和催化剂表面活性位点的影响。随着葡萄糖浓度的升高，可用的表面活性位点数量减少，因此电流增加的速度减慢。然而，与灵敏度类似，NiF@GNS-Co$_3$O$_4$ NGs 实现了比其他许多非酶葡萄糖传感器更宽的线性范围（两个阶段：1～10000 μmol/L 和 10000～30040 μmol/L）（表 7-5）。

据报道，许多基于金属和金属氧化物的非酶葡萄糖传感器容易被氯离子毒化[17]。在图 7-22 中，NiF@GNS-Co$_3$O$_4$ NGs 对 0.5 mmol/L 葡萄糖的电流响应在存在和不存在 0.1 mol/L NaCl 的情况下几乎相同，这表明该传感器能够在高浓度 Cl$^-$ 的样品（例如血液样品）中稳定工作。

表 7-5  贵金属和非贵金属基非酶传感器的葡萄糖传感性能比较

| 葡萄糖传感器 | 最大灵敏度 [μA·L/(mmol·cm²)] | 最大线性范围 (μmol/L) | LOD (μmol/L) | 响应时间 (s) | 稳定性（%） | 参考文献 |
|---|---|---|---|---|---|---|
| MOF-CoCu 氧化物/Cu 泡沫 | 11.9 | 1～1070 | 0.72 | — | 93.10（21 天） | [55] |
| 还原氧化石墨烯（rGO）/CuS | 53.5 | 1～2000 | 0.19 | 6 | 91（60 天） | [56] |
| Co₃O₄@纳米多孔碳 | 249.1 | 20～10700 | 5 | 3 | — | [57] |
| SWCNTs/Cu₂O/ZnO/石墨烯 | 466.1 | 600～11111 | — | — | — | [58] |
| CuO/Ni(OH)/碳布 | 598.6 | 50～8500 | 0.31 | 1 | 91.24（15 天） | [59] |
| Cu₂O/CuO/rGO | 635.3 | 10～14000 | 1.15 | — | 94（14 天） | [60] |
| Co(OH)F/碳布 | 1806 | 1～3500 | 0.75 | 5 | — | [61] |
| PtPb/多壁碳纳米管 | 17.8 | 0～11000 | 1.80 | 12 | — | [62] |
| ZnO/rGO/Pt | 17.6 | 200～1600 | — | 3 | 92（14 天） | [63] |
| Au@Cu₂O | 715 | 50～2000 | 18 | — | 89.90（28 天） | [64] |
| Ni-MoS₂/rGO | 256.6 | 5～8200 | 2.7 | 2 | 90（15 天） | [65] |
| PdCu/石墨烯水凝胶 | 48 | 1000～18000 | 20 | 10 | 80（14 天） | [66] |
| NiF@GNS-Co₃O₄ NGs | 3849.6 | 1～10000 10000～30040 | 0.12 | 1.82 | 93.0（30 天） | 本节工作 |

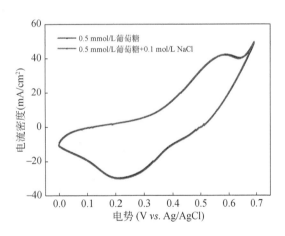

图 7-22  NiF@GNS-Co₃O₄ NGs 在扫描速率为 50 mV/s 的条件下，未添加和添加 0.1 mol/L NaCl 时的 CV 曲线

图 7-23 展示了 NiF@GNS-Co₃O₄ NGs 的抗干扰测试结果。根据美国 FDA《非处方使用自我监测血糖测试系统》（行业和食品药品监督管理局工作人员指导文件），人体血液中通常与葡萄糖共存的包括 26 种常见潜在干扰物（参见表 7-1），包括乙酰氨基酚、抗坏血酸、结合胆红素等。这些干扰物和葡萄糖依次添加到 0.1 mol/L NaOH 中，检测电位为 0.55 V。它们的添加浓度参考了其在人体血液中的正常水平。如图 7-23 所示，当将

三种不同浓度的葡萄糖（60 mg/dL、120 mg/dL 和 250 mg/dL）添加到电解质中时，可以清楚地识别出显著的电流响应。相比之下，对于干扰物，观察到的电流响应几乎可以忽略不计。低浓度可能是导致电流响应可忽略不计的主要原因。此外，值得一提的是，在引入 250 mg/dL 葡萄糖后，试验组和对照组之间的响应电流密度增量相似，表明干扰物的添加对葡萄糖传感几乎没有影响。结果表明，NiF@GNS-Co₃O₄ NGs 在人体血液系统中具有优异的抗干扰性能。

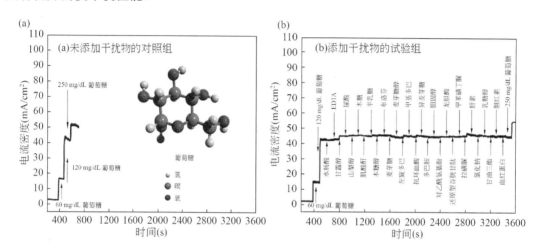

图 7-23    在 0.55 V、0.5 mol/L NaOH 中常见生理物质存在下的抗干扰试验

NiF@GNS-Co₃O₄ NGs 的长期稳定性研究是通过在一个月内，每隔 5 天测量其在 0.55 V 电势下对 0.5 mmol/L 葡萄糖的响应电流。如图 7-24（a）所示，响应电流保持了其原始值的约 93.0%，这表明 NiF@GNS-Co₃O₄ NGs 具有优异的工作稳定性。此外，循环稳定性测试前后的 Co₃O₄ NGs 的微观形貌几乎没有变化［如图 7-24（a）插图所示］，这进一步验证了其出色的结构稳定性。

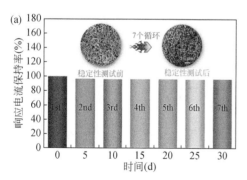

图 7-24    （a）通过测量在一个月内 NiF@GNS-Co₃O₄ NGs 电极对加入 0.5 mmol/L 葡萄糖的电流响应来评估长期稳定性，插图为 Co₃O₄ NGs 在 7 次循环前后的微观形貌；（b）NiF@GNS-Co₃O₄ NGs 仿生结构的反应机制示意图

关于可重复性研究，NiF@GNS-Co₃O₄ NGs 不仅表现出优异的单电极内可重复性［对

单个电极进行 5 次测量的相对标准偏差（RSD）仅为 1.1%]，而且在测试相同方法制造的 5 个电极时，电极间可重复性也非常出色，RSD 低至 3.5%（图 7-25），这验证了 NiF@GNS-$Co_3O_4$ NGs 的可靠性。NiF@GNS-$Co_3O_4$ NGs 在葡萄糖氧化方面实现了超高的灵敏度、快速的响应、低的检测限、宽的线性范围、出色的稳定性和可重复性。这些优势与受地质系统启发的层次结构所产生的"共生"效应有关［图 7-24（b）］，这些效应可总结如下。

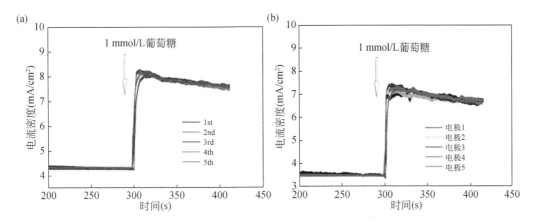

图 7-25　NiF@GNS-$Co_3O_4$ NGs 的电极内和电极间的可重复性

（a）电极分别加入 1 mmol/L 葡萄糖溶液 5 次时的电流响应，相对标准偏差为 1.1%；（b）相同方法制备的 5 个电极在加入 1 mmol/L 葡萄糖溶液时的电流响应，相对标准偏差为 3.5%

（1）石墨烯纳米片（GNSs）与 $Co_3O_4$ 纳米草（NGs）之间的强耦合效应［经拉曼分析确认，如图 7-10（b）所示］有助于形成强界面结合和出色的结构稳定性。理论模拟（密度泛函理论计算）证实，石墨烯与 $Co_3O_4$ 之间具有较高的结合能值（-1.80 eV）［图 7-26（a）］，进一步证明了它们之间界面的强耦合效应，并有助于实现卓越的稳定性。此外，草状纳米 $Co_3O_4$ 的大纵横比可能有助于缓解电化学反应中产生的应力[67]。这些优点在长期稳定性和可重复性方面起着关键作用。

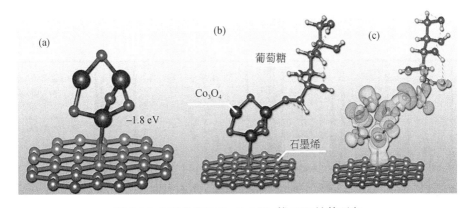

图 7-26　NiF@GNS-$Co_3O_4$ NGs 的 DFT 计算研究

（a）GNS-$Co_3O_4$ NGs 的几何优化结构、（b）GNS-$Co_3O_4$ NGs 上的葡萄糖吸附结构以及（c）$Co_3O_4$ 与石墨烯/葡萄糖界面处的三维差分电荷密度

（2）锚定在 GNSs 上的草状纳米 Co₃O₄（由数十个较小尺寸的纳米带组成）具有较大的比表面积（239.1 m²/g），能够为葡萄糖的吸附和反应提供大量的电活性位点，这对宽线性范围的实现至关重要。GNS-Co₃O₄ NGs 上葡萄糖的吸附能计算为-0.52 eV，计算方式为

$$E_A = E_{GNSs-Co_3O_4-glucose} - E_{GNSs-Co_3O_4} - E_{Glucose} \tag{7-22}$$

如图 7-26（b）所示，负的吸附能值表明，葡萄糖在 Co₃O₄ 表面的吸附在能量上是有利的。除了吸附能的优点外，密度泛函理论计算还证实了电子转移速率的提高。如图 7-26（c）所示，围绕 Co₃O₄ 的浅色区域比例较高，表明 Co₃O₄ 可以从 GNSs 中捕获电子，并可以观察到从 GNSs 到 Co₃O₄ 的显著电荷转移，这加速了整个结构中的电子传输，并极大地提高了 NiF@GNS-Co₃O₄ NGs 的电催化活性。这些贡献使得传感器具有灵敏和快速的响应。此外，GNSs 表面高度无序的暴露边缘和缺陷位点也有助于实现出色的灵敏度和响应性[68]。

（3）态密度（DOS）的计算表明，GNSs 和 Co₃O₄ 的集成将带隙从 0.44 eV（Co₃O₄）转变为 0 eV（GNS-Co₃O₄）［图 7-27（a）］，揭示出半导体钴氧化物已转化为更具导电性的形式。因此，电子更容易从价带最大值（VBM）转移到导带最小值（CBM），这有助于改善复合材料的电子导电性。在葡萄糖吸附到 GNS-Co₃O₄ 上后，带隙仍为零［图 7-27（b）］，验证了葡萄糖的吸附对复合材料导电性的影响可以忽略不计，并且复合材料具有强稳定性。如图 7-27（c）所示，重叠的阴影区域表明 Co₃O₄ 中的 Co 原子的 d 轨道与葡萄糖中的 O 原

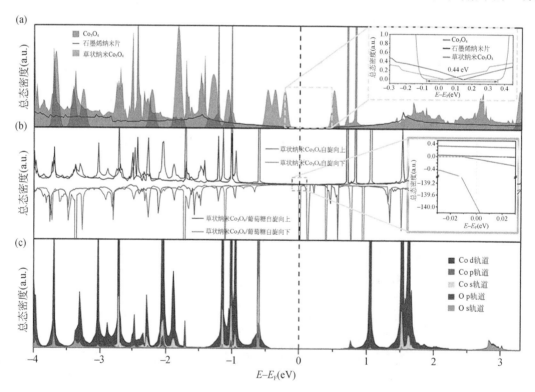

图 7-27 NiF@GNS-Co₃O₄ NGs 的 DFT 计算研究

（a）GNSs、Co₃O₄ NGs 和 GNS-Co₃O₄ NGs 的总态密度；（b）葡萄糖附着于 GNS-Co₃O₄ NGs 表面前后的总态密度；（c）GNS-Co₃O₄ NGs 中 Co 和 C 轨道的部分态密度谱，垂直虚线表示费米能级

子的 p 轨道之间的主要相互作用。这两个轨道高度分布在费米能级附近,这可以解释为 Co₃O₄ 中的电负性 O 原子失去了 Co 的 4s 电子,并且只有 3d 轨道参与葡萄糖-Co₃O₄ 键的形成。

为了进一步验证非酶 NiF@ GNS-Co₃O₄ NGs 传感器的可靠性,我们采用 NiF@ GNS-Co₃O₄ NGs 传感器测定真实人血清中的葡萄糖。自制血糖仪由传感模块和分析模块组成,可以快速、及时地分析血糖浓度(图 7-28)。

如图 7-29 所示,自制血糖仪的测量系统配置包括一个基于运算放大器(Op-based)的恒电位仪,该恒电位仪配有稳压电源电路、一个数据采集设备、一台带有通用接口总线(GPIB)的微型计算机(PC)以及一套实验室视图软件。基于运算放大器的恒电位仪采用商用光学相控阵(OPA)器件,在印刷电路板(PCB)上实现其功能。由 NI DAQ 卡自动访问的读数数据通过 GPIB 接口输入到 PC 中。配套的实验室视图软件编排了测试方案,通过 GPIB 控制相关仪器,以获得葡萄糖浓度结果。

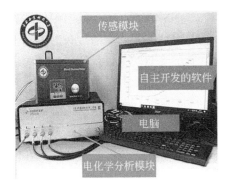

图 7-28　血糖仪的结构组成

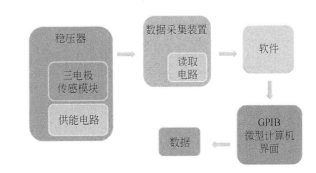

图 7-29　血糖仪的测量系统配置

图 7-30 描述了血糖仪的核心组件——三电极恒电位仪,它由电极、跨阻放大器、控制放大器和缓冲器组成。在三电极系统中,NiF@GNS-Co₃O₄ NGs、Ag/AgCl 电极和 Pt 电极分别作为工作电极(WE)、参比电极(RE)和对电极(CE)。其中,OP1 是跨阻放大器,OP2 是缓冲器,OP3 是控制放大器,OP4 是求和放大器。对于 OP4,与葡萄糖浓度相关的输出电压水平可以从低电平进一步放大到高电平,以满足系统要求。具有高输入阻抗的 OP1 确保只有少量电流过 RE,以保持恒定电压。RE 和 WE 之间的电势差保持恒定值,不受诱导电流信号的影响。控制放大器 OP3 提供一条电流路径,使电流流过 CE 和 WE,但不会分流到 RE。通过跨阻放大器 OP1,将感应电流转换为输出电压,其值与待测葡萄糖溶液的浓度成正比。在基于运算放大器的恒电位仪中增加了移位电路,以构建改进的恒电位仪结构,确保可以读出测量的氧化电流和还原电流。诱导电流输入到运算放大器 OP1,转换后的电压从测试系统恒电位仪中的运算放大器 OP4 输出。

对于三电极电化学传感器模块,如图 7-31 所示,电化学葡萄糖传感反应源于控制放大器在所需电池电位($V_{电池}$)下 CE 和 RE 之间的电位差。假设 WE 处的电位高于 RE 处,氧化电流将从 WE 流向 RE。相反,由于回流器的电位高于电极,电流将减小并流入回流器,再进入电流表。

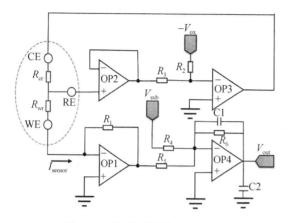 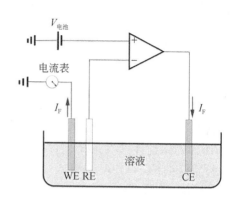

图 7-30 基于运算的恒电位器电路图    图 7-31 三电极测量电路的基本概念

按照葡萄糖、人血清和葡萄糖的顺序连续三次向 NiF@GNS-Co$_3$O$_4$ NGs 基血糖仪添加分析物测量响应电流（图 7-32）。葡萄糖浓度与电流密度的拟合图在人血清存在的情况下仍然具有良好的线性关系 [图 7-32（b）]。图 7-32（c）显示了 NiF@GNS-Co$_3$O$_4$ NGs 在

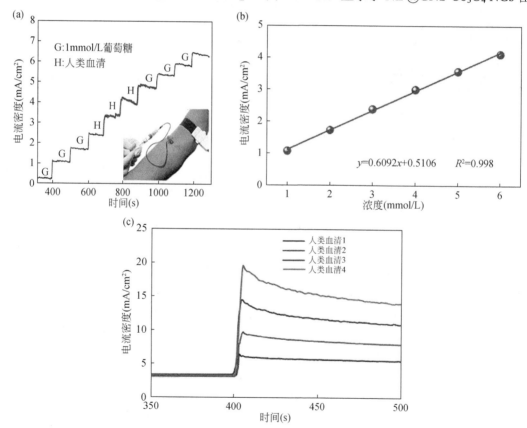

图 7-32 （a）按葡萄糖、人血清和葡萄糖的顺序连续三次添加分析物时 NiF@GNS-Co$_3$O$_4$ NGs 基血糖仪的响应电流；（b）葡萄糖浓度与电流密度拟合图；（c）NiF@GNS-Co$_3$O$_4$ NGs 基血糖仪在不同人血清样品中的电流响应

各种人血清样品中的电流响应。结果与医院在商业仪器上进行的血液检测结果一致。99.0%～100.9%的超高吻合率（表 7-6 和表 7-7）有力地验证了 NiF@GNS-Co$_3$O$_4$ NGs 具有理想的准确度和精密度，可用于常规血糖传感。

**表 7-6　实际应用 NiF@GNS-Co$_3$O$_4$ NGs 基血糖仪检测人血清样品中的葡萄糖浓度**

| 样品 | 医院检测（mmol/L） | 本仪器检测（mmol/L，$n=3$） | 吻合率（%） |
|---|---|---|---|
| 1 | 3.34 | 3.32 | 99.5 |
| 2 | 6.85 | 6.91 | 100.9 |
| 3 | 11.58 | 11.48 | 99.1 |
| 4 | 16.72 | 16.66 | 99.6 |

**表 7-7　生物传感器测定人血糖水平的吻合率比较**

| 生物传感器 | 吻合率（%） |
|---|---|
| 双金属 PdCu 纳米颗粒耦合 3D 石墨烯水凝胶 | 104.5（±4.5） |
| Nafion 膜/NiO 纳米纤维-还原氧化石墨烯/玻碳电极 | 102.36～105.38（2.36～5.38） |
| 氧化石墨烯-醋酸金改性玻璃碳电极 | 101.68～108.26（1.68～8.26） |
| 3D 红毛丹状 CuO 和 CuO/还原氧化石墨烯 | 94.8～101.4（-5.2～1.4） |
| NiO-氮掺杂碳@还原氧化石墨烯微球 | 95.2～101.9（-4.8～1.9） |
| E-Co$_3$(BTC)$_2$/rGO | 95.7～108.0（-4.3～8.0） |
| Co$_3$O$_4$-NiO 纳米针 | 95.7～108.0（-4.3～6.2） |
| Co-P 修饰纳米多孔铜框架 | 98.36（±1.64） |
| rGO@Co$_3$O$_4$-纳米碳/ITO | 98.1～105.3（-1.9～5.3） |
| 多孔氧化镍薄膜 | 102.4（±2.4） |
| NiF@GNS-Co$_3$O$_4$ NGs | 99.1～100.9（-0.9～0.9） |

## 7.1.5　小结

本节提出了一种受自然启发的设计理念，模仿并复制了岩石-土壤-草本的地质系统，通过结合等离子增强化学气相沉积（PECVD）和水热合成技术，创造了一种自支撑、分层的微纳米结构（NiF@GNS-Co$_3$O$_4$ NGs）。得益于其独特的结构优势和"共生效应"［即 NiF（岩石）的高导电性和刚度、GNSs（土壤）的高粗糙度和无序性，以及具有二次结构的 Co$_3$O$_4$ NGs（草本）的强催化活性和大表面积］，NiF@GNS-Co$_3$O$_4$ NGs 在葡萄糖传感方面表现出比许多贵金属和非贵金属基催化剂更优越的活性和稳定性。NiF@GNS-Co$_3$O$_4$ NGs 传感器实现了超高灵敏度［3849.6 μA·L/(mmol·cm$^2$)］、低检测限（120×10$^{-9}$ mol/L，信噪比为 3）、极短的响应时间（仅 1.8 s）、宽线性范围（两个阶段：1～10000 μmol/L 和 10000～30040 μmol/L）、强抗氯离子中毒功能、出色的抗干扰性能、长期稳定性（一个月后保持其初始值的 93%），以及卓越的电极内和电极间重现性。除了结构优势外，动力学研究和 DFT 计算还表明，其卓越的传感性能还源于 GNSs 和 Co$_3$O$_4$ 之间的强界面耦合。GNSs 向

$Co_3O_4$ 的电荷转移改善了整个复合结构的电子传输。当应用于测定人血清中的血糖水平时，使用自制血糖仪实现了 99.0%～100.9% 的超高吻合率。这些发现不仅有力地验证了 $NiF@GNS-Co_3O_4$ NGs 作为高性能血糖传感的潜力，而且还将促进自然启发理念在开发新型强大葡萄糖传感器中的应用。

## 7.2 聚吡咯/镍钴层状双氢氧化物/纳米纤维素气凝胶基血糖分子传感器

### 7.2.1 引言

糖尿病对人类健康构成严重威胁，通常由胰腺胰岛素合成不足或胰岛素利用率低引起[69]，因此，控制血糖水平对糖尿病的治疗至关重要。为了实现这一点，清晰、准确和及时地检测血糖浓度是必要前提。自 1962 年 Clark 和 Lyons 首次提出用于检测血糖水平的生物传感器概念以来[70]，电化学血糖传感器已被分为两类：①基于酶的血糖传感器（EGSs）；②非酶血糖传感器（NEGSs）。然而，EGSs 常常面临稳定性差和重复性差的问题，同时其酶固定过程复杂且烦琐[71]，这限制了其发展。相比之下，NEGSs 在多个方面优于酶类传感器，例如检测限更低、成本更低、响应更快、灵敏度更高且可逆性更好[72-73]。

在 NEGSs 的性能测试过程中，电极材料的活性发挥了关键作用。贵金属（如 Pt[74]、Au[75] 和 In[76]）及其合金（如 PtPd[77] 和 PtAu[78]）因响应灵敏和催化性能优良而被广泛应用。然而，贵金属及其合金通常容易被氯离子毒化导致失活，传感特性较弱，并且成本高；此外，它们还容易受到电化学副反应的干扰。因此，基于过渡金属（如 Cu、Ni 和 Co）及其氧化物/氮化物的葡萄糖氧化催化剂越来越受到关注[79-80]。除了电极组分，智能微纳结构也是决定 NEGSs 传感特性的重要因素[81-82]。

层状双金属氧化物（LDMOs）因其优异的电化学性能、高表面积和可调节的层间距而在生物传感器开发中获得了越来越多的关注[83]。使用 LDMOs 的生物传感器已被证明可以提高葡萄糖检测的灵敏度。这种改善源于 LDMOs 的大表面积和独特的电子特性，使其能够高效且灵敏地检测葡萄糖分子。LDMOs 也已被用于提高生物传感器的葡萄糖选择性[84]。此外，LDMOs 可以在纳米尺度上合成，使其非常适合集成到微型或纳米级生物传感器中，从而推动高性能小型化生物传感器的发展[85]。

除了上述活性材料外，活性材料直接原位生长在自支撑基底（泡沫镍、碳布、碳纸等）上，可提高材料的稳定性[86, 87]。然而，这些基底材料通常具有低孔隙率、微结构不可调节和亲水性差等特点。因此，寻找具有丰富孔隙和可调结构的新型基底材料至关重要。纤维素纳米纤丝（CNF）是从高等植物细胞壁中提取的，由于其丰富的羟基，容易组装成多孔气凝胶材料[88]。这种绿色 CNF 气凝胶具有多孔的亲水网络，可以提供丰富的反应腔体以支持活性物质的原位生长，并吸附反应离子以加速催化反应。迄今为止，CNF 气凝胶已成为应力传感器[89]、超级电容器[90] 和太阳能电池[91] 等应用的核心材料。然而，CNF 气凝胶在 NEGSs 领域的应用仍然较为少见。

本节我们构建了一种具有分层次多孔结构的纤维素纳米纤丝气凝胶,该气凝胶拥有三维交联网络。将这种电绝缘材料作为核心,与导电的聚吡咯(PPy)结合,形成一个高导电性的核壳基底。通过电沉积将这种导电多孔基底与对葡萄糖敏感的镍钴层状双氢氧化物(CoNi-LDH)整合,形成一个高活性的多级结构。在协同效应下,这种三元 CoNi-LDH/PPy@CNF 气凝胶电极展现出卓越的葡萄糖传感性能,包括宽线性范围(两个阶段:$0.001\sim8.145$ mmol/L 和 $8.145\sim35.500$ mmol/L)、高灵敏度[$851.4$ μA·L/(mmol·cm$^2$)]、短响应时间($2.2$ s)、良好的抗干扰能力以及长期稳定性。

## 7.2.2 聚吡咯/镍钴层状双氢氧化物/纳米纤维素气凝胶的制备

### 7.2.2.1 试验材料

试验主要使用的化学试剂如下:九水合硝酸铝[$Al(NO_3)_3\cdot 9H_2O$]、对甲苯磺酸($C_7H_8O_3S\cdot H_2O$)、六水合硝酸镍[$Ni(NO_3)_2\cdot 6H_2O$]、六水合硝酸钴[$Co(NO_3)_2\cdot 6H_2O$]、氢氧化钠(NaOH)、葡萄糖、D-果糖、抗坏血酸、尿酸、叶酸、乳糖和蔗糖均购自国药集团化学试剂有限公司,吡咯($C_4H_5N$)购自上海麦克林生化科技有限公司,纤维素纳米纤丝(CNF)购自天津市木精灵生物科技有限公司,多巴胺购自阿拉丁试剂(上海)有限公司。所用化学试剂均为分析纯级别,使用前没有进一步处理。

### 7.2.2.2 CNF 气凝胶的制备

CNF 分散液是以云杉为原料,采用 TEMPO 氧化法制备的[92, 93],质量浓度为 1.19%。通过 $Al^{3+}$ 交联法和冷冻干燥两步工艺制备 CNF 气凝胶。具体步骤为:首先称取一定量的 CNF 分散液于玻璃容器中,搅拌以形成低黏度液体,然后转移到真空干燥箱中进行脱气处理,以形成均匀的混合物。然后,将等重量的 50 mmol/L 的 $Al(NO_3)_3$ 水溶液沿容器壁缓慢注入到 CNF 中,在 5℃冰箱中静置 48 h 后,倒出顶部的金属盐溶液,将所得水凝胶用水浸泡以去除未结合的金属离子。然后分别用乙醇和叔丁醇进行溶剂交换。冷冻干燥 48 h,完全去除叔丁醇,得到交联的 CNF 气凝胶。

### 7.2.2.3 PPy@CNF 气凝胶的制备

分层次多孔 PPy@CNF 气凝胶的制备分为两步。第一步是将 CNF 气凝胶与吡咯、对甲苯磺酸混合。首先取 50 mL 去离子水,取一定量的吡咯加入其中,搅拌使吡咯均匀分散,CNF 与吡咯的质量比取 1:1。然后,以吡咯和对甲苯磺酸的摩尔比为 2:1 的条件将对甲苯磺酸加入到上述溶液中。将系统温度控制在 10℃左右,磁力搅拌 1 h。然后加入 CNF 气凝胶,缓慢搅拌 1 h,以确保有足够的吡咯进入 CNF。第二步是吡咯的原位聚合。称取一定量的 $FeCl_3\cdot 6H_2O$,溶于 50 mL 去离子水中制备 $FeCl_3$ 溶液,$FeCl_3\cdot 6H_2O$ 与吡咯的摩尔比为 2:1。然后将 $FeCl_3$ 溶液缓慢滴加到第一步的混合溶液中,磁力搅拌 8 h 后,将样品取出用去离子水反复冲洗。冷冻干燥 48 h,即可得到干燥的分层次多孔 PPy@CNF 气凝胶。

### 7.2.2.4　CoNi-LDH/PPy@CNF 气凝胶的制备

分层次多孔 CoNi-LDH/PPy@CNF 电极材料的制备是在三电极体系下，以 0.3 mol/L Ni(NO₃)₂•6H₂O 和 0.18 mol/L Co(NO₃)₂•6H₂O 溶液为电解液，CNF/PPy 气凝胶、Ag/AgCl 和铂片分别为工作电极、参比电极和对电极，电位范围为-0.5～-1.1 V，采用扫描速率为 5 mV/s 的循环伏安法（CV）进行电沉积处理。经过 5、10、15 和 20 次 CV 循环的样品分别标记为 CoNi-LDH/PPy@CNF 气凝胶-5、气凝胶-10、气凝胶-15 和气凝胶-20。样品用超纯水反复清洗后，进行冻干处理 48 h。

### 7.2.2.5　结构表征

样品的显微形态和元素组成通过扫描电子显微镜（SEM，Zeiss Sigma）、透射电子显微镜（TEM，JEOL JEM F200）和能量色散 X 射线（EDX）光谱法进行研究。傅里叶变换红外光谱（FTIR）在 Thermo Scientific Nicolet iS20 光谱仪上记录，分辨率为 4 cm⁻¹。X 射线光电子能谱（XPS，Thermo Scientific）用于研究表面化学组成。Brunauer-Emmett-Teller（BET）吸附-脱附等温线、BET 比表面积、孔体积和孔径分布通过 77 K 下的 N₂ 吸附实验使用 Quantachrome Autosorb-IQ 气体吸附分析仪测定。电导率使用四探针电阻测量系统（RTS-9，广州四探针科技有限公司）进行测试。热稳定性通过热重分析仪（TA Q600）在 N₂ 气氛中，按升温速率为 10℃/min，从室温升高到 700℃进行测定。X 射线衍射（XRD）图谱在 Bruker D8 Advance TXS XRD 仪器上记录，使用 Cu Kα 辐射（λ=1.5418 Å），扫描速率为 4°/min，扫描范围从 10°到 80°。高效液相色谱（HPLC）在 Shimadzu LC-20A HPLC 系统上进行，配备折光率检测器（RIA-10A）、NH₂ 柱（250 mm × 4.6 mm，3.5 μm）、SIL-20A Prominence 自动进样器和 Prominence CTO-20AC 柱温控器。

### 7.2.2.6　电化学表征

使用三电极体系来评估电极对葡萄糖的传感性能，实验在常温（25℃）下进行，使用 CS3501 电化学工作站。在该体系中，复合气凝胶作为工作电极，Ag/AgCl 电极作为参比电极，铂电极作为对电极。电解质采用 0.5 mol/L 的 NaOH 溶液。生物传感器的灵敏度通过以下公式（7-23）计算：

$$灵敏度 = \frac{S}{A} \tag{7-23}$$

其中，$S$（μA·L/mmol）为线性拟合曲线的斜率，$A$（cm⁻²）为电极的几何面积。电极对葡萄糖的检测限（LOD）是基于信噪比 S/N=3 计算的，计算公式如下：

$$LOD = \frac{3\sigma}{S} \tag{7-24}$$

其中，$\sigma$ 是背景电流的标准差。

在电极内重复性研究中，对单个 CoNi-LDH/PPy@CNF 气凝胶电极进行五次平行测试，测试浓度为 1 mmol/L 葡萄糖，并在相同条件下进行。电极间重复性研究中，将在相同条件下制备的五个 CoNi-LDH/PPy@CNF 气凝胶电极进行不同批次的比较。最后，为了评估

CoNi-LDH/PPy@CNF 气凝胶电极的实际应用,使用响应电流法测试人血清样本的葡萄糖浓度,并将分析结果与医院提供的结果进行比较。所有试验均遵循中华人民共和国卫生部动物管理规定(2001 年第 55 号文件)。电化学阻抗谱测试在 0.01~$10^5$ Hz 的频率范围内进行,交流幅度为 5 mV。

## 7.2.3　微观形貌、元素分析和晶体结构

精细的组成和智能的微纳米结构是决定 NEGS 电极传感性能的两个最重要因素。如图 7-33 所示,为了开发强大的 NEGS 电极,首先通过 CNF 的自组装,使用 $Al^{3+}$ 作为交联剂构建三维(3D)多孔气凝胶。为了实现良好的导电性,在 CNF 气凝胶的 3D 骨架上原位生长导电的 PPy。随后,将具有核壳结构的导电 PPy@CNF 气凝胶进行电化学沉积(CV 循环法),在 $Ni(NO_3)_2$ 和 $Co(NO_3)_2$ 的混合溶液中原位沉积 CoNi-LDH,反应过程如下:

$$NO_3^- + 8e^- + 6H_2O \longrightarrow 9OH^- + NH_3 \uparrow \tag{7-25}$$

$$M^+ + 2OH^- \longrightarrow M(OH)_2 \tag{7-26}$$

其中,M 代表 $Ni^{2+}$ 或 $Co^{2+}$。

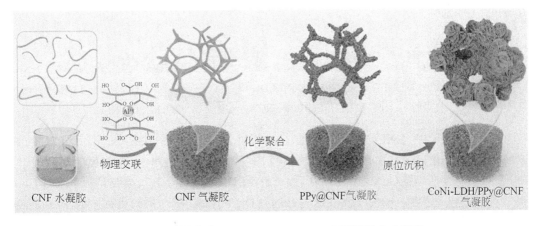

图 7-33　分层多孔 CoNi-LDH/PPy@CNF 气凝胶的合成策略

在沉积过程中,$NO_3^-$ 被还原释放出 $NH_3$ 和 $OH^-$,金属阳离子($Co^{2+}$ 或 $Ni^{2+}$)与生成的 $OH^-$ 结合,形成 $Co(OH)_2$ 或 $Ni(OH)_2$,最终在 PPy@CNF 气凝胶的骨架表面沉积 CoNi-LDH。LDH 材料具有独特的二维层状结构,由于其层级结构和较大的比表面积,展现出高的氧化还原活性,提供了丰富的反应位点用于催化反应[94]。

通过 SEM 观察了通过物理交联的 CNF 和 PPy@CNF 气凝胶的微观形貌和结构。如图 7-34(a)所示,交联的 CNF 气凝胶由孔隙丰富的三维纤丝网络组成,这些纳米纤丝的直径范围从 5~42 nm。经过 PPy 聚合后,CNF 气凝胶骨架的光滑表面变得非常粗糙,并均匀地覆盖了一层导电聚合物 PPy[图 7-34(b)],使得 PPy@CNF 气凝胶的电导率达到 0.34 S/m。PPy 生长后,三维 CNF 网络保持良好。

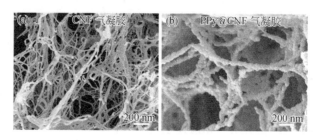

图 7-34　（a）CNF 气凝胶的 SEM 图像；（b）PPy@CNF 气凝胶的 SEM 图像

图 7-35 显示了在不同 CV 循环次数下进行 CoNi-LDH 电沉积后的 PPy@CNF 气凝胶样品的微观结构。由图可见，CoNi-LDH 纳米片在 PPy@CNF 气凝胶的骨架上均匀生长，这些纳米片连接在一起，紧密交织，组装成三维花状结构。随着 CV 循环次数从 5 增加到 10 再到 15，纳米片的直径逐渐从约 47 nm 增加到约 90 nm，最终达到约 159 nm。这种直径的增加可能有助于增加用于葡萄糖吸附的活性位点数量[95]。当 CV 循环次数增加到 20 时，这些纳米片会出现褶皱，且进一步紧密交联。

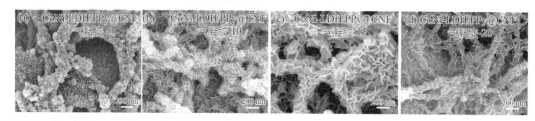

图 7-35　CoNi-LDH/PPy@CNF 气凝胶-5（a）、CoNi-LDH/PPy@CNF 气凝胶-10（b）、CoNi-LDH/PPy@CNF 气凝胶-15（c）和 CoNi-LDH/PPy@CNF 气凝胶-20（d）的 SEM 图像

在 EDX 分析中，CNF 气凝胶主要由 C、O 和 Al 组成 [图 7-36（a）]，而 PPy@CNF 气凝胶则显示了来自聚合物 PPy 的新信号 N [图 7-36（b）]。此外，C 峰强度的提高进一步证明了 PPy 的存在。与 CoNi-LDH 结合后，CoNi-LDH/PPy@CNF 气凝胶显示了来自 Co 和 Ni 的特征信号 [图 7-36（c）]。此外，这些 CoNi-LDH/PPy@CNF 气凝胶实现了 0.09～0.21 S/m 的良好电导率。

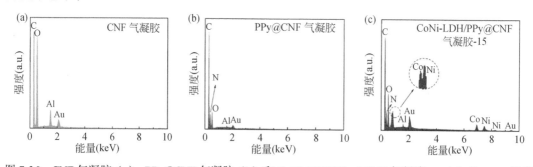

图 7-36　CNF 气凝胶（a）、PPy@CNF 气凝胶（b）和 CoNi-LDH/PPy@CNF 气凝胶-15（c）的 EDX 图谱

图 7-37 展示了 CoNi-LDH/PPy@CNF 气凝胶-15 的 TEM 和 HRTEM 观察结果。通过 TEM 观察 [图 7-37（a）和（b）]，进一步研究了 CoNi-LDH/PPy@CNF 气凝胶-15 的微观结构。

与 SEM 结果类似,观察到大量交织的 2D 纳米片构成了 3D 花状结构。这种分级结构应有助于提高电解质的渗透性,加速电子传输,并为活性材料催化氧化葡萄糖提供足够的空间[96]。在 HRTEM 图像中观察到的清晰晶格条纹 [图 7-37 (c)],对应于材料内特定的 (*hkl*) 晶面;0.150 nm 的间距归因于 Co(OH)$_2$ 的 (111) 面,而 0.270 nm 的间距则归因于 Ni(OH)$_2$ 的 (100) 面。

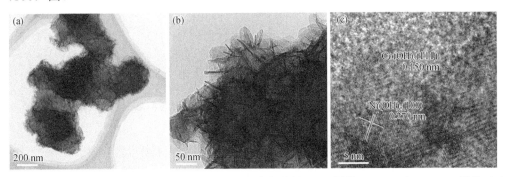

图 7-37 CoNi-LDH/PPy@CNF 气凝胶-15 的不同放大倍数的 TEM 图像(a,b)和 HRTEM 图像(c)

图 7-38 (a) 展示了 CoNi-LDH/PPy@CNF 气凝胶-15 的元素分布。显然,Ni 和 Co 元素均匀地分布在 C 和 O 的骨架中,确认 CoNi-LDH 均匀地电沉积在 CNF 基底上。CoNi-LDH/PPy@CNF 气凝胶-15 及其前驱体的化学成分通过 FTIR 进行了研究。在图 7-38 (b)中,对于 CNF 分散液和交联的 CNF 气凝胶,分别在约 3360 cm$^{-1}$、2915 cm$^{-1}$、1775 cm$^{-1}$、1593 cm$^{-1}$ 和 1052 cm$^{-1}$ 处的吸收峰被归因于 OH 基团、—CH$_2$ 拉伸、C=O 拉伸、—COO 拉伸以及 TEMPO 氧化纤维素结构中的—CH$_2$ 弯曲振动[97, 98]。结果表明,物理交联并未破坏 CNF 的化学结构。此外,在负载 PPy 后,PPy 的特征峰出现在 PPy@CNF 气凝胶的 FTIR 光谱中,分别为 1466 cm$^{-1}$、1333 cm$^{-1}$ 和 788 cm$^{-1}$,对应于吡咯环中的 C—N 拉伸振动、C—N 面内变形和 C—H 面外变形[99]。915 cm$^{-1}$ 的吸收峰与=C—H 面外振动有关,证明了吡咯的聚合[100]。这些结果验证了 PPy 在 CNF 表面的成功合成。对于三元复合材料,FTIR 信号与 PPy@CNF 气凝胶相同。

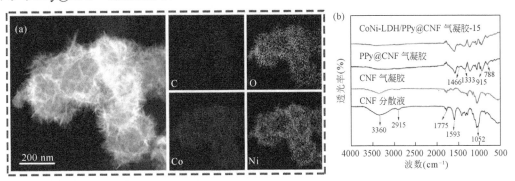

图 7-38 CoNi-LDH/PPy@CNF 气凝胶-15 的 EDX 图谱(a)和傅里叶变换红外光谱(b)

晶体结构通过 XRD 分析进行研究。图 7-39 显示了 CoNi-LDH/PPy@CNF 气凝胶-15 的 XRD 图谱。这些衍射峰分别出现在 19.2°、32.6°、33.2°、38.0°、38.6°、51.4°、52.1°、58.0°、

59.1°、61.6°、62.7°、67.9°、69.5°、71.5°和72.8°处，分别与 Ni(OH)$_2$ 和 Co(OH)$_2$ 的特征晶面很好地匹配。这表明 Co(OH)$_2$ 和 Ni(OH)$_2$ 已包含在复合材料中。

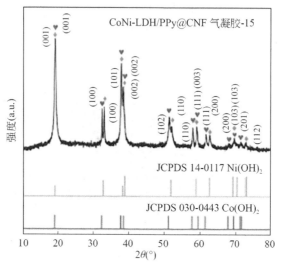

图 7-39　CoNi-LDH/PPy@CNF 气凝胶-15 的 XRD 图谱

孔隙特征通过氮气吸附分析进行评估。图 7-40（a）显示了 CoNi-LDH/PPy@CNF 气凝胶-15 及其前驱体 PPy@CNF 气凝胶和 CNF 气凝胶的 N$_2$ 吸附-脱附等温线。所有吸附等温线在初期阶段（$P/P_0=0\sim0.02$）都显示出一定量的吸附，表明存在微孔。随后，随着 $P/P_0$ 的上升，吸附量持续增加，形成明显的滞后环，这一现象表明存在介孔[101]。在接近 $P/P_0=1.0$ 时，吸附量未达到稳定阶段，揭示了三种材料中都存在大孔。CNF 气凝胶、PPy@CNF 气凝胶和 CoNi-LDH/PPy@CNF 气凝胶-15 的比表面积分别为 59.85 m$^2$/g、42.90 m$^2$/g 和 33.59 m$^2$/g。考虑到 CoNi-LDH 的含量（约 5.1%，质量分数），这一数据通过 TG 分析推导得出，CoNi-LDH 的 BET 比表面积为［（42.90-33.59）/5.1%］=182.5 m$^2$/g。活性物质的大表面积提供了较大的有效面积，并暴露了相对较高的活性位点，这有利于氧化葡萄糖、传输电子和提高催化

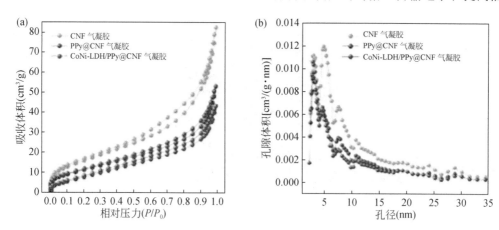

图 7-40　CoNi-LDH/PPy@CNF 气凝胶-15 的 N$_2$ 吸附-脱附等温线（a）和孔径分布图（b）

活性。孔径分布图通过 Barrett-Joyner-Halenda 方法确定，显示 CoNi-LDH/PPy@CNF 气凝胶-15 的孔径主要分布在 1～35 nm 范围内 [图 7-40 (b)]。在 1～9.8 nm 范围内的峰值反映了这一范围内孔隙的高比例。

　　XPS 是研究复合材料的化学价态和成分的有效工具。CoNi-LDH/PPy@CNF 气凝胶-15 的 XPS 分析结果如图 7-41 所示。图 7-41 (a) 显示了 CoNi-LDH/PPy@CNF 气凝胶-15 的全谱，证实了材料中存在 C、O、N、Ni 和 Co 元素。图 7-41 (b) 展示了 C 1s 核心能级谱，其中 284.3 eV、285.4 eV、286.9 eV 和 288.0 eV 的四个拟合峰分别对应于 C=C/C—C、C—N、C—OH 和 C—O—C[34]。其中 C=C 和 C—N 信号源于 PPy 组分。在 O 1s 光谱中 [图 7-41 (c)]，529.8 eV 处的结合能归属于 CoNi-LDH 晶格中的氧原子，而 531.3 eV 和 532.8 eV 处的峰值分别代表了 CoNi-LDH 中的吸附 OH 基团和 CoNi-LDH/PPy@CNF 气凝胶表面上的分子水。在 N 1s 光谱中，PPy@CNF 气凝胶的三个拟合峰分别位于约 400.5 eV、399.3 eV 和 398.6 eV，这些峰分别对应于正电荷氮（—N$^+$—）、胺基团（—NH—）和亚胺基团（—N=）[102]，进一步确认了 PPy 的存在。结合 CoNi-LDH 后，出现了一个新的峰 399.0 eV [图 7-41 (d)]，这与 Co$^{2+}$/Ni$^{2+}$ 与 N 原子之间的强配位结合有关[103]。这种强配位作用增强了 PPy 与 CoNi-LDH 之间的界面接触，有效提升了界面电荷传输[104]。

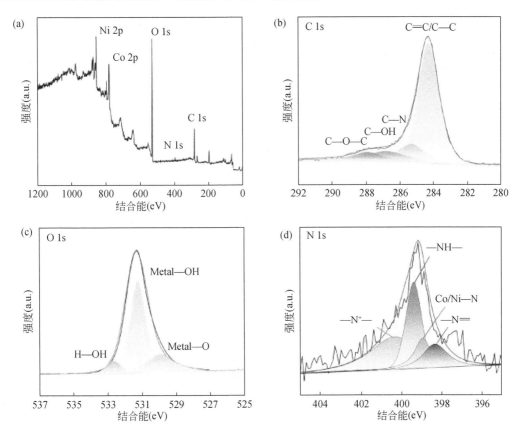

图 7-41　CoNi-LDH/PPy@CNF 气凝胶-15 的 XPS 光谱

（a）全谱；（b）C 1s；（c）O 1s；（d）N 1s

Ni 2p 核心能级的 XPS 光谱呈现两个特征峰（Ni 2p$_{3/2}$ 和 Ni 2p$_{1/2}$）以及两个卫星峰[图 7-42（a）]。Ni 2p 的衍射峰位于 855.8 eV 和 873.5 eV，这些峰来源于 Ni$^{2+}$ 的结合能[105]。此外，Co 2p 的高分辨 XPS 光谱显示了两个卫星峰和位于 781.0 eV 和 796.5 eV 的特征峰[图 7-42（b）]，这些峰与 Co$^{2+}$ 的 2p$_{3/2}$ 和 2p$_{1/2}$ 轨道有关[106]。因此，可以得出结论，CoNi-LDH 主要由 Co$^{2+}$ 和 Ni$^{2+}$ 组成，这证实了方程（7-25）和方程（7-26）的推测。

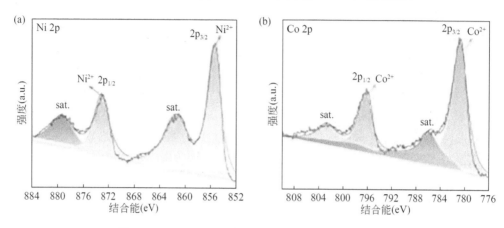

图 7-42　CoNi-LDH/PPy@CNF 气凝胶-15 的 XPS 光谱

### 7.2.4　血糖分子传感性能

为了比较不同 CV 循环次数下 CoNi-LDH/PPy@CNF 气凝胶样品对葡萄糖分子的传感活性，在加入 3 mmol/L 葡萄糖前后测量了 CV 图谱。对于所有 CoNi-LDH/PPy@CNF 气凝胶样品，20 mV/s 下的 CV 图谱在 0～0.7 V 之间呈现明显的峰值（图 7-43），这些峰值来源于 Ni(OH)$_2$/NiOOH、NiOOH/NiO$_2$、Co(OH)$_2$/CoOOH 和 CoOOH/CoO$_2$ 转化中的氧化还原反应[106]。

$$Ni(OH)_2 + OH^- \rightleftharpoons NiOOH + H_2O + e^- \qquad (7-27)$$

$$NiOOH + OH^- \rightleftharpoons NiO_2 + H_2O + e^- \qquad (7-28)$$

$$Co(OH)_2 + OH^- \rightleftharpoons CoOOH + H_2O + e^- \qquad (7-29)$$

$$CoOOH + OH^- \rightleftharpoons CoO_2 + H_2O + e^- \qquad (7-30)$$

在加入 3 mmol/L 葡萄糖后，峰值集中在 0.4～0.5 V 处显著提高。这一电流密度的增加与葡萄糖通过 2 个电子的反应氧化成葡萄糖内酯有关，反应方程式为 CoO$_2$/NiO$_2$+C$_6$H$_{12}$O$_6$（葡萄糖）$\longrightarrow$CoOOH/NiOOH+C$_6$H$_{10}$O$_6$（葡萄糖内酯）。CoO$_2$/NiO$_2$ 的消耗和 CoOOH/NiOOH 的生成促进了 CoOOH/NiOOH$\longrightarrow$CoO$_2$/NiO$_2$ 的正向反应，从而增强了添加葡萄糖后的氧化峰值。显然，在添加 3 mmol/L 葡萄糖后，CoNi-LDH/PPy@CNF 气凝胶-15 实现了最大的响应值 8.57 mA/cm$^2$，比 5、10 和 20 次循环下的 CoNi-LDH/PPy@CNF 气凝胶高 2.7、1.5 和 1.7 倍。这些结果表明，CoNi-LDH/PPy@CNF 气凝胶-15 对葡萄糖的电化学响应性最高。

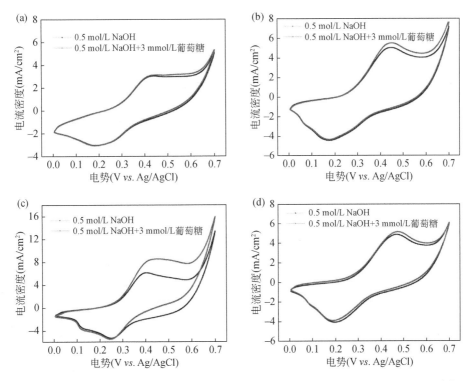

图 7-43　CoNi-LDH/PPy@CNF 气凝胶在含有和不含 3.0 mmol/L 葡萄糖、扫描速率为 20 mV/s 时的 CV 曲线
（a）CoNi-LDH/PPy@CNF 气凝胶-5；（b）CoNi-LDH/PPy@CNF 气凝胶-10；（c）CoNi-LDH/PPy@CNF 气凝胶-15；（d）
CoNi-LDH/PPy@CNF 气凝胶-20

此外，CoNi-LDH/PPy@CNF 气凝胶-15 的响应值比 PPy@CNF 气凝胶高 5.7 倍，比 Ni(OH)$_2$/
PPy@CNF 气凝胶高 1.4 倍，比 Co(OH)$_2$/PPy@CNF 气凝胶高 1.3 倍。CoNi-LDH/PPy@CNF
气凝胶-15 提升的电化学响应性强调了活性 CoNi-LDH、导电 PPy 和多孔 CNF 气凝胶三者
之间的协同效应的重要性。

　　图 7-44 显示了在 20 mV/s 的扫描速率下，CNF@PPy 气凝胶在 0.5 mol/L NaOH 电解液
中存在和不存在 3.0 mmol/L 葡萄糖溶液时的 CV 曲线。可以看出，加入葡萄糖前后的两条
CV 曲线几乎重叠，CNF@PPy 气凝胶电极对葡萄糖几乎没有电催化氧化能力，表明
CNF@PPy 气凝胶只是作为导电基底而不参与葡萄糖氧化过程。

　　图 7-45 分析了 CoNi-LDH/PPy@CNF 气凝胶-15 的电催化葡萄糖氧化机制。首先，通
过在含有 1 mmol/L 葡萄糖的电解液，在 0～0.7 V（相对于 Ag/AgCl）的电势范围内进行不
同扫描速率的 CV 测试 [图 7-45（a）]，研究了 CoNi-LDH/PPy@CNF 气凝胶-15 的电化学
动力学行为。相应的氧化和还原峰电流密度与扫描速率的关系如图 7-45（b）所示；随着扫
描速率的增加，电流密度逐渐增加。氧化峰和还原峰的电流密度与扫描速率之间呈现良好
的线性关系，表明该过程是表面控制的[109]。图 7-45（c）和（d）展示了氧化峰电流密度
与葡萄糖浓度的关系。显然，随着葡萄糖浓度从 0 增加到 5 mmol/L，峰电流值呈线性增长，
这证实了电极对各种浓度葡萄糖溶液的卓越响应能力。

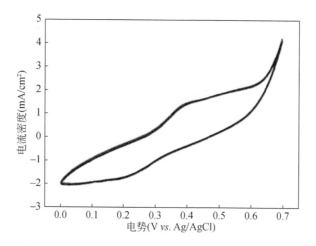

图 7-44　CNF/PPy 在 0.5 mol/L NaOH 溶液中，在有无 0.3 mmol/L 葡萄糖情况下的 CV 曲线

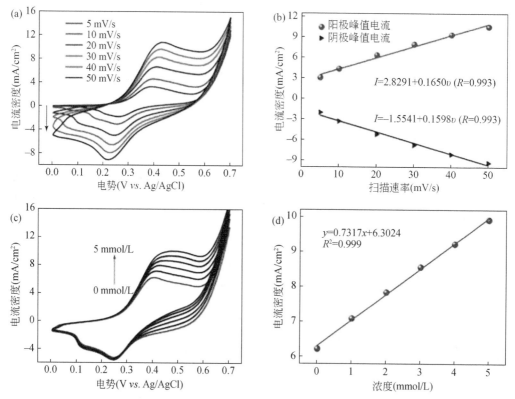

图 7-45　（a）CoNi-LDH/PPy@CNF 气凝胶-15 在 0.5 mol/L NaOH 溶液和 1.0 mmol/L 葡萄糖溶液中，不同扫描速率（5～50 mV/s）下的 CV 曲线；（b）氧化还原峰电流密度与扫描速率的线性关系图；（c）CoNi-LDH/PPy@CNF 气凝胶-15 在 0.5 mol/L NaOH 溶液中，不同浓度的葡萄糖溶液下的 CV 曲线（扫描速率为 20 mV/s）；（d）氧化峰电流密度与葡萄糖浓度的线性关系图

在研究 CoNi-LDH/PPy@CNF 气凝胶-15 的电流响应之前，需要确定最佳工作电势。图 7-46 展示了 CoNi-LDH/PPy@CNF 气凝胶-15 的 $i$-$t$ 曲线以及抗毒性和抗干扰性能。图 7-46

（a）对比了在不同施加电势（0.40 V、0.45 V、0.50 V 和 0.55 V *vs.* Ag/AgCl）下的响应电流。显然，0.40 V 和 0.55 V 的电势分别显示了最小和最大的阶跃响应电流。然而，在 0.55 V 的电势下，*i-t* 曲线上出现了许多尖峰，信号变得越来越不稳定。因此，0.50 V 被选择为葡萄糖 *i-t* 曲线测试的最佳电位。图 7-46（b）展示了在+0.50 V 电势下，CoNi-LDH/ PPy@CNF 气凝胶-15 电极上，连续添加不同浓度葡萄糖的 *i-t* 曲线。结果显示，响应电流随着葡萄糖浓度的增加而逐步增加；即使在极低葡萄糖浓度（μmol/L）的水平下，也能观察到非常明显的电流响应 [图 7-46（b）的插图]。图 7-46（c）展示了电流密度与葡萄糖浓度的拟合图。

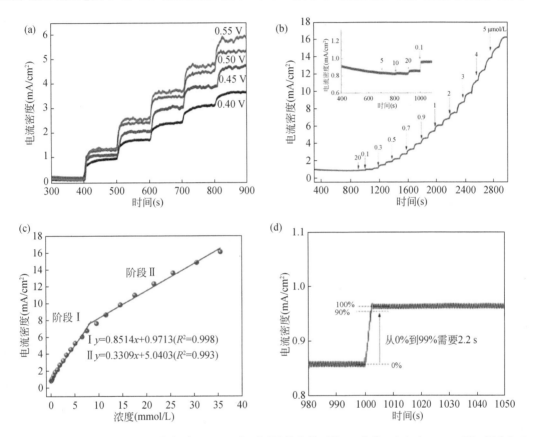

图 7-46　CoNi-LDH/PPy@CNF 气凝胶-15（a）在不同操作电势下的 *i-t* 曲线；（b）在 0.50 V 下，逐步加入不同浓度（μmol/L）的葡萄糖溶液于 0.5 mol/L NaOH 溶液中（插图显示了低浓度葡萄糖下电流响应曲线的放大区域）；（c）电流密度与葡萄糖浓度的线性拟合曲线；（d）达到 90%稳态响应的反应时间

　　拟合曲线显示响应电流与葡萄糖浓度之间存在良好的线性关系；线性拟合方程为 $y=0.8514x+0.9713$（$R^2=0.998$）和 $y=0.3309x+5.0403$（$R^2=0.993$），表明在 0.001～8.145 mmol/L 的范围内，灵敏度为 851.4 μA·L/(mmol·cm²)，在 8.145～35.500 mmol/L 的范围内，灵敏度为 330.9 μA·L/(mmol·cm²)。由于在高浓度下葡萄糖的电催化氧化生成的中间体的吸附以及葡萄糖吸附的动力学较慢，导致高浓度下灵敏度相对较低[109]。该电极的最大灵敏度高于许多已报道的基于 CoNi-LDH 的非酶葡萄糖传感器，如 MXene/NiCo-LDH/玻碳电极（GCE）[97]、

NiFe$_2$O$_4$-NiCo-LDH@还原氧化石墨烯（rGO）[111]、石墨烯量子点（GQDs）/CoNiAl-LDH[112]、CoNi-LDH/GCE[113]、NiCo-LDH/银纳米线（AgNW）/GCE[114]、NiCo-LDH@PPy/GCE[115]以及 NiCo-LDH/石墨烯纳米带/GCE[116]（表 7-8）。CoNi-LDH/PPy@CNF 气凝胶-15 实现了超宽线性范围（两个阶段：0.001～8.145 mmol/L 和 8.145～35.500 mmol/L），几乎完全覆盖了人体血糖的浓度范围，比其他电极的数据高出一个到两个数量级。图 7-46（d）展示了CoNi-LDH/PPy@CNF 气凝胶-15 在电催化葡萄糖氧化中的响应时间。达到稳态响应 90% 的响应时间为 2.2 s，证明了该电极在葡萄糖检测中的快速响应能力。

表 7-8　一些典型的基于 NiCo-LDH 的葡萄糖传感电极的电催化特性比较

| 电极材料 | 最大灵敏度［μA·L/（mmol·cm²）］ | 最大线性范围（mmol/L） | 响应时间（s） | 参考文献 |
|---|---|---|---|---|
| MXene/NiCo-LDH/GCE | 64.75 | 0.002～4.096 | 3 | [97] |
| NiFe$_2$O$_4$-NiCo-LDH@rGO | 111.86 | 0.035～4.525 | — | [112] |
| GQDs/CoNiAl-LDH | 48.717 | 0.01～14.0 | — | [113] |
| CoNi-LDH/GCE | 242.9 | 0.01～2.0 | — | [114] |
| NiCo-LDH/AgNW/GCE | 71.42 | 0.002～6 | — | [115] |
| NiCo-LDH@PPy/GCE | 292.84 | 0.005～8.2 | — | [116] |
| NiCo-LDH/石墨烯纳米带/GCE | 344 | 0.005～0.80 | <5 | [117] |
| CoNi-LDH/PPy@CNF 气凝胶 15 | 851.4 | 0.001～8.145　8.145～35.500 | 2.2 | 本节工作 |

据报道，许多基于金属或金属氧化物的 NEGS 材料容易被氯离子（Cl⁻）毒化失活[117]。为了检验 CoNi-LDH/PPy@CNF 气凝胶-15 电极的抗毒性，测量了含氯离子和不含氯离子的CV 曲线。图 7-47（a）显示，测试结果表明，含 Cl⁻ 和不含 Cl⁻ 的两条 CV 曲线几乎重叠，表明该电极对 Cl⁻ 的毒性具有良好的抗性。图 7-47（b）展示了 CoNi-LDH/PPy@CNF 气凝胶-15 的抗干扰测试。除了葡萄糖外，还测试了几种在人体血清中容易被氧化的干扰物质，如 D-果糖、维生素 C、尿酸、叶酸、乳糖、蔗糖和多巴胺。这些干扰物质的浓度参考了人体的正常生理水平。当将葡萄糖加入电解质中时，可以明显识别出显著的电流响应。相比之下，对于干扰物质，几乎没有电流响应。结果证明，CoNi-LDH/PPy@CNF 气凝胶-15 在人体血液系统中表现出优越的抗干扰能力。

关于 CoNi-LDH/PPy@CNF 气凝胶-15 对葡萄糖的选择性，这一现象主要原因是，这些干扰物质在人体血清中的常规浓度要远低于葡萄糖的浓度（维生素 C：0.4～2 mg/dL，多巴胺：0～30×10⁻⁷ mg/dL，尿酸：2.0～6.5 mg/dL，D-果糖：0.12～0.16 mg/dL，乳糖：小于0.5 mg/dL，蔗糖：0.082～0.29 mg/dL，叶酸：4.17～20×10⁻⁴ mg/dL），而葡萄糖的浓度为70～110 mg/dL。低浓度的干扰物对葡萄糖传感几乎没有影响。此外，尿酸和维生素 C 在碱性溶液中由于失去质子而表现出负电荷[118]。相反，在碱性溶液（pH=13.7）中，CoNi-LDH的等电点为 11.5[119]，这表明 CoNi-LDH 的表面带有负电荷。因此，带负电荷的 CoNi-LDH对负电荷的尿酸和维生素 C 具有排斥作用，从而提高了 CoNi-LDH 对葡萄糖的选择性。

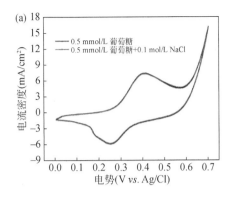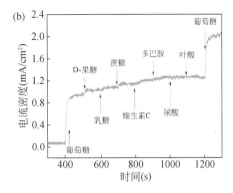

图 7-47　CoNi-LDH/PPy@CNF 气凝胶-15（a）在 0.5 mol/L NaOH 溶液中，含有和不含 0.1 mol/L NaCl 的 0.5 mmol/L 葡萄糖的 CV 曲线（扫描速率为 20 mV/s）；（b）逐步加入葡萄糖及干扰物质下的电流响应

图 7-48 展示了 CoNi-LDH/PPy@CNF 气凝胶-15 的重复性和长期稳定性。重复性是确定测试结果准确性的关键指标。为了评估 CoNi-LDH/PPy@CNF 气凝胶-15 的电极内重复性，进行了五次平行测试。图 7-48（a）显示，这五条 *i-t* 曲线高度重叠，相关标准偏差为 1.2%，表明该电极具有优异的电极内重复性。接下来，为了评估电极间重复性，我们对来自不同批次的五个 CoNi-LDH/PPy@CNF 气凝胶-15 电极在相同条件下对 1 mmol/L 葡萄糖的电流响应进行了测试。图 7-48（b）显示，这五条 *i-t* 曲线在 CoNi-LDH/PPy@CNF 气凝胶-15 电极之间表现出优异的重复性，相关标准偏差为 5.6%。综上所述，单个 CoNi-LDH/PPy@CNF 气凝胶-15 电极以及多个相同的 CoNi-LDH/PPy@CNF 气凝胶-15 电极在葡萄糖检测方面具有优异的一致性，从而验证了该电极在 NEGS 应用中的可靠性。

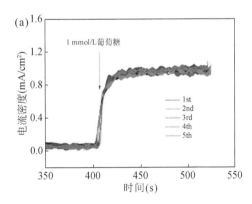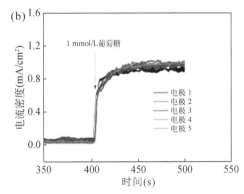

图 7-48　CoNi-LDH/PPy@CNF 气凝胶-15 电极内重复性（a）和电极间重复性（b）

CoNi-LDH/PPy@CNF 气凝胶-15 的长期稳定性通过记录电极在 0.5 V 下对 0.5 mmol/L 葡萄糖的电流响应并每五天重新测试电流响应来确定。图 7-49（a）显示，在 30 天的循环测试后，电流响应值保持了原始值的 86.0%，这证明了 CoNi-LDH/PPy@CNF 气凝胶-15 的良好长期稳定性。图 7-49（b）展示了 CoNi-LDH/PPy@CNF 气凝胶-15 电极在长期使用（30 天）后的 SEM 图像。图像中显示的 3D 花状结构，经过 30 天的循环测试后保持良好。这一结果证实了 CoNi-LDH/PPy@CNF 气凝胶-15 的优良结构稳定性。

值得注意的是，CoNi-LDH/PPy@CNF 气凝胶-15 在葡萄糖传感方面展现了卓越灵敏度、超宽线性范围、短响应时间、良好的抗毒性和抗干扰性能，以及出色的重现性和稳定性，这些优异的电化学传感特性主要归因于以下三个因素：①孔隙丰富的 CNF 气凝胶基底具有较大的比表面积，为活性材料的生长提供了丰富的反应位点。重要的是，CNF 气凝胶基底能作为储液池储存电解液和葡萄糖，从而促进电解液和葡萄糖渗透到活性材料（如 CoNi-LDH）中，加速电子转移并改善反应动力学；②CoNi-LDH 的高比表面积提高了电解液离子和葡萄糖的可及性，暴露出较多的活性位点，促进葡萄糖的氧化，从而增强电子传输和催化活性。此外，交织的二维纳米片有助于吸收和转移离子插入和脱出过程中产生的微应力，从而提高长期稳定性；③高导电性的 PPy 涂层被密集地涂覆在 CNF 气凝胶的骨架上，使 CNF 气凝胶具备优良的导电性，在葡萄糖电催化氧化过程中发挥了重要的电子传输作用。

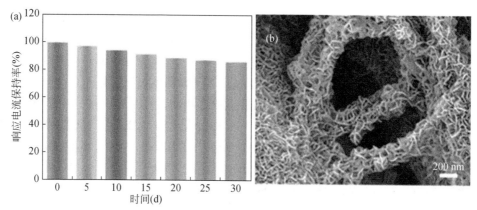

图 7-49　CoNi-LDH/PPy@CNF 气凝胶-15 长期稳定性（a）和 30 天循环测试后的微观形态（b）

为了进一步研究 CoNi-LDH/PPy@CNF 气凝胶-15 电极的实际应用性，我们测量了湖南省人民医院提供的人体血清中的葡萄糖浓度。将血清样本添加到 0.5 mol/L NaOH 溶液中。通过线性拟合方程 $y=0.8514x+0.9713$（$R^2=0.998$）和 $y=0.3309x+5.0403$（$R^2=0.9932$）计算电解液中的葡萄糖浓度。如表 7-9 所示，CoNi-LDH/PPy@CNF 气凝胶-15 测得的浓度值与医院提供的结果非常接近，重复性高达 97.07%～98.89%。这一结果证实了所制备的自支撑电极在监测人体血糖水平方面的可靠性和实际可行性。

表 7-9　人体血清样本中葡萄糖浓度的分析结果

| 样品 | 医院检测葡萄糖浓度（mmol/L） | 本材料检测葡萄糖浓度（mmol/L） | 吻合率（%） |
|---|---|---|---|
| 1 | 7.51 | 7.34 | 97.74 |
| 2 | 11.23 | 11.01 | 98.04 |
| 3 | 15.33 | 15.16 | 98.89 |

## 7.2.5　小结

我们利用孔隙丰富的 CNF 气凝胶、高导电性 PPy 和纳米花状 CoNi-LDH 活性物质，通过原位聚合和电沉积成功构建了一种分层孔结构的 3D 复合材料。作为自支撑电极用于葡萄糖传感时，这种三元复合材料展现出高灵敏度 [851.4 μA·L/（mmol·cm$^2$）]、短响应时间（2.2 s）、超宽线性范围（两个阶段：0.001～8.145 mmol/L 和 8.145～35.500 mmol/L）、强抗干扰性、良好的抗毒性（对 Cl$^-$）以及优异的电极重复性和长期稳定性（30 天后保持 86.0% 的初始值）。重要的是，当应用于人体血清中的血糖水平测定时，该电极实现了与专业设备测试结果的 97.07%～98.89% 的高吻合率。因此，这些结果强有力地验证了该三元复合材料在高性能血糖传感方面的潜力，并促进了绿色木质资源在开发新型高效血糖传感器中的应用。

## 7.3 氧化石墨烯@纳米纤维素/聚(AAm-*co*-AAc) 水凝胶基肌肉运动传感器

### 7.3.1 引言

纤维素是一种由无水葡萄糖单元通过 *β*-糖苷键连接而成的线型聚合物，是一种复杂的碳水化合物，具有不溶于水、高度结晶和高分子量的特点，是可再生、可生物降解的绿色材料，通常与半纤维素和木质素共存于木质资源细胞壁中。纳米纤维素是一种由天然纤维素材料通过物理、化学或生物方法处理后得到的一维纳米尺度材料。它具有高比表面积、高强度和良好的生物相容性等特性，在许多领域如复合材料、纸张制造、药物输送系统和食品工业中都有广泛的应用前景。由于化学或酶预处理和机械拆解（如高压均质化[120]和高速剪切[121]）的结合策略，解离的纳米级纤维素具有多种优点，例如，具有高比模量 [～100 GPa/(g·cm$^3$)，远高于纤维素][122]，具有优异的稳定性、亲水性以及良好的生物相容性。此外，一维纳米纤维素（NC）表面丰富的含氧基团为组装高维纳米结构提供了契机，也可以与其他材料进行复合，从而制备出可降解的纳米材料或者通过化学等方法获得功能性高分子材料。

数控水凝胶是指可以通过数控技术来精确控制其形状、尺寸和变形行为的水凝胶材料，具有可编程变形、多刺激响应、精确控制等特点。数控水凝胶是一类典型的数控三维组件，通常具有高多孔结构[123]，在组织工程、药物缓释和智能电子皮肤等领域具有潜力。Yao等[124]通过强氢键相互作用组装均质数控水凝胶，实现了具有出色机械性能、多刺激响应性能和多样化结构的均质数控水凝胶，使其能够应用于爬行器、电路开关和定向传输载体。纳米纤维素水凝胶是指以纳米纤维素为主要原料，在纳米纤维素水溶液中，通过分子间氢键和物理缠绕形成稳定的三维网络结构，纳米纤维素巨大的比表面积使得此网络能锁住大量的水分从而形成水凝胶。然而，由于纤维素分子具有较高的结构刚度，易于形成较强的氢键网络[125]，组装后的 NC 水凝胶通常存在拉伸性不足、柔韧性差、脆性严重的问题，这极大地限制了其应用范围。石油基聚合物水凝胶是指基于石油衍生物制备的水凝胶材料。这些水凝胶通常是由合成的高分子聚合物构成，这些聚合物来源于石油产品，如丙烯酸、丙烯酰胺等单体。石油基聚合物水凝胶因其优良的性能而被广泛应用于多个领域。尽管已经有一些高弹性的石油基聚合物水凝胶［如聚丙烯酰胺（PAAm）[126]和聚(*N,N*-二甲基丙烯酰胺)][127]，但NC良好的环境友好性和超常的机械强度仍然是开发高性能水凝胶不可或缺的候选材料。

在超分子化学中，双交联策略，即引入柔性网络穿透刚性网络，已被证明是降低机械刚度的有效途径[128]。双交联柔性-刚性网络基于应力传递机制可有效耗散能量，保证复合水凝胶具有优异的机械柔韧性，旨在平衡水凝胶的柔性和刚性，增加其机械性能、自愈合能力、可控的降解性和多功能性，以达到更好的力学性能、稳定性和功能性。一般双网络交联方法分为化学交联、物理交联和物理化学混合交联。化学交联是通过共价键来实现的，可以保持水凝胶的弹性；与化学交联相比，物理交联是可逆的，允许水凝胶在破坏或形变后恢复。纯淀粉单网水凝胶具有脆性，在32.3%的应变下断裂，这意味着氢键的交联网络不能承受大的变形。与第二种柔性PVA/硼砂网络结合后，双交联水凝胶在高达70%的应变下不破裂，压缩应力提高了1090%[129]。类似地，Qin等[130]构建了淀粉/PVA/硼砂复合双交联水凝胶。以碱/尿素水溶液作为溶剂得到纤维素溶液，随后通过环氧氯丙烷交联、乙醇再生、三氟甲磺酸锌盐溶液浸泡得到纤维素水凝胶电解质（DCZ-gel），产生协同作用同时提高水凝胶的强度（3.1 MPa，130%）和韧性（1.36 MJ/m$^3$）[131]。Zheng等通过采用物理-化学双重交联策略来制备具有高性能的动态可逆有机水凝胶，所得有机水凝胶表现出非凡的特性，包括高拉伸性（高达～495%应变）、显著的韧性（拉伸强度和压缩强度分别约为1350 kPa和9370 kPa）和卓越的透明度（约90.3%）[132]。这些工作证明了采用双交联策略解决了NC水凝胶结构刚度限制的可行性。然而，具体的做法还不普遍[133, 134]，需要付诸实施。

本节报道了一种受自然启发的策略用于构建双网络水凝胶，该双网络水凝胶由刚性氧化石墨烯功能化纳米纤维素网络（GO@NC）和柔性聚(丙烯酰胺-*co*-丙烯酸)［聚(AAm-*co*-AAc)]网络组成。采用预拉伸方法形成肌肉形状的各向异性结构。聚(AAm-*co*-AAc)柔性网络的渗透缓解了NC网络的刚度，使平均断裂伸长率从86.2%提高到748.0%。与聚(AAm-*co*-AAc)相比，平均断裂抗拉强度显著提高228.6%。双交联策略使GO@NC-聚(AAm-*co*-AAc)水凝胶具有快速、稳定和可重复的自愈能力，在600 s的自愈后可达到85.0%的自愈效率，在10次自愈循环后可保持76.2%的初始强度。超强的自愈能力类似于肌肉功能。对于潜在的应用，水凝胶可以作为智能可穿戴应变传感器实现实时、稳定、长期的肌肉传感，并且可以作为绿色可回收吸附剂有效地净化苏丹IV废水。

## 7.3.2 氧化石墨烯@纳米纤维素/聚(AAm-*co*-AAc)水凝胶

### 7.3.2.1 试验材料

氢氧化钠（NaOH）、无水亚硫酸钠（Na$_2$SO$_3$）、氯化氢（HCl）、过氧化氢（H$_2$O$_2$）、亚甲基双丙烯酰胺（MBAA）、过硫酸钾（PPS）、苏丹红IV、氧化石墨烯（GO）、AAm、AAc均购自国药集团化学试剂有限公司，直接应用，无需进一步提纯。

### 7.3.2.2　竹纤维素的制备

竹粉中纤维素的制备方法如下：①将竹粉首先浸入 NaOH（2.5 mol/L）和 Na$_2$SO$_3$（0.4 mol/L）的混合溶液中，然后在 100℃下加热 300 min，倒出废液；②在常温下用去离子水反复洗涤直至无色，洗涤液为中性，制得竹纤维。然后在 2.5 mol/L H$_2$O$_2$ 溶液中完全浸渍，在 100℃下加热 1 h；③用去离子水冲洗至中性，60℃干燥 24 h。

### 7.3.2.3　GO@NC 的制备

NC 分散液的制备采用超声的方法。将 10 g 干燥的纤维素与 1000 mL 去离子水混合，然后使用 500 W 功率的超声细胞破碎机（JY99-IID）超声处理 4 h，再将上层的悬浮液转移到离心机离心 5 min。最后获得了具有明显丁达尔效应的透明 NC 分散液。将氧化石墨烯粉末（0.5%，质量分数）先与制备好的 NC 分散体混合搅拌 30 min，然后在冰水浴中继续超声处理 60 min，得到 GO@NC 悬浮液。超声处理在 20～25 kHz 下进行，占空比为 50%（1 s 超声处理和 1 s 暂停）。

### 7.3.2.4　GO@NC-聚(AAm-*co*-AAc)水凝胶的制备

将 AAm（0.428%，质量分数）、AAc（11.4%，质量分数）和 MBAA（0.071%，质量分数）加入 GO@NC 悬浮液中，再加入 3 mol/L NaOH 溶液中和至中性。将上述混合物在氮气气氛中搅拌 2 h，并与 0.143% PPS 混合。将混合物离心去除气泡后倒入模具中，在室温下保存 48 h，通过蒸发去除一定水分。之后，将所得的水凝胶样品装入夹紧装置中，夹紧装置之间的初始长度为 30 mm。对样品施加一定的预应变，使其保持在室温（湿度 10%～40%），直到长度固定。

### 7.3.2.5　结构表征

先用冷冻干燥机（Scientz-18）在-30℃下将水凝胶样品冷冻干燥 48 h。用透射电子显微镜（FEI，Tecnai G2 F20）在加速电压为 80 kV 下进行测试。喷金处理后，通过扫描电子显微镜（SEM，Hitachi S4800）在 5 kV 电压下进行测试，加速电压为 15 kV，观察样品的微观结构，并配以能量分散 X 射线（EDX）探测器进行元素分析。利用 Nicolet Nexus 670 型红外光谱仪进行化学结构测试，记录 400～4000 cm$^{-1}$ 范围内的傅里叶变换红外光谱，分辨率为 4 cm$^{-1}$。热稳定性由热重分析仪（TA，Q600）测定，取适量冷冻干燥后的样品于坩埚中，在氮气气氛下，从室温加热到 800℃，加热速率为 10℃/min。电导率采用四探针电阻率测量系统（RTS-9，广州四探针科技有限公司）。在流变仪（AR 2000，TA 仪器）上进行流变特性测试。拉伸试验在万能力学试验机（Suns，UTM4304X）上进行，拉伸用试样长度为 50 mm，宽度为 4 mm，夹距为 20 mm，拉伸速度为 2 mm/min，每组重复三次，以消除实验误差的影响。紫外-可见分光光度计（UV-6000PC）记录紫外可见光谱。应变传感试验在室温下由 CS350 电化学工作站进行。在传感测试之前，将水凝胶浸入 15%（质量分数）NaCl 溶液中 1 h，以提高离子电导率。采用 Thermo Escalab 250Xi 系统进行 X 射线光电子能谱（XPS）分析。使用混合高斯-洛伦兹拟合程序（Origin 9.0，Originlab Corporation）

对重叠峰进行解卷积。利用 X 射线衍射仪（Bruker D8 Advance TXS）对结晶结构进行分析，步长为 0.02°，扫描角度为 10°～90°，扫描速率为 5°/min。在拉曼光谱仪（英国雷尼绍）上，以氦/氖激光（633 nm）作为激发源进行拉曼分析。

为了研究水凝胶的自愈性能，将制备好的水凝胶切割成两部分，并将两部分的断裂面相互接触放在一起。将试样置于室温空气中自愈，待一定的愈合时间后再进行力学试验。修复效率由修复样品的抗拉强度除以原始样品的抗拉强度来计算。为研究其溶胀性，取一定量干燥后的水凝胶，在室温、pH=7 条件下，用去离子水浸泡 18 h。每隔两小时，取出水凝胶，排干多余的水分后称重。对每个标本进行三次独立试验。溶胀比计算公式为：溶胀比=$(W_t-W_d)/W_d$，其中 $W_t$ 为水凝胶在 $t$ 时刻的质量（mg），$W_d$ 为干燥后水凝胶的质量（mg）。将苏丹红 IV（10 mg/L）溶解于去离子水中模拟有机废水。将废水在水凝胶（1 g）存在下剧烈搅拌。搅拌 6 h 后，提取一小部分溶液（2 mL），通过紫外-可见吸收光谱测定苏丹红 IV 的浓度。

### 7.3.3　微观形貌和结构分析

为了解决结构刚度对 NC 水凝胶的限制，如图 7-50（a）所示，采用双交联策略引入柔性共聚物［聚(AAm-co-AAc)］，合成机理见图 7-50（b）。柔性聚(AAm-co-AAc)网络穿过刚性导电 GO@NC 网络［导电氧化石墨烯通过氢键附着在 NC 表面，图 7-50（c）］。双交联柔性-刚性网络有望在变形过程中有效耗散能量[135]，如图 7-50（d）所示。有趣的多网络结构有助于实现增强的可拉伸性和自修复能力等新功能，这些将在以下章节中讨论。

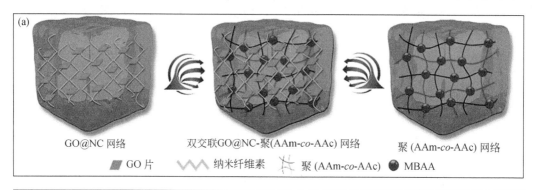

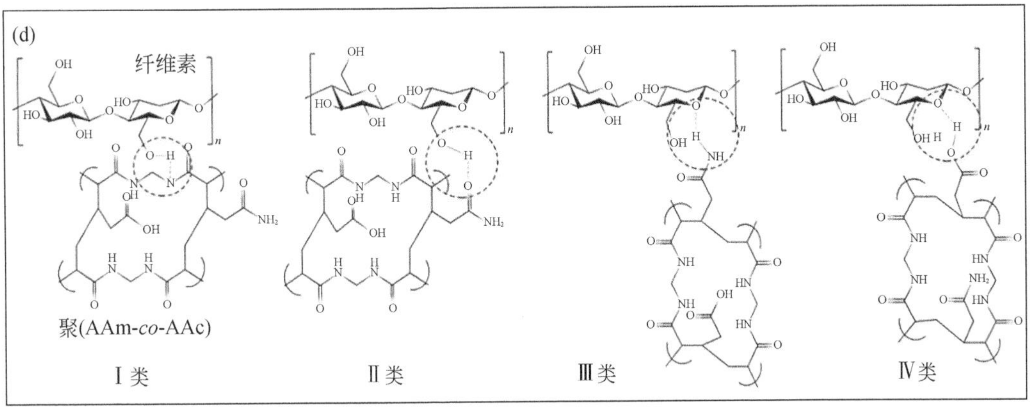

图 7-50 双交联 GO@NC-聚(AAm-*co*-AAc)水凝胶的设计策略和双交联机制示意图

（a）双交联网络的设计策略；（b）聚(AAm-*co*-AAc)网络的合成机理；（c）氧化石墨烯薄片与纤维素分子之间可能存在的氢键；（d）聚(AAm-*co*-AAc)和纤维素分子之间可能存在的氢键

为了研究刚性 GO@NC 网络的组成、结构和化学结合，对 GO@NC 及其各组分（即 NC 和 GO）进行了傅里叶变换红外光谱（FTIR）、拉曼光谱（Raman）、X 射线光电子能谱（XPS）和 X 射线衍射（XRD）分析。FTIR 是表征化学结合的重要方法，因此可以用来揭示 NC 和 GO 之间的相互作用机制。如图 7-51（a）所示，NC 在 3332 cm$^{-1}$和 2898 cm$^{-1}$处的吸收带分别归因于—OH 和—CH 的拉伸振动；出现在 1619 cm$^{-1}$位置附近的吸收带来自被吸附的水；1426 cm$^{-1}$处的波段归因于—CH$_2$ 的面内弯曲振动；1369 cm$^{-1}$处的波段属于—OH 弯曲振动；1158 cm$^{-1}$处的频带归因于 C—O 的反对称拉伸振动；1030 cm$^{-1}$处的波段归因于 C—O—C 吡喃糖环骨架振动；896 cm$^{-1}$处的波段属于芳香环平面外伸展出的 C—H[136]。对于氧化石墨烯的 FTIR 光谱，其在 3353 cm$^{-1}$处的特征—OH 波段较宽；1733 cm$^{-1}$和 1621 cm$^{-1}$处的波段归因于羧基和/或羰基官能团的 C—O 键拉伸[137]；1401 cm$^{-1}$和 1050 cm$^{-1}$的波段分别与 C—OH 基团的 O—H 变形和 C—O 环氧化物基团的拉伸有关。与氧化石墨烯的 FTIR 光谱相比，GO@NC 在 3332 cm$^{-1}$（—OH）和 1724 cm$^{-1}$（C=O）附近的波段明显减小和变宽。此外，与 GO（3353 cm$^{-1}$和 1733 cm$^{-1}$）相比，GO@NC 的这两个波段向更低的波数偏移。这些变化是由于氧化石墨烯中的含氧基团通过氢键与 NC 中的—OH 基团发生强烈的相互作用[138]。

NC、GO 和 GO@NC 的 XRD 谱图如图 7-51（b）所示，其中 NC 在 14.8°、16.6°、22.7° 和 35.0°处的峰分别对应于纤维素 I 晶体结构的（101）、（10$\overline{1}$）、（002）和（040）面。GO 的 XRD 谱图在 10.0°处有一个峰，对应于 GO 的（001）晶面。在 GO@NC 的 XRD 谱图中，NC 的（101）、（10$\overline{1}$）、（002）和（040）峰强度增强，说明 GO@NC 的结晶度略高于 NC。这一现象表明，将氧化石墨烯分散到 NC 中有利于纤维素分子链通过氢键有序排列[139]。此外，氧化石墨烯（001）晶面的衍射峰在 GO@NC 处出现了小的左移和减弱，反映了 NC 分子嵌入后氧化石墨烯层间，导致层间距的增加和层间 π-π 键、范德瓦耳斯键的断裂[140]。因此，氧化石墨烯的内部无序性增加。

利用拉曼光谱研究石墨烯在氧化石墨烯和 GO@NC 中的结构。如图 7-51（c）所示，有两个显著的特征拉曼信号，称为 G 和 D 带。G 带是氧化石墨烯的主要特征带，是由 sp$^2$

碳原子的面内振动引起的，D 带通常被认为是氧化石墨烯的无序振动带，用来表征氧化石墨烯的结构缺陷[141]。D 带比 G 带强度比（$I_D/I_G$）表示结构紊乱程度。$I_D/I_G$ 值越大，无序程度越高。引入 NC 后，GO@NC 的 $I_D/I_G$ 值从 1.113（GO）显著增加到 1.405（GO@NC），说明 GO@NC 的结构紊乱程度增加。

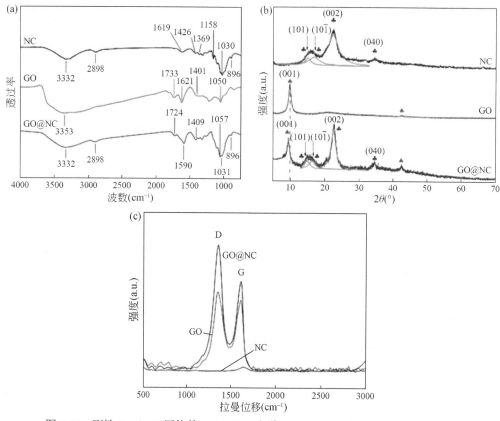

图 7-51　刚性 GO@NC 网络的（a）FTIR 光谱、（b）XRD 图谱和（c）拉曼光谱

采用 XPS 光谱进一步分析 GO@NC 的化学成分。在 NC 的 XPS C 1s 光谱中［图 7-52（a）］，在 285.01 eV、286.72 eV 和 288.23 eV 附近有三个拟合峰，分别对应 C—C/C—H、C—O/C—OH 和 O—C—O。从氧化石墨烯的 XPS C 1s 光谱［图 7-52（b）］中，检测到 284.24 eV 处的

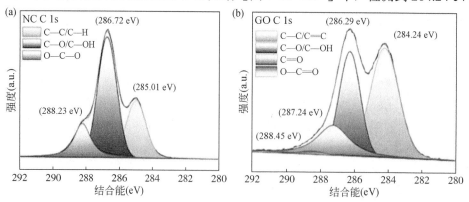

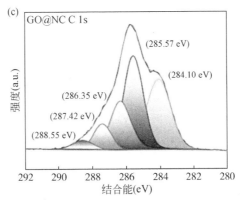

图 7-52　NC（a）、GO（b）和 GO@NC（c）的 C 1s XPS 光谱

C—C/C═C 峰（sp$^2$ 杂化碳）、286.29 eV 处的 C—O/C—OH 峰、287.24 eV 处的 C═O 峰和 288.45 eV 处的 O—C═O 峰。因此，氧化石墨烯表面丰富的含氧基团为其与 NC 的交联提供了更多的可能性。从 GO@NC 的 XPS C 1s 谱［图 7-52（c）］来看，C—O/C—OH、C═O 和 O—C═O 的峰向结合能较高的（286.35 eV、287.42 eV 和 288.55 eV）方向移动。这一结果再次证明了氧化石墨烯与 NC 的结合，与 FTIR 结果一致。

　　图 7-53（a）～（c）分别为 NC、GO 和 GO@NC 的高分辨率 O 1s XPS 光谱。NC 在 533.06 eV 和 532.23 eV 处的 O 1s 峰分别验证了 C—O—C 和 C—OH 键的存在[142]。对于氧化石墨烯，在 532.89 eV、532.02 eV 和 531.27 eV 处的 O 1s 峰分别属于 C—O—C、C—OH 和 C═O 键[143]。对于 GO@NC，这些与含氧键相关的峰被很好地保留了下来，但转向了更高的结合能，这可能是因为氧化离子的非极化性增加导致的电子电荷密度下降[144]。

　　通过透射电子显微镜（TEM）观察比较了 NC、GO 和 GO@NC 的微观结构。如图 7-54（a）所示，棒状 NC 的直径为 25～50 nm，长度为 300～500 nm。由于多个羟基容易形成分子间氢键，部分纳米纤丝相互交错（如圆圈中标记），导致明显可见的团聚现象。从氧化石墨烯的 TEM 图像［图 7-54（b）］可以看出，氧化石墨烯具有尺寸大（微米级和亚微米级）的特点，呈薄片状，具有褶皱和卷曲结构，这是氧化石墨烯的典型特征。混合后 GO@NC 的 TEM 图像证实，NC 棒均匀附着在氧化石墨烯薄片表面，并形成网状结构［图 7-54（c）］，

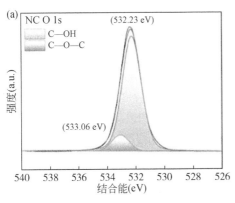

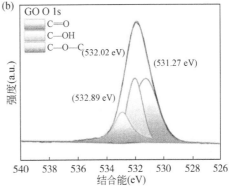

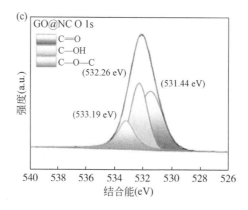

图 7-53 NC（a）、GO（b）和 GO@NC（c）的 O 1s XPS 光谱

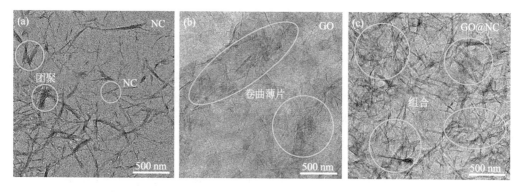

图 7-54 NC（a）、GO（b）和 GO@NC（c）的 TEM 图像

说明氧化石墨烯与 NC 之间界面结合良好。刚性 GO@NC 网络中的氧化石墨烯组分具有将刚性网络与柔性聚(AAm-*co*-AAc)网络交联的能力，有利于形成双交联网络。另一方面，通过两种途径构建导电网络：①离子电导率来自 Na$^+$ 附着的 NC 或聚(AAm-*co*-AAc)网络（Na$^+$ 来自 NaCl 电解质）；②氧化石墨烯的电导率。因此，具有大型片状结构的氧化石墨烯的存在有望增加载流子的数量[145]，从而提高电导率。

采用扫描电镜（SEM）观察，进一步研究了 NC、GO 和 GO@NC 复合材料的微观结构。在观察之前，样品进行冷冻干燥处理。在图 7-55（a）中，由于冰晶在交联 NC 网络的间隙中生长和升华，干燥后的 NC 显示出蜂窝状的多孔结构。对于氧化石墨烯，与 TEM 图像相似，在图 7-55（b）中可以清楚地识别出皱褶的膜状结构。通过氧化石墨烯与 NC 的结合，可以明显看出，由于交联剂 GO 的存在抑制了 NC 的团聚，不仅保持了良好的多孔结构[图 7-55（c）]，而且更加均匀。

为了研究合成的聚(AAm-*co*-AAc)的序列结构，进行了 FTIR 测试。如图 7-56 所示，AAc 和 AAm 单体分别显示出 988 cm$^{-1}$ 和 962 cm$^{-1}$ 的特征信号，这归因于末端双键（—CH=CH$_2$）的 C—H 面外摆动振动[146]。聚合后，聚(AAm-*co*-AAc)的 FTIR 光谱中没有这些特征信号，表明 AAc 和 AAm 单体原位聚合成聚(AAm-*co*-AAc)。此外，AAm 在 1611 cm$^{-1}$ 和 1674 cm$^{-1}$ 处表现出由 N—H 弯曲振动和 C—O 伸缩振动。然而，聚合后 N—H 弯曲振动信号缺失，C—O 波段移位到 1657 cm$^{-1}$，反映了合成聚(AAm-*co*-AAc)中 AAc 和 AAm 之间形成了氢键

（C=OH—N）[147]。此外，氢键的形成也从—OH 伸缩振动信号（3346 cm⁻¹）的红移和加宽以及 N—H 伸缩振动信号（3188 cm⁻¹）的消失得到验证。

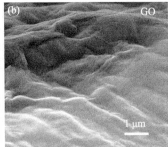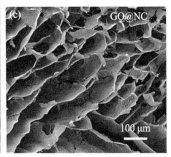

图 7-55　NC（a）、GO（b）和 GO@NC（c）的 SEM 图像

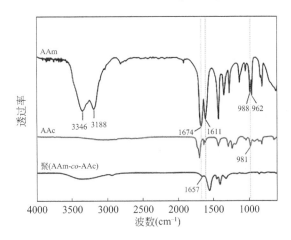

图 7-56　AAm、AAc 和聚(AAm-*co*-AAc)的 FTIR 光谱

　　动物肌肉的微观结构与功能之间的关系为高性能水凝胶的开发提供了启示。如图 7-57（a）所示，骨骼肌组织包含成束的高度定向和密集排列的肌纤维，这是肌纤维有效传递力和承受各种变形所必需的。因此，受自然启发的与双交联技术结合，构建了高性能的类肌肉的水凝胶。图 7-57（b）～（d）为制备的 GO@NC-聚(AAm-*co*-AAc)水凝胶的独特微观结构。水凝胶在横剖面和纵剖面上都具有与肌肉相似的各向异性结构。从横截面上可以清晰地辨认出孔径相似（约 10.5 μm）的有序孔隙结构。

　　相比之下，聚(AAm-*co*-AAc)水凝胶具有较不均匀的孔隙结构 [图 7-58（a）]，这表明 GO@NC 网络的引入可能有助于增加双交联网络的结构刚度，减少外部刺激引起的不均匀性。纵剖面上可见致密的二维平面结构，纤维织构明显。此外，GO@NC-聚(AAm-*co*-AAc)水凝胶不仅可以被塑造成各种形状 [如菱形、五角形、心形、椭圆形，图 7-58（b）]，而且可以承受不同形式的变形 [如延展、弯曲、压缩，图 7-58（b）]。这些现象验证了肌肉启发 GO@NC-聚(AAm-*co*-AAc)水凝胶的卓越柔韧性和可变形性。

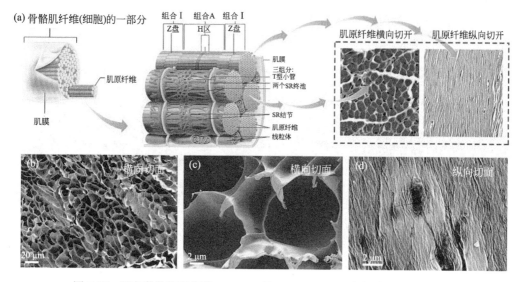

图 7-57　肌肉激发的双交联 GO@NC-聚(AAm-*co*-AAc)水凝胶的 SEM 图像

（a）动物肌肉的层次结构示意图；（b，c）不同放大倍数下多孔结构的 SEM 横截面图；（d）纵向断层 SEM 图像，显示纤维结构

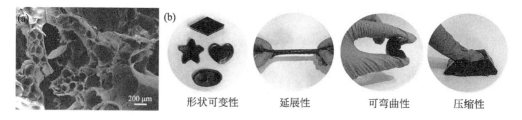

图 7-58　（a）聚(AAm-*co*-AAc)水凝胶的 SEM 图像；（b）GO@NC-聚(AAm-*co*-AAc)水凝胶具有形状可变性、延展性、可弯曲性和可压缩性

对 GO@NC-聚(AAm-*co*-AAc)水凝胶进行红外光谱分析，结果如图 7-59（a）所示。聚(AAm-*co*-AAc)水凝胶在 3351 cm$^{-1}$ 处表现为 N—H 和 O—H 的混合拉伸振动，在 1657 cm$^{-1}$ 处表现为 C=O 的拉伸振动；证明聚(AAm-*co*-AAc)由大量羟基、羧基和氨基组成[147]。2929 cm$^{-1}$ 和 1452 cm$^{-1}$ 处的强信号分别是由 C—H 拉伸和弯曲振动引起的。添加纳米纤维素后，在 1160 cm$^{-1}$ 和 1115 cm$^{-1}$ 处检测到对应于 C—O—C 和 C—O—H 的信号。与聚(AAm-*co*-AAc)和 NC-聚(AAm-*co*-AAc)相比，GO@NC-聚(AAm-*co*-AAc)的羟基带减弱并向较低波数移动（从 3351 cm$^{-1}$ 和 3340 cm$^{-1}$ 到 3290 cm$^{-1}$），表明 GO@NC-聚(AAm-*co*-AAc)水凝胶中 O—H 和 N—H 以及 C=O 之间存在强烈相互作用[148]。

采用热重（TG）和微分热重（DTG）分析研究 GO@NC-聚(AAm-*co*-AAc)水凝胶的热稳定性。如图 7-59（b）所示，热解过程主要分为三个阶段：①在 25～160℃时，质量损失相对较低，这可能是由于试样在测试前含有少量水分；②在 160～300℃时，失重与含氧官能团（O—H、C—O 和 C=O）和 N—H 基团以及部分 C—C 结构的有关；③在 300～500℃时，纤维素和聚(AAm-*co*-AAc)的分解是显著减重的原因[149]。最后，在 800℃时达到 14.7% 的低残余质量。

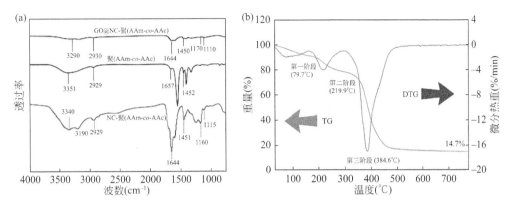

图 7-59 肌肉激发的双交联 GO@NC-聚(AAm-*co*-AAc)水凝胶的化学成分和热稳定性

（a）FTIR 光谱；（b）TG 和 DTG 曲线

## 7.3.4 流变学和机械性能

通过小振幅振荡剪切流变学试验，利用频率扫描和振幅扫描来了解水凝胶的结构排列。如图 7-60（a）所示，在初始阶段（0.1～1 rad/s），由于存在动态可逆键（H 键），GO@NC-聚(AAm-*co*-AAc)水凝胶的存储模量（$G'$）和损耗模量（$G''$）随频率的增加变化不大，且相对独立。在角频率 $\omega=1～100$ rad/s 处，$G''$的变化可能归因于 NC 和聚(AAm-*co*-AAc)之间氢键的弛豫[150]。通过应变幅扫描确定水凝胶的应变屈服点（即 $G'$ 与 $G''$的交点）。$G'$和 $G''$的交点出现在应变约为 900%时［图 7-60（b）］，说明水凝胶处于固液之间的临界点。聚(AAm-*co*-AAc)的加入显著改善了水凝胶的黏弹性。由于水凝胶内部网络的崩溃，$G'$和 $G''$在交叉后迅速下降。通过拉伸力学试验进一步研究了 GO@NC-聚(AAm-*co*-AAc)水凝胶的力学性能［图 7-60（c）］，得到的应力-应变曲线如图 7-60（d）所示。力学性能数据如表 7-10 所示。聚(AAm-*co*-AAc)水凝胶的平均断裂拉伸强度为 0.185 MPa，断裂伸长率为 720.0%。相反，NC 水凝胶具有明显的脆性，平均断裂伸长率约为 86.2%，平均断裂拉伸强度为 0.087 MPa。将它们整合后，构建的双交联水凝胶继承了优异的拉伸性能，平均断裂伸长率比聚(AAm-*co*-AAc)水凝胶高（可达 748.0%），但平均断裂拉伸强度提高到 0.608 MPa。显然，双交联 GO@NC-聚(AAm-*co*-AAc)水凝胶很好地结合了 GO@NC 网络的刚度和聚

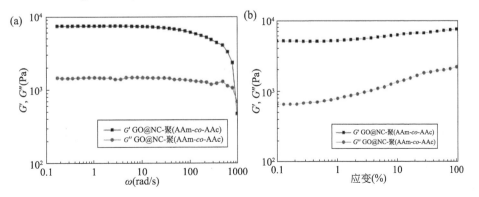

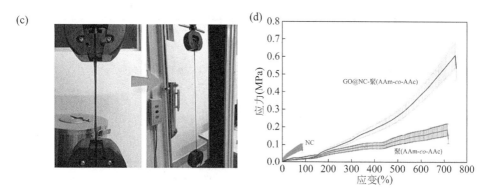

图 7-60　（a，b）弹性模量(*G′*和 *G″*)（对数刻度）和相位角（*ω*）随频率的变化和随剪切应变的变化；（c）拉伸力学性能试验照片；（d）拉伸应力-应变曲线（误差条为标准差，中心点为三个结果的平均值）

**表 7-10　NC、聚(AAm-*co*-AAc)和 GO@NC-聚(AAm-*co*-AAc)水凝胶的力学性能数据**

| 水凝胶种类 | 平均断裂拉伸强度（MPa） | 平均断裂伸长率（%） |
| --- | --- | --- |
| NC | 0.087 | 86.2 |
| 聚(AAm-*co*-AAc) | 0.185 | 720.0 |
| GO@NC-聚(AAm-*co*-AAc) | 0.608 | 748.0 |

(AAm-*co*-AAc)的柔韧性。在外力作用下，双交联网络中的氢键作为"牺牲键"有效地耗散能量。松散交联的柔性第二网络提供了稀疏的交联，并保持了水凝胶的高拉伸性[135]。此外，肌肉激发的各向异性结构有助于力学性能的改善。

## 7.3.5　自愈合性和吸附性

在制备纤维素水凝胶时，传统的化学凝胶具有不可逆的交联共价键网络，无法实现动态刺激反应或自愈。根据可逆修复机理，纤维素基自愈合凝胶可以分为动态物理修复纤维素基凝胶和化学修复纤维素基凝胶。其中物理纤维素自愈合凝胶通过动态形成非共价相互作用来重建网络结构。这些非共价相互作用包括主客体相互作用、氢键、结晶作用、金属-配体配位相互作用、静电相互作用和聚合物-纳米复合相互作用等。这些相互作用可以在凝胶中形成临时的连接，当凝胶发生破裂或损伤时，这些连接可以重新组合，从而实现自愈合的能力。纤维素化学自愈合凝胶包括具有可逆性质的动态共价键，如二硫键、Diels-Alder（DA）键和亚胺键等。在这些自愈合机制中，主客体相互作用、氢键和金属-配体配位相互作用是常见的。主客体相互作用是指基于亲和性的相互作用，例如疏水相互作用、π-π 堆积等。氢键是通过氢原子与氮、氧或氟等原子之间的相互作用形成的。金属-配体配位相互作用是指金属离子与配体之间的配位键形成的相互作用。这些相互作用能够在纤维素水凝胶中提供可逆的连接，使凝胶具有自愈合的能力。除了结构相似外，GO@NC-聚(AAm-*co*-AAc)水凝胶的自愈功能也类似于动物肌肉。图 7-61 描绘了 GO@NC-聚(AAm-*co*-AAc)水凝胶的自愈过程。首先给出了椭圆样本切成两片，其中一片用 TiO₂ 颜料涂成白色。在室温下，这两片水凝胶在没有外力的情况下相互接触 600 s。自愈后，即使用手拉伸到很大的拉力，两片水凝胶也连接在一起，不可分离。自愈过程归因于聚合物链的动态运动，其中离子和氢键的重组发生在酰胺、酸和氧官能团之间。加入氧化石墨烯后，含氧官能团增强，导致静电、氢键和π-π相互作用强度增加，从而具有较强的愈合能力[151]。

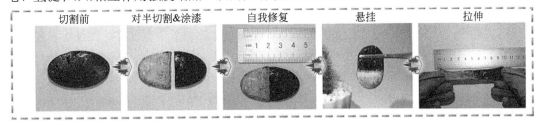

图 7-61　肌肉激发的双交联 GO@NC-聚(AAm-*co*-AAc)水凝胶的自愈特性

　　自愈合水凝胶损伤后可以愈合，并能够恢复损伤前的性能和形状。其愈合机制类似于机体组织的愈合，通过动态化学键或非共价键对结构损伤产生响应，这一独特的性能延长了 AAm-*co*-AAc 水凝胶的寿命。为了定量研究 GO@NC 聚(AAm-*co*-AAc)水凝胶的自愈性能，对初始和自愈样品在不同时间段进行了拉伸试验。愈合时间与愈合效率的关系如图 7-62（a）所示。修复效率由自愈试样的平均抗拉强度除以试样的初始抗拉强度来确定。经 600 s 自愈后，水凝胶的自愈率可迅速恢复到 85.0%。不同愈合时间下的应力-应变曲线如图 7-62（b）所示。为了研究 GO@NC-聚(AAm-*co*-Aac)水凝胶自愈性能的可重复性，在万能力学试验机上连续进行了 10 个断裂-愈合循环。10 次循环后，GO@NC-聚(AAm-*co*-AAc)水凝胶的平均断裂抗拉强度仍为初始值的 76.2%［图 7-62（c）和（d）］。这些结果验证了该水凝胶具有快速自愈性能和良好的重复使用性能，能较好地延长材料的使用寿命。

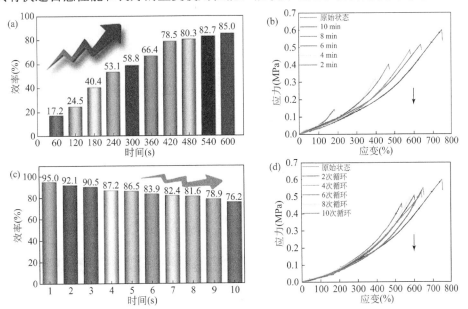

图 7-62　GO@NC-聚（AAm-*co*-AAc）水凝胶随时间变化的愈合效率（a）；与原始样品相比，在 2～10 min 不同愈合时间下的应力-应变曲线（b）、自我修复功能的可重复性（c）、在 2～10 个断裂-愈合周期下的应力-应变曲线（d）

鉴于优异的柔韧性、拉伸性和自愈能力以及高电导率（3.53×10⁻¹ S/cm），GO@NC-聚（AAm-*co*-AAc）水凝胶有望在应变传感器领域表现出巨大应用的潜力。将 GO@NC 聚(AAm-*co*-AAc)水凝胶附着在人体的不同部位（包括声带、腕关节、肘关节和膝关节）后，可通过电化学工作站对其传感性能进行即时监测。从图 7-63（a）中可以清楚地看出，在重复变形过程中，无论水凝胶固定在哪个部位，这些电流波动都是有规律的以及可重复的。即使声带振动引起微小的变形［图 7-63（a）中插图 I］，检测到的电流波动仍然是规则和稳定的。应变系数是反映水凝胶传感器灵敏度的重要指标。应变系数的计算是通过对外加应变（ε）的相对电阻变化率（ΔR/R₀）确定，即应变系数=ΔR/R₀/ε＝（R-R₀)/R₀/ε，其中 R₀ 和 R 分别为 0%时的原始电阻和拉伸或压缩时的实时电阻。相对电阻变化与应变的关系如图 7-63（b）所示，通过计算得出 GO@NC 聚(AAm-*co*-AAc)水凝胶的应变系数值为 5.13，优于许多其他水凝胶传感器［例如，κ-卡拉胶/PAAm 水凝胶（0.63)］[152]和羧甲基纤维素钠/PAAm 水凝胶（3.15）[153]。

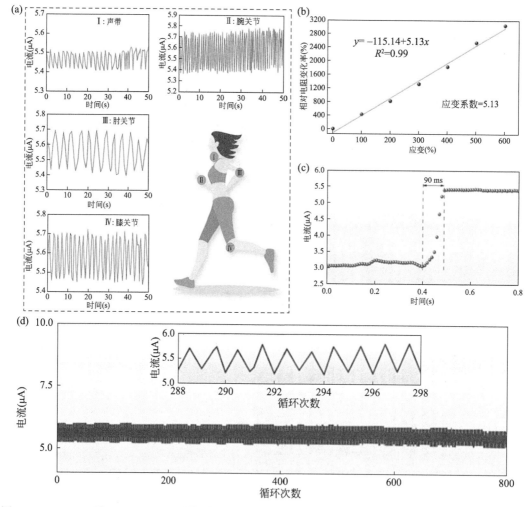

图 7-63 GO@NC 聚(AAm-co-AAc)水凝胶固定在人体不同部位（包括声带、腕关节、肘关节、膝关节）时的电流信号（a）；相对电阻随应变变化率图（b）；响应时间（c）；800 次循环耐久性试验（d）

对于传感机制，如上所述，主要有两种导电途径，即 Na$^+$连接的 NC 或聚（AAm-*co*-AAc）网络的离子电导率和 GO 的电导率。在结构变形时，以拉伸为例，引起电阻增加和传感性能恶化的因素有：①导电通道的断裂；②邻近导电元件之间的接触损失和距离的增加。然而，NC 或聚(AAm-*co*-AAc)网络与导电元件之间的强界面结合可以有效抑制拉伸时相邻导电元件重叠面积的减少[154]。此外，与刚性导电纳米填料相比，在施加外部压力时，具有较低刚度的大片状氧化石墨烯可以抑制裂纹的形成和发展。NC/聚(AAm-*co*-AAc)与导电元件之间可逆互锁微区域的自愈能力有利于应变传感器的动态稳定性[155]。这些结果表明，GO@NC 聚(AAm-*co*-AAc)水凝胶可以作为高灵敏度的应变传感器来监测人体运动。

进一步测试了 GO@NC-聚(AAm-*co*-AAc)水凝胶传感器的传感响应时间[图 7-63（c）]。测试结果显示 GO@NC 聚(AAm-*co*-AAc)水凝胶传感器的响应时间为 90 ms，显著低于一些同类产品，如 PAM/明胶/PEDOT∶PSS 水凝胶（200 ms）和羧甲基纤维素钠/PAAm 水凝胶（360 ms）[156]。这种快速响应有利于其在人体生理信号实时监测方面有潜在应用。通过连续拉伸试验，研究了 GO@NC 聚(AAm-*co*-AAc)水凝胶传感器在人体运动检测中实际使用的耐久性。结果显示，电流在 800 个拉伸加载-卸载循环内表现出稳定的响应性[图 7-63（d）]，表明 GO@NC 聚(AAm-*co*-AAc)水凝胶传感器在长期拉伸-释放过程中具有出色的耐久性和可重复性。

水凝胶的溶胀性，一般定义为水凝胶的最大吸水率（饱和度）与冻干凝胶的增量之比，直观地反映了水凝胶的吸水能力，并预测了对染料小分子的吸附性能。水凝胶网络内部的交联密度越大，其溶胀度就越小，反之，交联密度越小，其溶胀度就越大。水凝胶的溶胀率对其在染料吸附、生物医学等应用领域有着深远的影响。图 7-64（a）显示了 GO@NC-聚(AAm-*co*-AAc)水凝胶及其母体水凝胶[即 NC、聚(AAm-*co*-AAc)和 NC-聚(AAm-*co*-AAc)水凝胶]的膨胀率。四种水凝胶的溶胀率在前 6 h 增加最为显著，随后溶胀趋势逐渐变缓。18 h 后，水凝胶基本达到溶胀平衡。虽然聚(AAm-*co*-AAc)水凝胶的最大溶胀率为 931%，但浸渍 18 h 后出现了明显的变形。GO@NC-聚(AAm-*co*-AAc)水凝胶的溶胀率为 715%，略低于 NC-聚(AAm-*co*-AAc)水凝胶的溶胀率（849%）。GO 的引入可能增加了双交联网络的交联度，减小了孔的尺寸[对比图 7-57（c）和图 7-64（d）]，这可能导致了其吸水能力的下降。此外，GO@NC-聚(AAm-*co*-AAc)水凝胶的溶胀率比 NC 水凝胶高 21.2%，表明其具有更强的水吸附能力。同时，GO@NC-聚(AAm-*co*-AAc)水凝胶在初始阶段（0~6 h）的溶胀速率较快可能是由于三种组分中亲水基团较多。为进一步探讨 GO@NC-聚(AAm-*co*-AAc)水凝胶的应用潜力，以典型样品为例，通过测定紫外-可见吸收光谱，研究了其对苏丹红Ⅳ的吸附性能。如图 7-64（b）所示，吸附 6 h 后，GO@NC-聚(AAm-*co*-AAc)水凝胶对苏丹红病毒的去除率分别为 90.2%、141.2%、123.3%和 16.5%，分别高于 NC（37.4%）、聚(AAm-*co*-AAc)（40.4%）和 NC-聚(AAm-*co*-AAc)（77.4%）水凝胶，表明 GO@NC-聚(AAm-*co*-AAc)水凝胶对苏丹红病毒的吸附性能最强。将水凝胶浸泡在乙醇中 30 min 即可快速完成解吸过程。经过 5 次吸附-解吸循环后，GO@NC-聚(AAm-*co*-AAc)水凝胶的吸附率仍保持在 83.4%[图 7-64（c）]。这种轻微的下降可能是由于苏丹红Ⅳ分子占据了表面的活性位点，从而减少了可用的表面区域，导致吸附染料的有效面积减小，进而使得后续的染料分子捕获变得更加困难。实验结果验证了 GO@NC-聚(AAm-*co*-AAc)水凝胶对有机废水具有良好的吸附能力和可回收性。

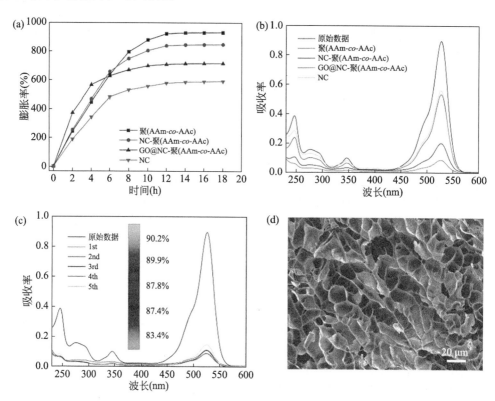

图 7-64　GO@NC-聚(AAm-*co*-AAc)水凝胶的溶胀特性及其在苏丹红Ⅳ吸附中的应用

（a）pH 7.0 时的溶胀特性；（b）苏丹红Ⅳ溶液经 NC 水凝胶、聚(AAm-*co*-AAc)水凝胶、NC-聚(AAm-*co*-AAc)水凝胶和 GO@NC-聚(AAm-*co*-AAc)水凝胶处理后的紫外-可见吸收光谱；（c）GO@NC-聚(AAm-*co*-AAc)水凝胶的可回收吸附性能；（d）GO@NC-聚(AAm-*co*-AAc)水凝胶的 SEM 图像

## 7.3.6　小结

综上所述，通过双交联策略，成功地将高柔性的聚(AAm-*co*-AAc)网络渗透并交织于刚性的 GO@NC 复合网络之中，这一设计从根本上克服了传统 NC 水凝胶在拉伸性能、柔韧度及抗脆性方面的局限性。这种复合策略不仅极大地提升了水凝胶的弹性与韧性，还赋予了其更为优异的机械响应特性。此外通过引入预拉伸处理工艺，塑造了双交联水凝胶独特的肌肉状各向异性结构，这一结构模拟了生物肌肉的微观排列。实验结果显示，该肌肉激发型水凝胶表现出了优异的平均断裂伸长率（748.0%），同时保持了 0.608 MPa 的平均拉伸强度。同时，该水凝胶还展现出了优异的自愈能力，能够在受损后迅速且稳定地自我修复。自愈实验表明，仅需 600 s 的修复时间，其平均断裂拉伸强度即可迅速恢复至原始强度的 85.0%，展现了极高的自愈效率和稳定性。即便经历多达 10 次的断裂-愈合循环，其拉伸强度依然能够维持在初始值的 76.2%，证明了其卓越的耐用性和重复使用潜力。在智能

可穿戴领域，这款水凝胶作为应变传感器凭借其高灵敏度、实时响应及长期稳定性，能够精准捕捉并传输人体各部位运动的细微变化，为健康监测、运动分析等领域提供了全新的解决方案。另外，在环保领域，该水凝胶作为绿色吸附剂亦展现出非凡的应用前景。实验数据表明，其对废水中有害污染物苏丹红Ⅳ的去除效率高达 90.2%，且在多次吸附-解吸循环后（达 5 次），其去除效率仍能保持在 83.4%的高水平，有效降低了处理成本，提升了资源回收利用率。

## 7.4　纳米纤维素-硼砂-聚乙烯醇自愈合水凝胶基肌肉运动传感器

### 7.4.1　引言

纤维素是一种复杂的碳水化合物，是可再生、可生物降解的绿色材料，广泛存在生物质的细胞壁中，由数千个$\beta$-D-葡萄糖单元通过$\beta$-1,4-糖苷键连接而成的线型聚合物，具有不溶于水、高度结晶和高分子量的特点。在自然界中，纤维素年产量巨大，预估年产量达到$10^{11}\sim10^{12}$ t[157]。纤维素作为植物细胞壁的主要结构成分通常与半纤维素、果胶和木质素结合在一起。不同类别的植物，其纤维素含量通常具有显著差别。纤维素是地球上储存量最为丰富的天然高分子材料，是一种极其宝贵的资源，可广泛应用于造纸业、纺织业、建筑业、医药和能源等领域。因此，大力发展纤维素基功能材料，例如生物相容性的纤维素基材料用于药物载体、组织工程支架，提高其附加值，符合全球经济、能源和新材料的可持续发展目标的战略方向[158]。深入了解纤维素的化学和物理性质后，可通过化学改性、生物改性或其他手段改善纤维素的性能，提高其溶解性、机械强度等；或者通过与其他材料复合，创造具有特定功能的新材料[159]。其中，纤维素水凝胶是一类典型的由纤维素或其衍生物制成的具有三维网络结构的材料，具有表面积大、孔隙率高、生物相容性好、生物降解性等特点[160]。纳米纤维素在水中可以良好的分散，将其引入水凝胶网络中可以形成新型水凝胶。纳米纤维素水凝胶不仅保持纳米纤维素原有的性能，而且水凝胶与纳米纤维素相结合可以明显改善水凝胶的力学性能、水含量及其他性能，具有极大的发展潜力。纤维素水凝胶因其独特的性能，在生物医学、环境保护、农业、食品科学等多个领域展现出广泛的应用前景。例如，Jiang 等[161]将改性后的$\beta$环糊精接枝羧乙基纤维素和1-乙基金刚烷-4-对甲酰基苯甲酸甲酯在 PBS 溶液中混合后组装，加入含有己二酰二肼接枝羧乙基纤维素的 PBS 溶液，混合后形成水凝胶，向水凝胶中负载阿霉素后，水凝胶可精确释放 DOX，简化给药过程和频率，长期作用下也无毒性，是治疗骨肉瘤的有效药物载体。Guan 等[162]将细菌纤维素薄膜切细并湿捻，形成类似于荷叶螺旋状结构的水凝胶纤维，纤维素亲水基团和纳米纤维网络中的孔结构赋予材料亲水性和生物相容性，有利于盐分和可溶性小分子吸收，保持内外渗透压平衡，避免凝胶失水；同时螺旋状的仿生结构赋予纤维超强的延展性和能量耗散能力，使纤维具有优异的力学性能，从而应用于手术缝合线。

然而，纤维素水凝胶中的刚性网络结构主要由纤维素链上的羟基间形成的氢键构成，导致水凝胶表现出较差的机械柔韧性和难以控制形状等宏观问题。这些问题限制了它们在实际应用中的范围[163, 164]。因此，削弱纤维素水凝胶网络的刚度，成为当前研究的重点[165]。研究表明，引入柔性网络穿透刚性网络是降低机械刚度的有效策略[166, 167]。双交联柔性-刚性网络结合了两种不同类型的交联机制来提高材料的性能，可以利用应力传递机制有效耗散能量，保证复合水凝胶具有优异的机械柔韧性，旨在平衡水凝胶的柔性和刚性，增加其机械性能、自愈合能力、可控的降解性和多功能性，以达到更好的力学性能、稳定性和功能性[168]。Zhao 等[169]的研究工作展示了通过双交联网络增强纤维素水凝胶的机械性能，包括通过调整纤维素内部氢键的方向来提高水凝胶的机械性能，并成功地使心肌细胞在其表面定向生长。

醇类聚合物是由醇类单体通过聚合反应形成的聚合物，具有较长的分子链、灵活的网络和丰富的含氧官能团[170]，在半透膜、电极、吸附剂和传感器等众多领域显示出巨大的潜力[171-174]。常见的醇类聚合物有聚乙烯醇（PVA）、聚乙二醇（PEG）、聚丙二醇（PPG）以及聚丙烯醇（PPO）等。最近的研究证实，醇类聚合物可以通过交联作用、填充作用、物理缠结以及表面改性等改变纤维素网络的刚性[175, 176]。在各种醇类聚合物中，尤其是半结晶合成聚合物 PVA，被广泛认为是一种高效增塑剂，可用于修饰刚性分子或构建柔性网络。例如，Zhuang 等[177]以丙烯酰胺、琼脂、PVA 为原料，制成了具有良好机械能力、抗疲劳能力和自愈能力的化学-物理交联三维网络水凝胶。同样，Wang 等[178]创建了一个由PVA、琼脂和聚丙烯酸组成的柔性网络。Cazón 等[179]将纤维素与 PVA 结合，PVA 使复合膜的韧性提高到 44.30 MJ/m$^3$。此外，PVA 因其卓越的水溶性、生物相容性及生物降解性，以及固有的机械、化学和热稳定性而备受瞩目。其聚合物链在干燥过程中会诱导致密化，随后的复水化以及盐析效应的快速作用能诱导强烈的聚集和结晶，这些特性赋予了 PVA 较高的含水量、高透明度、出色的湿润性和润滑性，以及良好的抗蛋白黏附性、生物相容性和可控药物释放的功能[180]。

除了增强机械柔韧性外，自愈功能是延长水凝胶使用寿命的另一个关键因素。自愈合水凝胶作为一种受损后可自我修复的功能性水凝胶，通过外部刺激（光、热量、pH 值调节及自修复剂）或水凝胶内部官能团的相互作用（动态共价键、非共价键相互作用），可实现自修复。自修复水凝胶可以在损伤后修复其结构和功能[181]。这种自愈性能有利于水凝胶在传感材料、药物输送和人工组织工程等方面的应用[182-185]。在双交联体系中，交联剂的引入对具有自愈能力的物理交联水凝胶的形成起着至关重要的作用，交联剂可以与刚性和柔性网络产生动态可逆的非共价相互作用。例如，Jia 等[186]制备了一种自修复的超分子水凝胶，该水凝胶由胆酸和 β-环糊精修饰的 $N,N$-二甲基丙烯酰胺共聚物通过动态可逆的主客体络合作用组成。Darabi 等[187]利用聚丙烯酸（PAA）的羧基与聚吡啶（PPy）的—NH$_2$基之间的可逆离子相互作用，制备了由聚丙烯酸（PAA）和接枝壳聚糖组成的双交联自愈体系。Cheng 等[188]通过茶酚共轭明胶（GelDA）、双醛纤维素纳米晶体（DACNC）、钙离子（Ca$^{2+}$）和铁离子（Fe$^{3+}$）之间的席夫碱反应和离子配位键制备了一系列具有可调节凝胶时间和注射性能的生物质衍生超快交联黏合水凝胶，具有理想的自愈合和注射性能。

在以纤维素为核心组分的自愈双交联体系领域，也已经取得了一些成果。Qi 等[189]制备了一种由微纤化纤维素（MFC）/聚碳酸丙烯（PPC）组成的生物友好且自愈的聚合物。

PPC 基体中的 MFC 网络在提高机械强度和热稳定性方面起着关键作用。同样，Kim 和 Netravali 等[190] 也报道了由 MFC 和聚丙交酯-乙醇酸酯组成的自修复复合材料，它们之间氢键连接有助于获得高拉伸性能。然而，开发纳米级纤维素自愈双交联体系过程中，纤维素在普通溶剂中的不溶性是面临的最大挑战之一。纤维素溶剂的独特条件（如强碱性和无水条件）限制了纳米纤维素与其他聚合物或交联剂的结合。

在本节工作中，我们采用机械除颤来将竹纤维分解成更小尺寸的纤维素纳米原纤维。除颤技术有助于解决纤维素的不溶性问题。然后，以刚性纳米纤维素网络和柔性 PVA 网络为骨架，硼砂为交联剂，构建了双交联网络。硼砂通过络合作用交联纤维素和 PVA。柔性聚乙烯醇（PVA）网络穿透竹纤维素的刚性网络，诱导形成具有优异柔韧性和形状可控性的双交联水凝胶。此外，硼砂交联剂使竹纳米纤维素-硼砂-聚乙烯醇水凝胶具有显著的自愈能力和高离子电导率。该水凝胶在冷热环境（0℃和60℃）下都具有稳定的传感灵敏度，最小传感质量为 5 g（测量因子：1.47）。当水凝胶固定在人的手腕上时，可以感知运动信号，验证了水凝胶在开发可穿戴产品方面的潜力。该水凝胶可以与阿莫西林结合形成有效的复合材料，抑制大肠杆菌（E. coli）和金黄色葡萄球菌（S. aureus）的生长，水凝胶具有可忽略不计的细胞毒性和良好的人体皮肤生物相容性，为开发生态友好、功能强大的复合材料提供了有效途径。

## 7.4.2　纳米纤维素-硼砂-聚乙烯醇自愈合水凝胶的制备

### 7.4.2.1　试验材料

氢氧化钠（NaOH）、亚硫酸钠（$Na_2SO_3$）、过氧化氢（$H_2O_2$）、四硼酸钠（硼砂）、聚乙烯醇、阿莫西林、无水磷酸二氢钠（$NaH_2PO_4$）、3-(4,5-二甲基噻唑-2-基)-2,5-二苯基四唑溴化物（MTT）、二甲亚砜（DMSO）、钙绿素乙酰氧基甲酯（AM）、碘化钠（PI）由国药集团化学试剂有限公司提供。所有的水溶液用去离子水制备。所有化学品均为试剂级，无需进一步纯化即可使用。竹粉由宜华木业科技有限公司提供，需对竹粉进行预处理，以提高后续处理的效率。用蒸馏水洗涤竹粉数次，去除杂质，在60℃下干燥 24 h。

### 7.4.2.2　竹粉制备纤维素

竹粉制备纤维素的方法可参考之前的研究工作[191, 192]。先将 20 g NaOH 与 10 g $Na_2SO_3$ 加入 200 mL 去离子水中。随后，在上述溶液中加入 10 g 竹粉，通过加热搅拌使竹粉中的木质素和半纤维素发生水解反应，从而被去除，在100℃下加热 300 min，然后用去离子水多次洗涤至中性，以去除残留的碱液和杂质。然后在 2.5 mol/L $H_2O_2$ 溶液中完全浸渍。将混合物在100℃下加热 1 h。最后用去离子水冲洗至中性，在60℃下干燥 24 h，得到最终的纤维素产品。

### 7.4.2.3　纳米纤维素悬浮液的制备

将制备竹纤维素原料通过机械除颤技术进一步细化至更小尺寸的纤维素纳米原纤。

可参考之前的研究工作[193]。首先将 10 g 竹纤维素粉末缓缓加入到 1000 mL 的去离子水中。随后，利用一台功率设定为 500 W 的超声均质机对纤维素与水的混合物进行高强度的超声处理。超声处理时间为 4 h，这一过程中，超声波产生的强烈机械振动和空化效应破坏了纤维素纤维的宏观结构，使其逐步解离成纳米尺度的原纤维。超声处理完成后，获得具有显著丁达尔效应的透明纳米纤维素悬浮液。

### 7.4.2.4　NC-B-PVA 水凝胶的制备

基于 Chen 等[194] 所提出并经过验证的方法，水凝胶的制备主要包括三个步骤：

（1）首先，将 6 g PVA 粉末缓缓加入到 94 g 纳米纤维素悬浮液中。将混合体系置于配备有磁力搅拌器的加热装置中，在 100℃下搅拌 2 h。

（2）交联反应阶段：在完成预混合后，向体系中加入 2 g 硼砂作为交联剂。硼砂的加入将触发 PVA 与纳米纤维素分子间的交联反应，进一步增强水凝胶的三维网络结构。在 100℃下连续搅拌 8 h。

（3）成型与固化阶段：交联反应完成后，将得到的黏稠状产物倒入预先准备好的模具中。随后，将模具置于室温环境下，静置 48 h，让水凝胶在自然条件下完成最后的固化过程。

### 7.4.2.5　结构表征

用冷冻干燥机（Scientz-18 N）对水凝胶样品进行冷冻干燥，然后用扫描电镜（SEM，日立 S4800）观察其微观结构，并配备能量分散 X 射线（EDX）探测器进行元素分析。在 FEI Tecnai G2 F20 TEM 仪器上进行透射电镜（TEM）观察。傅里叶变换红外光谱（FTIR）在 Nicolet Nexus 670 FTIR 仪器上记录，记录范围为在 400～4000 cm$^{-1}$，分辨率为 4 cm$^{-1}$，谱图需扣除背景吸收并进行基线校正。热稳定性由热重分析仪（TA，Q600）测定，在氮气环境下升温速率 10℃/min，从室温升至 800℃。离子电导率采用四点探针电阻率测量系统（RTS-9 测量）。在装有 Cu Kα源的 SAXSLAB 散射仪上进行了小角 X 射线散射（SAXS）实验。在 X 射线衍射仪（Bruker D8 Advance TXS）上进行 X 射线衍射（XRD）测试，对其结构进行分析，测试调节为 Cu Kα线（40 kV，40 mA），步长为 0.02°，扫描角度为 10°～90°，扫描速率为 5°/min。在应力控制流变仪（AR 2000，TA 仪器）上测量了 25℃下的流变性能，即将薄片颗粒放置在直径为 20 mm 的平台上，测试间隙值设置为 1 mm。拉伸试验在通用万能力学试验机（UTM4304X）上进行。紫外-可见分光光度计（UV6000PC）记录紫外-可见光谱。应变传感测试在室温下使用 CS350 电化学工作站进行。

### 7.4.2.6　抑菌活性表征

采用圆盘扩散法、平板扩散法、最小抑菌浓度测定法（MIC）对水凝胶的抑菌活性进行定性和定量检测。选择大肠杆菌（ATCC25922）和金黄色葡萄球菌（ATCC6538）分别作为革兰氏阴性菌和革兰氏阳性菌的模型。在这些测试之前，所有的样品都用紫外线照射消毒 40 min，然后用无菌蒸馏水冲洗，在 37℃、120/min 恒温摇床培养箱中，用 LB 液体营养培养基对金黄色葡萄球菌和大肠杆菌进行活化。每个试验进行三次。

圆盘扩散法按照美国临床和实验室标准协会（CLSI）《抗菌药物药敏试验执行标准》（2012 年）进行，稍作修改。培养过夜的细菌菌株用新鲜培养基 1∶100 稀释，通过平板计数，产量约为 $10^6$ CFU/mL。将无菌棉签沾上细菌悬浮液，通过管壁干燥，然后在三个不同的方向上滑动琼脂。所有样品在抗菌活性测试前用紫外灯消毒 60 min。取直径约 1.0 cm 的无菌样品置于大肠杆菌或金黄色葡萄球菌培养琼脂平板（约 $10^5$CFU/平板），然后在 37℃ 有氧孵育 24 h。用数字卡尺测量从样品边缘到抑制带边缘的抑制带半径，以毫米（mm）为单位。

平板扩散法的步骤为将大肠杆菌和金黄色葡萄球菌在牛肉提取物蛋白胨（BEP）培养基中 37℃ 摇晃培养过夜。之后，将细菌浓度调整到 $1.0 \times 10^6$ CFU/mL 进行抑菌试验。将每个灭菌后的样品在 1 mL 菌悬液中于 24 孔细胞培养板中 37℃ 孵育 6 h，超声振动将附着菌从样品表面分离，所得菌悬液用 PBS 稀释 1∶10000。将稀释后的洗脱液（100 L）接种于培养板上，37℃ 孵育 24 h，所得产物用于菌落计数。

MIC 采用琼脂稀释法测定。首先，将灭菌后的样品磨成粉末，分散在无菌 PBS 中。随后，将不同浓度的悬浮液以两倍浓度（0.125～128 μg/mL）添加到灭菌的 Mueller-Hinton 琼脂（回火至 50℃）中，然后倒入培养皿。固化后，每个制备的培养物在琼脂表面上有 10 μL（约 $10^4$ CFU）的菌斑（每板 5 个菌点）。所有检测板在 37℃ 下孵育 24 h。接种后不添加任何样品的琼脂板作为阳性对照。

### 7.4.2.7　载药性和释药性表征

将 NC-BPVA 水凝胶（1.0 g）浸渍在 20 mL 含有阿莫西林（0.01 mol/L）的 PBS（10 mmol/L，pH=7.4）中，室温暗搅拌 24 h 至平衡。用紫外-可见分光光度计在 228.5 nm 处测定水凝胶中阿莫西林的含量。阿莫西林载药量由式（7-31）确定：

$$阿莫西林载药量（mg/mg）= \frac{W_{初始溶液} - W_{负载后溶液}}{W_{NC\text{-}B\text{-}PVA}} \tag{7-31}$$

式中，$W_{初始溶液}$ 和 $W_{负载后溶液}$ 分别为初始溶液和加载后溶液中阿莫西林的质量，$W_{NC\text{-}B\text{-}PVA}$ 为 NC-B-PVA 水凝胶的质量。测定阿莫西林载药量约为 0.022 mg/mg。

研究了负载阿莫西林的 NC-B-PVA 水凝胶在不同 pH 值（7.4 和 4.5）的 PBS 中阿莫西林的释放。将样品重悬在这些 PBS 中，然后在 37℃ 下搅拌以释放 DOX。在选定的时间间隔收集上清液，用紫外-可见分光光度计在 228.5 nm 处测定。之后，收集的上清被倒回释放系统。用式（7-32）表示累计释放量（%）随时间的函数：

$$阿莫西林累计释放量 = \frac{W_t}{W_I} \tag{7-32}$$

式中，$W_I$ 是装载在 NC-B-PVA 水凝胶上的阿莫西林的量，$W_t$ 是时间 $t$ 从水凝胶中释放的阿莫西林的量。

### 7.4.2.8　细胞毒性表征

采用 MTT 法和倒置荧光显微镜（IFM）检测 HaCaT 细胞的细胞毒性（以细胞活力为代表）[195]。首先，将 HaCaT 细胞进行复苏，在含有 10% 胎牛血清的高糖 DMEM 培养基中，在 37℃、5% CO$_2$ 条件下的恒温培养箱中进行传代 1～2 次。实验前，将载有阿莫西林的 NC-B-PVA 水凝胶进行灭菌处理。将 HaCaT 细胞接种于 96 孔板（每孔 5×10$^3$ 个细胞中），在 37℃、5% CO$_2$ 下孵育 24 h。之后，将 HaCaT 细胞与载有阿莫西林的 NC-B-PVA 水凝胶放置在一起孵育 24 h。另一方面，制备一些只含细胞培养基的孔，作为未处理的对照样品。用磷酸盐缓冲液（PBS）洗涤，MTT（200 μL，0.5 mg/mL）处理 4 h 后，加入 150 μL DMSO，在多模式微孔板仪上记录每孔混合物的吸光度。每个处理组设 3 个重复。用钙黄蛋白 AM 和 PI 分别对活细胞和死细胞进行染色，获得荧光图像。

### 7.4.3 形状可控性能、自愈性能和导电性能

本节研究采用硼砂作为交联剂，将纤维素[196-198]网络与柔性 PVA 网络集成。所制备的 NC-B-PVA 水凝胶具有极好的形状可控性，可以被塑造成各种形状，包括动物、星形和心形，如图 7-65（a）所示。此外，NC-BPVA 水凝胶具有较高的透明度。如图 7-65（b）所示，NC-BPVA 水凝胶下方的图片清晰可见。NC-B-PVA 水凝胶在 300～800 nm 可见光范围内的透射率高达 90%［图 7-65（c）］，与高透明聚氯乙烯（PVC）膜的透射率相当接近。因水、Na$^+$和 B(OH)$_4^-$（源于硼砂交联剂）的存在，NC-B-PVA 水凝胶具有离子导电性。如图 7-65（d）所示，含有 NC-B-PVA 水凝胶和 12 V 电池的电路可以有效地照亮连接的发光二极管（LED）。当水凝胶被切断然后愈合时，LED 实现了从熄灭到照明的转换。

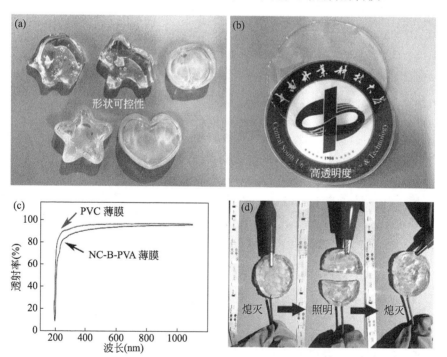

图 7-65　NC-B-PVA 水凝胶的（a）形状可控性；（b）高透明度；（c）用紫外-可见光谱比较水凝胶膜和纯PVC 膜的透射率；（d）切割愈合前后离子电导率

　　水凝胶易受到外界作用而产生结构的破坏，导致其正常功能受到影响，使用寿命减短，但是具有自愈合能力的水凝胶可以解决此问题。图 7-66（a）为 NC-B-PVA 水凝胶的自愈过程。首先，将水凝胶切成两半，并用罗丹明 B（Rh B）染色，以便于区分。其次，将两片水凝胶在室温下无外力接触 5 min，界面几乎完全消失，新表面也很光滑。NC-B-PVA 水凝胶具有良好的界面结合效果，可以很容易地用镊子夹起。结果表明，该材料具有良好的自愈性能。此外，红色色素分子从一半扩散到另一半，表明在双交联网络中刚性链和柔性链之间的强相互作用和高迁移率。为了定量研究 NC-B-PVA 水凝胶的自愈性能，对样品愈合过程在不同时间段的离子电导率和机械强度进行了测定。切割后的水凝胶仅经过 30 s 的自愈时间就恢复了初始离子电导率的 60.48%，300 s 后恢复效率达到 89.81%［图 7-66（b）］。愈合时间与机械强度恢复效率的关系如图 7-66（c）所示，切割后的水凝胶自愈 300 s 后，愈合效率可恢复到高达 93%。此外，重复切割愈合过程 5 次后，愈合效率仍保持 83%［图 7-66（d）］。该效率值高于许多同类产品，例如再生纳米几丁质/聚羟基丁酸酯复合材料（60%）和纤维素纳米晶体增强纳米复合水凝胶（37%）[199, 200]。这些结果表明 NC-B-PVA 水凝胶具有快速自愈性能和优异的可重复使用性。在水凝胶中，硼砂可以通过与多羟基化合物（如PVA）反应形成可逆的硼酸酯键。这些动态化学键使得网络能够在受力时断裂，在力去除后重新连接，从而实现自愈合。硼砂还可以与纤维素类材料相互作用，通过硼酸酯键形成三维网络结构。这种结构在受力时可以解离，在应力解除后重新结合，展现出良好的自愈合能力。

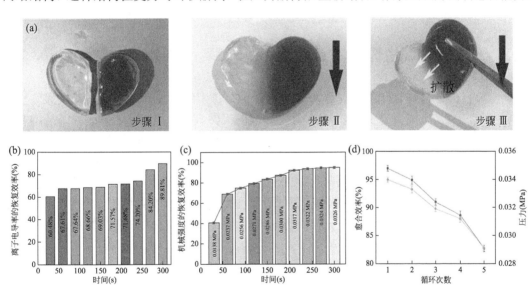

图 7-66　（a）自愈过程；（b）离子电导率随时间的恢复效率；（c）机械强度随时间的愈合效率；（d）自愈性能的可重复性

　　硼砂交联剂对 NC-B-PVA 水凝胶的自愈功能起着重要作用。自愈机制如图 7-67 所示。硼砂交联剂为强碱弱酸盐，易在水中水解生成四羟基合硼酸根离子［$B(OH)_4^-$］，如式（7-33）所示。

$$B_4O_7^{2-} + 7H_2O \rightleftharpoons 2H_3BO_3 + 2B(OH)_4^-  \qquad (7-33)$$

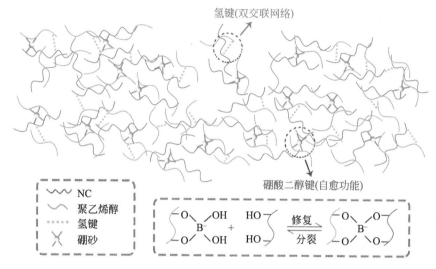

图 7-67 纳米纤维素、硼砂和聚乙烯醇组分在 NC-B-PVA 水凝胶中的相互作用示意图

这些四羟基合硼酸根离子分散在双交联网络中,与纤维素和 PVA 的羟基相互作用,形成可逆的二醇-硼酸盐键(二醇络合)[201-204]。这些可逆的化学键是产生自愈能力的关键。在外力产生的机械应力作用下,双交联网络容易被破坏;然而,二醇-硼酸盐键很容易在纤维素/PVA 的 AOH 基团和相邻的 $B(OH)_4^-$ 阴离子之间产生,使得水凝胶在室温下快速自愈。

### 7.4.4 柔韧性能和拉伸性能

由于纤维素网络的刚度较大,纤维素水凝胶或纤维素气凝胶/泡沫具有较差的柔韧性和较高的脆性[205-208]。纤维素是一种从木材中提取的天然大分子,经过化学改性的纤维素衍生物含有丰富的亲水基团,如羟基、羧基和醛基。这些活性基团使其可以基于酰基腙键、亚胺键、金属配位键或氢键构筑自愈合水凝胶。由于动态性质和相对高的结合强度,基于金属配位键的纤维素水凝胶通常表现出更高的自修复效率和机械稳定性[209]。因此,进行了不同的变形测试(即弯曲、扭转和拉伸行为)以证明添加 PVA 可提高纤维素水凝胶柔韧性的可行性。在图 7-68(a)中,水凝胶很容易弯曲 180°,并且在外力释放后,水凝胶能迅速恢复到初始状态。NC-B-PVA 水凝胶可以反复扭曲编织成双绳 [图 7-68(b)]。为了测试拉伸力学性能,在圆柱形水凝胶中间悬浮 20 g 重物 5 min [图 7-68(c)]。由于高含水

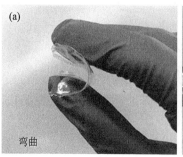

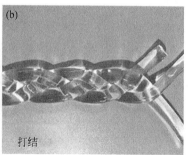

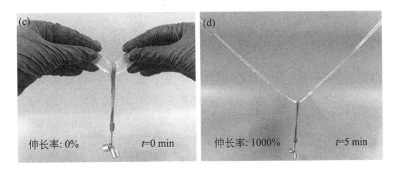

伸长率: 0%　　　　　　t=0 min　　　　伸长率: 1000%　　　　　t=5 min

图 7-68　NC-B-PVA 水凝胶的（a）弯曲试验；（b）扭转试验；
（c，d）20 g 吊重 5 min 前后伸长率

率，水凝胶可以达到 10 倍大的变形而不破裂 [图 7-68（d）]。

　　NC-B-PVA 水凝胶的伸应力应变图如图 7-69（a）所示。观察到，水凝胶的应力随应变从 0 到 80% 的增加而急剧上升，然后随着应变的继续增加，应力的增长逐渐放缓。最终，水凝胶应变达到 1220%，最大应力达到 0.0350 MPa。此时水凝胶的杨氏模量为 0.050 MPa。

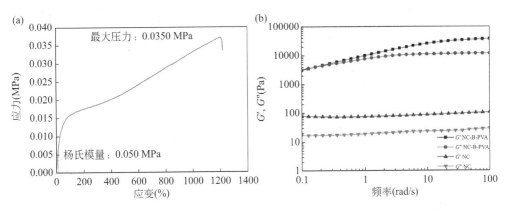

图 7-69　（a）NC-B-PVA 水凝胶的拉伸应力-应变曲线；（b）NC 水凝胶与 NC-B-PVA 水凝胶在 25℃下
0.1% 应变的振荡频率扫描

　　动态流变测试通常使用旋转流变仪进行，可以通过施加正弦波形式的应力或应变来模拟实际应用中遇到的各种情况。对于纤维素水凝胶这类材料，动态流变特性可以了解其在不同条件下的行为，例如在剪切或拉伸作用下如何变形、恢复或破裂。因此，进行小振幅振荡剪切流变试验，通过在 0.01～10 Hz（角频率 $\omega$=0.1～100 rad/s）范围内进行频率扫描，以深入了解水凝胶中的结构排列。如图 7-69（b）所示，NC 水凝胶由于非共价 NC 网络中的交联密度较低，在整个频率范围内呈现出几乎与频率无关的存储模量（$G'$）和损耗模量（$G''$）。相反，NC-B-PVA 水凝胶的 $G'$ 和 $G''$ 随频率的增加而增加，这可能是由于 NC 界面与 PVA 基体之间的氢键松弛所致[210]。此外，随着硼砂和 PVA 的加入，$G'_{max}$ 从 104 Pa 急剧增加到 36490 Pa，这表明硼砂和 PVA 的存在可以显著增强 NC-B-PVA 水凝胶的黏弹性。改善

的原因与 PVA 和 NC 之间的缠结和氢键有关，以及硼砂与 PVA（或 NC）之间的强相互作用（金属配位键），导致二级柔性双交联网络的建立。

通过设计实验，直观反映了硼砂和 PVA 对 NC-B-PVA 水凝胶柔韧性的影响。如图 7-70（a）和（b）所示，将 NC 水凝胶的一侧固定在金属块的边缘，另一端放置 10 g 重物。可见，NC 水凝胶具有良好的形状稳定性，几乎不存在任何变形，表明纤维素网络具有较高的刚度。相比之下，在 NC-B-PVA 水凝胶的边缘放置较小的重物（5 g）时，水凝胶发生明显的变形 [图 7-70（c）和（d）]。结果表明，硼砂和 PVA 的加入提高了 NC-B-PVA 水凝胶的柔韧性。

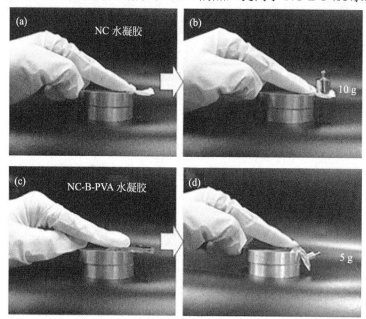

图 7-70　（a，b）NC 水凝胶承载 10 g 重物前后的变形程度；（c，d）NC-B-PVA 水凝胶承载 5 g 重物前后的变形程度

## 7.4.5　微观形貌、化学成分和热性能

从竹子中分离出的纳米纤维素的 TEM 图像如图 7-71（a）所示，可以清楚地识别出直径为 7～160 nm 的纤维素纳米原纤维。结果表明，上述方法是制备纳米纤维素的一种强有力的技术。天然竹的 XRD 图谱显示为典型的纤维素 I 型晶体结构 [图 7-71（b）]。检测到的 XRD 峰在 14.6°、17.4° 和 22.0°处分别对应于（101）、（10$\bar{1}$）和（002）平面[210]。经 NaOH、$H_2O_2$ 和 $Na_2SO_3$ 化学处理后，分离得到的纳米纤维素的 XRD 峰位于 12.0°、19.8° 和 21.6°，揭示了纤维素 I 晶型向纤维素 II 晶型的转变。

用扫描电镜观察了 NC-B-PVA 水凝胶的微观结构。如图 7-72（a）所示，可以清晰地识别出一个相互连接的三维多孔结构，表明柔性 PVA 链和刚性纤维素链混合、交联良好。孔径从几十微米到 200 μm 不等。虚线区域的放大图像如图 7-72（b）所示，其中交联网络中均匀致密的片状结构类似于肌肉组织，这可能是水凝胶具有高柔韧性和高韧性的原因。EDX

分析检测到主要元素成分（质量分数）包括 C（54.12%）、O（33.06%）、B（8.20%）和 Na（4.62%）[图 7-72（b）插图]。Na 和 B 元素来源于硼砂复合物。

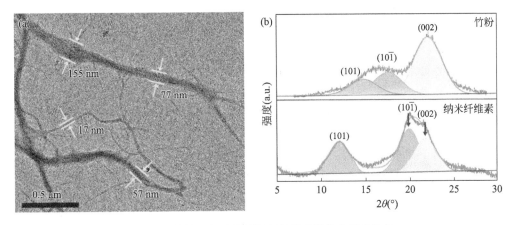

图 7-71　竹材分离纳米纤维素的微观结构和晶体结构

（a）TEM 图像；（b）XRD 图谱

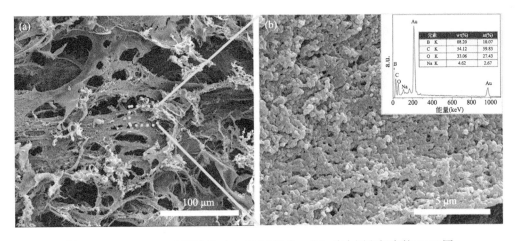

图 7-72　NC-B-PVA 水凝胶的（a）SEM 图像；（b）放大图和相应的 EDX 图

图 7-73（a）为纯 PVA 和 NC-B-PVA 水凝胶的 SAXS 曲线。纯 PVA 呈单峰膝型曲线，峰值位于散射矢量 $q$=0.036 Å$^{-1}$ 处。这种趋势可以用 PVA 聚合物的半结晶结构来解释。对于嵌入连续矩阵的孤立域模型，域间的平均距离 $d$ 可由布拉格方程估计：

$$d = \frac{2\pi}{q_{max}} \tag{7-34}$$

式中，$q_{max}$ 为 SAXS 强度函数最大值对应的散射矢量模量。根据式（7-34），计算出 PVA 纳米晶体的平均尺寸为 17.5 nm，与其他研究报道的数据相似（7～20 nm）[211,212]。对于纯 PVA，强大的分子间力（氢键）诱导 PVA 链平行排列，从而稳定聚合物晶体。相反，在 NC-B-PVA 水凝胶的 SAXS 曲线上没有出现散射矢量最大峰的证据。这种现象可能是由于硼砂和 PVA 之间形成了新的金属配位键，破坏了先前在 PVA 中发现的大多数纳米有序三维有机结构。

通过红外光谱分析进一步研究了 NC-B-PVA 水凝胶中的化学键。如图 7-73（b）和表 7-11 所示，竹粉在约 3412 cm⁻¹ 的波段归因于—OH 伸缩振动[213]。相比之下，对于水凝胶，该波段移动到较低的 3320 cm⁻¹，这可能是由于纤维素/PVA 与硼砂之间氢键的破坏和二醇硼酸盐键的形成。在水凝胶的 FTIR 光谱中，2935 cm⁻¹ 和 2840 cm⁻¹ 的波段是由不对称和对称 C—H 拉伸振动引起的。1333 cm⁻¹ 的波段与二醇-硼酸盐键（B—O—C）的不对称弛缓有关，它在自愈性能中起着关键作用。此外，820 cm⁻¹ 和 673 cm⁻¹ 来自硼砂成分（硼酸盐网络中的 B—O 拉伸和 B—O—C 连接）。在竹粉的 FTIR 光谱中，1430 cm⁻¹、1150 cm⁻¹、1047 cm⁻¹ 和 895 cm⁻¹ 处的波段属于纤维素的特性。考虑到热性能在复合材料应用中的重要性，采用热重（TG）分析 [图 7-73（c）] 和微商热重（DTG）分析 [图 7-73（d）] 研究了 NC-B-PVA 水凝胶的热行为。热解过程主要分为四个阶段。在 20～120℃ 范围内，失重主要是由于吸收的水分蒸发，在 67℃ 时形成一个明显的放热峰。在 120～350℃ 范围内，聚合物（如 PVA 和纤维素）发生分解，并在 287℃ 处产生峰值。当温度升高到 500℃ 时，重量的减少可能归因于碳的生成反应。在此阶段之后，重量变化趋于稳定。800℃ 时的残余质量低至 10.4%，表明水凝胶废弃物可以通过燃烧有效处理。

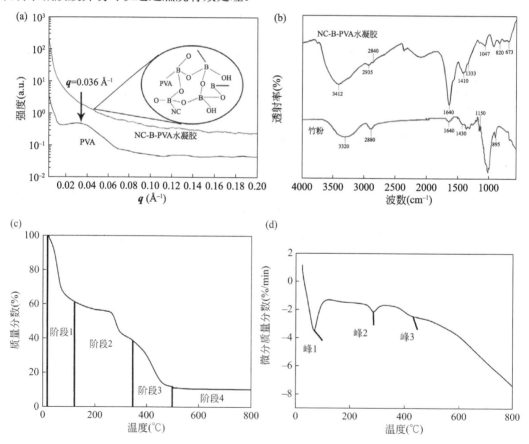

图 7-73　NC-B-PVA 水凝胶的（a）SAXS 曲线；（b）FTIR 光谱；（c）TG 曲线；（d）DTG 曲线

表 7-11　FTIR 特征波段及其分配和来源

| 波数（cm$^{-1}$） | 归属 | 来源 | 样品 |
|---|---|---|---|
| 3412 | O—H 中的 O 拉伸 | 纤维素 | 竹粉 |
| 3320 | O—H 拉伸和 O—H 中的 O 拉伸 | 纤维素<br>聚乙烯醇 | NC-B-PVA 水凝胶 |
| 2880 | C—H 拉伸 | 纤维素 | 竹粉 |
| 2935 | 不对称 | 纤维素<br>聚乙烯醇 | NC-B-PVA 水凝胶 |
| 2840 | C—H 拉伸<br>对称结构<br>C—H 拉伸 | 纤维素<br>聚乙烯醇 | NC-B-PVA 水凝胶 |
| 1640 | 吸附水 | 纤维素<br>聚乙烯醇<br>硼砂 | 两者 |
| 1430 | （C$_6$）—CH$_2$ 弯曲 | 纤维素 | 竹粉 |
| 1410 | C—H 弯曲 | 纤维素<br>聚乙烯醇 | NC-B-PVA 水凝胶 |
| 1333 | 不对称 B—O—C 结构 | 硼砂 | NC-B-PVA 水凝胶 |
| 1150 | C—O—C 吡喃糖环骨架振动 | 纤维素 | 竹粉 |
| 1047 | C—O—C 拉伸 | 纤维素 | NC-B-PVA 水凝胶 |
| 895 | 糖单元间的糖苷键 | 纤维素 | 竹粉 |
| 820 | B—O 拉伸 | 硼砂 | NC-B-PVA 水凝胶 |
| 673 | 硼酸网络中 B—O—B 连接 | 硼砂 | NC-B-PVA 水凝胶 |

## 7.4.6　应变传感器和抗菌材料应用

柔性应变传感器广泛应用于电子皮肤、医学诊断以及人体运动和健康检测，因此迫切需要制备灵敏度高、检测限超低、检测范围广、结构简单的便携式高性能柔性传感器。Shao 等制备了一种在纳米纤维素表面均匀涂布单宁酸并进行自由基原位聚合，形成具有动态交联结构的高强度凝胶材料，可直接黏附到人体的皮肤上，用来检测手指弯曲形变以及脉搏跳动等微弱的生理信号[214]。NC-B-PVA 水凝胶由于其优异的柔韧性、韧性和自愈能力以及高离子电导率，在应变传感器领域具有很大的潜力。将水凝胶连接到电路中，利用电化学工作站实时监测由水凝胶变形引起的离子电阻变化 [图 7-74 (a)]。如图 7-74 (b) 所示，当水凝胶承受纵向载荷（10 g 重量）时，尽管水凝胶的形状变化很小，但电流的变化是有规律的。为了确定传感灵敏度，记录并比较 NC-B-PVA 水凝胶样品受到较小压力(5 g 和 2 g)时电流信号的变化。在图 7-74 (c) 中，当使用 5 g 重量时，电流幅度明显减弱，而信号仍随时间周期性波动，说明 NC-B-PVA 水凝胶的传感范围可以很好地延伸到 5 g。此外，通过对比图 7-74 (b) 和 (c)，它们的能带宽度很接近，说明即使在使用 5 g 重量的情况下，水凝胶的响应性也很好。然而，当将 2 g 重量施加到 NC-B-PVA 水凝胶上时，电流振幅非常小，并且这些信号没有明显的可重复性 [图 7-74（d）]。结果表明，NC-B-PVA 水凝胶的最小传感重量在 5 g 左右。应变传感器的灵敏度通常通过使用应变系数的指标来评估，该指标表示传感器对外力刺激的响应能力。对于应变系数的计算，应变传感器对外加应变（$\varepsilon$）的相对电阻响应（$\Delta R/R_0$）可由 $\Delta R/R_0=(R-R_0)/R_0$ 确定，应变系数值可由 $R/R_0$ 除以应变 $\varepsilon$ 得到，其中 $R_0$ 和 $R$ 分别为 0% 时的原始电阻和拉伸或压缩时的实时电阻。根据图 7-74（c）的结果，计算出应变系数值为 1.47，高于最近报道的数据，如 PAA/PANI 水凝胶和 $Fe^{3+}$ 交联纤维素纳米晶水凝胶[215-217]。

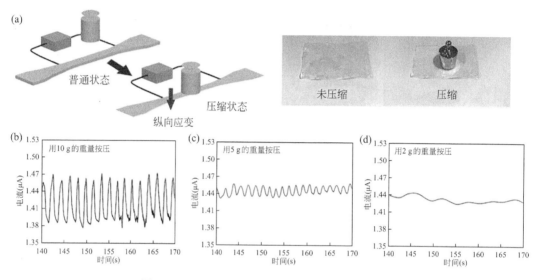

图 7-74　NC-B-PVA 水凝胶的传感灵敏度和稳定性

（a）传感试验示意图和照片；（b～d）通过放置不同重量的水凝胶（10 g、5 g、2 g）进行传感灵敏度测试

图 7-75（a）为使用 5 g 重量从 0 到 27500 s 反复按压水凝胶的传感稳定性实验。显然，在整个周期内，电流信号的波动表现出长期的周期性。高的灵敏度和稳定性都是传感器应用的前提条件。实验研究了 NC-B-PVA 水凝胶在冷热环境（即 0℃ 和 60℃）下的传感稳定性。水凝胶在宽温度范围内表现出高度可靠和可逆的电阻转变，响应时间短，无明显的滞后现象 [图 7-75（b）]。值得注意的是，当温度从 0℃ 升高到 60℃ 时，电流会增加，这反映了该导电水凝胶在高温下的灵敏度更高。这一现象主要归因于两个因素：①离子电导率随温度升高而升高；②离子在高温下解离的增强导致载流子浓度的增加。这两种效应都有助于降低高温下的电阻，因此出现负温度系数行为。该结果与 Wu 等[218]对聚丙烯酰胺/卡拉胶双网状水凝胶的报道一致。水凝胶在 0℃ 和 60℃ 时的离子电导率分别为 0.455 S/cm 和 0.481 S/cm，与图 7-75（b）中电流变化的结果一致。结果表明，NC-B-PVA 水凝胶在较宽的温度范围内具有稳定的热敏性，因此其在未来复杂温度环境下的软人工智能设备中具有潜力。

为了研究 NC-B-PVA 水凝胶在实际应用中的潜力，首先将水凝胶固定在人体手腕上，监测人体运动。与水凝胶连接的手腕从 0° 到 45° 转动 [图 7-75（c）]。因此，水凝胶同时经历拉伸和弯曲应变。在重复变形过程中，电流变化具有规律性和可重复性。当水凝胶固定在食指关节处以获得更大的弯曲角度（从 0°到 90°）和更快的弯曲速度，在更短的时间范围内电流的变化仍然是稳定和规律的［图 7-75（d）］，这表明水凝胶可以作为一种高灵敏度的应变传感器来监测人体运动。结果表明，NC-B-PVA 水凝胶在未来电子皮肤、智能传感器系统、可穿戴人体活动监测等领域具有广阔的应用前景。

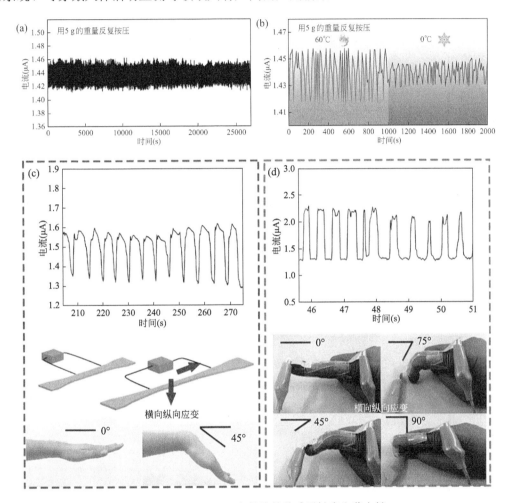

图 7-75　NC-B-PVA 水凝胶的传感灵敏度和稳定性

（a）用 5 g 重物从 0～27500 s 反复按压水凝胶，检测稳定性试验；（b）冷热环境（0℃和 60℃）下的传感稳定性试验；（c）水凝胶样品对于人的手腕从 0°转到 45°转动的响应性；（d）水凝胶样品对于人的食指关节从 0°～90°转动变化的响应性

近年来，抗生素的长期应用以及临床不合理使用导致超级耐药菌的出现，成为全球公共卫生的巨大隐患，因此制备安全、无毒、广谱、绿色等抗菌材料成为研发的热点。以纤维素为原料制备的水凝胶具有多孔的三维结构及良好的生物相容性和抗氧化性，可以作为载体，用于递送药物、蛋白质等生物活性物质。研究表明，当纤维素水凝胶与抗菌剂复合后，可以吸附细菌，使细菌更易与抗菌剂充分接触，从而发挥材料的抗菌性能。因此，设

计了一种简单直接的方法，将水凝胶与具有广谱抗菌性能的半合成β-内酰胺抗生素阿莫西林混合制备抗菌复合材料。虽然目前已有光热杀菌[219]、光动力杀菌[220]、光声激发杀菌[221]、微波激发杀菌[222]等多种新型无抗生素抗菌策略，但为了验证水凝胶作为载体的潜力和通用性，我们选择了传统的常见抗生素接触法。

将 NC-B-PVA 水凝胶在 0.01 mol/L 的阿莫西林水溶液中浸渍 24 h，制成负载阿莫西林的 NC-B-PVA 水凝胶 [图 7-76（a）]。阿莫西林含有丰富的亲水性基团，如羟基、羧基、氨基和亚胺基，有助于阿莫西林与 NCB-PVA 水凝胶通过氢键整合。研究了负载阿莫西林的 NC-B-PVA 水凝胶在不同 pH 值（4.5 和 7.4）下的释药性能。负载阿莫西林的 NC-B-PVA 水凝胶的累积释放量随时间的变化曲线如图 7-76（b）所示，在 pH 为 7.4 时，阿莫西林的累积释放量在 12 h 后为 83.4%，当 pH 值从 7.4 降至 4.5 时，阿莫西林的累积释放量显著增加至 92.8%。水凝胶在酸性介质中的药物释放量高于在中性介质中的药物释放量。在酸性条件下释放较高的原因可能是两个聚合物链（PVA 或 NC）和一个 $B(OH)_4^-$ 的相邻羟基对之间的交联受到破坏。根据 Han 等[222]的报道，$B(OH)_4^-$ 酸性条件下发生 $B(OH)_4^- + H^+ \rightleftharpoons H_3BO_3 + H_2O$，由于络合反应是通过 $H_3BO_3$ 附着在同一聚合链的相邻醇基上进行的，这阻止了交联的发生，因此无助于多元醇凝胶的形成。交联的破坏导致更多药物分子的释放。比较常见的病原菌为以金黄色葡萄球菌为代表的革兰氏阳性菌和以大肠杆菌为代表的革兰氏阴性菌。图 7-76（c）、（d）为装载阿莫西林前后 NC-B-PVA 水凝胶的抗菌活性测试结果。显然，NC-B-PVA 水凝胶（对照组）没有明显的抑制区，表明 NC-B-PVA 水凝胶抗菌活性可以忽略不计。相反，加载阿莫西林后，水凝胶周围产生抑制带。测试样品两侧抑制带的平均宽度由式（7-35）计算：

$$W = \frac{T - D}{2} \qquad (7-35)$$

式中，$W$ 为抑制清除区的宽度，$T$ 为样品和清除区的宽度，$D$ 为测试样品的宽度。测定后，计算出大肠杆菌和金黄色葡萄球菌生长抑制环的平均宽度分别为 9.9 mm 和 13.2 mm，表明水凝胶形成了强大的抗菌性能。

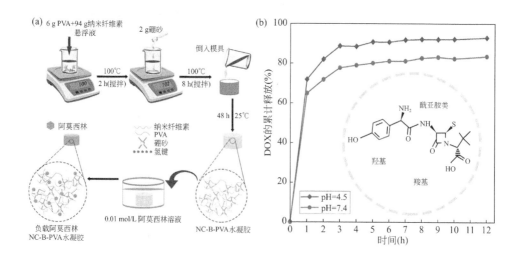

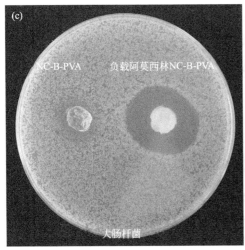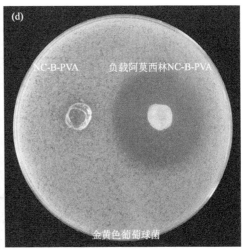

图 7-76　负载阿莫西林的 NC-B-PVA 水凝胶的 pH 响应性药物释放特性和抗菌活性

(a) 含阿莫西林的 NC-B-PVA 水凝胶的制备示意图；(b) 不同 pH 值（7.4 和 4.5）下，阿莫西林在 NC-B-PVA 水凝胶中的释放曲线，插图为阿莫西林的分子结构；(c) 对大肠杆菌的抗菌活性；(d) 对金黄色葡萄球菌的抗菌活性

　　琼脂平板法（agar plate method）是一种经典的微生物学实验技术，用于测定抗菌物质的抑菌效果。这种方法通常用于初步筛选抗菌活性物质，特别是在天然产物的抗菌活性研究中较为常见。为了进一步定量研究负载阿莫西林的 NC-B-PVA 水凝胶的抑菌活性，采用铺板法，对有或无水凝胶孵育的菌落数量进行计数。抗菌活性用抗菌率（%）表示：

$$抗菌率(\%)=1-(实验组菌落计数/对照组菌落计数)\times100\% \qquad (7\text{-}36)$$

　　如图 7-77（a）所示，与空白对照组相比，试验组菌落形成单位数量显著减少，大肠杆菌和金黄色葡萄球菌的抑菌率分别达到 98.98% 和 99.61%，与一些高级抗菌材料相当甚至更高，如 Ag/Ag@AgCl/ZnO 包埋水凝胶（大肠杆菌的抗菌率为 95.95%，金黄色葡萄球菌的抗菌率为 98.49%）[223]，金属有机框架增强光响应水凝胶（大肠杆菌的抗菌率为 99.93%，金黄色葡萄球菌的抗菌率为 99.97%）[224]，少层黑磷纳米片包埋水凝胶（大肠杆菌的抗菌率为 98.90%，金黄色葡萄球菌的抗菌率为 99.51%）[225]，和负载二乙酸氯己定的 HA-AEMA/mPEG-MA 水凝胶（大肠杆菌的抗菌率 99.90%，金黄色葡萄球菌的抗菌率 99.88%）[226]。

　　通过测定 MIC 的方法对其抗菌性能进行了定量评价。MIC 被定义为在规定条件下阻止微生物可见生长的抗菌剂的最低浓度。如表 7-12 所示，加入阿莫西林的 NC-B-PVA 水凝胶的 MIC 值分别为 32 μg/mL 大肠杆菌和 16 μg/mL 金黄色葡萄球菌。当采用较低浓度时，可以观察到明显的生长，这表明在这种情况下对微生物的生长没有抑制作用。这一数值低于最近许多基于水凝胶的抗菌剂，如二甲基癸胺壳聚糖接枝聚(乙二醇)甲基丙烯酸酯水凝胶（98 μg/mL 大肠杆菌和 49 μg/mL 金黄色葡萄球菌）[227] 和含青霉素的聚(己内酯)-阻断聚(赖氨酸-丙氨酸-甲基丙氨酸)水凝胶（64 μg/mL 大肠杆菌和 32 μg/mL 金黄色葡萄球菌）[227]。此外，基于上述结果，可以清楚地看出，负载阿莫西林的 NC-B-PVA 水凝胶对金黄色葡萄球菌的生长具有更强的抑制作用。造成这种现象的原因是金黄色葡萄球菌比大肠杆菌对阿莫西林更敏感，这一点已经被以往的研究实验证明。这些结果表明 NCB-PVA 水凝胶具有作为开发绿色高性能功能材料的绿色载体的能力。

表 7-12　载阿莫西林的 NC-B-PVA 水凝胶对研究菌株的 MIC 测定

| 浓度（μg/mL） | 大肠杆菌 | 金黄色葡萄球菌 |
|---|---|---|
| 0.125 | + | + |
| 0.25 | + | + |
| 0.5 | + | + |
| 1 | + | + |
| 2 | + | + |
| 4 | + | + |
| 8 | + | + |
| 16 | + | − |
| 32 | − | − |
| 64 | − | − |
| 128 | − | − |

　　作为一种抗菌剂，含有阿莫西林的 NC-B-PVA 水凝胶很容易与人体皮肤接触。因此，阿莫西林负载的 NC-B-PVA 水凝胶的细胞毒性具有重要意义。人体皮肤由表皮和真皮层组成。表皮构成了外层，主要由角质形成细胞组成。本节选择典型的角质形成细胞 HaCaT 细胞单层培养物作为重建表皮模型，进行细胞毒性试验。Calcein-AM 和 PI 染色的 HaCaT 细胞与载阿莫西林的 NC-B-PVA 水凝胶孵育。这种染色技术是基于荧光的活细胞（绿色）和/或死细胞（红色）检测，用两个探针，结果表明细胞活性和质膜完整性。通过对比图 7-77（b）和（c）中的 IFM 图像，水凝胶的绿色活细胞比例与对照组非常接近，细胞毒性可以忽略不计，对人体皮肤具有良好的生物相容性。MTT 定量分析是一种常用的细胞生物学实验方法，用于评估细胞的存活率、增殖能力和药物毒性等。MTT 定量分析进一步支持了 IFM 分析的结果 [图 7-77（d）]。根据美国药典委员会（USP XXII，NF XVII，1990）和中国 GB/T 14233.2—2005，水凝胶的三种吸光度结果的平均值除以对照组的吸光度结果的平均值，计算相对生长速率（RGR）。负载阿莫西林的 NC-B-PVA 水凝胶的 RGR 值高达 96.8%。根据上述标准，细胞毒性为 1 级（RGR=80%～99%）。允许使用细胞毒性等级为 1 的材料。

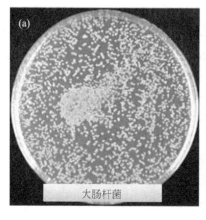
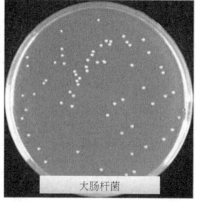

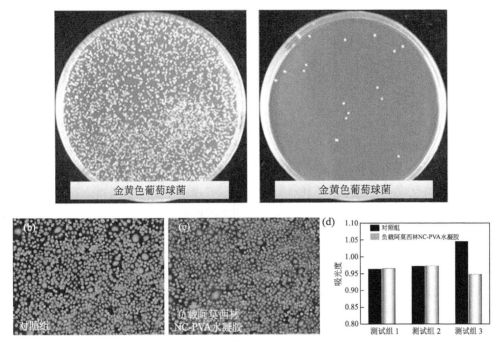

图 7-77　（a）负载阿莫西林的 NC-B-PVA 水凝胶的抑菌活性测试；负载阿莫西林的 NC-B-PVA 水凝胶对 HaCaT 细胞的细胞毒性未处理（b）和与水凝胶孵育（c）的 HaCaT 细胞 Calcein-AM 和 PI 双染分析；（d）三次 MTT 试验的结果

## 7.4.7　小结

　　本节成功地构建了一种基于纳米尺度纤维素的自愈双交联体系。在制备过程中，巧妙地运用了机械除颤的方法，克服了传统纤维素化学溶解过程中对环境条件的严苛要求，制备出了高度稳定的纤维素纳米原纤维悬浮液，简化了工艺流程。所构建的双交联 NC-B-PVA 水凝胶体系，其独特的双交联结构赋予了水凝胶卓越的形状记忆与可控性，能够在多种复杂形变（如弯曲、扭曲及拉伸）下保持结构稳定，具有高柔韧性，同时展现出优异的离子导电性，为电子设备的柔性化设计提供了新思路。NC-B-PVA 水凝胶展现出了卓越的自愈能力，这得益于纤维素/PVA 与硼砂之间动态可逆的二硼酸盐键的形成，该水凝胶在受到损伤后，能够在无需外界干预的条件下，短短 5 min 内迅速自我修复至接近原始状态。这一特性使其在可穿戴设备、软体机器人等领域具有巨大的应用潜力。作为应变传感器，NC-B-PVA 水凝胶展现出了极高的灵敏度与适应性。它不仅能在极端温度环境（0℃与 60℃）下精准捕捉微小的重量变化（仅 5 g 的重量），还能无缝贴合于人体表面（如手腕、手指等），实现对人体精细动作的实时监测，为健康监测、运动分析等领域带来了参考。此外，NC-B-PVA 水凝胶还展现出了作为绿色抗菌载体的巨大潜力。通过与阿莫西林等抗生素的结合，形成了有效的抗菌材料，该水凝胶能够有效抑制大肠杆菌和金黄色葡萄球菌的生长。这种载药水凝胶在展现出强大抗菌能力的同时，保持了极低的细胞毒性和优异的人体皮肤生物相容性，确保了其在生物医学应用中的安全性与可靠性。

# 7.5 仿木热塑性聚氨酯/碳黑气凝胶基柔性应变传感器

## 7.5.1 引言

应变传感器在人体运动监测、个性化健康监测、人机界面和娱乐技术等领域具有广泛的应用[228-237]。而随着柔性电子产业的蓬勃发展，柔性应变传感器也受到了广泛关注。柔性应变传感器具有优异的机械性能和可变形能力以及重量轻、环保等特点，在医疗监测、人机交互和信息通信等领域具有广泛日益重要的应用前景[228-241]。

传统的应变传感器通常由金属和晶体硅等刚性和脆性无机材料组成，将其功能限制在较窄的应变范围内[242]，无法满足柔性传感应用的需求。而柔性压力传感器通常由柔性基底、活性材料、导电电极组成。其中，多孔导电聚合物复合材料（CPC）因其轻质、柔性、可加工性和优异的导电性，在柔性传感领域引起了广大学者的高度关注[243, 244]。例如，Mattman 等[245]开发了基于热塑性弹性体的应变传感器，这种弹性体是通过熔融混合和挤压成型制备的，并以炭黑（CB）作为导电填料，这种传感器的电阻与应变之间呈线性关系，可以挤压成型制备的，并填充了炭黑（CB）。这些传感器的电阻与应变之间呈线性关系，可以在 80%的应变范围内有效工作。Zheng 等[246]通过将 CB 和 CNT 分散到 PDMS 基质中，开发出基于 CB/CNT/PDMS 的可拉伸应变传感器。CNT-CB 中的混合结构具有桥接和重叠的特点，这使其展现出宽应变感应范围（可达 300%应变）以及优异的耐用性（在 200%应变条件下可循环使用 2500 次）。此外，Chen 等[247]设计了一种应变传感器，在 PDMS 基体中嵌入了碳纳米管-石墨烯（CNT-GE）复合导电填料。这种复合导电填料使该应变传感器具有更高的导电性，即使在 60%应变时也能保持高导电性。这些研究大大提高了导电聚合物在柔性传感中的应用。然而导电聚合物微观结构难以把控，简单随机的微观结构一方面限制了机械性能，另一方面也不利于电信号的定向传导。因此，如何设计出更灵活、更可压缩的 CPC 基柔性传感器仍然具有巨大的前景。对此本节从大自然中生物结构汲取灵感［图 7-78（a）］，其中天然木材具有由细胞壁组成的各向异性微观多孔结构［图 7-78（b）、（c）］，具有稳定性强、重量轻、机械强度高等特点，是开发具有优异机械和电学性能的 CPC 基柔性传感器的理想灵感来源[248-252]。此外，定向冷冻铸造技术因其工艺简单、操作方便而被广泛用于构建具有各向异性微结构的功能材料。例如，Yang 等[253]利用双向冷冻技术将氧化石墨烯（GO）片组装成具有仿生结构的三维气凝胶。该石墨烯气凝胶具有优异的比强度，在约 50%的应变下可承受超过自身重量 6000 倍的压力。此外，即使在 50%应变下压缩 1000 次后，它仍能保持约 85%的原始抗压强度。因此，本节采用双向冷冻工艺，以热塑性聚氨酯（TPU）为柔性基底，CB 为导电填料制造出一种具有仿木结构的 CB/TPU（BWCT）复合柔性应变传感器。BWCT 传感器不仅复制了木材的各向异性微观结构，而且还表现出卓越的强度和韧性。具体来说，BWCT 传感器即使在 50%应变下经过 2000 次压缩循环后，仍能保持 89.6%的应变恢复率。同时，柔性 BWCT 传感器还表现出优异的传感性能，包括宽检测范围、低检测下限、高耐久性和快速的响应时间。此外为了评估其在实际中的应用，我们将 BWCT 传感器集成到人工电子皮肤阵列中，该阵列能够检测压力位置、压力强度以及监测人体的各种运动情况（如手臂弯曲、下蹲和踮脚）。

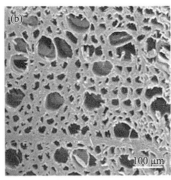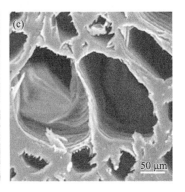

图 7-78　（a）天然木材的生物结构；（b，c）木材细胞壁组成的各向异性管状结构

## 7.5.2　仿木热塑性聚氨酯/碳黑气凝胶基柔性应变传感器的制备

### 7.5.2.1　试验材料

纯度为 99% 的二氧六环由上海阿拉丁生化科技股份有限公司提供，纯度为 99.9% 的纳米级超导炭黑粉末购自苏州碳丰石墨烯科技有限公司。密度 1.12 g/cm³ 的粉末状 TPU（巴斯夫 TPU 1185A）由巴斯夫（中国）有限公司生产。聚二甲基硅烷购自奥斯本国际集团（德国）股份有限公司。纯度为 99.999% 的液氮购自湖南省万源气体有限公司。

### 7.5.2.2　模具制备

首先，通过三维打印技术制作一个聚四氟乙烯冷冻模具，方形模具的内壁尺寸为 12 mm×12 mm×20 mm。随后，将 PDMS 前驱体溶液倒入模具，使其完全覆盖铜板。在 120℃ 的烘箱中降温固化 2 h 后，得到倾角为 15° 的 PDMS 楔形。双向冷冻专用模具的最终制备完成。

### 7.5.2.3　制备流程

BWCT 传感器的制备过程如图 7-79 所示。首先，将 5 g TPU 颗粒溶解在 100 mL 二噁烷中，在 60℃ 下搅拌 30 min 形成均匀的悬浮液。为使 CB 颗粒均匀分散，将其与二氧六环混合并超声 30 min。随后，将两种溶液混合并超声 60 min，以形成均匀 CB/TPU 悬浮液。然后将 CB/TPU 悬浮液在气压小于 100 Pa 的环境中静置 10 min，以消除气泡。随后将其倒入定制的冷冻模具中，并放置在定向冷冻装置上。温度以每 min 10℃ 的速度逐渐降至-187℃，并保温 2 h。紧接着，将冷冻样品连同模具一起转移到真空冷冻干燥机中，在低于 50 Pa 的大气压力和零下 40℃ 的温度下，对样品进行 72 h 的冷冻干燥，以去除有机溶剂。最后，将样品放 60℃ 的烘箱中 2 h，以去除多余的水分。

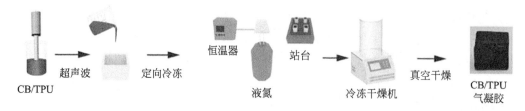

图 7-79　BWCT 传感器的制备过程

### 7.5.2.4　结构表征

使用扫描电子显微镜（SEM，Zeiss Supra55）观察了样品的微观形貌。使用傅里叶变换红外光谱（FTIR，Nicolet 6700）进行红外分析，波数范围为 500～4000 cm$^{-1}$，使用 Renishaw InVia 微拉曼系统以 514 nm 的激发波长记录拉曼光谱。使用热重分析仪（TGAQ500）进行了热重分析（TGA），分析在 100～700℃ 的氮气环境下进行，加热速度为 800℃/min。此外，还使用四探针电阻率仪（RST-9）测量了样品的电导率，为确保结果的可重复性和可靠性，每次试验测试三个样品。

### 7.5.2.5　有限元分析

使用 LS-DYNA 中的 Belytschko-Tsay 4 节点壳单元对模型进行网格划分。选择的本征材料为分段线型弹塑性材料（*MAT_024），并指定了包括弹性模量、泊松比和孔壁屈服强度在内的力学参数，如表 7-13 所示。

表 7-13　孔壁有限元模型的力学参数

| 组成部分 | 弹性模量（GPa） | 泊松比 | 屈服强度（MPa） | 厚度（mm） | 密度（g/mm³） |
|---|---|---|---|---|---|
| 多孔墙 | 10 | 0.3 | 60 | 0.67 | $1.02×10^{-3}$ |

### 7.5.2.6　力学性能测试

使用微机万能力学试验机（CMT6103，山东盛林精密机械设备有限公司）对材料的力学性能进行测试，试验速度为 5 mm/min（图 7-80）。

### 7.5.2.7　传感性能测试

通过力学和电学同步试验评估了 BWCT 传感器的应变传感性能。测试样品的数码照片见图 7-81。

## 7.5.3　微观形貌、电学和热稳定性分析

双向冷冻铸造工艺有效地实现了 BWCT 传感器多尺度结构的有效控制。在这一过程中，冰晶最初在最低线成核，浆料沿着垂直和水平两个温度梯度下生长。水平方向的温度梯度调节了横向冰晶的生长方向，使冰晶在垂直于冷冻方向的横向平面上有序生长（图 7-82）[254-256]，

因此制备的气凝胶均呈现出高度有序的多孔结构。

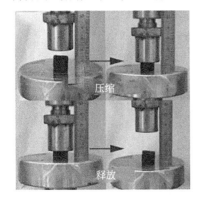

图 7-80　BWCT 传感器压缩释放过程图

图 7-81　BWCT 传感器传感性能测试装置

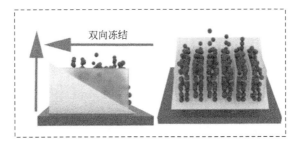

图 7-82　双向冷冻机理

利用 SEM 对 BWCT 传感器的微观结构进行了分析。如图 7-83 所示，通过双向冷冻干燥法成功制备了具有各向异性的复合材料。所有制备的 BWCT 传感器都呈现出高多孔结构，如图 7-83 ［（a）～（c）］所示。

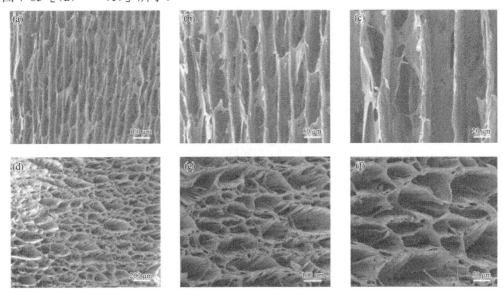

图 7-83　（a）～（c）BWCT 传感器纵截面的 SEM 图像；（d）～（f）BWCT 传感器横截面的 SEM 图像

排列整齐的孔的大小在 40～100 μm 之间，孔壁厚度约为 7 μm（图 7-84）。

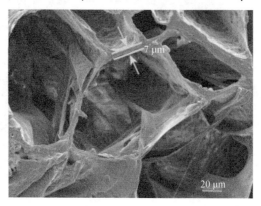

图 7-84　BWCT 传感器孔壁厚度的 SEM 图像

BWCT 传感器最初是平的，这表明它具有出色的平整度。当压缩时，它能灵活地适应形状的变化，突出了其出色的灵活性。这些状态展示了 BWCT 传感器在不同应用场景下的形态特性（图 7-85）。

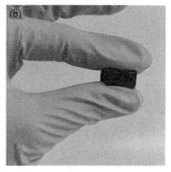

图 7-85　（a）BWCT 传感器数码图像；（b）捏合状态下的 BWCT 传感器

在图 7-86 中，BWCT 传感器被放置在蒲公英上，蒲公英保持原有形状，没有倒塌，显示出 BWCT 传感器的轻质特性，并且其密度仅为 0.13 g/cm³。

图 7-86　BWCT 传感器的轻质特性

对不同 CB 含量样品的电导率进行测试,结果表明,当加载的 CB 含量在 0～0.39%（体积分数,下同）之间时,电导率从 $1.86 \times 10^{-12}$ S/m 显著提高了 9 个数量级,达到 $1.55 \times 10^{-1}$ S/m［图 7-87（a）］。此外,从应力应变曲线上看,抗压强度与 CB 含量呈正相关,随着 CB 含量的增加,样品的抗压性能也有所提高［图 7-87（b）］。值得注意的是,当 CB 含量高于 0.39% 时,抗压强度的高低起伏并不明显,其趋势与电导率的趋势一致。因此,后续的实验研究选择了 CB 含量为 0.39% 的样品进行进一步测试。

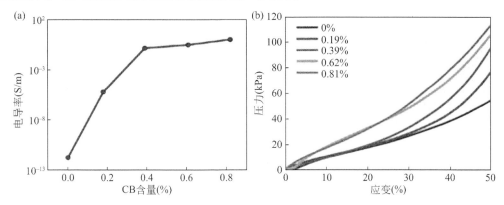

图 7-87　（a）体积电导率随 CB 含量的变化；（b）不同 CB 含量样品的应力–应变曲线

为了揭示 BWCT 传感器的化学组成,对其分别进行的拉曼和红外分析。结果表明,碳材料的拉曼光谱在 1611 cm$^{-1}$ 处的 G 峰和 1313 cm$^{-1}$ 处的 D 峰之间显示出明显的分离,表明与 CB 相比,BWCT 具有高度有序的结构［图 7-88（a）］。此外,BWCT 在大约 2926 cm$^{-1}$ 处显示了一个 2D 峰,这是多层材料拉曼光谱中存在的一个典型特征,原因是多能带引起了不同的散射过程。为了进行比较,我们测量了纯 TPU 的拉曼光谱,发现它与 BWCT 传感器的拉曼光谱极为相似。同时,CB、TPU 和 CB/TPU 样品的傅里叶变换红外光谱见图 7-88（b）。与纯 TPU 相比,CB/TPU 样品的吸收峰略有移动。具体来说,在 CB/TPU 样品中,热塑性聚氨酯在 3331 cm$^{-1}$（N—H 拉伸振动）、2955 cm$^{-1}$（—CH 拉伸振动）和 1074 cm$^{-1}$（C—O—C 振动）处的吸收峰分别移至 3326 cm$^{-1}$、2946 cm$^{-1}$ 和 1059 cm$^{-1}$。峰值位置的移动表明 TPU 和 CB 之间发生了化学作用,促进了 CB 在 TPU 表面的吸附并形成了导电网络。

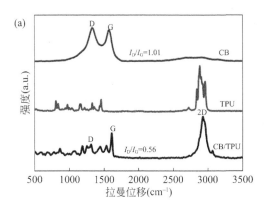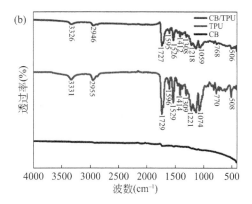

图 7-88　CB、TPU 和 CB/TPU 复合材料的拉曼光谱（a）与 FTIR 光谱（b）

利用 TGA 研究样品的热稳定性（图 7-89）。与纯 TPU 相比，CB/TPU 的热重曲线向低温区转移，最大失重从 TPU 的 428.8℃降至 CB/TPU 的 392.3℃ ［图 7-89（a）］。这一现象表明，TPU 表面的 CB 涂层降低了 CB/TPU 的热稳定性。此外，在 700℃热降解后，TPU 的残余质量百分比为 1.2%，而 CB/TPU 的残余质量百分比为 12.68% ［图 7-89（b）］。因此，这些结果表明 CB 与 TPU 之间存在着强有力的相互作用，与文献报道类似[257, 258]。

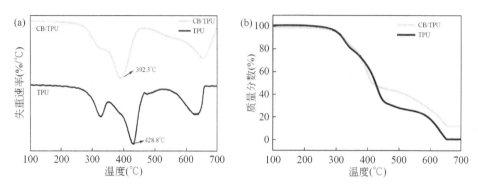

图 7-89　TPU 和 CB/TPU 复合材料的 DGA（a）和 TDGA（b）曲线

## 7.5.4　机械性能

对 BWCT 传感器的机械性能进行了测试，图 7-90 显示了最大应变为 15%、30%、50% 和 70%的径向压缩循环的应力-应变曲线。结果表明，BWCT 传感器可以承受高达 70%的压缩而不会开裂，并且在卸力后会迅速恢复原状。此外，压缩周期呈现出三个不同的阶段：小应变时的线弹性区、中等应变时的高原区和大应变时的致密化区。其中初始阶段与孔壁的弹性屈曲有关。随后的阶段与孔壁的弹性屈曲相对应，在这一阶段中，大部分积累的能量被耗散。在最后阶段，孔隙壁变得高度密实，这种状态下显示出较高的应力。在相同应变下，不同载荷下的应力-应变曲线几乎重合，这表明 BWCT 传感器具有出色的机械稳定性。此外，图 7-91（a）显示了 BWCT 传感器在轴向压缩下的应力-应变曲线，结果表明其

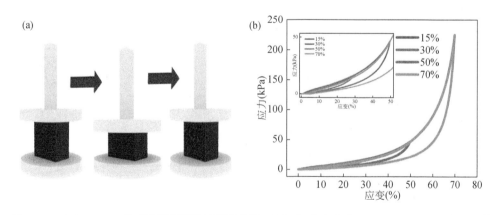

图 7-90　（a）BWCT 传感器压缩释放过程示意图；（b）最大应变为 15%、30%、50%和 70%的
单个压缩循环的应力-应变曲线

在轴向压缩过程中有明显的屈服和变形过程。此外，图 7-91（b）还显示了 BWCT 传感器在不同压缩率下承受高达 50%应变时的应力-应变曲线。结果表明，在不同应变振幅的循环压缩过程中，不同应变速率下试样的应力-应变曲线保持一致，表明在径向不同振幅的循环压缩过程中，应变速率对 BWCT 传感器的机械性能影响不大。

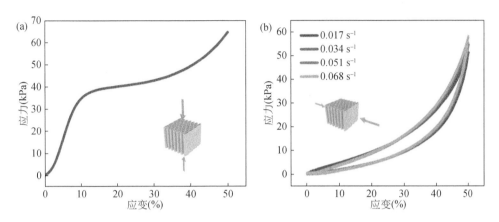

图 7-91　（a）BWCT 传感器在轴向压缩时的应力-应变曲线；（b）不同压缩速率下应变达到 50%的应力-应变曲线

弯曲变形过程中单位孔壁应变的线性分布图如图 7-92 所示。在径向压力作用下，由于孔壁具有超高的长宽比，BWCT 传感器很容易引发孔壁变形。这种变形通过弹性弯曲适应了压应力。根据经典的基尔霍夫假设，欧拉-伯努利梁的横截面在弯曲变形过程中应保持平面度。沿欧拉-伯努利梁高度的应变分布遵循线性关系[259-261]。此时，薄壁的一侧被拉伸，而另一侧被压缩。由此可以推断，在压缩弯曲过程中，BWCT 传感器微米级孔壁的局部变形非常小。这确保了整体结构即使在大幅变形的情况下也能保持在线性弹性区域，从而展现出柔性特性。

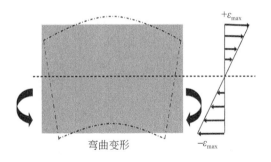

图 7-92　弯曲变形中单元孔壁的应变线性分布

有限元模拟结果进一步揭示了压缩过程中微结构对 BWCT 传感器应力和应变分布的影响。如图 7-93 所示，在应变为 40%的状态下，应力在每个孔单元上均匀分布，从而扩大了承载区域。这就防止了高应力区的形成，确保了整个材料的均匀变形行为。载荷分级传递方法确保了单个孔单元之间的应力分布更加均匀。

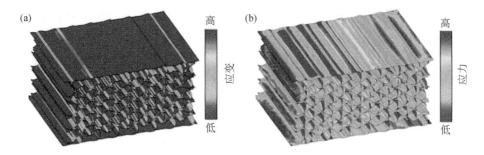

图 7-93　40%压缩下的 BWCT 传感器（a）应力和（b）应变分布有限元模拟

　　为了进一步评估制备的 BWCT 传感器的弹性和耐用性，在 15%和 50%应变下进行了 100 次循环压缩释放过程［图 7-94（a）和（b）］。结果表明，BWCT 传感器表现出微小的滞后现象，并显示出强大的机械稳定性。此外，在 100 次循环压缩后，BWCT 传感器仍然表现出出色的恢复能力，应力保持率分别达到 95.89%和 93.84%，显示出卓越的弹性和耐用性，超过了其他同类材料[262-264]。

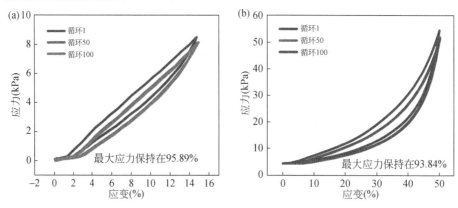

图 7-94　15%（a）和 50%（b）应变下循环压缩试验第 1、50 和 100 次循环的应力-应变曲线

　　此外，BWCT 传感器在 50%的应变下压缩 2000 次后，其应力损失率仅为 8.9%，显示出其强大的机械耐久性（图 7-95）。

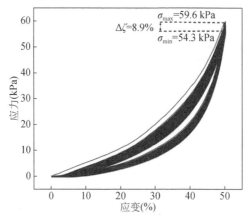

图 7-95　50%应变下 2000 次循环应力-应变曲线

在 2000 次压缩循环中，BWCT 传感器的峰值应力和应变恢复略有变化，随着压缩循环次数的增加，这些变化趋于稳定（图 7-96）。

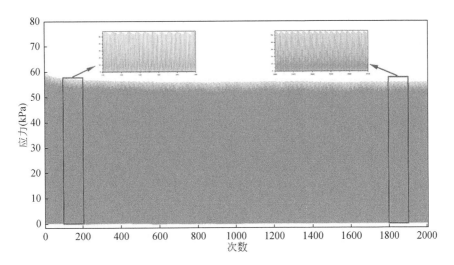

图 7-96 BWCT 传感器 2000 次循环的应力变化曲线

结合实验结果和有限元模拟，BWCT 传感器优异的弹性性能归因于其较薄的孔壁和高度排列的各向异性微孔结构。首先，微孔结构中较薄的孔壁及其规则的三维网络结构赋予了 BWCT 传感器强大的弹性。其次，高度排列的各向异性微孔结构提供了充足的变形空间，防止孔壁在压力作用下向各个方向滑动。这进一步减少了相邻单元孔壁之间的相互制约，增强了 BWCT 传感器结构的稳定性，提高了其变形恢复能力。

BWCT 传感器电流变化率随应力变化曲线如图 7-97 所示，其中电流变化率对应力的响应也分为两个线性域：阶段（Ⅰ）（应力约小于 249.4 kPa）和阶段（Ⅱ）（应力为 249.4～770 kPa）。$S$ 参数通常用于衡量材料的传感灵敏度，可通过式（7-37）计算[265-269]。

$$S = \frac{\Delta I / I_0}{\Delta P} \tag{7-37}$$

式中，$\Delta I$ 表示压力下的电流变化（$\Delta I = I_t - I_0$），其中 $I_0$ 表示初始电流，$I_t$ 表示施加压力时的电流；$\Delta P$ 表示变化的压力。

阶段（Ⅰ）中的拟合曲线如下：

$$\Delta I / I_0 = 0.030\sigma - 0.17 \ (R^2 = 0.96) \tag{7-38}$$

阶段（Ⅱ）中的拟合曲线如下：

$$\Delta I / I_0 = 0.00046\sigma - 5.9 \ (R^2 = 0.99) \tag{7-39}$$

该传感器在不同范围下的 $S$ 值分别为 30 Pa$^{-1}$ 和 0.046 Pa$^{-1}$，表明当应力超过 249.4 kPa 时，传感器的传感灵敏度会迅速下降。与其他多孔结构传感器相比（图 7-98 和表 7-14），BWCT 传感器具有灵敏度高、最大线性响应范围宽等优势。此外，BWCT 传感器的传感响应在阶段（Ⅰ）和（Ⅱ）都表现出优异的线性响应特性。

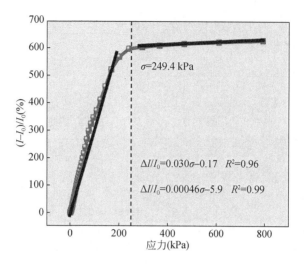

图 7-97　电流变化率随应力变化曲线

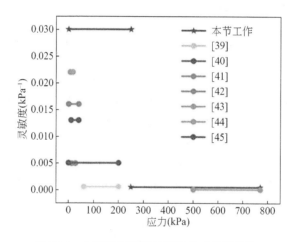

图 7-98　与其他同类传感器的传感性能比较

表 7-14　BWCT 传感器与其他各种多孔结构传感器的比较

| 材料 | 灵敏度（kPa⁻¹） | 最大线性范围（kPa） | 参考文献 |
|---|---|---|---|
| CB/TPU | 0.030 | 249.4 | 本节工作 |
| SEBS/TPU/CB/CNF | 0.0005 | 200 | [40] |
| MWCNT/TPU | 0.013 | 10 | [41] |
| rGO/聚苯胺 | 0.0049 | 27.39 | [42] |
| Ag 纳米线/rGO | 0.016 | 40 | [43] |
| 嵌入聚合物网络的壳聚糖微球 | 0.0001 | — | [44] |
| TPU/CNT | 0.022 | 16 | [45] |
| CNT/TPU | 0.005 | 200 | [46] |

图 7-99（a）描述了传感性能测试装置的示意图。在 0～70%的各种压缩应变条件下，

BWCT 传感器显示出典型的电流-电压特性曲线 [图 7-99（b）]。随着电压从-1 V 逐渐升高到 1 V，电流呈线性增长，*I-V* 曲线符合欧姆定律。此外，电阻随着应变的增加而单调增加，表明其静态电阻稳定性。

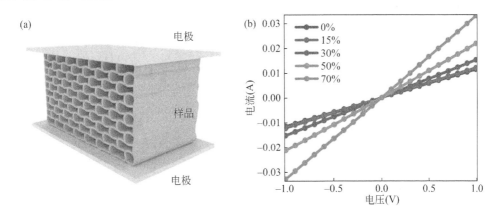

图 7-99　（a）传感性能测试装置示意图；（b）传感器在压缩应变增加时的电流-电压特性曲线

当以不同的压缩速率将应变压缩到 50%时，BWCT 传感器的电阻响应显示出明显的变化模式（图 7-100）。结果显示，压缩率越高，传感器的传感响应时间越短。此外，BWCT 传感器在各种压缩速率下都表现出稳定的传感行为，显示出与速率无关的传感性能。这一特性有利于在不同压缩速率下持续检测复杂的人体运动。这是因为 BWCT 传感器的导电性在很大程度上取决于管状细胞微结构与多层纳米结构之间的接触面积[270, 271]。对传感器施加压力会缩小壁片之间的空间，增大接触面积，从而引发更显著的电流响应。此外，还通过连续加载测试评估了 BWCT 传感器在 0.1～100 kPa 应力范围内的稳定性。如图 7-101 所示，传感器在不同负载下表现出一致的传感响应。总之，BWCT 传感器具有出色的灵敏度、稳定性和耐用性。

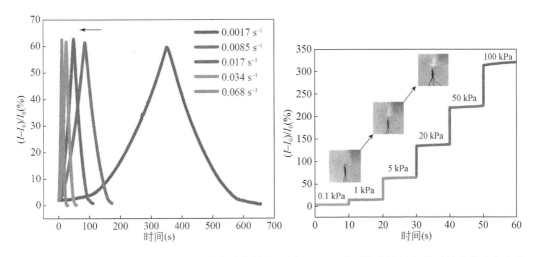

图 7-100　传感器在不同压缩速率下的电流响应曲线　图 7-101　传感器在连续加载下的电流响应曲线

在低应变范围（0.2%、0.5%和 1%）的拉伸释放循环测试中，样品表现出特定的传感响应（图 7-102）。即使在 0.2%的小应变下也能准确检测到稳定的响应信号，这表明 CB/TPU 复合材料具有超低的检测极限。在相同应变下，$\Delta I/I_0$ 值几乎保持不变。随着应变的增加，导电网络受到的破坏越来越严重，导致电阻值进一步降低，$\Delta I/I_0$ 值也随之升高。

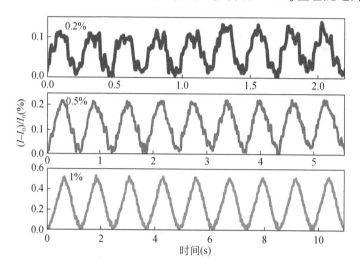

图 7-102　BWCT 传感器在低应变范围（0.2%、0.5%和 1%）的加载–卸载循环中的传感响应

图 7-103 展示了 15%、30%、50%和 70%大应变下的传感响应。在不同加载应变中观察到了周期性信号。这种结果表明，采用 CB/TPU 复合材料制备的应变传感器在 0.2%的小应变到 70%的大应变范围内表现出优异的传感稳定性和可重复性，因此适合广泛的实际应用。

BWCT 传感器在 1%的微小压缩应变下显示出快速的响应和弛豫时间，均小于 200 ms（图 7-104）。快速响应时间意味着 BWCT 传感器具有监测快速刺激的能力，使其在实际应用中具有巨大的优势。

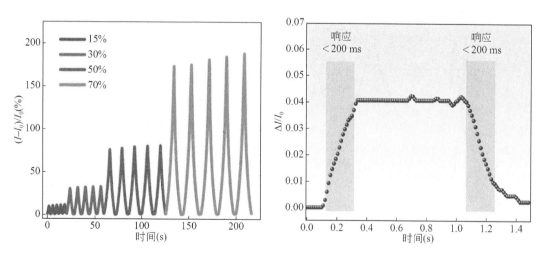

图 7-103　BWCT 传感器在大变形下的多循环响应曲线　图 7-104　BWCT 传感器的响应和恢复特性

事实上，传感器的循环稳定性和耐久性是反映其在长期使用过程中保持机械完整性和传感功能的关键因素。为了评估 BWCT 传感器的耐久性，进行了循环拉伸测试。图 7-105 显示了在 50%应变下进行 2000 次加载-卸载循环时的电阻响应。插图分别描绘了应变-时间曲线和循环 50～60 次和 1900～1910 次的电阻响应曲线。经过 2000 次压缩循环后，电信号没有明显下降，这表明传感器具有出色的可重复性和稳定性。在各个周期中，电阻的相对变化保持稳定。得益于 BWCT 较薄的孔壁和各向异性微观结构，应力可以有效传递而不会集中，从而避免压缩过程中的塑性变形或结构损坏，并在卸载后恢复其形状[272-276]。这种测试结果表明，BWCT 传感器具有出色的稳定性和耐久性。

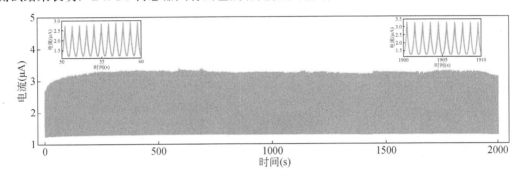

图 7-105　传感器在 50%压缩应变下 2000 次加载-卸载循环的再现性测试

考虑到 BWCT 传感器具有灵敏度高、检测范围广、重复性优异和耐用性强等综合优势，可将其用于可穿戴设备中来监测人体各种运动（图 7-106）。如图 7-106（a）所示，样品在压缩条件下表现出灵敏而稳定的响应。将该装置分别贴在肘关节和膝关节上时，也观察到了类似的响应行为［图 7-106（b）、（c）］。此外，该装置还能测量行走时的足跟压力［图 7-106（d）］。上述结果表明，基于应变传感器的装置可用于可穿戴设备，以监测各种身体运动。

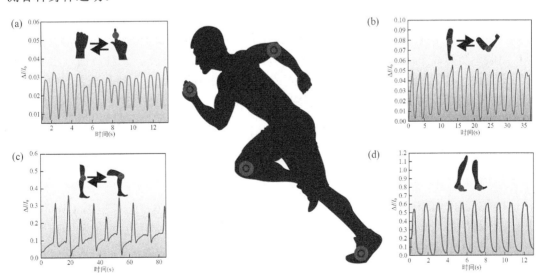

图 7-106　（a）手指按压、（b）肘部屈曲、（c）膝盖弯曲、（d）行走时 BWCT 传感器传感响应

此外，还评估了矩阵阵列中 BWCT 传感器的传感性能，25 个传感器排列成 5×5 的传感器阵列配置，电极安装在矩阵中传感器的顶部和底部［图 7-107（a）、（b）］。具体来说，在传感器阵列中不加任何砝码时，不会产生压力响应［图 7-107（b）、（c）］；而在加载 500 g 的砝码时，施加的负载会产生传感响应，并且相应矩阵阵列的输出强度与施加负载的位置密切吻合［图 7-107（e）、（f）］。

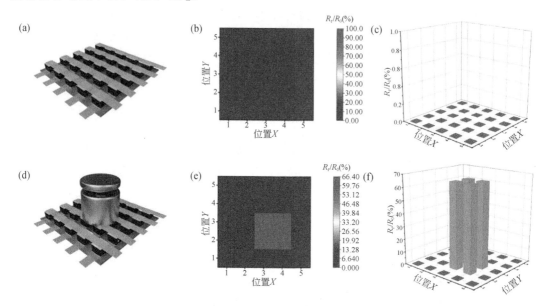

图 7-107　（a，d）5×5 矩阵阵列和不同负载的电子皮肤示意图；（b，e）二维压力分布和每个像素点对应的输出强度；（c，f）三维压力分布和每个像素点对应的输出强度

这些结果进一步表明，我们的可穿戴设备集成了 BWCT 传感器在电子皮肤设备和人机界面中应用等领域具有巨大潜力。总之，BWCT 传感器的高灵敏度、宽工作范围和高稳定性进一步扩大了其在复杂任务中的应用范围，特别是在医疗保健、机器人和生物力学等领域具有潜在的应用前景。在人体运动检测应用方面，由于其具有广泛的工作范围和可靠性，可以组装到纺织品中，以检测由关节弯曲和拉伸而产生的身体变形。例如，通过将 BWCT 传感器连接到袖子和裤子上，可以灵敏地检测肘部和膝盖的弯曲。此外，当人们做出不同的手势时，连接到手指的 BWCT 传感器将提供不同的阻力响应。通过跟踪和分析这些反应，有望实现手语的解释和人机的虚拟交互。

### 7.5.5　小结

本节利用双向冷冻法成功制造出了坚固、高弹性和轻质的 BWCT 传感器。BWCT 具有仿天然木材的各向异性多孔微观结构，表现出优异的机械强度、高可压缩性和回弹性。此外，还对 BWCT 传感器进行了综合表征，结果表明该传感器具有检测范围宽（0.2%～80%）、响应时间快（200 ms）、灵敏度高（GF 值为 1.22），而且耐久性高（超过 2000 次加载–卸载循环）等优异性能。此外，当 BWCT 连接到人体以监测关节弯曲和行走等运动时，它作为压阻传感器具有出色的响应性能，这表明它可以集成到人工电子皮肤中，用于检测压力位置和强度。因此，本节中介绍的 BWCT 的设计和方法为下一代可穿戴电子设备中应变传感器的开发提供了一种可行的策略。

# 7.6 葡萄糖衍生微碳球基胆红素分子传感器

## 7.6.1 引言

胆红素是红细胞血红蛋白的代谢产物，通常分为两种主要形式：非结合胆红素（游离胆红素）和结合胆红素（与蛋白络合，也称为直接胆红素），非结合胆红素与血清白蛋白结合并转移到肝脏，在肝脏中通过葡萄糖醛酸转移酶与葡萄糖醛酸结合，而结合胆红素会排泄到胆汁中[227]。人体血清中游离胆红素的浓度是胆红素毒性的重要指标，例如，人体血液中游离胆红素的正常浓度低于 25 μmol/L，而高于 25 μmol/L 的浓度可能会导致与肝硬化、肝炎和溶血等病症。新生儿中未结合胆红素浓度过高可导致脑损伤、听力损失甚至死亡[278]。因此，游离胆红素有着十分重要的临床诊断意义。

临床实验常用重氮法对游离胆红素进行预处理，然后通过比色测定来实现游离胆红素的定量分析，这种检测方式耗时较长[279-283]。荧光分析是测量游离胆红素的一种高度敏感和选择性的方法[284-286]，但需要昂贵的光学仪器以及专业的操作员参与。电化学传感器具有成本较低、易于使用和小巧等特点，这使其成为临床即时检验（POCT）应用的理想候选者。

酶胆红素传感器是一种将胆红素分子识别组件连接到传感器的设备。它可以产生与胆红素浓度成正比的传感电子信号。过去几年里，酶胆红素生物传感器的研究发展十分迅速[287]。早在 1990 年，Wang 和 Ozsoz 报道了一种基于双酶（胆红素氧化酶和辣根过氧化物酶）嵌入到石墨-环氧基质中的胆红素安培酶电极[288]。开创了使用酶胆红素电极进行传感诊断工作的前景。酶胆红素传感器的基本原理在于胆红素通过胆红素氧化酶的催化作用被氧化，生成胆绿素和过氧化氢。该传感器通过监测氧气的消耗或酶反应所产生的过氧化氢的量，进而实现对胆红素浓度的定量分析。一般来说，生物传感器由与通过固定耦合的合适换能器接触的生物组件组成。生物组分作为被分析物的生化反应产生信号，通过传感器测量产生电响应［图 7-108（a）］。酶生物传感器的工作原理如图 7-108（b）所示。

Shoham 等[290]设计并制备了一种胆红素氧化酶多层电极结构对胆红素浓度进行电流测量。酶电极通过胆红素氧化酶层共价连接到 3-巯基丙酸酯的自组装单层上而构建，二茂铁羧酸介导电子从酶氧化还原位点转移到电极。Lim 等[291]将胆红素氧化酶封装在硅溶胶-凝胶/碳纳米管复合电极内，通过碳纳米管电极表面的直接电子转移，有效地催化分子氧还原为水。Schubert[292]等报道了胆红素氧化酶在多壁碳纳米管（MWCNT）修饰的金电极上的直接电子转移（DET）反应。该设计采用的 MWCNT 非常适合于蛋白质固定，并且能提供可用于电极上稳定固定的表面基团，还能有效地取代胆红素氧化酶的天然底物——胆红素，同时它也是氧还原的电子供体。

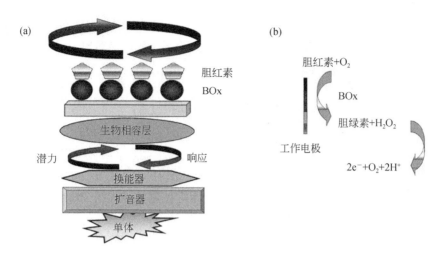

图 7-108 （a）酶胆红素传感电极的结构；（b）胆红素氧化酶催化氧化胆红素的化学反应[289]

基于酶的传感器存在价格高和稳定性差等缺点[293]。为了克服这些缺点，研究者们对具有高催化活性、稳定性和低成本等优势的非酶电化学生物传感器进行了广泛研究。近年来，非酶胆红素传感器已被证明是昂贵的传统电极的合适替代品，不仅具有检出限低、灵活性高、响应时间快、重现性高等优势[294-296]，并且具有小型化和量产的巨大潜力。用纳米材料修饰的电极，如金属纳米颗粒[297]、纳米结构导电聚合物（分子印迹聚合物）[298-301]、碳纳米管[302, 303]、石墨烯及其复合材料[304, 305]，已被报道用于胆红素传感器。这些纳米材料可以通过增加有效表面积来提高传感器的电催化性能。

在胆红素的电化学传感过程中，胆红素的氧化速率很大程度上受到传感电极表面发生的电催化影响。酶胆红素传感器所使用的催化剂是如胆红素氧化酶之类的酶，非酶电化学胆红素传感电极则是依靠电极表面的原子对胆红素进行催化氧化。以当前非酶电化学胆红素传感领域的研究进展来看，尚未将胆红素的电催化机理研究透彻，但结合 Burke[306] 所报道的"初期吸附水合氧化物中间体"理论，在一定程度上可以予以诠释：非酶电化学胆红素传感电极上活跃着的金属原子（M）的晶格稳定性比较弱，因此具有较强的反应活性，在传感过程中，活化的金属原子表面会吸附胆红素分子，此时胆红素分子将会与金属原子发生单层氧化反应，由反应生成的初期水合氧化物 M[OH]$_{ads}$ 催化氧化电极表面所吸附的胆红素分子。图 7-109 为该反应机理示意图。

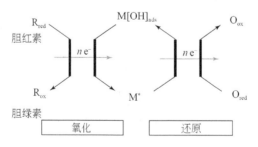

图 7-109 Burke 报道的"初期吸附水合氧化物中间体"理论示意图

非酶胆红素传感器的电极材料是否具有高催化活性决定了传感器的整体催化性能，常用的非酶胆红素传感器电极材料如金纳米簇[307]、金纳米颗粒[308]和导电聚合物[309]被证明是胆红素催化氧化中胆红素氧化酶的替代品。然而，上述非酶催化剂合成需要贵金属或烦琐的程序，目前报道较多的修饰材料还有石墨烯[310]、碳纳米管[311, 312]等。Huang 等[313]设计并制备了一种具有中等精度、小尺寸、低成本和高便携性的便携式安培电位计。通过在 Au 层上形成胆红素印迹聚(甲基丙烯酸-乙二醇二甲基丙烯酸酯)薄层，实现了胆红素的特异性检测。Wang[314]构建了二茂铁甲酰胺、金纳米粒子和多壁碳纳米管修饰的玻碳电极（GCE），该电极结构示意图如图 7-110。通过分析胆红素在修饰电极上的电化学行为，发现二茂铁甲酰胺、金纳米粒子和多壁碳纳米管修饰的玻碳电极对胆红素具备优异的电催化氧化性能。修饰电极对胆红素的电流响应显著增强。

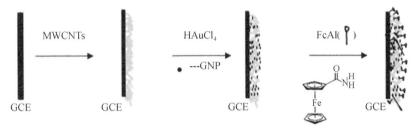

图 7-110　二茂铁甲酰胺、金纳米粒子和多壁碳纳米管修饰的玻碳电极（GCE）的结构示意图

Balamurugan 等[315]报道了在玻碳电极上旋涂的还原氧化石墨烯（rGO）-聚苯乙烯磺酸盐（PSS）复合膜上通过催化氧化进行选择性、非酶促胆红素（BR）检测。修饰电极对胆红素测定具有良好的稳定性、重现性和选择性。Raveendran 等[316]开发出一次性丝网印刷碳电极（SPCE）用于定量测定游离胆红素。使用石墨碳油墨制备电极，在动态范围、灵敏度和氧化电位方面，显示出更好的性能。关于丝网印刷电极检测胆红素的应用还有 Thangamuthu 等[317]采用功能化纳米材料的丝网印刷碳电极选择性检测胆红素，以此来诊断黄疸。如图 7-111 所示，以分别沉积在 SPCE 上的多壁碳纳米管（MWCNT）和石墨烯为核心，构建了一种非酶胆红素电化学丝网印刷电极材料，研究了纳米材料改性固相萃取（SPE）对 BR 的电化学氧化作用。结果表明，纳米材料修饰电极提供了更高的电子转移率和更低的检测限、更大的线性范围和灵敏度。该方法实现了低成本和微型化电化学传感器的设计和实施。相比酶胆红素电化学传感器，非酶胆红素电化学传感电极不需要借助胆红素氧化酶的催化作用，而是利用其他活性金属原子或导电聚合物直接催化氧化电极表面所吸附的胆红素分子。因此，脱离了酶的束缚，非酶胆红素传感器能够更加稳定，且重现性较好，还具备制备简单、价格低廉、性能可靠和耐化学腐蚀等诸多优点。

尽管上述电极材料能够在非酶胆红素传感应用中发挥出优异的催化性能，但这些电极材料制备工艺烦琐、环境友好性差且成本较高，而与上述材料相比，生物质材料作为自然界中蕴藏丰富、可降解性好、生物相容性高的清洁能源，具有廉价易得、制备方法简单和拥有自然的微观三维构造等优点[318, 319]。为了简化胆红素传感器制备工艺，降低成本，清洁生产，许多研究者们将目光转向了生物质基胆红素传感电极材料的开发，这也是对生物废弃物的再利用，符合绿色化学的理念。

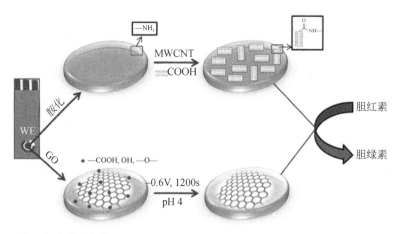

图 7-111　基于多壁碳纳米管或电化学还原氧化石墨烯（Er-GR）胆红素传感器的制备原理图

Tabatabee 等[320]研究制备了基于纤维素的传感器用于识别胆红素（图 7-112）。通过检测婴儿血液样本中的胆红素，制备了一种光致发光纳米纸基生物传感器，用于早期黄疸诊断。这提供了一种简单、有效、无毒、一次性和廉价的生物传感器，而且带有智能手机读数，智能手机读数系统为护理点和需求点平台提供了巨大的潜力。该传感器是通过将光致发光碳点传感探针嵌入细菌纤维素纳米纸基板中而制备的。在胆红素存在的条件下可以观察到光致发光的猝灭，胆红素作为猝灭剂，在蓝光（λ=470 nm）照射下选择性地恢复。通过检测发现，生物传感器的强度与样品中存在的胆红素的量呈线性关系，范围为 2～20 mg/dL。

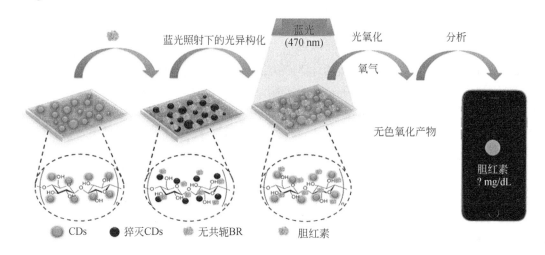

图 7-112　以光致发光纳米纸为基础的胆红素检测试剂盒与智能手机读数说明

Barik 等[321]使用间苯二酚和蔗糖（rsCD）在水热条件下制备了碳点。加入 $Cu^{2+}$ 后，由于 $Cu^{2+}$ 与胆红素的竞争性结合，从而将 rsCD 释放到感测介质，发射强度增强。在不使用酶的情况下对生物有机物进行特异性检测是极具挑战性的，然而这对于临床胆红素检测来说非常重要。Sivalingam 等[322]设计了一种基于姜黄素（DFM）负载到壳聚糖（CHIT）

聚合物复合材料（涂覆在玻碳电极上）的简单、高灵敏度且非酶促的胆红素传感器。结果表明，该非酶电极对胆红素测定具有良好的稳定性、重现性和灵敏度（3.3 mmol/L），可用于早期测定血清中的胆红素，以检查潜在的黄疸、高胆红素血症和婴儿黄疸。

由此可见,检测胆红素的传感电极种类繁多，而对于传感电极的良好响应、选择性、检测限、生物相容性、抗干扰能力、灵敏度、重现性以及稳定性等特性来说，每种电极都有其独特的优势和局限。在这些特性中，选择合适的前驱体材料至关重要，它不仅直接影响到电极的制备成本、工艺复杂度，还深刻影响着电极的最终性能和应用范围。葡萄糖碳球是一种使用葡萄糖或含有葡萄糖的前体物质，通过热处理或其他方法将其转化为具有球形形态的碳材料。葡萄糖碳球因其优越的性能如高比表面积、高孔容量、适中的机械强度、高生物相容性、丰富的功能性氧化还原官能团和可调节的多孔结构，例如，在（溶剂）水热的高温高压条件，葡萄糖在完成脱水、缩合、聚合和芳构化一系列化学变化之后，便可形成葡萄糖碳球，而且葡萄糖碳球微观结构的改变能够通过调节溶剂浓度、时间和温度等条件来实现[323, 324]。

例如，Madhuvilakku 等[325]将葡萄糖衍生的碳球转化为具有分层中空结构的硫掺杂活性空心纳米碳球，并在此为基础原位包裹 NiO 开发了新型超灵敏非酶促传感器，如图 7-113 所示。所制备的非酶生物传感器具有良好的灵敏度［1697 μA·L/(mmol·cm$^2$)］、低检出限（52 nmol/L）、宽线性范围（高达 13 mmol/L），且具有良好的选择性、稳定性和重复性。此外，所构建的传感器在多巴胺（DA）、尿酸（UA）和抗坏血酸（AA）等常见干扰存在时，表现出优异的抗干扰性能。制备的电极适用于实际检测真实的血清和尿液样本中的葡萄糖含量。由于处理过后的葡萄糖碳球其独特的空心球形形貌使得电子传递通道增加，该传感器对葡萄糖表现出优异的电催化氧化性能。

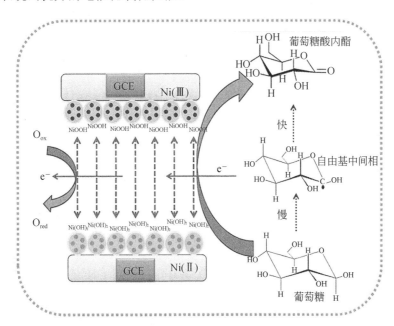

图 7-113 单分散 NiO@S 掺杂中空碳球杂化纳米结构对葡萄糖的非酶检测示意图

为了开发绿色、无毒和高催化活性的电化学传感器以检测人体血清中的多巴胺，雷鹏等[326]以葡萄糖为碳源制备纳米微球修饰玻碳电极，以此所开发的传感器灵敏度达到 $0.075\ \mu A\cdot L/(\mu mol\cdot cm^2)$，检测限为 8.3 nmol/L，线性范围为 0.05～1600 μmol/L，并且有着良好的稳定性和重现性。Tovar-Martinez 等[327]以葡萄糖为原料，采用水热碳化法制备了碳球，并且探索了合成过程中葡萄糖溶液浓度对产率、葡萄糖碳球形态以及商用双层电容器电容的影响，所得样品具有较高的介孔占比，赋予了材料丰富的离子传输通道，展现了良好的电容性能。寻找廉价且易合成的催化剂，以及理解催化脱附机理对于开发一种能效高且经济可行的二氧化碳捕集过程至关重要。因此，Bhatti 等[328]开发了一种环保的葡萄糖衍生碳球纳米催化剂，其具有异硫酸功能化，可以在约 86℃时优化二氧化碳负载水溶性单乙醇胺（MEA）溶液的二氧化碳脱附速率。葡萄糖溶液经过水热反应之后，在葡萄糖碳微球的表面会形成大量的羧基、羟基等官能团，因此葡萄糖碳微球表面能够与金属离子之间形成紧密结合的化学键，当对葡萄糖碳微球进行进一步高温煅烧之后，其内部的碳核将会被去除，最后形成中空形貌的金属氧化物。Zhang 等[329]将葡萄糖碳球作为牺牲模板，基于 $ZnCo_2O_4@Ag$ 制备了一种中空球状材料以实现高性能丙酮传感。将 $ZnCo_2O_4@Ag$ 中空球薄膜涂覆在带有两个 Au 电极的陶瓷管上，对不同银负荷量的 $ZnCo_2O_4@Ag$ 传感器在不同工作温度（120～320℃）下进行气敏研究。结果表明，基于 $ZnCo_2O_4@Ag$（2%，质量分数）的传感器在 220℃下能够对丙酮实现高性能传感，如低检出限（0.25 ppm）、快速响应/恢复性能（4 s/20 s@0.25 mg/L）和良好的选择性。Yang[330] 等以葡萄糖碳球为模板，结合煅烧，采用水热合成法合成了空心多孔 ZnO、$SnO_2$ 和 $Zn_2SnO_4$ 球。采用 X 射线衍射、扫描电镜、透射电镜、X 射线光电子能谱、Brunauer-Emmett-Teller 及气敏测量仪对产物的结构、形貌和气敏特性进行了研究，结果表明，模板尺寸、前驱体材料等反应参数的变化对壳结构的形成有重要影响。与固体样品相比，所得样品的空心结构被用作气体传感器，对一系列气体（特别是丙酮）表现出更好的传感性能。此外，$Zn_2SnO_4$ 空心球对丙酮的灵敏度和响应/恢复时间均高于多层 ZnO 和 $SnO_2$ 核壳层，并且与氧化锌和氧化锡的工作温度（240℃）相比，锡酸锌的工作温度（200℃）更低。葡萄糖碳球容易制备、成本低、绿色无毒、比表面积大和可调控的多孔结构等优点已经在诸多领域得到研究者们的广泛关注。

本节以葡萄糖碳微球（GCs）和多孔泡沫镍（NiF）骨架负载了 $CeO_2$ 和 CuO 两种催化活性物质，制备了电极材料 $NiF@GCs\text{-}CeO_2$ 和 $NiF@GCs\text{-}CeO_2\text{-}CuO$，并分析了两种电极对胆红素分子的传感性能。

## 7.6.2 $NiF@GCs\text{-}CeO_2\text{-}CuO$ 电极材料的制备

### 7.6.2.1 试验材料

六水合硝酸铈、六水合硝酸铜购自上海麦克林生化科技有限公司；氢氧化钠、氢氧化钾、葡萄糖、无水乙醇、D-果糖、抗坏血酸、尿酸、叶酸、乳糖和蔗糖由国药集团化学试剂有限公司提供；0.5 mm 的泡沫镍购自湖南长沙力元新材料股份有限公司；多巴胺、聚四氟乙烯分散液由阿拉丁试剂（上海）有限公司生产。

### 7.6.2.2　葡萄糖碳球的制备

葡萄糖碳球制备过程中，将充分溶解的 60 mL 葡萄糖溶液（0.74 mol/L）转移到容量为 90 mL 的不锈钢高压反应釜中，在 170～200℃下反应 8 h。待反应完成后，冷却至室温。将形成的黑色沉淀物收集起来，用水、纯乙醇和丙酮洗涤三次。最终产物在 80℃下干燥 6 h，得到棕色粉末状葡萄糖碳球。

### 7.6.2.3　NiF@GCs-CeO$_2$ 的制备

首先对泡沫镍（NiF）进行预处理：用丙酮充分洗涤浸泡 12 min，再用 3 mol/L 盐酸溶液洗涤浸泡 20 min，接着用无水乙醇洗涤浸泡 8 min，最后用超纯水洗涤 4 次，除去表面附着的氧化层和杂质，60℃下真空干燥备用。然后是二氧化铈纳米立方体的制备：将 0.9 g Ce(NO$_3$)$_3$·6H$_2$O 溶解于 5 mL 去离子水中制备 Ce(NO$_3$)$_3$·6H$_2$O 溶液，然后在剧烈搅拌下，滴加 35 mL（6.9 mol/L）NaOH 溶液。沉淀后，用水热法在 180℃下处理 24 h。冷却后，将混合物离心，分别在水和乙醇中洗涤三次，然后在 60℃下干燥过夜。最后，所得样品在 450℃的空气气氛下在管式炉中加热 4 h，以获得二氧化铈纳米立方体。最后，将 8 mg 的二氧化铈纳米颗粒和四个水热温度（170℃、180℃、190℃和 200℃）制备的葡萄糖碳球以及聚四氟乙烯分散液混合物（按 8:1:1 的比例）分别分散于 200 μL 乙醇中。超声波处理 15 min 后，取 1 μL 的均质悬浮液浇铸在 NiF 上，真空干燥过夜。所制备的复合材料标记为 NiF@GCs-CeO$_2$-170、NiF@GCs-CeO$_2$-180、NiF@GCs-CeO$_2$-190 和 NiF@GCs-CeO$_2$-200。

### 7.6.2.4　CeO$_2$·CuO 纳米复合材料的制备

CuO 和 CeO$_2$ 的比重会影响到电化学传感过程中的氧化还原反应的速率和灵敏度，先前的报道[331] 的电化学阻抗谱（EIS）测试证明，1:9 的 CuO 和 CeO$_2$ 比例是最有效的电极材料复合比例，并且电子转移阻力最低。因此该比例可以成为本节设定 CuO 和 CeO$_2$ 复合比重范围的参考，将比重分别为 5%、10% 和 15% 的 Cu(NO$_3$)$_2$·6H$_2$O 和 Ce(NO$_3$)$_3$·6H$_2$O 溶液在 70℃的烧杯中充分搅拌后加入 NaOH，将温度提高到 75℃，并持续剧烈搅拌 8 h，获得白色沉淀。再用蒸馏水和乙醇洗涤沉淀物以去除杂质。随后，洗涤沉淀物在 80℃下干燥。500℃煅烧 4 h 固化纳米复合材料结构，以此来制备所需的纳米复合材料。最后，将 8 mg 的 CeO$_2$·CuO 颗粒和水热温度为 190℃所制备的葡萄糖碳球以及聚四氟乙烯分散液混合物（按 8:1:1 的比例）分散于 200 μL 乙醇中。超声波处理 15 min 后，取 1 μL 的均质悬浮液浇铸在 NiF 上，真空干燥过夜。所制备的复合材料标记为 NiF@GCs-CeO$_2$-CuO-$X$（$X$ 表示 CuO 与 CeO$_2$ 的比重），其制备示意图如图 7-114 所示。

### 7.6.2.5　结构表征

采用德国 ZEISS 生产的 Sigma 300 扫描电子显微镜（SEM）在 20 kV 的加速电压下对样品进行表征。透射电子显微镜（TEM）和高分辨透射电子显微镜（HRTEM）图像由型号为 JEOLJEM-F200 的仪器对材料进行表征，表征之前需要将材料经过乙醇分散处理，并超声 5 min，采用微栅铜网负载并烘干。材料的晶体结构由日本理学 Rigaku 生产的 X 射线衍射仪（XRD）进行测试，靶材选用铜靶，采用 2°/min 的扫描速度在 10°～80°的角度范围内扫描。材料的拉曼光谱采用型号为 Horiba Scientific LabRAMHREvolution 的拉曼光谱仪进行测试，激光器波长为 532 nm，波数范围在 50～4000 cm$^{-1}$ 之间。使用型号为 Thereto Scientific Kα 的 X 射线光电子能谱测试材料的表面化学组成和电子结构，配备微聚焦单色化 Al Kα X 射线源。使用型号为 MicromeriticsAPSP 2460 比表面积和孔隙度分析仪测试材料的比表面积和孔径分布，测试前需要将样品在 200℃下脱气 12 h。

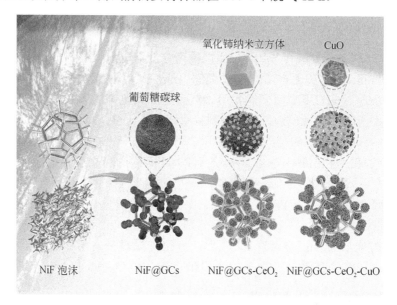

图 7-114　NiF@GCs-CeO$_2$-CuO 电极材料的制备示意图

采用 CS3104 四通道电化学工作站对材料进行电化学性能测试。所有测试项目均采用标准的三电极体系：制备的电极、饱和的 Ag/AgCl 电极、Pt 片分别作为工作电极、参比电极和对电极，电解液为 0.5 mol/L 的 NaOH 溶液。采用循环伏安法（CV）评估电极的电化学活性和稳定性，分析对胆红素电催化氧化的机制、胆红素与电活性物质之间所发生反应的可逆性。根据恒定电位下的电流-时间（$i$-$t$）曲线分析胆红素浓度与电流响应值之间的关系以及研究电极的重现性、稳定性、选择性，并根据所添加胆红素溶液的浓度和对应的电极响应电流密度数据，拟合出电极检测胆红素的线性方程，计算得到胆红素传感电极对胆红素检测的灵敏度、检测限和线性范围等电极性能数据。

## 7.6.3　微观形貌和化学成分

采用水热法制备葡萄糖碳球材料的过程中，最终产物状态主要受到时间、温度以及溶液浓度等主要因素的影响，这些参数易于调节，其中属温度这一变量对葡萄糖碳球的最终形成状态影响最大[332]。因此本节主要通过控制温度来对水热合成葡萄糖碳球展开研究。详细实验参数为：水热时长为 8 h，葡萄糖浓度 0.74 mol/L，水热温度分别为 170℃、180℃、190℃和 200℃。样品分别标记为 CS170、CS180、CS190 和 CS200。在不同温度下水热完成后，呈现棕色悬浊液状态，经过离心、洗涤和干燥可得固体颗粒；其中，水热温度为 170℃ 时，葡萄糖悬浊液颜色较浅，偏橙色，且葡萄糖碳球的产量较低，其他均为棕色悬浊液，当反应温度大于 180℃ 时，能得到可观的葡萄糖碳球的产量。

不同温度下水热合成的葡萄糖碳球的微观形貌如图 7-115 所示。结果表明，当水热温度达到 170℃ 时，所生成的碳颗粒尺寸较小（约 200 nm），如图 7-115（a）。180℃、190℃、200℃ 下水热合成的碳球粒径分别约为 399 nm、512 nm、541 nm，可见碳球的尺寸随温度升高而增长。当温度超过 190℃ 时，粒径增大的趋势有所放缓。除了粒径，碳球颗粒的交联程度也随着温度增大而逐渐上升，当温度达到 200℃ 时，由图 7-115（g）可以观察到产物出现了较为严重的交联团聚，基本上观察不到独立分散的球状结构。

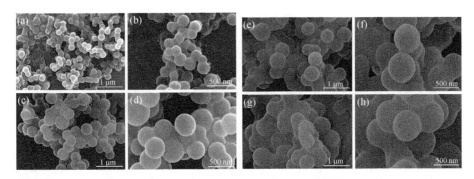

图 7-115 （a）、（c）、（e）、（g）分别为在 170℃、180℃、190℃、200℃ 的温度下水热合成的葡萄糖碳球 SEM 图，（b）、（d）、（f）、（h）分别为（a）、（c）、（e）、（g）的放大图

LaMer 机制[333]解释了在水热反应过程中葡萄糖碳球发生交联的原因：反应初期，葡萄糖溶液会经过水解、初步聚合然后达到饱和，在此反应阶段中会迅速生成大量的葡萄糖碳球核心，而葡萄糖碳球核心的分布由于水热密闭容器内的温度场不均或对流会受到影响，因此部分的葡萄糖碳球核心将会在初期大量堆积从而形成体积较大的碳颗粒。当水热的温度趋近稳定时，水热密闭容器内各部分的葡萄糖溶液浓度不均衡现象会愈发明显，且由于重力，随着葡萄糖碳球体积的增长会逐渐沉降到容器底部，因此葡萄糖碳球互相的交联和粒径分布不均衡现象会再次加剧。

采用 SEM 对葡萄糖负载二氧化铈和氧化铜（GCs-CeO$_2$-CuO）纳米复合材料进行表征，由图 7-116（a）～（c）可见，二氧化铈和氧化铜纳米颗粒均匀分散在葡萄糖碳球表面上，确认了 GCs-CeO$_2$-CuO 纳米复合材料的成功制备。为了更详细地观察形态和结构，利用 TEM[图 7-116（d）和（e）] 和 HRTEM[图 7-116（f）] 进行了表征，CeO$_2$ 和 CuO 纳米颗粒分别展现了立方体和椭球状形态。元素映射图（图 7-117）结果表明，GCs-CeO$_2$-CuO 纳米复合材料表面的 C、O、Ce 和 Cu 元素均匀分布。

通过 XRD 探究了电极材料的晶体结构。图 7-118（a）为 GCs-CeO$_2$-CuO 电极材料的 XRD 图谱。CeO$_2$ 在 $2\theta = 28.5°$、$33.0°$、$47.5°$、$56.4°$、$69.5°$ 和 $76.8°$ 处出现了衍射峰。并且未负载质量分数为 5% 载体的 XRD 图谱主要由立方 CeO$_2$ 衍射峰组成，没有明显的 CuO 的衍射峰，表明 CuO 的含量较低且高度分散在 CeO$_2$ 基底上。随着 CuO 的负载量（质量分数）

从 10%开始增加，CuO 的特征衍射峰在 $2\theta=35.5°$、$38.6°$处显现，分别对应（$\bar{1}11$）和（111）晶面，表明 CuO 微晶体的形成，并且在 15%时达到最大强度（CuO：JCPDS No. 45-0937；CeO$_2$：JCPDS No. 43-1002）[334]。

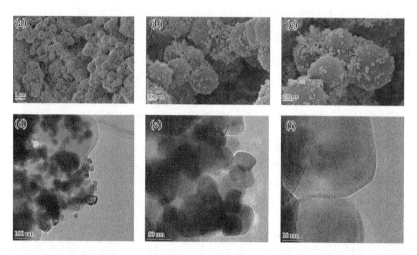

图 7-116　GCs-CeO$_2$-CuO 不同放大倍率的 SEM 图（a～c）和 TEM 图（d，e）、HRTEM 图（f）

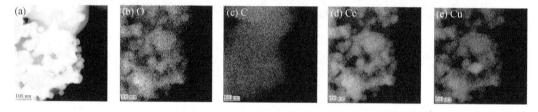

图 7-117　GCs-CeO$_2$-CuO 纳米复合材料的 O、C、Ce 和 Cu 的元素分布图

如图 7-118（b）所示，对 GCs-CeO$_2$-CuO 电极材料的拉曼光谱进行分析，在 454 cm$^{-1}$处的峰证实了立方结构 CeO$_2$ 纳米颗粒的存在[335]。此外，285cm$^{-1}$、606cm$^{-1}$ 和 837.5 cm$^{-1}$处属于 CuO 的振动带，其中 285cm$^{-1}$ 和 606 cm$^{-1}$ 处的峰对应于先前报道的 A$_g$（296 cm$^{-1}$）、

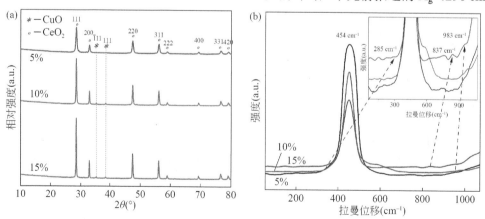

图 7-118　不同比重的 GCs-CeO$_2$-CuO 的 XRD 图谱（a）和拉曼光谱（b）

和 $B_g$（631 cm$^{-1}$）模式[336]。而本该对应于 $B_g$（346 cm$^{-1}$）模式的 CuO 特征波段没有被观察到，因为它可能与 454 cm$^{-1}$ 处更加强烈的 $CeO_2$ 的波段混合在一起，另一个出现在 983 cm$^{-1}$ 的 CuO 宽带归因于多声子跃迁[337]。GCs-$CeO_2$-CuO 拉曼光谱中，$CeO_2$ 和 CuO 峰共存，并伴有轻微的位移。这些全面的 XRD 和拉曼分析为 GCs-$CeO_2$-CuO 纳米复合材料的结构特征和组成提供了参考，证实了纳米复合材料的成功形成，且拉曼光谱结果与 XRD 衍射图谱数据分析结果相一致。

通过 X 射线光电子能谱对 GCs-$CeO_2$-CuO 的元素组成和结构特性进行了全面分析。如图 7-119 所示的 XPS 全谱图中所展现的信号峰，分别为 Cu、Ce、O 和 C 元素的信号峰。

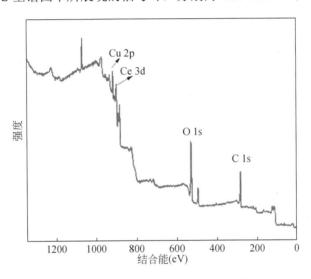

图 7-119 GCs-$CeO_2$-CuO 的 XPS 全谱图

在 Cu 2p 的精细谱中［图 7-120（a）］观察到两个明显的峰值，分别位于 932.8 eV 和 952.6 eV，对应于 Cu 2p$_{3/2}$ 和 Cu 2p$_{1/2}$[338]。此外，还检测到了对应的卫星峰，与现有文献研究结果一致[339]。在 Ce 3d 光谱［图 7-120（b）］中，结合能分别为 881.8 eV 和 897.9 eV 的峰，与 Ce 3d 轨道跃迁一致[340]。图 7-120（c）呈现了 O 1s 的精细扫描光谱，显示出三个明显的峰，分别位于 529.3 eV、531.4 eV 和 536.6 eV，这些峰分别归属于纳米复合材料

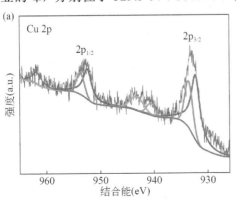

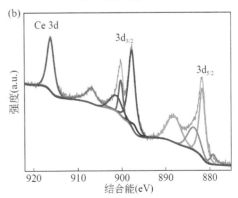

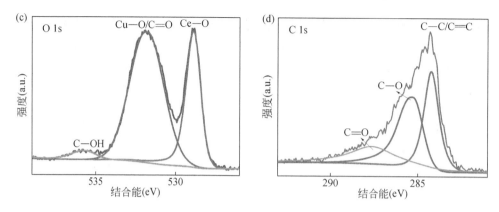

图 7-120    Cu 2p、Ce 3d、O 1s、C 1s 的高分辨率 XPS 谱图

中 Ce—O、Cu—O/C=C 和 C—O 的存在[341, 342]。此外，图 7-120（d）展示了 C 1s 的精细谱，可拟合为 284.4 eV、286.5 eV 和 289.2 eV，分别对应于 C—C/C=C、C—O 以及 C=O[343]。

## 7.6.4    电化学性能和传感性能

$CeO_2$ 在 NiF@GCs-$CeO_2$-CuO 电极材料中主要起到诱导电子迁移的作用，而 CuO 则主导了胆红素电化学氧化还原反应的过程。首先，采用四探针测试仪测试电极的电导率，NiF@GCs-$CeO_2$-CuO 的电导率达到 $1.97 \times 10^5$ S/m，因此，为了最大限度发挥 NiF@GCs-$CeO_2$-CuO 电极材料的胆红素传感性能，探究 $CeO_2$ 和 CuO 之间的最佳复合比重尤为重要。在电化学工作站中对不同 CuO 负载的 NiF@GCs-$CeO_2$-CuO 进行了循环伏安（CV）测试。分别以 NiF@GCs-$CeO_2$-CuO-5、NiF@GCs-$CeO_2$-CuO-10 和 NiF@GCs-$CeO_2$-CuO-15 为工作电极、饱和 Ag/AgCl 为参比电极、Pt 片为对电极，电压窗口范围为 $0 \sim 0.7$ V，0.5 mol/L NaOH 溶液为电解液。

图 7-121 为 NiF@GCs-$CeO_2$-CuO-5、NiF@GCs-$CeO_2$-CuO-10 和 NiF@GCs-$CeO_2$-CuO-15 在不同电解液条件下测试的 CV 曲线。由图可见，在 0.5 mol/L NaOH 中添加 100 µmol/L 胆红素后，NiF@GCs-$CeO_2$-CuO-10 实现了最高的电流密度增量（12.4 µA/cm²）[图 7-121（b）]。

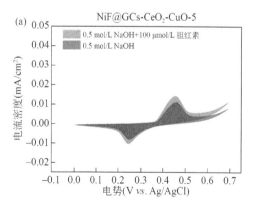

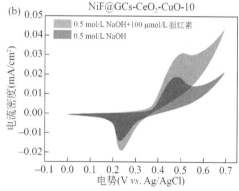

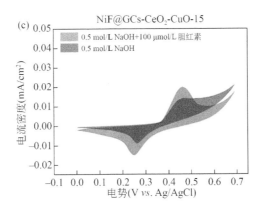

图 7-121　NiF@GCs-CeO$_2$-CuO-$X$ 电极（$X$ 代表比重）在有无 100 μmol/L 胆红素情况下的线性循环
伏安曲线图（扫描速率为 20 mV/s）

图 7-122（a）是 NiF@GCs-CeO$_2$-CuO 在 0.5 mol/L NaOH 溶液中不同扫描速率下的 CV 曲线。由图可见，氧化峰的电流密度随着扫描速率的增加而增大。在较低的扫描速率下，线性循环伏安测试的周期较长，氧化还原峰比较明显；在较高的扫描速率下，由于电极的极化作用增强[344]，氧化峰位逐渐偏移。且随着扫描速率的增加，氧化峰向高电位偏移的程度逐渐降低。由图 7-122（b）氧化还原峰电流密度与扫描速率的拟合曲线可以看出，在扫描速率为 5～50 mV/s 范围内氧化还原峰峰电流密度与扫描速率之间呈现良好的线性关系，计算可得其相关系数为 0.989，证明 NiF@GCs-CeO$_2$-CuO 电极材料上发生的化学反应是表面控制电化学过程[345]。

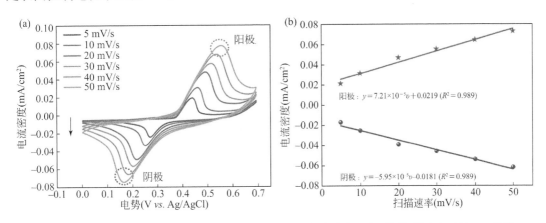

图 7-122　（a）NiF@GCs-CeO$_2$-CuO 在 100 μmol/L 胆红素溶液中，在不同扫描速率下的 CV 曲线；
（b）不同扫描速率和阳极峰、阴极峰电流密度之间的线性关系图

图 7-123（a）为 NiF@GCs-CeO$_2$-CuO 电极在不同胆红素浓度下的线性循环伏安测试曲线，电极的氧化峰电流密度随着胆红素浓度的升高而增大，由图 7-123（b）可见，胆红素浓度与氧化峰电流密度之间呈现线性关系，这表明 NiF@GCs-CeO$_2$-CuO 对胆红素有着良好的电催化活性。相比于 NiF@GCs-CeO$_2$ 电极，在 NiF@GCs-CeO$_2$-CuO 电极材料中，CeO$_2$ 在纳米复合材料中加速电子转移，CuO 主导胆红素的氧化还原反应，使得电极材料的传感

性能显著增强。

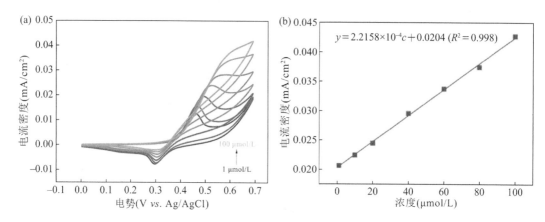

图 7-123　NiF@GCs-CeO$_2$-CuO 电极在不同胆红素浓度下的线性循环伏安曲线（a）和氧化峰电流密度与胆红素浓度之间的线性关系（b）

为了充分发挥 NiF@GCs-CeO$_2$-CuO 电极对胆红素的电催化氧化效果，选择在 0.4 V、0.45 V、0.5 V、0.55 V 四个不同的电位值下进行 $i$-$t$ 测试，观察最适用于 NiF@GCs-CeO$_2$-CuO 电极的工作电位，在持续均匀搅拌的 0.5 mol/L NaOH 电解液中分五次依次加入 100 μmol/L 胆红素溶液，测试得到四条不同工作电位下的 $i$-$t$ 曲线。如图 7-124（a）所示，当工作电位为 0.4 V 时，电流阶梯状响应较弱，在 0.45～0.55 V 之间，电流阶跃响应随着工作电位的升高而增大，在 0.5 V 下的电压所获得的阶梯型曲线比较平滑、稳定，且响应电流较大，灵敏度较高。因此，选择 0.5 V 作为 NiF@GCs-CeO$_2$-CuO 电极的最佳工作电位。

接下来对 NiF@GCs-CeO$_2$-CuO 在最佳电位 0.5 V 下，测试滴加不同浓度的胆红素溶液下的 $i$-$t$ 曲线。由图 7-124（b）可知，随胆红素的不断加入，电解液中胆红素浓度不断增大，电流阶跃响应呈现阶梯状增加，在低胆红素浓度下依然可以清楚地观察到 NiF@GCs-CeO$_2$-CuO 的电流响应阶梯曲线十分明显，且达到稳态的电流响应时间较短（1.08 s）[图 7-124（d）]。由图 7-124（c）可知，电极的响应电流密度与胆红素浓度之间呈现出良好的线性关系。

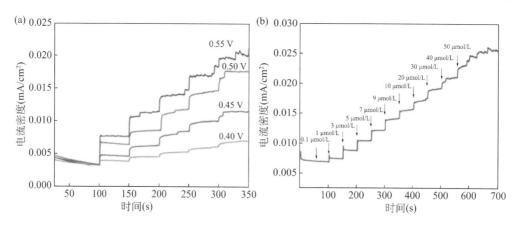

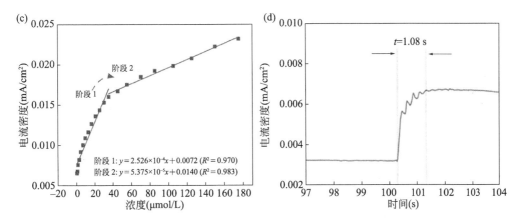

图 7-124 （a）NiF@GCs-CeO$_2$-CuO 在不同工作电压下连续添加 100 μmol/L 胆红素的电流响应；（b）NiF@GCs-CeO$_2$-CuO 在 0.5 V 电位下和 0.5 mol/L NaOH 溶液中连续添加不同浓度的胆红素溶液的 $i$-$t$ 曲线；（c）相应的胆红素浓度与电流密度的线性拟合曲线；（d）复合材料对胆红素氧化的响应时间

NiF@GCs-CeO$_2$-CuO 复合电极材料的线性拟合方程为 $y=2.526\times10^{-4}x+0.0072$（$R^2=0.970$），由此可得出，当线性范围为 0.1～35 μmol/L 时，灵敏度为 0.2526 μA·L/（μmol·cm$^2$），当线性范围为 35.1～175.1 μmol/L 时，线性拟合方程为 $y=5.375\times10^{-5}x+0.0140$（$R^2=0.983$），灵敏度为 0.05375 μA·L/(μmol·cm$^2$)，检测限为 0.1 μmol/L（信噪比 S/N=3）。在低胆红素浓度的检测过程中，相比与二元复合材料 NiF@GCs-CeO$_2$ 的灵敏度提升了 51.2%。

本节中将制备的葡萄糖碳球负载 CeO$_2$-CuO 修饰泡沫镍胆红素传感电极与其他文献报道的铈/铜基胆红素传感电极的性能进行了对比，如表 7-15 所示。相较而言，本节制备的葡萄糖碳球负载 CeO$_2$-CuO 修饰泡沫镍胆红素传感电极拥有较高的灵敏度和较低的检测限，且响应速度较快。

**表 7-15 NiF@GCs-CeO$_2$-CuO 胆红素传感电极与其他铈/铜基胆红素传感电极的性能比较**

| 电极材料 | 灵敏度 | 线性范围 | 检测限 | 响应时间 | 参考文献 |
|---|---|---|---|---|---|
| Ceria/NCs/CBs | 8.06 nA·L/(μmol·cm$^2$) | 1～100 μmol/L | 0.1 μmol/L | — | [346] |
| CeO$_2$-CNF/ITO | — | 5～200 μmol/L | 4.49 μmol/L | — | [347] |
| CuO-CdO NCs/GCE | 95.0 pA·L/(μmol·cm$^2$) | 10 pmol/L～10 mmol/L | (1±0.1) pmol/L | — | [348] |
| Nafion/Mn-Cu | — | 1.2 μmol/L～0.42 mmol/L | (25±1.8) nmol/L | <10 s | [349] |
| PVP@Cu-MOF/GCE | 0.088 μA·L/(μmol·cm$^2$) | 1～100 μmol/L | 124 pmol/L | — | [350] |
| PVP@Cu-MOF/GCE | 0.088 μA·L/(μmol·cm$^2$) | 0.001～100 μmol/L | 124 pmol/L | — | [350] |
| NiF@GCs-CeO$_2$ | 0.167 μA·L/(μmol·cm$^2$) | 0.1～70 μmol/L | 0.1 μmol/L | 2.77 s | 本节工作 |
| NiF@GCs-CeO$_2$-CuO | 0.253 μA·L/(μmol·cm$^2$) | 0.1～35 μmol/L | 0.1 μmol/L | 1.08 s | 本节工作 |

### 7.6.5 抗毒性和抗干扰性

氯离子容易对金属和金属氧化物基非酶电化学传感器造成侵害。其不断在阳极处被氧化，易形成次氯酸根离子和氯气等产物，这些产物会在阳极表面积累，易与部分金属元素离子结合形成络合物，使金属更易发生溶解从而流失导致电极老化。同时，氯离子还可能与某些种类的阳极催化剂的活性位点产生结合，降低催化剂活性[352, 353]。将 NiF@GCs-CeO$_2$-CuO 电极通过分别在含氯化钠（与胆红素的浓度比例为 200∶1）和不含氯化钠的条件下进行测试来评估 NiF@GCs-CeO$_2$-CuO 电极材料的抗氯离子毒化性能。从图 7-125 可以看出，在 0.02 mol/L NaCl 存在和不存在的情况下，两条循环伏安曲线有着良好的重合性，表明该电极材料作为非酶胆红素传感器有着良好的抗毒化性能。

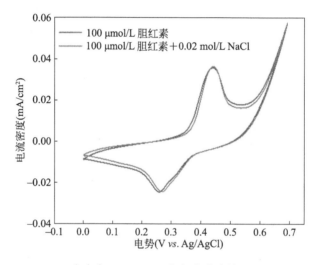

图 7-125 NiF@GCs-CeO$_2$-CuO 在含有 100 μmol/L 胆红素溶液的 0.5 mol/L NaOH 溶液中，在有无 0.02 mol/L NaCl 情况下的 CV 曲线（扫描速率为 20 mV/s）

人血清中还存在其他诸如果糖（Fr）、乳糖（La）、蔗糖（Su）、抗坏血酸（AA）、尿酸（UA）、多巴胺（DA）和叶酸（FA）等活性的物质，这些分子可能会在 NiF@GCs-CeO$_2$-CuO 电极对胆红素进行传感时产生干扰性的电流响应[354]。本测试通过调整浓度比为 1∶1∶10 的干扰物质、胆红素与葡萄糖来模拟生理水平[355]，检验 NiF@GCs-CeO$_2$-CuO 电极对胆红素传感的选择性。

图 7-126（a）显示了在 0.5 V 下，于持续均匀搅拌的 0.5 mol/L NaOH 电解液中连续添加 10 μmol/L 胆红素溶液和 10 μmol/L 干扰物质后（其中葡萄糖为 100 μmol/L）的 i-t 曲线。可以观察到，加入 10 μmol/L 胆红素溶液后，NiF@GCs-CeO$_2$-CuO 电极有明显的电流响应，并且迅速稳定。

为了进一步排除葡萄糖分子的干扰，将电极在分别加入了 100 μmol/L 的葡萄糖溶液和 10 μmol/L 胆红素溶液的 0.5 mol/L NaOH 电解液中进行了线性循环伏安测试，测试曲线见图 7-126（b），由于葡萄糖的浓度较大，在 0~0.7 V 的电位窗口范围内，电极对葡萄糖的响应电流密度较大，氧化峰值甚至超过了胆红素的氧化峰值，但是葡萄糖的氧化峰值电位在 0.36 V 左右，胆红素的氧化峰值电位在 0.5 V 左右，两者电位的差值达到 100 mV 以上，进行抗干扰因子分析的计时电流测试是在 0.5 V 的电压下进行的，在所设计的实验条件下，0.5 V 被视为 NiF@GCs-CeO$_2$-CuO 电极最佳的工作电位，因此仅需关注在 0.5 V 下葡萄糖和胆红素的响应电流密度即可。从图 7-126（b）中可以看到，在最佳工作电位下，胆红素的响应电流密度明显大于葡萄糖的响应电流密度（和计时电流中的电流响应特征一致），这说明 NiF@GCs-CeO$_2$-CuO 电极对葡萄糖在一定程度上具有抗干扰性。

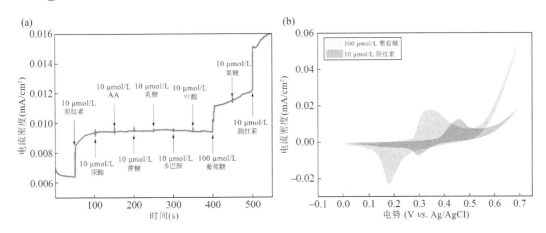

图 7-126　NiF@GCs-CeO$_2$-CuO 在 0.5 mol/L NaOH 电解液中对 10 μmol/L 胆红素和 10 μmol/L 干扰物质的电流响应（a）；在 0.5 mol/L NaOH 电解液中对 10 μmol/L 胆红素和 100 μmol/L 葡萄糖的线性循环伏安测试曲线（b）

## 7.6.6　重现性和稳定性

为证明传感电极的重现性，本节工作对 NiF@GCs-CeO$_2$-CuO 电极和多支 NiF@GCs-CeO$_2$-CuO 电极测定胆红素溶液加入后的 $i$-$t$ 曲线。同支 NiF@GCs-CeO$_2$-CuO 电极在多次重复工作后所记录的 $i$-$t$ 曲线如图 7-127（a）所示，在反复加入 100 μmol/L 胆红素后，NiF@GCs-CeO$_2$-CuO 电极对胆红素的电流响应密度几乎相同，且电极多次表现出的电流响应密度的相对标准偏差为 1.4%，表明 NiF@GCs-CeO$_2$-CuO 电极在重复工作过程中的传感性能能够保持良好的重现性。其次，本节工作还需要进一步评估多支 NiF@GCs-CeO$_2$ 电极间的重现性，在平行加入 100 μmol/L 胆红素后，五支 NiF@GCs-CeO$_2$ 电极对胆红素的电流响应情况如图 7-127（b）所示。多支 NiF@GCs-CeO$_2$ 电极对胆红素的 $i$-$t$ 曲线高度重合，电流响应密度之间的相对标准偏差为 1.8%，说明在相同制备工艺参数下，不同批次制备的 NiF@GCs-CeO$_2$-CuO 电极间的重现性良好。表明 NiF@GCs-CeO$_2$-CuO 电极对胆红素进行传感的测试数据可靠性较高。

为了评估 NiF@GCs-CeO$_2$-CuO 电极电催化氧化胆红素时所表现的传感性能的稳定性，将 NiF@GCs-CeO$_2$-CuO 电极在 0.5 V 下对电解液中 100 μmol/L 的胆红素进行传感测试，记录 NiF@GCs-CeO$_2$-CuO 电极在一个月内每隔三天重复传感的电流响应密度，每次测试之后将电极于室温密封保存，测试共计 9 次。不同测试天数时所得的响应电流初测电流强度之比随时间的关系（$I/I_0 \sim t$）如图 7-128 所示。由图 7-128 可知，第 21 天测试胆红素在电极上的响应电流强度与第一天的响应电流强度的比值仍保持在 85%以上，表明 NiF@GCs-CeO$_2$-CuO 电极对胆红素进行长期传感工作时能够保持比较稳定的灵敏度。

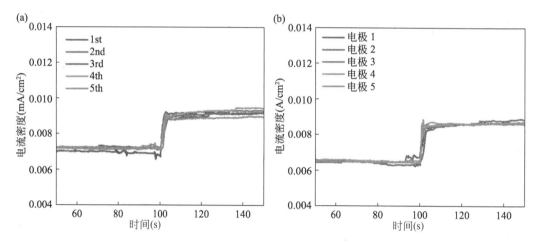

图 7-127　NiF@GCs-CeO$_2$-CuO 电极内的重现性（a）和电极间的重现性（b）

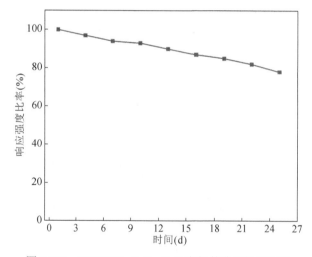

图 7-128　NiF@GCs-CeO$_2$-CuO 电极的稳定性考察图

## 7.6.7　小结

本节以三种不同的比例将 CuO/CeO$_2$ 两种金属氧化物经过煅烧复合，并由葡萄糖碳球负载该复合材料修饰泡沫镍制备成一种非酶胆红素电化学传感电极 NiF@GCs-CeO$_2$-CuO。CuO 优异的电催化活性与 CeO$_2$ 超强的诱导电子转移的能力相结合可以最大限度地发挥两种材料的优势，形成 NiF@GCs-CeO$_2$-CuO 电极对胆红素优异的电催化氧化能力。

（1）将 NiF@GCs-CeO$_2$-CuO 电极材料应用于非酶胆红素检测中，对该电极进行一系列电化学表征，得出结论：葡萄糖碳球负载 10%比重复合的 CuO/CeO$_2$ 金属氧化物材料修饰泡沫镍制备的非酶胆红素电化学传感电极（NiF@GCs-CeO$_2$-CuO）在线性循环伏安测试中对 100 μmol/L 胆红素进行检测能够实现 12.4 μA/cm$^2$ 的最大电流密度增量，因此，10%为最佳的配比。

（2）NiF@GCs-CeO$_2$-CuO 电极材料进行循环伏安曲线测试的最佳电位窗口为 0.75 V，最佳扫描速率为 20 mV/s，当线性范围为 0.1～35 μmol/L 时，灵敏度为 0.252 μA·L/(μmol·cm$^2$)，当线性范围为 35.1～175.1 μmol/L 时，灵敏度为 0.0537 μA·L/(μmol·cm$^2$)，检测限为 1 μmol/L（信噪比为 3∶1），此外，NiF@GCs-CeO$_2$-CuO 电极非酶检测胆红素的选择性较高，重现性以及稳定性良好，且达到稳态的电流响应时间较短（1.08 s）。

# 7.7　纤维素纳米晶基手性光子晶体膜基水分子/甲醛分子传感器

## 7.7.1　引言

随着化石能源的快速消耗和工业污染物的过度排放，全球性的能源危机和气候危机迫使人类加快开发高效、绿色、可持续的新型功能材料。纤维素是一种天然可再生资源，广泛存在于高等植物的细胞壁结构中。纤维素不仅具有来源广泛、价格低廉、环境友好等优良特性，同时其长分子链上丰富的含氧官能团为纤维素的修饰、接枝、裂解、自组装等提供了优异的条件。因此，几千年来纤维素一直被用于造纸、纺织、建筑、能源、食品、医药、包装等诸多领域。自然界中纤维素的年产量高达十亿吨，是一种名副其实的取之不尽、用之不竭的绿色资源。纤维素主要以多种分层纤维状的形式存在于植物细胞壁中[355]，是构成细胞壁的骨架物质。在化学结构上，纤维素由 $\beta$-1,4-糖苷键将葡萄糖单元交替连接组成，其化学式为(C$_6$H$_{10}$O$_5$)$_n$，是一种天然的长链多糖[356]。纤维素的每一个脱水葡萄糖单元有三个羟基，其中包括两个活泼的仲羟基（C2 和 C3 位）和一个较活泼的伯羟基（C6位）。这些羟基的反应活性有较大差异，对纤维素的反应、拆解和重组等过程有着显著影响，如：酯化、醚化、醚化、氧化和接枝共聚以及氢键结合[357]。纤维素分子之间通过范德瓦耳斯力、分子内及分子间氢键聚集[358]。氢键作用力虽然小于化学键但强于范德瓦耳斯力，也正是纤维素分子内及分子间的氢键作用，使得纤维素很难溶于水和绝大部分的有机溶剂[359]。

在植物细胞壁中，40 根单独的纤维素分子链通过氢键相互连接形成原纤丝，不同植物的原纤丝截面形状、直径大小及纤维素分子数量都截然不同。原纤丝可以进一步组合成同时具有结晶区和非结晶区的微纤丝。在结晶区，纤维素链通过高强度且较复杂的分子内和分子间氢键网络紧密连接，而在非结晶区纤维素分子则沿着微纤丝不规则排列。天然纤维素可以通过化学或机械方法破除半纤维素、木质素等非纤维素组分所带来的空间壁垒和物化作用，从细胞壁中分离出来。对于分离出的纤维素微纤丝，研究者们通常选择攻击 C6位上的伯羟基来破坏纤维素的分子间和分子内氢键，来制备尺寸更小的纳米纤维素[360]。

当纤维素微纤丝的非结晶区被选择性水解时，分离出的结晶度高且尺寸短的部分通常称为纤维素纳米晶（CNCs）。

据报道，硫酸水解后生成的 CNCs 表面有着丰富的硫酸盐基团，这些基团使刚性棒状的 CNCs 晶体表面带有负的电荷，从而使 CNCs 在水中能够维持稳定的悬浮状态。当 CNCs 悬浮液的浓度达到某一特定阈值时，会形成胆甾型液晶相，该液晶相展现出独特的各向异性，并且这种液晶相可保留在左旋手性螺旋结构的虹彩膜中。由于光子带隙效应，CNCs 手性光子晶体膜展现出选择性反射圆偏振光的特性[361]。当薄膜的最大反射波长落在可见光区域时，可呈现出多彩的视觉效果。这种手性向列相自组装行为通常会受到许多因素影响，包括 pH、温度、颗粒尺寸、离子强度、表面化学等[362]。此外，通过在 CNCs 悬浮液的干燥过程中添加电解质或聚合物，还可调节 CNCs 手性光子晶体膜的颜色，并有效调控自组装过程中薄膜的螺距，从而实现对反射光的精确调节。然而，纯 CNCs 膜在柔韧性方面表现不佳，颜色分布也不均匀，使得制备大尺寸且平整的 CNCs 手性光子晶体膜成为一大难题，这极大地限制其在实际应用中的效果[363]。为了解决这些问题，选用可生物降解的聚乙烯醇（polyvinyl alcohol，PVA）作为增塑剂，PVA 因其低毒性、优良的机械性能、高吸水性和良好的生物相容性等优点而备受瞩目[364]。具有良好机械性能的水溶性聚合物 PVA 能与 CNCs 之间的羟基官能团（—OH）形成氢键，有利于提高 CNCs 手性光子晶体膜的局部稳定性进而提高其机械性能。但是随着 PVA 含量的增加，粒子间的空隙变小，相对折射率也会随之变小，导致颜色的饱和度下降，甚至失去其结构色。因此，通过在制备 CNCs/PVA 薄膜中调控 PVA 的含量并提高其机械性能具有重要的意义。

本节使用溶剂蒸发诱导自组装（EISA）法将制备的 CNCs 悬浮液与 PVA 共混进行改性处理，制得的 CNCs/PVA 复合膜能够通过手性向列相结构中水分含量的变化来实现湿度刺激响应。同时，借助扫描电子显微镜、红外光谱仪、电子万能试验机、紫外分光光度计以及偏光显微镜等表征手段对 CNCs/PVA 复合膜进行表征，探讨 CNCs/PVA 复合膜的光学、力学以及湿度性能。

此外，甲醛是一种无色、有刺激性气味的具有挥发性有机气体，其用途广泛，在许多行业中都有重要的应用价值，是一种重要的化工产品[365]。虽然甲醛有很大的应用价值，但它本身对人体有一定的危害。甲醛具有显著的细胞毒性，短时间暴露于高浓度甲醛环境中，可能引发一系列不良身体反应[366]。正因为甲醛的潜在危害不容忽视，世界卫生组织明确建议，室内甲醛的浓度应当控制在 80 ppb（1 ppb=$10^{-9}$）以下[367]。甲醛检测问题已引起研究者们的广泛关注，开发基于手性向列 CNCs 以实现对甲醛的有效检测具有积极的意义[368]。相关报道显示，通过在 CNCs 中掺杂氯化铜，可开发对氨气响应的手性向列比色氨气响应器。此外，CNCs 还被用来响应酸性蒸气。这些研究表明手性向列 CNCs 可通过其结构色对气体进行响应，以期对气体的浓度进行检测。然而，关于手性向列 CNCs 对有毒气体如醛系、苯系及其他挥发性有机物的响应却鲜有报道[369]。

1,8-萘酰亚胺具有独特的光物理性质，已经被广泛用于设计甲醛探针的荧光骨架。此外，其斯托克斯位移大，量子产率高，吸收波长和荧光发射波长都处于紫外-可见光区域，并且具有良好的结构修饰性，能通过修饰结构改变其光物理性质[370]。由于肼基的强电子供体效应，可将肼基作为活性基团接在萘环部分，并与甲醛缩合，破坏原结构中的光致电子转移

（PET）效应，从而实现对甲醛的响应。在本节中，我们尝试将具有阳离子基团的1,8-萘酰亚胺类荧光探针与表面含有大量硫酸盐基团的CNCs进行组装，提供了一个"开关"荧光信号，当有微量甲醛存在的情况下该"开关"会开启，因此借助该"开关"检测甲醛气体。

## 7.7.2　纤维素纳米晶基手性光子晶体膜的制备

### 7.7.2.1　纤维素纳米晶（CNCs）的制备

以微晶纤维素（MCC）为原料，采用简单易控的硫酸一步水解法，得到表面带有硫酸酯基团的CNCs，通过透析、离心、蒸发浓缩到指定浓度。具体步骤如下：称量20 g MCC粉末于400 mL烧杯中。将烧杯放入油浴锅中加热至45℃，之后加入200 mL的质量分数为64%的硫酸，以400 r/min的搅拌速度水解反应90 min。水解结束后，将所得到的悬浮液立即用2000 mL的去离子水稀释以终止反应，静置12 h分层。将得到的乳白色下层悬浊液用高速离心机进行离心，离心速度为5000 r/min，离心时间为3 min，离心沉降3～4次直到溶液不分层后，去除上清液，转入透析袋（分子量14000，70 mm）中，透析两周直到透析液的pH为中性。最后得到浓度较稀的CNCs淡蓝色悬浮液，通过蒸发浓缩至固含量约为3%（质量分数）。

### 7.7.2.2　CNCs手性光子晶体膜的制备

将3%（质量分数）的CNCs溶液通过超声细胞破碎仪以17.7%的输出功率并冰浴下超声处理3 min（300 W），将30 mL的CNCs悬浮液滴入聚苯乙烯蒸发皿中后于45℃的烘箱中烘干后自组装得到CNCs手性光子晶体膜。制备流程见图7-129。

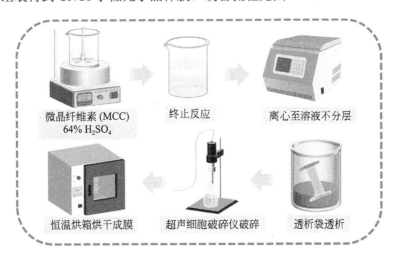

微晶纤维素(MCC)　　终止反应　　离心至溶液不分层
64% H₂SO₄

恒温烘箱烘干成膜　　超声细胞破碎仪破碎　　透析袋透析

图 7-129　EISA 法制备 CNCs 手性光子晶体膜的流程图

### 7.7.2.3　CNCs/PVA 复合膜的制备

CNCs/PVA 复合膜制备的具体步骤如下（图 7-130）：首先将不同含量的 0.1 g/mL 聚乙

烯醇（PVA）溶液与 30 g 的 3.7%（质量分数）CNCs 悬浮液混合，进而配制出 PVA 质量占比分别为 1%、2%、3%、4%、5%、10%、20%、25% 以及 30% 的 CNCs/PVA 混合溶液，接着对混合溶液进行了充分搅拌以确保其均匀性。通过超声细胞破碎仪以 17.7% 的输出功率并冰浴下超声处理 3 min（300 W），然后将溶液倾注于直径为 70 mm 的聚四氟乙烯培养皿内。接着，将培养皿放置于设定温度为 45℃ 的恒温烘箱中进行干燥处理。干燥至水分完全蒸发，获得了具有不同 PVA 质量比的 CNCs/PVA 手性光子晶体膜。

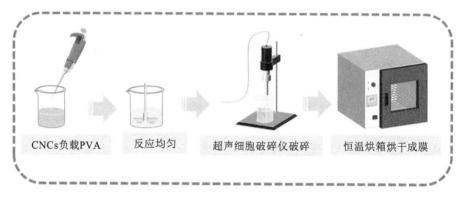

图 7-130　CNCs/PVA 复合膜的制备方法

### 7.7.2.4　CNCs/PVA 复合膜对湿度的刺激响应方法

通过引入不同种类的饱和食盐水，以创造不同的湿度环境。具体实验流程如下：首先在 800 mL 的聚丙烯密封盒中分别加入溴化锂、氯化锂、氯化镁、溴化钠、氯化钠、氯化钾等饱和盐水，将湿度计放入透明密封盒内，动态监测环境湿度变化，待达到对应湿度后，将 CNCs/PVA 复合膜置于不同湿度的环境中，观察并测试其对薄膜的湿度响应。这些饱和盐水对应的相对湿度分别为 5%、10%、30%、55%、75%、85%，而相对湿度为 100% 的环境则直接通过去离子水实现，不同饱和食盐水对应的湿度如表 7-16 所示。

表 7-16　25℃下不同饱和水溶液的平衡相对湿度

| 序号 | 盐种类 | 分子式 | 相对湿度（%） |
|---|---|---|---|
| 1 | 溴化锂 | LiBr | 6.37±0.52 |
| 2 | 氯化锂 | LiCl | 11.30±0.27 |
| 3 | 氯化镁 | $MgCl_2$ | 32.78±0.16 |
| 4 | 溴化钠 | NaBr | 57.57±0.40 |
| 5 | 氯化钠 | NaCl | 75.29±0.12 |
| 6 | 氯化钾 | KCl | 85.34±0.26 |

### 7.7.2.5　荧光探针 NaFA 的制备

参考 Li 等的合成方法[371]，在氮气保护下，称取 4-溴-1,8-萘二甲酸酐（3.5 g，12.6 mmoL）

于 250 mL 三口烧瓶中，向其中加入 200 mL 乙醇和 1.35 mL 正丁胺，并将反应混合物于 83℃ 油浴锅中回流搅拌 24 h。采用薄层色谱法（thin layer chromatography，TLC）跟踪反应，TLC 点板至原料完全消失（石油醚/乙酸乙酯=5∶1，*V/V*），直至只有一个主要产物点，停止反应。将溶液置于冰水中冷却至室温，析出淡黄色针状晶体，真空抽滤，滤饼用冷乙醇洗涤，待滤液呈无色后，干燥固体为中间产物：黄白色针状晶体 *N*-丁基-4-溴-1,8-萘二酰亚胺，无需提纯可直接进行下一步反应。

在氮气保护下，采取以下步骤进行第二步反应：将新合成的 *N*-丁基-4-溴-1,8-萘二酰亚胺（1.66 g，5 mmoL）和 80% 水合肼（7 mL）加入 200 mL 乙醇中，于 85℃ 下冷凝回流并固定反应 24 h，反应完成后，将溶液迅速转移至冰水中使其冷却至室温，利用真空抽滤获得滤饼，用冷乙醇洗涤滤饼后，继续在真空下烘干以得到纯净的产物。采用硅胶柱色谱法对粗产物进行纯化，选用湿法装柱、干法上样（二氯甲烷/甲醇=30∶1，*V/V*），以获得橙红色固体。该方法的合成路线详见图 7-131。

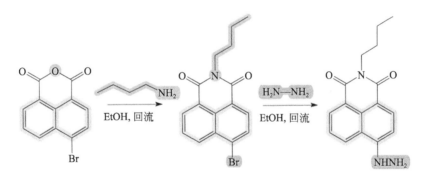

图 7-131　荧光探针 NaFA 的合成路线图

### 7.7.2.6　CNCs/NaFA 复合膜的制备

CNCs/NaFA 复合膜的制备过程具体如下：取荧光探针 NaFA 0.0163 g 加入到 DMSO 中以制备 1 mmol/L 的储备溶液，取 100 μL 的 1 mmol/L 荧光探针 NaFA 储备液加入到 10 mmol/L PBS 缓冲液中。PBS 缓冲溶液（pH=7.4）的配制：通过将 8 g NaCl、0.2 g KCl、1.44 g $Na_2HPO_4$ 和 0.24 g $KH_2PO_4$ 溶于去离子水中，于 1000 mL 容量瓶中定容，探针起始浓度为 0.1 μmol/L。分别取 0.1 μmol/L 的荧光探针 NaFA 5 g、10 g、20 g、30 g 与 10 g 1.84%（质量分数）的 CNCs 悬浮液混合，分别记作 CNCs/NaFA-1、CNCs/NaFA-2、CNCs/NaFA-3、CNCs/NaFA-4，然后充分搅拌上述混合溶液，通过超声细胞破碎仪以 17.7% 的输出功率，冰浴下超声处理 3 min（300 W），将 CNCs/NaFA 的混合悬浊液倒入直径为 70 mm 的聚四氟乙烯培养皿中，再将培养皿置于恒温箱中，45℃ 干燥，待水分缓慢完全蒸发，最后得到 CNCs/NaFA 的自组装复合膜。

### 7.7.2.7　CNCs/NaFA 复合膜对甲醛的刺激响应方法

在自制的测试室中测试 CNCs/NaFA 复合膜对甲醛气体的响应特性，如图 7-132 所示。为了较好地控制测试室内的甲醛气体浓度，提高测试室内的甲醛气体浓度的准确性，先对测试室内的甲醛气体浓度进行标定。本节采用 GB/T 16129—1995《居住区大气中甲醛卫生检验标准方法 分光光度法》对测试室内的甲醛气体浓度进行了测试和标定。

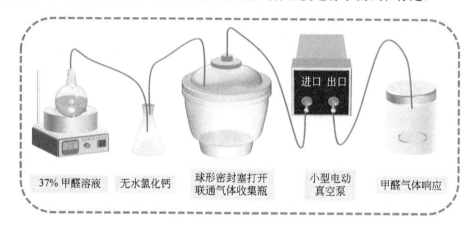

| 37% 甲醛溶液 | 无水氯化钙 | 球形密封塞打开联通气体收集瓶 | 小型电动真空泵 | 甲醛气体响应 |

图 7-132 CNCs/NaFA 膜在自制的测试室中响应甲醛气体的流程示意图

根据 GB/T 16129—1995，通过甲醛质量浓度与吸光度之间的关联来进行甲醛标准曲线的绘制。在甲醛比色管中测量各管吸光度，将甲醛含量和对应的吸光度绘制甲醛标准曲线及回归方程，如图 7-133 所示。

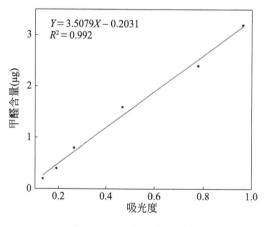

图 7-133 甲醛标准曲线图

自制测试室中 CNCs/NaFA 膜对甲醛气体的响应步骤如下。将硅胶球形密封塞打开，连接小型真空泵对测试室抽真空，出口连通大气，直至测试室内压强达到-0.1 MPa 时停止。然后将硅胶球形密封塞关闭密封，分别量取 37%（质量分数）的甲醛溶液 500 μL、3 mL、10 mL 和 20 mL 置于 80℃油浴锅的蒸馏烧瓶中。此时甲醛溶液蒸发并填充到气体收集瓶中，接着将获得的蒸气混合物通入无水氯化钙吸湿去除湿气，通气 45 min 后再将硅胶球形密封塞打开，并连接到小型电动真空泵，将甲醛气体引入测试室内，其中采集测试内的吸收液为 25 mL。采集气体结束后，将气体洗瓶中的甲醛吸收液充分混合，用移液枪吸取 2 mL 的甲醛吸收液并置于 10 mL 的具塞比色管中进行分析，分别加入 1 mL 5 mol/L 的氢氧化钾溶液、1 mL 0.5%的 AHMT 溶液，塞上管塞并摇匀，把溶液在避光处放置 20 min，再加入 0.3 mL 1.5%的高碘酸钾溶液，充分振摇，静置 5 min。在紫外分光光度计波长为 550 nm 处，以蒸馏水作为对比溶液调零。使用 10 mm 光程的石英比色皿测定甲醛溶液的吸光度 $A$，同时用未放入测试室内的 2 mL 甲醛吸收液采用相同的方法作为空白试验，确定试剂空白溶液吸光度 $A_0$。采用式（7-40）和式（7-41）计算测试室内中甲醛气体的浓度：

$$V_0 = V_t \times \frac{T_0}{273+t} \times \frac{P}{P_0} \qquad (7\text{-}40)$$

$$c = \frac{(A - A_0) \times B_S}{V_0} \times \frac{V_1}{V_2} \qquad (7\text{-}41)$$

式中，$V_0$ 代表标况下的测样体积（L）；$V_t$ 代表测样体积（L）；$T_0$ 代表标况下的热力学温度，其值为 273 K；$t$ 代表测样时的空气温度（℃）；$P_0$ 代表标况下的大气压力，其值为 101.3 kPa；$P$ 代表测样时的大气压力（kPa）。$c$ 代表甲醛气体的浓度（mg/m³）；$A$ 代表样品溶液的吸光度；$A_0$ 代表空白溶液的吸光度；$B_S$ 代表甲醛标准曲线的斜率（μg/Abs）；$V_1$ 代表测样时吸收液的体积（mL）；$V_2$ 代表分析时测样的体积（mL）。

通过以下步骤计算测试室内的甲醛气体浓度。首先将硅胶球形密封塞打开，通入气体采样瓶中，再将测试室内甲醛气体放在通风橱中排出，即完成一个测试周期。重复抽真空、蒸发甲醛溶液、抽气和测试甲醛气体浓度，完成 500 μL、3 mL、10 mL 和 20 mL 的甲醛气体梯度浓度的制备。通过计算测试室内甲醛气体浓度，结果如表 7-17 所示，最终确定蒸发 37%的甲醛溶液 500 μL、3 mL、10 mL 和 20 mL 时测试室内得到甲醛气体浓度分别为 0.055 mg/m³、0.153 mg/m³、0.443 mg/m³ 和 1.187 mg/m³，所以在本节中用于 CNCs 薄膜所响应的甲醛气体浓度为 0.055 mg/m³、0.153 mg/m³、0.443 mg/m³ 和 1.187 mg/m³。

表 7-17　不同甲醛溶液所营造测试室内的甲醛气体浓度

| 甲醛溶液（mL） | 0.5 | 3 | 10 | 20 |
| --- | --- | --- | --- | --- |
| 吸光度（Abs） | 0.224 | 0.526 | 1.423 | 3.712 |
| 甲醛气体浓度（mg/m³） | 0.055 | 0.153 | 0.443 | 1.187 |

### 7.7.2.8　结构表征

CNCs 手性光子晶体膜断裂面的层状结构、不同 PVA 含量的 CNCs/PVA 自组装复合膜断裂面的层状结构和不同 NaFA 含量的 CNCs/NaFA 薄膜断裂面的层状结构分别通过场发射扫描电镜（Hitachi，SU-8220）在加速电压为 5 kV 时观察。采用透射电子显微镜（FEI Tecnai 12）对样品进行 TEM 表征：将质量浓度为 3%的 CNCs 悬浮液滴在铜网上，用 TEM 在不同放大倍数下观察样品；将 CNCs/NaFA 的悬浮液滴在铜网上，自然风干，用 TEM 在不同放大倍数下观察样品。硫酸水解后 CNCs 的 Zeta 电势是用 Malvern Zetasizer Nano ZS90 采集的。借助傅里叶变换红外光谱仪（BRUKER，TENSOR 27）对 CNCs、CNCs/PVA 和 CNCs/NaFA 进行红外光谱测试。采用日本理学 Rigaku 生产的 ULTIMA IV 型 X 射线衍射仪对 CNCs 薄膜进行 XRD 分析。采用偏光显微镜（Leica DM2700 P03040100）对 CNCs 虹彩膜和 CNCs/NaFA 复合膜进行表征。样品的力学性能表征是在济南辰鑫（CMT 6103）万能材料试验机上进行测试的。选用上海元析仪器有限公司的 UV-6000PC 紫外-可见分光光度计对所制备 CNCs 膜的光学性能进行表征。$^1$H NMR 和 $^{13}$C NMR 在德国 Bruker 公司 AVANCE III HD 600MHz 核磁共振仪上进行测定，试剂为氘代二甲亚砜（DMSO-d$_6$）和氘代氯仿（CDCl$_3$-d$_6$）。为探究所制备 CNCs/NaFA 膜的荧光性能，使用上海棱光技术有限公司提供的 F98 荧光分光光度计来详细分析其荧光发射光谱与荧光强度。

### 7.7.3 宏观形态和微观结构分析

图 7-134 为不同超声处理时间下的薄膜在自然光下的照片，制备的 CNCs 手性光子晶体膜具有明亮的虹彩效果，并且在不同角度下呈现不同颜色。CNCs 悬浮液在干燥过程中，自边缘向中心逐渐呈现有序化，形成了显著的"咖啡环"现象。还可以发现薄膜从边缘到中心的反射颜色呈现出明显的蓝移现象[372]。随着超声处理时间由 5 min 增加至 15 min，虹彩膜的颜色逐渐由蓝色向红色转变，呈现明显的红移现象。值得注意的是，纯 CNCs 手性光子晶体膜在质地方面表现出脆性，柔韧性不够理想，导致在干燥成膜时出现明显的弯曲。

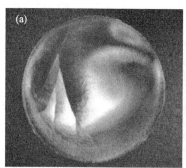
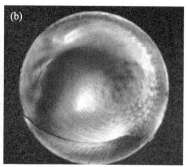

图 7-134　超声时间分别为 5 min（a）和 15 min（b）的 CNCs 手性光子晶体膜宏观形态

图 7-135 分别显示 CNCs 的 TEM 和 CNCs 手性光子晶体膜的 SEM 图。从 TEM 图中观察到，硫酸酸解 90 min 后得到的 CNCs 外观呈现两头细中间粗的棒状颗粒，长度为 170～

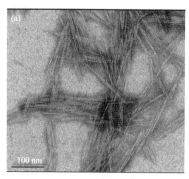
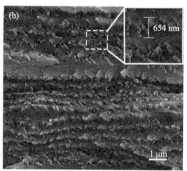

图 7-135　（a）CNCs 的 TEM 图；（b）CNCs 手性光子晶体膜的 SEM 图

300 nm，直径为 10～20 nm。CNCs 的尺寸展现出较大的长径比，并具有良好的均一性，为后续 CNCs 手性光子晶体膜的自组装过程提供有利条件。从 SEM 图中可以观察到薄膜的断裂横截面具有层状结构，即说明 CNCs 在缓慢蒸发到临界质量浓度在 3%左右组装成手性向列液晶相，形成具有独特的螺旋结构，其中两层之间的距离恰为螺距的一半，测得 CNCs 手性光子晶体膜的螺距为 654 nm。

　　不同含量的 PVA 与 CNCs 的悬浊液在 45℃恒温箱中干燥之后可以形成具有鲜艳虹彩色的复合薄膜，如图 7-136 所示。将 CNCs/PVA1～30 分别命名，表示 PVA 的掺杂量（质量分数）为 1%、2%、3%、4%、5%、10%、20%、25%、30%，可以观察到随着 PVA 含量的逐渐增加，在同一光源同一角度下拍摄的 CNCs/PVA 复合膜展现出了极为细腻的红移现象。复合膜的颜色在可见光区域内发生了显著的变化，由初始的蓝色逐渐过渡为绿色、黄色、橙色，并最终变为红色及暗红色，该过程清晰地展示了 PVA 掺杂对 CNCs/PVA 复合膜光学性能的影响。图中还可以观察到 PVA 固含量对复合膜外观的显著影响，具体来说，CNCs/PVA20 以下的复合膜外观明显不均匀，表面出现裂纹，且纹理逐渐增多导致薄膜不完整。然而，CNCs/PVA20 的复合膜外观明显改善，表现出较为均匀的纹理，且薄膜表面无裂纹。但是当 PVA 的引入量增加至 30%时，如图 7-136（j）所示，能够看出 CNCs/PVA30 复合膜呈现均一的透明色，已经不具有明显的结构色，且没有纹理。薄膜颜色的消失即说明液晶结构的消失，这与下述中 SEM 和 POM 结果是相符的。

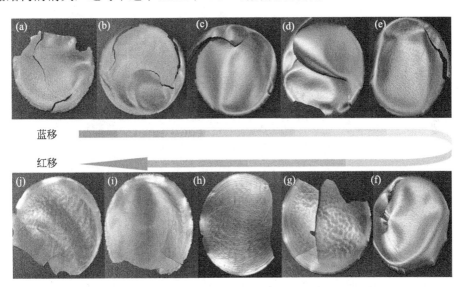

图 7-136　CNCs/PVA 复合膜在不同 PVA 含量下的宏观形态

（a）～（j）中 PVA 含量（质量分数）分别为：0、1%、2%、3%、4%、5%、10%、20%、25%、30%

　　通过 SEM 观察 CNCs/PVA 复合膜的横截面。从图 7-137 中 SEM 图像可以观察到明显的周期性层状结构，PVA 含量低于 20%时，薄膜显示逆时针方向的扭转趋势，形成长程有序的手性向列结构。此外，薄膜所展现的虹彩结构色与其周期性层状手性向列螺旋结构的螺距密切相关，相邻层之间的距离恰好为螺距的一半。随着 PVA 含量的逐步提升，指纹织构的螺距逐渐增大，这与薄膜颜色的红移现象相吻合。当 PVA 的含量为 1%、5%、20%、30%时，其螺距分别为 240 nm、410 nm、350 nm、650 nm。PVA 含量的增加导致螺距增大的主要原因是 PVA 与 CNCs 具有良好的相容性，PVA 可以轻松渗透到周期性分层的手性向列型结构中，并有效作为 CNCs 的分散剂使其均匀分散。随着 PVA 含量的进一步增加，体系的黏度逐渐增大，加速 CNCs 凝胶化所需的浓度，使得螺距被提前锁定，进而引发薄膜颜色的红移。通过对 CNCs/PVA 复合膜的微观结构进行深入分析，验证波长与螺距之间的密切关系，并揭示手性向列空间结构的变化是薄膜结构色变化的根本驱动力。从图 7-137（i）中可以观察到断裂面层状结构消失，说明当 PVA 的含量增加到 30%时，CNCs 未能有效地进行自组装，也就是说 PVA 的含量太高破坏了 CNCs 的自组装。

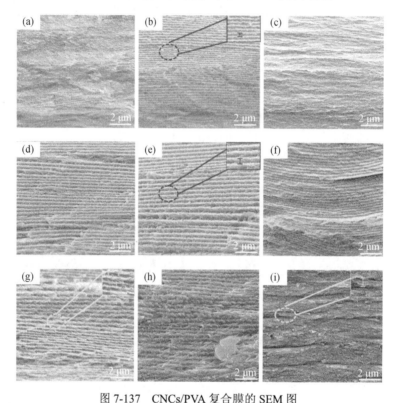

图 7-137　CNCs/PVA 复合膜的 SEM 图

（a）～（i）中 PVA 的含量分别为 1%、2%、3%、4%、5%、10%、20%、25%、30%

图 7-138（a）、（b）分别为 CNCs/NaFA 复合膜在自然光和紫外光（365 nm）下的宏观形态，从中可以发现，在自然光下，复合膜颜色为淡黄色，而在紫外光的照射下，CNCs/NaFA 复合膜整体呈现蓝色荧光色调。为了进一步研究 CNCs/NaFA 的形貌及结构特征，我们使用 SEM 对 CNCs/NaFA 溶液经自组装成膜后的断面进行分析，如图 7-138（c）所示。从图中可看出，CNCs/NaFA 复合膜的断面同样呈层状排列，在每层内沿一定方向螺旋式旋转并呈周期性排列，具有左旋螺旋结构，其旋转一周所上升的距离［图 7-138（c）中箭头所指］为 416 nm，即 CNCs/NaFA 复合膜的螺距为 416 nm。周期性螺旋结构的出现说明在 CNCs 与 NaFA 反应过程中，CNCs 的左旋手性向列结构保留到 CNCs/NaFA 复合体系中。此外，

CNCs/NaFA 在每层内是以片状层层螺旋排列，这与 CNCs 的棒状层层排列是截然不同的，这种片状排列形式可以改善薄膜的塌陷结构。

图 7-138（d）～（f）为 CNCs/NaFA 复合膜的 TEM 图像，可以看出，在棒状 CNCs 周围负载了呈现均匀分散的颗粒状分布的微小颗粒物［图 7-138（d）中圆圈所示］。这是因为在 CNCs 改性过程中，荧光探针接枝在 CNCs 的表面，使其表面出现颗粒状物质，说明荧光探针的引入对产物的形貌具有一定影响。荧光探针 NaFA 分子［图 7-138（e）中圆圈所示］是一种微球，平均直径为 25 nm，由于其小尺寸优势，为 NaFA 能够在 CNCs 中均匀且稳定地分散打下基础，如图 7-138（f）所示。

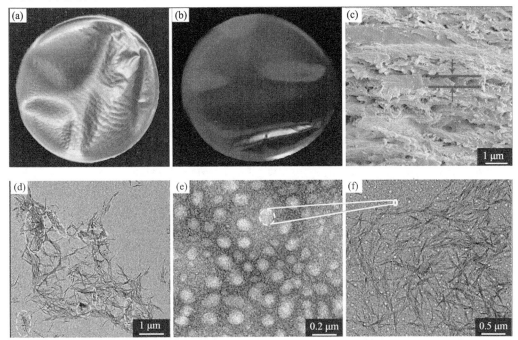

图 7-138　（a）CNCs/NaFA 复合膜在自然光下的宏观形态；（b）CNCs/NaFA 复合膜在紫外波长 365 nm 下的宏观形态；（c）CNCs/NaFA 复合膜的 SEM 图；（d～f）CNCs/NaFA 复合膜的 TEM 图

## 7.7.4　粒径分布、晶体结构和光学性能分析

### 7.7.4.1　纳米粒度和 Zeta 电位分析

硫酸水解法主要通过酸解纤维素表面的非结晶区，从而得到棒状的 CNCs，相比于用盐酸水解制备，硫酸水解法能够引入硫酸酯基团，使得粒子表面带有负电荷，粒子间的排斥有利于溶液稳定，因此 CNCs 可以形成稳定的悬浮液。除此之外，硫酸水解法也能更好地控制 CNCs 粒径的大小。本节通过粒度分析仪来表征粒子的粒径，通过测试 CNCs 溶液的 Zeta 电位来判断溶液的稳定性。

图 7-139（a）显示 CNCs 的粒径平均值为 91.87 nm，并且粒径分布呈现多分散性尺寸分布，基本符合正态分布规律。本实验选取最佳反应参数：硫酸浓度为 63%，在 45℃下反

应 90 min，粒径在最佳反应参数下，酸解充分，粒径最大[373]。图 7-139（b）是 CNCs 的 Zeta 电位变化情况，CNCs 悬浊液表面附着酸性的硫酸酯基团，其 Zeta 电位为-32.7 mV。Zeta 电位的绝对值大意味着体系具有更高的稳定性。由于 CNCs 悬浊液的 Zeta 电位绝对值大于 30 mV，充分证实通过硫酸水解得到的 CNCs 悬浊液稳定性极佳，不仅不易发生沉淀或絮凝，而且为后续的蒸发自组装过程提供了有力支撑。值得一提的是，CNCs 悬浊液的稳定性极其出色，制备的 CNCs 悬浊液在室温下放置长达 6 个月后，依然能够保持其均匀性，不出现分层现象。

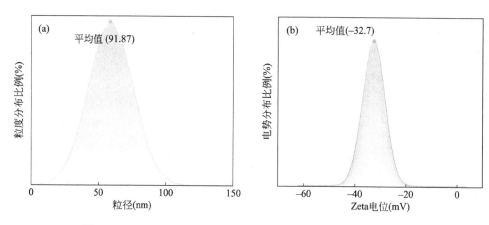

图 7-139　CNCs 溶液的粒径分布图（a）和 Zeta 电位分布图（b）

### 7.7.4.2　X 射线衍射图谱分析

为验证本节中的硫酸水解法对纤维素晶型结构的影响，我们对酸解后的 CNCs 进行了 XRD 表征。相应的 X 射线衍射图，如图 7-140 所示，观察到 CNCs 存在三个较为显著的衍射峰，这三个衍射峰分别位于 15.8°、17.5° 和 23.1°，对应天然 I 型纤维素典型结晶峰中的（101）、（10$\bar{1}$）和（002）晶面。此外，从图中可以观察到 MCC 与 CNCs 的衍射峰位置大致相同，该结果表明，经过硫酸水解处理后的 CNCs 仍然保留天然纤维素的晶体结构特征，酸解过程主要作用于无定形区域或部分存在缺陷的晶区。为量化所制备 CNCs 的结晶度（$X_c$），参照了 Segal 等[374]提出的经验公式进行了计算，计算公式如式（7-42）：

$$X_c = \frac{I_{002} - I_{amorph}}{I_{002}} \tag{7-42}$$

式中，$I_{002}$ 为（002）晶面的衍射强度；$I_{amorph}$ 为 $2\theta=18°$ 附近无定形区的散射强度。通过计算得出 MCC 和 CNCs 的结晶度分别为 79.2% 和 86.1%，表明经过硫酸水解后的 CNCs 结晶度得到提升，这进一步证实了酸解主要作用于纤维素的无定形区域。

### 7.7.4.3　光学性能分析

随着 CNCs 悬浮液浓度的增大，CNCs 的相态会经历从各向同性相到向列相，再到手性向列相的转变。随着 CNCs 悬浮液浓度的增加，手性向列相的比例也随之增大，直至完全

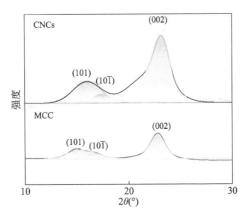

图 7-140　CNCs 和 MCC 的 XRD 图谱

转化为手性向列相。在偏光显微镜（POM）观察下，相分离初期可见离散分布的团聚类晶体；而在相分离后期可见连续的指纹织构以及鲜明的双折射干涉色彩。这种通过 EISA 法形成的左旋手性向列相液晶结构会保留在 CNCs 手性光子晶体膜中。图 7-141（a）是 CNCs 手性光子晶体膜的 POM 图，可以清晰看到明暗交替的指纹状织构，其螺距范围在 1～2 μm 之间。这一观察结果是在使用相互平行的 POM 偏振片下得出的。在 POM 的视野内，可以辨识出明暗相间的指纹状衍射条纹，这些条纹呈现出长程有序和周期性排列的特点，相邻条纹之间的距离即为纤维素手性液晶的螺距。图 7-141（b）展示在正交光照射下，CNCs 手性光子晶体膜展现出了多彩的特性，呈现出鲜艳的结构色。当使用相互垂直的 POM 偏振片进行观察时，薄膜产生双折射现象，视野中呈现出绚烂的虹彩色，表明 CNCs 手性光子晶体膜具有各向异性的性质。与此相反，各向同性的物质在 POM 视野中通常会呈现为黑暗，无法观察到鲜艳的颜色。这种双折射现象是由 CNCs 的周期性排列所引发的布拉格衍射效应所致。

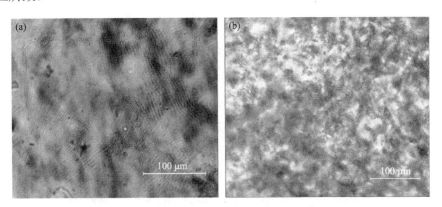

图 7-141　（a）CNCs 虹彩膜 POM 图的清晰指纹织构和（b）鲜艳结构色

CNCs/PVA 复合膜的 POM 图片进一步展示薄膜的虹彩色和结构，其在色彩和指纹结构上呈现出明显的梯度变化（图 7-142）。从图中可以看出，CNCs/PVA 复合膜在 POM 下展现的颜色不统一，是虹彩色。以 CNCs/PVA1、CNCs/PVA5 和 CNCs/PVA25 为界，PVA 引入量低于 5%时，主色调呈现蓝色；CNCs/PVA1-CNCs/PVA5 的薄膜颜色呈现蓝色到绿色的过渡色，超过 CNCs/PVA5，薄膜开始呈现黄色到红色的过渡色；在 CNCs/PVA25 之后，薄膜的红色开始消失。如图 7-142（a）～（i）所示，薄膜 CNCs/PVA1 至 CNCs/PVA25 均有明显的指纹结构，并表现出很强的双折射现象。从上述结果可以得知，所有薄膜均展现出手性液晶结构的特点，PVA 带来的空间位阻效应，使得 CNCs 手性光子晶体膜的螺距增大，进而使薄膜颜色红移。但是当 PVA 的引入量增加至 30%时，可以看到 CNCs/PVA30 的 POM 图像变成黑色，即表明薄膜失去了双折射现象。

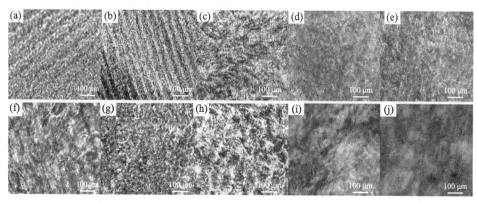

图 7-142　CNCs/PVA 复合膜的 POM 图

（a）～（j）中 PVA 的含量分别为 0、1%、2%、3%、4%、5%、10%、20%、25%、30%

　　CNCs/NaFA 复合膜的 POM 图在色彩和指纹织构上也呈现出明显的梯度变化（图 7-143）。随着 NaFA 引入量的递增，CNCs/NaFA-1 薄膜颜色呈现黄色，CNCs/NaFA-2 显示薄膜的黄色开始消失到呈现深蓝色的过渡色，CNCs/NaFA-1 至 CNCs/NaFA-3 能够看出均有明显的指纹结构，薄膜都表现出很强的双折射现象，但是当 NaFA 的引入量增加至 30 g 时，CNCs/NaFA-4 的 POM 图像变成黑色，即表明薄膜不再呈现双折射现象，并且失去各向异性。

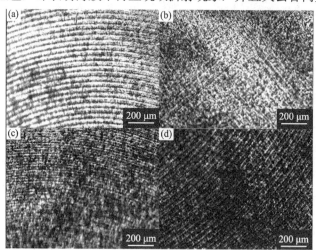

图 7-143　CNCs/NaFA 复合膜的偏光显微镜（POM）图像

（a）～（d）分别为 CNCs/NaFA-1、CNCs/NaFA-2、CNCs/NaFA-3、CNCs/NaFA-4

### 7.7.4.4　红外光谱分析

图 7-144 所示为 CNCs/PVA 复合膜红外谱图。通过红外分析判断 PVA 是否接枝成功。从改性前后的红外光谱图可知，2901 cm⁻¹ 存在—CH₂ 不对称伸缩振动吸收峰，588～1302 cm⁻¹ 处为 C—O 的伸缩振动和 C—C 的骨架振动吸收峰[375]。CNCs 在 3386 cm⁻¹ 处有强且宽的游离—OH 的伸缩振动吸收峰，在 1646 cm⁻¹ 处仅有—OH 的面内变形吸收峰；PVA 在 3350 cm⁻¹ 处特征峰是由于分子间和分子内的氢键作用导致—OH 的拉伸造成的，在 1630～1768 cm⁻¹ 处存在 C=O 和 C=C 的拉伸峰[376]。随着 PVA 在 CNCs 中的掺杂，复合薄膜中—OH 拉伸强度发生了轻微变化，这种微小的变化归因于 CNCs 表面的羟基与 PVA 基体中的羟基之间发生氢键联结[377]。由于 CNCs 和 PVA 之间的氢键相互作用，羟基的伸缩振动带逐渐变窄，并朝更低的波数方向移动[378]。当 CNCs/PVA 复合薄膜受到拉伸或其他形式的变形力时，分子链间的相互作用力减弱，分子链的运动变得更为容易，从而产生塑性形变。因此，在受到外力作用时，纯 CNCs 薄膜更容易发生脆性断裂，而 CNCs/PVA 复合膜则倾向于发生塑性形变。同时，在 1630 cm⁻¹ 处出现的特征吸收峰，其强度随着 PVA 掺杂量的增加而增强，这进一步证明了 PVA 已成功引入 CNCs 中。

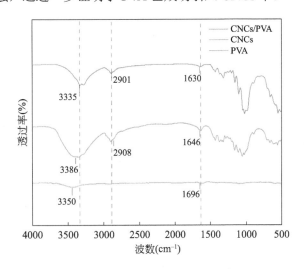

图 7-144　CNCs/PVA 的红外光谱图

图 7-145 是荧光探针 NaFA、CNCs 和 CNCs/NaFA 膜的红外扫描光谱图，从图中可以看到，在 CNCs/NaFA 的红外吸收谱中呈现了纤维素的特征峰：3328 cm⁻¹ 处—OH 的伸缩振动峰，2910 cm⁻¹ 处 C—H 的伸缩振动峰，1322 cm⁻¹ 处—CH₂ 的非平面摇摆振动峰，1008 cm⁻¹ 处 C—O 的伸缩振动峰。从 NaFA 的红外谱图看出，吸收峰 1640 cm⁻¹ 和 705 cm⁻¹ 处表示萘环的存在，正丁基上的 C—H 伸缩振动显示在 2988 cm⁻¹ 和 2910 cm⁻¹ 处具有饱和烃基的特征峰。此外，CNCs/NaFA 薄膜分别出现 4 处新的特征峰，3297 cm⁻¹ 为 N—H 的伸缩振动峰；2898 cm⁻¹ 为—CH₂/—CH₃ 的伸缩振动峰；1660 cm⁻¹ 为酰胺中 C=O 的伸缩振动峰；1432 cm⁻¹ 为萘环骨架 C=C 的伸缩振动峰[379]。这些新特征峰的存在表明在 CNCs 与 NaFA 反应过程中，NaFA 接枝在具有手性向列结构的 CNCs 上，这与 TEM 和 SEM 观察的结果

相同。

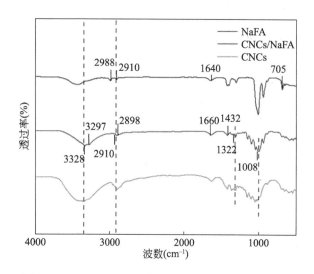

图 7-145　CNCs、NaFA 和 CNCs/NaFA 的红外光谱图

## 7.7.5　力学性能、温度响应和元素分析

### 7.7.5.1　力学性能分析

CNCs 材料轻质且坚硬，而 PVA 是一种理想的增强材料，因为它具有优异的降解性、拉伸强度、柔韧性和可调分子量等多重优点[380]，因此引入一定比例的 PVA 可以提高 CNCs 薄膜的韧性[381]。PVA 在复合材料中作为增塑剂而存在，可促进刚性 CNCs 分子相互作用之间的耗散运动[372]。加入 PVA 后，复合膜变得光滑和柔软。CNCs/PVA 复合薄膜具有出色的柔性，可以拉伸和弯曲。将改性前后 CNCs/PVA 复合膜进行机械性质的对比研究，图 7-146 为 CNCs/PVA 的拉伸应力-应变曲线，表 7-18 显示 CNCs/PVA 复合膜的力学参数，如杨氏模量、拉伸强度以及断裂伸长率。可以看出，随着 PVA 含量的增加，复合薄膜的拉伸

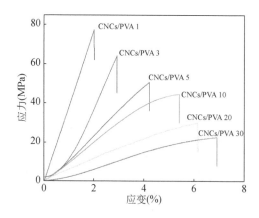

图 7-146　CNCs/PVA 复合膜的拉伸应力-应变曲线

强度分别为 77.3 MPa、60.2 MPa、49.6 MPa、44.9 MPa、29.8 MPa、22.4 MPa；断裂伸长率分别为 2.0%、2.9%、4.2%、5.4%、6.3%、6.9%；复合膜的杨氏模量分别为 2.095 GPa、1.725 GPa、1.192 GPa、0.932 GPa、0.689 GPa、0.218 GPa。随着 PVA 含量增加，CNCs/PVA 复合膜的抗张强度有所降低，断裂伸长率不断增加。这表明与纯 CNCs 膜相比，PVA 的添加使得 CNCs/PVA 复合膜的柔韧性和延展性得到了良好的改善。因此，适量的 PVA 可以维持薄膜的强度和柔度之间微妙的平衡关系，进而防止薄膜在使用过程中由于脆性或强度不足而过早破裂。

表 7-18　CNCs/PVA 复合膜的力学性能参数

| CNCs/PVA（%） | 杨氏模量（GPa） | 拉伸强度（MPa） | 断裂伸长率（%） |
| --- | --- | --- | --- |
| 1 | 2.095 | 77.3 | 2.0 |
| 3 | 1.725 | 60.2 | 2.9 |
| 5 | 1.192 | 49.6 | 4.2 |
| 10 | 0.932 | 44.9 | 5.4 |
| 20 | 0.689 | 29.8 | 6.3 |
| 30 | 0.218 | 22.4 | 6.9 |

### 7.7.5.2　湿度响应分析

图 7-147 为不同 RH 下的紫外光谱和可逆循环测试。随着相对湿度的增加，膜的最大波长从 298 nm 向 458 nm 有明显的红移，当将湿度从 100%降低到 5%时，复合膜的颜色蓝移，如图 7-147（a）所示。值得注意的是，湿度引起的结构色变化是可逆的，为检测复合膜的稳定性，我们测试了 CNCs/PVA 膜在 RH 为 10%和 100%时的可逆循环曲线，可以看出经过 10 次循环后，薄膜依然具有很好的稳定性，如图 7-147（b）所示。

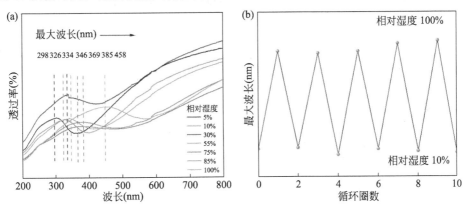

图 7-147　（a）CNCs/PVA 复合膜在不同湿度条件下的 UV-Vis 光谱；（b）CNCs/PVA 复合膜在相对湿度 10%和 100%之间的可逆循环曲线

图 7-148（a）～（f）显示在不同湿度条件下，CNCs/PVA 复合膜的 POM 图。随着湿度的增加，POM 呈现出明显向长波移动的趋势，初始的蓝色逐渐转变为绿色，进而过渡为

橙黄色，并最终演化为紫红色。而图（g）为薄膜在自然光下的照片，随着湿度的递增，复合膜的颜色同样呈现红移的现象，由最初的蓝色逐渐转变为绿色，随后变为黄色，并最终呈现出红色。值得注意的是，这种湿度响应变化在 30 s 就能观察到非常明显的变化，展现 CNCs/PVA 复合膜对湿度变化的快速响应能力。不同湿度下，复合膜的吸水和失水会导致手性向列相结构的膨胀和收缩，手性向列相的螺距发生明显变化，造成 CNCs/PVA 复合薄膜的可逆颜色变化。CNCs/PVA 复合薄膜的湿度响应特性具有多重来源。一方面，CNCs 表面富含羟基使其易于被水分子润涨，进而引发薄膜的溶胀现象。这一过程中胆甾相液晶的螺距得以增大，从而在宏观上表现为复合膜厚度的增加和颜色的红移。另一方面，PVA 的高吸湿性为复合薄膜赋予了优异的湿度响应能力。在潮湿环境中，PVA 能够轻松捕获空气中的水分子进而渗透至 CNCs/PVA 手性向列的层状结构中，导致多层结构的膨胀和螺距的增加。因此二者都赋予薄膜在不同湿度下的快速识别能力，有助于其在实际生活中作为可视化湿度响应材料的应用。

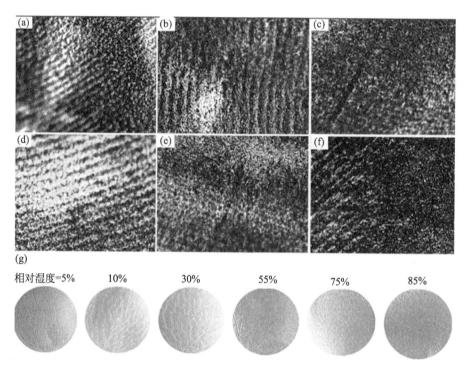

图 7-148　（a）～（f）CNCs/PVA 复合膜在相对湿度分别为 5%、10%、30%、55%、75%、85% 的 POM 图；（g）CNCs/PVA 复合膜在自然光下的照片

### 7.7.5.3　XPS 光电子能谱分析

利用 XPS 技术对 CNCs/NaFA 复合膜甲醛吸附性能进行深入分析，如图 7-149 所示。XPS 光谱图中观察到 CNCs/NaFA 复合膜展现出 C 1s、N 1s、O 1s 三个显著的元素峰［图 7-149（c）］。C 1s 具有三个代表性的特征峰，其结合能分别为 284.4 eV、286.2 eV 和 287.5 eV［图 7-149（a）］，对应于 C—C/C—H、C—O/C—N 和 C—O/C—N[383]。N 1s 显示两个主要

的特征峰，其结合能分别为 398.9 eV 和 401.3 eV［图 7-149（b）］，对应于 N—C/N—H/N=C 与— $NH_3^+$ /—$NH_2$ [384]。对比反应前后氮含量的变化，发现— $NH_3^+$ /—$NH_2$ 的含量有所下降（表 7-19），表明 CNCs/NaFA 复合膜可以有效地与甲醛分子发生结合作用，即该膜对甲醛具有显著的吸附能力。

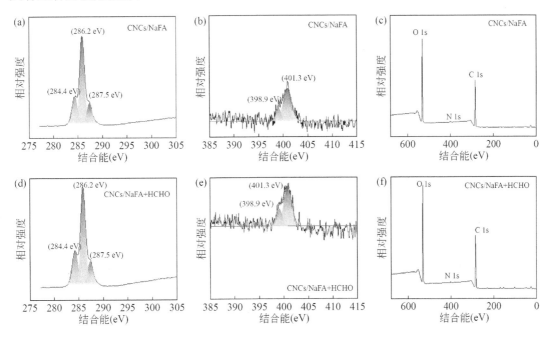

图 7-149　CNCs/NaFA 复合膜响应甲醛前后的 XPS 图谱

（a，d）C 1s 谱图；（b，e）N 1s 谱图；（c，f）全谱图（上图均为薄膜响应甲醛前，下图均为薄膜响应甲醛后）

表 7-19　CNCs/NaFA 与甲醛相互作用前后氮含量的变化

| | —N—C=O/C=N（%） | — $NH_3^+$ （%） |
|---|---|---|
| CNCs/NaFA | 14.31 | 85.69 |
| CNCs/NaFA+甲醛 | 24.22 | 75.78 |

### 7.7.5.4　核磁共振氢谱分析

使用核磁共振波谱对得到的荧光探针反应产物进行结构确征：$^1$H NMR（600 MHz，氯仿-d）：$\delta_H$ 8.58（1H，d，$J$=7.3 Hz，H-1），8.47（1H，d，$J$=8.5 Hz，H-3），8.34（1H，d，$J$=7.8 Hz，H-4），7.97（1H，d，$J$=7.8 Hz，H-5），7.79（1H，t，$J$=7.9 Hz，H-2），4.17～4.13（2H，m，$J$=7.8 Hz，H-6），1.70（2H，t，$J$=7.8 Hz，H-7），1.44（3H，t，$J$=7.4 Hz，H-8），0.97（3H，t，$J$=7.4 Hz，H-9）；$^{13}$C NMR（151 MHz，氯仿-d）：$\delta_C$ 163.47（C-11），163.44（C-12），133.04（C-1），131.87（C-6），131.06（C-3），130.99（C-5），130.47（C-4），130.05（C-2），128.84（C-9），127.99（C-8），123.07（C-7），122.21（C-10），40.33（C-13），30.13（C-14），20.35（C-15），13.80（C-16）。产物的原子编号及以上波谱数据（图 7-150、

图 7-151）与文献［385］报道的基本一致，故鉴定中间产物化合物为 *N*-丁基-4-溴-1,8-萘酰亚胺。

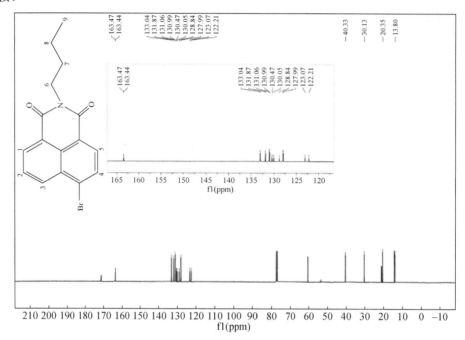

图 7-150 *N*-丁基 4-溴-1,8-萘酰亚胺的 ¹H NMR 数据（氯仿-d₆，600 MHz）

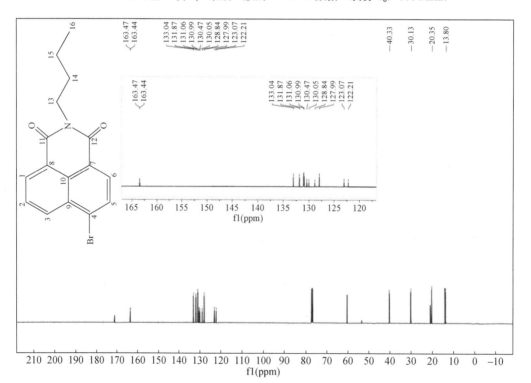

图 7-151 *N*-丁基 4-溴-1,8-萘酰亚胺的 ¹³C NMR 数据（氯仿-d₆，151 MHz）

## 7.7.6 甲醛响应分析

对于荧光分子来说，溶剂化作用是指溶质分子（荧光分子）与溶剂分子发生静电作用，导致荧光分子的发射波长随之改变的效应。荧光分子的激发态寿命较大时，溶剂就会对溶质的发光性质产生影响[386]。因此，有必要对荧光探针的溶剂化效应进行研究。为研究不同溶剂对荧光探针 NaFA 光学性质的影响，分别选择溶剂丙酮、二甲基亚砜（DMSO）、*N,N*-二甲基甲酰胺（DMF）和二氯甲烷（DCM）测定浓度为 1 mmol/L 的 NaFA 的紫外光谱和荧光光谱，如图 7-152 所示。NaFA 在不同溶剂中的发光强度差别很大，如图 7-152（b）插图所示，溶于丙酮的 NaFA 在 492 nm 激发光的激发下，于 526 nm 波长处发射出极强的绿色荧光，溶于 DMSO 中发射出较强的黄绿色荧光，溶于 DMF 中发射较弱的黄绿色荧光，而于 DCM 中荧光强度最弱。选择的溶剂都是非质子溶剂，可以分为两大类：DCM 是非极性非质子溶剂，其他溶剂都是极性非质子溶剂。在 DCM 中，荧光探针的最佳发射峰位发生明显的蓝移，这是由于 NaFA 具有共轭结构，当荧光探针受到光的激发后，发生π→π*跃迁，激发态的极性大于基态的极性。由于极性非质子溶剂的介电常数远大于非极性非质子溶剂的介电常数（表 7-20），所以极性非质子溶剂的极性远大于非极性非质子溶剂。因此，表现出 NaFA 在极性非质子溶剂（丙酮、DMSO、DMF）中的最佳波长大于非极性非质子溶剂（DCM）中的最佳波长，在弱极性的丙酮溶液中荧光强度最大。并且溶剂的极性增加，有利于稳定激发态的结构，导致 NaFA 的荧光发射波长和紫外吸收波长发生了明显的红移现象，波长最大红移了 19 nm。

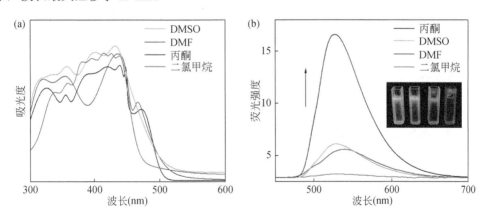

图 7-152 荧光探针 NaFA 在不同溶剂下的（a）紫外光谱和（b）荧光光谱（插图中荧光探针的溶剂从左至右分别为丙酮、DMSO、DMF 和二氯甲烷）

表 7-20 非质子溶剂介电常数对比

| 溶剂种类 | DMSO | DMF | 丙酮 | DCM |
|---|---|---|---|---|
| 介电常数 [$C^2/(N \cdot m^2)$] | 48.9 | 36.7 | 20.7 | 9.1 |

荧光探针 NaFA 溶于丙酮溶剂中虽然荧光最强但极易挥发，不利于与 CNCs 复合，因此溶剂选择荧光强度较强的 DMSO 与 CNCs 复合制备薄膜。图 7-153 显示以 CNCs/NaFA-4

为例，探究 CNCs/NaFA 复合膜在甲醛气体浓度分别为 0.055 mg/m³、0.153 mg/m³、0.443 mg/m³ 和 1.187 mg/m³ 条件下的响应行为。CNCs/NaFA 复合膜在无甲醛下，展现出极弱的荧光发射，这是由于探针分子中肼基与萘酰亚胺荧光团之间的 PET 过程，导致荧光团荧光被猝灭。在 550 nm 激发光下，从 CNCs/NaFA 复合膜的荧光发射光谱中可以看出，薄膜在 276 nm 和 550 nm 处有两个吸收带，对甲醛的响应在波长 550 nm 处显著增强[图 7-153（a）]。CNCs/NaFA 在甲醛浓度为 0.055 mg/m³ 处发出较弱荧光，随着甲醛浓度由 0.153 mg/m³ 增加至 1.187 mg/m³，薄膜的荧光发射强度增强近 6 倍。综上所述，CNCs/NaFA 复合膜能对甲醛气体进行结构色响应。从图 7-153（b）中可以看出，随着甲醛气体浓度的逐渐增加，CNCs/NaFA 复合薄膜的最大波长逐渐红移，分别在 340 nm、345 nm、348 nm 和 352 nm 处，吸光度逐渐提高，并且峰宽逐渐变宽。CNCs/NaFA 复合薄膜在不同甲醛气体浓度的荧光响应强度的变化情况如图 7-153（c）～（f）所示，随着甲醛气体浓度的增加，CNCs/NaFA 复合膜在紫外光下均呈现出蓝黄色荧光且荧光强度逐渐增强的现象。

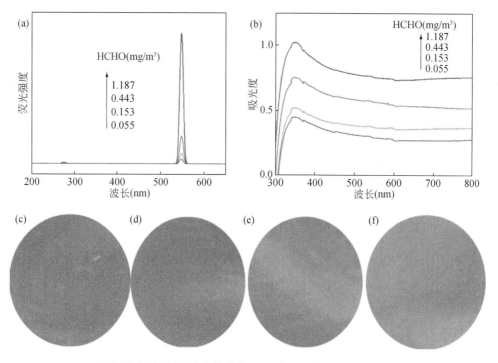

图 7-153　CNCs/NaFA 复合膜对不同甲醛浓度的响应（a）荧光光谱；（b）紫外光谱；（c）～（f）随甲醛浓度增加，紫外光下 CNCs/NaFA 复合膜响应后的颜色变化（扫描封底二维码查看彩图）

### 7.7.7　小结

本节以硫酸水解法制备 CNCs，所制备的 CNCs 采用 EISA 法自组装形成纤维素胆甾型液晶相，并且这种液晶相在成膜后仍然保持，随后将 PVA 接枝 CNCs 以制备 CNCs/PVA 复合膜，并探究其湿度响应能力。又通过有机合成的方法制备基于 1,8-萘酰亚胺的荧光探针

NaFA，将荧光探针 NaFA 接枝到 CNCs 上，构建了对甲醛气体具有荧光响应的荧光探针复合膜。具体研究结论如下：

（1）采用简单硫酸一步水解方法合成了不同粒径大小的 CNCs，TEM 观察到 CNCs 外观呈现棒状，长度为 170～300 nm，直径为 10～20 nm，具有较大的长径比。纳米粒度分析仪表明得到的纤维素为纳米级，粒径平均值为 91.87 nm。Zeta 电位分析得到的 CNCs 绝对值大于 30 mV，表明 CNCs 溶液具有良好的分散性，酸解后的纤维素晶型仍为 I 型，结晶度增加至 86.1%。红外光谱中 CNCs 与 MCC 的特征峰基本吻合，CNCs 能够保留纤维素特有的官能团。POM 能清晰展现薄膜具有各向异性，展现指纹织构和明亮色彩。SEM 分析证实自组装后的薄膜具有特殊的左旋手性螺旋结构，其螺距为 654 nm。

（2）柔性的 CNCs/PVA 手性光子晶体膜采用 SEM、POM、红外光谱、紫外光谱等对复合薄膜进行表征分析。结果表明，当 PVA 含量在 20% 之内时，随着 PVA 含量的增加，薄膜的螺距增大，颜色发生红移，但是当达到 30% 时，薄膜的螺旋结构消失，颜色变得透明，光学各向异性消失。通过调控 CNCs 和 PVA 的比例，可实现对 CNCs/PVA 手性光子晶体膜的制备。SEM 结果与光学现象对应，当 PVA 的含量为 1%、5%、20%、30% 时，薄膜螺距随之增加，分别为 240 nm、410 nm、350 nm、650 nm。当 PVA 的含量超过 30% 时左手螺旋结构消失，薄膜颜色变得透明。POM 表明，随着 PVA 的增加，CNCs/PVA 薄膜的颜色红移。薄膜的机械性能随 PVA 含量的增加而增大，在 PVA 含量为 30% 时，拉伸强度降至 22.4 MPa，断裂伸长率增至 6.9%，杨氏模量降至 0.218 GPa，表明薄膜的柔韧性和延展性得到较大提升。并且 CNCs/PVA 薄膜能够在 5%～100% 的 RH 范围内实现湿度响应，响应时间为 30 s，响应在 10 个循环内可逆。

（3）设计合成以 1,8-萘二甲酸酐为荧光基团、肼基为识别基团的荧光探针 NaFA，CNCs 共价接枝荧光探针 NaFA 制备荧光探针复合膜 CNCs/NaFA。通过 $^1$H NMR、$^{13}$C NMR、FTIR、SEM、TEM、XPS 等进行了一系列表征。SEM 图像表明荧光薄膜的断面呈层状排列，具有左旋螺旋结构，螺距为 416 nm。红外光谱和核磁共振波谱证实荧光探针 NaFA 与 CNCs 的成功结合。XPS 表征发现薄膜响应甲醛后，——$NH_3^+$/—$NH_2$ 的含量由 85.69% 降至 75.78%，表明 CNCs/NaFA 膜可以对甲醛分子进行有效吸附。荧光光谱显示薄膜在甲醛气体浓度在 0.055 mg/m$^3$、0.153 mg/m$^3$、0.443 mg/m$^3$ 和 1.187 mg/m$^3$ 范围变化时，其荧光强度于波长 550 nm 处增强 6 倍，展现黄绿色荧光，紫外波谱峰宽变宽，吸光度增加，表明 CNCs/NaFA 薄膜对甲醛气体具有良好的荧光成像效果。

## 参 考 文 献

［1］ Echouffo-Tcheugui J B, Dagogo-Jack S. Nature Reviews Endocrinology, 2012, 8(9): 557-562.

［2］ Zhang C, Rawal S, Chong Y S. Diabetologia, 2016, 59(7): 1385-1390.

［3］ Teymourian H, Barfidokht A, Wang J. Chemical Society Reviews, 2020, 49(21): 7671-7709.

［4］ Clark Jr L C, Lyons C. Annals of the New York Academy of Sciences, 1962, 102(1): 29-45.

［5］ Adeel M, Rahman M M, Caligiuri I, et al. Biosensors and Bioelectronics, 2020, 165: 112331.

［6］ Wei M, Qiao Y, Zhao H, et al. Chemical Communications, 2020, 56(93): 14553-14569.

［7］ Lee W C, Kim K B, Gurudatt N G, et al. Biosensors and Bioelectronics, 2019, 130: 48-54.

［8］ Mazaheri M, Aashuri H, Simchi A. Sensors and Actuators B: Chemical, 2017, 251: 462-471.

［9］ Yetisen A K, Jiang N, Fallahi A, et al. Advanced Materials (Deerfield Beach, Fla.), 2017, 29(15): 1606380.

［10］ Zhai D, Liu B, Shi Y, et al. ACS Nano, 2013, 7(4): 3540-3546.

［11］ Ye J S, Liu Z T, Lai C C, et al. Chemical Engineering Journal, 2016, 283: 304-312.

［12］ Koskun Y, Şavk A, Şen B, et al. Analytica Chimica Acta, 2018, 1010: 37-43.

［13］ Chia H L, Mayorga-Martinez C C, Gusmão R, et al. Chemical Communications, 2020, 56(57): 7909-7912.

［14］ Chen X, Tian X, Zhao L, et al. Microchimica Acta, 2014, 181: 783-789.

［15］ Lin L, Weng S, Zheng Y, et al. Journal of Electroanalytical Chemistry, 2020, 865: 114147.

［16］ Jiang T, Yan L, Meng Y, et al. Applied Catalysis B: Environmental, 2015, 162: 275-281.

［17］ Keav S, Martin A, Barbier Jr J, et al. Catalysis Today, 2010, 151(1-2): 143-147.

［18］ Das D, Das A, Reghunath M, et al. Green Chemistry, 2017, 19(5): 1327-1335.

［19］ Wu L, Lu Z, Ye J. Biosensors and Bioelectronics, 2019, 135: 45-49.

［20］ Yuan Y, Fu Z, Wang K, et al. Journal of Materials Chemistry B, 2020, 8(2): 244-250.

［21］ Ren Z, Mao H, Luo H, et al. Carbon, 2019, 149: 609-617.

［22］ Retama J R, Lopez-Ruiz B, Lopez-Cabarcos E. Biomaterials, 2003, 24(17): 2965-2973.

［23］ Bag S, Baksi A, Nandam S H, et al. ACS Nano, 2020, 14(5): 5543-5552.

［24］ Bai J, Li X, Liu G, et al. Advanced Functional Materials, 2014, 24(20): 3012-3020.

［25］ Zhou P, Zhang Q, Xu Z, et al. Advanced Materials, 2020, 32(7): 1904249.

［26］ Zhang Q, Chen W, Chen G, et al. Applied Catalysis B: Environmental, 2020, 261: 118254.

［27］ Niu Z, Pinfield V J, Wu B, et al. Energy & Environmental Science, 2021, 14(5): 2549-2576.

［28］ Zhang X, Li Z, Liu K, et al. Advanced Functional Materials, 2013, 23(22): 2881-2886.

［29］ Han Z, Jiao Z, Niu S, et al. Progress in Materials Science, 2019, 103: 1-68.

［30］ Chen Y, Zheng Y. Nanoscale, 2014, 6(14): 7703-7714.

［31］ Sun Y, Sills R B, Hu X, et al. Nano Letters, 2015, 15(6): 3899-3906.

［32］ Junior W K, Guanabara A S. Materials & Design, 2005, 26(2): 149-155.

［33］ Odedairo T, Yan X, Ma J, et al. ACS Applied Materials & Interfaces, 2015, 7(38): 21373-21380.

［34］ Song Y, Zhao W, Wei N, et al. Nano Energy, 2018, 53: 432-439.

［35］ Huang L, Chang Q H, Guo G L, et al. Carbon, 2012, 50(2): 551-556.

［36］ Sing K. Colloids and Surfaces A: Physicochemical and Engineering Aspects, 2001, 187: 3-9.

［37］ Liu Y, Cheng Z, Sun H, et al. Journal of Power Sources, 2015, 273: 878-884.

［38］ Jing M, Zhou M, Li G, et al. ACS Applied Materials & Interfaces, 2017, 9(11): 9662-9668.

［39］ Zhu J, Tu W, Pan H, et al. ACS Nano, 2020, 14(5): 5780-5787.

［40］ Kim J Y, Jo S Y, Sun G J, et al. Sensors and Actuators B: Chemical, 2014, 192: 216-220.

［41］ Liu J, Zhang Y, Zhang L, et al. Advanced Materials, 2019, 31(24): 1901261.

［42］ Silva Filho J C, Venancio E C, Silva S C, et al. SN Applied Sciences, 2020, 2: 1-8.

［43］ Wypych G. Graphene: Important Results and Applications. Toronto: Elsevier, 2024.

［44］ Eckmann A, Felten A, Mishchenko A, et al. Nano Letters, 2012, 12(8): 3925-3930.

［45］ Dou Y, Xu J, Ruan B, et al. Advanced Energy Materials, 2016, 6(8): 1501835.

［46］Ferrari A C, Meyer J C, Scardaci V, et al. Physical Review Letters, 2006, 97(18): 187401.

［47］Oku M, Hirokawa K. Journal of Electron Spectroscopy and Related Phenomena, 1976, 8(5): 475-481.

［48］Zhang L H, Shi Y, Wang Y, et al. Advanced Science, 2020, 7(5): 1902126.

［49］Huang J, Xiao Y, Peng Z, et al. Advanced Science, 2019, 6(12): 1900107.

［50］Calvente J J, Andreu R. Current Opinion in Electrochemistry, 2017, 1(1): 22-26.

［51］Liu Y, Han T, Chen C, et al. Electrochimica Acta, 2011, 56(9): 3238-3247.

［52］Zhou T, Gao W, Gao Y, et al. Journal of the Electrochemical Society, 2019, 166(12): B1069.

［53］Song Y, He Z, Xu F, et al. Sensors and Actuators B: Chemical, 2012, 166: 357-364.

［54］Cobb S J, Ayres Z J, Newton M E, et al. Journal of the American Chemical Society, 2018, 141(2): 1035-1044.

［55］Wei C, Li X, Xiang W, et al. Sensors and Actuators B: Chemical, 2020, 324: 128773.

［56］Yan X, Gu Y, Li C, et al. Analytical Methods, 2018, 10(3): 381-388.

［57］Jiao K, Kang Z, Wang B, et al. Electroanalysis, 2018, 30(3): 525-532.

［58］Chen H C, Su W R, Yeh Y C. ACS Applied Materials & Interfaces, 2020, 12(29): 32905-32914.

［59］Sun S, Shi N, Liao X, et al. Applied Surface Science, 2020, 529: 147067.

［60］Zhang F, Huang S, Guo Q, et al. Colloids and Surfaces A: Physicochemical and Engineering Aspects, 2020, 602: 125076.

［61］Wang Q, Chen Y, Zhu R, et al. Sensors and Actuators B: Chemical, 2020, 304: 127282.

［62］Cui H F, Ye J S, Zhang W D, et al. Analytica Chimica Acta, 2007, 594(2): 175-183.

［63］Zhao Y, Li W, Pan L, et al. Scientific Reports, 2016, 6(1): 32327.

［64］Su Y, Guo H, Wang Z, et al. Sensors and Actuators B: Chemical, 2018, 255: 2510-2519.

［65］Geng D, Bo X, Guo L. Sensors and Actuators B: Chemical, 2017, 244: 131-141.

［66］Yuan M, Liu A, Zhao M, et al. Sensors and Actuators B: Chemical, 2014, 190: 707-714.

［67］Tang Y, Zhang Y, Deng J, et al. Angewandte Chemie, 2014, 126(49): 13706-13710.

［68］Duy L T, Kim D J, Trung T Q, et al. Advanced Functional Materials, 2015, 25(6): 883-890.

［69］Gilbert L, Gross J, Lanzi S, et al. BMC Pregnancy and Childbirth, 2019, 19: 1-16.

［70］Clark Jr L C, Noyes L K, Spokane R B, et al. Annals of the New York Academy of Sciences, 1987, 501(1): 534-537.

［71］Li X, Zhu Q, Tong S, et al. Sensors and Actuators B: Chemical, 2009, 136(2): 444-450.

［72］Zhang S, Zhao W, Zeng J, et al. Materials Today Bio, 2023, 20: 100638.

［73］Qiao Y, Liu Q, Lu S, et al. Journal of Materials Chemistry B, 2020, 8(25): 5411-5415.

［74］Wang R, Liu X, Zhao Y, et al. Microchemical Journal, 2022, 174: 107061.

［75］Chiu W T, Chang T F M, Sone M, et al. Sensors and Actuators B: Chemical, 2020, 319: 128279.

［76］Li Z X, Zhang J L, Wang J, et al. Journal of Analysis and Testing, 2021, 5: 69-75.

［77］Bo X, Bai J, Yang L, et al. Sensors and Actuators B: Chemical, 2011, 157(2): 662-668.

［78］Nantaphol S, Watanabe T, Nomura N, et al. Biosensors and Bioelectronics, 2017, 98: 76-82.

［79］Ye C, Zhang L, Yue L, et al. Inorganic Chemistry Frontiers, 2021, 8(12): 3162-3166.

［80］Cao Y, Wang T, Li X, et al. Inorganic Chemistry Frontiers, 2021, 8(12): 3049-3054.

［81］ Liu X, He F, Bai L, et al. Analytica Chimica Acta, 2022, 1210: 339871.

［82］ Bisht A, Mishra A, Bisht H, et al. Journal of Analysis and Testing, 2021, 5(4): 327-340.

［83］ Asif M, Aziz A, Azeem M, et al. Advances in Colloid and Interface Science, 2018, 262: 21-38.

［84］ Wei Y, Hui Y, Lu X, et al. Journal of Electroanalytical Chemistry, 2023, 933: 117276.

［85］ Amin K M, Muench F, Kunz U, et al. Journal of Colloid and Interface Science, 2021, 591: 384-395.

［86］ Tian W, Wan C, Yong K T, et al. Advanced Functional Materials, 2022, 32(2): 2106958.

［87］ Wang H, Li Y, Deng D, et al. ACS Applied Nano Materials, 2021, 4(9): 9821-9830.

［88］ Zhang Y, Shang Z, Shen M, et al. ACS Sustainable Chemistry & Engineering, 2019, 7(13): 11175-11185.

［89］ Zhou J, Hsieh Y L. ACS Applied Materials & Interfaces, 2018, 10(33): 27902-27910.

［90］ Chen R, Li X, Huang Q, et al. Chemical Engineering Journal, 2021, 412: 128755.

［91］ Song M, Jiang J, Zhu J, et al. Carbohydrate Polymers, 2021, 272: 118460.

［92］ Zhang C, Wang H, Gao Y, et al. Materials & Design, 2022, 219: 110778.

［93］ Faradilla R H F, Lee G, Rawal A, et al. Cellulose, 2016, 23: 3023-3037.

［94］ Wang Q, O'Hare D. Chemical Reviews, 2012, 112(7): 4124-4155.

［95］ Li Y, Xia Z, Gong Q, et al. Nanomaterials, 2020, 10(8): 1546.

［96］ Li M, Fang L, Zhou H, et al. Applied Surface Science, 2019, 495: 143554.

［97］ Xu J, Tan Y, Du X, et al. Cellulose, 2020, 27: 9547-9558.

［98］ Zhang X, Li H, Zhang W, et al. Electrochimica Acta, 2019, 301: 55-62.

［99］ Jyothibasu J P, Kuo D W, Lee R H. Cellulose, 2019, 26: 4495-4513.

［100］ Wang T, Zhang W, Yang S, et al. ACS Omega, 2020, 5(10): 4778-4786.

［101］ Ravikovitch P I, Neimark A V. Colloids and Surfaces A: Physicochemical and Engineering Aspects, 2001, 187: 11-21.

［102］ Su J, Zhang L, Wan C, et al. Carbohydrate Polymers, 2022, 296: 119905.

［103］ Chen Y, Zhang X, Xu C, et al. Electrochimica Acta, 2019, 309: 424-431.

［104］ Mao Y, Xie J, Liu H, et al. Chemical Engineering Journal, 2021, 405: 126984.

［105］ Nesbitt H W, Legrand D, Bancroft G M. Physics and Chemistry of Minerals, 2000, 27: 357-366.

［106］ Babu K J, Raj Kumar T, Yoo D J, et al. ACS Sustainable Chemistry & Engineering, 2018, 6(12): 16982-16989.

［107］ Dai H, Cao P, Chen D, et al. Synthetic Metals, 2018, 235: 97-102.

［108］ Ranjani M, Sathishkumar Y, Lee Y S, et al. RSC Advances, 2015, 5(71): 57804-57814.

［109］ Lu N, Shao C, Li X, et al. Ceramics International, 2016, 42(9): 11285-11293.

［110］ Annalakshmi M, Kumaravel S, Chen T W, et al. ACS Applied Bio Materials, 2021, 4(4): 3203-3213.

［111］ Chu D, Li F, Song X, et al. Journal of Colloid and Interface Science, 2020, 568: 130-138.

［112］ Samuei S, Fakkar J, Rezvani Z, et al. Analytical Biochemistry, 2017, 521: 31-39.

［113］ Kong X, Xia B, Xiao Y, et al. ACS Applied Nano Materials, 2019, 2(10): 6387-6396.

［114］ Xu J, Qiao X, Arsalan M, et al. Journal of Electroanalytical Chemistry, 2018, 823: 315-321.

［115］ Ni G, Cheng J, Dai X, et al. Electroanalysis, 2018, 30(10): 2366-2373.

［116］ Asadian E, Shahrokhian S, Zad A I. Journal of Electroanalytical Chemistry, 2018, 808: 114-123.

［117］Yadav A, Teja A K, Verma N. Journal of Environmental Chemical Engineering, 2016, DOI：10.1016/j.jece.2016.02.021.

［118］Maleki A, Zand P, Mohseni Z. RSC Advances, 2016, 6(112): 110928-110934.

［119］Guo X, Ruan Y, Diao Z, et al. Journal of Cleaner Production, 2021, 308: 127384.

［120］Long K, Liu J, Zhang S, et al. Cellulose, 2024, 31(7): 4217-4230.

［121］Hu Q, Gao X, Zhang H, et al. Chemical Engineering Journal, 2023, 476: 146603.

［122］Ahn J, Lee D, Youe W J, et al. BioResources, 2022, 17(2)：2906-2916.

［123］Hu Y, Jia F, Fu Z, et al. Smart Materials and Structures, 2022, 31(9): 095032.

［124］Yao C, Yang Y, Huang W Y, et al. ACS Applied Polymer Materials, 2024：6371-6382.

［125］Neudecker F, Jakob M, Bodner S C, et al. ACS Sustainable Chemistry & Engineering, 2023, 11(19): 7596-7604.

［126］Rahmani P, Shojaei A, Dickey M D. Journal of Materials Chemistry A, 2024, 12(16): 9552-9562.

［127］Wu M, Wang G, Zhang M, et al. Soft Matter, 2024.

［128］Shen X, Zheng L, Tang R, et al. ACS Sustainable Chemistry & Engineering, 2020, 8(19): 7480-7488.

［129］Wen J, Pan M, Yuan J, et al. Reactive and Functional Polymers, 2020, 146: 104433.

［130］Qin Y, Wang J, Qiu C, et al. Journal of Agricultural and Food Chemistry, 2019, 67(14): 3966-3980.

［131］Zhang H, Gan X, Yan Y, et al. Nano-Micro Letters, 2024, 16(1): 106.

［132］Zheng Y, Wang J, Cui T, et al. Journal of Colloid and Interface Science, 2024, 653: 56-66.

［133］Yang S, Ju J, Qiu Y, et al. Small, 2014, 10(2): 294-299.

［134］Wang M, Liu Q, Zhang H, et al. ACS Applied Materials & Interfaces, 2017, 9(34): 29248-29254.

［135］Yue Y, Wang X, Han J, et al. Carbohydrate Polymers, 2019, 206: 289-301.

［136］Široký J, Benians T A S, Russell S J, et al. Carbohydrate Polymers, 2012, 89(1): 213-221.

［137］Chaiyakun S, Witit-Anun N, Nuntawong N, et al. Procedia Engineering, 2012, 32: 759-764.

［138］Feng Y, Zhang X, Shen Y, et al. Carbohydrate Polymers, 2012, 87(1): 644-649.

［139］Wang B, Lou W, Wang X, et al. Journal of Materials Chemistry, 2012, 22(25): 12859-12866.

［140］Hu Y, Su M, Xie X, et al. Applied Surface Science, 2019, 494: 1100-1108.

［141］Li J, Sanz S, Merino-Díez N, et al. Nature Communications, 2021, 12(1): 5538.

［142］Meng J, Liu Y, Shi X, et al. Science China Materials, 2020, 64(3): 621-630.

［143］Ganguly A, Sharma S, Papakonstantinou P, et al. The Journal of Physical Chemistry C, 2011, 115(34): 17009-17019.

［144］Dimitrov V, Komatsu T, Sato R. Journal of the Ceramic Society of Japan, 1999, 107(1241): 21-26.

［145］Reddeppa M, Chandrakalavathi T, Park B G, et al. Sensors and Actuators B: Chemical, 2020, 307: 127649.

［146］Sahoo S D, Prasad E. Soft Matter, 2020, 16(8): 2075-2085.

［147］Vivek B, Prasad E. The Journal of Physical Chemistry B, 2015, 119(14): 4881-4887.

［148］Huang S, Zhao Z, Feng C, et al. Composites Part A: Applied Science and Manufacturing, 2018, 112: 395-404.

［149］Santos F B, Miranda N T, Schiavon M, et al. Journal of Thermal Analysis and Calorimetry, 2021, 146:

2503-2514.

[150] Nikolaeva O, Budtova T, Brestkin Y, et al. Journal of Applied Polymer Science, 1999, 72(12): 1523-1528.

[151] Wei D, Yang J, Zhu L, et al. Polymer Testing, 2018, 69: 167-174.

[152] Liu S, Li L. ACS Applied Materials & Interfaces, 2017, 9(31): 26429-26437.

[153] Zhu T, Cheng Y, Cao C, et al. Chemical Engineering Journal, 2020, 385: 123912.

[154] Lin W, He C, Huang H, et al. Advanced Materials Technologies, 2020, 5(5): 2000008.

[155] Zhang L M, He Y, Cheng S, et al. Small, 2019, 15(21): 1804651.

[156] Sun H, Zhao Y, Wang C, et al. Nano Energy, 2020, 76: 105035.

[157] Liu L, Wang Y, Lu A. Carbohydrate Polymers, 2019, 210: 234-244.

[158] Aziz T, Farid A, Haq F, et al. Polymers, 2022, 14(15): 3206.

[159] Ye Y, Yu L, Lizundia E, et al. Chemical Reviews, 2023, 123(15): 9204-9264.

[160] Kundu R, Mahada P, Chhirang B, et al. Current Research in Green and Sustainable Chemistry, 2022, 5: 100252.

[161] Jiang X, Zeng F, Yang X, et al. Acta Biomaterialia, 2022, 141: 102-113.

[162] Guan Q F, Han Z M, Zhu Y B, et al. Nano Letters, 2021, 21(2): 952-958.

[163] Jakob M, Mahendran A R, Gindl-Altmutter W, et al. Progress in Materials Science, 2022, 125: 100916.

[164] Wohlert M, Benselfelt T, Wågberg L, et al. Cellulose, 2022: 1-23.

[165] Zainal S H, Mohd N H, Suhaili N, et al. Journal of Materials Research and Technology, 2021, 10: 935-952.

[166] Xi P, Quan F, Sun Y, et al. Composites Part B: Engineering, 2022, 242: 110078.

[167] Solodushenkova T S, Kornilova N L, Koksharov S A. Izvestiya Vysshikh Uchebnykh Zavedenii, Seriya Teknologiya Tekstil'noi Promyshlennosti, 2022, 400(4): 135.

[168] Nakayama A, Kakugo A, Gong J P, et al. Advanced Functional Materials, 2004, 14(11): 1124-1128.

[169] Zhao D, Huang J, Zhong Y, et al. Advanced Functional Materials, 2016, 26(34): 6279-6287.

[170] Panda P K, Sadeghi K, Seo J. Food Packaging and Shelf Life, 2022, 33: 100904.

[171] Liu B, Zhang J, Guo H. Membranes, 2022, 12(3): 347.

[172] Rahim A A, Shamsuri N A, Adam A A, et al. Journal of Energy Storage, 2024, 97: 112964.

[173] Zhang C, Yao J, Zhai W, et al. Chemical Engineering Journal, 2023, 467: 143526.

[174] Chen T, Mai X, Ma L, et al. ACS Applied Polymer Materials, 2022, 4(5): 3982-3993.

[175] Van Nguyen S, Lee B K. International Journal of Biological Macromolecules, 2022, 207: 31-39.

[176] Vineeth S K, Gadhave R V, Gadekar P T. Polymer Bulletin, 2023, 80(7): 8013-8030.

[177] Zhuang Z, Wu L, Ma X, et al. Journal of Applied Polymer Science, 2018, 135(44): 46847.

[178] Wang M, Chen Y, Khan R, et al. Colloids and Surfaces A: Physicochemical and Engineering Aspects, 2019, 567: 139-149.

[179] Cazón P, Vázquez M, Velazquez G. Carbohydrate Polymers, 2018, 195: 432-443.

[180] Liu D, Cao Y, Jiang P, et al. Small, 2023, 19(14): 2206819.

[181] Qin H, Zhang T, Li N, et al. Nature Communications, 2019, 10(1): 2202.

［182］ Qin T, Liao W, Yu L, et al. Journal of Polymer Science, 2022, 60(18): 2607-2634.

［183］ Huang X, Ge G, She M, et al. Applied Surface Science, 2022, 598: 153803.

［184］ Lin S H, Huang A P H, Hsu S. Advanced Functional Materials, 2023, 33(45): 2303853.

［185］ Qiao L, Liang Y, Chen J, et al. Bioactive Materials, 2023, 30: 129-141.

［186］ Jia Y G, Zhu X X. Chemistry of Materials, 2015, 27(1): 387-393.

［187］ Darabi M A, Khosrozadeh A, Mbeleck R, et al. Advanced Materials, 2017, 29(31): 1700533.

［188］ Cheng H, Yu Q, Chen Q, et al. Biomaterials Science, 2023, 11(3): 931-948.

［189］ Qi X, Yang G, Jing M, et al. Journal of Materials Chemistry A, 2014, 2(47): 20393-20401.

［190］ Kim J R, Netravali A N. Composites Science and Technology, 2017, 143: 22-30.

［191］ Wan C, Lu Y, Jiao Y, et al. Journal of Applied Polymer Science, 2015, 132(24): 42037.

［192］ Chen X, Chen C, Zhang H, et al. Carbohydrate Polymers, 2017, 173: 547-555.

［193］ Mosmann T. Journal of Immunological Methods, 1983, 65(1-2): 55-63.

［194］ Geng H. International Journal of Biological Macromolecules, 2018, 118: 921-931.

［195］ Li V C F, Dunn C K, Zhang Z, et al. Scientific Reports, 2017, 7(1): 8018.

［196］ Liu Y J, Cao W T, Ma M G, et al. ACS Applied Materials & Interfaces, 2017, 9(30): 25559-25570.

［197］ Qu B, Chen C, Qian L, et al. Materials Letters, 2014, 137: 106-109.

［198］ Shi Y, Ma C, Peng L, et al. Advanced Functional Materials, 2015, 25(8): 1219-1225.

［199］ Baraki S Y, Zhang Y, Li X, et al. Composites Communications, 2021, 25: 100655.

［200］ Liu X, Yang K, Chang M, et al. Carbohydrate Polymers, 2020, 240: 116289.

［201］ Spoljaric S, Salminen A, Luong N D, et al. European Polymer Journal, 2014, 56: 105-117.

［202］ Wang Y, Niu J, Hou J, et al. Polymer, 2018, 135: 16-24.

［203］ Wan C, Jiao Y, Wei S, et al. Chemical Engineering Journal, 2019, 359: 459-475.

［204］ Wan C, Li J. ACS Sustainable Chemistry & Engineering, 2015, 3(9): 2142-2152.

［205］ Nurkeeva Z S, Mun G A, Khutoryanskiy V V, et al. Polymer International, 2000, 49(8): 867-870.

［206］ Zhao D, Yang F, Dai Y, et al. Carbohydrate Polymers, 2017, 174: 146-153.

［207］ Ricciardi R, Auriemma F, De Rosa C, et al. Macromolecules, 2004, 37(5): 1921-1927.

［208］ Yano S, Kurita K, Iwata K, et al. Polymer, 2003, 44(12): 3515-3522.

［209］ Wang X, Zhang H J, Yang Y, et al. Giant, 2023: 100188.

［210］ Phoothong F, Boonmahitthisud A, Tanpichai S. Using borax as a cross-linking agent in cellulose-based hydrogels//IOP Conference Series: Materials Science and Engineering. Bengaluru: IOP Publishing, 2019, 600(1): 012013.

［211］ Wang Z, Zhou H, Lai J, et al. Journal of Materials Chemistry C, 2018, 6(34): 9200-9207.

［212］ Wu J, Han S, Yang T, et al. ACS Applied Materials & Interfaces, 2018, 10(22): 19097-19105.

［213］ Li J, Liu X, Tan L, et al. Nature Communications, 2019, 10(1): 4490.

［214］ Shao C, Meng L, Wang M, et al. ACS Applied Materials & Interfaces, 2019, 11(6): 5885-5895.

［215］ Huang B, Tan L, Liu X, et al. Bioactive Materials, 2019, 4: 17-21.

［216］ Su K, Tan L, Liu X, et al. ACS Nano, 2020, 14(2): 2077-2089.

［217］ Qiao Y, Liu X, Li B, et al. Nature Communications, 2020, 11(1): 4446.

［218］ Han J, Lei T, Wu Q. Carbohydrate Polymers, 2014, 102: 306-316.

［219］ Mao C, Xiang Y, Liu X, et al. ACS Nano, 2017, 11(9): 9010-9021.

［220］ Han D, Li Y, Liu X, et al. Chemical Engineering Journal, 2020, 396: 125194.

［221］ Mao C, Xiang Y, Liu X, et al. ACS Nano, 2018, 12(2): 1747-1759.

［222］ Zhu J, Li F, Wang X, et al. ACS Applied Materials & Interfaces, 2018, 10(16): 13304-13316.

［223］ Li P, Poon Y F, Li W, et al. Nature Materials, 2011, 10(2): 149-156.

［224］ Hong Y, Xi Y, Zhang J, et al. Journal of Materials Chemistry B, 2018, 6(39): 6311-6321.

［225］ Ewnetu Y, Lemma W, Birhane N. BMC Complementary and Alternative Medicine, 2013, 13: 1-7.

［226］ Bodey G P, Nance J. Antimicrobial Agents and Chemotherapy, 1972, 1(4): 358-362.

［227］ Liu H, Li P, Wang P, et al. Journal of Hazardous Materials, 2020, 389: 121835.

［228］ Chen H, Zhuo F, Zhou J, et al. Chemical Engineering Journal, 2023, 464: 142576.

［229］ Zarei M, Lee G, Lee S G, et al. Advanced Materials, 2023, 35(4): 2203193.

［230］ Wang J, Liu S, Chen Z, et al. Journal of Materials Science & Technology, 2024.

［231］ Cao W, Luo Y, Dai Y, et al. ACS Applied Materials & Interfaces, 2023, 15(2): 3131-3140.

［232］ Han N, Yao X, Wang Y, et al. Biosensors, 2023, 13(3): 393.

［233］ Sharma S, Pradhan G B, Jeong S, et al. ACS Nano, 2023, 17(9): 8355-8366.

［234］ Xu C, Chen J, Zhu Z, et al. Small, 2024, 20(15): 2306655.

［235］ Vo T S, Kim K. Advanced Intelligent Systems, 2024, 6(5): 2300730.

［236］ Wan C, Zhang L, Yong K T, et al. Journal of Materials Chemistry C, 2021, 9(34): 11001-11029.

［237］ Shi X L, Sun S, Wu T, et al. Materials Futures, 2024, 3(1): 012103.

［238］ Yang D, Shi X L, Li M, et al. Nature Communications, 2024, 15(1): 923.

［239］ Shi X L, Cao T, Chen W, et al. EcoEnergy, 2023, 1(2): 296-343.

［240］ Singh K, Sharma S, Shriwastava S, et al. Materials Science in Semiconductor Processing, 2021, 123: 105581.

［241］ Wang Y, Hao J, Huang Z, et al. Carbon 2018, 126: 360-371.

［242］ Tang Y, Zhao Z, Hu H, et al. ACS Applied Materials & Interfaces, 2015, 7(49): 27432-27439.

［243］ Oh J Y, Jun G H, Jin S, et al. ACS Applied Materials & Interfaces, 2016, 8(5): 3319-3325.

［244］ Sun J, Huang J, E L, et al. ACS Sustainable Chemistry & Engineering, 2020, 8(30): 11114-11122.

［245］ Mattmann C, Clemens F, Tröster G. Sensors, 2008, 8(6): 3719-3732.

［246］ Zheng Y, Li Y, Dai K, et al. Composites Science and Technology, 2018, 156: 276-286.

［247］ Chen Y, Zhang L, Mei C, et al. ACS Applied Materials & Interfaces, 2020, 12(31): 35513-35522.

［248］ Li H, Zong Y, He J, et al. Carbohydrate Polymers, 2022, 280: 119036.

［249］ Wang S, Meng W, Lv H, et al. Carbohydrate Polymers, 2021, 270: 118414.

［250］ Chen Z, Zhuo H, Hu Y, et al. Advanced Functional Materials, 2020, 30(17): 1910292.

［251］ Liu H, Huang W, Gao J, et al. Applied Physics Letters, 2016, 108(1): 257-274.

［252］ Liu H, Dong M, Huang W, et al. Journal of Materials Chemistry C, 2017, 5(1): 73-83.

［253］ Yang M, Zhao N, Cui Y, et al. ACS Nano, 2017, 11(7): 6817-6824.

［254］ Jia Y, Yue X, Wang Y, et al. Composites Part B: Engineering, 2020, 183: 107696.

［255］Guan X, Zheng G, Dai K, et al. ACS Applied Materials & Interfaces, 2016, 8(22): 14150-14159.

［256］Xikui L, Zienkiewicz O C. Computers & Structures, 1992, 45(2): 211-227.

［257］Gibson R F. Principles of Composite Material Mechanics. Boca Raton: CRC Press, 2007.

［258］Zhu C, Han T Y J, Duoss E B, et al. Nature Communications, 2015, 6(1): 6962.

［259］Peng X, Wu K, Hu Y, et al. Journal of Materials Chemistry A, 2018, 6(46): 23550-23559.

［260］Zhuo H, Hu Y, Tong X, et al. Advanced Materials, 2018, 30(18): 1706705.

［261］Huang J, Wang J, Yang Z, et al. ACS Applied Materials & Interfaces, 2018, 10(9): 8180-8189.

［262］Gao L, Wang M, Wang W, et al. Nano-Micro Letters, 2021, 13: 1-14.

［263］Bai N, Wang L, Wang Q, et al. Nature Communications, 2020, 11(1): 209.

［264］Basov M, Prigodskiy D M. IEEE Sensors Journal, 2020, 20(14): 7646-7652.

［265］Gao Y, Lu C, Guohui Y, et al. Nanotechnology, 2019, 30(32): 325502.

［266］Huang Y, Fan X, Chen S C, et al. Advanced Functional Materials, 2019, 29(12): 1808509.

［267］Chen T, Wu G, Panahi-Sarmad M, et al. Composites Science and Technology, 2022, 227: 109563.

［268］Lee J, Kim J, Shin Y, et al. Composites Part B: Engineering, 2019, 177: 107364.

［269］Ge G, Cai Y, Dong Q, et al. Nanoscale, 2018, 10(21): 10033-10040.

［270］Dong X, Wei Y, Chen S, et al. Composites Science and Technology, 2018, 155: 108-116.

［271］Duan J, Liang X, Guo J, et al. Advanced Materials, 2016, 28(36): 8037-8044.

［272］Wang G, Wang M, Zheng M, et al. ACS Applied Nano Materials, 2023, 6(11): 9865-9873.

［273］Zeng Z, Jin H, Chen M, et al. Advanced Functional Materials, 2016, 26(2): 303-310.

［274］Hu Y, Zhuo H, Luo Q, et al. Journal of Materials Chemistry A, 2019, 7(17): 10273-10281.

［275］Chen T, Yang G, Li Y, et al. Carbon, 2022, 200: 47-55.

［276］Chen F, Liao Y, Wei S, et al. International Journal of Biological Macromolecules, 2023, 250: 126197.

［277］Chou S K, Syu M J. Biomaterials, 2009, 30(7): 1255-1262.

［278］Wang X, Chowdhury J R, Chowdhury N R. Current Paediatrics, 2006, 16(1): 70-74.

［279］Fevery J. Liver International, 2008, 28(5): 592-605.

［280］Levitt D G, Levitt M D. Clinical and Experimental Gastroenterology, 2014: 307-328.

［281］Kirk J M. Annals of Clinical Biochemistry, 2008, 45(5): 452-462.

［282］Zou Y, Zhang Y, Xu Y, et al. Analytical Chemistry, 2018, 90(22): 13687-13694.

［283］Tan W, Zhang L, Doery J C G, et al. Sensors and Actuators B: Chemical, 2020, 305: 127448.

［284］Li X, Fortuney A, Guilbault G G, et al. Polymer—Plastics Technology and Engineering, 1996, 29(2): 171-180.

［285］Huber A H, Zhu B, Kwan T, et al. Clinical Chemistry, 2012, 58(5): 869-876.

［286］Du Y, Li X, Lv X, et al. ACS Applied Materials & Interfaces, 2017, 9(36): 30925-30932.

［287］白红艳, 王秀华, 戴志晖. 应用化学, 2012, 29(6): 611-616.

［288］Wang J, Ozsoz M. Electroanalysis, 1990, 2(8): 647-650.

［289］Rawal R, Kharangarh P R, Dawra S, et al. Process Biochemistry, 2020, 89: 165-174.

［290］Shoham B, Migron Y, Riklin A, et al. Biosensors and Bioelectronics, 1995, 10(3-4): 341-352.

［291］Lim J, Cirigliano N, Wang J, et al. Physical Chemistry Chemical Physics, 2007, 9(15): 1809-1814.

［292］Schubert K, Goebel G, Lisdat F. Electrochimica Acta, 2009, 54(11): 3033-3038.

［293］田文燕. 生物质基非酶葡萄糖传感器电极材料的结构设计与性能研究. 长沙: 中南林业科技大学, 2022.

［294］Hayat A, Marty J L. Sensors, 2014, 14(6): 10432-10453.

［295］Balamurugan M, Madasamy T, Pandiaraj M, et al. Analytical Biochemistry, 2015, 478: 121-127.

［296］Yamanaka K, Vestergaard M C, Tamiya E. Sensors, 2016, 16(10): 1761.

［297］Santhosh M, Chinnadayyala S R, Kakoti A, et al. Biosensors and Bioelectronics, 2014, 59: 370-376.

［298］Yang Z, Yan J, Zhang C. Analytical Biochemistry, 2012, 421(1): 37-42.

［299］Yang Z, Shang X, Zhang C, et al. Sensors and Actuators B: Chemical, 2014, 201: 167-172.

［300］Parnianchi F, Kashanian S, Nazari M, et al. Microchemical Journal, 2021, 168: 106367.

［301］Zhang C, Bai W, Yang Z. Electrochimica Acta, 2016, 187: 451-456.

［302］Zhang R Y, Olin H. International Journal of Biomedical Nanoscience and Nanotechnology, 2011, 2(2): 112-135.

［303］Taurino I, Van Hoof V, De Micheli G, et al. Thin Solid Films, 2013, 548: 546-550.

［304］Feng Q, Du Y, Zhang C, et al. Sensors and Actuators B: Chemical, 2013, 185: 337-344.

［305］Chauhan N, Rawal R, Hooda V, et al. RSC Advances, 2016, 6(68): 63624-63633.

［306］Burke L D. Electrochimica Acta, 1994, 39(11-12): 1841-1848.

［307］Santhosh M, Chinnadayyala S R, Singh N K, et al. Bioelectrochemistry, 2016, 111: 7-14.

［308］Milton R D, Giroud F, Thumser A E, et al. Chemical Communications, 2014, 50(1): 94-96.

［309］Mano N, Edembe L. Biosensors and Bioelectronics, 2013, 50: 478-485.

［310］赫文秀, 于慧颖, 永强等. 复合材料学报, 2018, 35(7): 1921-1929.

［311］罗红霞, 施祖进, 李南强, 等. 高等学校化学学报, 2000, 21(9): 1372-1374.

［312］谷江东, 强涛涛, 徐卫涛, 等. 重庆理工大学学报: 自然科学, 2021, 35(6): 122-130.

［313］Huang C Y, Syu M J, Chang Y S, et al. Biosensors and Bioelectronics, 2007, 22(8): 1694-1699.

［314］Wang C, Wang G, Fang B. Microchimica Acta, 2009, 164: 113-118.

［315］Balamurugan T, Berchmans S. RSC Advances, 2015, 5(62): 50470-50477.

［316］Raveendran J, Stanley J, Babu T G S. Journal of Electroanalytical Chemistry, 2018, 818: 124-130.

［317］Thangamuthu M, Gabriel W E, Santschi C, et al. Sensors, 2018, 18(3): 800.

［318］屈平平. 以生物衍生碳为基底的纳米材料在非酶葡萄糖传感器中的应用. 武汉: 华中师范大学, 2017.

［319］付良颖. 生物质衍生的树莓状碳基纳米材料在生物电化学中的应用. 长春: 东北师范大学, 2017.

［320］Tabatabaee R S, Golmohammadi H, Ahmadi S H. ACS Sensors, 2019, 4(4): 1063-1071.

［321］Barik B, Mohapatra S. Analytical Biochemistry, 2022, 654: 114813.

［322］Sivalingam T, Devasena T, Dey N, et al. Sensor Letters, 2019, 17(3): 228-236.

［323］范汇洋. 微米碳球的水热法制备及其复合结构研究. 北京: 华北电力大学, 2015.

［324］Hu B, Wang K, Wu L, et al. Advanced Materials, 2010, 22(7): 813-828.

［325］Madhuvilakku R, Mariappan R, Alagar S, et al. Analytica Chimica Acta, 2018, 1042: 93-108.

［326］雷鹏, 周影, 孙鑫程, 等. 一种葡萄糖衍生碳纳米球电化学传感器及其制备方法和应用.

CN114002291A, 2022-02-01.

［327］ Tovar-Martinez E, Sanchez-Rodriguez C E, Sanchez-Vasquez J D, et al. Diamond and Related Materials, 2023, 136: 110010.

［328］ Bhatti U H, Alivand M S, Barzagli F, et al. ACS Sustainable Chemistry & Engineering, 2023, 11(32): 11955-11964.

［329］ Zhang D, Jin Y, Chen H, et al. Ceramics International, 2020, 46(10): 15176-15182.

［330］ Yang H M, Ma S Y, Jiao H Y, et al. Sensors and Actuators B: Chemical, 2017, 245: 493-506.

［331］ Mujtaba A, Janjua N K. Journal of Electroanalytical Chemistry, 2016, 763: 125-133.

［332］ 谭睿阳. 基于葡萄糖碳球的复合微球吸波剂的制备和电磁性能研究. 南京: 南京航空航天大学, 2021.

［333］ 任斌. 基于碳球模板法的功能型纳米材料的合成与应用. 重庆: 重庆大学, 2016.

［334］ Jenkins R, Fawcett T G, Smith D K, et al. Powder Diffraction, 1986, 1(2): 51-63.

［335］ Jayakumar G, Albert Irudayaraj A, Dhayal Raj A. Optical and Quantum Electronics, 2019, 51(9): 312.

［336］ Mukherjee N, Show B, Maji S K, et al. Materials Letters, 2011, 65(21-22): 3248-3250.

［337］ Shaikh J S, Pawar R C, Devan R S, et al. Electrochimica Acta, 2011, 56(5): 2127-2134.

［338］ Aftab U, Tahira A, Mazzaro R, et al. Catalysis Science & Technology, 2019, 9(22): 6274-6284.

［339］ Baig N, Saleh T A. Global Challenges, 2019, 3(8): 1800115.

［340］ Vazirov R A, Sokovnin S Y, Ilves V G, et al. Physicochemical characterization and antioxidant properties of cerium oxide nanoparticles//Journal of Physics: Conference Series. IOP Publishing, 2018, 1115(3): 032094.

［341］ Mujtaba A, Janjua N K. Journal of the Electrochemical Society, 2015, 162(6): H328.

［342］ Bang S, Lee S, Ko Y, et al. Nanoscale Research Letters, 2012, 7: 1-11.

［343］ Rashed M A, Ahmed J, Faisal M, et al. Colloids and Surfaces A: Physicochemical and Engineering Aspects, 2022, 644: 128879.

［344］ 杨捻. 高活性电催化剂的构筑与无酶传感性能研究. 兰州: 兰州大学, 2020.

［345］ Liu H, Lu X, Xiao D, et al. Analytical Methods, 2013, 5(22): 6360-6367.

［346］ Lu Z J, Cheng Y, Zhang Y, et al. Sensors and Actuators B: Chemical, 2021, 329: 129224.

［347］ Ali H, Gupta R, Verma N. Electrochimica Acta, 2023, 468: 143159.

［348］ Rahman M M, Hussain M M, Asiri A M. Progress in Natural Science: Materials International, 2017, 27(5): 566-573.

［349］ Noh H B, Won M S, Shim Y B. Biosensors and Bioelectronics, 2014, 61: 554-561.

［350］ Arul P, Huang S T, Mani V. Applied Surface Science, 2021, 557: 149827.

［351］ Keav S, Martin A, Barbier Jr J, et al. Catalysis Today, 2010, 151(1-2): 143-147.

［352］ Jeong H, Kim J. Electrochimica Acta, 2012, 80: 383-389.

［353］ 曹苗苗. 铜基硫化物应用于无酶葡萄糖传感器. 兰州: 西北师范大学, 2019.

［354］ Xu H, Xia C, Wang S, et al. Sensors and Actuators B: Chemical, 2018, 267: 93-103.

［355］ Dumanli A G, Kamita G, Landman J, et al. Advanced Optical Materials, 2014, 2(7): 646-650.

［356］ 李媛媛. 纳米纤维素及其功能材料的制备与应用. 南京: 南京林业大学, 2014.

［357］万才超. 纤维素气凝胶基多功能纳米复合材料的制备与性能研究. 哈尔滨: 东北林业大学, 2018.

［358］吴清林, 梅长彤, 韩景泉, 等. 林业工程学报, 2018, 3(1): 1-9.

［359］Medronho B, Lindman B. Current Opinion in Colloid & Interface Science, 2014, 19(1): 32-40.

［360］Nakagaito A N, Yano H. Applied Physics A, 2004, 78: 547-552.

［361］Li H, Liu H, Nie T, et al. Biomaterials, 2018, 178: 620-629.

［362］Frka-Petesic B, Guidetti G, Kamita G, et al. Advanced Materials, 2017, 29(32): 1701469.

［363］Xu M, Li W, Ma C, et al. Journal of Materials Chemistry C, 2018, 6(20): 5391-5400.

［364］Du H, Zhang J. Colloid and Polymer Science, 2010, 288: 15-24.

［365］Zhu L, Wang J, Liu J, et al. Sensors and Actuators B: Chemical, 2021, 326: 128819.

［366］Ye J, Yu Y, Fan J, et al. Environmental Science: Nano, 2020, 7(12): 3655-3709.

［367］Li Y, Chen N, Deng D, et al. Sensors and Actuators B: Chemical, 2017, 238: 264-273.

［368］Xu Z, Chen J, Hu L L, et al. Chinese Chemical Letters, 2017, 28(10): 1935-1942.

［369］赵国敏. 纳米纤维素基手性向列材料构筑及其对甲醛的响应机制研究. 南京: 南京林业大学, 2022.

［370］Gudeika D. Synthetic Metals, 2020, 262: 116328.

［371］Shao X, Gu H, Wang Z, et al. Analytical Chemistry, 2013, 85(1): 418-425.

［372］Saenwong K, Nuengmatcha P, Sricharoen P, et al. RSC Advances, 2018, 8(18): 10148-10157.

［373］Kargarzadeh H, Ahmad I, Abdullah I, et al. Cellulose, 2012, 19(3): 855-866.

［374］Segal L, Creely J J, Martin Jr A E, et al. Textile Research Journal, 1959, 29(10): 786-794.

［375］Ahmad K, Kim H. Synthetic Metals, 2022, 286: 117047.

［376］Zhuang S, Zhu K, Wang J. Journal of Cleaner Production, 2021, 285: 124911.

［377］Xu Z, Yang X, Liu Z, et al. Journal of Photochemistry and Photobiology A: Chemistry, 2022, 426: 113731.

［378］He Y D, Zhang Z L, Xue J, et al. ACS Applied Materials & Interfaces, 2018, 10(6): 5805-5811.

［379］丰田. 新型 1, 8-萘酰亚胺类衍生物的合成及光谱性能研究. 上海: 东华大学, 2017.

［380］Song P, Xu Z, Dargusch M S, et al. Advanced Materials, 2017, 29(46): 1704661.

［381］Wang B, Walther A. ACS Nano, 2015, 9(11): 10637-10646.

［382］Zakani B, Entezami S, Grecov D, et al. Carbohydrate Polymers, 2022, 282: 119084.

［383］Tian H, Fan H, Ma J, et al. Electrochimica Acta, 2017, 247: 787-794.

［384］Negui M, Zhang Z, Foucher C, et al. Processes, 2022, 10(2): 345.

［385］Yuan W, Han Q, Jiang Y, et al. Journal of Photochemistry and Photobiology A: Chemistry, 2020, 400: 112701.

［386］Kolosov D, Adamovich V, Djurovich P, et al. Journal of the American Chemical Society, 2002, 124(33): 9945-9954.

# 第8章 木质资源阻隔应用

## 8.1 铈掺杂氧化锌纳米棒/透明木材基紫外阻隔材料

### 8.1.1 引言

长期暴露于紫外线辐射会对人类健康产生多种不良影响，如晒伤、晒黑、皮肤老化，甚至可能导致皮肤癌，如皮肤恶性黑色素瘤和非黑色素瘤皮肤癌（NMSC）[1]。据统计，2019年美国确诊的黑色素瘤病例超过 192310 例，而 NMSC 也是最常见的癌症，每年确诊超过 530 万例[2]。尽管这些数字令人震惊，但公众对紫外线危害的认识和防护措施的遵从情况却参差不齐，导致各年龄段皮肤癌发病率持续上升，尤其是在年轻人中更为显著。除了公众对紫外线暴露的态度问题外，建筑材料的选择对室内紫外线防护也至关重要。普通建筑材料通常缺乏有效的紫外线屏蔽功能。例如，常见用于窗户的无机玻璃，其屏蔽能力有限，使得大量可见光和紫外线能够穿透。考虑到目前人们多数时间在室内度过，建筑材料的紫外线屏蔽功能变得尤为重要[3-5]。

目前，虽然通过在玻璃中掺杂或涂覆紫外线屏蔽剂［如 Eu(TTA)$_2$(Phen)MAA[6]、CeO$_2$[7]、TiO$_2$[8]、$N,N'$-二芳基-二胺[9]、UIO-66[10]、氧化石墨烯[11]等］可以在一定程度上提高其紫外线屏蔽能力，然而玻璃生产过程中造成严重的环境污染，如重金属离子及有毒气体如 SO$_2$、NO$_2$ 和 HF 的排放。此外，玻璃制品本身也存在脆性大、不可生物降解和隔热性能差等问题[12]。因此，开发新型的、多功能的紫外线屏蔽透明材料迫在眉睫。透明木材（TW）作为一种新兴的木基材料，因其兼具优良的透明度、低密度、高模量和低导热率等优点，有望成为传统玻璃的替代品[13-15]。TW 的制备过程主要包括去除或改性木材中的吸光成分，然后将木材模板浸渍与其折射率相匹配的聚合物。这些聚合物包括聚乙烯醇（PVA，$n \approx 1.53$）、环氧树脂（ER，$n \approx 1.5$）和聚甲基丙烯酸甲酯（PMMA，$n \approx 1.49$）等。在 Zhu 等[13]的研究中，通过 Na$_2$SO$_3$-H$_2$O$_2$ 进行脱木质素处理，并用 ER 浸渍，成功制备了光透过率为 80%～90%、雾度为 85%～100%的透明木材。此外，Mi 等[16]在室温下将轻木浸入 NaClO 溶液中以去除吸光物质，并用 PVA 浸渍，获得了高韧性（3.03 MJ/m³）和低热导率的 TW。这些优点使 TW 成为未来建筑应用的有前途材料，尽管它仍然缺乏选择性的紫外线屏蔽功能。

目前，已有一些关于紫外线屏蔽 TW 的研究。例如，Qiu 等报道的 Sb 掺杂 SnO$_2$ 改性 TW 具有较低的紫外线透过率（20%），但其可见光透过率较低（40%～5%）[17]。目前关于紫外线屏蔽 TW 的研究仍然有限，并且存在三个主要问题：①同时实现高紫外线屏蔽和可见光透过的难度[18]。木材中持续存在的水分和提取物以及多相界面的存在（如木材框架、聚合物和纳米材料）共同阻碍了聚合物的均匀渗透和纳米材料在木材结构中的有效分散；

②大尺寸产品的缺乏（通常在"厘米"范围内）；③缺乏全面的动物和 DNA 实验来验证紫外线屏蔽的实际效果。生物和材料方法的跨学科整合在该领域中很少见，但对于阐明紫外线损伤现象（无论是屏蔽的还是未屏蔽的）是必要的。

基于这些问题，本节通过将木质素改性木材与 PMMA 和高活性材料［即铈掺杂氧化锌纳米棒（Ce-ZnO NRDs）］进行浸渍，开发一种高性能的紫外线屏蔽透明木材（Ce-ZnO NRDs@TW）。在此过程中，为了增强木材与 Ce-ZnO NRDs 聚合物的兼容性，我们采用了高压超临界 CO_2 流体辅助浸渍策略。研究表明，通过引入双价铈掺杂的宽本征带隙的 ZnO 纳米棒，该紫外线屏蔽透明木材实现了卓越的紫外线屏蔽效果。此外，我们还制备了一种大尺寸的紫外线屏蔽 TW 产品（"分米"级），并将其作为模型建筑中的窗户材料使用。即使在暴露于 $270 \ J/cm^2$ 的紫外辐射剂量后，这种材料对室内裸鼠皮肤组织（包括对 UVA 高度敏感的 DNA）提供了几乎完全的保护，与使用普通玻璃窗时观察到的损伤形成鲜明对比。除了卓越的紫外线屏蔽性能外，Ce-ZnO NRDs@TW 还展示了良好的可见光透过率和优异的隔热、隔音和抗真菌能力[19]。这些特性使得 Ce-ZnO NRDs@TW 成为未来绿色建筑中极具潜力的候选材料。

## 8.1.2　铈掺杂氧化锌纳米棒/透明木材的制备

### 8.1.2.1　试验材料

椴木由上海嘉桐木业有限公司提供。除非另有说明，否则样品尺寸为 $5 \ cm \times 5 \ cm \times (0.1 \sim 0.3) \ cm$。九水偏硅酸钠（$NaSiO_3 \cdot 9H_2O$）、氢氧化钠（NaOH）、七水硫酸镁（$MgSO_4 \cdot 7H_2O$）、二亚乙基三胺五乙酸（$C_{14}H_{23}N_3O_{10}$）、醋酸锌二水合物［$Zn(CH_3COO)_2 \cdot 2H_2O$］、过氧化氢（$H_2O_2$）、聚乙二醇-4000（PEG-4000）、硝酸铈六水合物［$Ce(NO_3)_2 \cdot 6H_2O$］、柠檬酸、甲基丙烯酸甲酯（MMA）、聚(甲基丙烯酸甲酯)（PMMA）和偶氮二异丁腈（AIBN）由国药集团化学试剂有限公司提供。

### 8.1.2.2　木质素改性

木质素改性试剂按照 Li 等报道的方法制备[20]，其中包括混合 $NaSiO_3 \cdot 9H_2O$（3.0%，质量分数，下同）、NaOH（3.0%）、$MgSO_4 \cdot 7H_2O$（0.1%）、$C_{14}H_{23}N_3O_{10}$（0.1%）、体积分数为 30%的 $H_2O_2$（4.0%）和去离子水（89.8%）。将椴木样品浸入 70℃的木质素改性溶液中，直到它们变为白色。随后，用去离子水多次彻底洗涤样品，随后用乙醇、乙醇和丙酮的混合溶液以及丙酮脱水。

### 8.1.2.3　Ce-ZnO NRDs 的制备

将 $Zn(CH_3COO)_2 \cdot 2H_2O$（2.195 g）、NaOH（5 g）、PEG-4000（1 g）和 $Ce(NO_3)_3 \cdot 6H_2O$（0.620 g）的混合物加入到 50 mL 去离子水中。将所得混合物磁力搅拌 1 h。此后，将 4.250 g 柠檬酸引入溶液中并再搅拌 20 min，直到形成白色沉淀。随后，将该体系转移到聚乙烯衬里的高压釜中，并在特定温度下加热 6 h。反应完成后，将白色沉淀物用蒸馏水和无水乙醇洗涤 2～3 次，并在 60℃下干燥 12 h，得到 Ce-ZnO NRDs。

### 8.1.2.4　聚合物浸渍

在聚合物浸渍之前，对木质素改性木材进行超临界 $CO_2$ 预处理，以去除水分并精炼木材骨架。将木材样品密封在反应器中，随后用真空泵抽真空。最初，从气瓶引入 $CO_2$ 以消除容器中的任何空气。然后，使用增压泵和压缩机将 $CO_2$ 注入到反应器中，直到压力达到 12.0 MPa。为了达到超临界 $CO_2$ 流体状态，将温度升高到 40℃。此外，使用乙醇作为共溶剂进行实验，以浸提极性物质。使用磁力搅拌器以 200 r/min 搅拌 3 h 进行提取。处理后，以 1 MPa/min 的速率缓慢减压，并从系统中排出乙醇和提取物。随后，在相同的温度和压力条件下，以 8 g/min 的流速对样品进行 20 min 的动态超临界 $CO_2$ 干燥，以去除木材中残留的乙醇和提取物。萃取过程后，将木材样品重新密封在反应器中。以 100∶2∶1 的质量比制备 MMA、PMMA 和 AIBN 的均匀混合物。随后，将 Ce-ZnO NRDs 以 0.1%、0.3%、0.5%或 1.0%的质量比分散在混合物中。通过溶剂添加管线将所得混合物添加到反应器中。再次，使用泵和压缩机将高压 $CO_2$ 引入系统中，并在 55℃和 24 MPa 下静置 48 h，以促进均匀混合物渗透到木材中。一旦达到平衡，将系统温度升高至 70℃以引发 MMA 的聚合。聚合 4 h 后，以 0.2 MPa/min 释放 $CO_2$，然后从反应器中取出浸渍的样品。产物命名为 Ce-ZnO NRDs$_x$@TW，变量"$x$"代表 Ce-ZnO NRDs 的添加比例。

### 8.1.2.5　结构表征

通过 SEM（JSM-7500 F）来表征所有样品的微观形貌。TEM 和 EDS 分析在 200 kV 的加速电压下的 Tecnai G20 电子显微镜进行。采用紫外-可见-近红外分光光度计（Lambda 950）记录样品的透射光谱，而雾度测试则使用雾度计（Diffusion EEL 57 D）进行。所有用于光学表征的样品厚度均为 2 mm。在傅里叶变换红外光谱仪（Kingslh，ZN-04）上记录样品的 FTIR 光谱。使用激光快速热分析仪（LAF-457）测量样品的热导率。传热系数使用沈阳微特通用技术研发公司制造的 WTRZ 系列试验机进行测定，并按照符合 ISO 8302 的中国国家标准 GB/T 10294—2008 进行。使用 Bruker AXS D4 X 射线衍射仪测试 XRD 数据，使用 VG Escalab 200 R 光谱仪获得样品的 XPS 光谱。吸声性能通过传递函数吸声系数测试系统（B&K 4206），并根据 ISO 10534-2：1998 的测试标准进行测定，样品厚度为 3 mm。拉伸性能使用微电脑万能机械设备（CMT 6502，济南晨鑫试验机制造有限公司）测试。为确保结果准确，至少测量三个完全干燥的样本以获得平均值。样品尺寸为 50 mm×10 mm×3 mm。以 5 mm/min 的恒定测试速度，沿着木材的纵向和横向拉伸样品，直至发生断裂。通过对拉伸应力-应变曲线进行积分来确定样品的韧性。

### 8.1.2.6　抗真菌性能测试

为了验证 Ce-ZnO NRDs@TW 的抗真菌性能，进行了抗真菌实验。在测试之前，原木木材（NW）和 Ce-ZnO NRDs@TW 样品（25 mm×12.5 mm×3 mm）在 80℃下干燥 10 h，直至达到恒重。按照欧洲标准 EN 113 的改良方法[67]，评估样品对白色腐烂病和褐腐病的抗性。分别在 3.7%麦芽提取物琼脂培养基和 3.7%马铃薯葡萄糖提取物琼脂培养基上培养白腐菌（*Trametes versicolor*）和褐腐菌（*Coniophora puteana*）。在皮氏培养皿（直径：120 mm）中填充 15 mL 无菌培养基，并在 24℃ 的温度和 75% 的相对湿度下与菌丝体一起孵育 1 周。接种后，将灭菌样品置于培养皿中。样品在 24℃ 的温度和 75% 的相对湿度的培养室中保持与真菌接触 5 周。孵育期后，将样品从皮氏培养皿中取出并清除任何真菌菌丝体。随后，将样品在 80℃ 下干燥 10 h 并重新称重以计算重量损失的百分比。通过测量重量损失（WL）的百分比来评估样品对真菌侵袭的易感性，计算公式如式（8-1）所示：

$$WL(\%) = \frac{W_i - W_f}{W_i} \times 100 \tag{8-1}$$

式中，$W_i$ 和 $W_f$ 分别是初始和最终重量（g）。为了准确度，每个实验至少测试五个样品以计算平均值。

### 8.1.2.7　DFT 计算方法

DFT 模拟使用 *Ab initio* 模拟软件包（VASP），结合广义梯度近似（GGA）和 Perdew-Burke-Ernzerhof（PBE）函数进行。研究采用了 2×2×2 超级单胞模型，包括 16 个 O 原子和 16 个 Zn 原子。通过用两个 Ce 原子取代两个 Zn 原子，$Ce_2Zn_{14}O_{16}$ 模型中的 Ce 原子浓度约为 19.38%，这是根据 EDS 图样观察到的 Ce-ZnO NRDs 中的 Ce 原子浓度（18.87%）计算得出的。利用 500 eV 的平面波能量截止，模拟确保了收敛性，总能量精度为 $10^{-5}$ eV，残余力精度为 $10^{-2}$ eV/Å。布里渊区由 5×5×3 的 Monkhorst-Pack 特殊 $k$ 点网格表示。基于复介电函数研究了原始 ZnO 和 Ce 掺杂 ZnO 的光学性质，由以下公式表示：

$$\varepsilon(\omega) = \varepsilon_1(\omega) + i\varepsilon_2(\omega) \tag{8-2}$$

在该公式中，根据众所周知的关系式计算复介电张量：

$$\varepsilon_2(\omega) = \frac{4\pi^2 e^2}{m^2 \omega^2} \sum_{ij} \int \langle i, M, j \rangle^2 f_i(1 - f_i) \delta(E_f - E_i - \omega) d^3 k \tag{8-3}$$

式中，$M$ 是偶极矩阵，$i$ 和 $j$ 分别是初始状态和最终状态，$f_i$ 是费米分布作为状态的函数，$E_i$ 是波矢为 $k$ 的第 $i$ 态电子的能量。$\varepsilon_1(\omega)$ 是介电函数的真实部分，并且可以使用 Kramers-Kronig 变换从 $\varepsilon_2(\omega)$ 获得

$$\varepsilon_1(\omega) = 1 + \frac{2}{\pi} p \int_0^\infty \frac{\omega' \varepsilon_2(\omega') d(\omega')}{\omega'^2 - \omega^2} \tag{8-4}$$

其中，$\omega$ 和 $p$ 分别是频率和主值。吸收系数 $\alpha(\omega)$ 由下式给出：

$$\alpha(\omega) = \sqrt{2}\left(\frac{\omega}{c}\right)\left[\sqrt{\varepsilon_1^2(\omega) + \varepsilon_2^2(\omega)} - \varepsilon_1(\omega)\right]^{\frac{1}{2}} \tag{8-5}$$

式中，$c$ 是自由空间中的光速。光学反射率 $R(\omega)$ 光谱是使用垂直入射的菲涅耳公式获得的，其允许导出不同频率（$\omega$）下的反射率值。

$$R(\omega) = \left| \frac{\sqrt{\varepsilon(\omega)} - 1}{\sqrt{\varepsilon(\omega)} + 1} \right|^2 \tag{8-6}$$

折射率 $n(\omega)$ 相对于能量或波长的变化可以使用以下公式计算：

$$n(\omega) = \left[ \frac{\sqrt{\varepsilon_1^2(\omega) + \varepsilon_2^2(\omega)} + \varepsilon_1(\omega)}{2} \right]^{\frac{1}{2}} \tag{8-7}$$

消光系数 $k(\omega)$ 使用以下公式计算：

$$k(\omega) = \left[ \frac{\sqrt{\varepsilon_1^2(\omega) + \varepsilon_2^2(\omega)} - \varepsilon_1(\omega)}{2} \right]^{\frac{1}{2}} \tag{8-8}$$

当两个 Ce 原子取代 ZnO：2Ce 体系中的两个 Zn 原子时，可以产生各种各样的电位结构。然而，经过仔细分析，发现两个 Ce 原子代替 Zn 原子在 0 和 4 位置的构型是最理想的模型之一。

### 8.1.2.8　紫外线屏蔽试验

为了研究 Ce-ZnO NRDs$_{0.5}$@TW 的紫外线屏蔽性能，制备了一种大尺寸 Ce-ZnO NRDs$_{0.5}$@TW 产品，用作模型建筑中的窗户材料。将 UVA 汞灯（365 nm）放置在离建筑物底部约 18 cm 处，每天照射 5 h，持续 5 天，如果建筑物中没有玻璃或 TW 防护罩来保护裸鼠，则总辐射剂量为 270 J/cm$^2$。该累积 UVA 剂量相当于中国 7 月份平均 2 天的 UVA 暴露量。使用 UV 辐射计（UV-150，上海高致精密仪器有限公司）记录辐照量。辐射后，对小鼠实施安乐死，并解剖暴露部位进行显微镜观察。所有样本均固定在 pH 值为 7.4 的 10%甲醛缓冲液中，在乙醇中脱水，包埋在石蜡中，并用 H&E 染色，以使用光学显微镜获得透射光图像。计数阳性晒伤细胞（SBC）的数量，并与 3 只小鼠获得的 3 幅图像中的细胞核总数进行比较。对于免疫染色，将石蜡化皮肤切片脱蜡、水化，并在 90℃、柠檬酸盐以及 pH 6 下进行抗原修复 40 min。使用含 2%牛血清白蛋白的磷酸盐缓冲液封闭 30 min 后，将切片与抗γ-H2AX 第一级抗体在 4℃下孵育过夜。然后，通过加入第二级抗体 Alexa Fluor 594 使标记抗原蛋白荧光发色，并在荧光显微镜（Olympus FV1000）下使用 4,6-二脒基-2-苯基吲哚对三只小鼠的细胞核染色，记录每只小鼠 3 幅图像的荧光强度。

### 8.1.2.9　紫外线屏蔽性能的耐久性测试

通过加速紫外线老化试验研究 Ce-ZnO NRDs$_{0.5}$@TW 的紫外线屏蔽性能和耐久性。将未经处理和经过 120 h UV 老化试验（340 nm，30 W/m$^2$）的两种 Ce-ZnO NRDs$_{0.5}$@TW 样品作为紫外线屏蔽层涂在杨木切片表面，分别定义为 C 组和 D 组。另外作为对照，还包括两组：一组没有保护覆盖物（A 组）和一组用普通硅玻璃覆盖木片（B 组）。所有四组均暴露于连续紫外线照射（13 MJ/m$^2$，120 h）。使用便携式分光光度计（ColorMeter Pro DS-200，杭州彩普科技有限公司），按照 CIELAB 体系，通过 ISO 2470 标准检测底部木片在 UV 照射下的颜色变化。CIELAB 系统有三个参数：$L^*$、$a^*$ 和 $b^*$。$L^*$ 轴表示亮度，范围从 100（白色）到 0（黑色）；$a^*$ 和 $b^*$ 为色度坐标，$+a^*$ 表示红色，$-a^*$ 表示绿色，$+b^*$ 表示黄色，$-b^*$ 表示蓝色。$L^*$、$a^*$、$b^*$ 的变化用式（8-9）~式（8-11）计算。

$$\Delta L^* = L_2 - L_1 \tag{8-9}$$

$$\Delta a^* = a_2 - a_1 \qquad (8\text{-}10)$$

$$\Delta b^* = b_2 - b_1 \qquad (8\text{-}11)$$

式中，$\Delta L^*$、$\Delta a^*$、$\Delta b^*$ 分别表示 $L^*$、$a^*$、$b^*$ 的初值与终值之差；$L_1$、$a_1$、$b_1$ 为初始颜色参数；$L_2$、$a_2$、$b_2$ 分别为紫外线照射后的最终颜色参数。公式（8-11）用于量化整体颜色变化（$\Delta E^*$）。$\Delta E^*$ 值越低，表示颜色变化越不明显，说明覆盖物的防紫外线能力越强。加速紫外老化试验进行了三次，以确保再现性。在每个样本的五个位置测量所有参数，并计算平均值。

$$\Delta E^* = \sqrt{(L_2^* - L_1^*)^2 + (a_2^* - a_1^*)^2 + (b_2^* - b_1^*)^2} \qquad (8\text{-}12)$$

**8.1.2.10　使用 EnergyPlus 8.2.0 软件建立基于 Ce-ZnO NRDs$_{0.5}$@TW 的双层窗户节能模型**

为了评估 Ce-ZnO NRDs$_{0.5}$@TW 在窗户应用中的节能潜力，我们使用 EnergyPlus 8.2.0 软件对美国和中国的代表性城市进行了能源建模。目前，高效节能窗户的主要技术是使用双层玻璃作为隔热单元，在玻璃层之间利用空气或其他气体来增强热阻。空气的特性如表 8-1 所示。为了验证我们的透明木材的性能，使用双层透明木窗系统构建了一个模型，并用标准空气填充空隙。首先，测试单片 Ce-ZnO NRDs$_{0.5}$@TW 的各种光学性能，包括太阳光透过率（$T_{sol}$）、太阳光反射率（$R_{sol}$）、可见光透过率（$T_{vis}$）、可见光反射率（$R_{vis}$），如表 8-2 所示。这些参数对于预测双层透明木材的性能至关重要。其次，我们使用 EnergyPlus 8.2.0 软件作为建模工具来评估寒冷天气下的供暖能耗，采用双层 Ce-ZnO NRDs$_{0.5}$@TW 作为窗户材料。寒冷天气下调节建筑温度通常比在炎热天气下消耗更多的能源。因此，我们对基线上潜在节能的建模主要集中在冬季。具体来说，我们选择了中层公寓作为研究的重点。建成的建筑模型总面积为 3135 m²，纵横比为 2.7。它由四层楼组成，每层楼高 3.05 m，15% 的玻璃均匀分布在所有四面墙上。其他建筑参数，如美国的建筑材料类型和热性能，来自美国能源部（DOE）建筑数据库，而中国的建筑参数则遵循中国国家标准《公共建筑节能设计标准》（GB 50189—2015）。天气数据来自 EnergyPlus 软件的数据库。此外我们的能源模型选择的代表性城市跨越了美国和中国的所有气候带，确保了研究结果在全国范围内的适用性。

**表 8-1　双层玻璃窗组件中使用的空气特性参数**

| 特性 | 空气 |
| --- | --- |
| 电导率 [W/(m·K)] | 0.0241 |
| 黏度 [kg/(m·s)] | 0.000017 |
| $C_p$ [J/(kg·K)] | 1006.1 |
| 密度（kg/m³） | 1.2925 |
| 真空条件（Pa） | 101325 |

表 8-2 普通玻璃和单层 Ce-ZnO NRDs$_{0.5}$@TW 的光学性能

| 变量 | 描述 | 普通玻璃 | Ce-ZnO NRDs$_{0.5}$@TW |
|---|---|---|---|
| $T_{sol}$（280～1500nm） | 玻璃层的太阳光透过率 | 0.237 | 0.741 |
| $R_{sol1}$（280～1500nm） | 玻璃层外侧的太阳光反射率 | 0.713 | 0.119 |
| $R_{sol2}$（280～1500nm） | 玻璃层内侧的太阳光反射率 | 0.000 | 0.119 |
| $T_{vis}$（380～700nm） | 玻璃层的可见光透过率 | 0.251 | 0.832 |
| $R_{vis1}$（380～700nm） | 玻璃层外侧的可见光反射率 | 0.699 | 0.096 |
| $R_{vis2}$（380～700nm） | 玻璃层内侧的可见光反射率 | 0.000 | 0.096 |
| $E_{miss1}$ | 玻璃层内侧的红外线（长波）辐射率 | 0.985 | 0.840 |
| $E_{miss2}$ | 玻璃层内侧的红外线（长波）辐射率 | 0.985 | 0.840 |
| $C_{ond}$［W/(m·K)］ | 导热性 | 2.107 | 0.390 |

### 8.1.2.11　Ce-ZnO NRDs$_{0.5}$@TW 的阻燃实验

我们根据 ISO 5660-2 指南进行了锥形量热仪测试，以研究 Ce-ZnO NRDs$_{0.5}$@TW 的燃烧性能。具体测试是首先在水平位置将尺寸为 100 mm（长）×100 mm（宽）×2 mm（厚）的样品暴露在 50 kW/m$^2$ 的热流中。所有的燃烧实验都重复进行 3 次以确保可靠性和一致性。有几个参数对评估燃烧性能至关重要。例如，点火时间（TTI）表示从初始暴露于热辐射到连续表面点火的持续时间。热释放率（HRR）是指在预先设定的热辐射和流动强度下，样品在点火后单位面积上放出的热量。HRR 直接影响火势蔓延；降低这一比率可以延长救援时间，有效地遏制火势的蔓延。总放热量（THR）反映了材料在燃烧过程中释放的累积热量，THR 越大，着火风险越大。有效燃烧热（EHC）是指物质在火焰热解过程中形成的可燃性挥发物释放的热量。此外燃烧过程中的烟雾排放，例如烟雾产生率（SPR）、总烟雾产生率（TSP）、平均比消光面积（MSEA）也都是材料燃烧特效的重要指标。

## 8.1.3　铈掺杂氧化锌纳米棒/透明木材的制备流程

化学上，木材主要由纤维素、半纤维素和木质素组成。图 8-1 展示了这些成分在木材细胞壁中的空间分布及其相互作用。木质素单独吸收 80%～95%的光，导致木材特有的颜色。相比之下，光学上无色的纤维素和半纤维素对木材的不透明性几乎没有影响。脱木质素是制备透明木材最常用的步骤之一。然而，脱木质素通常会去除约 30%的木材组织，削弱木材结构。在本研究中，我们采用了一种"保留木质素的方法"，即在保留大部分木质素的同时，修饰其发色基团。通过将原木（NW）浸泡在修饰试剂（NaSiO$_3$、NaOH、MgSO$_4$、C$_{14}$H$_{23}$N$_3$O$_{10}$ 和 H$_2$O）中，原木颜色由黄色变为白色（图 8-2）。

同时傅里叶变换红外光谱（FTIR）显示木质素的振动带（1505 cm$^{-1}$）得以保持（图 8-3），表明木质素成分在修饰后得以保留。

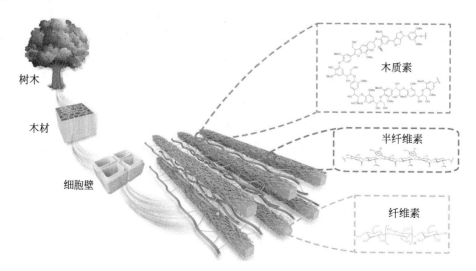

图 8-1　纤维素、半纤维素和木质素在木材细胞壁中的空间分布和相互作用示意图

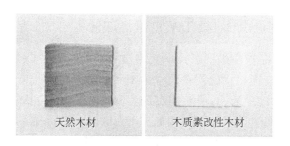

图 8-2　木质素改性处理前后木材的宏观颜色变化

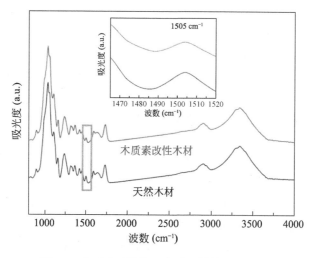

图 8-3　木质素改性处理前后木材的 FTIR 光谱

　　最近，一些如太阳能辅助化学刷涂法等方法也引起了广大学者们的兴趣[22]。木材模板经过超临界 $CO_2$ 流体与乙醇作为共溶剂的预处理，通过提取极性物质来消除水分并精细化木材骨架，以促进后续折射率匹配聚合物的浸渍并减少光散射。ZnO 是一种成本效益高且

无毒的紫外线屏蔽剂，不仅通过物理散射和反射作用屏蔽紫外线，还通过半导体带隙介导的紫外线光子吸收来吸收紫外线。这个过程包括吸收紫外线辐射并将其转化为无害的红外光，然后作为热量散发出去。此外，掺杂稀土离子到 ZnO 材料中通过修饰其能隙并强化紫外线吸收，可显著增强其紫外线抵抗力[23-25]。通过利用水热技术制备 Ce-ZnO NRDs 并将预处理的褪色木材浸渍含有这些纳米颗粒的 PMMA 前体，随后进行原位聚合，制备出紫外线屏蔽 Ce-ZnO NRDs@TW，如图 8-4 所示。

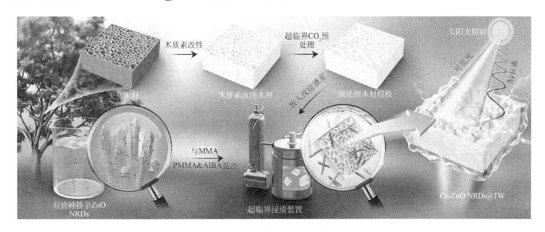

图 8-4　Ce-ZnO NRDs@TW 的制备示意图

浸渍在高压下进行，使用超临界 $CO_2$ 流体作为介质。这种流体以其溶解 MMA 的能力而闻名。与 MMA 不同，$CO_2$ 流体作为溶剂的黏度和分子量较低，能够更快且更高效地渗透。通过高压超临界 $CO_2$ 流体辅助浸渍方法，TW 中 PMMA 的渗透率增加了 71.3%（表 8-3），这将有助于提高 TW 的光学透射率和减少雾度。超临界浸渍装置的配置如图 8-5 所示。

在建筑窗户应用中，Ce-ZnO NRDs@TW 相较于普通无机玻璃的"绿色"优势可以归纳为以下三点：

（1）制备过程中能耗低且无有毒气体排放。普通玻璃（如熔融石英玻璃）通过烧结法制备，需在＞1000℃的高温下进行。对于 Ce-ZnO NRDs@TW，温度保持在＜200℃。此外，玻璃工艺的排放物中含有如 $SO_2$ 和甲醛等问题气体[26]。Ce-ZnO NRDs@TW 的制备避免了有毒气体的排放。

（2）增强节能能力。Ce-ZnO NRDs@TW 的热导率远低于无机玻璃（仅为其 1/3），有效减少了热量损失。当用作建筑外墙的窗户材料时，二氧化硅玻璃每单位体积的年加热能耗（$q_v$）为 $1.55 \times 10^9$ kJ/($m^3 \cdot a$)。然而，通过采用 Ce-ZnO NRDs@TW 作为窗户材料，$q_v$ 减少了 15.2%，突显了其节能特性。

（3）更好的生物降解性。由于具有高度抗燃烧和抗腐烂性，废弃的无机玻璃需要数百万年的时间才能自然降解。相比之下，Ce-ZnO NRDs@TW 更加环保。木材成分是可生物降解的。虽然填料 PMMA（作为酶固定化基质）具有普通的生物降解性，但将易降解分子插入其结构中可以增强其降解能力[27, 28]。

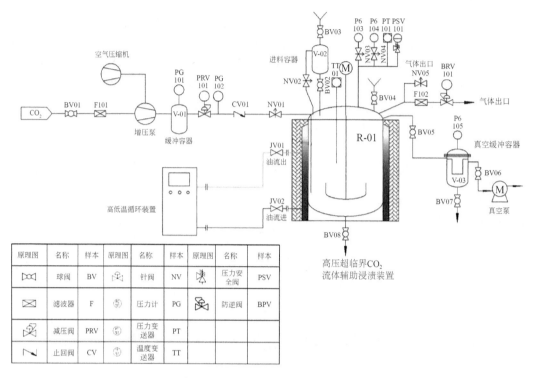

图 8-5　高压超临界 $CO_2$ 流体辅助浸渍设备的配置

**表 8-3　超临界 $CO_2$ 流体预处理对木材模板的平均萃取率、水渗透率和 PMMA 渗透率的影响**

| 样品 | 共溶剂 | $n$ | 平均萃取率 | 水渗透率 | PMMA 渗透率 |
|---|---|---|---|---|---|
| 超临界 $CO_2$ 流体预处理 | 无水乙醇 | 4 | 3.27±1.13 | 71.8±5.3 | 59.1±5.8 |
| 超临界 $CO_2$ 流体预处理 | — | 4 | 2.65±0.81 | 63.0±4.9 | 55.4±5.5 |
| 未超临界 $CO_2$ 流体预处理 | — | 4 | — | 47.1±2.8 | 34.5±3.2 |

注：通过将每次处理前后木材样品的质量变化除以其初始质量来确定平均萃取率、水渗透率和 PMMA 渗透率。

图 8-6（a）展示了不同温度（90℃、120℃、150℃和 180℃）下水热合成的纯 ZnO 和 Ce-ZnO 的紫外-可见漫反射光谱。纯 ZnO 在紫外区（200～380 nm）具有中等的紫外吸收（0.45～0.59 之间），而 Ce-ZnO 样品的紫外吸收强度显著提高。特别是，在 150℃下制备的 Ce-ZnO 在 357 nm 处达到最大紫外吸收（0.90），表明掺杂 ZnO 后具有更有效的紫外吸收。此外，所有样品在近红外和可见光谱范围内的吸收最小，使其适用于紫外屏蔽应用。使用 Tauc 关系计算 ZnO 和 Ce-ZnO 的直接带隙能量（$E_g$）[29]，如式（8-13）所示：

$$(\alpha h v)^2 = A(h v - E_g) \tag{8-13}$$

式中，$\alpha$ 是吸收常数，$hv$ 是光子能量，$A$ 是材料相关常数。图 8-6（b）中的光子能量轴与 $(\alpha h v)^2$ 的线性区域进行外推，定义了材料的光学带隙。引入 Ce 后，直接带隙能量从 ZnO 的 3.079 eV 上升到 Ce-ZnO 在 150℃下制备的 3.195 eV。之前的研究报道显示，在高掺杂比下，Ce 掺杂会引起 ZnO 能隙的加宽[30,31]。这种现象归因于 Burstein-Moss 效应[32]。当 Ce 原子掺入 ZnO 后，不论是取代位还是间隙位，都会提高载流子浓度，部分填充导带（CB）的最低能级，从而阻挡 CB 的最低态。这样，价带（VB）与未填充 CB 最小值之间的能量间隔被加宽，带隙能量的增加有助于紫外吸收[33]。

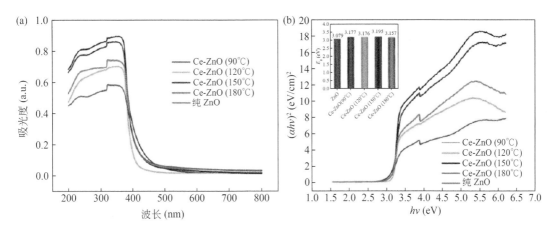

图 8-6　（a）在不同温度下水热合成的纯 ZnO 和 Ce-ZnO 的紫外-可见光漫反射光谱；（b）$(\alpha h v)^2$ 对 $h v$ 的曲线图（插图显示光学带隙）

利用 SEM 比较了掺杂 Ce 前后氧化锌的形态。观察结果表明，每个棒状氧化锌（长：0.60～4.10 μm；宽：0.12～0.65 μm）都有一个带有尖锐六面体金字塔尖的实心棱柱，其六个等效的垂直侧壁呈矩形（图 8-7）。每个金字塔由顶部的六个三角形组成，形成±{10$\bar{1}$1}极面［即（10$\bar{1}$1）、（1$\bar{1}$01）、（1$\bar{1}$11）、（$\bar{1}$011）、（$\bar{1}$101）和（10$\bar{1}$1）］[34]，这些极面是根据晶格结构推断出来的，是极性表面，具有极佳的光活性，这是因为表面高浓度的低配位 O 原子有利于紫外线吸收[35]。具有六角锥体尖端的六棱柱的生长模型如图 8-7 所示。

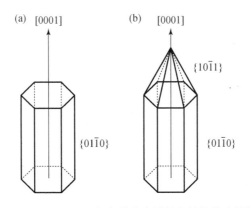

图 8-7　具有（a）平面和（b）六角锥体尖端的六棱柱的生长模型的示意图

掺杂 Ce 后，ZnO NRDs 的光滑表面被大量纳米粒子包裹［图 8-8（a）～（c）］。TEM 图像显示，这些纳米颗粒的直径明显在 4.3～9.6 nm 范围内［图 8-8（d）］。观察到晶格间距分别为 0.311 nm、0.275 nm、0.249 nm 和 0.280 nm，分别对应于（111）［CeO₂］、（200）［CeO₂］、（101）［ZnO］和（100）［ZnO］平面之间的间隔。

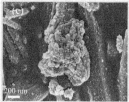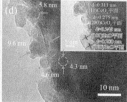

图 8-8　（a）纯 ZnO 的 SEM 图像（插图为 NRD 的放大图像）；（b，c）ZnO NRDs 的 SEM 图像和（d）TEM 图像

XRD 分析进一步证实了 ZnO 六方钨矿结构的存在 [图 8-8（a）]。此外，28.7°处的峰值也被确定为 CeO₂ 的立方萤石结构（cerianite，JCPDS No. 34-0394）。主要衍射峰向较低衍射角的轻微移动（参见表 8-4），表明 Ce(IV)离子取代了 ZnO 主晶格中 $Zn^{2+}$ 的部分位点或占据了间隙位点[36]。

表 8-4　Ce 掺杂前后 ZnO 的三个主峰（100）、（002）和（101）的 $2\theta$ 位置

| 样品 | 晶面（hkl） | 衍射角峰位置 | 晶面（hkl） | 衍射角峰位置 | 晶面（hkl） | 衍射角峰位置 |
|---|---|---|---|---|---|---|
| ZnO | 100 | 31.778 | 002 | 34.440 | 101 | 36.255 |
| Ce-ZnO | 100 | 31.604 | 002 | 34.265 | 101 | 36.102 |

此外，对于具有米勒指数（hkl）和晶面间距 $d_{(hkl)}$ 的给定平面，使用等式（8-14）计算晶格参数 $a$（$=b$）和 $c$：

$$\frac{1}{d_{(hkl)}^2}=\frac{4}{3}\left(\frac{h^2+hk+k^2}{a^2}\right)+\frac{l^2}{c^2} \tag{8-14}$$

晶面间距 $d_{(hkl)}$ 可以通过布拉格方程计算：

$$2d_{(hkl)}\sin\theta=n\lambda \tag{8-15}$$

计算的晶格参数见表 8-5。与未掺杂 ZnO 的比较表明，Ce-ZnO 中增加的晶格参数进一步证明 Ce 离子掺入 ZnO 晶格中，取代了基础基质中的主体 Zn 离子位置。

表 8-5　从 XRD 图中得到的晶格参数和晶面间距

| 样品 | $d_{(100)}$（Å） | $d_{(100)}$（Å） | $a$（Å） | $b$（Å） | $c$（Å） |
|---|---|---|---|---|---|
| ZnO | 2.816 | 2.604 | 3.251 | 3.251 | 5.208 |
| Ce-ZnO | 2.831 | 2.617 | 3.269 | 3.269 | 5.234 |

2D 能谱（EDS）的结果表明，Ce 元素在 ZnO NRDs 表面均匀分布，Ce 掺杂比例约为 18.87%（质量分数）（图 8-9）。

利用 XPS 表征了 Ce-ZnO 中元素的化学键和电子态。在图 8-10（b）中，1021.6 eV 和 1044.7 eV 处的 XPS 峰分别对应于 $Zn^{2+}$（ZnO）的 $2p_{3/2}$ 和 $2p_{1/2}$ 能量峰。对于 Ce 3d 核级 XPS 光谱 [图 8-10（c）]，在 897.9 eV 和 916.1 eV 处的高结合能双态 v‴/u‴对应于 Ce $3d^9 4f^0 o^2 p^6$ 的终态，在 887.9eV 和 906.8eV 处的双态 v″/u″归因于 Ce $3d^9 4f^1 o^2 p^5$ 的终态，以及在 881.9 eV

和 900.4 eV 处的 v/u 双重峰对应于 Ce $3d^94f^0o^2p^4$ 的状态[37]。此外，884.9 eV 和 903.2 eV 处的较弱峰被认为是 Ce $3d^94f^1o^2p^6$ 的最终态，揭示了少量 Ce(III)的存在（根据拟合峰的积分面积，Ce(IV)/Ce(III)=4.1：1，表 8-6）。

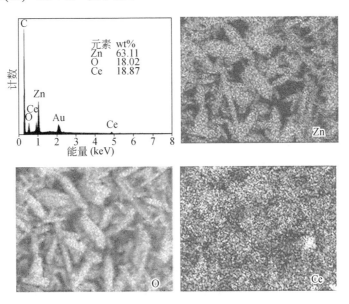

图 8-9　在 150℃下合成的 Ce-ZnO NRDs 的 EDS 分析

**表 8-6　Ce-ZnO 的 Ce 3d 核能级 XPS 谱的拟合峰的积分面积**

| 拟合峰 | 881.9 eV（Ce⁴⁺） | 887.9 eV（Ce⁴⁺） | 897.9 eV（Ce⁴⁺） | 900.4 eV（Ce⁴⁺） | 906.8 eV（Ce⁴⁺） | 916.1 eV（Ce⁴⁺） | 884.9 eV（Ce³⁺） | 903.2 eV（Ce³⁺） |
|---|---|---|---|---|---|---|---|---|
| 积分面积 | 59288 | 29690 | 38377 | 47973 | 48980 | 40086 | 50490 | 14008 |

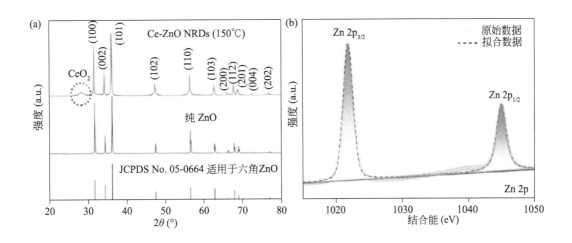

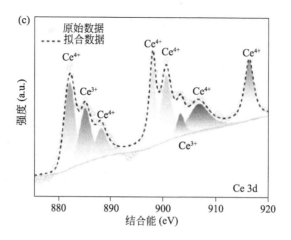

图 8-10　（a）纯 ZnO 和 150℃下的合成 Ce-ZnO 的 XRD 分析；（b）在 150℃下合成的 Ce-ZnO NRDs 的 Zn 2p 芯级 XPS 光谱和（c）Ce 3d 芯级 XPS 光谱

为了验证掺杂双价 Ce 对提高 ZnO 紫外线吸收能力的有利影响，我们按照文献［38,39］所述，采用共沉淀法制备了掺杂纯 $Ce^{3+}$ 和纯 $Ce^{4+}$ 的 ZnO，它们的 Ce 3d 和 Zn 2p 芯级 XPS 光谱共同证实了纯 Ce(III)-ZnO 和纯 Ce(IV)-ZnO 的成功制备（图 8-11）。Ce 3d 芯级 XPS 光谱［图 8-11（a）］显示了 Ce(III) 化合物的特征（$v_0+v'+u_0+u'$）。最高结合能峰 u′和 v′分别位于约 903.1 eV 和 885.2 eV 处，对应于 Ce $3d^94f^1o^2p^6$ 的终态。同时，分别位于 898.9 eV 和 881.2 eV 的最低结合能状态 $u_0$ 和 $v_0$ 则属于 Ce $3d^94f^1o^2p^5$ 的终态。在图 8-11（b）中，Ce $3d_{3/2,5/2}$ 光谱［Ce(IV)］中出现了六个峰，分别对应于自旋轨道双态对。最高结合能峰 u‴和 v‴分别位于约 915.8 eV 和 897.6 eV，与 Ce $3d^94f^0o^2p^6$ 的终态有关。与 Ce $3d_{3/2}$ 有关的峰 u‴表明 Ce-ZnO 中存在四价 Ce(IV)。最低结合能状态 u、v、u″、v″分别位于 900.1 eV、881.7 eV、907.1 eV 和 888.3 eV，来自 Ce $3d^94f^0o^2p^4$ 和 Ce $3d^94f^1o^2p^5$ 的终态。此外，图 8-11 中的插图显示了相应 Zn 2p 芯级 XPS 光谱，其中确定了 $Zn^{2+}$（ZnO）的 $2p_{3/2}$ 和 $2p_{1/2}$ 能峰。这些结果共同证明分别成功形成了纯掺杂 Ce(III) 的 ZnO 和纯掺杂 Ce(IV) 的 ZnO。

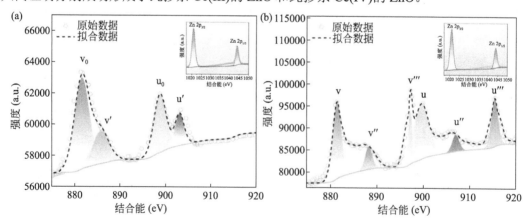

图 8-11　（a）纯 Ce(III)-ZnO 和（b）纯 Ce(IV)-ZnO 的 Ce 3d 芯级 XPS 光谱（插图描绘了相应的 Zn 2p 芯级 XPS 谱）

与只掺杂纯 Ce(III)或 Ce(IV)的氧化锌相比，掺杂 Ce(III)/(IV)的氧化锌在紫外区的吸光度更高［图 8-12（a）］。此外，如图 8-12（b）所示，掺杂 Ce(III)/(IV)的氧化锌的直接带隙能（3.195 eV）高于纯掺杂 Ce(III)的氧化锌和纯掺杂 Ce(IV)的氧化锌（分别为 3.185 eV 和 3.179 eV）。这些结果明确验证了与掺杂单价 Ce 相比，掺杂双价 Ce 对增强氧化锌的紫外线吸收能力更有利。这一结论与 Jiang 等在 Ce(III)/Ce(IV)铝硼酸盐玻璃体系中的研究结果一致[40]。此外，这一结论进一步验证了我们方法的有效性，即在 ZnO 中使用双价 Ce 掺杂来创建紫外线屏蔽材料。

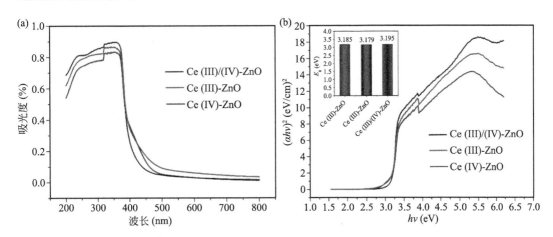

图 8-12　（a）纯 Ce(III)掺杂 ZnO、纯 Ce(IV)掺杂 ZnO 和 Ce(III)/(IV)掺杂 ZnO 的 UV-Vis 漫反射光谱；（b）$(\alpha h v)^2$ 与 $h v$ 的关系图（插图显示光学带隙）

## 8.1.4　DFT 计算

Ce-ZnO 的电子结构和光学性质通过密度泛函理论（DFT）进行了理论验证[41-43]。在所研究的各种模型中，两个 Ce 原子在 0 和 4 位取代两个 Zn 原子的模型（图 8-13）。

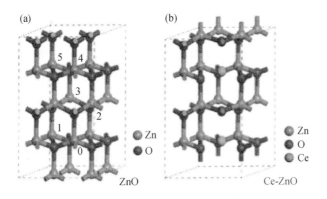

图 8-13　ZnO 在 Ce 掺杂前后的 DFT 分析

（a）纯 ZnO 和（b）Ce-ZnO 的优化 2×2×2 单胞

在图 8-14（a）和（b）中，VB 最大值和 CB 最小值都位于 G 点，表明直接带隙。尽管广义梯度近似模型低估了带隙的实验值，但它有效地捕捉到了带隙增加的趋势，与实验观察相符。

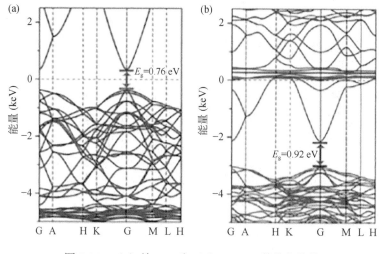

图 8-14　（a）纯 ZnO 和（b）Ce-ZnO 的带状结构

带隙值的加宽是由于通过 Burstein-Moss 效应填充 CB 底部而发生的[32]，这受到由非本征 Ce 掺杂引起的载流子浓度提高的影响。随着载流子浓度的增加，Ce-ZnO 中的费米能级（零能量处的黑色虚线）向上移动，从而进入 CB。加宽带隙改善了 Ce-ZnO 对高能 UV 光子的捕获 [图 8-15（a）]，同时减少了对低能可见光子的捕获，从而有利于可见光透射率。此外，Ce(III)离子已被证明通过允许的 4f→5d 跃迁大大增加了近紫外区（320～390 nm）的吸收截面。此外，ZnO 以其散射特性而闻名，这使其能够用作反射紫外线的纳米镜和防止有害太阳辐射的紫外线过滤器 [图 8-15（b）、（c）]。在图 8-15（d）中，在 UVA 波段（太阳辐射最有害的部分（315～380 nm，3.27～3.94 eV）中，Ce 掺杂后消光系数增加。这些发现进一步为 Ce 掺杂有效提高 ZnO 的紫外屏蔽能力提供了理论依据。研究的多种模型中，两个 Ce 原子分别替代 Zn 原子在 0 和 4 位置的模型被确定为理想模型。

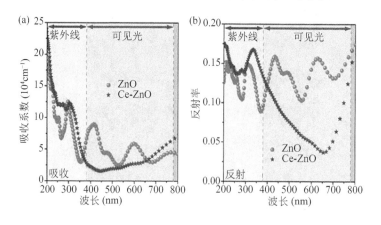

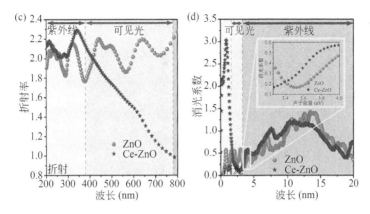

图 8-15　ZnO 在 Ce 掺杂前后的 DFT 分析

纯 ZnO 和 Ce-ZnO 的（a）吸收系数、（b）反射率和（c）折射率与波长的关系图；（d）纯 ZnO 和 Ce-ZnO 的消光系数
与光能的关系图（插图为 UVA 范围内的放大图像）

## 8.1.5　微观形貌、化学组成及光学性能

为了将高活性的 Ce-ZnO NRDs 掺入木材中，从而制备具有高透明度和高紫外线屏蔽能力的 TW，首先使用超临界 $CO_2$ 流体与共溶剂乙醇对变色木材模板进行预处理。从图 8-16（a）和（b）中可以看出，通过提取极性物质的预处理，木质骨架得到了明显的精炼。

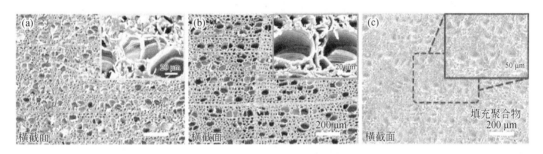

图 8-16　（a）NW、（b）超临界 $CO_2$ 预处理木材和（c）Ce-ZnO NRDs@TW 的截面 SEM 图（插图显示了
相应的放大图像）

值得注意的是，该工艺仅去除了木材中约 3.27% 的提取物，但显著提高了平均透水性 52.4%（图 8-17）。通过利用木骨架精炼和高压超临界 $CO_2$ 流体辅助浸渍技术的协同作用，PMMA 的浸渍率从 34.5%±3.2% 大幅提高到 59.1%±5.8%。此外，与常规 TW 相比（图 8-18），该先进技术使得木材孔隙填充效果更均匀、更彻底 [图 8-16（c）]。

采用高压超临界 $CO_2$ 流体辅助浸渍技术，超临界 $CO_2$ 流体携带液态 PMMA 前驱体和 Ce 掺杂 ZnO NRDs 通过这些各向异性通道有效渗透到木材微结构中。横截面的二维 EDS 映射图不仅显示了 PMMA 在木材孔隙中的成功填充，而且还反映了 Zn 和 Ce 元素在木材管腔和壁中的广泛分散。在图 8-19（c）中，这些空管腔内充满了聚合物，二维 EDS 映射模式 [图 8-19（d）] 进一步验证了 Zn 和 Ce 元素沿木材管腔腔壁的广泛而均匀分布，这对于同时获得良好的透明度和紫外线屏蔽性能至关重要。

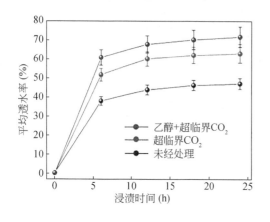

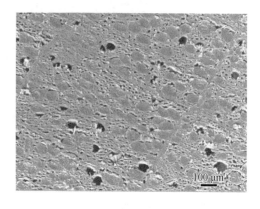

图 8-17　超临界 $CO_2$ 流体预处理和未预　　　图 8-18　常规真空浸渍法制备 TW 的微观结构
　　　　处理木材的透水性

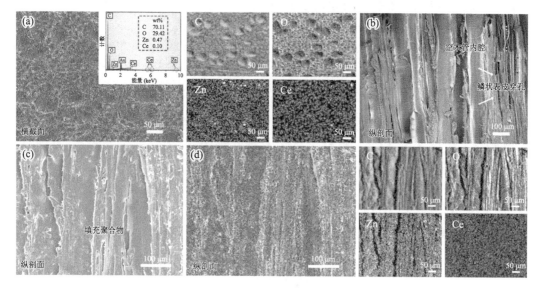

图 8-19　（a）Ce-ZnO NRDs@TW 的截面 EDS 映射图（插图显示了相应的 EDS 谱）；超临界 $CO_2$ 预处理木材（b）和 Ce-ZnO NRDs@TW（c）的纵剖面 SEM 显微图；（d）基于（c）的 Ce-ZnO NRDs@TW 的纵剖面 EDS 图谱

　　利用紫外-可见透射光谱分析了不同比例的 Ce-ZnO NRDs@TW 的光学特性。值得注意的是，到达地球表面的太阳辐射由约 95% UVA（315～380 nm）和 5% 的 UVB（295～315 nm）组成。与 UVB 相比，UVA 穿透皮肤的能力更强，可以到达表皮基底层和真皮成纤维细胞（图 8-20）[46]。

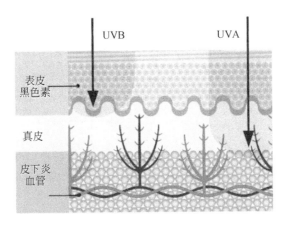

图 8-20　UVA 和 UVB 穿透皮肤示意图

如图 8-21 所示，TW 在较宽的可见光范围（443～800 nm）内表现出卓越而稳定的透射率，大于 90%，而在 UVA 范围（315～380 nm）内的透射率较高，从 0.25% 到 59.9% 不等，这反映出单个 TW 的紫外线屏蔽能力有限。加入 Ce-ZnO 后，Ce-ZnO NRDs@TW 的 UVA 屏蔽性能得到改善。当 CeZnO 的比例从 0.1% 增加到 0.3%、0.5% 和 1.0% 时，最大 UVA 透射率下降了 2 个数量级，从 46.3% 下降到 12.5%，然后下降到 0.37%，最后下降到 0.24%，证明含有 1.0% Ce-ZnO NRDs 的 TW 可以有效阻挡高达 99.7% 的 UVA 辐射。重要的是，可以通过加入不同含量的 Ce-ZnO 来定制紫外线屏蔽特性，以满足特定的屏蔽需求。

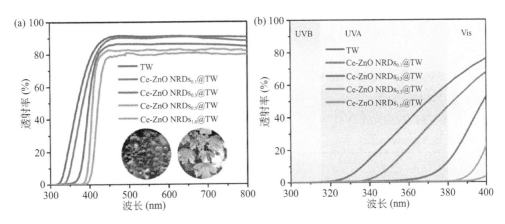

图 8-21　Ce-ZnO 纳米复合材料的光学性能和紫外屏蔽性能

（a）紫外-可见光透射光谱；（b）紫外透射光谱

随着 Ce-ZnO 比例从 0 增加到 0.1%、0.3%、0.5% 和 1.0%，添加 CeZnO 会导致 TW 的最大可见光透射率略有下降，数值从 91.5% 降至 91.0%，然后降至 86.5%、83.2%，最后降至 81.0%。考虑到紫外线防护、可见光透射率和成本效益等因素，我们选择了含 0.5% Ce-ZnO NRDs 的 TW 进行后续动物实验和测试，测试内容包括其隔音、隔热和抗真菌性能。同时达到 99.6% 的 UVA 阻隔率和 83.2% 的可见光透射率是 TW 的一项突破性成就，超越了之前的研究结果（图 8-22 和表 8-7）。

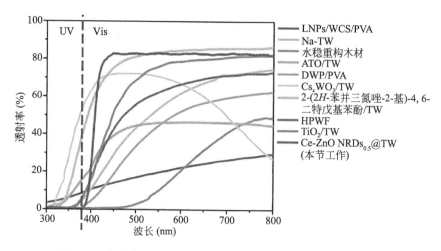

图 8-22　各种紫外线屏蔽 TW 的紫外线-可见光透光能力的比较

**表 8-7　各种防紫外线屏蔽 TW 的最大 UVA 透过率和最大可见光透过率**

| 紫外线屏蔽 TW 材料 | 最大 UVA 透过率 | 最大可见光透过率 |
|---|---|---|
| 木质素纳米颗粒/木纤维素骨架/聚乙烯醇（LNPs/WCS/PVA） | 8.6%，380nm | 29.6%，800nm |
| NaOH 脱木素 TW（Na-TW） | 4.7%，380nm | 74.5%，800nm |
| 水稳重构木材 | 0.40%，380nm | 49.0%，800nm |
| 热压木膜（HPWF） | 5.0%，380nm | 72.9%，800nm |
| $TiO_2$/TW | 5.5%，380nm | 81.9%，800nm |
| $Cs_xWO_3$/TW | 52.8%，380nm | 72.3%，800nm |
| 2-(2H-苯并三氮唑-2-基)-4,6-二特戊基苯酚/TW | 39.5%，380nm | 86.3%，800nm |
| 掺锑氧化锡（ATO/TW） | 15.8%，380nm | 45.7%，622nm |
| 木质素颗粒/聚乙烯醇（DWP/PVA） | 0.68%，380nm | 62.5%，800nm |
| Ce-ZnO $NRDS_{0.5}$@TW（本节工作） | 0.37%，380nm | 83.2%，713nm |

　　此外，与现有的紫外线屏蔽材料相比，Ce-ZnO NRDs@TW 在这两个指标上表现出更大的竞争力，如表 8-8 所示。例如，无机材料如 ZnO/羟乙基纤维素和 $Ca_{0.2}Zn_{0.8}O$/PVA 纳米复合膜，以及有机材料如 PVA/固体多巴胺-黑色素纳米复合薄膜和聚(己二酸丁二醇酯-对苯二甲酸乙二醇酯)/木质素-黑色素纳米复合材料[51,52]。当 Ce-ZnO NRDs@TW 样品放置在电子显示器上时，其底层的图案仍然可见，表明具有良好的透明度。图 8-23 显示，与没有经过超临界 $CO_2$ 流体处理的传统 TW（81.2%）相比，TW（29.4%）和 Ce ZnO NRDs@TW（31.4%～39.3%）在可见光区域雾度显著降低。这证明了超临界 $CO_2$ 流体辅助浸渍策略的积极效果。当 Ce-ZnO NRDs@TW 逐渐远离屏幕时，屏幕上的图案变得难以辨认。这种有限的中度雾度有助于保护人们的隐私，并通过光散射减少眩光。然而，当想要获得生动、清晰的图像时，过度的雾度是不可取的，尤其是在作为窗户玻璃的情况下。

**表 8-8　各种紫外线屏蔽材料（不包括透明木材）和本节所制得的 TW 之间的最大 UVA 透射率和最大可见光透射率的比较分析**

| 紫外线屏蔽 TW 材料 | 最大 UVA 透过率 | 最大可见光透过率 |
|---|---|---|
| 无机材料 | | |
| 氧化锌/羟乙基纤维素（HEC） | 20.0%，380nm | 65.6%，700nm |
| $Ca_{0.2}/Zn_{0.8}O$/PVA 纳米复合薄膜 | 35.1%，333nm | 73.5%，780nm |
| 霍洛石纳米管-氧化锌（HNTs-ZnO）/纤维素纳米纤维（CNF）杂交薄膜 | 8.6%，380nm | 36.3%，780nm |
| 透明氧化锌-纳米纤维素（ZnO/NC）杂交薄膜 | 8.8%，380nm | 90.1%，713nm |
| 氧化锌/掺铯氧化钨 $Cs_xWO_3$/聚乳酸（PLA）纳米复合薄膜 | 1.9%，380nm | 36.5%，614nm |
| 伊利石/氧化钛/羟丙基甲基纤维素（HPMC） | 39.5%，380nm | 76.4%，780nm |
| $TiO_2$@木质素/聚(碳酸丙烯酯)（PPC）复合薄膜 | 11.0%，380nm | 17.5%，780nm |
| 纤维素纳米晶体/氧化石墨烯一维光子晶体薄膜 | 2.6%，380nm | 78.5%，780nm |
| 京尼平增强的仿珍珠层蒙脱石-壳聚糖薄膜 | 6.6%，380nm | 81.6%，713nm |
| 有机材料 | | |
| PVA/固体多巴胺-黑色素纳米复合薄膜（PVA/Dpa-s films） | 1.0%，380nm | 51.5%，780nm |
| 聚（己二酸丁二醇酯-对苯二甲酸乙二醇酯）（PBAT）/木质素-黑色素纳米粒子（LMNP）复合材料 | 8.8%，380nm | 40.3%，700nm |
| 聚乳酸/树脂薄膜 | 4.8%，380nm | 51.5%，780nm |
| 速溶咖啡/PVA 复合薄膜 | 17.8%，380nm | 89.5%，780nm |
| 含生物基植物紫外线吸收分子（槲皮素、视黄醇和对香豆酸）的纤维素纳米纤维纳米纸 | 2.3%，380nm | 45.0%，700nm |
| 含木质素基可嫁接大分子光引发剂（DAL-11 烯-胺）的聚合物薄膜 | 20.1%，380nm | 90.0%，780nm |
| 生产木糖醇的玉米芯残渣（CRXP）薄膜 | 2.0%，380nm | 50.2%，600nm |
| 基于黑色素纳米粒子（MNP）增强纤维素纳米纤维（CNF）的纳米复合薄膜 | 8.9%，380nm | 20.8%，780nm |
| 本节工作 | | |
| Ce-ZnO NRDs@TW | 0.37%，380nm | 83.2%，713nm |

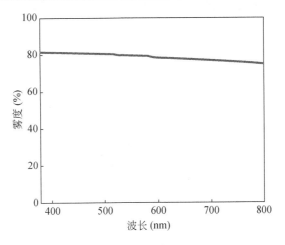

图 8-23　采用常规真空浸渍法制备的 TW 雾度

### 8.1.6　紫外屏蔽、紫外老化性能

为了进一步证实 Ce-ZnO NRDs$_{0.5}$@TW 在现实应用场景中的紫外屏蔽功效，进行了生物实验以验证其实际应用。制造大尺寸 Ce-ZnO NRDs$_{0.5}$@TW 产品（在"分米"级），用作模型建筑物中的窗户材料 [图 8-24（a）]。为了模拟 UVA 暴露，使用汞灯（365 nm）向位于建筑物地面的裸鼠提供约 270 J/cm$^2$ 的总辐射剂量。没有任何保护情况下，这个 UVA 剂量大约相当于 7 月在中国暴露 2 天的 UVA[53]。大量研究证明，紫外线诱导的裸鼠皮肤损伤与人类皮肤损伤非常相似，因此选择裸鼠作为动物模型[54]。与 C 组（无 UVA 暴露）相比，在 UVA 暴露后，O 组（使用普通玻璃窗）老鼠背部皮肤上呈现出更明显的皱纹外观 [图8-24（b）]。UVA 辐射可以深入皮肤，诱导形成活性氧及光动力反应。随后 UVA 降解弹性蛋白和胶原蛋白，导致皮肤增大和皱纹形成。与 C 组一致，T 组（使用 Ce-ZnO NRDs$_{0.5}$@TW 窗口）显示出几乎无皱纹的小鼠皮肤，证明了 Ce-ZnO NRD$_{0.5}$@TW 的有效 UVA 屏蔽特性。

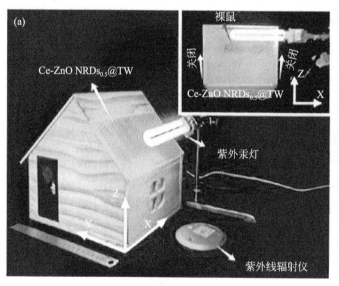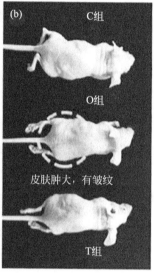

图 8-24　（a）裸鼠皮肤晒伤试验和（b）不同组小鼠在紫外照射后的皮肤褶皱情况

图 8-25（a）显示了小鼠皮肤经过苏木素和伊红（H&E）染色后的图像。在 O 组中，染色质在上层角质形成细胞的细胞核内浓缩，其特征是小的暗核，称为晒伤细胞（SBC）。UVA 照射后，O 组中的 SBC（29.1%±2.7%）明显高于 C 组（2.4%±0.3%）和 T 组（3.5%±0.5%）。在采用 Ce-ZnO NRDs$_{0.5}$@TW 保护小鼠后，结果和空白对照组相似，验证了 Ce-ZnO NRDs$_{0.5}$@TW 在紫外保护中的有效性。已知 UVA 暴露可诱导 DNA 链断裂，导致组蛋白 H2AX 在丝氨酸139（γ-H2AX）处磷酸化[56]。这种组蛋白通常用作此类断裂的敏感标记。为了鉴定 DNA 损伤，在石蜡包埋的皮肤切片上进行γ-H2AX 免疫染色，γ-H2AX 的荧光强度记录在图 8-25（b）（绿色部分）中。在 C 组的皮肤切片中，我们没有检测到任何γ-H2AX 阳性染色的细胞核，与 Ce-ZnO NRDs$_{0.5}$@TW 屏蔽的 T 组的结果相似（0.06±0.04）。相反，来自 O 组的皮肤切片显示γ-H2AX 的荧光强度增加 17 倍（1.1±0.1），其中鉴定出许多γ-H2AX 阳性染色的细胞

核。该结果证实了利用 Ce-ZnO NRDs$_{0.5}$@TW 作为窗口材料可以有效地阻止小鼠皮肤组织受 UVA 辐射而导致的 DNA 断裂。综上所述,Ce-ZnON RDs@TW 具有优异的紫外线屏蔽性能、高透明度和适宜的雾度,具有作为光电过滤智能窗应用的候选者的巨大潜力。

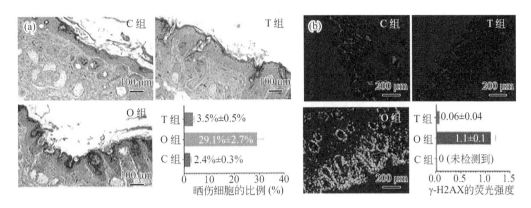

图 8-25 (a) H&E 染色组织切片、(b) γ-H2AX 免疫组织化学染色组织切片

(扫描封底二维码可查看本书彩图,下同)

通过加速紫外老化试验,研究了 Ce-ZnO NRDs$_{0.5}$@TW 的紫外屏蔽性能。将两个 Ce-ZnO NRDs$_{0.5}$@TW 样品 [一个未经处理,另一个经过 120 h 紫外老化测试 (340 nm,30 W/m$^2$)] 用作白杨切片表面的紫外线屏蔽层,这两个样品分别定义为 C 组和 D 组 (图 8-26)。

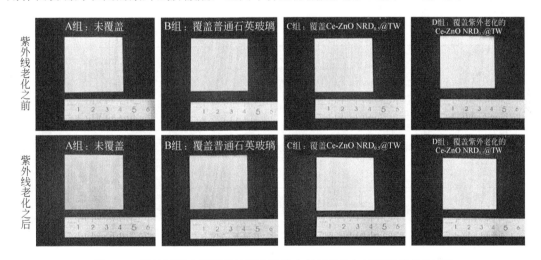

图 8-26 设计了具有不同保护覆盖物的木材切片的加速紫外线老化试验

为了进行对照,包括另外两组:一组没有保护性覆盖物(A 组),另一组用普通石英玻璃覆盖木片(B 组)。所有四组均暴露于连续的紫外线照射(13 MJ/m$^2$,120 h),相当于在中国北京暴露 29 天[57],如图 8-27 所示。紫外线老化试验后,A 组和 B 组的木材样品明显变黄,表明紫外线诱导的光致变色和普通石英玻璃的紫外线防护能力可忽略不计。相比之下,在 C 组和 D 组的木材切片中几乎没有可辨别的颜色变化。

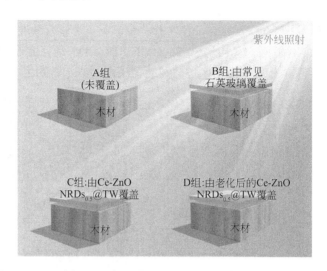

图 8-27　加速紫外老化实验测试示意图

　　$\Delta L^*$、$\Delta a^*$、$\Delta b^*$ 和 $\Delta E^*$ 是 CIELAB 颜色系统中的四个关键参数,可提供有关木材颜色变化的定量信息。在图 8-28 (a) 中,$\Delta L^*$ 变为负值,表明木材样本变暗。较高的 $\Delta a^*$、$\Delta b^*$ 和 $\Delta E^*$ 值分别表示较深的红色、较深的黄色和较大的整体颜色变化(图 8-28)。对于 C 组和 D 组,与 A 组和 B 组相比,四个参数的变化要小得多(仅为 1/10~1/4)。此外,C 组中的 4 个参数与 D 组中的非常相似,表明 120 h 的紫外老化预处理对 Ce-ZnO NRDs$_{0.5}$@TW 的紫外屏蔽能力的影响非常小。

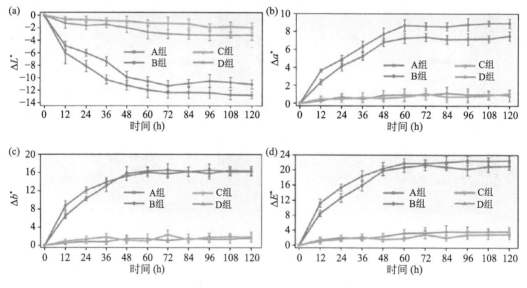

图 8-28　木材切片的 $\Delta L^*$ (a)、$\Delta a^*$ (b)、$\Delta b^*$ (c) 和 $\Delta E^*$ (d) 变化

　　Ce-ZnO NRDs$_{0.5}$@TW 在 120 h 紫外老化前后的相似紫外-可见光透射光谱也支持了这种出色的紫外线屏蔽性能和耐久性(图 8-29)。

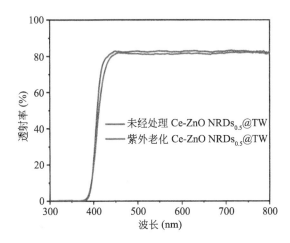

图 8-29　紫外老化 120 小时前后 Ce-ZnO NRDs$_{0.5}$@TW 的紫外-可见透射光谱

## 8.1.7　抗真菌性、隔热、机械强度和隔音性能分析

在建筑应用的背景下，Ce-ZnO NRDs@TW 的一些其他性质，例如，抗真菌性能、隔热、机械强度和隔音也是至关重要的。例如，抗真菌特性是必不可少的，因为霉菌生长不仅会使木制品变质，还会引发过敏、支气管炎、脑感染、甲真菌病和肺炎[58]。图 8-30 显示了NW 和 CeZnONRDs$_{0.5}$@TW 对木材腐烂真菌的抗性。在 5 周的腐烂试验中，白色腐烂真菌变色栓菌几乎完全覆盖了样品，而褐腐真菌仅部分覆盖了样品，分别造成 21.0%±1.6% 和9.7%±1.3%的重量损失。相比之下，Ce-ZnO NRDs$_{0.5}$@TW 几乎不受白色和褐腐真菌的感染，保持清洁的表面和边缘，重量损失分别为 3.2%±0.6% 和 2.9%±0.5%。Ce-ZnO NRDs$_{0.5}$@TW 的优异抗真菌性能可能归因于 Ce-ZnO 的高光催化抗菌活性，破坏了真菌细胞组成。

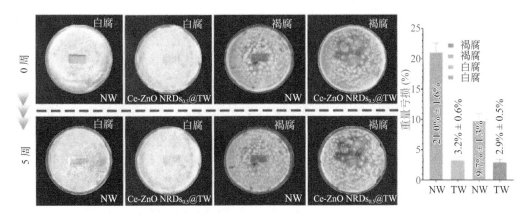

图 8-30　NW 和 Ce-ZnO NRDs$_{0.5}$@TW 的抗真菌性能

图 8-31 显示 Ce-ZnO NRDs$_{0.5}$@TW 的热导率为 0.39 W/(m·K)，略高于 NW 的热导率[0.26 W/(m·K)]，因为引入了 PMMA，但与 TW 的热导率 [0.41 W/(m·K)] 相当。该值仅为普通建筑材料的 1/2～1/7，例如，玻璃 [1.13 W/(m·K)]、普通混凝土 [1.28 W/(m·K)]、钢

筋混凝土 [1.74 W/(m·K)]、大理石 [2.91 W/(m·K)]、压实黏土 [1.16 W/(m·K)] 和水泥砂浆 [0.93 W/(m·K)]。低热导率有助于减少热损失，使 Ce-ZnO NRDs$_{0.5}$@TW 成为节能材料。

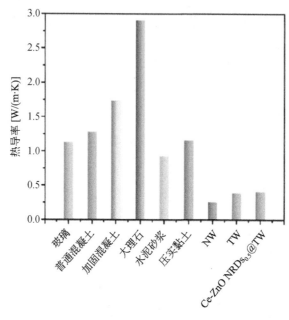

图 8-31　NRDs$_{0.5}$@TW 和普通建筑材料的热导率

为进一步验证 Ce-ZnO NRDs$_{0.5}$@TW 的节能性能，根据国家标准《公共建筑节能设计标准》（GB 50189—2005），对普通无机玻璃窗和 Ce-ZnO NRDs$_{0.5}$@TW 窗的能耗进行计算。年单位容积采暖能耗 [$q_v$，kJ/(m$^3$·a)] 按下式计算：

$$q_v = 86.4S \times \bar{k} \times \mathrm{HDD18} \tag{8-16}$$

$$\bar{k} = \left(1 - \frac{1}{SH}\right)k_e + \frac{1}{SH}k_R \tag{8-17}$$

$$k_e = \mathrm{WWR} \times k_{win} + (1 - \mathrm{WWR})k_m \tag{8-18}$$

其中，$S$ 是形状系数（m$^{-1}$），$H$ 是建筑物高度（m），WWR 是窗墙比，$\bar{k}$ 是外围护结构的平均传热系数 [W/(m$^2$·℃)]，$k_{win}$ 和 $k_R$ 分别是窗和屋顶的传热系数 [W/(m$^2$·℃)]，$k_m$ 是壁面平均传热系数 [W/(m$^2$·℃)]，HDD18 是基于 18℃ 的加热度天数；$k_e$ 是外窗和外墙的等效传热系数 [W/(m$^2$·℃)]。根据文献数据，以中国沈阳的一栋现有办公楼为例。沈阳位于北纬41.80°，东经 123.38°，属于严寒气候，HDD18 为 3929℃，采暖期 150 天。该砖混结构建筑的 $S$ 值为 0.24 m$^{-1}$，WWR 值为 0.30，每层的 $H$ 值约为 3 m（共 3 层）（表 8-9）。

表 8-9　以沈阳市某既有办公楼为例，介绍了两种窗型年采暖能耗计算的关键参数

| 电极材料 | 窗墙比<br>(WWR) | 形状因素<br>($S$, m$^{-1}$) | 高度<br>($H$, m) | 加热度天数<br>（HDD18） | $k_m$<br>[W/(m$^2$·℃)] | $k_R$<br>[W/(m$^2$·℃)] | $k_{win}$<br>[W/(m$^2$·℃)] | $k_e$<br>[W/(m$^2$·℃)] | $q_v$<br>[W/(m$^2$·℃)] |
|---|---|---|---|---|---|---|---|---|---|
| 浮法玻璃 | 0.30 | 0.24 | 9 | 3929 | 1.25 | 1.25 | 2.60 | 1.66 | $1.5 \times 10^9$ |
| CeZnO<br>NRDs$_{0.5}$@<br>TW | 0.30 | 0.24 | 9 | 3929 | 1.25 | 1.25 | 1.19 | 1.23 | $1.31 \times 10^9$ |

外墙（由 490 mm 砖墙和 20 mm 双层灰泥组成）的 $k_m$ 值为 1.25 W/(m²·℃)。假设屋顶材料与外墙材料相同，则认为 $k_R$ 的值等于 $k_m$。对于普通玻璃窗（普通浮法玻璃），$k_w$ 值为 2.6 W/(m²·℃)。因此，计算出该建筑围护结构的 $q_v$ 值为 $1.55 \times 10^9$ kJ/(m³·a)。为了在使用 Ce-ZnO NRDs$_{0.5}$@ TW 窗口时计算 $q_v$，我们进行了测量以确定其传热系数。在 1.19 W/(m²·℃) 的温度下，建筑围护结构的 $q_v$ 降低了 15.5%，为 $1.31 \times 10^9$ kJ/(m³·a)，从而证明了 CeZnO NRDs$_{0.5}$@TW 显著的节能能力。

为了进一步评估 Ce-ZnO NRDs$_{0.5}$@TW 在窗户应用中的节能潜力，我们使用 EnergyPlus 8.2.0 软件对美国和中国的代表性城市进行了能源建模。选择了采用 Ce-ZnO NRDs$_{0.5}$@TW 作为双层窗材料的中高层住宅作为研究对象。图 8-32（a）显示了双窗格 CeZnONRDs$_{0.5}$@TW 窗户与选定的美国 16 个城市，根据美国能源部（DOE）中消耗的基准能量相比的结果。表明，采用双窗格 Ce-ZnO NRDs$_{0.5}$@TW 窗户与基线相比，平均每年节省能源 20 MJ/m²。值得注意的是，冬季极端寒冷的城市显示出更加显著的供暖节能潜力：如纽约（39.5 MJ/m²）、芝加哥（40.7 MJ/m²）、海伦娜（44.7 MJ/m²）、明尼阿波利斯（50.7 MJ/m²）和德卢斯（53.5 MJ/m²）。对于中国城市，我国没有建立基准能源标准，基准被定义为使用普通双窗格石英玻璃时消耗的能源。研究结果继续表明，我国北方地区的供暖节能潜力更大。图 8-32（b）显示了在不同气候区使用双窗格 Ce-ZnO NRDs$_{0.5}$@TW 窗户与普通双窗格二氧化硅玻璃相比所实现的潜在节能。在严寒地区，能耗降低 35~45 MJ/m²，寒冷地区降低 25~30 MJ/m²，夏热冬冷地区降低 10~20 MJ/m²。

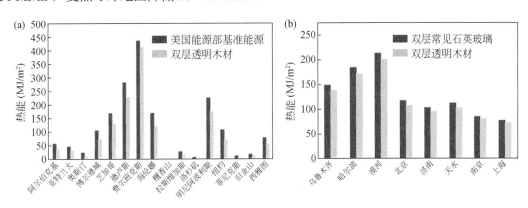

图 8-32　使用 EnergyPlus 8.2.0 的双窗格 Ce-ZnO NRDs$_{0.5}$@TW 窗户的节能模型

（a）与 DOE 基线相比，美国 16 个城市冬季的供暖节能；（b）与普通双窗格石英玻璃相比，

中国 8 个城市的取暖能源节省情况

图 8-33 显示了 NW、木质素改性木材（LW）和 Ce-ZnO NRDs$_{0.5}$@TW 在纵向（$L$）和横向（$T$）上的拉伸应力-应变图。$L$ 方向是指平行于木材孔道方向的施加应力，而 $T$ 方向表示垂直木材孔道方向的拉力。NW 在 $L$ 和 $T$ 方向的拉伸强度分别为（44.7±2.5）MPa 和（4.80±0.33）MPa。木质素改性使 LW 的抗拉强度略有下降，分别为（38.0±1.1）MPa 和（4.52±0.35）MPa。相比之下，由于 PMMA 和纳米颗粒的引入，Ce-ZnONRDs$_{0.5}$@TW 在 $L$ 方向［（119.6±6.0）MPa］和 $T$ 方向［（35.5±3.9）MPa］上具有显著更高的拉伸强度。

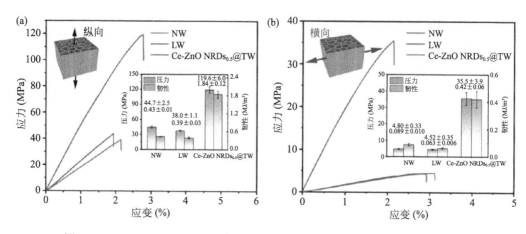

图 8-33 Ce-ZnO NRDs$_{0.5}$@TW 在（a）$L$ 和（b）$T$ 方向上的拉伸应力-应变曲线

虽然玻璃的抗拉强度（165 MPa）[47] 超过了 Ce-ZnO NRDs$_{0.5}$@TW，但当受到负载时，它有突然失效的风险，并且应变有限（仅 0.004%）。此外，Ce-ZnO NRDs$_{0.5}$@TW 的 $L$ 和 $T$ 方向应变分别为 2.80%±0.27% 和 2.11%±0.35%，比普通钠钙玻璃高出 3 个数量级。Ce-ZnO NRDs$_{0.5}$@TW［（1.84±0.12）MJ/m$^3$］在 $L$ 方向表现出比标准玻璃（0.003 MJ/m$^3$）、NW ［（0.43±0.01）MJ/m$^3$］和 LW［（0.39±0.03）MJ/m$^3$］高得多的断裂韧性（表 8-10）。

表 8-10 NW、LW 和 Ce-ZnO NRDs$_{0.5}$@TW 的力学性能比较

| 样品 | 方向 | 拉伸强度（MPa） | 拉伸模量（GPa） | 强度重量比（MPa·cm$^3$/g） | 韧性（MJ/m$^3$） |
|---|---|---|---|---|---|
| NW | | 44.7±2.5 | 2.59±0.34 | 2.02±0.13 | 0.43±0.01 |
| LW | 纵向 | 38.0±1.1 | 2.01±0.15 | 2.04±0.17 | 0.39±0.03 |
| Ce-ZnO NRDs$_{0.5}$@TW | | 119.6±6.0 | 5.11±0.38 | 2.80±0.27 | 1.84±0.12 |
| NW | | 4.80±0.33 | 0.18±0.01 | 3.09±0.35 | 0.089±0.010 |
| LW | 横向 | 4.52±0.35 | 0.17±0.01 | 3.01±0.13 | 0.063±0.006 |
| Ce-ZnO NRDs$_{0.5}$@TW | | 35.5±3.9 | 2.07±0.25 | 2.11±0.35 | 0.42±0.06 |

此外，Ce-ZnO NRDs$_{0.5}$@TW 具有低体积密度（1.02 g/cm$^3$），提供了 117.3 MPa·cm$^3$/g（$L$ 方向）和 34.8 MPa·cm$^3$/g（$T$ 方向）的高强度重量比，这远远高出其他建筑材料，如浮法玻璃的数据（6.4～11.4 MPa·cm$^3$/g）、黏土空心砖（0.4～2.4 MPa·cm$^3$/g）、混凝土（0.4～2.1 MPa·cm$^3$/g）、大理石（1.4～4.6 MPa·cm$^3$/g）和花岗岩（2.7～8.9 MPa·cm$^3$/g），如表 8-11 和图 8-34 所示。

噪声污染不仅会导致或促成烦恼和睡眠障碍，还会导致心脏病发作和耳鸣[62-64]。隔音性能通过使用声阻抗管测量的平均吸声系数（$\alpha$）进行评估（图 8-35）。根据 125 Hz、250 Hz、500 Hz、1000 Hz、2000 Hz 和 4000 Hz 这六个频率计算 $\alpha$ 值（噪声控制工程中六个常用倍频程频带的中心频率[65]）。Ce-ZnO NRDs$_{0.5}$@TW 的 $\alpha$ 频率值约为 0.303，比玻璃（0.058）高 4.2 倍，甚至比混凝土（0.018）和大理石（0.015）高 1 个数量级[66]。结果表明 Ce-ZnO

NRDs<sub>0.5</sub>@TW 具有优异的隔音性能。

NRDs$_{0.5}$@TW 具有优异的隔音性能。

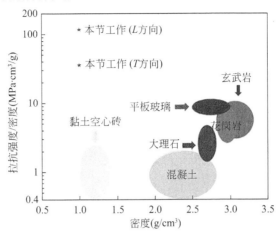

图 8-34　常用建筑材料的体积密度和强度重量比

**表 8-11　常用建筑材料的体积密度和强度重量比**

| 建筑材料 | 体积密度（g/cm³） | 拉伸强度（MPa） | 强度重量比（MPa·cm³/g） |
|---|---|---|---|
| Ce-ZnO NRDs$_{0.5}$@TW | 1.02 | 119.6（纵向）<br>35.5（横向） | 117.3（纵向）<br>34.8（横向） |
| 黏土空心砖 | 1~1.4 | 0.6~2.4 | 0.4~2.4 |
| 混凝土 | 1.9~2.8 | 1.0~4.0 | 0.4~2.1 |
| 花玻璃 | 2.5~3.0 | 19.3~28.4 | 6.4~11.4 |
| 大理石 | 2.6~2.8 | 4.0~12.0 | 1.4~4.6 |
| 花岗岩 | 2.8~3.1 | 7.0~25.0 | 2.7~8.9 |
| 玄武岩 | 2.8~3.3 | 10.0~30.0 | 3.0~10.7 |

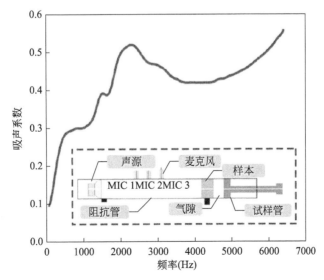

图 8-35　Ce-ZnO NRDs$_{0.5}$@TW 的吸声系数曲线（插图为声阻抗管的结构）

采用锥形量热仪（CONE）对 Ce-ZnO NRDs$_{0.5}$@TW 的燃烧性能进行了研究。由于木材和 PMMA 等主要成分的可燃性，将样品在透明液体硅酸钠中浸泡三次并风干，以提高其阻燃性。根据表 8-12 和图 8-36，Ce-ZnO NRDs$_{0.5}$@TW 具有 9 s 的点燃时间（TTI）、2057.8 kW/m$^2$ 的高峰热释放速率（PHRR）、425.9 kW/m$^2$ 的平均 HRR（MHRR）、128.1 kW/m$^2$ 的总热释放（THR）和 40.9 MJ/kg 的高峰有效燃烧热（PEHC）。硅酸钠是一种常用的无机膨胀材料，可形成固体泡沫层，防止火焰和烟雾。将 Ce-ZnO NRDs$_{0.5}$@TW 浸入液体硅酸钠中可使 TTI 延长 53 s。此外，PHRR、MHRR、THR 和 PEHC 分别降至 382.0 kW/m$^2$、139.6 kW/m$^2$、42.0 kW/m$^2$ 和 14.3 MJ/kg。

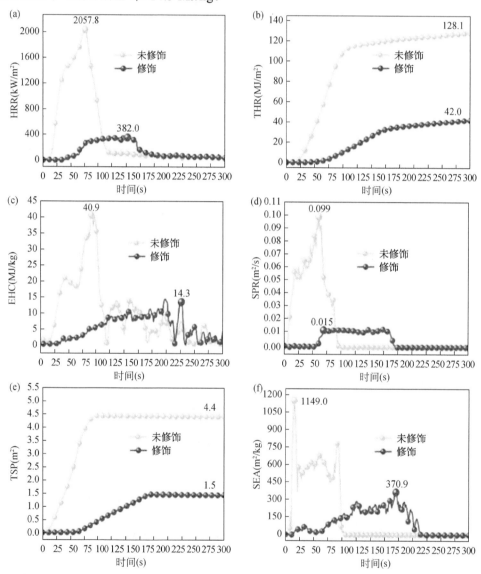

图 8-36　硅酸钠改性前后 Ce-ZnO NRDs$_{0.5}$@TW 的燃烧性能

（a）HRR；（b）THR；（c）EHC；（d）SPR；（e）TSP；（f）SEA

**表 8-12　硅酸钠改性前后 Ce-ZnO NRDs$_{0.5}$@TW 的 CONE 测试参数**

| 样品 | 阻燃性能 | | | | | | 抑烟性能（cm$^3$/g） | | |
|---|---|---|---|---|---|---|---|---|---|
| | TTI<br>（s） | PHRR<br>（kW/m$^2$） | MHRR<br>（kW/m$^2$） | THR<br>（MJ/m$^2$） | PEHC<br>（MJ/kg） | MEHC<br>（MJ/kg） | PSPR<br>（m$^2$/s） | TSP<br>（m$^2$） | MSEA<br>（m$^2$/kg） |
| Ce-ZnO NRDs$_{0.5}$@TW | 9<br>±2.6 | 2057.8<br>±190.3 | 452.9<br>±2.5 | 128.1<br>±0.8 | 40.9<br>±5.9 | 10.1<br>±2.3 | 0.099<br>±0.024 | 4.4<br>±0.7 | 166±12.5 |
| 硅酸钠改性 Ce-ZnO<br>NRDs$_{0.5}$@TW | 62<br>±4.4 | 382.0<br>±67.1 | 139.6<br>±0.21 | 42.0<br>±7.8 | 14.3<br>±4.6 | 5.2<br>±1.4 | 0.015<br>±0.003 | 1.5<br>±0.2 | 108.2<br>±11.7 |

　　除了这些热特性外，人们还普遍关注材料在燃烧过程中的 CO/CO$_2$ 释放情况。硅酸钠改性前后 Ce-ZnO NRDs$_{0.5}$@TW 的 CO 的释放浓度和 CO$_2$ 的释放浓度结果如图 8-37（a）和（b）所示，其中 Ce-ZnO NRDs$_{0.5}$@TW 峰值烟雾产生率（PSPR）、总烟雾产生量（TSP）、平均比消光面积（MSEA）、平均 CO 产率（MCOY）和平均 CO$_2$ 产率（MCO$_2$Y）从 0.099 m$^2$/s 在硅酸钠改性后分别急剧下降到 0.015 m$^2$/s，从 4.4 m$^2$ 下降到 1.5 m$^2$，166.4～108.2 m$^2$/kg、0.015～0.004 kg/kg 和 0.170～0.110 kg/kg。比较燃烧后形态［图 8-37（c）］，浸入液体硅酸钠中导致燃烧产物体积增加，其特征是表面具有丰富的多孔网络[68]。这些网络是由液态硅酸钠膨胀而成，而产生的二氧化硅具有低导热性，增强了材料的隔热和阻燃性能。这些结果验证了阻燃改性的有效性。

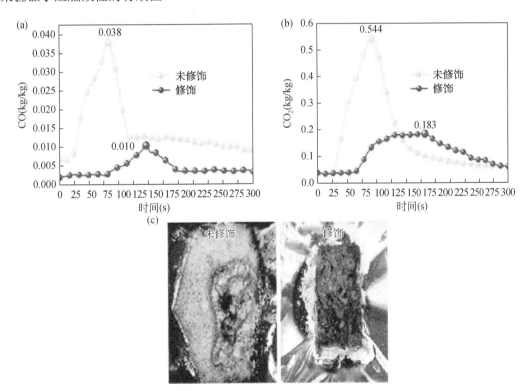

图 8-37　硅酸钠改性前后 Ce-ZnO NRDs$_{0.5}$@TW 的（a）CO 的释放浓度、（b）CO$_2$ 的释放浓度、
（c）燃烧后形态的数码照片

综上所述，Ce-ZnO NRDs@TW 集紫外线屏蔽功能、抗真菌能力、节能能力、机械强度和隔音性能于一体，在未来可用作滤光智能窗、汽车挡风玻璃和定制生物试验容器等的结构材料（图 8-38）。

用于房屋和汽车屋顶的具有紫外线屏蔽功能的透明木材

由低导热透明木材制成的节能窗

透明防霉桌

图 8-38　Ce-ZnO NRD@TW 的潜在应用示意图

## 8.1.8　小结

本节我们提出了一种高压超临界 $CO_2$ 流体辅助浸渍策略，将木质素改性的木材模板与强紫外吸收的双价 Ce 掺杂 ZnONRDs 和高折射率匹配聚合物（如 PMMA）相结合。通过超临界 $CO_2$ 流体精炼木材骨架，并提高木材模板、PMMA、Ce-ZnO NRDs 之间的兼容性。更重要的是，在透明木材中同时实现 99.6% 的 UVA 阻挡和 83.2% 的可见光透射率。同时还制备了大尺寸 Ce-ZnO NRDs@TW（在"分米"级）作为用于模型建筑的窗口材料。研究结果证实，即使在暴露于 270 J/cm² 的高辐射剂量后，这种材料也能为室内裸鼠的皮肤组织（包括高度 UVA 敏感的 DNA）提供几乎完全的 UVA 保护。此外，Ce-ZnO NRDs@TW 实现了优异的节能能力，良好的吸声性能，高强度重量比和强抗真菌性能。这种多功能特性使其成为未来建筑物中普通玻璃的有吸引力的替代品。

# 8.2　氟氯硅烷/硅酸钠/透明竹材基热-烟阻隔材料

## 8.2.1　引言

在过去的 50 年里，石英玻璃作为建筑行业中广泛使用的透明材料，越来越多地被用作基本的建筑材料（图 8-39）。

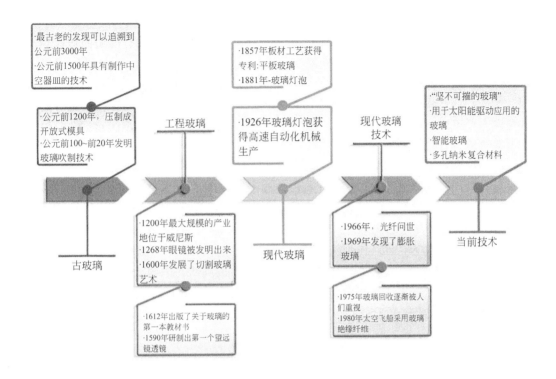

图 8-39　玻璃制造史上的重要里程碑

2020 年全球玻璃产量达到约 1.3 亿吨[69]。尽管具有高透明、化学惰性和原材料丰富等优点，但传统石英玻璃仍然面临着挑战，包括脆性（据报道韧性仅为 0.003 MJ/m³）、高密度以及制造过程中大量的 $CO_2$ 及温室气体的排放[70-72]。此外，玻璃废物的不可生物降解特性在全球范围内构成了重要的环境问题[73]。废弃的无机玻璃在环境中的自发分解通常需要数百万年[74]。因此，开发新型环保透明材料，用于未来的可持续建筑已成为当务之急。

近年来，由于透明木材具有高透明度、优异的机械强度和隔热性能等显著特征，引起了广大学者们的兴趣[75-78]。这种开创性的材料是通过去除或修改木材的光吸收成分，然后在模板中注入具有与木材相匹配的折射率的聚合物来制备的。然而，在利用透明木材方面存在若干限制：①全球木材短缺，特别是在中国，尽管通过种植园增加产量，但预计到 2050 年工业圆材的需求将超过供应[79]；②在透明木材中使用聚合物使其极易着火，构成潜在危险；③需要进一步增强透明木材的功能性质，使其超出其基本的光学和机械属性。

竹子，通常被称为"第二森林"，拥有快速的生长和再生速度，使其能够在生长后 4～7 年内成熟并用作建筑材料。竹子的产量是木材的 4 倍，以其卓越的效率而闻名。在化学成分方面，竹子与木材有相似之处，主要由木质素、纤维素和半纤维素组成。此外，竹子的内部层次结构与木材非常相似，由于整齐排列的垂直通道，具有高孔隙率和渗透性。这种特性表明竹在透明复合材料生产中具有巨大的应用潜力。透明竹具有三个相较于传统的石英玻璃的优势。首先，竹子原料的丰富和可再生性符合环境可持续性目标。其次，透明竹子具有高透光率和雾度，在促进室内自然光进入的同时还能实现隐私[81, 82]。最后，竹模板的低密度和出色的温度和湿度调节能力进一步使其成为传统玻璃的有前途的替代品。透明竹已经在有限数量的研究中进行了探索[83, 84]，其透明度归因于浸渍的有机聚合物。在各种类型的有机聚合物中，EP 和 PMMA 是最常用的，这是由于它们具有卓越的光学和机械性能。然而，这些聚合物在燃烧过程中会释放大量的热量和有毒烟雾，存在显著的火灾危险并危及人类安全。因此，一个巨大的挑战在于开发能够同时提供卓越的光学性能和阻燃性的透明竹复合材料。

考虑到这些问题，在本节研究中，我们开发了一种新型的阻燃透明竹材，通过使用一个简单而有效的真空浸渍技术，浸渍无机液体硅酸钠（$Na_2O \cdot nSiO_2$）到脱木素竹结构中。随后，对其进行疏水处理。结果表明，这种阻燃透明竹材具有显著的热、烟和 CO 释放减少的特点，这归因于三层阻燃屏障（包括顶部硅烷层、通过 $Na_2SiO_3$ 在表面上水解-缩合形成的 $SiO_2$ 中间层和 $Na_2SiO_3$ 内层），并且该阻燃透明竹材还具有超疏水性，接触角高达154.7°。此外，它还具有出色的光学性能，包括71.6%的高透光率和96.7%的雾度值。这些特性使其能够用作光管理层，当用作钙钛矿太阳能电池（PSC）的基板时，可将整体功率转换效率（PCE）显著提高15.29%。

## 8.2.2 氟氯硅烷/硅酸钠/透明竹材的制备

### 8.2.2.1 试验材料

从浙江德昌竹木有限公司采购扁平竹板（*Phyllostachys heterocyola*）作为原材料。其他化学品，包括亚氯酸钠（$NaClO_2$，80%）、冰醋酸（$CH_3COOH$）、无水乙醇（$C_2H_5OH$）、液体硅酸钠（$Na_2O \cdot nSiO_2$，$n=2.25$）、PFTS 和 TMCS，均购自上海阿拉丁试剂有限公司，并且不经进一步纯化。

### 8.2.2.2 竹子的脱木质素

开始脱木质素过程之前，将竹条切成 0.3 cm 厚的薄片，然后用蒸馏水和无水乙醇仔细洗涤以去除任何杂质。随后，在 105℃的烘箱中干燥切片 30 min。然后将这些制备的切片浸入 pH 为 4.6 的 4% $NaClO_2$ 溶液（使用冰醋酸调节）中，并在 85℃的反应器中浸泡 2 h。完成后，从溶液中取出样品，用蒸馏水和无水乙醇冲洗 3 次，以消除任何残留的化学品。最后，将脱木质素的竹子在 105℃下干燥。

### 8.2.2.3 透明竹的制备

脱木质素和干燥后，将脱木质素的竹片置于烧杯底部，并将其浸入硅酸钠溶液中。随后，将溶液在 200 Pa 的真空下脱气以从竹片中除去任何气体。5 h 后，释放真空，使脱木质素的竹片在大气压下充满硅酸钠。然后将所得的透明竹样品（命名为 LSS-TB）置于砂膜纸上并在室温下放置 24 h 以使硅酸钠固化。一旦完全固化，使用浸涂方法用 PFTS 和 TMCS 以体积比 1∶1 的混合溶液涂覆在透明竹样品表面。将该涂覆的样品标记为 PFTS-TMCS@

LSS-TB。

### 8.2.2.4　PSC 的组装

PSC 的组装和主要组分的制备是基于文献［56,60］中描述的方法。在组装之前，使用 2 英寸（1 英寸=2.54 厘米）的氧化铟锡$(In_2O_3)_{0.9}(Sn_2O_3)_{0.1}$ 盘作为用于脉冲激光沉积的目标用以涂覆透明竹。作为组装过程的一部分，将 $TiO_x$ 溶液旋涂到预清洁的 ITO 涂覆的透明竹基材上。将涂覆的基底在 150℃下干燥 30 min，然后转移到手套箱中。接着，将钙钛矿溶液涂布到 $TiO_x$ 层上，随后以 1000 r/min 旋涂 10 s，然后以 4000 r/min 旋涂 30 s，其中斜坡速度为 2000 rpm/s。在进入第二旋涂步骤 15 s 后，将 200 μL 无水氯苯作为反溶剂注入到膜上。将钙钛矿膜放在热板上在 100℃下进一步退火 60 min。随后，在过氧化物薄膜上旋涂一层 Spiro-OMeTAD 层。最后，利用阴影掩膜以 0.03 nm/s 的速度蒸发出厚度为 100 nm 的金电极，从而完成了 PSC 的制造。

### 8.2.2.5　表征技术

使用配备有 EDX 检测器的 Zeiss Sigma 300 SEM 分析样品的微观结构。在观察之前，用 Au 真空喷涂样品。使用 Thermo Scientific 尼科莱 iS5 光谱仪获得 FTIR 光谱，分辨率为 4 cm$^{-1}$，波数范围为 4000～400 cm$^{-1}$。XRD 图谱使用 Bruker D8 Advance TXS X 射线衍射仪以 4°/min 的扫描速率（$2\theta$）用 Cu Kα（目标）辐射（$\lambda$=1.5418 nm）获得，在 40 kV 和 90 mA 下操作。使用 XPS 和 Thermo Scientific K-Alpha 仪器分析表面化学组成。静态接触角用 JY-82b 型 Kruss DSA 100 接触角分析仪测定。使用 TGA 5500 TG 分析仪在 $O_2$ 环境中以 20℃/min 的加热速率研究热稳定性。使用 Lambda 950 可见光分光光度计测量样品的透射光谱，使用 Diffusion EEL 57 D 雾度计评估样品雾度。根据 ISO 5660-2 标准进行锥形试验，使 100 mm（长）×100 mm（宽）×3 mm（厚）的样品在水平位置经受 50 kW/m$^2$ 的热通量。每次试验重复三次，以确保一致性。

### 8.2.2.6　力学性能测试

使用万能试验机（CMT 6502，济南晨鑫试验机制造有限公司）以 10 mm/min 的恒定速度进行力学性能测试。根据中国国家标准 GB/T 15780—1995《竹材物理力学性质试验方法》中概述的指南制备拉伸试样。样品的尺寸为 160 mm×10 mm×$t$ mm（其中"$t$"表示径向厚度）。将试样宽度的中间部分修剪为 2 mm，类似于哑铃的形状，标距长度为 60 mm。为了确保准确性和可靠性，每组重复进行 6 次测试。拉伸强度（$\sigma_t$）和拉伸弹性模量（$E_t$）使用等式（8-19）和式（8-20）计算。

$$\sigma_t = \frac{P_{\max}}{bt} \tag{8-19}$$

式中，$P_{\max}$ 为破坏荷载；$b$ 和 $t$ 分别为哑铃形试样中部的宽度和厚度。

$$E_t = \frac{\Delta\sigma}{\Delta\varepsilon} \tag{8-20}$$

其中，$\Delta\sigma$ 表示弹性区域中的最大应力值与最小应力值之间的变化，并且 $\Delta\varepsilon$ 表示弹性区域内的最大应变值与最小应变值之间的差。

利用 CMT 6502 型万能力学试验机，采用三点弯曲装置，对竹材试样的弯曲性能进行了测试。对于弯曲试验，基于标准 GB/T 15780—1995，所用样品的尺寸为 160 mm×10 mm ×$t$ mm。弯曲试验的跨度设定为 120 mm，十字头速度保持在 10 mm/min。该试验重复进行 6 次，以确保结果一致。弯曲强度（$\sigma_b$）和弯曲弹性模量（弯曲 MOE，$E_b$）通过方程式（8-21）和式（8-22）计算：

$$\sigma_b = \frac{3P_{max}L}{2bh^2} \tag{8-21}$$

式中，$L$ 为跨长；$b$ 和 $h$ 分别为试样的宽度和高度。

$$E_b = \frac{PL^3}{4bh^3 f} \tag{8-22}$$

式中，$P$ 表示在弹性区域中经历的最大和最小载荷之间的变化，$f$ 表示在同一弹性区域内的最大位移和最小位移之间的变化。

### 8.2.3 氟氯硅烷/硅酸钠/透明竹材的制备流程

图 8-40 显示了阻燃、抑烟和超疏水透明竹材的制备策略。竹材的特征颜色源于木质素的光吸收能力，约占竹材光吸收的 80%～95%，而纤维素和半纤维素是光学无色的，并不有助于竹材的不透明性质。因此，脱木素成为获得透明竹材的关键步骤。此外，竹材密集

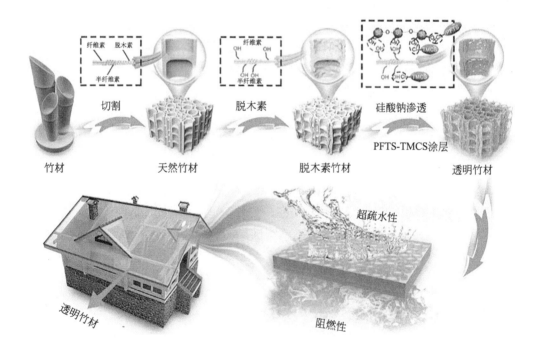

图 8-40  阻燃抑烟超疏水透明竹材的制备方法示意图

的维管束组织和胶质物质对修饰试剂的有效渗透提出了挑战。已有研究证实，去除木质素可提高竹子的孔隙度和渗透性[85]。因此，在脱木素后，采用真空浸渍的方法，将液态硅酸钠引入竹材内部，从而得到透光率高的阻燃透明竹材。最后，采用浸涂法将全氟辛基三氯硅烷（PFTS）和三甲基氯硅烷（TMCS）的混合试剂接枝到阻燃透明竹材样品的表面[86-88]，从而赋予其优异的疏水性能。

## 8.2.4　化学成分和微观形貌分析

采用傅里叶变换红外光谱，对竹材在脱木素、液体硅酸钠渗透、PFTS-TMCS 包覆前后的化学成分进行分析与表征。如图 8-41 所示，天然竹材的特征吸收带主要来源于其 3 种主要成分：纤维素、半纤维素和木质素。3332 cm$^{-1}$ 处的谱带归因于羟基（O—H）的伸缩振动，而 2898 cm$^{-1}$ 处的谱带对应于亚甲基（CH—H）的伸缩振动[89]。此外，1725 cm$^{-1}$ 处的谱带与半纤维素中乙酰基的拉伸振动有关[90]，而木质素芳环上的 C=C 和 C—O 基团的拉伸振动分别产生了约 1619 cm$^{-1}$ 和 1252 cm$^{-1}$ 处的谱带[91]。此外，1518 cm$^{-1}$ 处的吸收带对应于木质素芳香骨架的拉伸振动，而 1370 cm$^{-1}$ 处的吸收带则与纤维素和半纤维素中的 C—H 弯曲振动有关[92]。1426 cm$^{-1}$、1158 cm$^{-1}$、1033 cm$^{-1}$ 和 896 cm$^{-1}$ 处的谱带归属于（C6）—CH$_2$ 弯曲、C—O—C 吡喃糖环骨架振动、C—O—C 伸缩振动和糖单元之间的 β-糖苷键，这些都是 FTIR 光谱中纤维素的特征[93]。

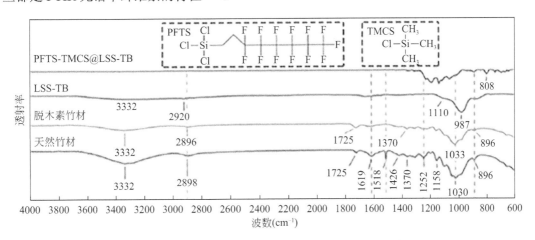

图 8-41　天然竹和透明竹的 FTIR 光谱（插图显示 PFTS 和 TMCS 的化学结构）

在脱木素后的竹材 FTIR 光谱中，木质素在 1619 cm$^{-1}$、1518 cm$^{-1}$ 和 1252 cm$^{-1}$ 处的特征谱带显著减少，表明大部分木质素被去除。此外，在液体硅酸钠透明竹（LSS-TB）的 FTIR 光谱中，出现了新的特征谱带，表明加入了新的官能团。例如，在 987 cm$^{-1}$ 处的特征带对应于 Si—O 键的拉伸振动，而在 1110 cm$^{-1}$ 处的肩带与 Si—O—Si 的对称收缩有关[94]，表明液体硅酸钠渗透到脱木素竹材的内部。此外，FTIR 分析显示，3332 cm$^{-1}$ 处的谱带变得更宽，表明竹材中游离羟基的数量减少，而缔合羟基的数量增加[95]。这种现象是由于竹材的—OH 基团与液体硅酸钠反应，形成 Si—O—C 键。PFTS-TMCS 改性后，在 808 cm$^{-1}$ 处观察到一个新的吸收带，对应于 Si—(CH₃)₃ 疏水基团[96]，表明在透明竹材表面成功构建了疏水层。FTIR 谱带及其归属总结见表 8-13。

表 8-13  FTIR 特征波段及其分配和来源

| 吸收波段(cm⁻¹) | 归属 | 来源 | 样品 |
|---|---|---|---|
| 3332 | O—H 拉伸 | 半纤维素<br>木质素<br>纤维素 | 天然竹材 |
| 2898 | CH—H 拉伸 | 半纤维素<br>木质素<br>纤维素 | 天然竹材 |
| 1725 | 乙酰基团中 C=O—H 拉伸 | 半纤维素 | 天然竹材 |
| 1619 | 芳香骨架 C=C 拉伸 | 木质素 | 天然竹材 |
| 1518 | 芳香骨架 C—C 拉伸 | 木质素 | 天然竹材 |
| 1252 | 芳香骨架 C—O 拉伸 | 木质素 | 天然竹材 |
| 1370 | C—H 弯曲 | 半纤维素<br>纤维素 | 天然竹材 |
| 1426 | (C6)—CH₂ 弯曲 | 纤维素 | 天然竹材 |
| 1158 | C—O—C 吡喃糖环骨架振动 | 纤维素 | 天然竹材 |
| 1033 | C—O—C 拉伸 | 纤维素 | 天然竹材 |
| 896 | 糖单元间的β-糖苷键 | 纤维素 | 天然竹材 |
| 987 | Si—O 拉伸 | 硅酸钠液体 | LSS-TB |
| 1110 | Si—O—Si 对称收缩 | 硅酸钠液体 | LSS-TB |
| 808 | Si—(CH₃)₃ 疏水基团 | PFTS-TMCS | PFTS-TMCS@LSS-TB |

采用 XRD 分析来研究天然竹材和脱木素竹材的晶体结构。脱木素竹材的 XRD 图谱与天然竹材一致。图 8-42 显示了位于 15.3°、17.0°和 21.8°的 3 个特征峰，这些峰归因于纤维素 Iβ 的（1Ī0）、（110）和（200）晶面[97]。很明显，脱木素过程没有改变纤维素的晶格结构。然而，通过消除无定形木质素，确实将结晶度指数从 55.4%增加到 73.7%，这是通过 Segal 方法测试的[98]。

对于 LSS-TB，在 2θ=20.8°和 26.6°处有 2 个新的衍射峰（图 8-43），它们分别很好地索引到 SiO₂（低温石英）的粉末衍射标准 JCPDS No. 87-2096 的（100）和（110）平面。SiO₂ 存在的可以解释为脱木质素竹材表面的液体硅酸钠与内部水发生水解，导致形成硅酸。随后，竹酸的 Si—OH 键与竹细胞壁上存在的水分或游离羟基发生脱水缩合，从而形成 Si—O—Si 或 Si—O—C 结构[99]。在 PFTS-TMCS 改性之后，PFTS-TMCS@LSS-TB 的 XRD 图谱显示出特征性的 Cl—Si 结构，这通过 SiCl₄ 的标准 JCPDS No.10-0220 证明的。

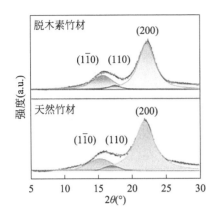

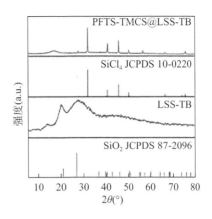

图 8-42　天然竹和脱木素竹的 XRD 图谱　　图 8-43　LSS-TB 和 PFTS-TMCS@LSS-TB 的 XRD 图谱

　　利用 XPS 分析来进一步研究 LSS-TB 和 PFTS-TMCS@LSS-TB 的化学官能团。LSS-TB 的 XPS 测量光谱 [图 8-44（a）] 显示在 103.1 eV、284.8 eV、531.1 eV 和 1071.1 eV 处分别检测到 4 种主要元素（Si、C、O 和 Na）。在 LSS-TB 的 C 1s 的高分辨率 XPS 光谱 [图 8-44（b）] 中，在 284.8 eV、286.4 eV 和 288.2 eV 处观察到 3 个拟合峰，分别对应于 C—C、C—O 和 O—C—O。LSS-TB 的 O 1s 和 Si 2p 的高分辨率 XPS 光谱 [图 8-44（c）、（d）] 在 530.7 eV 和 101.8 eV 处显示出 2 个峰，分别归因于 Si—O 和 Si—O—C 基团[100]。这些发现进一步证实了液体硅酸钠渗透到脱木素竹材的内部。

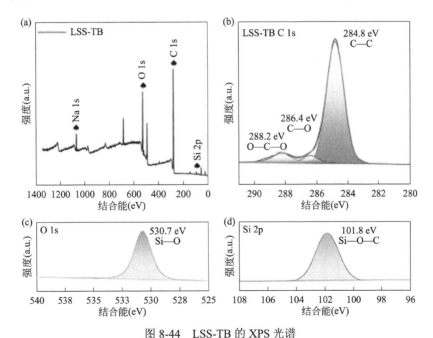

图 8-44　LSS-TB 的 XPS 光谱

（a）测量光谱、（b）C 1s 光谱、（c）O 1s 光谱；（d）Si 2p 光谱

　　PFTS-TMCS@LSS-TB 的 XPS 测量光谱如图 8-45（a）所示，显示了 F 元素的显著信

号，而 Na 信号减弱。该观察结果表明 LSS-TB 的表面被 PFTS-TMCS 封装。在图 8-45（b）中，PFTS-TMCS@LSS-TB 的 C 1s 的高分辨率 XPS 光谱在 283.3 eV、285.0 eV、286.6 eV、288.3 eV、291.6 eV 和 293.7 eV 处显示出 6 个拟合峰，分别对应于 C—Si、C—C、C—O、O—C—O、—CF$_2$ 和—CF$_3$[101]。此外，Si 2p 的高分辨率 XPS 光谱中的峰值出现在 103.4 eV 处［图 8-45（c）］，归因于 Si—O/Si—C/Si—Cl[102]。同时，在 PFTS-TMCS@LSS-TB 的 XPS Cl 2p 谱图中［图 8-45（d）］，Si—Cl 键的存在证明了氯硅烷接枝到了透明竹材的表面。高分辨率 F 1s 光谱在 690.4 eV 和 688.8 eV 处显示了 2 个拟合峰［图 8-45（e）］，分别与 PFTS 中的 CF$_3$ 和 CF$_2$ 基团相关。

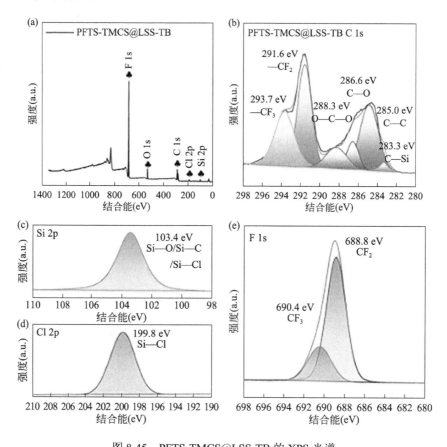

图 8-45　PFTS-TMCS@LSS-TB 的 XPS 光谱

（a）测量光谱；（b）C 1s 光谱；（c）Si 2p 光谱；（d）Cl 2p 光谱；（e）F 1s 光谱

另外，PFTS-TMCS 和 LSS-TB 之间的反应机制如图 8-46 所示。SEM 提供了对天然竹材和透明竹材的形态与结构的深入了解，如图 8-47 所示。图 8-47（a）、（e）、（i）和（m）中的图像分别示出了天然竹材、脱木质素竹材、LSS-TB 和 PFTS-TMCS@ LSS-TB 的宏观形态，其中黄色天然竹材在脱木质素后完全变为了白色。当从远处观察时，LSS-TB 和 PFTS-TMCS@LSS-TB 由于其高雾度特性而表现出微妙的半透明性。天然竹材的 SEM 图像［图 8-47（b）和（c）］显示了紧密排列的薄壁细胞，形状不规则，每个薄壁细胞沿树木生长方向的直径约为 50 μm。脱木质素后的三维各向异性多孔结构保持完整，细胞壁上观察到轻微的收缩。这种收缩表明泡孔壁刚度降低，从而促进浸渍剂的渗透[图 8-47（f）和（g）]。图 8-47（j）和（k）显示了 LSS-TB 的 SEM 图像，清楚地显示了竹薄壁细胞的间隙和孔被完全填充，证明了液体硅酸钠被有效地渗透到脱木质素竹材的内部区域中。这一结论进一步得到了 Si 元素在 EDX 映射图案结果的支持，与来自 FTIR、XPS 和 XRD 分析的发现一致，证实了液体硅酸钠的成功渗透。液体硅酸钠的加入提高了脱木质素竹骨架的阻燃性能。在用 PFTS 和 TMCS 进行疏水处理之后，填充的管腔变得模糊不清，被薄涂层取代[图 8-47（n）和（o）]。此外，PFTS-TMCS@LSS-TB 的 EDX 图谱表明 Cl 和 F 元素在 LSS-TB 表面上的均匀分布 [图 8-47（p）]。

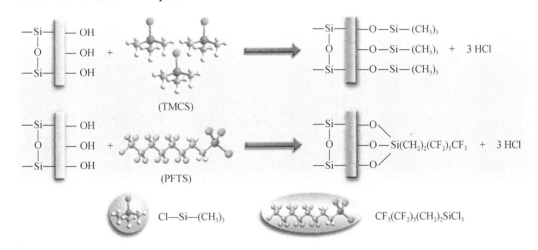

图 8-46　PFTS-TMCS 和 LSS-TB 之间的反应机制示意图

## 8.2.5　热稳定性和阻燃抑烟性能分析

我们进行了热重（TG）和差热重（DTG）分析，以评估天然竹材和 PFTS-TMCS@LSS-TB 的热稳定性。如图 8-48 所示，天然竹材的热解过程分为 3 个阶段[104]：①第一阶段，在低于 200℃的温度下，有 6%的重量损失，这主要归因于吸附水的蒸发。②第二阶段，从 200℃到 450℃，纤维素在 317℃显示出尖锐的热解峰，而在 293℃的肩峰对应于半纤维素的热分解。这一阶段会释放大量的可燃物质（甲烷、木焦油等）[105]，导致快速且显著的重量损失和火焰燃烧。随后，在氧化条件下，木炭煅烧发生在 400～450℃之间，取代火焰燃烧过程，并在 DTG 曲线中在 439℃处产生明显的放热峰[106]。③第三阶段，温度范围为 450～800℃，其特征在于重量稳定和形成稳定的碳渣结构。在 PFTS-TMCS@LSS-TB 的情况下，低于 200℃的初始重量损失主要归因于吸附水的蒸发。此外，在 200～450℃的温度范围内，PFTS-TMCS@LSS-TB 表现出仅 17.5%的重量损失，明显低于相同范围内的天然竹材的重量损失（90.78%）[图 8-48（a）]。此外，最大失重速率从 57.3%/min 显著降低至 4.4%/min [图 8-48（b）]，表明在此阶段热解反应受到强烈抑制。

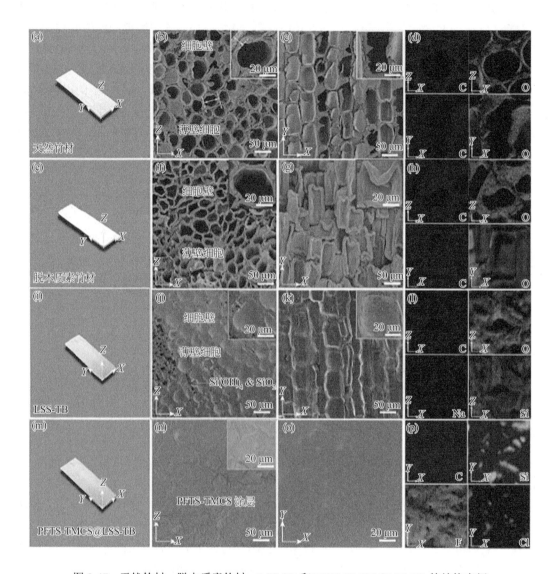

图 8-47　天然竹材、脱木质素竹材、LSS-TB 和 PFTS-TMCS@LSS-TB 的结构表征

（a）天然竹材的照片；（b）天然竹材内腔结构的横截面图像（在 $XZ$ 平面中）；（c）天然竹材沿生长方向的内腔 SEM 图像（在 $XY$ 平面中）；（d）天然竹材的 EDX 映射模式；（e）脱木质素竹材的照片；（f）脱木质素竹材的横截面 SEM 图像和（g）纵向图像；（h）脱木质素竹材的 EDX 映射模式；（i）LSS-TB 的照片；（j）LSS-TB 的横截面 SEM 图像和（k）纵向图像；（l）LSS-TB 的 EDX 映射模式；（m）PFTS-TMCS@LSS-TB 的照片；（n）PFTS-TMCS@ LSS-TB 的横截面 SEM 图像和（o）纵向图像；（p）PFTS-TMCS@LSS-TB 的 EDX 映射模式

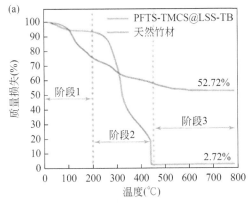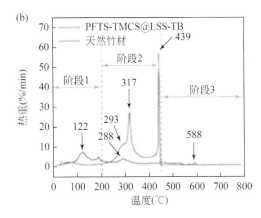

图 8-48　天然竹材和 PFTS-TMCS@LSS-TB 的热稳定性能

（a）TG 曲线；（b）DTG 曲线

为了评估透明竹材的燃烧性能，根据 ISO 5660-2 指南，在 50 kW/m$^2$ 的辐射强度下进行锥形量热计（CONE）测试，结果见表 8-14。

表 8-14　天然竹材及 PFTS-TMCS@LSS-TB 的 CONE 试验参数

| 样品 | 阻燃性能 | | | | | | 抑烟性能 （cm$^3$/g） | | |
| --- | --- | --- | --- | --- | --- | --- | --- | --- | --- |
| | TTI （s） | PHRR （kW/m$^2$） | MHRR （kW/m$^2$） | THR （MJ/m$^2$） | PEHC （MJ/kg） | MEHC （MJ/kg） | PSPR （m$^2$/s） | TSP （m$^2$） | MSEA （m$^2$/kg） |
| 天然竹材 | 20±1.6 | 289±11.3 | 73±2.5 | 13±0.8 | 27±2.1 | 14±1.1 | 0.026±0.002 | 1.0±0.04 | 110±2.9 |
| PFTS-TMCS@LSS-TB | 116±3.5 | 13±1.2 | 3.9±0.21 | 0.7±0.04 | 13±0.04 | 1.7±0.16 | 0.001± 0.00008 | 0.063± 0.004 | 8.6±0.19 |

点火时间（TTI）是指在特定的热通量辐射强度下，从暴露于热辐射直到发生连续表面点火的持续时间。从表 8-14 中数据可以清楚地看出，与 PFTS-TMCS@LSS-TB（116 s）相比，天然竹材具有明显更短的 TTI（20 s）。然而，通过将液体硅酸钠和 PFTS-TMCS 结合到结构中，TTI 增加了 96 s。根据普通人的标准跑步速度 6 m/s，这种延长的 TTI 转换为 576 m 的逃生距离，从而减少了潜在的伤亡。因此，TTI 值越大，阻燃性能越好。

热释放速率（HRR），又称火灾强度，是指在预先设定的加热器的热辐射和热流强度下，试样点燃后单位面积上的热释放速率。火灾蔓延直接受 HRR 的影响，降低 HRR 可以延长救援时间，有效抑制火势的蔓延[107]。如图 8-49 所示，由于膨胀炭层的形成和随后的燃烧[108]，天然竹材在 HRR 曲线中显示出快速增加，在 50 s 时达到其初始放热峰值。第二个在 81 s 时放热峰是可燃气体产物快速燃烧的结果。然而，在引入液体硅酸钠和 PFTS-TMCS 时，观察到 HRR 峰值（PHRR）和平均 HRR 值（MHRR）显著降低。具体而言，天然竹材的 PHRR 和 MHRR 值较高，分别为 289 kW/m$^2$ 和 73 kW/m$^2$，而 PFTS-TMCS@ LSS-TB 的 PHRR 和 MHRR 值则较低，分别为 13 kW/m$^2$ 和 3.9 kW/m$^2$（约为 1/20）。此外，PFTS-TMCS@LSS-TB 的 HRR 曲线于水平轴（$y=0$）几乎平行，表明放热速率极低。

总放热（THR）反映了材料在燃烧过程中释放的累积热量，THR 越高，材料着火的风险越大。因此，减少材料的总量有利于推迟燃烧。如图 8-50 所示，天然竹材在 200 s 时的

THR 为 13 MJ/m², 是 PFTS-TMCS@LSS-TB 的 THR (0.7 MJ/m²) 的 18.6 倍。

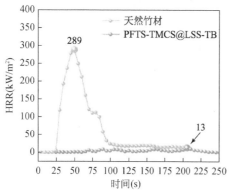
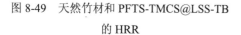

图 8-49 天然竹材和 PFTS-TMCS@LSS-TB
的 HRR

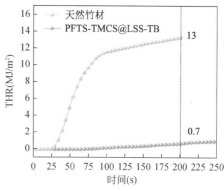

图 8-50 天然竹材和 PFTS-TMCS@LSS-TB
的 THR

PFTS-TMCS@LSS-TB 的较低 TTI、HRR 和 THR 归因于表面格栅硅烷分子的存在, 其作为主要的防火屏障, 有效地增强了 PFTS-TMCS@LSS-TB 的阻燃能力[109, 110]。此外, 由于 PFTS-TMCS@LSS-TB 的高熔点和低热导率, 层间 SiO₂ 网络起到第二物理屏障的作用。最后, 内部硅酸钠 (一种广泛使用的膨胀型无机材料) 通过在竹骨架表面形成固体泡沫层来阻挡火焰, 从而起到第三道屏障的作用 (燃烧后 PFTS-TMCS@LSS-TB 的 SEM 图像参见图 8-51)[111]。另外, 有学者提出了一种通过氧化物层沉积防止液体硅酸钠热分解的方法, 该氧化物层沉积通过与大气气体的相互作用而促进[112]。这种三层结构有效地延迟了火焰的蔓延。

有效燃烧热 (EHC) 是指材料在火焰中热解形成的可燃挥发物释放的热量, 为透明竹的阻燃机理提供了全面的认识。如图 8-52 所示, PFTS-TMCS@LSS-TB 的 EHC 始终低于天然竹材的 EHC。具体来说, PFTS-TMCS@LSS-TB 的 PEHC 在 209 s 时记录为 13 MJ/kg, 而竹材原料的 PEHC 在 85 s 时为 27 MJ/kg。这种差异表明 PFTS-TMCS@LSS-TB 在热降解过程中产生较少的可燃挥发物。因此, 可以推断, 液体硅酸钠和 PFTS-TMCS 的掺入抑制了竹材热降解过程中可燃挥发物的释放。

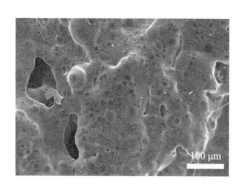

图 8-51 PFTS-TMCS@LSS-TB 燃烧后的
SEM 图像

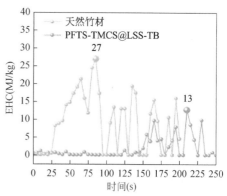

图 8-52 天然竹材和 PFTS-TMCS@LSS-TB 的
EHC

之前的研究表明，大多数火灾死亡事故是由吸入有毒烟雾造成的。为了评估 PFTS-TMCS@LSS-TB 在减少燃烧期间烟雾排放方面的功效，我们检测了其烟雾产生速率（SPR）、总烟雾产生量（TSP）和平均比消光面积（MSEA）。SPR 和 TSP 是影响绝缘材料性能的关键参数，如图 8-53 所示。天然竹材在燃烧初期会有一个初始的烟释放过程，随着加热时间的延长，SPR 逐渐增加。天然竹材峰值 SPR（PSPR）在 45 s 左右为 0.026 $m^2$/s，随后逐渐下降。第三个峰值出现在大约 77 s，之后 SPR 迅速减小到 0。相比之下，PFTS-TMCS@LSS-TB 的 SPR 曲线几乎与 $X$ 轴（$y=0$）平行，这表明其在燃烧期间烟产生速率显著降低。这可归因于在竹结构的表面上形成绝缘泡沫玻璃层，这是由高温下液体硅酸钠的膨胀以及密度的降低引起的[113]。因此，该层与 $SiO_2$ 网络层有效地抑制了挥发物的释放，从而降低了 SPR。并且 SPR 曲线与样品的 HRR 曲线密切相关，具体而言，样品在燃烧过程中释放的烟量与 HRR 成正比。图 8-53（b）中的 TSP 曲线表示单位样本面积燃烧时的总烟雾累积。与 PFTS-TMCS@LSS-TB（0.063 $m^2$）相比，天然竹材（1.0 $m^2$）的 TSP 高出 14.9 倍。在加入液体硅酸钠和 PFTS-TMCS 后，MSEA 值从 110 $m^2$/kg 下降到 8.6 $m^2$/kg，如图 8-53（c）所示。因此，在 PFTS-TMCS@LSS-TB 的整个燃烧过程中产生的烟雾较少。这主要归因于液体硅酸钠和 PFTS-TMCS 的阻燃和抑烟能力。

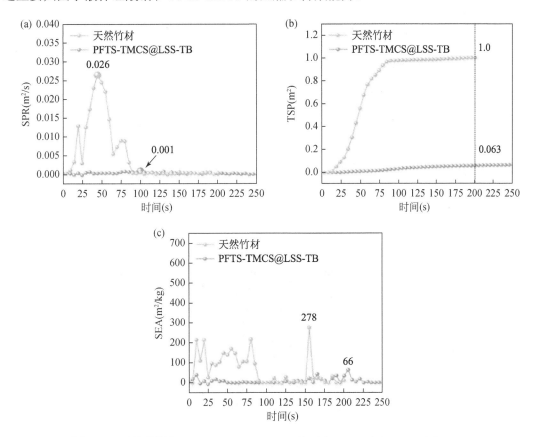

图 8-53　天然竹材和 PFTS-TMCS@LSS-TB 的（a）SPR、（b）TSP、（c）SEA

统计数据强调，CO 是火灾相关事件导致中毒死亡的主要因素[114]，因此迫切需要调查燃烧过程中的 CO 排放水平。图 8-54（a）和（b）显示了天然竹材和 PFTS-TMCS@LSS-TB 在燃烧过程中，CO 和 $CO_2$ 排放浓度曲线。值得注意的是，天然竹材的 CO 浓度峰值出现在 131 s，早于 PFTS-TMCS@LSS-TB 的 187 s。此外，添加液体硅酸钠和 PFTS-TMCS 后，天然竹材的 CO 产率峰值（PCOY）降低了 38.5%，表明 CO 释放大幅度降低。在图 8-54（b）中，很明显，PFTS-TMCS@LSS-TB 的峰值 $CO_2$ 产量（$PCO_2Y$）为 0.076 kg/kg，仅为天然竹材的 1/9（$PCO_2Y$=0.700 kg/kg）。在 PFTS-TMCS@LSS-TB 样品中观察到的 CO 和 $CO_2$ 释放量大幅度降低可归因于致密泡沫层的形成，其充当阻碍气体释放的物理屏障。此外，样品中任何未反应的硅酸钠都可以与生成的 $CO_2$ 反应（$Na_2SiO_3+CO_2+H_2O\longrightarrow H_2SiO_3+Na_2CO_3$），在燃烧期间充当 $CO_2$ 储存器。系统中较低的 $CO_2$ 含量导致气相燃烧反应降低并减少烟雾释放[115]。图 8-54（c）显示了燃烧后样品的宏观形态。值得注意的是，天然竹材的燃烧产物显示出扭曲的结构，表明竹子框架的焚烧。相反，在添加液体硅酸钠和 PFTS-TMCS 时，燃烧产物体积呈现出显著增加，并且表面被丰富的多孔网络修饰。这些网络归因于液体硅酸钠的膨胀，生成的 $SiO_2$ 表现出较低的导热性，从而增加了竹骨架材料的体积。相反，在添加液体硅酸钠和 PFTS-TMCS 时，燃烧产物的体积显著增加，表面被丰富的多孔网络修饰。这些网络归因于液体硅酸钠的膨胀，而产生的 $SiO_2$ 表现出低导热性，从而增强了材料的隔热和阻燃性能[116]。

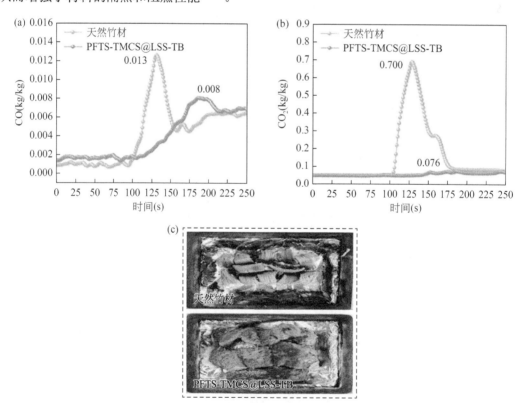

图 8-54　天然竹材和 PFTS-TMCS@LSS-TB 的（a）CO 浓度释放、（b）$CO_2$ 浓度释放、（c）燃烧后形态的宏观形态

像透明竹材一样，一些聚合物基材料，包括 EP[117]、PMMA[118] 和聚乳酸（PLA）[119]，有望用于新型玻璃类领域。许多这些材料或其相应的复合材料表现出优异的耐火性能，例如，含 N/P/S 的阻燃剂（HBD）/EP[117]、MMA/含磷阻燃剂（HPD）共聚物[118]、PLA/聚磷酸铵（APP）@壳聚糖（CS）[119]、PLA/APP@CS@Si[119]、4,4-二氨基二苯基甲烷（DDM）/EP[120]、DDM/超支化含 P/N 阻燃剂（HPNFR）/EP[120]、1,3-二羟甲基-4,5-二羟基亚乙基脲（DMDHEU）[121]、羟甲基化磷酸脒基脲（MGUP）/硼酸（BA）[121] 和 DMDHEU/MGUP/BA[121]。因此，它们可以作为透明竹材的参考对象，并比较它们的阻燃性能。图 8-55 显示了 PFTS-TMCS@LSS-TB 与类似透明材料的阻燃、抑烟和 CO 释放性能的比较分析。在表 8-15 中，我们评估了 5 个关键参数，包括 TTI、PHRR、THR、PSPR 和 MCOY。为了使数据标准化并消除幅度的影响，图 8-55 中的所有值都通过将每个值除以组内的最大值而在 0～1 的尺度上进行标准化。每个五边形面积的大小反映了火灾风险的水平，面积越大，风险越高。结果清楚地表明，与其他类似的透明材料相比，PFTS-TMCS@LSS-TB 具有明显更小的五边形面积，反映了其在室内玻璃应用中优越的防火安全和烟雾抑制能力。

**表 8-15　PFTS-TMCS@LSS-TB 与同类透明材料阻燃、抑烟和 CO 释放性能的比较**

| 样品 | 阻燃性能 | | | 抑烟性能 | CO 释放性能 | 参考文献 |
|---|---|---|---|---|---|---|
| | TTI (s) | PHRR (kW/m²) | THR (MJ/m²) | PSPR (m²/s) | MCOY (kg/kg) | |
| EP | 59 | 1063.1 | 76.1 | 0.55 | 0.054 | [117] |
| HBD/EP | 93 | 528.5 | 35.9 | 0.24 | 0.093 | [117] |
| PMMA | 18 | 783 | 98 | 0.038 | 0.01 | [118] |
| MMA/HPD 共聚物 | 27 | 556 | 76 | 0.15 | 0.14 | [118] |
| DDM/EP | 88 | 817.9 | 61.1 | 0.2287 | 0.0347 | [120] |
| DDM/HPNFR/EP | 82 | 743.9 | 55.2 | 0.2445 | 0.0307 | [120] |
| PLA | 59 | 469 | 76.2 | 0.002 | 0.0067 | [119] |
| PLA/APP@CS | 57 | 406 | 69.4 | 0.007 | 0.0126 | [119] |
| PLA/APP@CS@Si | 57 | 387 | 66.6 | 0.005 | 0.0091 | [119] |
| DMDHEU | 17 | 400 | 36 | 0.027 | 0.007 | [21] |
| MGUP/BA | 22 | 380 | 20 | 0.003 | 0.004 | [21] |
| DMDHEU/MGUP/BA | 21 | 290 | 24 | 0.008 | 0.004 | [21] |
| PFTS-TMCS@LSS-TB | 116±3.5 | 13±1.2 | 0.7±0.4 | 0.001±0.00008 | 0.004±0.0001 | 本节工作 |

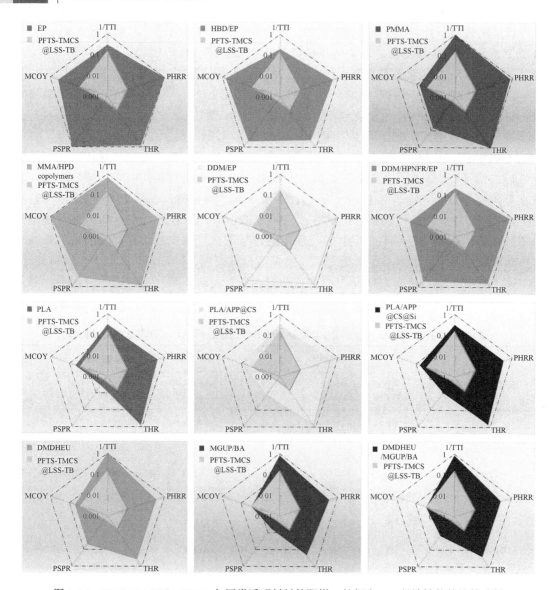

图 8-55　PFTS-TMCS@LSS-TB 与同类透明材料的阻燃、抑烟和 CO 释放性能的比较分析

## 8.2.6　光学、疏水和力学性能

竹材的黄色颜色特性主要来自于其中高浓度的木质素[122]。为了实现竹材的透明度，在脱木质素过程中使用氯酸钠，然后渗透与折射率匹配的填料。图 8-56（a）显示了 3.0 mm 厚并位于叶子上方的透明竹材的宏观图像，显示出优异的光学透明度。在可见光范围内，LSS-TB 和 PFTS-TMCS@LSS-TB 均表现出分别为 71.6% 和 70.7% 的高光学透射率。此外，PFTS-TMCS@LSS-TB 表现出 96.7% 的高雾度值，如图 8-56（b）所示。在 3 cm 的距离上，这种高雾度逐渐模糊了背景板的图案，可以在日常中为我们提高有效的隐私保护。

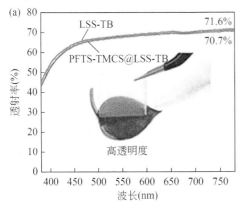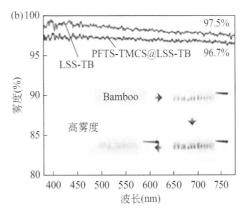

图 8-56　（a）LSS-TB 和 PFTS-TMCS@LSS-TB 的透射光谱图（插图显示将透明的竹子放在叶子上）、
（b）雾度光谱图（插图展示了一片透明竹材逐渐升起的过程，以展示其雾度特征）

　　高透射率和高雾度的集成使我们的透明竹材成为太阳能电池高效光管理层的理想选择。由于高 PCE，PSC 自 2009 年首次发现以来就受到了相当大的关注[123]。基板在 PSC 中起着关键作用，因为它不仅决定了产品的最终用途和功能，还影响了最终太阳能电池器件的整体可持续性。这项研究展示了使用透明竹材作为传统玻璃基板组装 PSC 的可行替代品的潜力。PSC 的结构和主要部件如图 8-57（a）所示。组装在透明竹基板或玻璃基板上的 PSC 的电流密度-电压（$J$-$V$）曲线示于图 8-57（b）中。PSC 的光伏特性，如短路密度（$J_{sc}$）、开路电压（$V_{oc}$）、填充因子（FF）和 PCE，从 $J$-$V$ 曲线导出，如表 8-16 所示。在传统玻璃基板上制备的 PSC 在 100 mW/cm² AM 1.5G 模拟辐照下的 PCE 为 15.76%，$J_{sc}$ 为 20.85 mA/cm²，$V_{oc}$ 为 1.12 V，FF 为 0.675。通过使用透明竹材作为基质，PCE（18.17%）显著提高了 15.29%。此外，如 $J_{sc}$、$V_{oc}$ 和 FF 等参数的值也更高，分别为 22.78 mA/cm²、1.16 V 和 0.687。这些参数增强可归因于 2 个关键因素：①透明竹材具有的高透射率，这使得光能够以最小的损失到达有源层；②由于其高雾度，法向入射光在到达太阳能电池的顶表面时具有高度漫射性质，导致光子在 PSC 内的行进路径增加并且提高了光子在电池内捕获的可能性［图 8-57（c）］[124]。

(a)

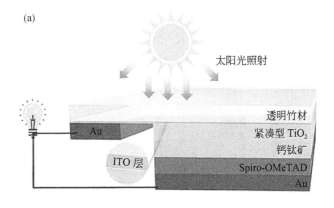

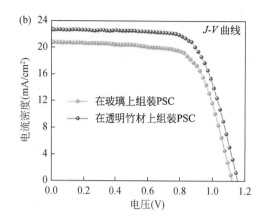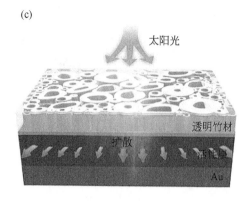

图 8-57　（a）组装在透明竹基材上的 PSC 结构示意图；（b）组装在透明竹板和玻璃基板上的 PSC 的电流密度-电压特性；（c）入射到太阳能电池上的光分布示意图

表 8-16　在传统玻璃或透明竹材上组装的 PSCs 的光伏性能

| | $J_{sc}$（mA/cm²） | $V_{oc}$（V） | $J_{max}$（mA/cm²） | $V_{max}$（V） | FF | $\eta$（%） |
|---|---|---|---|---|---|---|
| 传统玻璃上组装的 PSC | 20.85 | 1.12 | 19.22 | 0.82 | 0.675 | 15.76 |
| 透明竹材上组装的 PSC | 22.78 | 1.16 | 20.88 | 0.87 | 0.687 | 18.17 |

图 8-58（a）描绘了 3 个样品的平均静态水接触角（$\theta$）：天然竹材、LSS-TB 和 PFTS-TMCS@ LSS-TB。$\theta$值允许将润湿行为分为 4 类：超亲水性（$0°<\theta<10°$）、亲水性（$10°<\theta<90°$）、疏水性（$90°<\theta<150°$）和超疏水性（$150°<\theta<180°$）。天然竹材和 LSS-TB 分别表现出约 82° 和 61.7°的$\theta$值，表明亲水表面主要由许多亲水基团（例如，C—OH 和 Si—OH）导致的。值得注意的是，随着 PFTS 和 TMCS 的引入，$\theta$值增加到 154.7°，成功地在透明竹材上产生了超疏水表面。这种表面显示出开发自清洁窗玻璃的潜力[125]，允许水滴毫不费力地从光滑透明的竹表面滑落，并有效地收集附着在其上的污垢颗粒 [图 8-58（b）]。

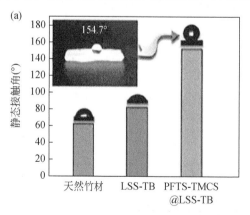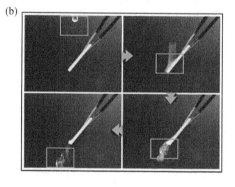

图 8-58　（a）天然竹材、LSS-TB 和 PFTS-TMCS@ LSS-TB 的平均静态水接触角（$\theta$）；（b）透明竹材的自清洁潜力（水滴逐渐从表面滑落）

　　图 8-59（a）～（c）显示出了天然竹材和 PFTS-TMCS@LSS-TB 的典型拉伸应力-应变测试。在纤维方向上，天然竹材具有（207.2±3.2）MPa 的拉伸强度和（13.2±0.4）GPa 的拉伸弹性模量。相比之下，PFTS-TMCS@LSS-TB 显示出（168.4±13.3）MPa 和（6.7±1.1）GPa 的拉伸强度和模量 ［图 8-59（b）］。这种差异是由于木质素的去除，破坏了竹材的结构完整性。此外，PFTS-TMCS@ LSS-TB 具有约 2.5%±0.3% 的纵向断裂伸长率，与天然竹材的值 1.5%±0.06% 相比，增加了 66.7% ［图 8-59（c）］。为了计算样品的韧性，对拉伸应力-应变曲线进行积分。PFTS-TMCS@LSS-TB 的韧性为（2.3±0.3）MJ/m³，比天然竹材的韧性（1.6±0.1）MJ/m³ 提高了 43.8%。结果表明，与天然竹材相比，PFTS-TMCS@ LSS-TB 增强了竹纤维的拉伸断裂伸长率和韧性，但降低了竹纤维的拉伸强度。这种行为可以归因于天然竹材的组成（主要由刚性纤维束和低密度薄壁组织细胞组成），纤维束的刚度主要与其木质素含量有关，因此随着木质素的去除，竹材的刚性降低，而柔性增加[126, 127]。此外，在竹纤维和硅酸钠之间的界面处的强黏附增强了纤维之间的应力传递效率，进一步增加了 PFTS-TMCS@LSS-TB 的柔性。图 8-59（d）显示了天然竹材和 PFTS-TMCS@ LSS-TB 的抗弯性能。与拉伸行为类似，与天然木材相比，PFTS-TMCS@LSS-TB 的弯曲强度和模量呈现下降趋势。在纤维方向上，天然竹材显示出（122.6±4.5）MPa 的弯曲强度和（9.6±0.7）GPa 的弯曲模量，而 PFTS-TMCS@ LSS-TB 显示出（96.6±9.3）MPa 和（7.6±1.3）GPa 的弯曲模量。PFTS-TMCS@LSS-TB 的弯曲延展性显著增加，如（28.1±5.5）mm 的断裂挠度，超过天然竹材的（10.9±0.6）mm 的断裂挠度 2.6 倍。为了进一步研究脱木质素竹材和 LSS 之间界面的稳定性，特别是在极端环境中，我们对 PFTS-TMCS@ LSS-TB 样品进行了拉伸和弯曲应力-应变测试，这些样品在-50℃、25℃或50℃的温度下持续 24 h。如图 8-59（e）所示，在-50℃和50℃下的拉伸强度分别为（169.9±10.2）MPa 和（165.4±12.6）MPa，非常接近于在室温下测试的强度（168.4 MPa±13.3 MPa）。类似地，在-50℃、25℃或50℃下的弯曲强度的差异也很小 ［（97.1±5.9）MPa、（96.6±9.3）MPa 和（94.0±7.0）MPa］。这些结果证实了在极端温度条件下脱木素竹材和 LSS 之间的界面的稳定性。

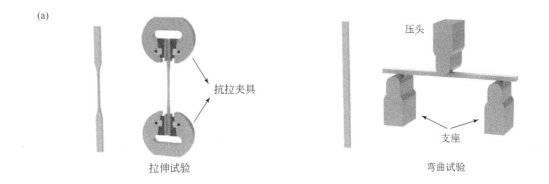

(a)

抗拉夹具

拉伸试验

压头

支座

弯曲试验

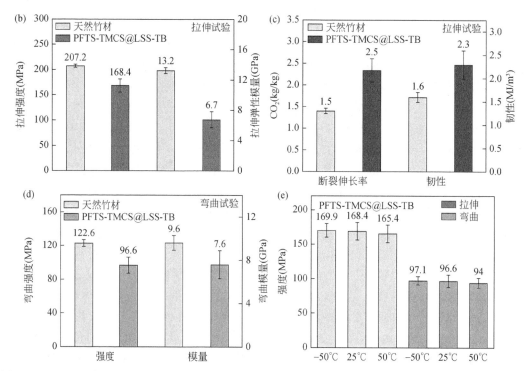

图 8-59 （a）拉伸和弯曲试验用竹试件示意图；（b）拉伸强度和拉伸弹性模量；（c）拉伸断裂伸长率和韧性；（d）弯曲强度和弯曲模量；（e）在-50℃、25℃或50℃温度下的拉伸和弯曲强度

## 8.2.7 小结

本节利用资源丰富易得的天然竹材，研制了一种新型的阻燃、抑烟、超疏水透明竹材复合材料。通过脱木素、去除竹材中的木质素，以及随后的液体硅酸钠浸渍和表面改性，获得了透光率为 71.6%、雾度为 96.7%的透明竹材，使其成为室内均匀照明和隐私保护的理想材料。此外，这些特性使其适合用作光控制层，当用作 PSC 的基底时，PCE 可以达到 15.29%。此外，该透明竹材还显示出优越的热稳定性，并显示出优异的阻燃和抑烟能力，TTI 延迟了 96 s，并且 PHRR、MHRR、THR、PEHC、MEHC、PSPR、TSP、MSEA、PCOY 和 $PCO_2Y$ 显著降低至约 1/22、1/19、1/19、1/2、1/8、1/26、1/16、1/13、1/1.6 和 1/9。另外，透明竹材还表现出极佳的超疏水性，其水接触角高达 154.7°。因此，这种透明竹材有望成为一种创新的、环保的、自清洁的建筑材料，并且成为未来光学应用的一种有前途的选择。

# 8.3 纳米二氧化锆/木材基紫外阻隔材料

## 8.3.1 引言

木材，作为继石材之后人类用于建筑的最古老材料之一，因其众多优异的特性而被广泛使用。木材不仅生长周期短、具有可持续性，而且其低密度和低热膨胀系数赋予了木材在结构应用中的优势。木材的加工性能优越，易于切割、雕刻和成型，这使其在建筑、家具制造、船舶建造、铁路铺设、造纸工业以及室内装饰等多个领域中得到了广泛的应用。此外，木材的美观外观和理想的机械强度，更是在设计和美学提供了无限的可能性。然而，木材的这些优点并不能掩盖其固有的局限性。木材作为一种复杂的天然生物聚合物，主要由纤维素、半纤维素和木质素组成，使得木材在耐久性方面存在不足，特别是在抵抗环境因素的降解方面。与许多人造材料相比，木材对火、水、光和微生物的侵害较为脆弱，这些因素均可导致木材性能的下降[128-132]。这种脆弱性在面对紫外线（UV）照射时尤为明显。木质素对紫外线具有很强的吸收能力，这种强烈的光谱吸收会导致木材成分中的自由基诱导降解，从而引起木材表面的严重褪色和本征机械强度的显著下降[133-136]。这种退化不仅影响木材的外观和结构性能，还大大减少了其使用价值和服务寿命。特别是在长期暴露于阳光下时，木材的表面颜色会变得暗淡无光，且机械强度会降低，从而影响其美观性和实用性。由于这些不利因素的影响，木材的长期发展和综合利用面临挑战，需要采取有效措施来提高其耐久性和使用性能。

截至目前，用于保护木材产品免受光降解或最小化紫外线辐射的影响的多个有效方法已被广泛报道。例如，表面涂层处理[137, 138]、用稀释的无机盐水溶液处理[139, 140]，以及在木材基材上沉积混合无机-有机薄膜[141, 142]。目前，化学键合或接枝稳定化化学品（包括紫外线吸收剂或抗氧化剂）被认为是在外部暴露或恶劣环境中稳定光敏聚合物的最有效的方法之一[143-146]。此外，这些吸收剂或抗氧化剂必须是无色或浅色的，且对木材表面没有显著的损害。

根据先前的研究，一些化学稳定且无毒的无机纳米粒子，如 $TiO_2$、$ZnO$ 和 $ZrO_2$，由于其紫外线吸收或散射能力，在木材光保护剂领域具有良好的研究前景。$TiO_2$ 和 $ZnO$ 作为紫外线抗性剂的研究已经非常广泛[147-149]，而关于 $ZrO_2$ 在紫外线抗性应用方面的文献相对较少[150, 151]。实际上，锆石（$ZrO_2$）是一种重要的陶瓷材料，因其生物相容性、高机械强度和断裂韧性、高熔点、高折射率、稳定的光化学性质和耐腐蚀性，被广泛应用于结构材料、热障涂层、光学涂层、固体氧化物燃料电池电解质、半导体材料以及催化剂或催化剂载体[152]。最近，Smirnov 等[153] 报道了一种新型的 $ZrO_2/SiO_2$ 干涉镜，该镜能够有效保护木材免受紫外线辐射，通过旋涂辅助的逐层沉积技术制备了 $ZrO_2$ 和 $SiO_2$ 的胶体悬浮液。Zhou 等[154] 制造了一种紫外线抗性纳米-$ZrO_2$ 复合聚酯功能纤维。Alkahtany 等[155] 开发了含有 $ZrO_2$ 的化妆品，其具有改善的光学活性，能够更好地抵抗全波段的紫外线辐射。受到这些研究的启发，采用一种多功能的水热法将 $ZrO_2$ 纳米粒子沉积在木材表面可能会取得优异的紫外线抗性效果。水热法被认为是合成无机/木材混合材料的一种高效而温和的方法，这一点已通过我们之前的研究得到验证[156, 157]。此外，据我们所知，这是首次尝试利用水热法将 $ZrO_2$ 作为木材光保护剂。

在这项研究中，我们采用了一种简单温和的一锅水热法来制备 $ZrO_2$/木材纳米复合材料。扫描电子显微镜（SEM）观察显示，纳米 $ZrO_2$ 在木材表面均匀地层层沉积。随后的表征分析，包括 X 射线光电子能谱（XPS）、X 射线衍射（XRD）、傅里叶变换红外光谱（FTIR）、能量色散 X 射线光谱（EDX）和热重分析（TGA），证实了 $ZrO_2$ 的形成以及 $ZrO_2$ 与木材基材中的羟基自由基之间的强相互作用，这一相互作用显著提高了 $ZrO_2$/木材复合材料的热稳定性，相比原始木材具有明显的改善。在长时间的强紫外线（UV）辐射下，这些纳米复合材料表现出卓越的紫外线抵抗能力，仅有微小的变色。同时，我们根据实验结果提出了一种可能的 $ZrO_2$ 在木材表面沉积的示意图。

## 8.3.2　$ZrO_2$/木材纳米复合材料的制备

### 8.3.2.1　试验材料

杨木的尺寸为 20 mm（纵向）×20 mm（切向）×10 mm（径向），这些木片在实验前进行预处理。首先，将木片放入去离子水中，使用超声波清洗设备对其进行 30 min 的清洗，以去除木片表面及其孔隙中的杂质。清洗后，木片在 80℃ 的真空环境下干燥了 24 h，以确保彻底去除水分并防止木片受潮影响实验结果。在实验过程中，使用了氯化锆八水合物（$ZrOCl_2 \cdot 8H_2O$）和 $NH_3 \cdot H_2O$ 用于复合材料的制备。这些化学试剂由天津科美尔化工有限公司供应，并未经过进一步纯化处理。

### 8.3.2.2　一锅水热法制备 $ZrO_2$/木材纳米复合材料

$ZrO_2$/木材纳米复合材料的制备过程如下：首先，将 0.78 g 氯化锆八水合物（$ZrOCl_2 \cdot 8H_2O$）溶解在 100 mL 去离子水中，使用磁力搅拌器搅拌 30 min。接着，缓慢滴加 0.6 mL $NH_3 \cdot H_2O$ 到混合的水溶液中，并持续搅拌，直到形成乳液。随后，将干燥的木片和上述混合溶液转移至一个聚四氟乙烯内衬的不锈钢高压釜中。将高压釜密封，并加热至 90℃，保持 4 h。反应结束后，将木材样品取出，并用去离子水超声清洗 30 min。最后，将样品在 60℃ 的真空环境下干燥 24 h，得到 $ZrO_2$/木材纳米复合材料。

### 8.3.2.3　结构表征

制备的 $ZrO_2$/木材纳米复合材料使用了 FEI Quanta 200 扫描电子显微镜（SEM），并配备了 EDX 分析仪进行观察。X 射线衍射（XRD）图谱使用 Rigaku D/MAX 2200 X 射线衍射仪采集，采用镍过滤的 Cu Kα 辐射（$\lambda=1.5406$ Å），在 40 kV 和 30 mA 条件下进行。衍射数据在 $2\theta=5°\sim80°$ 范围内进行扫描，扫描速率为 4°/min。傅里叶变换红外光谱（FTIR）在 Thermo Electron Corp（Nicolet Magna 560）FTIR 光谱仪上记录，波数范围为 $400\sim4000$ cm$^{-1}$。X 射线光电子能谱（XPS）在 Thermo Escalab 250Xi XPS 光谱仪上记录，能量范围为 $0\sim1200$ eV。样品的热稳定性使用 TA Q600 热重分析仪在氮气气氛下从 28℃ 升温至 700℃，升温速率为 10℃/min 进行研究。

采用 QUV 加速老化试验机（Atlas）对 $ZrO_2$/木材纳米复合材料进行光照褪色测试，这可以模拟阳光、雨水和露水造成的损伤。样品置于 340 nm 荧光 UV 灯（UVB 区）下，进行 60℃ 下的连续光照 2.5 h，之后喷洒水雾 0.5 h，接着在 45℃ 下进行 24 h 的凝结。整个老化过程持续了 600 h，表面颜色变化在规定的时间间隔内进行测量，即在 $0\sim200$ h 每 24 小时测量一次，$200\sim400$ h 每 48 小时测量一次，$400\sim600$ h 每 96 小时测量一次。

使用便携式分光光度计（NF-333）和 CIELAB 系统，根据 ISO 2470 标准测定紫外线照射引起的颜色变化。

加速老化测试至少进行两次以确保再现性。每个样品至少在 8 个位置测量所有参数，计算平均值作为最终决策。

### 8.3.3　元素分析、晶体结构和微观形貌

XPS 分析可用于阐明 $ZrO_2$/木材表面元素的化学状态。图 8-60（a）展示了 $ZrO_2$/木材的 XPS 全谱，其中检测到的元素包括 Zr、C 和 O，这些元素分别与木材组分和 $ZrO_2$ 相关，对应于约 182.4 eV、285.4 eV 和 532.3 eV 的结合能峰。图 8-60（b）展示了 Zr 3d XPS 的精细谱，结合能范围为 176～194 eV。结果显示，在 182.5 eV 和 184.9 eV 的结合能处观察到了两个 Zr 3d 峰，这些峰归因于 $ZrO_2$[158, 159]。

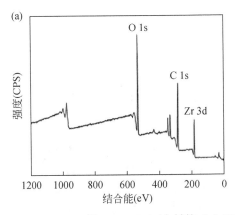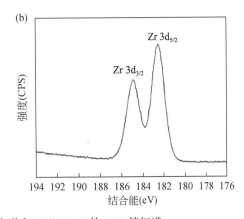

图 8-60　$ZrO_2$/木材的（a）XPS 全谱和（b）Zr 3d 的 XPS 精细谱

图 8-61（a）展示了原木材和 $ZrO_2$/木材的 XRD 图谱。显然，原木材显示了典型的纤维素 I 晶体结构，在大约 15.0°、16.5°、22.3°和 34.8°的位置出现了特征峰，这些峰分别对应于（1$\bar{1}$0）、（110）、（200）和（040）平面[160, 161]。同样，$ZrO_2$/木材也展示了明显的纤维素特征峰，但没有出现与 $ZrO_2$ 相关的其他明显衍射峰，这表明 $ZrO_2$ 在木材表面的涂层主要由无定形颗粒构成[162]，这与一些之前在类似低温下制备 $ZrO_2$ 材料的报道一致[158, 163, 164]。为了进一步探讨水热处理前后表面化学成分的差异，进行了原木材和 $ZrO_2$/木材的 FTIR 测量，结果如图 8-61（b）所示。除了木材的特征峰，如 3315 $cm^{-1}$ 和 2886 $cm^{-1}$ 处的 O—H 伸缩振动峰和 C—H 伸缩振动峰[165]，1423 $cm^{-1}$、1029 $cm^{-1}$ 和 894 $cm^{-1}$ 处的 $CH_2$ 对称弯曲、C6—OH 伸缩振动和 C1—H 平面外弯曲（葡萄糖环，β 键）峰[166]，以及 1512 $cm^{-1}$ 处的芳香苯环 C═C 峰[167] 和 1737 $cm^{-1}$ 处的 C═O 伸缩振动峰［非共轭酮、羧基和脂肪族基团（木聚糖）］[168]，可以发现 $ZrO_2$/木材的 FTIR 光谱中出现了一个新的强吸收峰，约为 486 $cm^{-1}$，对应于 Zr—O—Zr 带[169]，这表明 $ZrO_2$ 纳米颗粒通过水热处理成功沉积在木材表面。此外，原木材在约 3329 $cm^{-1}$ 处的宽吸收带在 $ZrO_2$/木材的光谱中移至较低的波数（约 3315 $cm^{-1}$），这表明木材表面的羟基与 $ZrO_2$ 纳米颗粒之间存在强相互作用[170]。

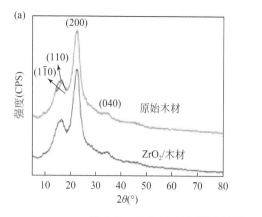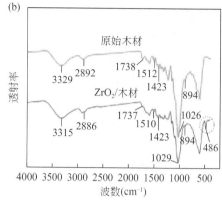

图 8-61　ZrO₂/木材和原木材的（a）XRD 图和（b）FTIR 光谱

图 8-62（a）所示的 SEM 反向散射电子成像图清晰地展示了 ZrO₂/木材纳米复合材料中氧化物颗粒的大规模均匀分布聚集体，这些亮点在木材表面上表现为明亮的点。这些明亮点通过 EDX 分析被证明是纳米 ZrO₂ 聚集体，因为检测到了强烈的 Zr 峰 [图 8-62（c）]；此外，Cu 峰来自于 SEM 观察过程中用于电导的涂层，而所有的 C 峰和部分 O 峰则来自于木材基体。图 8-62（b）展示了在更高放大倍数下的 ZrO₂/木材纳米复合材料的 SEM 图像。显然，许多不规则形状的 ZrO₂ 聚集体逐层附着在木材基底表面，如白色箭头所示，聚集体逐层自组装的驱动力主要因为静电吸附[171]。此外，ZrO₂ 保护层的厚度增加可能有助于抵御 UV 辐射。

图 8-62　ZrO₂/木材的低倍（a）、高倍（b）SEM 图像和 EDX 图（c）

## 8.3.4　合成机理

根据对 ZrO₂/木材纳米复合材料的表征研究,可能的形成机制可以描述如下(图 8-63):首先,ZrOCl₂·8H₂O 水溶液与氨水混合后发生沉淀反应[172]。然后,生成的 Zr(OH)₄ 纳米颗粒在水热条件下逐渐反应生成纳米 ZrO₂。紧接着,生成的纳米 ZrO₂ 与木材表面的羟基形成强相互作用,导致大量氢键的形成,从而有助于 ZrO₂ 纳米颗粒在木材基底上的沉积和稳定。随后,由于静电吸附力,更多的 ZrO₂ 纳米颗粒被吸引并逐层结合到先前的 ZrO₂ 上,最终在木材表面形成了多层 ZrO₂ 纳米颗粒。

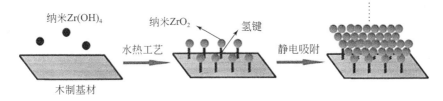

图 8-63　采用水热法制备 ZrO₂/木材的示意图

## 8.3.5　热稳定性和防紫外性能

通过测量 TG 和 DTG 的曲线研究了原木材和 ZrO₂/木材的热稳定性。从图 8-64 可以看出,两者在 150℃之前的小幅下降是由于残留水分的蒸发[173]。对于原木材,DTG 曲线显示了两个主要区域:第一区域发生在 192～315℃之间,表现出明显的肩峰,主要与半纤维素分解相关;第二区域发生在 315～391℃之间,这主要是因为纤维素降解达到最大值,随后出现快速衰减和较长的尾部[174]。此外,作为木材三大主要成分中最难分解的部分,木质素在整个温度范围(从常温到 700℃)内缓慢分解,导致没有明显的特征峰[175]。与原木材相比,除了具有类似的分解趋势外,ZrO₂/木材还表现出了更强的热稳定性。具体而言,原木材在约 192℃开始降解,而 ZrO₂/木材在 223℃开始分解。在 50%质量损失时,原木材

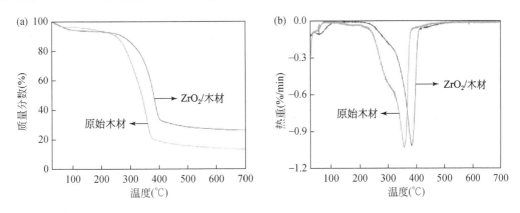

图 8-64　ZrO₂/木材和原木材的(a)TG 和(b)DTG 曲线

的分解温度为 339℃，而纳米复合材料为 381℃。此外，原木材在 357℃ 达到了最大降解速率，比 ZrO₂/木材（约 384℃）早了 27℃。这些结果表明，ZrO₂/木材的热稳定性高于原木材。这种提升的原因可能是由于木材基底与 ZrO₂ 之间的强相互作用[176, 177]，这与图 8-61（b）中 ZrO₂/木材 FTIR 吸收峰移向较低波数的现象一致。

对两种材料类别——原木材和 ZrO₂/木材的颜色稳定性进行了考察，分析了$\Delta L^*$、$\Delta a^*$、$\Delta b^*$和$\Delta E^*$的变化趋势[178]。图 8-65 显示，原木材在 0～600 h 的颜色特征参数变化显著高于 ZrO₂/木材，尽管两种材料的$\Delta L^*$、$\Delta a^*$、$\Delta b^*$和$\Delta E^*$的变化趋势类似，但 ZrO₂/木材复合材料在紫外光照射下具有更优越的颜色稳定性。此外，600 h 处理结束时原木材的$\Delta a^*$和$\Delta b^*$较高，$\Delta L^*$较低 [图 8-65（a）～（c）]，表明浅色样品转变为更深的红色、深黄色和黑色。此外，原木材的总颜色变化（$\Delta E^*$）也非常显著 [图 8-65（d）]，而复合材料的$\Delta E^*$变化要小得多（大约为原木材的 2/3）。因此，未经处理的木材在紫外光下遭受严重的表面损伤；而经过水热处理的木材表现出更强的紫外保护性能，这也表明 ZrO₂ 纳米涂层是有效的紫外保护剂。

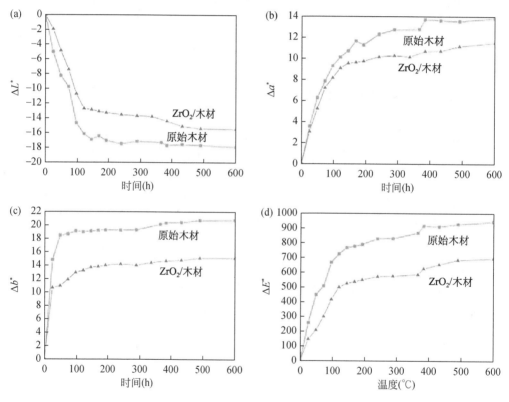

图 8-65　ZrO₂/木材和原木材的（a）$\Delta L^*$、（b）$\Delta a^*$、（c）$\Delta b^*$和（d）$\Delta E^*$的变化趋势

### 8.3.6　小结

ZrO₂/木材纳米复合材料通过一种简单温和的一锅水热法成功制备，为木材基纳米复合材料的制备提供了一个高效、环保的新途径。这种方法通过水热能量和静电吸附，使无定

形的 $ZrO_2$ 聚集体逐层沉积在木材基底表面。这种独特的沉积方式，不仅保持了木材的自然纹理和结构，而且赋予了材料新的功能性。在水热合成过程中，$ZrO_2$ 与木材表面的羟基自由基生成大量氢键，显著提高了 $ZrO_2$/木材纳米复合材料的热稳定性和机械性能。在高温条件下，$ZrO_2$/木材纳米复合材料展现出比原木材更高的热分解温度，这使得复合材料在高温环境下具有更好的应用潜力。此外，$ZrO_2$ 的引入还显著增强了木材的机械性能。由于 $ZrO_2$ 纳米颗粒的高硬度和强度，它们在木材基底中形成了一个均匀分散的增强相，有效提高了材料的抗压强度和抗弯强度。这种增强效果使得 $ZrO_2$/木材纳米复合材料在承受外力作用时，表现出更高的韧性和抗裂性。在 600 h QUV 加速老化测试中，原木材出现了严重的褪色现象，而纳米复合材料则显示了优越的抗紫外线能力，保持了较好的外观和结构完整性。这表明 $ZrO_2$/木材纳米复合材料在户外环境中具有更长的使用寿命和更好的耐久性，能够有效抵御紫外线辐射和其他环境因素的影响，是一种潜力巨大的高性能复合材料。

# 8.4　石墨烯纳米片/木材基紫外阻隔材料

## 8.4.1　引言

木材是一种天然有机高分子材料，自史前时代以来，由于其独特的固有特性，在人类活动中发挥了重要作用。这些特性包括强大的机械性能、良好的可塑性、高强度重量比和美观的纹理[179-181]。根据统计，全球原木消费量，包括燃料木材、木炭和工业木材，每年超过 $3×10^9 m^3$ [182]。这表明，木制品是国家经济中不可或缺的一部分。木材的生长依赖于太阳的能量。然而，当木材暴露在太阳紫外线（UV）光下时，其最重要的成分之一——木质素，容易吸收紫外线并与自由基发生反应，这会引发一系列的光解、光氧化和热氧化反应[183-186]。这些化学反应不断发生，导致木材出现严重的缺陷，如变色、断裂和发白，从而严重影响了木材的外观质量和使用寿命，降低了其在实际应用中的价值。

为了避免木材因紫外线导致的降解，研究人员提出了许多有效的方法，如涂膜[187, 188]、添加表面添加剂[189]、热处理[190] 和化学改性[191, 192]。化学改性被认为是一种常见的方法，主要是通过改变参与光化学反应的一些木材成分的化学结构来减少紫外线辐射的损害[193]。目前，许多化学试剂如三氧化铬[194]、硝酸铬[195] 和氯化铁[196] 已经被尝试用于木材表面的改性，可以有效地减少木材表面因紫外线导致的光化学反应。此外，一些纳米材料如 $TiO_2$，$ZnO$ 和 $ZrO_2$，由于其低成本、无毒、化学稳定性以及吸收或散射紫外线辐射的优越能力，成为非常有前景的光保护剂[197-199]。

石墨烯是一层由 $sp^2$ 键合碳原子紧密排列成二维蜂窝状晶格的平面单分子层，具有优异的光学、电学、热学和机械性能，以及高表面积和输运特性。这些卓越的特性使石墨烯在许多领域具有广泛的应用前景，如超级电容器、电极材料、生物传感器和微波吸收材料等[200,201]。最近，Vuraje 等报道，通过添加石墨烯，显著提高了聚氨酯顶涂层对抗紫外线降解和光腐蚀的能力。这是因为石墨烯可以吸收大部分入射光，从而减少了紫外线对涂层的损害[202]。这项研究揭示了石墨烯在保护材料方面的潜力，特别是在提高涂层耐久性和抗老化性能方面。为了进一步探索石墨烯的应用潜力，研究人员采用快速温和的一锅水热法，在木材基体表面原位沉积石墨烯纳米片，这种方法通常被认为是合成杂化材料的有效方法[203, 204]。这种方法不仅简单高效，还能在木材表面形成均匀的石墨烯覆盖层，从而提供有效的紫外线防护。这不仅有助于延长木材的使用寿命，还可以保持其外观和结构完整性，从而在建筑和装饰领域具有重要应用价值。

本节通过简单快速的温和一锅水热法制备了石墨烯纳米片/木材基紫外阻隔材料（GW）。石墨烯纳米片的加入提高了 GW 的热稳定性。在约 600 h 的加速老化测试中，GW 的外观颜色和表面化学成分变化较原木（OW）显著减少，表明其具有更优越的抗紫外线腐蚀能力。此外，还提出了 GW 可能的制备方法和抗紫外线机制。

## 8.4.2 石墨烯纳米片/木材基紫外阻隔材料的制备

### 8.4.2.1 试验材料

杨木木片的尺寸为 20 mm（纵向）×20 mm（切向）×10 mm（径向），这些木片首先在去离子水中进行超声清洗，时间为 30 min，以去除表面可能附着的杂质和污垢。随后，木片在 60℃下通过真空干燥处理 24 h，以去除木材中吸附的水分。所有所用的化学试剂均由上海博尔化工有限公司提供，并未经过进一步纯化处理。

### 8.4.2.2 化学氧化-热还原法制备石墨烯

石墨烯的制备方法基于 Zheng 等报道的方法[205]。首先将 40 g 石墨加入含有 270 mL 硝酸和 525 mL 硫酸的反应瓶中，在冰浴中进行磁力搅拌。紧接着，缓慢将 330 g 氯酸钾加入混合液中，将爆炸的风险降至最低，并让混合物在室温下反应 120 h。然后，将反应产物过滤，并用过量去离子水和 5%盐酸溶液洗涤，以去除硫酸根离子。接下来，将所得的石墨烯氧化物（GO）水溶液用氢氧化钾溶液中和。经过高速离心后，得到 GO 粉末，然后在 135℃的空气循环烘箱中干燥 24 h，再在 135℃的真空烘箱中干燥 24 h。最后，将干燥的 GO 粉末放入预热至 1050℃的电炉中，合成石墨烯。

### 8.4.2.3 一锅水热法制备 GW

首先，将 10 mg 的石墨烯加入到 50 mL 蒸馏水中。混合物经过约 30 min 的磁力搅拌后，使用超声波破碎仪（JY99-IID，宁波赛腾生物技术有限公司）在冰/水浴中进行 4 h 的超声处理，输出功率为 900 W。之后，将石墨烯分散液转移到一个聚四氟乙烯衬里的不锈钢高压反应釜中，并将木材样品放入上述溶液中。将反应釜在 120℃下进行 4 h 的水热反应。反应结束后，得到的产品用去离子水反复冲洗，以去除未附着的石墨烯纳米片，然后在 45℃下真空干燥 24 h 以上，得到 GW。

### 8.4.2.4 结构表征和加速老化测试

OW 和 GW 的表面形貌及化学成分使用扫描电子显微镜（SEM，FEI，Quanta 200）进行表征，该显微镜配备了能量色散 X 射线光谱仪（EDX）。X 射线衍射（XRD）测量使用 XRD 仪器（Rigaku，D/MAX 2200）进行，扫描范围为 5°～60°，扫描速率为 4°/min。拉曼分析采用拉曼光谱仪（Renishaw inVia），使用氦氖激光器（633 nm）作为激发光源。样品的热稳定性通过热重分析仪（TA，Q600）在 25～800℃的范围内，升温速率为 10℃/min，在氮气气氛下进行测试。傅里叶变换红外光谱（FTIR）在傅里叶变换红外光谱仪（Magna 560，Nicolet，Thermo Electron Corp）上记录，分辨率为 4 cm$^{-1}$。

GW 和 OW 样品的抗紫外线能力通过加速老化测试进行研究，该测试能够诱发样品的光变色。这些测试在 QUV 加速老化测试仪（Accelerated Weathering Tester，Q-Panel）上进行，平均辐照度为 0.85 W/m²。样品首先暴露在 340 nm 波长、60℃的荧光紫外线辐射下，持续 2.5 h。辐射后，样品依次接受 25℃下的喷水处理 0.5 h，以及 45℃下的冷凝处理 24 h。此外，整个暴露时间设定在 0～600 h 范围内，表面颜色变化在规定的时间间隔内进行测量，即在 0～200 h 每 24 h 测量一次，200～400 h 每 48 h 测量一次，400～600 h 每 96 h 测量一次。

使用便携式分光光度计（NF-333）和 CIELAB 系统根据 ISO-2470 标准测定紫外线照射引起的颜色变化。CIELAB 系统详细内容参见 8.1.2.9 节。

## 8.4.3  微观形貌、晶体结构和化学组成

表面微观形貌通过 SEM 进行观察。图 8-66（b）显示，与 OW 的光滑表面［图 8-66（a）］相比，GW 的表面覆盖着密集且连续的多层石墨烯膜结构。这些膜结构是通过水热反应提供的能量，使石墨烯纳米片逐层自组装而形成的[206, 207]。此外，GW 的原木结构也被完全覆盖，在放大图像［图 8-66（c）］中，可以清楚地看到，原木表面被这些石墨烯薄膜完全覆盖，这些紧密堆积的石墨烯纳米片在保护木材表面免受紫外线损害方面发挥了关键作用。此外，根据 EDX 光谱结果［图 8-66（d）］，水热处理后 C/O 质量比和原子比显著增加，分别从 1.57 增加到 2.77、从 2.09 增加到 3.69，这进一步证明了木材基体表面存在石墨烯。

通过 XRD 图谱分析研究了石墨烯、GW、OW 的晶体结构，并将得到的曲线标准化到相同的高度，以便对其形状进行比较，使带的最大值出现在相同的深度。图 8-67 中的 XRD 图谱显示，所制备的石墨烯在 2θ 约为 26°处出现了一个宽带，这可以归因于石墨的（002）面反射[208, 209]。对于 OW 和 GW，约在 15°、22°和 35°处的相似衍射带均归因于木材的特征[210]，且 GW 的图谱中没有与石墨烯结构相关的其他特征带，这可能是由于石墨烯特征带的衍射强度较低以及 GW 中石墨烯的含量较少。

图 8-68 展示了 GW 的拉曼光谱，并用高斯函数进行了拟合。约在 1107 cm$^{-1}$ 和 2913 cm$^{-1}$ 的带峰源自木材成分（主要是纤维素）[211]。前者（1107 cm$^{-1}$）主要由 C—O—C 桥连氧伸缩振动以及一些与 C—C 和 C—O 相关的振动组成；后者（2913 cm$^{-1}$）则主要对应于 CH$_2$ 和 CH$_3$ 基团的对称伸缩振动[212, 213]。此外，还确定了石墨烯的两个特征带。G 带作为石墨烯的主要光谱特征，源于碳原子的面内运动，出现在约 1599 cm$^{-1}$[214]。D 带，即无序带，源于晶格缺陷或边缘处的振动模式，这些振动模式远离布里渊区中心，出现在

约 1338 cm$^{-1}$ [215, 216]。D 带和 G 带的加宽以及强 D 线表明，石墨烯纳米片存在局部的 sp$^2$ 区域和无序的石墨晶体堆积[217]。此外，这些结果还表明，石墨烯纳米片成功地沉积在木材基体表面。

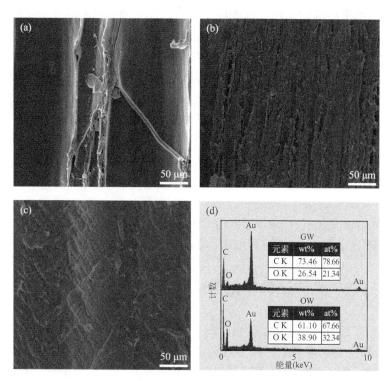

图 8-66 （a）OW 的 SEM 图像；（b，c）GW 的 SEM 图像；（d）OW 和 GW 的 EDX 光谱
（插图显示了 C 和 O 元素的相应质量比和原子比）

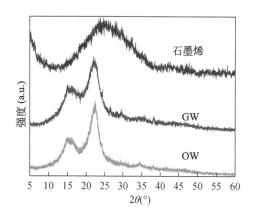

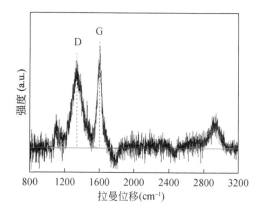

图 8-67 OW、GW 和石墨烯的 XRD 图谱　　　　图 8-68 GW 的拉曼光谱图

## 8.4.4　热稳定性和防紫外性能

通过测量 TG 和 DTG 曲线研究了 OW 和 GW 的热稳定性。从图 8-69 中可以看出，与 OW 相比，GW 的 TG 和 DTG 曲线向更高的温度偏移，这表明 GW 具有更优越的热稳定性。两个样品在 150℃之前都有轻微的重量损失，这主要是由于吸附水的蒸发[218]。根据 DTG 曲线，OW 的热分解过程主要表现为两个阶段：第一阶段发生在 189～320℃之间，主要是由于半纤维素的分解（质量损失约 26%），并伴有明显的肩峰[219]；第二阶段发生在 320～400℃之间，主要是纤维素的分解（质量损失约 47%），并且有一个强烈的放热峰（约 365℃）[220]。此外，木质素的热解具有较高的热稳定性，过程较慢，且在整个温度范围内没有明显的特征放热峰[221]。对于 GW，已知石墨烯具有优良的热稳定性[222]，而木材基体与石墨烯的结合也可能有助于 GW 提高热耐性。GW 的分解开始时间约为 225℃，相较于 OW 的 189℃有显著提高。在最大降解速率下，GW 和 OW 的分解温度分别为 378℃和 365℃。这些热分解温度的上升趋势表明，石墨烯在木材基体上的沉积显著增强了复合材料的热稳定性。

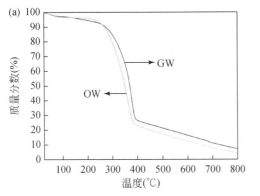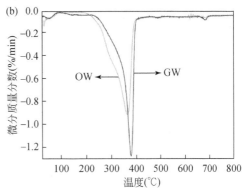

图 8-69　OW 和 GW 的（a）TG 和（b）DTG 曲线

图 8-70 展示了加速老化测试前后 OW 和 GW 的颜色变化。如图 8-70（a）所示，OW 和 GW 的 $L^*$ 值都变为负值，表明木材样品变黑，且随着紫外线辐射时间的延长，$L^*$ 值的变化趋势相似，但 GW 的 $L^*$ 变化幅度明显小于 OW（约为 1/4）。另一方面，$a^*$ 和 $b^*$ 的变化情况也类似，GW 的变化趋势和幅度相对较小 [图 8-70（b）和（c）]。OW 的较高 $a^*$ 和 $b^*$ 值表明，随着紫外线辐射时间的增加，OW 的表面颜色变为更深的红色和深黄色。此外，GW 的整体颜色变化（$\Delta E^*$）明显低于 OW（约为 1/3）[图 8-70（d）]，这表明 GW 受到的紫外线损害较轻。因此，可以得出结论，石墨烯涂层有效地防止了紫外线辐射导致的变色，并减缓了木材的光降解速率。

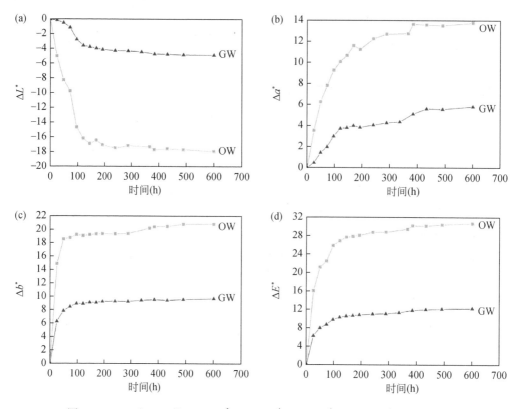

图 8-70 OW 和 GW 的（a）$\Delta L^*$、（b）$\Delta a^*$、（c）$\Delta b^*$ 和（d）$\Delta E^*$ 的变化趋势

为了进一步研究 OW 和 GW 在测试前后的表面化学成分变化，进行了 FTIR 分析。如图 8-71 所示，约在 1732 cm$^{-1}$ 的吸收峰属于非共轭酮类、羧基和酯基中的 C=O 伸缩振动，属于半纤维素的特征[223]。此外，位于约 1637 cm$^{-1}$ 和 1512 cm$^{-1}$ 的带峰分别归因于木质素的侧链羧基 C=O 伸缩振动和芳香苯基 C=C 伸缩振动[224]。约在 1423 cm$^{-1}$、1382 cm$^{-1}$、1321 cm$^{-1}$ 和 1267 cm$^{-1}$ 的带峰分别源于 CH$_2$ 对称弯曲、OH 弯曲、CH 弯曲和 C=O 对称伸缩振动[225]。约在 1157 cm$^{-1}$ 和 1076 cm$^{-1}$ 的吸收峰分别来自 C=O 反对称伸缩和 C=O—C 吡喃环骨架振动[226]。897 cm$^{-1}$ 处的小跃峰是 β-糖苷键的特征，与纤维素中葡萄糖的糖苷 C1—H 变形及环振动贡献相关[227]。

木质素与光快速反应，产生酚基自由基，这些自由基随后通过去甲基化或侧链断裂及羧基色团的形成转化为邻位和对位的醌结构[228]。对于 OW，紫外线暴露对表面化学成分的影响非常明显。特别是，约在 1512 cm$^{-1}$ 的特征芳香木质素带显著减少，而 1732 cm$^{-1}$ 的羧基吸收显著增强 [图 8-71（a）]。在图 8-71（b）中，在紫外线辐射下，GW 在 1512 cm$^{-1}$ 处的吸收没有明显的减少或在 1732 cm$^{-1}$ 处的吸收没有明显增加，表明涂有石墨烯纳米片的木材具有抵抗光降解的能力。

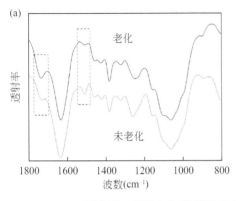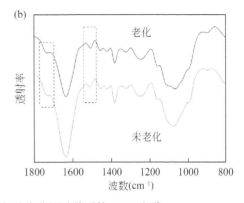

图 8-71　OW（a）和 GW（b）在加速老化测试前后的 FTIR 光谱

## 8.4.5　合成机理

根据对 GW 实验参数的调查，其制备与抗紫外线性能的可能机理示意图如图 8-72 所示。GW 的制备过程包括了一个关键的水热处理步骤，这个步骤不仅为石墨烯纳米片与木材基体在高压釜中的狭小空间内提供了良好的相互作用机会，还提供了巨大的能量，促进了木材与石墨烯纳米片之间的结合[229, 230]。在水热处理过程中，木材基体被放置在高温和高压的环境中，这种条件下，石墨烯纳米片在木材表面逐层沉积。由于高温和高压的作用，石墨烯纳米片能够在木材表面形成连续的多层膜结构。这一过程是通过物理相互作用来完成的，主要包括范德瓦耳斯力和石墨烯的强吸附能力[231]。这种层层自组装的过程在木材表面形成了致密的、多层的石墨烯膜结构。这种致密的多层石墨烯涂层具有优异的光学性能，它能够有效地吸收和散射大部分紫外线[232]。由于石墨烯的高光吸收能力和出色的光散射性能，涂覆在木材表面的石墨烯膜能够显著减少紫外线对木材的伤害。紫外线辐射通常会导致木材表面出现变色、开裂和雾化等问题，从而降低木材的使用寿命。然而，通过这种石墨烯涂层的保护，木材可以有效地抵御这些紫外线引起的损害，从而延长木材产品的使用寿命。

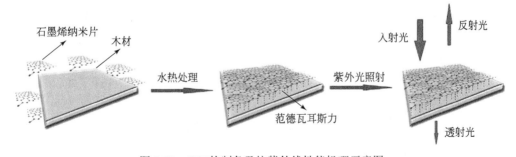

图 8-72　GW 的制备及抗紫外线性能机理示意图

## 8.4.6　小结

石墨烯纳米片通过一种简单、温和、快速的一锅水热法成功地原位沉积在木材表面。

在这一过程中，石墨烯纳米片在高温高压环境下通过层层自组装的方式，形成了致密的、连续的多层石墨烯膜结构。这种膜结构不仅覆盖了木材表面，还增强了木材的抗紫外线性能和热稳定性。它能够显著减少紫外线对木材的伤害，如变色、开裂和雾化，从而有效延长木材的使用寿命。与此同时，石墨烯纳米片的存在也显著提高了复合材料的热稳定性，使其在高温条件下更为耐用。

因此，GW 不仅提供了出色的紫外线保护，还有助于提升木材的整体性能。这种复合材料非常适合用于新型户外木制品，特别是在强紫外线辐射区域或其他恶劣环境下的应用。通过这种创新的材料制备方法，木材产品的耐久性和性能得到了显著改善，展示了广阔的应用前景。

## 8.5　木材微纤维-戊二醛-聚乙烯醇气凝胶基超宽频声阻隔材料

### 8.5.1　引言

噪声污染已成为仅次于空气污染的世界第二大环境风险因素，对人类健康造成的危害包括听力永久性受损、高血压、心脏病等生理问题，以及烦躁、记忆力下降、注意力难以集中等心理影响[233, 234]。这些不良影响不仅严重损害个人健康和生活质量，还会对周围的生物及建筑物造成不同程度损害。研究表明，过高的噪声会加速建筑物和机械结构的老化，影响设备的精度和使用寿命，进而导致潜在危险和不必要的维修成本[235]。因此，环境友好、节能新型多孔吸声材料的可持续发展受到广泛关注。树木作为绿色可回收材料具有众多优点，如高丰度、高模量、低密度和优异的生物降解性等，可服务于各个领域，如建筑、造纸、智能材料等，并提供丰富的木材纤维资源[236-238]。然而，要实现对木材纤维的高效利用，首先必须对木材细胞壁进行解离，但现阶段对于木材纤维解离机制尚不明晰，而人工构建天然生物质材料复杂的分层结构在合成材料方面也面临着极高的成本挑战[239]。因此，探究木材微纤维的精准解离方法、物性响应规律以及木材微纤维表面官能团的定向修饰与可控转化机理，将有助于建立木材微纤维界面融合与调控机制，并推动木材资源在噪声控制领域的发展。

理论上，消除噪声主要有三条途径：在声源处消除（消声）、在人耳处消除（隔声）以及在噪声的传播路径中消除（吸声）[240, 241]。显然，前两条途径在实践中都不具备切实的可行性，因此亟需开发理想、经济且高性能的多孔吸声材料，旨在传播路径中降低噪声对人类的危害。然而，传统的吸声材料如陶瓷和聚合物泡沫等存在吸声范围窄、性能弱及结构柔韧性差等缺点[242, 243]，新型的声学超材料虽然可以拓宽吸声范围，但要实现吸声仍然具有一定差距[244]。因此，实现超宽频吸声仍然是一个具有挑战性的目标。

微观结构是影响多孔吸声材料吸声性能的关键因素。通过从微观层面入手对材料的声学性能进行优化是一种有效的方法。先前的研究已经报道了利用自下而上法，通过精心调控微观结构来优化吸声性能。例如，Oh 等[245]通过氧化石墨烯的静电排斥机制和氢氧化钾活化，制备了分级多孔的波浪型石墨烯-聚氨酯泡沫吸声材料，在低频段的吸声系数显著增加，在高频段的吸声系数接近 0.9。Puguan 等[246]采用静电纺丝法制备了双孔聚对苯二甲酸乙二醇酯纳米纤维气凝胶，发现密集堆积的纳米纤维产生高度弯曲的各向同性的孔结构在中高频范围内能有效吸收声波，其降噪系数（NRC）值为 0.37（面密度为 465 $g/m^2$）。Yu 等[247]采用浸泡-水热冷冻自组装方法制备了双三维结构的石墨烯/聚二甲基硅氧烷石墨烯多孔吸声材料，发现在有效厚度范围（6 cm）内，该结构可以在较宽的频率范围内（814~6400 Hz）实现了较好的吸声效果，吸声系数可达 0.9。尽管上述各向同性多孔吸声材料在一定程度上拓宽了吸声范围，但通常需要以牺牲材料厚度为代价，在实际应用中并不理想。

为推动轻质、高效新型多孔吸声材料的发展，研究者们正转向各向异性结构多孔材料的制备。Nie 等[248]采用冰模板法制备了具有分级多孔结构的木质环糊精气凝胶，发现由于分层排列的各向异性结构，其在低频 750 Hz 表现出优异的吸声性能（SAC 为 0.995），同时降低了材料厚度。Ruello 等[249]以瓦楞纸箱废料为原料，制备了双孔结构的多功能复合纤维吸声板，发现在 280~6300 Hz 的宽频范围内表现出高吸声系数（0.8），并具备出色的弹性，可承受超过自身重量 5000 倍的载荷。Lou 等[250]采用定向冷冻法以棉纤维为原料，制备了具有规则分布和轴向开孔结构的纤维素气凝胶，解决了传统纤维素气凝胶中孔结构分布不均匀、开孔和闭孔并存的问题，并且在高频 4500 Hz 时吸声系数可达 0.88，提高了高频段吸声性能。Oh 等[251]在各向同性材料基础上，采用冰模板法制备出平行排列的氧化石墨烯-聚氨酯杂化气凝胶，发现这种特殊的各向异性结构在低频 1910 Hz 时展现出卓越的吸声性能（SAC 为 0.98）和优异的机械性能。敖庆波等[252]以金属纤维为原料，制备了内部具有孔隙度梯度孔结构的金属纤维多孔吸声材料，发现这种结构有助于提高全频的吸声性能。相较于各向同性结构，各向异性结构能更有效延长声波传播路径[253]，提高吸声性能并减少材料厚度，实现吸声效果和轻量化的平衡。

冰模板法作为一种多功能技术，可以制备具有孔径高度可控的多孔结构材料，实现微观结构和宏观形态的协同控制，当与其他技术集成时，可以在精确结构控制、可扩展性和成本效益之间达到平衡[254, 255]。简而言之，利用冰模板法结合其他材料加工技术，这种自上而下的构筑技术能够突破传统制备工艺，构建具有所需宏观形态的多尺度支架，从而实现木材微纤维的高效利用效用，为开发绿色高效可持续的新型吸声材料提供理论基础和技术支撑。

多孔吸声材料是指一种具有高度孔隙结构的材料。通过其复杂的三维网络结构，多孔吸声材料能够有效地吸收声能，减少声波反射，从而改善声学环境。此类材料广泛应用于建筑、交通、机械等领域，以降低噪声和改善音质[256]。常见的多孔吸声材料按微观形态主要分为纤维和泡沫类吸声材料[257, 258]。影响纤维材料吸声性能的因素较多，例如原材料种类、厚度、孔隙率等。此外，根据吸声机理的不同，多孔吸声材料又可以分为共振吸声材料和多孔吸声材料两种[259]。共振吸声材料（如吸声穿孔板）属于结构吸声，依靠结构的固有频率产生共振效应，具有很强的频率选择性，其吸声频率范围较窄，主要用于低、中频噪声的控制。然而，城市噪声通常伴有宽频多变的特点，采用共振吸声材料难以获得明显的吸声效果。相比之下，多孔吸声材料由孔隙、通道和空腔构成，材料内部存在大量互相连通的孔道，吸声频带较宽，声能的耗散主要是通过空气和孔壁之间摩擦产生的热损失和材料内部气流黏滞引起的黏性损失为主，这种特殊的能量耗散原理使得多孔吸声材料能够有效吸收宽频声波并降低噪声传播。有效使用吸声材料是解决噪声污染的关键。多孔吸声材料因其更广泛的吸声频率范围备受关注，包括玻璃纤维[260]或其他矿物纤维[261]制成的纤维材料，以及基于合成聚合物的泡沫材料（如聚氨酯泡沫[262]等）。然而，这些材料存在环境污染和健康风险。因此，寻找生态友好、成本低廉、超宽频吸声的新型高效吸声材料迫在眉睫。

木材是一种可再生的生物质材料，具有天然的极性、渗透性和吸附性，这些特性使它在生产环保、安全的吸声产品方面具有很大的潜力[263]。木材微纤维是从木材细胞壁中分离出来的天然材料。木材的纤维由纤维素、半纤维素和木质素通过化学键结合，形成交联的细胞壁基质，这使得次生壁 $S_2$ 层的纤维素难以直接利用。

根据木材细胞壁解离位置的不同，可将木材主要分为次生壁解离微纤维和胞间层微解离纤维。与半纤维素和木质素相比，由于纤维素具有更高的活性和易于改性的特性，因此认为从纤维素浓度最高的次生壁 $S_2$ 层中提取的微纤维比传统从胞间层中提取的微纤维具有更强的活性和可及性[264]。更重要的是，微米级纤维相较于纳米级纤维只需要更低的能源消耗和更简单的加工方法即可从木材细胞壁中分离出来[265]，从而为扩大应用规模提供了有利条件。这使得从木材次生壁层提取高活性微纤维成为组装三维复合材料的理想结构单元。

以马尾松为基材，采用湿热–化学–机械多元协同耦合的联合策略制备了木材次生壁解离微纤维，这种处理方式不仅精准实现了次生壁 $S_2$ 层微纤维的解离，还减少了生产成本。作为对照，采用传统碱性亚硫酸钠法和水处理法制备获得木材胞间层解离微纤维和木材随机层解离微纤维。通过扫描电子显微镜（SEM）、共聚焦拉曼光谱（CRM）、傅里叶变换红外光谱（FTIR）等手段对来自不同壁层解离的微纤维的微观形貌、化学组成变化和晶体结构特征进行了详细讨论分析。

在吸声材料领域，通常研究单一材料的吸声降噪性能，而对木基复合材料的吸声特性研究相对较少。传统木基复合材料的重组装方法通常导致各向同性结构和不发达的孔隙结构（BET 比表面积 30.8～98.2 $m^2/g$）[266]，这限制了孔径分布，并阻碍了提升吸声能力和超弹性的目标。此外，纤维材料的结构刚度使其缺乏灵活性和形状可变性，导致组装后产品的机械性能较差[267]，限制了其在室内和公共场所应用的范围，也制约了其在交通工具和建筑材料等领域的发展。因此，为了实现大范围频率的吸声，吸声材料必须实现从过去的单一形式向高性能、环保性和经济性等多功能组装形式材料的转变。

受到木材天然组装结构特征的优势启发[268]，精确调控微观结构对于制备机械强度高、易加工的木基复合材料至关重要。为实现超宽频吸声，构筑"循环梯度孔"策略，以构建具有以下三个关键要素的层次化有序架构：一是具有各向异性、平行分层和长微通道的结构排列，为声能传输提供充足的传输路径；二是每层内构建丰富的多级孔隙，旨在有效地摩擦消散不同波长的声波；三是构建大量的条带连接相邻层，形成复杂闭环，从而促进声波的重复和循环反射摩擦。此外，这种精心设计的各向异性结构预计具有类似于手风琴模型的变形特性[62]，从而能够同时产生具有可控刚度的三维多孔弹性组装体。

根据《中国噪声污染防治报告（2023）》，噪声扰民问题在生态环境污染举报中占比

59.9%，位列各环境污染要素之首[269]。此外，噪声性听力损失（noise-induced hearing loss，NIHL）对人类影响巨大，全球超过 2.5 亿人患有超过 25 dB 的 NIHL，这是临床上显著的听力损失症状[270]。同时噪声污染还会诱发心血管疾病如高血压和精神疾病，从而缩短人类寿命。因此，开发绿色高性能吸声材料至关重要。

日常噪声覆盖的频率范围很广，在 300～5000 Hz 之间。传统吸声材料如陶瓷、聚合物泡沫等[271, 272]，由于其单调的微观结构，在吸收低频声音（<1000 Hz）方面效果有限。而新型声学超材料虽然能良好吸收低频噪声，但只在特定范围内表现出色[273]。最近的研究报道了得益于精心设计的微观结构的宽频吸声材料，如双三维结构的石墨烯/聚二甲基硅氧烷[274]、层状的木质环糊精气凝胶[275]和波浪型的石墨烯-聚氨酯泡沫[276]。然而，这些材料在实际应用中受到一定的局限性，这主要是由于未达到超宽频吸声和柔韧性差。因此，开发具有超宽频吸声性能的新型绿色木基吸声材料仍然是一个重大挑战。

为解决上述缺陷，需要构建一种新的吸声机制。"循环梯度孔"的策略旨在创建具有以下三个关键要素的层次化有序架构：①各向异性、平行分层和长微通道，为声能传输提供充足的路径；②每层内有丰富的多级孔隙，有效地摩擦消散不同波长的声波；③条带连接相邻的层，形成闭环，从而促进声波的重复和循环反射摩擦。

通过试验研究，成功制备出满足上述三要素的木材微纤维组装体（MFs-S₂-GA-PVA），其具有丰富的弹簧状桥接结构，可实现声波的循环反射、摩擦和耗散。因此，为了更好地阐明和理解各向异性分级多孔结构对吸声性能的影响，本节以所制备的 MFs-S₂-GA-PVA 样品为基础，利用全自动比表面及孔隙度分析仪（BET）、压汞法（MIP）等手段对其孔隙结构特征进行了详细表征，并借助传递函数吸声系数测试仪探讨了木材微纤维组装体的比表面与孔隙结构、吸声性能。此外，为阐明吸声性能的构效机制，在试验研究的基础上，结合理论模拟计算中的 Johnson-Champoux-Allard（JCA）半唯象模型对材料的结构-性能关系进行了更深入的探讨。

## 8.5.2　木材微纤维组装体的制备

### 8.5.2.1　试验材料

本试验采用的试件原材为马尾松（*Pinus massoniana*），采自中国湖南省。在试验中需要用到的主要试剂包括氢氧化钠、过氧化氢、亚硫酸钠等。

### 8.5.2.2　马尾松次生壁 S₂ 层微纤维解离方法

从马尾松次生壁的 S₂ 层中解离微纤维采用的是湿热-化学-机械多元协同耦合的方法[277]，处理过程主要包括汽蒸处理、化学浸渍和机械盘磨三个步骤，其中机械盘磨使用两段磨浆解离工艺（即第一段磨浆解离和第二段磨浆解离）。

（1）汽蒸处理。将马尾松树干切割成小块，首先用水浸泡 12 h，在 105℃下进行汽蒸处理 15 min，然后滤去游离水并转移至双螺杆挤压浸渍机，在 70℃、1500 r/min 的条件下，挤压解离得到粗磨木纤维（MFs）。

（2）化学浸渍。首先将 NaOH、H₂O₂、Na₂SiO₃·9H₂O 和 DTPA 与去离子水混合制备碱性过氧化氢（alkali hydrogen peroxide，AHP）溶液，其用量分别是 3%、5%、2% 和 0.2%（相对于绝干纤维物料），然后将上述所得的粗磨木纤维与 AHP 溶液按照固液比 1：4 混合，并搅拌均匀。

（3）机械盘磨。在 105℃的条件下，将上述混合物放入盘磨机中进行第一段磨浆解离，盘磨间隙为 0.1～0.5 mm，转速为 3000 r/min，以增强传热并促进化学药液的均匀渗透。接着，将样品在 95℃烘箱中保温 1 h，并使用相同的盘磨机进行第二段机械解离（105℃，4遍）。然后使用去离子水进行洗涤至中性，以去除多余的化学药液，再置于搅拌机中，转速为 3200 r/min，加入 100℃的去离子水进行消潜，消潜结束后用振动筛去除未解离的纤维束，最终获得 S₂ 层解离的木材微纤维（MFs-S₂）。

### 8.5.2.3 马尾松胞间层微纤维的解离

利用胞间层木质素对温度的高响应性，采用高温高压（125～135℃以上）软化木质素的方式（超过软化点，木质素呈黏流态）进行解离。首先进行汽蒸和双螺杆挤压处理得到粗磨木纤维（方法同上）。接下来，通过在去离子水中混合 Na₂SO₃ 和 DTPA 来制备碱性亚硫酸钠溶液，其用量分别是 5%、0.2%（相对于绝干纤维物料）。然后将上述所得的粗磨木纤维与碱性亚硫酸钠溶液按照固液比 1：4 混合后搅拌均匀，并在 70℃的旋转蒸煮锅中保温 60 min。然后置于盘磨机中，在 135℃下采用一段解离工艺进行解离。最后，用去离子水洗涤至中性，以除去多余的化学药液，再置于搅拌机中，转速同上，加入 100℃的去离子水进行消潜，消潜结束后用振动筛去除未解离的纤维束，最终获得胞间层解离的木材微纤维（MFs-ML）。

### 8.5.2.4 马尾松随机层微纤维解离方法

为了进行比较，还从马尾松的随机细胞壁层中分离出微纤维。解离过程中唯一的区别是使用去离子水代替用于制备木材 MFs-ML 的碱性亚硫酸钠溶液，该过程的其余步骤保持不变，最终获得随机层解离的木材微纤维（MFs-RL）。制备过程如图 8-73 所示。

### 8.5.2.5 木材微纤维水凝胶的制备

首先使用高速均质机以 8000～10000 r/min 的转速，将已制备好的木材 MFs-S₂（1%、3%和 5%，质量分数）与 0.08%（质量分数）PEO 溶液以特定比例均匀混合搅拌 2.5 h，获得木材 MFs-S₂ 分散体。其次，将 5.0 g PVA 粉末溶于 100 mL 去离子水中，在 95℃的条件下溶解 4 h 直至 PVA 粉末完全溶解，获得透明的 PVA 溶液，密封保存后待下一步使用。然后，将 1 g 木材 MFs-S₂ 分散体与 3 mL 制备的 PVA 溶液充分混合均匀，接着向体系中添加 0.8 mL 1%（体积分数）H₂SO₄ 将混合液的 pH 值调节至 4～6。随后将交联剂 GA 溶液[0.8 mL，25%（质量分数）] 添加到上述混合物中，在室温下搅拌 6 h 直至混合均匀。最后，将混合溶液放入烘箱中 30 min 除去残留的气泡。将所得混合液转移至特制的聚四氟乙烯（PTFE）模具中，然后在 85℃的烘箱中交联/固化 3 h。最终，获得木材微纤维水凝胶（MFs-S₂-GA-PVA）。制备流程如图 8-74 所示。

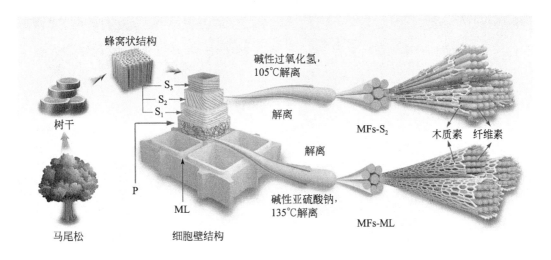

图 8-73　高活性木材微纤维的制备流程示意图

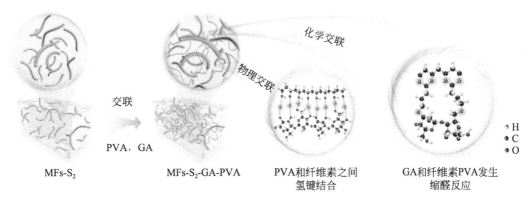

图 8-74　使用戊二醛交联剂将木材 MFs 与 PVA 进行三维化学交联以制备水凝胶的示意图

### 8.5.2.6　超弹性木材微纤维组装体分层有序结构的制备

（1）定向冷冻。将上述制备好的木材 MFs-S$_2$-GA-PVA 水凝胶前驱体放置在已在液氮中预冷的冷热台上，温控器降温至–196℃（即液氮温度）并保温 2 h 进行定向冷冻过程。在冰晶挤压和牵引的作用下，通过调节木材 MFs 的比例来精确调节水凝胶的微观结构（编码为 MFs-S$_2$-GA-PVA-1、MFs-S$_2$-GA-PVA-3、MFs-S$_2$-GA-PVA-5）。由于冰晶的垂直生长导致 MFs 聚集成平行的层状结构。

（2）真空干燥。首先将真空冷冻干燥机以–60℃预冷 2 h，然后将冷冻样品连同 PTFE 模具转移至真空冷冻干燥机（压力＜10 Pa）中并抽真空，至少干燥 72 h 以除去多余水分，最后获得超弹性各向异性木材微纤维组装体（MFs-S$_2$-GA-PVA）。制备流程如图 8-75 所示。

为了方便在下述中进行比较研究，采用常规冷冻干燥法（即不使用定向冷冻工艺）制备了无序各向同性多孔结构木材微纤维组装体，以下简称为各向同性木材微纤维组装体。

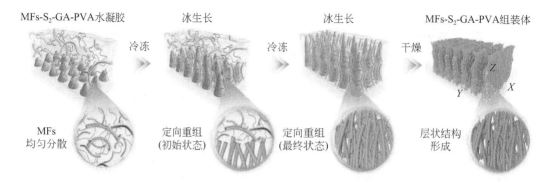

图 8-75    定向冷冻和真空干燥制备分级各向异性 MFs-S$_2$-GA-PVA 组装体的示意图

### 8.5.2.7    细胞毒性表征

使用 HaCaT 细胞中的四甲基偶氮唑盐［3-(4,5-dimethylthiazol-2-yl)-2,5-diphenyltetrazolium,MTT］比色法测定细胞毒性，并使用倒置荧光显微镜（IFM）观察[278]。首先将 HaCaT 细胞以每孔 $5 \times 10^3$ 个细胞的密度接种到 96 孔细胞培养板中，并在 37℃ 条件下，5% $CO_2$ 恒温培养箱中孵育 24 h。之后，将 HaCaT 细胞与木材微纤维组装体孵育 24 h。此外，还制备了仅含细胞培养基组成的对照样品。然后用 MTT 溶液（200 μL，0.5 mg/mL）继续培养 4 h。弃去培养液，用 PBS 洗涤 2～3 遍，每孔加入 150 μL DMSO，低速震荡 15 min，使结晶物充分溶解。最后用酶标仪测定每孔混合物的吸光度，并采用 Calcein-AM 和 PI 分别对活细胞和死细胞进行染色，并捕获发光图像。每组设 3 个对比实验。

### 8.5.2.8    吸声性能表征

按照 ISO 10534-2：1998《声学    阻抗管吸声系数和比阻抗率的测定    第 2 部分：传递函数法》的国际标准，使用阻抗管在 63～6300 Hz 频率范围内通过传递函数法测量样品的吸声性能[279]。图 8-76 为吸声测试试验中，阻抗管的测试原理示意图。

麦克风 1 和麦克风 2 处的复声压分别为 $p_1$ 和 $p_2$，可以根据在麦克风 1 和 2 处传声器的声压传递函数计算出入射波（$p_i$）和反射波（$p_R$）因数为

$$p_i = p_i e^{jk_0 x} \tag{8-23}$$

$$p_R = p_R e^{-jk_0 x} \tag{8-24}$$

式中，$p_i$ 和 $p_R$ 分别表示基准面（$x=0$）上 $p_i$ 和 $p_R$ 的幅值，并且 $p_R = r p_i$，$k_0$ 是复波数。

两个传声器麦克风 1 和麦克风 2 位置的声压分别为

$$p_1 = p_i e^{jk_0 x_1} + p_R e^{-jk_0 x_1} \tag{8-25}$$

$$p_2 = p_i e^{jk_0 x_2} + p_R e^{-jk_0 x_2} \tag{8-26}$$

入射波的传递函数（$H_i$）可以计算为

$$H_i = \frac{p_{2i}}{p_{1i}} = e^{-jk_0(x_1 - x_2)} = e^{-jk_0 s} \tag{8-27}$$

反射波的传递函数（$H_R$）可以计算为

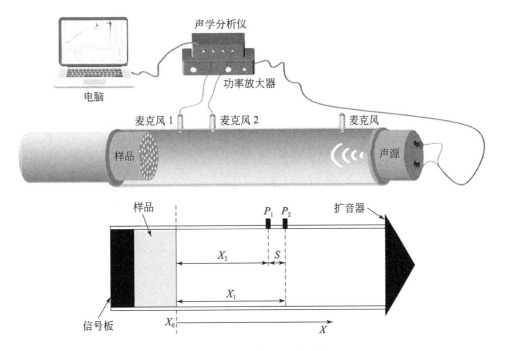

图 8-76 阻抗管测试原理图

$$H_R = \frac{p_{2R}}{p_{1R}} = e^{jk_0(x_1-x_2)} = e^{-jk_0 s} \tag{8-28}$$

麦克风 1 和麦克风 2 之间的传递函数可计算为

$$H_{12} = \frac{p_2}{p_1} = \frac{e^{jk_0 x_2} + re^{-jk_0 x_2}}{e^{jk_0 x_1} + re^{-jk_0 x_1}} \tag{8-29}$$

则法向入射声压反射系数（$r$）为

$$r = \frac{H_{12} - e^{-jk(x_1-x_2)}}{e^{jk(x_1-x_2)} - H_{12}} = \frac{H_{12} - H_i}{H_R - H_{12}} e^{2jk_0 x_1} \tag{8-30}$$

因此，吸声系数（$\alpha$）可按式（8-31）计算：

$$\alpha = 1 - |r|^2 \tag{8-31}$$

### 8.5.2.9 半唯象模型计算方法

Johnson-Champoux-Allard（JCA）半唯象模型被广泛认为是预测多孔材料吸声能力的主要方法[280, 281]，因此本节采用 JCA 模型预测了各向异性微纤维组装体的吸声系数。该模型的论证表明多孔材料的噪声吸收主要是由热黏性效应和阻尼效应所引起的，阻尼耗散主要与多孔材料的固相部分即骨架结构相关，而热黏性耗散则与多孔材料的微观孔隙结构有关，尤其是与多孔材料中包含的气相部分相关。声波在多孔材料中传播时，会通过固相和气相之间的相互作用而发生耗散，它们分别由等效密度 $\rho(\omega)$ 和等效体积模量 $K(\omega)$ 表示[282, 283, 284]。计算过程如下：

$$\rho(\omega) = \alpha_\infty \rho_0 \left( 1 + \frac{\sigma\phi}{\mathrm{i}\omega\rho_0\alpha_\infty} G_J(\omega) \right) \tag{8-32}$$

其中，

$$G_J(\omega) = \left( 1 + \frac{4\mathrm{i}\alpha_\infty^{\,2}\eta\rho_0\omega}{\sigma^2\Lambda^2\phi^2} \right)^{1/2} \tag{8-33}$$

$$\Lambda = s(8\eta\alpha_\infty / \sigma\phi)^{1/2} \tag{8-34}$$

$$K(\omega) = \gamma P_0 \left[ \gamma - (\gamma-1)\left( 1 + \frac{\sigma'\phi}{\mathrm{i}\alpha_\infty\rho_0 Pr\omega} G'_J(Pr\omega) \right)^{-1} \right]^{-1} \tag{8-35}$$

其中，

$$G'_J(Pr\omega) = \left( 1 + \frac{4\mathrm{i}\alpha_\infty^{\,2}\eta\rho_0 Pr\omega}{\sigma'^2\Lambda'^2\phi^2} \right)^{1/2} \tag{8-36}$$

$$\Lambda' = s'(8\eta\alpha_\infty / \sigma\phi)^{1/2} \tag{8-37}$$

$$s' = (\sigma/\sigma')^{1/2} \tag{8-38}$$

式中，$\rho_0$ 是空气密度；$\eta$ 是空气黏度系数；$\gamma$ 是空气比热比；$Pr$ 是普朗特数；$P_0$ 是大气压力；$\omega = 2\pi f$ 是角频率，$f$ 是声波进入气凝胶的频率；$s$ 和 $s'$ 是孔隙的截面形状因子；$\mathrm{i} = \sqrt{-1}$。气流电阻率（$\sigma$）、孔隙率（$\phi$）、弯曲度（$\alpha_\infty$）、黏性特征长度（$\Lambda$）和热特征长度（$\Lambda'$）是五个特定的声学参数。

等式（8-35）和式（8-36）可以重写为以下方程[133]：

$$K(\omega) = \gamma P_0 \left[ \gamma - (\gamma-1)\left( 1 + \frac{8\eta}{\mathrm{i}\,\Lambda'^2\rho_0 Pr\omega} G'_J(Pr\omega) \right)^{-1} \right]^{-1} \tag{8-39}$$

其中，

$$G'_J(Pr\omega) = \left( 1 + \frac{\mathrm{i}\rho_0\Lambda'^2 Pr\omega}{16\eta} \right)^{1/2} \tag{8-40}$$

对等式进行分析和变换如下：

$$G_J(\omega) = (1 + \mathrm{i}d)^{1/2} = e + \mathrm{i}f \tag{8-41}$$

其中，

$$d = \frac{4\alpha_\infty^2\eta\rho_0\omega}{\sigma^2\Lambda^2\phi^2} \tag{8-42}$$

式中，$e$ 和 $f$ 是变量。

将方程（8-41）两边平方，得到以下方程：

$$1 + \mathrm{i}d = (e + \mathrm{i}f)^2 \tag{8-43}$$

通过求解式，得到等式和如下：

$$e = \sqrt{\frac{1 + \sqrt{1 + d^2}}{2}} \tag{8-44}$$

$$f = \frac{d}{2e} \tag{8-45}$$

得到等式：

$$e = \left[ \frac{1}{2} \left( 1 + \left[ 1 + \left( \frac{4\alpha_\infty^2 \eta \rho_0 \omega}{\sigma^2 \Lambda^2 \phi^2} \right)^2 \right]^{1/2} \right) \right]^{1/2} \tag{8-46}$$

得到等式：

$$f = \frac{1}{2e} \frac{4\alpha_\infty^2 \eta \rho_0 \omega}{\sigma^2 \Lambda^2 \phi^2} \tag{8-47}$$

可得式：

$$G_J(\omega) = e + \mathrm{i}f = e + \mathrm{i} \frac{1}{2e} \frac{4\alpha_\infty^2 \eta \rho_0 \omega}{\sigma^2 \Lambda^2 \phi^2} \tag{8-48}$$

可得等式（8-49）：

$$\rho(\omega) = \rho_0 \left( \alpha_\infty + \frac{1}{e} \frac{2\alpha_\infty^2 \eta}{\sigma \phi \Lambda^2} - \mathrm{i}e \frac{\sigma \phi}{\omega \rho_0} \right) \tag{8-49}$$

因此，高频极限为式（8-50），低频极限为式（8-51）：

$$\lim_{\omega \to \infty} \rho(\omega) = \rho_0 \alpha_\infty \tag{8-50}$$

$$\lim_{\omega \to \infty} \rho(\omega) = \rho_0 \left( \alpha_\infty + \frac{2\alpha_\infty^2 \eta}{\sigma \phi \Lambda^2} - \mathrm{i} \frac{\sigma \phi}{\omega \rho_0} \right) \tag{8-51}$$

为了准确地预测刚性框架纤维材料的有效密度，考虑方程式的实部和虚部在低频下的渐近行为是至关重要的。虽然 Johnson-Allard 模型成功地预测了虚部的渐近行为，但无法准确地预测实部的行为，实部在低频时保持恒定，但与测量值存在显著偏差。

因此，Johnson 等[285] 提出公式（8-52），进一步提供了高频范围内有效密度的计算方程。此外，Champoux 等[286] 提出的公式（8-53）确定了高频下的体积模量。由式（8-52）和式（8-53）组合得到的复波数 $k_{\mathrm{high}}$[287] 表示为式（8-54）：

$$\rho(\omega)_{\mathrm{high}} = \rho_0 \alpha_\infty \left[ 1 + (1-\mathrm{i})(\delta / \Lambda) \right] \tag{8-52}$$

$$K(\omega)_{\mathrm{high}} = \gamma P_0 / \left[ 1 + (\gamma - 1)(1-\mathrm{i})(\delta / \sqrt{Pr} \Lambda') \right] \tag{8-53}$$

$$k_{\mathrm{high}} = \frac{\omega}{c_0} \sqrt{\alpha_\infty} \left[ 1 + (1-\mathrm{i}) \frac{\delta}{2} \left( \frac{1}{\Lambda} + \frac{\gamma - 1}{\sqrt{Pr} \Lambda'} \right) \right] \tag{8-54}$$

其中，

$$\delta = (2\eta / \omega \rho_0)^{1/2} \tag{8-55}$$

Kino 和 Ueno[288] 结合 Johnson 提出的方程（8-52）改进了方程（8-32）。当式（8-52）转化为式（8-32）的形式，得到等式（8-56）：

$$\rho(\omega)_{\mathrm{high}} = \rho_0 \alpha_\infty \left( 1 + \frac{\sigma \phi}{\mathrm{i} \alpha_\infty \rho_0 \omega} G_{J(H)}(\omega) \right) \tag{8-56}$$

其中，

$$G_{J(H)}(\omega) = \sqrt{2\eta\rho_0\omega}\frac{\alpha_\infty(1+\mathrm{i})}{\sigma\phi\Lambda} \tag{8-57}$$

Kino 和 Ueno 通过使用方程（8-57）进一步改进了方程（8-32）。Johnson 考虑低频和高频的限制，提出了一个简单的模型方程（8-32）[289]。Kino 和 Ueno 考虑了高频极限和低频极限的渐近行为，并提出了一个新模型方程（8-58）。类似地，他们改进了体积模量模型并提出了公式（8-61）作为新方程。为了考虑流阻率的变化，根据该参数建立了校正因子 $N_1$ 和 $N_2$：

$$\rho(\omega) = \alpha_\infty\rho_0\left(1 + \frac{\sigma\phi}{\mathrm{i}\omega\rho_0\alpha_\infty}G_N(\omega)\right) \tag{8-58}$$

其中，

$$G_N(\omega) = \left(\sqrt{2\eta\rho_0\omega}\frac{\alpha_\infty(1+\mathrm{i})\sqrt{N_1}}{\sigma\phi\Lambda}\right)^{1/2} \tag{8-59}$$

$$N_1 = 8.622\exp(1.969\times10^{-6}\sigma) - 5.54\exp(-3.682\times10^{-5}\sigma) \tag{8-60}$$

式中，$N_1$ 为拟合数据得到的流动电阻率经验函数[290]。

$$K(\omega) = \gamma P_0\left[\gamma - (\gamma-1)\left(1 + \frac{8\eta}{\mathrm{i}\Lambda'^2 Pr\omega\rho_0}G_N'(Pr\omega)\right)^{-1}\right]^{-1} \tag{8-61}$$

其中，

$$G_N'(Pr\omega) = \left(\sqrt{2\eta\rho_0 Pr\omega}\frac{\alpha_\infty(1+\mathrm{i})\sqrt{N_2}}{\sigma'\phi\Lambda'}\right)^{1/2} = \left(\sqrt{2\eta\rho_0 Pr\omega}\frac{\Lambda'(1+\mathrm{i})\sqrt{N_2}}{8\eta}\right)^{1/2} \tag{8-62}$$

$$N_2 = 560.3\exp(-5.565\times10^{-4}\sigma) + 50.02\exp(-5.127\times10^{-5}\sigma) \tag{8-63}$$

式中，$N_2$ 是通过拟合数据获得的流动电阻率的经验函数[291]。

表面阻抗（$Z_s$）的计算公式为

$$Z_s = \frac{-\mathrm{i}\sqrt{\rho(\omega)K(\omega)}\cot\left(\omega\sqrt{\frac{\rho(\omega)}{K(\omega)}}t\right)}{\phi} \tag{8-64}$$

最后，通过以下公式计算吸声系数（SAC，$\alpha$）：

$$\alpha = 1 - \left|\frac{Z_s - \rho_0c_0}{Z_s + \rho_0c_0}\right|^2 \tag{8-65}$$

式中，$c_0$ 是声音在空气中的速度，$\rho_0$ 是空气的密度。

显然，$\rho(\omega)$ 和 $K(\omega)$ 的确定需要包含厚度（$t$）和五个不可或缺的基本物理非声学参数：曲折度（$\alpha_\infty$）、流动电阻率（$\sigma$）、孔隙率（$\phi$）、黏性特征长度（$\Lambda$）和热特征长度（$\Lambda'$）。对于这五个参数，孔隙率使用压汞法根据方程（8-61）计算，流动电阻率根据国际标准化组织标准 9053 进行测试，弯曲度和两个特征长度（$\Lambda$ 和 $\Lambda'$）采用 Leclaire 等提出的方法进行测试[292]。测试结果如表 8-17 所示。

表 8-17　不同类型木材微纤维组装体的非声学参数值

| 样品 | $\sigma$（Pa·s/m²） | $\Lambda$（μm） | $\Lambda'$（μm） | $\alpha_\infty$ | $\phi$ |
|---|---|---|---|---|---|
| MFs-S₂-GA-PVA-1 | 1024 | 392 | 112 | 1.01 | 86.06% |
| MFs-S₂-GA-PVA-3 | 1537 | 287 | 459 | 1.33 | 97.84% |
| MFs-S₂-GA-PVA-5 | 1255 | 327 | 223 | 1.08 | 88.45% |
| 各向同性 MFs-S₂-GA-PVA-3 | 17830 | 24 | 43 | 2.15 | 85.77% |

### 8.5.2.10　结构表征

使用德国 ZEISS Sigma 300 型的扫描电子显微镜（SEM）对 S₂ 层解离微纤维、ML 层解离微纤维和 RL 层解离微纤维样品进行扫描拍摄以研究样品的微观形貌。使用德国 WITec GmbH Alpha 300R 型的共聚焦激光显微拉曼光谱仪（CRM）对不同壁层解离的微纤维样品进行了成像分析，为了实现高分辨率，配备透射电子显微镜单频激光器（$\lambda$=532 nm，激光功率 40 mW），激光通过 Zeiss EC 100 倍油浸物镜［数值孔径（NA）=0.9］聚焦到样品上，并通过收集拉曼散射光中撞击电荷耦合器件（CCD）的光子相对数量来检测强度；然后通过对光谱中定义的波数层进行积分，使用求和滤波器生成化学图像；具体测试参数如下：选择以 0.5 μm 步长进行拉曼映射，单点积分时间为 1～1.5 s，样品上的激光能量为 8 mW；从这些目标层中提取平均光谱，并在 1800 cm⁻¹ 和 2200 cm⁻¹ 处进行基线校正以进行详细分析；化学图像能够根据拉曼强度的变化通过色阶条区分纤维素和木质素不同的细胞壁层。使用美国 Thermo Scientific Nicolet iS20 光谱仪对不同壁层解离的微纤维样品进行了傅里叶变换红外光谱（FTIR）扫描；具体测试参数如下：采用 KBr 压片测试法，测试模式为透过率，记录波数范围为 500～4000 cm⁻¹。使用德国 Bruker D8 Advance TXS 型 X 射线衍射仪采集 XRD 图谱。具体测试参数如下：以 Cu Kα（$\lambda$=1.5418 Å）为放射源，扫描速率（$2\theta$）为 4°/min，加速电压为 40 kV，外加电流为 90 mA，扫描范围为 5°～40°；并根据 Segal 法，计算出不同壁层解离的相对结晶度指数（CrI）[293]：

$$CrI(\%) = \frac{I_{200} - I_{am}}{I_{200}} \qquad (8\text{-}66)$$

式中，$I_{200}$ 是（200）衍射表面的最大强度，$I_{am}$ 是非晶态背景衍射在最小峰处的散射强度。

谢乐（Scherrer）方程通过衍射峰的半峰宽（PWHM）来计算晶粒尺寸[294]，公式如下：

$$\tau = \frac{K\lambda}{\beta \cos\theta} \qquad (8\text{-}67)$$

式中，$\tau$ 是垂直于晶面方向的平均厚度；$K$ 是 Scherrer 常数，通常取 0.9；$\lambda$ 是衍射试验中的 X 射线波长；$\beta$ 为 PWHM；$\theta$ 为布拉格衍射角。

平面间距（$d$）由布拉格方程计算[295]：

$$n\lambda = 2d\sin\theta \qquad (8\text{-}68)$$

式中，$n$ 是反射级数，$\lambda$ 是入射 X 射线的波长（m），$d$ 是晶面间距，$\theta$ 是入射 X 射线与相应晶面的夹角（°）。

使用型号为 Thermo Scientific K-Alpha 的 X 射线光电子能谱仪采集 XPS 图谱，用于测定表面化学成分。使用德国 ZEISS Sigma 300 型的扫描电子显微镜对木材微纤维组装体 MFs-S$_2$-GA-PVA 进行扫描拍摄以研究样品的微观形貌。使用型号为 TA-Q600 的热重分析仪（TG）对次生壁 S$_2$ 层解离微纤维、聚乙烯醇和木材微纤维组装体进行热稳定性分析。具体测试条件如下：在 N$_2$ 气氛下，以 10℃/min 的加热速率从室温升至 800℃，测定所得样品的热分解性能。采用型号为 CMT6103 的微机控制电子万能试验机对木材微纤维组装体进行机械压缩试验。具体测试条件如下：在应力应变测试期间，加载卸载速率设置为 5 mm/min，在循环压缩抗疲劳测试期间，加载卸载速率设置为 20 mm/min。使用美国 Quantachrome Autosorb IQ 的全自动比表面及孔隙度分析仪（BET）获得样品的比表面积、孔容和孔径分布等信息。具体测试参数如下：测试前将样品在 300℃下脱气 12 h，然后在 77 K 下进行 N$_2$ 吸附-脱附测试。使用 AutoporeV 9600 的压汞测试仪（MIP）获得样品的大孔体积和孔隙率。具体测试方法如下所述：使用 MIP 测量真密度（$\rho_{\text{true}}$），样品的表观密度（$\rho_{\text{apparent}}$）用公式（8-77）计算：

$$\rho_{\text{apparent}} = \frac{m}{V} \tag{8-69}$$

式中，$m$ 和 $V$ 分别是复合材料的质量（g）和体积（mL）。

孔隙率（$\phi$）由样品的表观密度和真密度计算得出：

$$\phi = \left(1 - \frac{\rho_{\text{apparent}}}{\rho_{\text{true}}}\right) \times 100\% \tag{8-70}$$

### 8.5.3　宏观形态和微观形貌

图 8-77（a）～（c）分别是从马尾松的不同细胞壁层（即 ML、S$_2$ 和 RL 层）中分离出

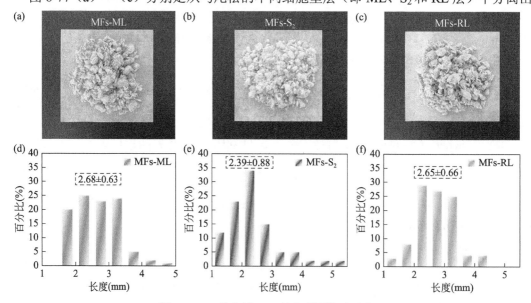

图 8-77　三种木材 MFs 的宏观图像及尺寸

的 MFs 的宏观形貌图（标记为 MFs-ML、MFs-S$_2$ 和 MFs-RL）。其中，MFs-S$_2$ 的平均纤维长度最小，为（2.39±0.88）mm [图 8-77（e）]，在宏观尺度上呈现单根的丝状结构，使其非常适合用作构建三维复合吸声材料的理想单元。

图 8-78 进一步展示了 MFs-ML、MFs-S$_2$ 和 MFs-RL 的微观形貌。可以观察到使用传统技术碱性亚硫酸钠溶液处理，并进行高温高压处理的纤维已从 ML 层中分离出来，但受到严重损坏。由图 8-78（b）可见，在 MFs-ML 的表面上原纤维呈现随机取向的趋势，这为胞间层微纤维的成功分离提供了证据[296]。由图 8-78（c）和（d）可知，在湿热、碱性过氧化氢和机械盘磨的联合作用下，初生细胞壁和次生壁 S$_1$ 层发生协同作用，导致其断裂并逐渐剥落。此外，原纤维与纵向细胞轴之间的微纤丝角在 10°～30° [29.6°，图 8-78（d）的插图] 范围内，这验证了次生壁 S$_2$ 层微纤维的成功分离。值得注意的是，在这种条件下分离得到的木材 MFs-S$_2$ 保留了完整的结构，并且所暴露的 S$_2$ 层的粗糙表面由于声波的摩擦效应和黏性效应会引起振动，将声能转化为热能，从而对声音的耗散产生优势[297]，这为后续用于组装木材微纤维三维复合材料奠定了基础。随机解离的 MFs 表征表明，虽然初级细胞壁和次生壁 S$_1$ 层被部分破坏 [图 8-78（e）和（f）]，但其仍然附着在 S$_2$ 层表面，这降低了 S$_2$ 层纤维素的可及性，不利于用于组装三维复合材料。

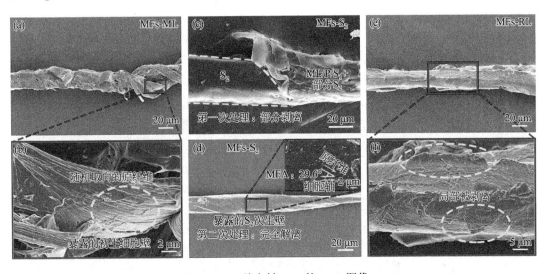

图 8-78　三种木材 MFs 的 SEM 图像

（a，b）MFs-ML；（c，d）MFs-S$_2$（插图为局部结构放大图）；（e，f）MFs-RL

将冰模板法的简单性与化学交联微米级纤维的适用性相结合，研究了一种简单有效的方法来制备木材微纤维组装体，与传统的纳米纤维素生物气凝胶相比，该材料的能量需求更低。如图 8-79 所示，所制备的木材微纤维组装体具有较为优异的结构可扩展性，能够制备成满足不同应用和需求的形状大小和尺寸，如面板、毛毡以及预制管道等，这保证了快速和简单一致样貌尺寸产品的生产 [图 8-79（a）]。除此之外，木材微纤维组装体还可以制备成任何所需的形状，如圆柱体、长方体、三角棱柱，甚至是任何字母形状 [图 8-79（b）]。如图 8-79（c）所示，这种小型木材微纤维组装体（$\rho$=0.030 g/cm$^3$）还可以轻松地平衡在蒲公英绒毛的尖端，表明采用化学交联和冰模板法联合作用制造的木材微纤维组装体具有轻质特性。

图 8-79　木材微纤维组装体照片

（a）尺寸可扩展；（b）不同形状；（c）木材微纤维组装体平衡在蒲公英种子绒毛的尖端

　　如图 8-80（a）、（b）所示，具有低比例 MFs-S$_2$（1%）的微纤维组装体显示出以大孔为主的孔隙结构（X-Z 平面）。虽然这种结构对于捕获低频声波是有效的，但对于波长较短的高频波则效率较低[298]。当 MFs-S$_2$ 的比例从 1% 增加到 3% 时，在微纤维组装体中形成了分层多级结构，包括大孔（>50 nm）、介孔（2~50 nm）和微孔（<2 nm）[图 8-80（e）、（f）]。这可能归因于木材 MFs-S$_2$ 的刚性以及 MFs-S$_2$ 和 PVA 之间良好的交联性，有助于防止冷冻干燥过程中因其固−汽界面处的严重毛细管张力从而保护较小的孔以免发生坍塌/合并[92]（有关孔隙结构特征的更多细节将在后面进行详细讨论）。然而，在组装体中加入更高比例的 MFs-S$_2$（5%）会导致孔隙数量不足 [图 8-80（i）、（j）]。从横截面（Y-Z 平面）

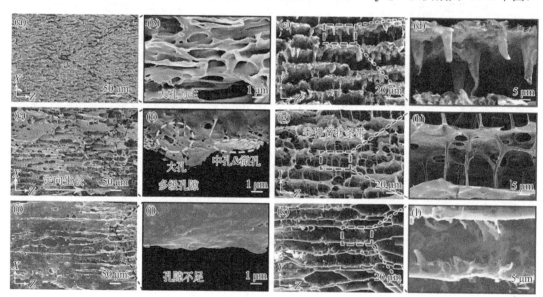

图 8-80　不同木材微纤维组装体的 SEM 图像

（a~d）MFs-S$_2$-GA-PVA-1；（e~h）MFs-S$_2$-GA-PVA-3；（i~l）MFs-S$_2$-GA-PVA-5。观察到三种样品都具有平行于冰晶生长方向的长微通道，呈现出各向异性的层状结构

观察，微纤维组装体 MFs-S$_2$-GA-PVA-3 呈现出轮廓分明的弹簧状条带，宽度为 1.0～2.7 μm，长度为 10～24 μm，将相邻的层连接在一起 [图 8-80（g）、（h）]。这些条带可能源于 PVA 分子，PVA 分子通过与 MFs-S$_2$ 交联形成共价键网络，从而形成坚固的互连支架结构，为其超弹性奠定坚实的结构基础（将在后面的压缩性能章节中进行仔细讨论）。此外，这些层与层之间的条带有望为声波的循环反射摩擦创造闭合回路。在其他 MFs-S$_2$ 含量（1%、5%）下，观察到生成的条带无法充分连接相邻层 [图 8-80（c）、（d）和（k）、（l）]。结果表明，使用 3% 的 MFs-S$_2$ 更有利于与 PVA 有效交联，最终形成连接更好的层状结构。

为了进行对比，还制备了纯 MFs-S$_2$ 和各向同性 MFs-S$_2$-GA-PVA-3 木材微纤维组装体，并用 SEM 对其微观形貌进行拍摄扫描，见图 8-81。可以看出，采用非定向冷冻法制备出的 MFs-S$_2$-GA-PVA-3 木材微纤维组装体呈现出无序的各向同性结构，并且这些 MFs-S$_2$ 聚集之间缺乏有效的桥接。

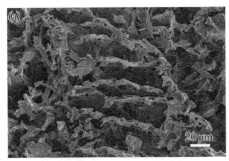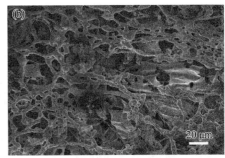

图 8-81　（a）纯 MFs-S$_2$ 的 SEM 图像；（b）各向同性 MFs-S$_2$-GA-PVA-3 的 SEM 图像

## 8.5.4　木材 MFs 活性、化学成分和晶体结构

为了进一步研究木材 MFs 的活性，采用共聚焦拉曼光谱成像技术研究了三种木材 MFs-ML、MFs-S$_2$ 和 MFs-RL 的主要成分分布规律，如图 8-82 所示。观察到三种木材 MFs 的 CRM 曲线类似，主要由纤维素和木质素构成。木质素的典型特征谱带位于 1599 cm$^{-1}$ 处，对应于芳香族骨架振动。纤维素的典型特征峰位于 2900 cm$^{-1}$ 和 381 cm$^{-1}$ 处，分别对应于主链葡萄糖环（C—H）和侧链亚甲基（—CH$_2$）上的伸缩振动与糖苷键的非对称弯曲振动[299]。从峰值强度来看，相比于木材 MFs-ML 和 MFs-RL，木材 MFs-S$_2$ 中归属于纤维素分子的拉曼特征峰（2900 cm$^{-1}$）强度最强，且归属于木质素分子的拉曼特征峰（1599 cm$^{-1}$）强度最弱。而在木材 MFs-ML 中恰好相反，即归属于纤维素分子的拉曼特征峰（2900 cm$^{-1}$）强度最弱，且归属于木质素分子的拉曼特征峰（1599 cm$^{-1}$）强度最强。这表明纤维素浓度的最高水平出现在次生壁 S$_2$ 层中，最低水平出现在胞间层中。

图 8-83 显示了三种木材 MFs 纤维素（$I_{2900}$）和木质素（$I_{1599}$）的 CRM 成像分布图。结果表明，MFs-S$_2$ 显示出最高浓度的纤维素，MFs-ML 显示出最高浓度的木质素。这一结果与上述 CRM 光谱的结论一致。此外，不同细胞壁层之间的无定形基质的相对比例，即纤维素/木质素（$I_{2900}/I_{1599}$）的变化与单个纤维素或木质素中观察到的比例变化一致（图 8-84）。

综上所述，MFs-S$_2$较高的纤维素浓度有助于后续的化学交联和重组过程。

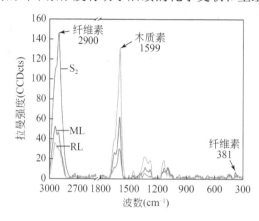

图 8-82　三种木材 MFs 的 CRM 光谱

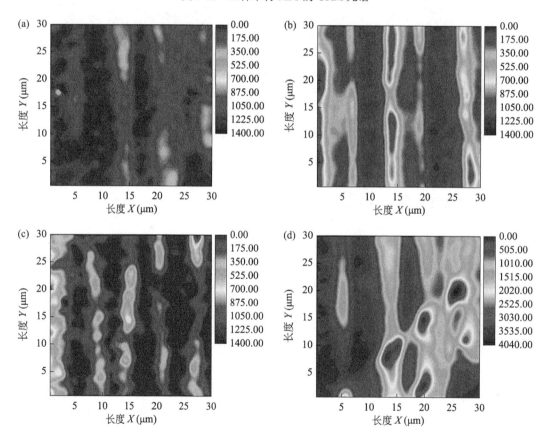

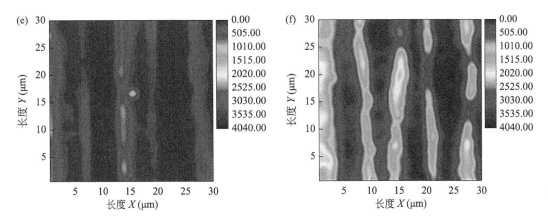

图 8-83 三种木材 MFs 的（a～c）纤维素（$I_{2900}$）分布和（d～f）木质素（$I_{1599}$）分布 CRM 成像图

（a, d）MFs-ML；（b, e）MFs-S$_2$；（c, f）MFs-RL

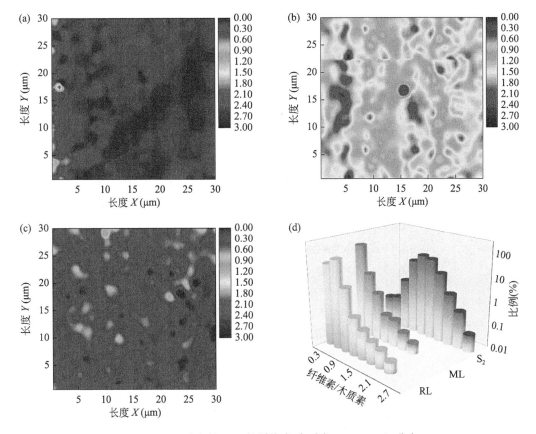

图 8-84 三种木材 MFs 的纤维素/木质素（$I_{2900}/I_{1599}$）分布

（a）MFs-ML；（b）MFs-S$_2$；（c）MFs-RL；（d）纤维素/木质素强度的比较

为了进一步研究解离过程中不同壁层的化学成分变化情况，对 S$_2$ 层微纤维、ML 层微纤维及 RL 层微纤维进行了 FTIR 分析。如图 8-85 所示，在 MFs-S$_2$ 的傅里叶变换红外光谱中，木质素的特征吸收峰（1661 cm$^{-1}$、1600 cm$^{-1}$、1506 cm$^{-1}$、1260 cm$^{-1}$、1232 cm$^{-1}$，1162 cm$^{-1}$

和 808 cm$^{-1}$）[300-302]明显降低甚至消失，证实了 MFs-S$_2$ 中的木质素含量较少。这一结果与上述 CRM 的结论一致，表明木材次生壁 S$_2$ 层微纤维的木质素含量是最低的。表 8-18 总结了上述 FTIR 特征信号及其归属。

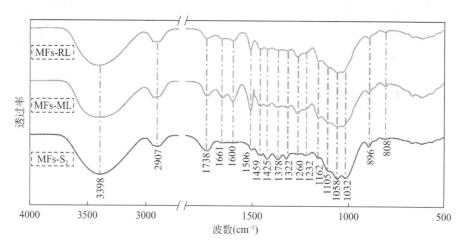

图 8-85　三种木材 MFs 的 FTIR 光谱

**表 8-18　三种木材 MFs 的傅里叶变换红外特征谱带及其相应的信号归属**

| 波数（cm$^{-1}$） | 归属 | 来源 |
|---|---|---|
| 3398 | O—H 伸缩振动 | 纤维素、半纤维素和木质素 |
| 2907 | C—H 伸缩振动 | 纤维素、半纤维素和木质素 |
| 1738 | C=O 羰基伸缩振动 | 半纤维素 |
| 1661 | C=O 伸缩振动 | 木质素 |
| 1600 | 木质素的芳环骨架振动和 C=O 伸缩振动 | 木质素 |
| 1506 | 木质素的芳环骨架振动和 C=O 伸缩振动 | 木质素 |
| 1459 | 吡喃分子中 CH$_3$ 和 CH$_2$(C—H)不对称变形振动 | 纤维素和木质素 |
| 1425 | CH$_2$ 弯曲振动 | 纤维素和半纤维素 |
| 1378 | C—H 对称弯曲振动 | 纤维素和半纤维素 |
| 1322 | CH$_2$ 摇摆振动 | 纤维素 |
| 1260 | 愈创木基环振动和 C—O 伸缩振动 | 木质素 |
| 1232 | 芳环中 C—O 伸缩振动 | 木质素 |
| 1162 | 木质素中酯基的 C—O 伸缩振动 | 木质素 |
| 1105 | C—O—C 伸缩振动 | 纤维素和半纤维素 |
| 1058 | C—O 伸缩振动，C—C 伸缩振动 | 纤维素和半纤维素 |
| 1032 | C—O 伸缩振动 | 纤维素和半纤维素 |
| 896 | C—H 变形振动 | 纤维素 |
| 808 | 苯环外平面 C—H 弯曲振动 | 木质素 |

　　通过 FTIR 研究次生壁 $S_2$ 层解离微纤维在重组装前后（MFs-$S_2$-GA-PVA、PVA 和 MFs-$S_2$）的化学成分变化。如图 8-86 所示，MFs-$S_2$ 在 3398 cm$^{-1}$ 处有一处宽峰，该峰为 MFs-$S_2$ 的羟基伸缩振动峰。在三种木材微纤维组装体（MFs-$S_2$-GA-PVA-1、MFs-$S_2$-GA-PVA-3、MFs-$S_2$-GA-PVA-5）的 FTIR 光谱中，存在 MFs-$S_2$ 与 PVA 的吸收峰，并且与 PVA 结合后，木材 MFs-$S_2$ 上的羟基伸缩振动峰从 3398 cm$^{-1}$ 向低频方向移动至 3396 cm$^{-1}$，且 O—H 伸缩振动强度明显减弱，这可能是由于体系中的缔合羟基被破坏所导致，表明 MFs-$S_2$ 与 PVA 已经成功发生化学交联反应。除此之外，MFs-$S_2$-GA-PVA FTIR 光谱在 1106 cm$^{-1}$ 处吸收峰，归属于 O—C—O/C—O—C 伸缩振动，与 MFs-$S_2$ 对应波峰（1105 cm$^{-1}$）相比，MFs-$S_2$-GA-PVA 的这一振动带显著增强，而与 PVA 有关的 C—OH（1330 cm$^{-1}$ 和 1142 cm$^{-1}$）振动带明显减弱，这表明木材微纤维组装体中的纤维素或 PVA 与 GA 发生了缩醛反应[304]。值得注意的是，这三种木材微纤维组装体（MFs-$S_2$-GA-PVA）在 1244 cm$^{-1}$ 处出现新的吸收峰，归属于纤维素羟甲基基团的 C—O 键与 PVA 的—OH 形成氢键[305]，说明 MFs-$S_2$-GA-PVA 的 FTIR 光谱并非 MFs-$S_2$ 与 PVA 的简单叠加，证实了 MFs-$S_2$ 与 PVA 之间存在化学和物理相互作用。表 8-19 总结了 MFs-$S_2$-GA- PVA、PVA 和 MFs-$S_2$ 的 FTIR 特征信号及其归属。

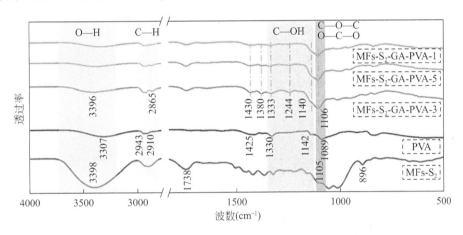

图 8-86　木材 MFs 三维化学交联前后的 FTIR 光谱

表 8-19　MFs-$S_2$-GA-PVA、PVA 和 MFs-$S_2$ 的 FTIR 谱带及其各自分配的综合列表

| 样品 | 波数（cm$^{-1}$） | 归属 | 来源 |
|---|---|---|---|
| MFs-$S_2$ | 3398 | O—H 伸缩振动 | CL，HCL，LN |
| | 2907 | C—H 伸缩振动 | CL，HCL，LN |
| | 1738 | C=O 羧基伸缩振动 | HCL |
| | 1661 | C=O 伸缩振动 | LN |
| | 1600 | 木质素的芳环骨架振动和 C=O 伸缩振动 | LN |
| | 1506 | 芳环骨架振动和 C=O 伸缩振动 | LN |
| | 1459 | 吡喃分子中 CH$_3$ 和 CH$_2$(C—H)不对称变形振动 | CL，LN |
| | 1425 | CH$_2$ 弯曲振动 | CL，HCL |

续表

| 样品 | 波数（cm⁻¹） | 归属 | 来源 |
|---|---|---|---|
| MFs-S₂ | 1378 | C—H 对称弯曲振动 | CL，HCL |
| | 1322 | CH₂ 摇摆振动 | CL |
| | 1260 | 愈创木基环振动和 C—O 伸缩振动 | LN |
| | 1232 | 芳环中 C—O 伸缩振动 | LN |
| | 1162 | 木质素中酯基的 C—O 伸缩振动 | LN |
| | 1105 | C—O—C 伸缩振动 | CL，HCL |
| | 1058 | C—O 伸缩振动，C—C 伸缩振动 | CL，HCL |
| | 1032 | C—O 伸缩振动 | CL，HCL |
| | 896 | C—H 变形振动 | CL |
| | 808 | 苯环外平面 C—H 弯曲振动 | LN |
| PVA | 3307 | O—H 分子间和分子内的氢键作用 | PVA |
| | 2943 | C—H 不对称伸缩振动 | PVA |
| | 2910 | C—H 对称伸缩振动 | PVA |
| | 1425 | CH₂ 摇摆振动 | PVA |
| | 1330 | C—OH 平面弯曲振动 | PVA |
| | 1142 | PVA 晶体区域中双氢键羟基的 C—C 和 C—O 伸缩振动模式 | PVA |
| | 1089 | C—O—C 伸缩振动 | PVA |
| | 920 | C—H 摇摆振动 | PVA |
| | 840 | C—C 摇摆振动 | PVA |
| MFs-S₂-GA-PVA | 3396 | 分子间和分子内氢键中的 O—H 伸缩振动 | CL，HCL，LN，PVA |
| | 2940 | C—H 不对称伸缩振动 | CL，HCL，LN，PVA |
| | 2918 | C—H 对称伸缩振动 | CL，HCL，LN，PVA |
| | 2865 | 醛基中的 C—H 对称伸缩振动 | GA |
| | 1735 | C=O 伸缩振动 | HCL |
| | 1430 | CH₂ 弯曲振动和摇摆振动 | CL，HCL，PVA |
| | 1380 | 对称 C—H 弯曲振动 | CL，HCL |
| | 1333 | C—OH 面内弯曲振动 | PVA |
| | 1244 | CH₂OH 基团中的 C—O 键和 PVA 中的 OH 形成氢键 | CL，PVA |
| | 1140 | PVA 结晶区域内双氢键连接的 OH 的 C—C 和 C—O 伸缩振动模式 | PVA |
| | 1106 | C—O—C 伸缩振动，O—C—O 伸缩振动 | CL，HCL，PVA |
| | 840 | C—C 摇摆振动 | PVA |

注：CL 为纤维素，HCL 为半纤维素，LN 为木质素。

通过 XRD 分析进一步研究了不同壁层解离的微纤维对结晶度、晶面间距及晶粒尺寸的影响。如图 8-87 所示，所有样品的 XRD 图谱有四个显著吸收峰，分别在衍射角 15°、17°、

22°和 35°左右，这四个峰分别与纤维素 Iβ 型晶体结构的（1$\bar{1}$0）、（110）、（200）和（004）晶面有关[306]。虽然三个样品的 XRD 曲线类似，但样品之间的峰位和半峰宽略有不同（图 8-88），由（200）晶面计算了三种 MFs 的晶粒尺寸 $\tau$ 和平面间距（$d$ 间距）值。

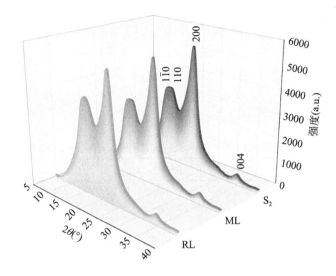

图 8-87　三种 MFs 的 XRD 图谱

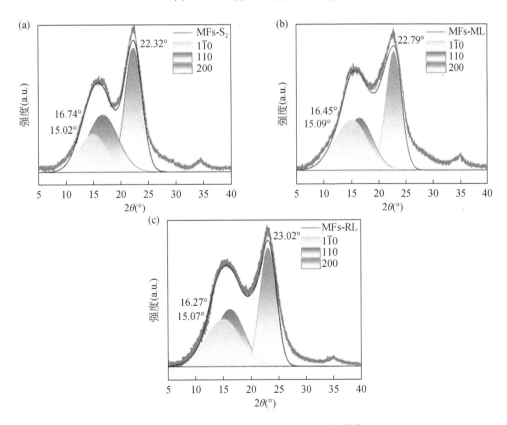

图 8-88　三种木材 MFs 的 XRD 拟合图谱

$\tau$、$d$ 间距与 CrI 的关系如表 8-20 所示。通过 Segal 方法计算得到的结晶度指数显示，MFs-S$_2$ 的结晶度为 55.16%，高于 MFs-ML（43.71%）和 MFs-RL（46.22%），表明 MFs-S$_2$ 中无定形相（主要是木质素）的含量较低。这一结果与之前的 CRM 和 FTIR 分析结论一致。使用布拉格方程计算得到 MFs-S$_2$ 的（200）晶面的 $d$ 间距为 3.978 Å，其 $d$ 间距明显大于 MFs-ML（3.897 Å）和 MFs-RL（3.859 Å），这可能是由于碱性过氧化氢溶液（AHP）处理所引起的膨胀效应导致的。此外，使用基于 PWHM 的 Scherrer 方程计算出的晶体尺寸呈现出相反的趋势[307]。相关研究表明，较大的 $d$ 间距和较小的晶粒尺寸不仅有利于柔性 PVA 分子的渗透和交联，而且有助于降低结构刚度并提高材料的抗疲劳寿命[308]。这为构建能够承受重复应力-应变的弹性材料提供了较大的可能性。

表 8-20　三种木材 MFs 的 PWHM、$\theta$、$d$ 间距、晶粒尺寸和结晶度指数

| 样品 | PWHM | $2\theta$（°） | $d$ 间距 a（Å） | $t$ a（Å） | CrI |
|---|---|---|---|---|---|
| MFs-S$_2$ | 3.643 | 22.32 | 3.978 | 22.230 | 55.16% |
| MFs-ML | 3.454 | 22.79 | 3.897 | 23.466 | 43.71% |
| MFs-RL | 3.408 | 23.02 | 3.859 | 23.792 | 46.22% |

a 基于纤维素 Iβ 的（200）面计算。

为了进一步证明木材微纤维组装体的成功构筑，对其制备前后的样品进行了 X 射线衍射光谱图收集。如图 8-89 所示，PVA 的 XRD 图谱在衍射角 19.82° 和 23.26° 附近有两处明显的特征峰，分别代表（101）和（200）晶面的衍射峰。通过对比分析可知，在与 MFs-S$_2$ 结合后，MFs-S$_2$-GA-PVA 的 XRD 图谱中有关 PVA 的特征峰强度明显减弱并向更低的值移动，这种转变表明 MFs-S$_2$ 和 PVA 之间存在强烈的相互作用[309]，证实了上述 FTIR 的分析结果。此外，还观察到 MFs-S$_2$-GA-PVA 的 XRD 图谱中有关 MFs-S$_2$ 特征纤维素峰的消失，表明这种相互作用破坏了纤维素结晶并增加了无定形区域[310]，有利于提高复合材料的韧性。

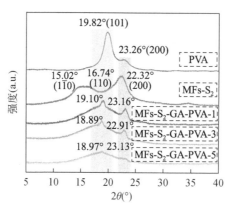

图 8-89　木材 MFs-S$_2$ 与 PVA 交联前后的 XRD 光谱

为了探究次生壁 S$_2$ 层解离微纤维在组装前后样品表面的化学环境和化学官能团，采用 XPS 对次生壁 S$_2$ 层解离微纤维（MFs-S$_2$）和木材微纤维组装体（MFs-S$_2$-GA-PVA）进行了

扫描。如图 8-90（a）和（c）所示，在组装前，MFs-S$_2$ 的 C 1s XPS 光谱中的信号可以被拟合为三个峰，即 C1（C—C，285.0 eV）、C2（C—OH，286.7 eV）和 C3（O—C—O，288.0 eV）[97]。MFs-S$_2$ 的 O 1s XPS 光谱中的信号可以被拟合为两个峰，即 O1（—OH，532.9 eV）和 O2（O—C—O，534.5 eV）。在组装后，MFs-S$_2$-GA-PVA 中 C3 拟合峰（O—C—O）的积分面积显著增加（从 13.09% 上升到 40.74%），而 C2 拟合峰（C—OH）的积分面积显著降低（从 54.06% 下降到 19.10%）[图 8-90（b）和表 8-21]，这表明成功发生了缩醛反应。这一结果与上述 FTIR 的结论一致。此外，MFs-S$_2$ 的 O 1s XPS 光谱表明，与 PVA 结合后，MFs-S$_2$-GA-PVA 的 O1 拟合峰（—OH）的积分面积显著下降（从 65.29% 降低到 44.79%），而 O2 拟合峰（O—C—O）的积分面积显著上升（从 34.71% 增加到 55.21%）[图 8-90（d）和表 8-21]，这一结论证实了缩醛反应促进了 —OH 向 O—C—O 的转化[311, 312]。

**表 8-21　交联前后的 C 1s 和 O 1s XPS 拟合峰及其比例**

| 样品 | | B.E.（eV） | 峰面积 | 含量（%） | 归属 |
|---|---|---|---|---|---|
| MFs-S$_2$ | C1 | 285.0 | 88919 | 32.85 | C—C |
| | C2 | 286.7 | 146361 | 54.06 | C—OH |
| | C3 | 288.0 | 35438 | 13.09 | O—C—O |
| | O1 | 532.9 | 242940 | 65.29 | —OH |
| | O2 | 534.5 | 129166 | 34.71 | O—C—O |
| MFs-S$_2$-GA-PVA | C1 | 285.0 | 176620 | 40.16 | C—C |
| | C2 | 287.4 | 84004 | 19.10 | C—OH |
| | C3 | 288.0 | 179128 | 40.74 | O—C—O |
| | O1 | 533.0 | 146989 | 44.79 | —OH |
| | O2 | 534.5 | 181189 | 55.21 | O—C—O |

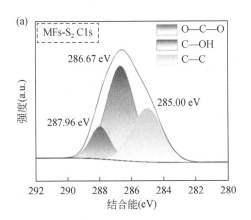 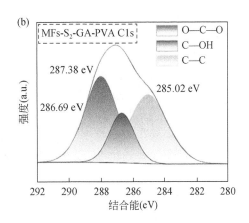

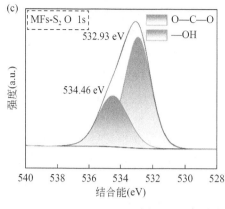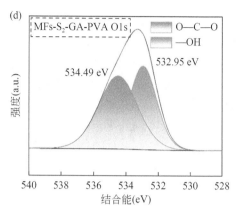

图 8-90    交联前后的 C 1s 和 O 1s XPS 谱

## 8.5.5    压缩性能、热学性能和细胞活性

首先通过使用金属块对木材微纤维组装体进行压缩，定性地研究了不同类型木材微纤维组装体的机械可压缩性。图 8-91（a）展示了 MFs-S$_2$ 含量为 3% 的木材微纤维组装体（MFs-S$_2$-GA-PVA-3）的宏观压缩图片，由于其桥接层状结构，可以承受高达 80% 应变的显著压缩，并且压力释放后几乎完全恢复到其初始形状，即几乎没有观察到任何的尺寸变化。这种独特的能力可以归因于各向异性层之间存在丰富的桥接作用。相比之下，纯 MFs-S$_2$ 和各向同性 MFs-S$_2$-GA-PVA-3 木材微纤维组装体的可压缩性不足，残余变形无法完全恢复 [图 8-91（d）和（e）]，这可能源于 MFs-S$_2$ 的高度刚性和这些 MFs-S$_2$ 聚集之间缺乏有效的桥接。

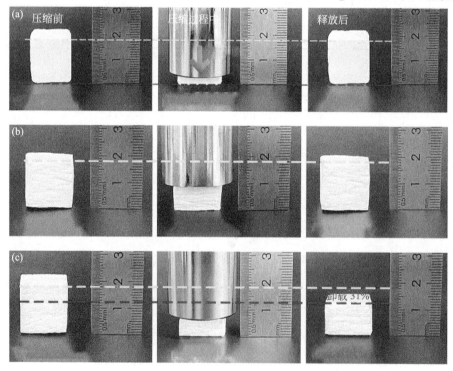

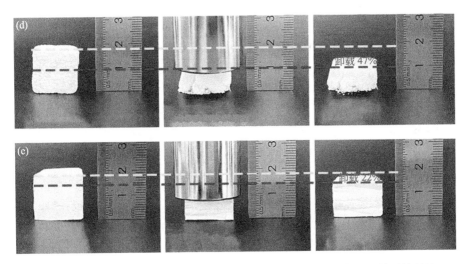

图 8-91 不同类型的木材微纤维组装体在压缩前、压缩过程中和释放后的照片

(a)各向异性 MFs-S$_2$-GA-PVA-3；(b)MFs-S$_2$-GA-PVA-1；(c)MFs-S$_2$-GA-PVA-5；(d)纯 MFs-S$_2$；(e)各向同性 MFs-S$_2$-GA-PVA-3

为了更加全面了解木材微纤维组装体的压缩形变行为，使用万能试验机对不同类型的木材微纤维组装体进行了定量研究。图 8-92（a）展示了 MFs-S$_2$-GA-PVA-1、MFs-S$_2$-GA-PVA-3、MFs-S$_2$-GA-PVA-5 和纯 MFs-S$_2$ 的应力−应变曲线图。对于 MFs-S$_2$-GA-PVA-3 来说，得到的应力−应变曲线有三个明显的区域：线弹性变形阶段（应变 $\varepsilon < 10\%$），与微纤维层间距压缩有关的平台阶段（$10\% < \varepsilon < 30\%$），以及 $\varepsilon > 30\%$ 的致密化阶段，应力急剧上升[313]。更重要的是，MFs-S$_2$-GA-PVA-3 在卸载后可以逐渐恢复到初始值，表明其具有极好的弹性。虽然 MFs-S$_2$-GA-PVA-1 在卸载后也能恢复其初始值，但与 MFs-S$_2$-GA-PVA-3 相比，最大应力降低了 54.9%。其他木材微纤维组装体如 MF-S$_2$-GA-PVA-5、纯 MF-S$_2$ 和各向同性 MFs-S$_2$-GA-PVA-3（图 8-91 和图 8-92），由于缺乏有序的孔状几何结构和稳定的键合而无法承受大的变形。这表现为在应变分别为 31%、47% 和 22% 时卸载的相应应力迅速降至零［图 8-92（b）和表 8-22］。

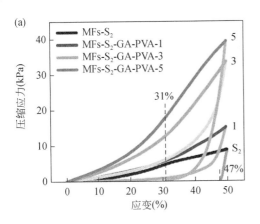
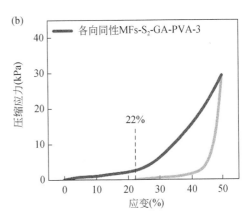

图 8-92 50%应变下的压缩应力−应变曲线

**表 8-22 不同材料的压缩性能参数**

| 样品 | 弹性模量（kPa） | 最大应力 a（kPa） | 能量损失系数 |
|---|---|---|---|
| MFs-S$_2$-GA-PVA-1 | 7.34 | 15.19 | 0.69 |
| MFs-S$_2$-GA-PVA-3 | 22.72 | 33.64 | 0.43 |
| MFs-S$_2$-GA-PVA-5 | 30.42 | 39.42 | — |
| 纯 MFs-S$_2$ | 4.48 | 8.76 | — |
| 各向同性 MFs-S$_2$-GA-PVA-3 | 14.96 | 29.36 | — |

a 最大应力是在50%应变下记录的。

根据上述结论，本节使用目前弹性表现最好的 MFs-S$_2$-GA-PVA-3 微纤维组装体对其压缩性能做了更深入的研究。图 8-93（a）展示了 MFs-S$_2$-GA-PVA-3 具有不同最大应变的压缩应力-应变曲线，由图可见，在施加 94.6 kPa 的应力条件下，MFs-S$_2$-GA-PVA-3 的最大应变可达到80%，说明该木材微纤维组装体可承受超过自身重量 17975 倍的重量而不会发生破裂，具有较为出色的抗压能力。同时，MFs-S$_2$-GA-PVA-3 的最大应力超过许多生物组装体产品的值，如大麻韧皮纤维气凝胶（0.45 kPa）[314]、纤维素纳米纤维气凝胶（0.542 kPa）[315]和木质海绵（5.9 kPa）[316] 等（表 8-23）。此外，MFs-S$_2$-GA-PVA-3 表现出良好的抗疲劳压缩特性，具体表现在即使经过 1000 次循环后，其应力-应变曲线也没有发生明显的变化[图 8-93（b）]。之后，计算了 MFs-S$_2$-GA-PVA-3 的能量损失系数（$\Delta U/U$），其可以通过分析加载和卸载曲线之间的迟滞回线来确定。结果表明，在前 100 次循环中，能量损失系数最初下降到93.4%，然后在随后的 900 次循环后稳定在91.5%。并且该木材微纤维组装体表现出较为卓越的抗压能力，即使在 1000 次压缩循环后，其仍能保留 90.4%和90.1%的最大应力和弹性模量[图 8-93（c）和表 8-23]。这些结果进一步证明了木材微纤维组装体 MFs-S$_2$-GA-PVA-3 具有出色的高抗压性和优异的弹性结构特征，这一特征主要可归因于其独特的弹簧状条带结构。这种桥接结构使得 MFs-S$_2$-GA-PVA-3 在受力时能够表现出优异的弹性，这一弹性机制将在后面进行介绍。

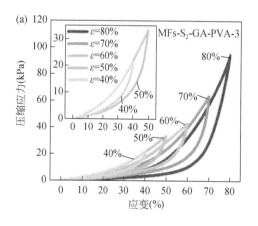
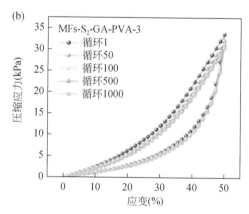

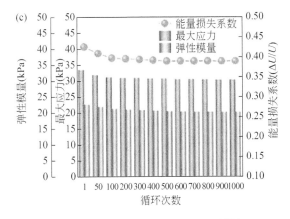

图 8-93 MFs-S₂-GA-PVA-3 的压缩性能

（a）压缩应力–应变曲线；（b）不同循环次数疲劳测试；（c）不同循环次数下的弹性模量、最大应力和能量损失系数

表 8-23 压缩性能比较

| 样品 | $S$ | $C$ | EM[1] | MS[1] | CEL[1] | EM[2] | MS[2] | CEL[2] | 参考文献 |
|---|---|---|---|---|---|---|---|---|---|
| 碳基材料 | | | | | | | | | |
| 碳管/还原氧化石墨烯 | 50% | 1000 | 2.6 | 0.82 | — | 86% | 88% | — | [317] |
| 导电碳气凝胶 | 50% | 500 | 3.4 | 2.4 | — | 83% | 90% | — | [318] |
| N、S 共掺杂石墨烯 | 50% | 20 | 40 | 25 | 0.68 | 86% | 89.8% | 92.5% | [319] |
| 石墨烯/木质素衍生碳 | 50% | 300 | 2.5 | 2.7 | — | 89% | 90% | — | [320] |
| 3D 石墨烯 | 50% | 1000 | 8.6 | 5.2 | — | 79% | 85% | — | [321] |
| 碳纳米纤维 | 50% | 1000 | 2.3 | 4.7 | 0.5 | 75% | 75% | 76% | [323] |
| N 掺杂石墨烯 | 50% | 10 | 2.1 | 1.9 | 0.86 | 22% | 71% | 86% | [324] |
| 石墨烯 | 50% | 1000 | 16.5 | 4.4 | 0.75 | 65% | 70% | 84% | [325] |
| 大孔石墨烯 | 50% | 10 | 28.3 | 20.66 | 0.65 | 85% | 97% | 58% | [326] |
| 氧化石墨烯 | 50% | 15 | — | 21.8 | 0.2 | — | 62% | 50% | [327] |
| 无机材料 | | | | | | | | | |
| 层状陶瓷 | 50% | 600 | 8 | 0.75 | 0.33 | 82% | 88.3% | 90.9% | [328] |
| 氮化硼 | 40% | 20 | 12 | 6.2 | — | 69% | 74% | — | [329] |
| 氧化铝 | 40% | 100 | 3.04 | 0.6 | 0.49 | — | 86% | 71% | [330] |
| 复合陶瓷 | 50% | 1000 | 8.5 | 3.1 | 0.45 | 67% | 73% | 88% | [331] |
| 聚酰亚胺/二氧化硅 | 50% | 500 | 31 | 18 | 0.45 | 32% | 65% | 53% | [332] |
| 酚醛树脂材料 | | | | | | | | | |
| 间苯二酚–甲醛/氧化石墨烯 | 50% | 100 | 2 | 12.7 | — | 93% | 90% | — | [333] |
| 壳聚糖/酚醛 | 50% | 5 | 20 | 9.3 | — | 92% | 90% | — | [334] |
| 酚醛 | 40% | 1000 | 19 | 42 | — | 80% | 82% | — | [335] |
| 间苯二酚–脲醛/氧化石墨烯 | 50% | 50 | 14 | 9.2 | — | 90% | 90.8% | — | [336] |

续表

| 样品 | $S$ | $C$ | $EM^1$ | $MS^1$ | $CEL^1$ | $EM^2$ | $MS^2$ | $CEL^2$ | 参考文献 |
|---|---|---|---|---|---|---|---|---|---|
| 生物质基材料 | | | | | | | | | |
| 纳米纤维 | 50% | 1000 | 9.3 | 6.5 | 0.7 | 70% | 70% | 74% | [337] |
| 木质气凝胶 | 50% | 100 | 19 | 6 | — | 72% | 83% | — | [338] |
| 木材气凝胶 | 40% | 1000 | 6 | 4.9 | 0.42 | 89% | 89% | 80.9% | [339] |
| 纤维素 | 50% | 10 | 2 | 0.3 | 0.6 | 48% | 95% | 62.5% | [340] |
| 木质海绵 | 40% | 100 | 25 | 5.9 | 0.54 | 48% | 99% | 46% | [341] |
| 纳米纤维素 | 40% | 50 | 35 | 0.542 | 0.608 | 91% | 99% | 78% | [342] |
| 大麻韧皮纤维 | 40% | 100 | 5 | 0.45 | 0.589 | 58% | 90% | 65% | [343] |
| 本节工作 | | | | | | | | | |
| MFs-$S_2$-GA-PVA-3 | 50% | 1000 | 22.72 | 33.64 | 0.43 | 90.1% | 90.4% | 91.5% | — |

注：$S$ 为设置循环的应变值；$C$ 为设置的循环次数；$EM^1$ 为弹性模量（kPa）；$MS^1$ 为所设置循环应变值对应的最大应力（kPa）；$CEL^1$ 为能量损失系数；$EM^2$ 为弹性模量保留率；$MS^2$ 为所设置循环应变值对应的最大应力保留率；$CEL^2$ 为能量损失系数保留率。

结合 MFs-$S_2$-GA-PVA-3 的 SEM 图像和压缩性能结果，分析得出了各向异性木材微纤维组装体的可能压缩机制。正如图 8-94 所示，当木材微纤维组装体受到压缩时，弹簧形状的条带发生弯曲，导致 MFs-$S_2$ 层之间的距离减小，且弹簧条带几乎没有断裂的迹象，当应力释放后，被压缩的弹簧状条带缓慢恢复到初始位置。整个压缩过程类似于弹簧，这意味着 MFs-$S_2$-GA-PVA-3 具备较为出色的弹性和坚固的结构。

压缩前　　　　　　　压缩过程中　　　　　　　释放后

图 8-94　MFs-$S_2$-GA-PVA-3 的可能弹性机制示意图

通过测量热重（TG）和微商热重（DTG）曲线分析研究了木材微纤维组装体 MFs-$S_2$-GA-PVA 的热稳定性。如图 8-95 所示，可以发现约 300℃处出现的放热峰可能来自 PVA 链的部分脱水，导致多烯结构的产生，然后经历加热诱导的分子内环化和缩合反应[344]。该峰也可以在纯 PVA 的 TG 和 DTG 图中发现［图 8-95（c）和（d）］。约 420℃处的肩峰是纤维素和 PVA（C—C 主链裂解）共同热解的结果[345]。如图 8-95（b）所示，随着 MFs-$S_2$ 含量从 1%增加到 5%，最大热解速率从-7.338%/min 降低到-4.980%/min，这表明 PVA 与纤维素相比，纤维素在木材微纤维组装体的热稳定性中发挥着更关键的作用。此外，试验结果显示，木材微纤维组装体在 800℃下的残炭量仅为 2.6%。该结果表明，木材微纤维组装体具有较好的热稳定性，适合进行热处理和燃烧，因此，其在高温条件下的降解性表现突出。

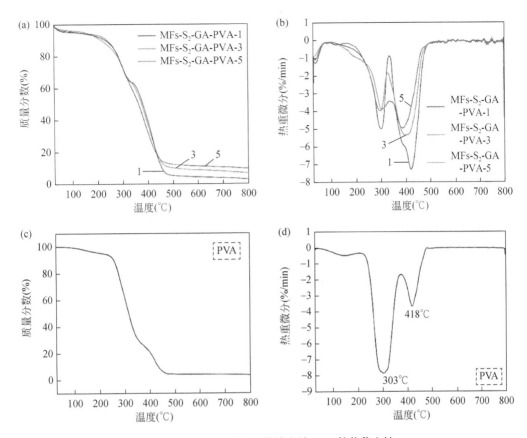

图 8-95 木材微纤维组装体和纯 PVA 的热稳定性

（a）MFs-S$_2$-GA-PVA 的 TG 和（b）DTG 曲线；（c）纯 PVA 的 TG 和（d）DTG 曲线

　　木材纤维素组装体有望作为一种墙体吸声材料，因为其与人体皮肤具有密切的相互作用，凸显了研究其细胞毒性的重要性。人的皮肤由表皮和真皮组成，其中表皮是外层，主要由角质形成细胞组成。在细胞活性测试中，使用了 HaCaT 细胞，这是一种代表重建的表皮模型的典型人体皮肤外层角质形成细胞[346]。用 Calcein-AM 和 PI 对这些细胞进行染色，这是一种基于荧光的染色技术，能够检测活细胞（绿色）和死细胞（红色），表明细胞活动和质膜完整性。如图 8-96 所示，木材微纤维组装体 [图 8-96（b）] 中绿色活细胞的比例与对照组 [图 8-96（a）] 相比类似，表现出最低的细胞毒性和与人体皮肤良好的生物相容性。定量 MTT 试验进一步支持了这一结果（图 8-97）。根据《美国药典》（USP XXII, NF XVII, 1990）和中国国家标准 GB/T 14233.2—2005，相对细胞存活率（RGR）的计算公式如下[348]：

$$RGR(\%) = \frac{A_{sample}}{A_{control}} \times 100\% \tag{8-71}$$

其中，$A_{sample}$ 是木材微纤维组装体三个吸光度结果的平均值，$A_{control}$ 是对照组的平均值。

　　值得注意的是，木材微纤维组装体的 RGR 值高达 98.2%，根据上述标准将其细胞毒性归类为 1 级（RGR=80%～99%）。细胞毒性等级为 1 的材料被认为是安全的，进一步证实了木材微纤维组装体的绿色性。

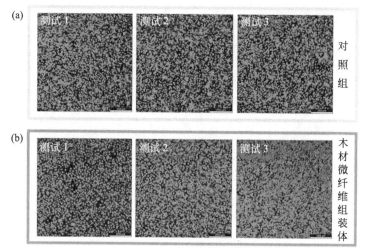

图 8-96　未经任何处理的（a）和与 MFs-S$_2$-GA-PVA-3 组装体孵育后的（b）HaCaT 细胞活性

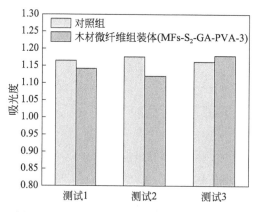

图 8-97　MTT 测定法三次重复的吸光度数据

## 8.5.6　比表面积和孔隙结构

由 SEM 结果初步判断，MFs-S$_2$-GA-PVA-3 具有更为优异的微观形貌和孔隙结构特征。因此，为了进一步了解 MFs-S$_2$-GA-PVA-1、MFs-S$_2$-GA-PVA-3 和 MFs-S$_2$-GA-PVA-5 三种微纤维组装体的比表面积和孔径分布等信息，在-196℃下，用 N$_2$ 吸附-脱附等温线研究了原料 MFs-S$_2$ 和微纤维组装体的孔隙结构特征。如图 8-98（a）所示，根据 IUPAC 分类，原料 MFs-S$_2$ 的 N$_2$ 吸脱附曲线为 II 型等温线，这是大孔固体的特征[349]。在相对压力较高时，吸附等温线表现出迅速增加的趋势，但由于毛细管凝聚作用主要发生在大孔隙中，因此没有趋于稳定的迹象。对比发现，所有微纤维组装体均呈现出典型的 IV 型等温线，特征为三个不同的阶段：①在较低的相对压力（$P/P_0 < 0.01$）下大量的氮气被快速吸收，证明了丰富微孔的存在；②在较高的相对压力下，由于毛细管冷凝而导致吸附和脱附曲线之间存在明显的回滞环，进一步证实了介孔的存在；③在 $P/P_0$=1.0 附近时，等温线还没有形成饱和吸附平台，表明存在大孔。H4 型回滞环通常在分层多孔网络中观察到，归因于片状颗粒的聚集

和狭缝状孔的存在[350]。这种现象是定向冷冻干燥过程中组装的纤维片的紧密堆积的直接结果。此外，交联度良好的 MFs-S$_2$-GA-PVA-3 比表面积最大，为 605.3 m$^2$/g，分别是 MFs-S$_2$（12.1 m$^2$/g）、MFs-S$_2$-GA-PVA-1（344.7 m$^2$/g）和 MFs-S$_2$-GA-PVA-5（560.8 m$^2$/g）的 49.0、0.76 和 0.08 倍，并且用 Barrett-Joyner-Halenda（BJH）法计算的平均孔径从 28.1 nm（MFs-S$_2$）明显减小到 3.4～4.3 nm（木材微纤维组装体）[图 8-98（b）和表 8-24]，证明了木材微纤维组装体中微孔和介孔的比例提高。表 8-24 总结了这些材料的孔隙参数。研究表明，MFs-S$_2$-GA-PVA-3 中广泛分布的介孔和微孔将会显著影响材料的 SAC[351]，从而提高材料的宽频吸声能力。

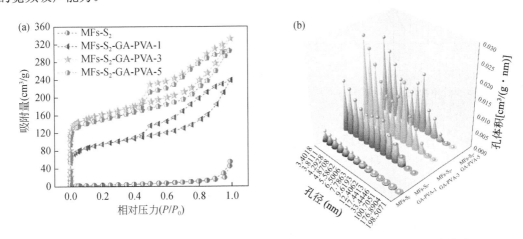

图 8-98　（a）氮吸附-脱附等温线；（b）BJH 法得到的微孔和介孔尺寸分布曲线

由于材料的大孔尺寸超过了氮吸附的检测极限，因此本节使用压汞法来评价材料的大孔率。除了 MF-S$_2$[图 8-99（a）]外，吸收曲线中存在明显的压缩阶段[352]，证实了木材微纤维组装体的弹性结构。该木材微纤维组装体继承了基于 Washburn 方程计算出的 MF-S$_2$ 广泛的大孔，其累计孔径达到 400 μm，孔隙率高达 97.84%。此外，微纤维组装体的大孔体积增加了 7.2～9.9 倍[图 8-99（b）和表 8-24]。值得注意的是，木材微纤维组装体具有层次化的分级孔隙结构，其特征在于孔径分布范围极宽，为 4.6×10$^{-4}$～400 μm（跨越 6 个数量级）。这种独特的孔隙结构有望促进超宽频完美吸声的实现。

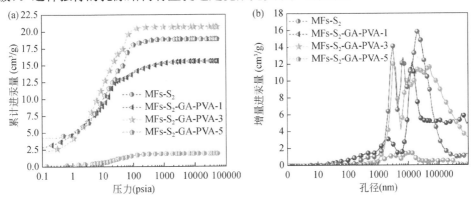

图 8-99　基于 MIP 法的 MFs-S$_2$ 和 MFs-S$_2$-GA-PVA 组装体的（a）累计进汞量曲线；（b）大孔尺寸分布

表 8-24　MFs-S$_2$ 和 MFs-S$_2$-GA-PVA 木材微纤维组装体的孔特征参数

| 样品 | 氮吸附法 | | | | | | | 压汞法 | |
|---|---|---|---|---|---|---|---|---|---|
| | BET 比表面积（m²/g） | 总孔容（cm³/g） | t-plot 微孔比表面积（m²/g） | t-plot 微孔孔容（cm³/g） | 介孔比表面积（m²/g） | 介孔孔容（cm³/g） | 平均孔径（nm） | 大孔孔容（cm³/g） | 孔隙率（%） |
| MFs-S$_2$ | 12.1 | 0.085 | 0.0 | 0.0 | 12.1 | 0.085 | 28.1 | 1.9 | 34.57 |
| MFs-S$_2$-GA-PVA-1 | 344.7 | 0.370 | 206.0 | 0.088 | 138.7 | 0.282 | 4.3 | 15.6 | 86.06 |
| MFs-S$_2$-GA-PVA-3 | 605.3 | 0.515 | 401.3 | 0.163 | 204.0 | 0.352 | 3.4 | 20.7 | 97.84 |
| MFs-S$_2$-GA-PVA-5 | 560.8 | 0.473 | 375.4 | 0.153 | 185.4 | 0.320 | 3.4 | 18.9 | 88.45 |

## 8.5.7　吸声性能

鉴于木材微纤维组装体有序的微观结构、优异的力学特性和可持续的成分，其在噪声吸收领域具有巨大的应用前景。图 8-100（a）～（c）显示了不同厚度的 MFs-S$_2$-GA-PVA-1、MFs-S$_2$-GA-PVA-3、MFs-S$_2$-GA-PVA-5 微纤维组装体的吸声系数（SAC）。对于所有微纤维组装体，可以看出 SAC 与样品的厚度直接相关联，这是由声音传播路径的扩展所导致的[353]。特别是，对于厚度为 30 mm 的 MFs-S$_2$-GA-PVA-3 微纤维组装体，在低频段（63～1000 Hz）的 SAC 有显著的增加。在这种情况下，SAC 在 63～600 Hz 范围内可达到 0.998，并在 520～6300 Hz 范围内始终保持在 0.95～1 之间。该结果证明其近似达到了超宽频的吸声效果。此外，MFs-S$_2$-GA-PVA-3 的 SAC 值明显优于同厚度（30 mm）的各向同性微纤维组装体和市售吸音棉（SAC<0.76，见图 8-101）。此外，为了进一步评估在极端温度下吸声性能的稳定性，MFs-S$_2$-GA-PVA-3 在-60℃或60℃的温度条件下进行了为期三个月的吸声系数测试。通过比较图 8-100（d），观察到该材料的 SAC 曲线与室温下测试的曲线相比仅略有变化。这一结果证实了微纤维组装体即使在低温或高温条件下也具有良好的稳定性。

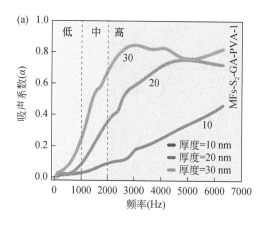

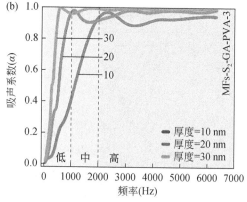

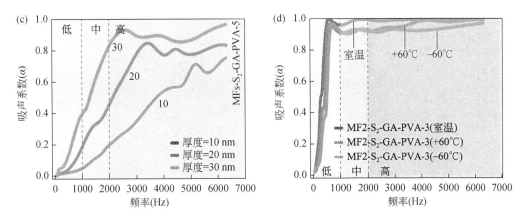

图 8-100　（a～c）不同厚度下 MFs-S$_2$-GA-PVA 微纤维组装体的 SAC；（d）低温或高温（-60℃和 60℃）下保存 3 个月的 MFs-S$_2$-GA-PVA-3 组装体的 SAC

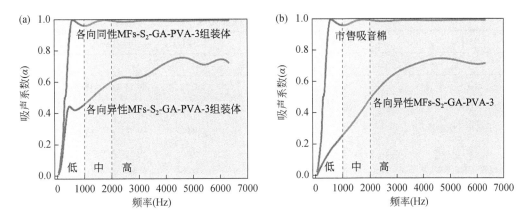

图 8-101　厚度均为 30 mm 的各向异性 MFs-S$_2$-GA-PVA-3 微纤维组装体与各向同性 MFs-S$_2$-GA-PVA-3 微纤维组装体（a）和市售吸音棉（b）的 SAC 比较

　　在实际工程应用领域，使用降噪系数（NRC）可以进一步评价多孔材料的吸声特性，其反映了整个频率范围内的平均水平。随着厚度的增加，NRC 值也呈现上升趋势。具体来说，当微纤维组装体的厚度为 10 mm 时，NRC 值在 0.04～0.39 之间；而当厚度增加到 30 mm 时，NRC 值则提升至 0.26～0.82 的范围。其中，厚度为 30 mm 的 MFs-S$_2$-GA-PVA-3 微纤维组装体展现出了最佳的吸声性能，其 NRC 值高达 0.82。该 NRC 值优于一些具有相当或更大厚度的多孔吸声材料。如图 8-102（b）所示，这些材料主要可以分为四大类：①商业吸声产品；②传统的生物质吸声材料；③新型生物质基吸声材料；④其他新型吸声材料，这四类材料的 NRC 值通常在 0.14～0.77 之间。有关于各种吸声材料吸声性能参数比较的详细信息见表 8-25。

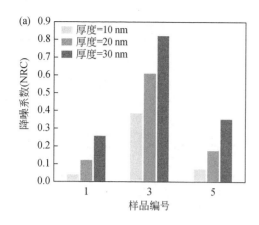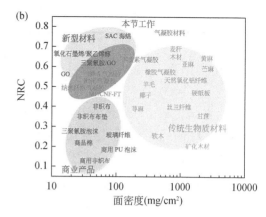

图 8-102　MFs-S$_2$-GA-PVA 的降噪系数比较

（a）不同厚度；（b）与其他吸声材料的性能对比

表 8-25　吸声降噪性能比较

| 材料 | $t^①$ | AD$^②$ | NRC | 最大 SAC$^③$ | 参考文献 |
|---|---|---|---|---|---|
| 商业吸声产品 | | | | | |
| 市售吸音棉 | 30 | 30 | 0.24 | 0.74（4664 Hz） | 本节工作 |
| 市售木质陶铝吸音板 | 30 | 920 | 0.65 | 0.92（315 Hz） | 本节工作 |
| 市售槽木吸音板 | 30 | 760 | 0.65 | 0.96（315 Hz） | 本节工作 |
| 市售中纤板 | 30 | 650 | 0.78 | 0.97（630 Hz） | 本节工作 |
| 商用三聚氰胺泡沫 | 30 | 27.15 | 0.30 | 0.83（5000 Hz） | [354] |
| 商用无纺毡 | 30 | 53.1 | 0.43 | 0.99（3500 Hz） | [355] |
| 商用非织造布 | 10 | 21 | 0.14 | 0.93（7000 Hz） | [356] |
| 商用非织造布垫 | 30 | 41.43 | 0.38 | 0.64（2000 Hz） | [357] |
| 商用玻璃纤维垫 | 20 | 85 | 0.30 | 0.58（2000 Hz） | [358] |
| 商用聚氨酯泡沫 | 30 | 90 | 0.17 | 0.79（5000 Hz） | [359] |
| 传统生物质吸声材料 | | | | | |
| 木材 | 60 | 600 | 0.66 | 0.91（1600 Hz） | [360] |
| 矿化木材 | 30 | 780 | 0.21 | 0.45（2000 Hz） | [361] |
| 大麻 | 30 | 150 | 0.39 | 0.75（2000 Hz） | [362] |
| 椰子 | 50 | 300 | 0.49 | 0.79（1600 Hz） | [363] |
| 麦秆 | 100 | 600 | 0.69 | 0.98（1250 Hz） | [364] |
| 甘蔗 | 40 | 1600 | 0.36 | 0.63（1250 Hz） | [365] |
| 纸板箱 | 115 | 1610 | 0.48 | 0.75（2000 Hz） | [366] |
| 羊毛 | 40 | 160 | 0.53 | 0.95（2000 Hz） | [367] |
| 软木 | 30 | 300 | 0.26 | 0.91（1600 Hz） | [368] |
| 苎麻纤维 | 40 | 1772 | 0.60 | 0.60（800 Hz） | [369] |
| 亚麻纤维 | 40 | 1364 | 0.65 | 0.80（800 Hz） | [370] |
| 黄麻纤维 | 40 | 1644 | 0.65 | 0.90（1000 Hz） | [371] |

续表

| 材料 | $t^{①}$ | $AD^{②}$ | NRC | 最大 $SAC^{③}$ | 参考文献 |
|---|---|---|---|---|---|
| 天然椰壳纤维 | 45 | 585 | 0.54 | 0.97（1000 Hz） | [372] |
| 丝兰纤维 | 30 | 600 | 0.40 | 0.96（2500 Hz） | [373] |
| 橡胶气凝胶 | 30 | 273 | 0.56 | 0.86（5130 Hz） | [374] |
| 新型生物质基吸声材料 | | | | | |
| 增强纳米纤维（RNF） | 30 | 27.06 | 0.53 | 0.99（3200 Hz） | [375] |
| 纳米纤维 | 30 | 33.15 | 0.47 | 0.97（1000 Hz） | [376] |
| 木质环糊精（BRA） | 30 | 33.15 | 0.57 | 0.995（700 Hz） | [377] |
| 三聚氰胺/纳米纤维素（MF/CNF-FT） | 20 | 32 | 0.45 | 0.99（4000 Hz） | [378] |
| 木质素气凝胶 | 20 | 160 | 0.67 | 0.94（1000 Hz） | [379] |
| 其他新型吸声材料 | | | | | |
| $SiO_2$-$Al_2O_3$ 陶瓷（SAC）海绵 | 29 | 58 | 0.77 | 0.99（1000 Hz） | [380] |
| $Y_2Zr_2O_7$ 柔性纤维膜 | 30 | 132 | 0.60 | 0.86（1250 Hz） | [381] |
| 三聚氰胺/氧化石墨烯 | 26 | 62.712 | 0.59 | 0.98（1700 Hz） | [382] |
| 氧化石墨烯 | 30 | 21.96 | 0.56 | 0.99（1500 Hz） | [383] |
| 氧化石墨烯/聚乙烯醇（GO/PVA） | 37.5 | 19.1625 | 0.63 | 0.96（948 Hz） | [384] |
| 无纺羽毛纤维毡 | 50 | 160 | 0.70 | 0.92（1000 Hz） | [385] |
| 本节工作 | | | | | |
| MFs-$S_2$-GA-PVA-3 | 10 | 30 | 0.39 | 0.965（2312 Hz） | 本工作 |
| MFs-$S_2$-GA-PVA-3 | 20 | 60 | 0.61 | 0.979（1096 Hz） | 本工作 |
| MFs-$S_2$-GA-PVA-3 | 30 | 90 | 0.82 | 0.998（600 Hz） | 本工作 |

①$t$ 为材料的厚度，单位 mm；②AD 为材料的面密度，单位 mg/cm$^2$；③最大 SAC 为整个频率范围内，吸声系数的最大值及其所对应的频率。

## 8.5.8　JCA 辅助吸声机制解析

在试验研究的基础上，通过理论模拟对材料的结构–性能关系进行了更深入的探讨，以推动对木基复合吸声材料的进一步理解和设计。因此，采用 Johnson-Champoux-Allard（JCA）半唯象模型预测了木材微纤维组装体的 SAC。

如图 8-103（a）所示，JCA 模型在模拟整个频率范围内木材微纤维组装体的 SAC 值方面表现出良好的准确性。基于 JCA 模型公式（8-58）和式（8-62）分析表明，MFs-$S_2$-GA-PVA-3 微纤维组装体的 $\rho(\omega)$（反映空气和孔壁之间的黏性效应）呈上升趋势，并且高于 MFs-$S_2$-GA-PVA-1 和 MFs-$S_2$-GA-PVA-5 微纤维组装体，表明空气和孔壁之间的黏性效应更大，这可归因于 MFs-$S_2$-GA-PVA-3 最大的流动电阻率、曲折度和最小的黏性特征长度[图 8-103（b）和表 8-17]。由图 8-103（c）可知，MFs-$S_2$-GA-PVA-3 微纤维组装的 $K(\omega)$ 最高，表明空气和孔壁之间存在热相互作用，这主要归因于 MFs-$S_2$-GA-PVA-3 微纤维组装体较大的热特征长度的影响。此外，从低频范围内的 $Z_s$ 来看，MFs-S$_2$-GA-PVA-3 微纤维组装体明显高于 MFs-S$_2$-GA-PVA-1 和 MFs-S$_2$-GA-PVA-5 微纤维组装体，证明了其吸收低频噪声的能力更强 [图 8-103（d）]。这一结论与之前 SAC 和 NRC 的分析结果一致。

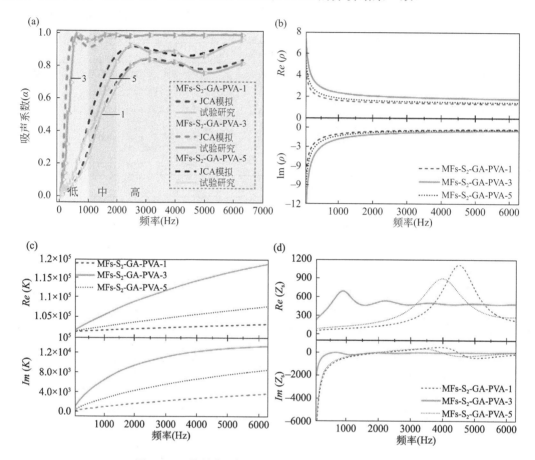

图 8-103　微纤维组装体的 JCA 模型分析及吸声机理

（a）厚度为 30 mm 的 SAC 曲线（试验和 JCA 模型预测）；（b）等效密度 $\rho$、（c）等效体积模量 $K$ 和（d）声阻抗 $Z_s$ 的实部和虚部的曲线图

　　基于 JCA 模型分析，确定了影响 MFs-S$_2$-GA-PVA-3 微纤维组装体超宽频吸声的三个关键因素：

　　（1）各向异性 MFs-S$_2$-GA-PVA-3 微纤维组装体具有独特的平行分层微米通道结构和较大的长径比和丰富的层间弹簧状条带。这种独特的结构允许声波沿着通道进行更有效地传播，有助于构筑大量的闭合环路，从而通过循环反射–消耗来削弱声音能量，具有优异的吸声能力。此外，MFs-S$_2$-GA-PVA-3 木材微纤维组装体的较大的流动电阻率（1537 N·s/m$^4$）和热特征长度（459 μm）成功验证了"循环梯度孔"机制的有效性（图 8-104 和表 8-17）。

　　（2）"循环梯度孔"策略的应用极大地提高了材料的吸声性能，这是因为该材料利用了自身独特的微观结构优势，使得声波在不同层之间重复发生反射，从而有效地消耗声波的能量。材料内部的多级孔隙结构包括大尺寸的气泡孔、中等尺寸的开窗孔、小尺寸的壁间孔和冰模板孔，孔径跨越六个数量级，这种复杂的孔隙排列结构有效地减少了声波泄漏，并增加了空气与材料接触的摩擦表面积，从而协同捕获了不同波长的噪声[383, 384]。此外，MFs-S$_2$-GA-PVA-3 微纤维组装体具有独特的分级多级孔隙结构，以及卓越的比表面积（605.3 m$^2$/g）和高孔隙率（97.84%），这些特性共同促进了材料在超宽频段内的吸声效果。

（3）在 MFs-S$_2$-GA-PVA-3 微纤维组装体中，由于大量弹簧状条带的存在改变了声波的传播路径，导致了更高的曲折度。具体地说，曲折度从 1.01 和 1.08（对应于 MFs-S$_2$-GA-PVA-1 和 MFs-S$_2$-GA-PVA-5）增加到 1.33（MFs-S$_2$-GA-PVA-3）。这种改进将流动电阻率从 1024 N·s/m$^4$ 提高到 1537 N·s/m$^4$，从而增加了声波和纤维之间的摩擦[144]，导致更多的声能消耗。

综上所述，与缺乏这些条带的 MFs-S$_2$-GA-PVA-1 和 MFs-S$_2$-GA-PVA-5 微纤维组装体相比，MFs-S$_2$-GA-PVA-3 微纤维组装体具有更好的吸声效果。结合 SEM、BET、MIP、吸声性能测试以及 JCA 模拟计算，分析得出了 MFs-S$_2$-GA-PVA-3 可能的"循环梯度孔"吸声机制（图 8-104）。

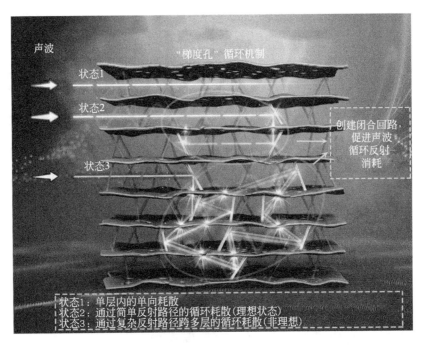

图 8-104  基于"循环梯度孔"策略的各向异性微纤维组装体吸声机制示意图

为了验证基于"循环梯度孔"机制的各向异性结构对材料吸声性能的影响，同样采用 JCA 模型对各向同性 MFs-S$_2$-GA-PVA-3 微纤维组装体进行了研究。如图 8-105 和图 8-106 所示，对于各向同性 MFs-S$_2$-GA-PVA-3 微纤维组装体，结合 SEM 分析结果可知，其形貌显示出杂乱无序的各向同性结构，孔隙相互连接，导致入射的声波通过纤维之间的间隙传播，可能的吸声机制如图 8-105 所示。具体来说，其具有过大的流动电阻率（17830 Pa·s/m$^2$）和过小的热特征长度（图 8-106 和表 8-17），导致声波很难进入材料内部，进而导致某些声波要么发生反射，要么发生逃逸现象[385]，从而导致吸声效果变差。

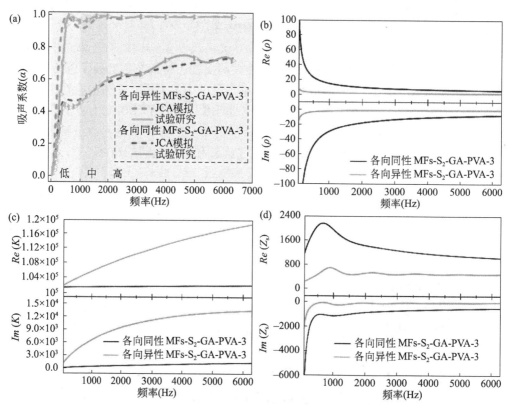

图 8-105　各向异性 MFs-S$_2$-GA-PVA-3 与各向同性 MFs-S$_2$-GA-PVA-3 微纤维组装体的 JCA 模型比较

（a）厚度为 30 mm 的 SAC 曲线（试验和 JCA 模型预测）；（b）等效密度$\rho$、（c）等效体积模量 $K$ 和（d）声阻抗 $Z_s$ 的实部和虚部的曲线图

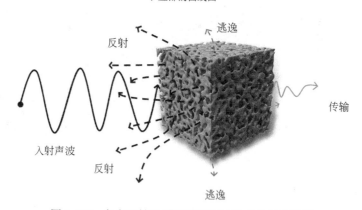

图 8-106　各向同性微纤维组装体的吸声机制示意图

此外，根据 Michael Möser 书籍（*Engineering Acoustics*. Nova York（Estados Unidos）：Springer Publishing，2009）中所提出的匹配定律，SAC（$\alpha$）与 $Z_s$ 的关系还可以表示为[154]

$$\alpha = \frac{4Re(Z_s / \rho_0 c_0)}{[Re(Z_s / \rho_0 c_0) + 1]^2 + [Im(Z_s / \rho_0 c_0)]^2} \tag{8-72}$$

根据式（8-72）可知，当 $Re$（$Z_s/\rho c$）=1 和 $Im$（$Z_s/\rho c$）=0 时，$\alpha$ 达到最大值（$\alpha$=1）。换句话说，多孔材料的 SAC 的大小和 $Z_s$ 与点（1,0）的接近程度密切相关[386]。图 8-107（a）和（b）给出了厚度为 30 mm 的各向异性 MFs-S$_2$-GA-PVA-1、MFs-S$_2$-GA-PVA-3、MFs-S$_2$-GA-PVA-5 和各向同性 MFs-S$_2$-GA-PVA-3 微纤维组装体的 $Re$（$Z_s/\rho c$）和 $Im$（$Z_s/\rho c$）值。由图 8-107 可知，与各向异性 MFs-S$_2$-GA-PVA-1、MFs-S$_2$-GA-PVA-5 微纤维组装体和各向同性 MFs-S$_2$-GA-PVA-3 微纤维组装体相比，MFs-S$_2$-GA-PVA-3 微纤维组装体的 $Z_s$ 实部较大，其曲线最接近于（1,0）点附近，表明其吸声能力更强，这与前面 SAC 和 JCA 模型的分析结果一致，证实了各向异性 MFs-S$_2$-GA-PVA-3 微纤维组装体具有更优异的吸声性能。

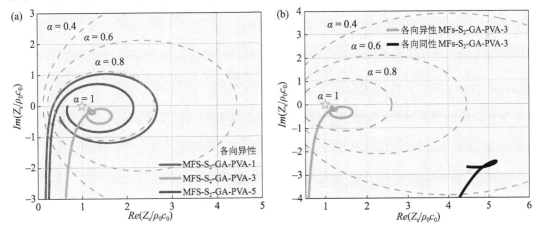

图 8-107　厚度为 30 mm 的微纤维组装体的比声阻抗 $Z_s/\rho_0 c_0$ 的相量图

## 8.5.9　小结

本节对冰模板法驱动木材微纤维可控组装及其超宽频吸声性能进行了研究。采用湿热–化学–机械多元协同耦合策略成功制备了从木材细胞壁 S$_2$ 层解离微纤维样品（MFs-S$_2$），证实了木材纤维解离工艺的可行性。随后，通过化学交联–定向冷冻联用策略制备了各向异性微纤维组装体（MFs-S$_2$-GA-PVA）。揭示了木材微纤维重组装过程中的微观结构和化学成分变化规律，并结合试验研究和理论模拟阐明了木材微纤维组装体的微观形貌、孔隙结构与吸声性能之间的构效关系。主要结论如下：

（1）探究了木材微纤维的精准解离及其理化性质，结果表明：通过碱性过氧化氢法、碱性亚硫酸钠法和水处理法可分别从次生壁 S$_2$ 层精准解离出微纤维、胞间层解离微纤维和随机层解离微纤维；通过共聚焦拉曼光谱分析发现，次生壁 S$_2$ 层解离微纤维具有最高浓度的纤维素，胞间层解离微纤维具有最高浓度的木质素；通过晶体结构及晶粒尺寸计算发现，次生壁 S$_2$ 层解离微纤维具有最高的结晶度（55.16%）、最小的晶粒尺寸（22.230 Å）和最大的晶面间距（3.978 Å）。

（2）探究了冰模板法诱导木材微纤维可控重组及其物化特性，结果表明：采用化学交联和定向冷冻联合策略成功制备出具有出色压缩性能的功能化木材微纤维组装体；通过扫描电子显微镜发现，木材微纤维含量为 3% 的组装体具有最佳的各向异性层状结构，层与层之间形成丰富的弹簧状条带，构筑了坚固的三维互连网络架构；通过傅里叶变换红外光谱、X 射线衍射和 X 射线光电子能谱分析发现，MFs-S$_2$ 与 PVA 成功发生缩醛反应，表明 MFs-S$_2$-GA-PVA 的成功制备；通过力学测试发现，木材微纤维含量为 3% 的组装体具有最佳的机械性能，即使经受 1000 次抗疲劳循环压缩测试后，仍能保持 90.5% 的最大应力、90.1% 的弹性模量和 91.5% 的能量损失系数。

（3）探究了各向异性微纤维组装体的超宽频吸声性能及其构效机制，结果表明：木材微纤维含量为 3% 的组装体具有最佳的超宽频吸声性能；通过孔隙结构分析，原料的氮吸脱附曲线为 II 型等温线，而木材微纤维组装体呈现出典型的 IV 型等温线，不仅继承了原料的大孔特征，还同时富含微孔和介孔，形成了层次分明的分级孔隙结构，孔径分布范围跨越 6 个数量级（$4.6 \times 10^{-4} \sim 400 \ \mu m$）；通过细胞活性分析发现，木材微纤维组装体的细胞毒性等级为 1 级；通过传递函数吸声测试发现，木材微纤维含量为 3% 的组装体证实了"循环梯度孔"机制的有效性，具有出色的超宽频吸声性能；通过 JCA 理论模拟分析发现，木材微纤维含量为 3% 的组装体具有较大的流动电阻率、热特征长度和曲折度，协同促进了材料在超宽频段内的吸声效果，JCA 理论计算验证了"循环梯度孔"机制的积极作用。

# 参 考 文 献

［1］ Bald T, Quast T, Landsberg J, et al. Nature, 2014, 507(7490): 109-113.

［2］ Khan M A, Akram T, Zhang Y D, et al. Pattern Recognition Letters, 2021, 143: 58-66.

［3］ El-Sayed N S, Hasanin M, Kamel S. Journal of Renewable Materials, 2024, 12(4):125-139.

［4］ Wu C, Yang Y, Sun K, et al. International Journal of Biological Macromolecules, 2023, 237: 124081.

［5］ Wang X. Interfacial modification for improvement of zinc oxide deposition in advanced functional fibres. Manchester: The University of Manchester, 2023.

［6］ Bi W, Wu Y, Zhang B, et al. ACS Applied Materials & Interfaces, 2019, 11(12): 11481-11487.

［7］ Cui H, Zayat M, Parejo P G, et al. Advanced Materials, 2008, 20(1): 65-68.

［8］ Sun B, Zhou W, Li H, et al. Advanced Materials, 2018, 30(43): 1804282.

［9］ Ball M L, Burlingame Q, Smith H L, et al. ACS Energy Letters, 2021, 7(1): 180-188.

［10］ Zhu W, Guo J, Amini S, et al. Advanced Materials, 2019, 31(25): 1900545.

［11］ An X, Butler T W, Washington M, et al. ACS Nano, 2011, 5(2): 1003-1011.

［12］ Pant D, Singh P. Environmental Science and Pollution Research, 2014, 21: 2414-2436.

［13］ Zhu M, Song J, Li T, et al. Advanced Materials (Deerfield Beach, Fla.), 2016, 28(26): 5181-5187.

［14］ Wang S, Li L, Zha L, et al. Nature Communications, 2023, 14(1): 2827.

［15］ Li K, Wang S, Chen H, et al. Advanced Materials, 2020, 32(42): 2003653.

［16］ Mi R, Li T, Dalgo D, et al. Advanced Functional Materials, 2020, 30(1): 1907511.

［17］ Qiu Z, Xiao Z, Gao L, et al. Composites Science and Technology, 2019, 172: 43-48.

［18］ Bisht P, Pandey K K, Barshilia H C. Polymer Degradation and Stability, 2021, 189: 109600.

［19］ Kaur R, Bhardwaj S K, Chandna S, et al. Journal of Cleaner Production, 2021, 317: 128300.

［20］ Li Y, Fu Q, Rojas R, et al. ChemSusChem, 2017, 10(17): 3445-3451.

［21］ Wu D, Wang Q, Safonova O V, et al. Angewandte Chemie International Edition, 2021, 60(22): 12513-12523.

［22］ Schmidt-Mende L, MacManus-Driscoll J L. Materials Today, 2007, 10(5): 40-48.

［23］ Sernelius B E, Berggren K F, Jin Z C, et al. Physical Review B, 1988, 37(17): 10244.

［24］ Tsukazaki A, Ohtomo A, Onuma T, et al. Nature Materials, 2005, 4(1): 42-46.

［25］ Vaiano V, Iervolino G, Rizzo L. Applied Catalysis B: Environmental, 2018, 238: 471-479.

［26］ Lal M M. Transactions of the Indian Ceramic Society, 1984, 43(1): 21-24.

［27］ Ulu A, Koytepe S, Ates B. Journal of Applied Polymer Science, 2016, 133(19): 43421.

［28］ Prashanth K V H, Lakshman K, Shamala T R, et al. International Biodeterioration & Biodegradation, 2005, 56(2): 115-120.

［29］ Dimitrievska M, Hage F S, Escobar Steinvall S, et al. Advanced Functional Materials, 2021, 31(41): 2105426.

［30］ Yang N Q, Li J, Wang Y N, et al. Materials Science in Semiconductor Processing, 2021, 131: 105835.

［31］ Yang A, Hou Q, Yin X, et al. Vacuum, 2021, 189: 110225.

［32］ Sun Q C, Yadgarov L, Rosentsveig R, et al. ACS Nano, 2013, 7(4): 3506-3511.

［33］ Sakai N, Ebina Y, Takada K, et al. Journal of the American Chemical Society, 2004, 126(18): 5851-5858.

［34］ Yang M, Sun K, Kotov N A. Journal of the American Chemical Society, 2010, 132(6): 1860-1872.

［35］ Wang Y, Wöll C. Chemical Society Reviews, 2017, 46(7): 1875-1932.

［36］ Chattopadhyay S, Kumawat A, Misra K P, et al. Materials Science and Engineering: B, 2021, 266: 115041.

［37］ Wang X, Park J, Susztak K, et al. Nature Communications, 2019, 10(1): 380.

［38］ Alnajar M H, Kumar B. Physica E: Low-dimensional Systems and Nanostructures, 2022, 139: 115110.

［39］ Kannadasan N, Shanmugam N, Cholan S, et al. Materials Characterization, 2014, 97: 37-46.

［40］ Jiang Y, Wang L, Zhang W, et al. Ceramics International, 2020, 46(10): 16032-16037.

［41］ Hafner J. Journal of Computational Chemistry, 2008, 29(13): 2044-2078.

［42］ Ropo M, Kokko K, Vitos L. Physical Review B: Condensed Matter and Materials Physics, 2008, 77(19): 195445.

［43］ Peng H, Yang Z H, Perdew J P, et al. Physical Review X, 2016, 6(4): 041005.

［44］ Jing H, Guo C, Zhang G, et al. Journal of Materials Chemistry, 2012, 22(27): 13612-13618.

［45］ Tang Y, Gibbs Z M, Agapito L A, et al. Nature Materials, 2015, 14(12): 1223-1228.

［46］ Shen D K, Gu S, Bridgwater A V. Carbohydrate Polymers, 2010, 82(1): 39-45.

［47］ Wu T, Xu Y, Cui Z, et al. ACS Sustainable Chemistry & Engineering, 2022, 10(47): 15380-15388.

［48］ Bisht P, Pandey K K, Barshilia H C. Polymer Degradation and Stability, 2021, 189: 109600.

［49］ Yu Z, Yao Y, Yao J, et al. Journal of Materials Chemistry A, 2017, 5(13): 6019-6024.

［50］ Olson E, Li Y, Lin F Y, et al. ACS Applied Materials & Interfaces, 2019, 11(27): 24552-24559.

［51］ Subramani N K, Kasargod Nagaraj S, Shivanna S, et al. Macromolecules, 2016, 49(7): 2791-2801.

［52］ Wang Y, Su J, Li T, et al. ACS Applied Materials & Interfaces, 2017, 9(41): 36281-36289.

［53］ Xing Q, Buono P, Ruch D, et al. ACS Sustainable Chemistry & Engineering, 2019, 7(4): 4147-4157.

［54］Sabziparvar A A, Shine K P, Forster P M F. Photochemistry and Photobiology, 1999, 69(2): 193-202.

［55］Peres P S, Terra V A, Guarnier F A, et al. Journal of Photochemistry and Photobiology B: Biology, 2011, 103(2): 93-97.

［56］Minami Y, Kawabata K, Kubo Y, et al. The Journal of Nutritional Biochemistry, 2009, 20(5): 389-398.

［57］Barnes L, Dumas M, Juan M, et al. Photochemistry and Photobiology, 2010, 86(4): 933-941.

［58］Hu B, Wang Y, Liu G. Atmospheric Environment, 2007, 41(27): 5707-5718.

［59］Guarner J, Brandt M E. Clinical Microbiology Reviews, 2011, 24(2): 247-280.

［60］Zhang L, Ding Y, Povey M, et al. Progress in Natural Science, 2008, 18(8): 939-944.

［61］Huang J, Lv H, Gao T, et al. Energy and Buildings, 2014, 75: 504-510.

［62］Li T, Zhu M, Yang Z, et al. Advanced Energy Materials, 2016, 6(22): 1601122.

［63］Gan W Q, Davies H W, Koehoorn M, et al. American Journal of Epidemiology, 2012, 175(9): 898-906.

［64］Shore S E, Wu C. Neuron, 2019, 103(1): 8-20.

［65］Beutel M E, Brähler E, Ernst M, et al. European Journal of Public Health, 2020, 30(3): 487-492.

［66］Abdi D D, Monazzam M, Taban E, et al. Applied Acoustics, 2021, 182: 108264.

［67］Murtaza M, Kamal M S, Mahmoud M. ACS Omega, 2020, 5(28): 17405-17415.

［68］Malaiškienė J, Antonovič V, Boris R, et al. Ceramics, 2023, 6(4): 2320-2332.

［69］Ferdous W, Manalo A, Siddique R, et al. Resources, Conservation and Recycling, 2021, 173: 105745.

［70］Siddika A. Recycling waste glass to develop low-$CO_2$ foamed composites: Advancing sustainability. Sydney: University of New South Wales, 2023.

［71］Bulińska S, Sujak A, Pyzalski M. Sustainability, 2024, 16(12): 5150.

［72］Liu X, Li B, Wu Y. Journal of Cleaner Production, 2023, 404: 136930.

［73］Ahmad J, Zhou Z, Usanova K I, et al. Materials, 2022, 15(7): 2525.

［74］Khan M N N, Saha A K, Sarker P K. Journal of Building Engineering, 2020, 28: 101052.

［75］Zhu M, Li T, Davis C S, et al. Nano Energy, 2016, 26: 332-339.

［76］Li Y, Fu Q, Yu S, et al. Biomacromolecules, 2016, 17(4): 1358-1364.

［77］Zhu M, Song J, Li T, et al. Advanced Materials (Deerfield Beach, Fla.), 2016, 28(26): 5181-5187.

［78］Jiang F, Li T, Li Y, et al. Advanced Materials, 2018, 30(1): 1703453.

［79］Midgley S J, Stevens P R, Arnold R J. Australian Forestry, 2017, 80(1): 10-25.

［80］Li L, Li J, Du X, et al. Angewandte Chemie International Edition, 2014, 53(15): 3835-3839.

［81］Wang X, Shan S, Shi S Q, et al. ACS Applied Materials & Interfaces, 2020, 13(1): 1662-1669.

［82］Wang Z, Wang X, Zhang Y. Industrial Crops and Products, 2023, 202: 117077.

［83］Wang Z, Tong J, Kuai B, et al. Industrial Crops and Products, 2022, 186: 115222.

［84］Wang Y Y, Guo F L, Li Y Q, et al. Composites Part B: Engineering, 2022, 235: 109798.

［85］Chen H, Zhang Y, Yang X, et al. Journal of Wood Science, 2019, 65: 1-14.

［86］Tian X, Verho T, Ras R H A. Science, 2016, 352(6282): 142-143.

［87］Zhang H, Sun L, Guo J, et al. Research, 2023, 6: 0129.

［88］Matin A, Baig U, Akhtar S, et al. Progress in Organic Coatings, 2019, 136: 105192.

［89］Jiang G, Wang G, Zhu Y, et al. Research, 2022,214:9814767.

［90］ Liu B, Li J, Liu L, et al. Industrial Crops and Products, 2022, 187: 115406.

［91］ Ramezani N, Sain M. Journal of Polymers and the Environment, 2018, 26: 3109-3116.

［92］ Jin W, Shen D, Liu Q, et al. Polymer Degradation and Stability, 2016, 133: 65-74.

［93］ Su J, Zhang L, Wan C, et al. Carbohydrate Polymers, 2022, 296: 119905.

［94］ Wang F, Wang L, Wu H, et al. Colloids and Surfaces A: Physicochemical and Engineering Aspects, 2017, 520: 834-840.

［95］ Cunha A G, Freire C, Silvestre A, et al. Journal of Colloid and Interface Science, 2010, 344(2): 588-595.

［96］ Fadeev A Y, Kazakevich Y V. Langmuir, 2002, 18(7): 2665-2672.

［97］ Ren W, Guo F, Zhu J, et al. Cellulose, 2021, 28(10): 5993-6005.

［98］ Segal L, Creely J J, Martin Jr A E, et al. Textile Research Journal, 1959, 29(10): 786-794.

［99］ Jiang J, Cao J, Wang W. Holzforschung, 2018, 72(4): 311-319.

［100］ Dietrich P M, Glamsch S, Ehlert C, et al. Applied Surface Science, 2016, 363: 406-411.

［101］ Johnson B I, Avval T G, Wheeler J, et al. Langmuir, 2020, 36(8): 1878-1886.

［102］ Henderson E J, Veinot J G C. Journal of the American Chemical Society, 2009, 131(2): 809-815.

［103］ Durand E, Labrugère C, Tressaud A, et al. Plasmas and Polymers, 2002, 7(4): 311-325.

［104］ Dai L, He C, Wang Y, et al. Energy Conversion and Management, 2017, 146: 1-7.

［105］ Jiang Z, Liu Z, Fei B, et al. Journal of Analytical and Applied Pyrolysis, 2012, 94: 48-52.

［106］ de Campos Vitorino F, Nazarkovsky M, Azadeh A, et al. Cellulose, 2023, 30(3): 1873-1893.

［107］ Gorgieva S, Jančič U, Hribernik S, et al. Cellulose, 2020, 27: 1661-1683.

［108］ Li X L, Zhang F H, Jian R K, et al. Composites Part B: Engineering, 2019, 176: 107200.

［109］ Zhang Z H, Zhang J W, Cao C F, et al. Chemical Engineering Journal, 2020, 386: 123894.

［110］ Huang N J, Cao C F, Li Y, et al. Composites Part B: Engineering, 2019, 168: 413-420.

［111］ Pereyra A M, Giudice C A. Fire Safety Journal, 2009, 44(4): 497-503.

［112］ Kumar S P, Takamori S, Araki H, et al. RSC Advances, 2015, 5(43): 34109-34116.

［113］ Mu Y, Han L, Du D, et al. Construction and Building Materials, 2022, 344: 128168.

［114］ Alarie Y. Critical Reviews in Toxicology, 2002, 32(4): 259-289.

［115］ Xia W, Wang S, Xu T, et al. Construction and Building Materials, 2021, 266: 121203.

［116］ He S, Sun G, Cheng X, et al. Composites Science and Technology, 2017, 146: 91-98.

［117］ Dai S, Yu X, Chen R, et al. Journal of Applied Polymer Science, 2021, 138(16): 50263.

［118］ Xie W, Wang B, Liu Y, et al. Reactive and Functional Polymers, 2020, 153: 104631.

［119］ Liu L, Yao M, Zhang H, et al. ACS Sustainable Chemistry & Engineering, 2022, 10(49): 16313-16323.

［120］ Hu X, Yang H, Jiang Y, et al. Journal of Hazardous Materials, 2019, 379: 120793.

［121］ Jiang T, Feng X, Wang Q, et al. Construction and Building Materials, 2014, 72: 1-6.

［122］ Lou Y, Sun X, Yu Y, et al. Research, 2023, 6: 0069.

［123］ Chai W, Li L, Zhu W, et al. Research, 2023, 6: 0196.

［124］ Li Y, Cheng M, Jungstedt E, et al. ACS Sustainable Chemistry & Engineering, 2019, 7(6): 6061-6067.

［125］ Das S, Kumar S, Samal S K, et al. Industrial & Engineering Chemistry Research, 2018, 57(8): 2727-2745.

［126］ Zakikhani P, Zahari R, Sultan M T H, et al. Materials & Design, 2014, 63: 820-828.

［127］Li Z, Chen C, Mi R, et al. Advanced Materials, 2020, 32(10): 1906308.

［128］Lukina A, Lisyatnikov M, Martinov V, et al. Architecture and Engineering, 2022, 7(3): 44-52.

［129］Čermák P, Baar J, Dömény J, et al. Holzforschung, 2022, 76(5): 437-450.

［130］Samanta P, Samanta A, Montanari C, et al. Composites Part A: Applied Science and Manufacturing, 2022, 156: 106863.

［131］Embacher J, Zeilinger S, Kirchmair M, et al. Fungal Biology Reviews, 2023, 45: 100305.

［132］Lukina A, Lisyatnikov M, Lukin M, et al. Magazine of Civil Engineering, 2023(3): 11907-11907.

［133］Fodor F, Bak M, Németh R. Coatings, 2022, 12(6): 817.

［134］Tolvaj L, Molnar Z, Nemeth R. Journal of Photochemistry and Photobiology B: Biology, 2013, 121: 32-36.

［135］Shi H, Ni Y, Guo H, et al. Polymers, 2023, 15(5): 1125.

［136］Mastouri A, Azadfallah M, Rezaei F, et al. Construction and Building Materials, 2023, 392: 131923.

［137］Yin H, Moghaddam M S, Tuominen M, et al. Applied Surface Science, 2022, 584: 152528.

［138］Huang Y, Ma T, Li L, et al. Progress in Organic Coatings, 2022, 172: 107104.

［139］Khelfa A, Bensakhria A, Weber J V. Journal of Analytical and Applied Pyrolysis, 2013, 101: 111-121.

［140］Liu L, Sun J, Cai C, et al. Bioresource Technology, 2009, 100(23): 5865-5871.

［141］Van den Bulcke J, Van Acker J, Saveyn H, et al. Progress in Organic Coatings, 2007, 58(1): 1-12.

［142］Chou P L, Chang H T, Yeh T F, et al. Bioresource Technology, 2008, 99(5): 1073-1079.

［143］Forsthuber B, Müller U, Teischinger A, et al. Polymer Degradation and Stability, 2013, 98(7): 1329-1338.

［144］Aloui F, Ahajji A, Irmouli Y, et al. Applied Surface Science, 2007, 253(8): 3737-3745.

［145］Cristea M V, Riedl B, Blanchet P. Progress in Organic Coatings, 2010, 69(4): 432-441.

［146］Kiguchi M, Evans P D. Polymer Degradation and Stability, 1998, 61(1): 33-45.

［147］Chen K, Tan Y, Sun F, et al. Wood Material Science & Engineering, 2023, 18(3): 801-809.

［148］Li S, Li Z, Li L, et al. Forests, 2023, 14(3): 503.

［149］Yi T, Morrell J J. Wood Science and Technology, 2023, 57(2): 427-446.

［150］Rodič P, Iskra J, Milošev I. Journal of Non-crystalline Solids, 2014, 396: 25-35.

［151］Nallis K, Katsumata K, Isobe T, et al. Applied Clay Science, 2013, 80: 147-153.

［152］Pian X, Fan B, Chen H, et al. Ceramics International, 2014, 40(7): 10483-10488.

［153］Smirnov J R C, Calvo M E, Míguez H. Advanced Functional Materials, 2013, 23(22): 2805-2811.

［154］Zhou S, Wu L. Functional Polymer Coatings: Principles, Methods, and Applications, 2015, 1: 1-70.

［155］Alkahtany M, Beatty M W, Alsalleeh F, et al. Prosthesis, 2023, 5(3): 916-938.

［156］Sun Q, Lu Y, Zhang H, et al. Materials Chemistry and Physics, 2012, 133(1): 253-258.

［157］Li J, Yu H, Sun Q, et al. Applied Surface Science, 2010, 256(16): 5046-5050.

［158］Shukla S, Seal S, Vanfleet R. Journal of Sol-Gel Science and Technology, 2003, 27: 119-136.

［159］Botzakaki M A, Xanthopoulos N, Makarona E, et al. Microelectronic Engineering, 2013, 112: 208-212.

［160］Cai J, Kimura S, Wada M, et al. Biomacromolecules, 2009, 10(1): 87-94.

［161］Cai J, Zhang L. Macromolecular Bioscience, 2005, 5(6): 539-548.

［162］Zhao C, Richard O, Bender H, et al. Applied Physics Letters, 2002, 80(13): 2374-2376.

［163］Filho U P R, Gushikem Y, Fujiwara F Y, et al. Langmuir, 1994, 10(11): 4357-4360.

［164］Zink N, Emmerling F, Häger T, et al. Dalton Transactions, 2013, 42(2): 432-440.

［165］Lan W, Liu C F, Yue F X, et al. Carbohydrate Polymers, 2011, 86(2): 672-677.

［166］Olsson A M, Salmén L. Carbohydrate Research, 2004, 339(4): 813-818.

［167］Rana R, Langenfeld-Heyser R, Finkeldey R, et al. Wood Science and Technology, 2010, 44(2): 225-242.

［168］Kacurakova M, Capek P, Sasinkova V, et al. Carbohydrate Polymers, 2000, 43(2): 195-203.

［169］Rahman M M, Khan S B, Marwani H M, et al. Superlattices and Microstructures, 2014, 71: 93-104.

［170］Lucovsky G, Rayner Jr G B. Applied Physics Letters, 2000, 77(18): 2912-2914.

［171］Dun H, Zhang W, Wei Y, et al. Analytical Chemistry, 2004, 76(17): 5016-5023.

［172］Zhou H, Tian R, Ye M, et al. Electrophoresis, 2007, 28(13): 2201-2215.

［173］Li J, Lu Y, Yang D, et al. Biomacromolecules, 2011, 12(5): 1860-1867.

［174］Shafizadeh F, Fu Y L. Carbohydrate Research, 1973, 29(1): 113-122.

［175］Yang H, Yan R, Chen H, et al. Fuel, 2007, 86(12-13): 1781-1788.

［176］Valiokas R, Östblom M, Svedhem S, et al. The Journal of Physical Chemistry B, 2002, 106(40): 10401-10409.

［177］Haurie L, Fernández A I, Velasco J I, et al. Polymer Degradation and Stability, 2007, 92(6): 1082-1087.

［178］Sun Q, Lu Y, Zhang H, et al. Journal of Materials Science, 2012, 47: 4457-4462.

［179］Dai Z, Xue J, Wang S. International Journal of Reconfigurable and Embedded Systems, 2023, 12(1): 125.

［180］Tippner J, Milch J, Sebera V, et al. Holzforschung, 2022, 76(10): 886-896.

［181］Pettersen R C. The Chemistry of Solid Wood, 1984, 207: 57-126.

［182］Wernick I K, Waggoner P E, Ausubel J H. Journal of Industrial Ecology, 1997, 1(3): 125-145.

［183］Cao Y, Xu C, Xu S, et al. Wood Material Science & Engineering, 2023, 18(4): 1291-1301.

［184］Čabalová I, Výbohová E, Igaz R, et al. Wood Material Science & Engineering, 2022, 17(5): 366-375.

［185］Mastouri A, Azadfallah M, Rezaei F, et al. Construction and Building Materials, 2023, 392: 131923.

［186］Vanucci C, De Violet P F, Bouas-Laurent H, et al. Journal of Photochemistry and Photobiology A: Chemistry, 1988, 41(2): 251-265.

［187］Huang Y, Ma T, Li L, et al. Progress in Organic Coatings, 2022, 172: 107104.

［188］Ma G, Wang X, Cai W, et al. Frontiers in Materials, 2022, 9: 851754.

［189］Lee B H, Kim H J. Polymer Degradation and Stability, 2006, 91(5): 1025-1035.

［190］Ayadi N, Lejeune F, Charrier F, et al. Holzals Roh-und Werkstoff, 2003, 61: 221-226.

［191］Park K, Kim B, Park H, et al. Journal of the Korean Wood Science and Technology, 2022, 50(4): 283-298.

［192］Zhou Y, Han Y, Xu J, et al. International Journal of Biological Macromolecules, 2023, 232: 123105.

［193］Hill C A S, Cetin N S, Quinney R F, et al. Polymer Degradation and Stability, 2001, 72(1): 133-139.

［194］Giridhar B N, Pandey K K. Wood modification for wood protection//Science of Wood Degradation and its Protection. Singapore: Springer Singapore, 2022: 647-663.

［195］Zhang J, Kamdem D P, Temiz A. Applied Surface Science, 2009, 256(3): 842-846.

［196］Zhuang J, Kim K H, Jia L, et al. Fuel, 2022, 319: 123739.

［197］Wan C, Lu Y, Sun Q, et al. Applied Surface Science, 2014, 321: 38-42.

［198］Veronovski N, Verhovšek D, Godnjavec J. Wood Science and Technology, 2013, 47(2): 317-328.

［199］Weichelt F, Emmler R, Flyunt R, et al. Macromolecular Materials and Engineering, 2010, 295(2): 130-136.

［200］Yan J, Ren C E, Maleski K, et al. Flexible MXene/graphene films for ultrafast supercapacitors with outstanding volumetric capacitance//Mxenes. Jenny Stanford Publishing, 2023: 583-608.

［201］Zhang H, He R, Niu Y, et al. Biosensors and Bioelectronics, 2022, 197: 113777.

［202］Nuraje N, Khan S I, Misak H, et al. International Scholarly Research Notices, 2013, 2013(1): 514617.

［203］Xu D, Liang G, Qi Y, et al. Polymers, 2022, 14(24): 5456.

［204］Finn R C, Zubieta J. Inorganic Chemistry, 2001, 40(11): 2466-2467.

［205］Zhang H B, Zheng W G, Yan Q, et al. Polymer, 2010, 51(5): 1191-1196.

［206］Wang G, Yang J, Park J, et al. The Journal of Physical Chemistry C, 2008, 112(22): 8192-8195.

［207］Chen P, Yang J J, Li S S, et al. Nano Energy, 2013, 2(2): 249-256.

［208］Ding S, Luan D, Boey F Y C, et al. Chemical Communications, 2011, 47(25): 7155-7157.

［209］Aladekomo J B, Bragg R H. Carbon, 1990, 28(6): 897-906.

［210］Wang G, Yang J, Park J, et al. The Journal of Physical Chemistry C, 2008, 112(22): 8192-8195.

［211］Agarwal U P, Ralph S A. Applied Spectroscopy, 1997, 51(11): 1648-1655.

［212］Lassègues J C, Grondin J, Cavagnat D, et al. The Journal of Physical Chemistry A, 2009, 113(23): 6419-6421.

［213］Brusko V, Khannanov A, Rakhmatullin A, et al. Carbon, 2024, 229: 119507.

［214］Ferrari A C, Meyer J C, Scardaci V, et al. Physical Review Letters, 2006, 97(18): 187401.

［215］Malard L M, Pimenta M A, Dresselhaus G, et al. Physics Reports, 2009, 473(5-6): 51-87.

［216］Ni Z, Wang Y, Yu T, et al. Nano Research, 2008, 1: 273-291.

［217］Shi Y, Chou S L, Wang J Z, et al. Journal of Materials Chemistry, 2012, 22(32): 16465-16470.

［218］Ramiah M V. Journal of Applied Polymer Science, 1970, 14(5): 1323-1337.

［219］Peng Y, Wu S. Journal of Analytical and Applied Pyrolysis, 2010, 88(2): 134-139.

［220］Shafizadeh F, Fu Y L. Carbohydrate Research, 1973, 29(1): 113-122.

［221］Chen D, Cen K, Zhuang X, et al. Combustion and Flame, 2022, 242: 112142.

［222］Kanti P, Sharma K V, Khedkar R S, et al. Diamond and Related Materials, 2022, 128: 109265.

［223］Patachia S, Croitoru C, Friedrich C. Applied Surface Science, 2012, 258(18): 6723-6729.

［224］Chen H, Ferrari C, Angiuli M, et al. Carbohydrate Polymers, 2010, 82(3): 772-778.

［225］Sun X F, Sun R C, Tomkinson J, et al. Polymer Degradation and Stability, 2004, 83(1): 47-57.

［226］Pandey K K. Journal of Applied Polymer Science, 1999, 71(12): 1969-1975.

［227］Colom X, Carrillo F, Nogués F, et al. Polymer Degradation and Stability, 2003, 80(3): 543-549.

［228］George B, Suttie E, Merlin A, et al. Polymer Degradation and Stability, 2005, 88(2): 268-274.

［229］Byrappa K, Adschiri T. Progress in Crystal Growth and Characterization of Materials, 2007, 53(2): 117-166.

［230］Suchanek W L, Riman R E. Advances in Science and Technology, 2006, 45: 184-193.

［231］Song B, Li D, Qi W, et al. ChemPhysChem, 2010, 11(3)：585-589.

［232］ Jia L, Wang D H, Huang Y X, et al. The Journal of Physical Chemistry C, 2011, 115(23): 11466-11473.

［233］ 张远凤, 叶清林, 蒋晓江. 噪声污染环境下失眠患者的临床睡眠及心理特征变化. 合肥: 中国睡眠研究会第十五届全国学术年会, 2023: 472.

［234］ 雷英杰. 环境经济, 2023(17): 32-35.

［235］ Li J, Akil O, Rouse S L, et al. The Journal of Clinical Investigation, 2018, 128(11): 5150-5162.

［236］ 吴义强. 中南林业科技大学学报, 2021, 41(01): 1-28.

［237］ Osong S H, Norgren S, Engstrand P. Cellulose, 2016, 23: 93-123.

［238］ 张燕燕. 合成树脂及塑料, 2020, 37(01): 33-36.

［239］ 吴义强, 卿彦, 姚春花, 等. 科技导报, 2014, 32(Z1): 15-21.

［240］ Cao L, Fu Q, Si Y, et al. Composites Communications, 2018, 10: 25-35.

［241］ 刘培生. 多孔材料引论. 北京: 清华大学出版社, 2012.

［242］ Jia C, Li L, Liu Y, et al. Nature communications, 2020, 11(1): 3732.

［243］ Shen L, Zhang H, Lei Y, et al. Carbohydrate Polymers, 2021, 255: 117405.

［244］ Wu L, Zhai Z, Zhao X, et al. Advanced Functional Materials, 2022, 32(13): 2105712.

［245］ Oh J H, Lee H R, Umrao S, et al. Carbon, 2019, 147: 510-518.

［246］ Puguan J M C, Pornea A G M, Ruello J L A, et al. ACS Applied Polymer Materials, 2022, 4(4): 2626-2635.

［247］ Yu S, Ni J, Zhou Z, et al. ACS Applied Materials & Interfaces, 2022, 14(24): 28145-28153.

［248］ Nie Z J, Wang J X, Huang C Y, et al. Chemical Engineering Journal, 2022, 446: 137280.

［249］ Ruello J L A, Pornea A G M, Puguan J M C, et al. ACS Applied Polymer Materials, 2022, 4(1): 654-662.

［250］ Lou C W, Zhou X, Liao X, et al. Journal of Materials Science, 2021, 56: 18762-18774.

［251］ Oh J H, Kim J, Lee H, et al. ACS Applied Materials Interfaces, 2018, 10(26): 22650-22660.

［252］ 敖庆波, 王建忠, 李爱君, 等. 稀有金属材料与工程, 2018, 47(2): 697-700.

［253］ 何慕, 罗未知, 雷蕾, 等. 固体力学学报, 2022, 43(4): 485-518.

［254］ 付强. 基于多孔材料与穿孔板的层状结构声学特性研究. 武汉: 武汉工程大学, 2022.

［255］ Kirchhoff G. Annalen der Physik, 1868, 210(6): 177-193.

［256］ Delany M E, Bazley E N. Applied Acoustics, 1970, 3(2): 105-116.

［257］ Johnson D L, Koplik J, Dashen R. Journal of Fluid Mechanics, 1987, 176: 379-402.

［258］ Champoux Y, Stinson M R, Daigle G A. The Journal of the Acoustical Society of America, 1991, 89(2): 910-916.

［259］ Champoux Y, Allard J F. Journal of Applied Physics, 1991, 70(4): 1975-1979.

［260］ Allard J F, Champoux Y. The Journal of the Acoustical Society of America, 1992, 91(6): 3346-3353.

［261］ Oh J H, Lee H R, Umrao S, et al. Carbon, 2019, 147: 510-518.

［262］ Puguan J M C, Pornea A G M, Ruello J L A, et al. ACS Applied Polymer Materials, 2022, 4(4): 2626-2635.

［263］ Nie Z J, Wang J X, Huang C Y, et al. Chemical Engineering Journal, 2022, 446: 137280.

［264］ Ruello J L A, Pornea A G M, Puguan J M C, et al. ACS Applied Polymer Materials, 2022, 4(1): 654-662.

［265］ Lou C W, Zhou X, Liao X, et al. Journal of Materials Science, 2021, 56: 18762-18774.

［266］Oh J H, Kim J, Lee H, et al. ACS Applied Materials & Interfaces, 2018, 10(26): 22650-22660.

［267］敖庆波, 王建忠, 李爱君, 等. 稀有金属材料与工程, 2018, 47(2): 697-700.

［268］王柏村. 多层/梯度多孔材料的设计及其吸声与强化传热性能研究. 杭州: 浙江大学, 2016.

［269］Zhao X, Liu Y, Zhao L, et al. Nature Sustainability, 2023, 6(3): 306-315.

［270］Muchlisinalahuddin M, Dahlan H, Mahardika M, et al. Cellulose-based Material for Sound Absorption And Its Application—A Short Review//BIO Web of Conferences. EDP Sciences, 2023, 77: 01003.

［271］卿彦. 中南林业科技大学学报, 2022, 42(12): 13-25.

［272］Liu C, Luan P, Li Q, et al. Advanced Materials, 2021, 33(28): 2001654.

［273］Zhu M, Song J, Li T, et al. Advanced Materials (Deerfield Beach, Fla.), 2016, 28(26): 5181-5187.

［274］Wan C, Liu X, Huang Q, et al. Current Organic Synthesis, 2021, 18(7): 615-623.

［275］王巍. 基于复合材料理论的木材微观力学建模研究. 哈尔滨: 东北林业大学, 2012.

［276］李坚, 王清文. 木材波谱学. 北京: 科学出版社, 2003.

［277］马岩. 热磨机单位功率的设计缺陷与节能措施分析. 北京: 第七届全国人造板工业发展研讨会, 2008: 44-49.

［278］Zhang Y, Chen Y, Li G, et al. ACS Sustainable Chemistry & Engineering, 2022, 10(47): 15538-15549.

［279］Thompson N S. Chemicals from hemicelluloses//Organic Chemicals from Biomass. Tallahassee:CRC Press, 2018: 125-141.

［280］Heggset E B, Syverud K, Øyaas K. Biomass and Bioenergy, 2016, 93: 194-200.

［281］Brändström A, Kuipers S. Government and Opposition, 2003, 38(3): 279-305.

［282］Solala I, Koistinen A, Siljander S, et al. BioResources, 2016, 11(1): 1125-1140.

［283］Mörseburg K, Hill J, Johansson L. Nordic Pulp & Paper Research Journal, 2016, 31(3): 386-400.

［284］Du Z, Zheng T, Wang P, et al. Bioresource Technology, 2016, 201: 41-49.

［285］Johnson D L, Koplik J, Dashen R. Journal of Fluid Mechanics, 1987, 176: 379-402.

［286］Champoux Y, Stinson M R, Daigle G A. The Journal of the Acoustical Society of America, 1991, 89(2): 910-916.

［287］甘文涛, 王耀星, 肖坤, 等. 林业工程学报, 2022, 7(6): 1-12.

［288］Kino N, Ueno T. Applied Acoustics, 2007, 68(11-12): 1468-1484.

［289］Cheng W, Wan C, Li X, et al. Journal of Energy Chemistry, 2023, 83: 549-563.

［290］彭敏, 赵晓明. 材料导报, 2019, 33(21): 3669-3677.

［291］Cucharero J, Ceccherini S, Maloney T, et al. Cellulose, 2021, 28: 4267-4279.

［292］Yang X, Berglund L A. Advanced Materials, 2021, 33(28): 2001118.

［293］范中秋, 沙克菊, 安兴业, 等. 中国造纸学报, 2023, 38(1): 88-98.

［294］Engelmayr Jr G C, Cheng M, Bettinger C J, et al. Nature Materials, 2008, 7(12): 1003-1010.

［295］罗祎玮, 信春玲, 李晓虎, 等. 塑料科技, 2014, 42(2): 127-131.

［296］Liu X, Wu M, Wang M, et al. Advanced Materials, 2022, 34(13): 2109010.

［297］李丽华, 王鹏, 张金生, 等. 化工新型材料, 2019, 47(1): 19-23.

［298］陈文炯, 常润鑫, 王小鹏. 航空制造技术, 2022, 65(14): 58-66.

［299］张鑫, 郑锡涛, 杨甜甜, 等. 复合材料学报, 2024(1): 1-21.

［300］杨建霞. 冰模板法制备层状多级孔仿生复合材料的研究. 武汉：华中科技大学, 2010.

［301］Mi A, Guo L, Guo S, et al. Sustainable Materials and Technologies, 2024: e00830.

［302］Li D, Bu X, Xu Z, et al. Advanced Materials, 2020, 32(33): 2001222.

［303］Wu C, Chen Z, Wang F, et al. Composites Science and Technology, 2019, 179: 125-133.

［304］Thai Q B, Chong R O, Nguyen P T T, et al. Journal of Environmental Chemical Engineering, 2020, 8(5): 104279.

［305］许小强, 杨汝平, 熊春晓. 宇航材料工艺, 2011, 41(2): 17-20.

［306］Ji Z, Ma J F, Zhang Z H, et al. Industrial Crops and Products, 2013, 47: 212-217.

［307］Zou X, Liang L, Shen K, et al. Industrial Crops and Products, 2021, 170: 113741.

［308］Segal L, Creely J J, Martin Jr A E, et al. Textile Research Journal, 1959, 29(10): 786-794.

［309］French A D, Santiago Cintrón M. Cellulose, 2013, 20: 583-588.

［310］Yue Y, Han J, Han G, et al. Carbohydrate Polymers, 2015, 133: 438-447.

［311］Lei X, Zhao Y, Li K, et al. Cellulose, 2012, 19: 2205-2215.

［312］Raj M, Fatima S, Tandon N. Journal of Building Engineering, 2020, 31: 101395.

［313］Agarwal U P. Molecules, 2019, 24(9): 1659.

［314］McLean J P, Jin G, Brennan M, et al. Canadian Journal of Forest Research, 2014, 44(7): 820-830.

［315］Báder M, Németh R, Sandak J, et al. Cellulose, 2020, 27(12): 6811-6829.

［316］Traoré M, Kaal J, Cortizas A M. Spectrochimica Acta Part A: Molecular and Biomolecular Spectroscopy, 2016, 153: 63-70.

［317］Paajanen A, Zitting A, Rautkari L, et al. Nano Letters, 2022, 22(13): 5143-5150.

［318］Kim M, Pierce K, Krecker M, et al. ACS Nano, 2021, 15(12): 19418-19429.

［319］Ahmad H, Anguilano L, Fan M. Carbohydrate Polymers, 2022, 298: 120117.

［320］Zhu J, Zhu Y, Ye Y, et al. Advanced Functional Materials, 2023, 33(22): 2300893.

［321］陈鑫, 马文婷, 郝耀东, 等. 振动与冲击, 2021, 40(9): 270-277.

［322］Mosmann T. Journal of Immunological Methods, 1983, 65(1-2): 55-63.

［323］Yang F, Zhao S, Sun W, et al. Journal of the European Ceramic Society, 2023, 43(2): 521-529.

［324］Brinker C J, Sehgal R, Hietala S L, et al. Journal of Membrane Science, 1994, 94(1): 85-102.

［325］Kasyapi N, Chaudhary V, Bhowmick A K. Carbohydrate Polymers, 2013, 92(2): 1116-1123.

［326］Gholipour. K A, Bahrami S H, Nouri M. E-Polymers, 2009, 9(1): 133.

［327］Agarwal R, Alam M S, Gupta B. Journal of Applied Polymer Science, 2013, 129(6): 3728-3736.

［328］Kumar A, Negi Y S, Choudhary V, et al. Cellulose, 2014, 21: 3409-3426.

［329］Johansson L S, Campbell J M. Surface and Interface Analysis: An International Journal Devoted to the Development and Application of Techniques for the Analysis of Surfaces. Interfaces and Thin Films, 2004, 36(8): 1018-1022.

［330］Alhumaimess M S, Alsohaimi I H, Alqadami A A, et al. Journal of Molecular Liquids, 2019, 281: 29-38.

［331］Pertile R A N, Andrade F K, Alves Jr C, et al. Carbohydrate Polymers, 2010, 82(3): 692-698.

［332］Li K, Wang S, Chen H, et al. Advanced Materials, 2020, 32(42): 2003653.

［333］Qin H, Zhang Y, Jiang J, et al. Advanced Functional Materials, 2021, 31(46): 2106269.

［334］Guan H, Cheng Z, Wang X. ACS Nano, 2018, 12(10): 10365-10373.

［335］Sun H, Xu Z, Gao C. Advanced Materials, 2013, 25(18): 2554-2560.

［336］Li L, Li B, Sun H, et al. Journal of Materials Chemistry A, 2017, 5(28): 14858-14864.

［337］Kotal M, Kim H, Roy S, et al. Journal of Materials Chemistry A, 2017, 5(33): 17253-17266.

［338］Zeng Z, Wang C, Zhang Y, et al. ACS Applied Materials & Interfaces, 2018, 10(9): 8205-8213.

［339］Yang M, Zhao N, Cui Y, et al. ACS Nano, 2017, 11(7): 6817-6824.

［340］Si Y, Wang X, Yan C, et al. Advanced Materials (Deerfield Beach, Fla.), 2016, 28(43): 9512-9518.

［341］Du X, Liu H Y, Mai Y W. ACS Nano, 2016, 10(1): 453-462.

［342］Hu H, Zhao Z, Wan W, et al. Advanced. Materials, 2013, 25(15): 2219-2223.

［343］Li Y, Chen J, Huang L, et al. Advanced Materials (Deerfield Beach, Fla.), 2014, 26(28): 4789-4793.

［344］Wang C, Chen X, Wang B, et al. ACS Nano, 2018, 12(6): 5816-5825.

［345］Li G, Zhu M, Gong W, et al. Advanced Functional Materials, 2019, 29(20): 1900188.

［346］Xu C, Wang H, Song J, et al. Journal of the American Ceramic Society, 2018, 101(4): 1677-1683.

［347］Fu S, Liu D, Deng Y, et al. Journal of Materials Chemistry A, 2023, 11(2): 742-752.

［348］Tian J, Yang Y, Xue T, et al. Journal of Materials Science & Technology, 2022, 105: 194-202.

［349］Wang X, Lu L L, Yu Z L, et al. Angewandte Chemie International Edition, 2015, 54(8): 2397-2401.

［350］Yu Z L, Wu Z Y, Xin S, et al. Chemistry of Materials, 2014, 26(24): 6915-6918.

［351］Huang H, Hong C, Jin X, et al. Composites Part A: Applied Science and Manufacturing, 2023, 164: 107270.

［352］Wang L, Wang J, Zheng L, et al. ACS Sustainable Chemistry & Engineering, 2019, 7(12): 10873-10879.

［353］Si Y, Wang L, Wang X, et al. Advanced Materials, 2017, 29(24): 1700339.

［354］Chen L, Lou J, Zong Y, et al. Cellulose, 2023, 30(5): 3141-3152.

［355］Song J, Chen C, Yang Z, et al. ACS Nano, 2018, 12(1): 140-147.

［356］Qin B, Yu Z L, Huang J, et al. Angewandte Chemie, 2023, 135(5): e202214809.

［357］Das M, Sarkar D. Polymer Bulletin, 2018, 75: 3109-3125.

［358］Ban Y, Jin L, Liu F, et al. Fuel, 2022, 310: 122247.

［359］Hu X, Cook S, Wang P, et al. Science of the Total Environment, 2010, 408(8): 1812-1817.

［360］Royster L H, Royster J D, Driscoll D P, et al. The Noise Manual, 2003: 41.

［361］Liu H, Li P, Wang P, et al. Journal of Hazardous Materials, 2020, 389: 121835.

［362］Yang L, Chua J W, Li X, et al. Chemical Engineering Journal, 2023, 469: 143896.

［363］Zong D, Cao L, Yin X, et al. Nature Communications, 2021, 12(1): 6599.

［364］Allard J F, Daigle G. The Journal of the Acoustical Society of America, 1994, 95(5): 2785-2785.

［365］Lafarge D, Allard J F, Brouard B, et al. The Journal of the Acoustical Society of America, 1993, 93(5): 2474-2478.

［366］Leclaire P, Kelders L, Lauriks W, et al. Journal of Applied Physics, 1996, 80(4): 2009-2012.

［367］Kino N, Ueno T. Applied Acoustics, 2007, 68(11-12): 1468-1484.

［368］Sing K S W. Journal of Porous Materials, 1995, 2: 5-8.

［369］Fan C, Do D D, Nicholson D. Langmuir, 2011, 27(7): 3511-3526.

［370］ Zong D, Bai W, Yin X, et al. Advanced Functional Materials, 2023, 33(31): 2301870.

［371］ Yang Q, Xue J, Li W, et al. Fuel, 2021, 298: 120823.

［372］ Ma F, Wang C, Du Y, et al. Materials Horizons, 2022, 9(2): 653-662.

［373］ Cao L, Si Y, Wu Y, et al. Nanoscale, 2019, 11(5): 2289-2298.

［374］ Si Y, Yu J, Tang X, et al. Nature Communications, 2014, 5(1): 5802.

［375］ Cao L, Yu X, Yin X, et al. Journal of Colloid and Interface Science, 2021, 597: 21-28.

［376］ Cao L, Shan H, Zong D, et al. Nano Letters, 2022, 22(4): 1609-1617.

［377］ Berardi U, Iannace G. Applied Acoustics, 2017, 115: 131-138.

［378］ Yang W D, Li Y. Science China Technological Sciences, 2012, 55: 2278-2283.

［379］ Taban E, Tajpoor A, Faridan M, et al. Acoustics Australia, 2019, 47: 67-77.

［380］ Soltani P, Taban E, Faridan M, et al. Applied Acoustics, 2020, 157: 106999.

［381］ Wang C, Xiong Y, Fan B, et al. Scientific Reports, 2016, 6(1): 32383.

［382］ Hallett L, Tatum M, Thomas G, et al. Journal of Occupational and Environmental Hygiene, 2018, 15(5): 448-454.

［383］ Nine M J, Ayub M, Zander A C, et al. Advanced Functional Materials, 2017, 27(46): 1703820.

［384］ Rapisarda M, Malfense Fierro G P, Meo M. Scientific Reports, 2021, 11(1): 10572.

［385］ Dieckmann E, Dance S, Sheldrick L, et al. Heliyon, 2018, 4(9): e00818.

［386］ Mechel F P, Morris P J. Acoustical Society of America Journal, 2004, 115(3): 941-942.